国家高技术研究发展计划（863 计划）：全球森林生物量和碳储量遥感估测关键技术（2012AA12A306）
中国清洁发展机制基金赠款项目：林业碳汇计量监测基础设施建设

全国森林潜在生产力分区研究

高显连　高金萍　郑小贤　郝月兰　编著

中国林业出版社

图书在版编目（CIP）数据

全国森林潜在生产力分区研究／高显连等编著．—北京：中国林业出版社，
2017. 6

ISBN 978-7-5038-8996-7

Ⅰ．①全… Ⅱ．①高… Ⅲ．①森林－生态系统－生产力－研究－中国
Ⅳ．①S718. 55

中国版本图书馆 CIP 数据核字（2017）第 100924 号

审图号：GS（2018）1218 号

责任编辑：贾麦娥　孙瑶
出版发行：中国林业出版社（100009　北京西城区刘海胡同 7 号）
网址：lycb. forestry. gov. cn　电话：（010）83143629
印刷：固安县京平诚乾印刷有限公司
版次：2018 年 6 月第 1 版
印次：2018 年 6 月第 1 次
开本：787mm×1092mm　1/16
印张：45
字数：1067 千字
定价：460. 00 元

前　言

　　森林生产力是森林生态系统的重要功能指标。森林生产力受气候条件和土壤条件影响显著，同时体现了人与自然和经济社会协调发展的过程。我国是世界上人工造林最多的国家，森林生产力发展受人为活动影响较多。因此，森林生产力研究除了需要综合考虑光、热、水、土等多种自然要素的影响，还需要充分考虑人为活动在森林生产力中的重要影响。为更好掌握我国在现有经营条件下森林供给潜力，从宏观掌握我国森林生产力地理分布规律及与社会经济环境间的相互关系，需要开展森林生产力区划研究，以指导科学利用林地资源，开展森林可持续经营，降低人类活动对生态环境的负面干扰，达到整体提升我国森林质量的目的。

　　我国现行的森林生产力区划研究，在宏观层次开展得较少，微观层次相对多一些。尽管我国在宏观尺度上有气候、植被相关自然区划研究成果，但只反映了单项指标对森林生产力的影响。1980 年代詹昭宁提出中国森林立地分类系统，用立地质量来评价森林生产力，但囿于当时技术局限，区划成果以定性分析为主。在微观定量化尺度上，周洁敏、任方喜等在全国林业发展区划中以县为单位利用森林二类调查数据评估各县森林生产力，主要利用森林蓄积量、木材产量等森林现状指标评价森林生产力。

　　为从较大区域尺度整体把握我国森林生产力现状和变化趋势，实现森林生产力定性和定量分析，在国家高技术研究发展计划（863 计划）"全球森林生物量和碳储量遥感估测关键技术"和中国清洁发展机制基金赠款项目"林业碳汇计量监测基础设施建设"支持下，在分析国内外研究基础和现状的基础上，开展我国宏观和微观尺度相结合的全国森林生产力区划研究。依据自然地理条件的差异性、森林与气候等环境的相关性、林业发展潜力以及社会经济发展对林业的主导需求，分析全国气候、地形、土壤、植被等特性所反映的森林植被差异，制订森林植被分区方案；基于我国现有的气候区划和植被区划，以及全国森林立地分类系统研究成果，通过对全国森林样地生产力量化和分级研究，提出基于森林生产力要素的森林植被生产力区划方法与技术。本成果不仅可以为"全球森林生物量和碳储量遥感估测关键技术"课题的遥感生物量和碳储量建模提供生态分区成果，也可以为"林业碳汇计量监测基础设施建设"项目提供

1

项目试验区森林生产力分区成果，为提高遥感森林生物量和碳储量模型的精度和实现大区域森林生物量和碳储量遥感估算提供数据保障。

本研究成果具有较高的科学研究和实际应用价值。从科学研究角度来看，它是宏观定性和微观定量方法结合，开展大区域森林生产力区划研究的一次尝试，较好揭示气候、植被和森林立地等自然条件以及现有森林经营对我国森林生产力潜力的影响和作用。从我国林业规划和生产角度来看，更具较高的实用价值。成果充分考虑了气候、植被和森林立地宏观因子的长期稳定影响并采用了我国实际应用较多的研究成果，充分利用我国森林资源清查数据系统性强、样本量大、连续性好和多因子集成等优势，充分体现我国森林自然地理条件和林分生长特点和规律，在我国自然生态区划、林业区划以及生产实践中有较大应用价值。

当前取得的研究成果包括：全国森林潜在生产力区划图和28个省级森林生产力区划（北京、天津和上海3个直辖市由于总体森林面积较小，未单独区划，台湾、香港、澳门缺乏森林资源数据）。本研究采用归一到成熟林阶段的森林蓄积量作为森林生产力量化分级指标。随着对森林生产力研究的深入，森林群落的生物量被认为是评价森林生产力的最好指标。可以考虑以森林生物量作为森林生产力量化分级指标。鉴于森林生物量与森林蓄积量高度相关的正比例关系，可以在本文获取的森林归一化蓄积量基础上，利用蓄积量-生物量关系模型实现森林蓄积量到森林生物量的转换。

目　录

第二部分 各省(自治区、直辖市)森林潜在生产力

第一部分
全国森林潜在生产力

1 森林生产力及其区划研究综述

1.1 森林生产力及区划研究

森林生产力主要包括林地生产力和林木生产力。林地生产力通常指林业用地或有林地的生产能力，主要通过评价林木的树高和材积生长量、林分蓄积量和生物量等指标来反映森林生产力。

森林立地是森林生产力的基础，对森林更新、树种选择、地力维持和经营管理至关重要。林业上根据立地质量，划分立地等级或立地指数来评价林地生产力和制订相应的营林措施。中国古籍中早有涉及立地的记述。《诗经·邶风·简兮》有"山有榛，隰有苓"，说明当时已知土壤、地形等与林木的分布和生长有关。汉刘安《淮南子》称"欲知地道，物其树"，指明研究立地首先要考察生育在该地的树木。晋嵇含《南方草木状》中列述"柘宜山石、柞宜土阜、楮宜涧谷、柳宜下田、竹宜高平之地"，说明了适地适树的重要性。森林立地的概念于 19 世纪中叶以后由德国的 E·拉曼等提出。20 世纪以来，它被广泛应用于林业生产实践，作为评定森林生产力的手段和采用营林措施的依据。20 世纪 50 年代，中国林业部组织森林调查队，在全国范围内以各类宜林地的土壤养分和水分条件为重要因子，划分了各地区的立地条件类型。并相继在杉木林区、北方石质山区及次生林区做过大量立地条件的研究工作。各式各样的立地由气候（光照、温度、水分等）、土壤（土壤组成、结构、物理及化学性质以及土壤有机物质等）、生物（主要是植被）、地形（山地、丘陵、平原、坡度、坡位、坡向等）诸因素综合形成。因地区或地段不同，影响因子有主次之分，影响范围有大小之别。在干旱地区，水分是影响立地质量的主要因素，水分缺乏可引起土壤干燥贫瘠，植被单一。在山区，地形对光照、热量、水分以及土壤肥力等起着再分配作用，成为立地质量的支配因素。在同一气候条件下，不同的地形和土壤肥力差异可使森林立地有巨大的变化，继而影响树种的分布和林木的生长、发育。林业生产上主要以土壤肥力为基础来评定立地质量和林分生产力。

森林立地的评价方法有下述 4 种。

1.1.1 植被—立地评价方法

早在 20 世纪 20 年代已开始运用指示性植物或植物群落作为立地质量和划分立地类型的标志。在认识天然植被和土壤一致性的基础上，1926 年芬兰的 A. K. 卡扬德提出森林类型的理论，即以林下指示性强的植物及其所反映的有代表性的森林类型为划分立地的条件，并用来估测林地生产能力，如乌饭树型，酢酱草型，越橘型等。这一方法曾对北美和苏联产生影响。目前在美国发展为数量化的排序，以研究植被对环境因子的反应。

1.1.2 生长—立地评价方法

以树高生长为基础，编制立地（或地位）指数和地位级表。立地指数是立地质量的指标，在正常的林分中由优势木的平均树高来标定，用年龄与树高的相关曲线来表示不同立地对林木的影响和立地质量等级。

1.1.3 环境—立地评价方法

环境因子可以单独或联合用于评价立地的质量和森林生产力。从数量化理论及多元分析入手的近代数学，已被广泛应用于立地评价和分类。以环境因子评价立地的方法通常有气候指标法、地质—地貌法、地理学的土地类别划分法以及土壤—立地评价法。后一种方法是调查和测定土壤性质的多种因素，并与立地级建立多元回归关系，以评定立地质量。

1.1.4　综合立地分类和评价方法

立地质量是影响林地生产能力诸因素的总和。在立地分类和评价时，考虑的因素越多，则对立地生产潜力的估测越准确。1936 年，德国的 G. A. 克劳斯用多因子分析估测立地森林生产力及立地势能，以后发展为联邦德国的巴登—符滕堡系统。它在综合运用多学科分析复合因素的基础上，发展了森林的立地分类和制图，成为林地经营的依据，同时也作为研究森林发生、生长、产量、造林土壤和病理学的基础。此外，1952 年加拿大的 G. A. 希尔斯所创的地文立地类型，引用了生态系统观点，后又由美国的 B. V. 巴恩斯于 1982 年进一步发展为生态立地分类。20 世纪 60 年代以来，"立地"概念的范畴进一步扩大。第九届国际植物学大会及以后，加拿大学者希尔斯提出：立地是森林生产和利用所涉及的外界因子组合，即一个气候、地形、地质、土壤剖面、地下水、植物群落和人的综合体。80 年代以来，在广泛基础上进行的森林立地研究工作方兴未艾。现立地一词已被认为是产业建立的分析、评价和管理环节中必须考虑的环境因子，广泛应用于产业立地、工业立地、农业立地等生产部门和其他科学领域。

林业生产中常用地位级和地位指数来表示林地生产力的高低。地位级是以林分平均高和平均年龄关系为依据划分的林分生产力等级，可用来评定林木或林分的立地相对森林生产力，属定性指标。20 世纪初，曾先后用土壤、环境因子或指示植物划分地位级，属于定性描述。后来才用林木本身生长因子如单位面积上的材积、材积生长量和树高划分地位级。但此法因材积、材积生长量受树种、年龄和地位质量和林分密度的影响而表现不稳定；同时测算材积和材积生长量的工作复杂，实际应用受到限制。后来的研究表明，由于树高生长对地力反应比较灵敏，用树高划分地位级可以简化测算工作，其结果同用材积划分的地位级一样。一般分 5 级，用罗马数字标定：Ⅰ级表示林分生产力最好；Ⅱ级为好；Ⅲ级为中等；Ⅳ级为差；Ⅴ级为极差。

地位指数是以林分优势木平均高与林分平均年龄的关系为依据划分的林地生产力等级，属定量指标。其指数用标准年龄时林分优势木平均高的绝对值表示。采用优势木平均高取代林分平均高的原因是——当林分施行下层抚育时，伐去被压小径树木后计算的林木平均直径将比疏伐前增大，林分平均高也随着提升，从而出现非生长性增长，表现出不稳定性。改用林分优势木平均高则避免疏伐引起的非生长性变动，同时也因优势木树高受林分密度影响小。

地位指数表是编制同龄林（特别是人工林）收获表的基础，用以查定立地森林生产力等级比用地位级直观。由于它直接用树高绝对值表示，不是等级的相对概念，这就避免了不同地区的相同树种因划分等级标准不同而难于比较。地位指数在集约经营的人工同龄纯林中已被广泛应用，但还缺少在异龄林中应用的经验。

20 世纪 70 年代出现了地位指数数量化得分表，用于评定宜林地的生产潜力。做法是将有林地的各个环境因子划分类目实行数量化、并和地位指数建立多元回归方程，然后将宜林地环境因子的类目代入多元回归方程中，求得地位指数得分值，用于预估宜林地种植某一树种达到标准年龄时优势木树高的指标，通过树高进一步预测木材收获量。利用电子计算机技术和多元回归分析方法中的数量化理论，有助于进行这方面的推算。

地位级和地位指数是林分调查因子之一。进行森林资源调查、森林间伐量和主伐量预测以及建立森林收获量模型、编制收获表和组织森林经营类型等都要先进行林地生产力评价与分级。

在研究人工林潜在生产力方面，一般通过气候生产潜力来测算人工林的潜力，即在一定的光、温、水资源条件下，其他的环境因素（二氧化碳、养分等）和森林植被因素处于最适宜状态，提出人工林利用当地的光、温、水资源的潜在生产力。

我国人工林发展，特别是速生丰产林发展中有一个重要的教训是，只重视造林，不重视经营管理，投入不足，缺乏科技支撑，形成了大量的低质人工林，生态功能和经济效益都比较差。我国人工林年均生长量不到 4.5 m^3/hm^2。而新西兰的辐射松人工用材林，其年生长量可达 25~30m^3/hm^2，欧洲的杨树人工林一般为 20~30 m^3/hm^2，意大利最高可达到 50 m^3/hm^2。研究表明，福建马尾松速生丰产林的森林生产力为当地气候生产潜力的71%，而非速生丰产林马尾松仅 33%，仅相当于速生丰产林基地林分的46.8%。广西桉树速生丰产林的现实森林生产力评价结果表明，在现有技术与经济条件下，桉树人工速生丰产林应达到气候森林生产力的80%以上，实际不足60%。黑龙江落叶松、樟子松速生丰产林的现实森林生产力的评价结果表明，落叶松、樟子松仅为当地气候森林生产力的28.5%~51.6%。表明现有的速生丰产林有很大的潜力提升空间，关键是要加强森林经营，特别是中幼龄的抚育管理和林地管理。

投入和产出的经济分析也是测定和评价森林生产力强弱的方法和手段，对林业的木材森林生产力的测定和评价亦不例外。问题在于如何确定和量化反映木材森林生产力的投入指标和产出指标。以 P. J. Ince 博士和 John Fedkiw 为代表的美国林业经济专家提出以单位面积的生产量指标来衡量其产出水平，以林木资产和有效供材林地面积指标来衡量其投入水平。

木材资产的增减与单位面积的生长量指标表达了森林生产力的状况和水平。美国林业经济专家采用了生长量（G）与蓄积量（S）的比值指标来表达林木资产的增长；采用采伐量（C）与蓄积量的比值指标来衡量林木资产的减少过程。其计算方法为，令 G、C、S 在某一时点的基数为 100，并据此求出各指标在其他各时点上的比较值。用各指标的比较值计算：$X = \dfrac{G}{S} \times 100\%$，$Y = \dfrac{C}{S} \times 100\%$，X 和 Y 值就反映在林木资产增减过程中的木林森林生产力的发展趋势和总体水平（C—年采伐量；S—蓄积量；G—每公顷年生长量；X—净生长量与蓄积量之比；Y—年采伐量与蓄积量之比）。

多年的实践表明，该方法在美国国（公）有林和私有林得到广泛应用，可预估森林经营单位的不同起源、不同树种、不同材种的森林生产力。

由此可见，木材森林生产力的大小取决于多方面的因素，诸如气候、土壤、海拔和纬度等自然条件，以及经营水平和经营强度等人为因子。这些因子对树种组成、林分状态和森林蓄积量都会产生直接和间接的影响。加大林地投入水平和强度，实现经营的专业化和普遍化，以及林业科技进步的效用，均有助于木材森林生产力的提高和改善。影响因素还包括个人经营林地利用方向的转变和有关林业政策、法规。在公有林地经营中，林业政策、法规的调控作用亦会影响用于木材生产的森林资源的数量和质量。

森林生产力评价是森林资源评价的主要内容。森林资源评价是对森林资源的数量、质量、结构、生长和功能(经济、社会、生态、文化和碳汇)等进行评估,以全面了解和正确认识其价值和效益,使林业主管部门和森林经营者据此采取保护、培育、经营和利用措施,为决策者制定林业政策和规划提供依据,促进森林资源可持续经营。

随着人们对森林资源认识的不断深入和社会需求的增加,森林生产力评价的内容也在不断完善和发展,由最初的森林数量评价发展到森林质量(等级、地力、地利)评价,由实物评价发展到货币价值评价和森林资产评估,由经济价值评价发展到森林生态效益、森林文化和碳汇等多功能森林生产力评价(图1-1)。

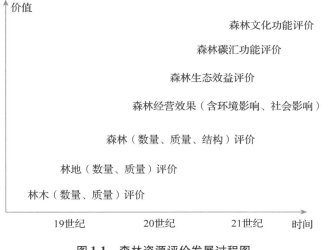

图1-1 森林资源评价发展过程图

1.2 林业、森林区划研究

1.2.1 全国主体功能区规划

2011年6月,国务院发布了《全国主体功能区规划》(国发〔2010〕46号),全国主体功能区规划就是要根据不同区域的资源环境承载能力、现有开发密度和发展潜力,统筹谋划未来人口分布、经济布局、国土利用和城镇化格局,将国土空间划分为优化开发、重点开发、限制开发和禁止开发四类,确定主体功能定位,明确开发方向,控制开发强度,规范开发秩序,完善开发政策,逐步形成人口、经济、资源环境相协调的空间开发格局。

编制全国主体功能区规划,推进形成主体功能区,有利于坚持以人为本,缩小地区间公共服务的差距,促进区域协调发展;有利于引导经济布局、人口分布与资源环境承载能力相适应,促进人口、经济、资源环境的空间均衡;有利于从源头上扭转生态环境恶化趋势,适应和减缓气候变化,实现资源节约和环境保护;有利于打破行政区划,制定实施有针对性的政策措施和绩效考评体系,加强和改善区域调控。

《全国主体功能区规划》是战略性、基础性、约束性的规划,是国民经济和社会发展总体规划、人口规划、区域规划、城市规划、土地利用规划、环境保护规划、生态建设规划、流域综合规划、水资源综合规划、海洋功能区划、林业区划等在空间开发和布局的基本依据。同时,编制全国主体功能区规划要以上述规划和其他相关规划为支撑,并在政策、法规和实施管理等方面做好衔接工作。

全国主体功能区规划的主要原则。坚持以人为本，引导人口与经济在国土空间合理、均衡分布，逐步实现不同区域和城乡人民都享有均等化公共服务；坚持集约开发，引导产业相对集聚发展，人口相对集中居住，形成以城市群为主体形态、其他城镇点状分布的城镇化格局，提高土地、水、气候等资源的利用效率，增强可持续发展能力；坚持尊重自然，开发必须以保护好自然生态为前提，发展必须以环境容量为基础，确保生态安全，不断改善环境质量，实现人与自然和谐相处；坚持城乡统筹，防止城镇化地区对农村地区的过度侵蚀，同时，也为农村人口进入城市提供必要的空间；坚持陆海统筹，强化海洋意识，充分考虑海域资源环境承载能力，做到陆地开发与海洋开发相协调。

全国主体功能区规划方法，首先要对国土空间进行客观分析评价。科学确定指标体系，利用遥感、地理信息系统等空间分析技术和手段，对全国或本地区的所有国土空间进行综合分析评价，作为确定主体功能区的基本依据。分析评价采用全国统一的指标体系，统筹考虑以下因素：

一是资源环境承载能力。即在自然生态环境不受危害并维系良好生态系统的前提下，特定区域的资源禀赋和环境容量所能承载的经济规模和人口规模。主要包括：水、土地等资源的丰裕程度，水和大气等的环境容量，水土流失和沙漠化等的生态敏感性，生物多样性和水源涵养等的生态重要性，地质、地震、气候、风暴潮等自然灾害频发程度。

二是现有开发密度。主要指特定区域工业化、城镇化的程度，包括土地资源、水资源开发强度等。

三是发展潜力。即基于一定资源环境承载能力，特定区域的潜在发展能力，包括经济社会发展基础、科技教育水平、区位条件、历史和民族等地缘因素，以及国家和地区的战略取向等。

全国主体功能区规划广泛动员多学科力量，充分借鉴国外先进经验，不断深化对主体功能区理论和技术路线的研究，科学确定指标体系和评价方法，细化完善分类管理的区域政策。坚持政府组织、专家领衔、部门合作、公众参与、科学决策的方针，科学系统地安排规划编制各项工作。各省(自治区、直辖市)人民政府也成立规划专家咨询委员会，承担规划的咨询、论证和评估等工作。采取多种形式和渠道，扩大公众参与，增强了规划编制的公开性和透明度。

1.2.2 林业区划

早在 19 世纪初，国外就开始对林业进行自然区域划分研究，但这些早期的区划主要停留在对自然界表现的认识上，缺乏对自然界内在规律的认识和了解。同时，区域划分的指标也往往采用单一的因素(如气候、地貌等)，区划的界限过于粗糙。从 20 世纪 30 年代开始，随着各种野外试验和监测的开展，各类调查数据日益增多，人类对自然的各种规律的认识不断地深入，在此基础上，世界各国以气候、地貌、土壤等为影响森林植被分布和布局的主导因子，对林业区划进行了大量的研究。

苏联在 20 世纪 30 年代，以谢良尼诺夫为代表，进行了苏联亚热带地区以及全苏联林业气候区划，区划的主要依据为热量条件、水分条件和越冬条件；1976 年，美国生态学家 Bailey 提出美国林业/森林的等级区划系统，认为区划是按照其空间关系来组分自然单元的过程，按地域(Domain)、区(Division)、省(Province)和地段(Section)4 个等级进行划分，引起各国林学家、生态学家对区划原则和依据以及区划指标和方法等进行了大量的研究和讨论，并在国家和区域的尺度上进行各种林业区划，尤其在北美地区开展工作较多。

1949 年之前，我国没有进行过林业区划。1954 年，林业部林业区划研究小组，编写了"全国林业区划草案"，1979—1987 年林业部组织人员编写了《中国林业区划》。

1987 年，林业区划的重点逐渐转移到区域规划和区域开发方面，编写了《全国林业用地立地分类纲要》，在总结国际、国内不同分类方法和依据的基础上建立我国的分类系统。

1995 年至 21 世纪初，对林业区划的研究多偏重于专业性区划的研究。1997 年，曹兵等以盐池县 15 个乡镇为基本单元进行林业区划，选择年均气温、年降水量、有林地面积比重等 7 个指标运用模糊聚类分析方法将盐池县划分为 6 个分区。1998 年，董建林等在呼伦贝尔盟林业区划中采用主分量聚类方法，定量地划分出呼伦贝尔盟的林业分区，又采用了系统聚类模糊聚类分析方法验证了主分量聚类分析法所确定的呼伦贝尔盟林业区划界限。2002 年，《中国可持续发展林业战略研究》中指出林业区划的指导原则，即应从传统的以自然经济条件为基础转向以可持续经营为指导，生态优先并兼顾社会、经济功能的林业生产布局。2004 年，李世东等以退耕还林工程的整个工程区 25 个省（自治区、直辖市）1897 个县（市、区、旗）为研究对象，引入 Matlab 等技术，横跨自然、经济、社会科学 3 大领域，实行定性与定量分析相结合，对退耕还林区划进行了系统研究。

林业区划就是要根据不同区域的林业资源环境承载能力、现有开发密度和发展潜力，统筹谋划未来树种分布、经济布局、国土利用格局，将林地空间划分为优化开发、重点开发、限制开发和禁止开发四类，确定主体功能定位，明确开发方向，控制开发强度，规范开发秩序，完善开发政策，逐步形成人口、经济、资源环境相协调的空间开发格局。

林业区划是战略性、基础性、约束性的规划，是林业生产、林业发展的基本依据。林业区划是指林业用地的区域划分，是在分析研究自然地域分异规律和社会经济状况的基础上，根据森林经营目的的异同和社会经济对林业的要求而进行的林业地理分区。

林业区划是实现林业现代化的一项基础工作。林业生产以木本植物为对象，其生长发育有自身的规律，并受到生地自然环境的制约，有明显的地域性特征。一定树种的森林，只能在其所适应的范围内发展。同时林业是人类一项重要的产业和事业，社会需求、社会经济条件和经营技术水平决定着林业生产目的和经营水平。森林自然生态和社会经济因素相互渗透，综合作用，形成了森林植被分布的地带性和林业的区域性格局。因此，要实现林业的可持续发展，就必须有科学的林业区划指导。

林业区划的主要任务是：查清各个地区的自然条件、社会经济情况和森林资源状况，总结林业发展的经验和存在的问题，了解社会经济发展对林业的要求；根据自然地域分异规律和森林经营目的划分林业区域单元，揭示各个林业区域的特征、森林资源特点、森林发生发展规律、森林的生态功能与作用，提出各个林业区域林业发展方向；根据当时林业存在的问题和社会经济发展要求调整林业结构和林业生产布局，提出必须采取的措施，为促进各个区域的林业发展提供系统资料和科学依据。

林业区划原则：①以自然条件、社会经济状况与社会发展对林业的要求作为进行林业区划的准绳，要求林业区划的成果充分反映客观实际，起到促进林业生产发展的作用。②将社会经济对林业发展的要求与森林生态和自然条件结合起来。脱离社会经济要求的林业区划会失掉发展目标，脱离森林生态和自然条件，违背自然规律，必然造成经济损失。

③林业类型相同，地域上相联接才能划分为一个区。

林业区划方法有很多，例如：经验（专家）法、多元统计分析法、模糊聚类分析法、灰色局势决策法、基于信息技术（GIS、GPS、RS 等）区划法等。

1987 年第一次编制完成了《全国林业区划》，对当时的林业方针政策制定起到了重要作用。林业区划方法分三级进行：第一级为国家林业区划，称为中国林业区划；第二级为省、自治区、直辖市林业区划；第三级为县级林业区划。区划工作先从省级林业区划做起，以省级林业区划为基础进行全国林业区划，最后进行县级林业区划。具体做法是，由各省、自治区、直辖市先按前述原则与依据划分若干省级区，然后把地域相连、发展方向相同、森林生态经济相似的省级区合并为具有独立特点的林区。中国共划定了 50 个林区，采用地理区域名称加地貌再加林种进行命名。在此基础上，按气候、地貌、森林植被类型、林业发展方向等因素相近和地域相连接为条件，再归并形成了发展林业的七大地区。这七个地区采用地理位置或区域名称加上林种名称进行命名，即东北用材、防护林地区，蒙新防护林地区，黄土高原防护林地区，华北防护、用材林地区，西南高山峡谷防护、用材林地区，南方用材、经济林地区，华南热带林保护地区。青藏高原寒漠非宜林地区没有区划林业。

但经过 30 年，林业建设面临的形势、内涵和重点任务都发生了重大变化，原有林业区划已不能适应现代林业建设的需求。

2006 年国家林业局开始第二次全国林业发展区划。第二次全国林业发展区划依据自然地理条件和社会经济条件的差异性，森林与环境的相关性，林业的基础条件与发展潜力，以及社会经济发展对林业的主导需求等，对我国地域进行逐级划分，并从可持续发展的高度，明确各级分区单元的林业发展方向、功能定位和森林生产力布局，为现代林业发展构建空间布局框架。林业区划方法分三级，即一、二、三级区划。

一级区：为自然条件区，旨在反映对我国林业发展起到宏观控制作用的水热因子的地域分异规律，同时考虑地貌格局的影响。通过对制约林业发展的自然、地理条件和林业发展现状进行综合分析，明确不同区域今后林业发展的主体对象，如乔木林、灌木林、荒漠植被。或者林业发展的战略方向，如：开发、保护、重点治理等。

二级区：为主导功能区，以区域生态需求、限制性自然条件和社会经济对林业发展的根本要求为依据，旨在反映不同区域林业主导功能类型的差异，体现森林功能的客观格局。

三级区：为布局区，包括林业生态功能布局和森林生产力布局。旨在反映不同区域林业生态产品、物质产品和生态文化产品森林生产力的差异性，并实现林业生态功能和森林生产力的区域落实。三级区划的主要指标包括生态区位等级、森林生产力等级等。

通过一、二、三级区划，将形成一套完整、科学、合理的符合我国国情的全国林业发展区划体系，对全国林业发展进行分区管理和指导，从而提高全国林业发展水平。这不仅是实施以生态建设为主的林业发展战略的重要举措，也是构建完备的林业生态体系、发达的林业产业体系和繁荣的生态文化体系的迫切需要。

全国林业发展区划成果是制定和落实林业中长期发展规划、生态建设规划、林业专项规划、林业工程规划等在空间布局方面的基本依据，是制定和实施国家林业方针政策的重要基础，也是指导林业企业发展和林业科技应用的重要平台，对提高林业建设质量，正确引领林业发展走向，促进林业又好又快发展具有重要意义。区划成果要充分体现战略性、综合性、前瞻性、基础性、指导性，能切实在现代林业建设中发挥指导和基础性作用。

1.2.3　森林区划

森林区划是为合理组织森林经营、持续发挥森林功能而对林地进行的空间秩序的安排，是森林经营管理工作的重要内容之一。一个森林经营单位的面积少则数万公顷，多则十几万以至几十万公顷，其自然地理条件、森林资源以及社会经济条件多不相同。合理的区划，可便于调查统计和分析森林资源的数量和质量，便于组织经营单位开展营林活动和进行技术经济核算，有效地管理森林资源，从而为林业的行政管理、资源管理和林业生产组织提供条件。中国国有林区的区划，一般是在林业局下划分若干个林场，林场内再划分若干个林班；一个林班又可划分为若干小班。林地比较分散的地区，也可直接划分为独立的林场。

森林区划的方式有 3 种：适于平原地区方格法的人工区划法，适用于山区的以自然界线作为林班线的自然区划法以及上述两种方法结合的适应丘陵地区的综合区划法。

1.2.4　林业区划与其他区划的区别

1.2.4.1　林业区划与森林区划

森林区划与林业区划既有联系又有区别，其出发点都是为了合理经营管理森林资源的手段。区别在于区划的范围及侧重点不同。森林区划的主要目的是便于调查、统计和分析森林资源的数量和质量；便于组织各种经营单位，长期进行森林经营利用活动，提高森林经营利用水平。林业区划的主要目的是为调整林业产业布局，建立合理的生产结构。

森林区划是对森林按其自然形成、演替、结构的综合分类；而林业区划则是以森林区划为基础的森林结构调整，林业生产布局，森林效益发挥，发展远景规划以及林业与农、牧、副、工业相互关系的自然、社会、经济的综合分类。

1.2.4.2　林业区划与造林区划

造林区划是指为了能因地制宜地开展造林工作，也为了便于总结造林经验和科研成果，根据各地开展造林工作的条件的差异性进行的区划。造林区划经常通过统一的林业区划表达出来，但有时也可以有单项的造林区划。林业区划既要考虑自然条件的差异，又要考虑社会经济条件的差异，是一种逐级控制的多级区划；造林区划则是根据特定的造林目的，研究造林范围内的区划问题，是林业区划的组成部分。

1.2.4.3　林业区划与林业规划

林业规划偏重自然条件，在林业区划的基础上进行落实，以经济可能和效益大小为着眼点。林业区划是一种发展性战略措施，虽涉及现状与远景，但不局限于具体时间，对林业生产发展的研究主要是定性与定向的。所以，林业区划是林业规划的基础，是制定林业规划的依据；林业规划是林业区划的延伸和深化，是应用林业区划成果的重要步骤，是林业区划的具体落实和体现。

1.2.4.4　林业区划与森林分类区划

森林分类区划界定是依据森林资源二类调查或参照调查结果，按照森林分类体系，以旗县(国有林业局、国有林场等)为单位，按照一定的原则和要求，逐小班地块进行林种界定，并通过合法程序，经政府批准，以签订合同等规范形式确定有关各方权、责、利关系，其目的是按照《森林法》的规定，将用材林、经济林、薪炭林作为商品林经营管理，将防护林和特种用途林作为公益林经营管理。林业区划是林业生产布局区划，以全国或省（自治区、直辖市）、县为总体，分别研究区域范围内的林业现状、存在问题、自然条件、社会经济状况等，探索其允许或可能的林业生产规模、最佳布局和对现状进行调整的必要措施。

1.3 森林生产力分区相关研究

1.3.1 基于气候区划

气候区划是根据研究目的和产业部门对气候的要求，采用有关指标，对全球或某一地区的气候进行逐级划分，将气候大致相同的地方划为一区，不同的划入另一区，即得出若干等级的区划单位。

气候的地域分布规律是进行气候区划的基础。由于太阳辐射分布的纬度差异，产生气候随纬度发生有规律变化的纬度地带性；由于海陆分布和海陆对比关系带来干湿度的差异，产生气候随干湿度发生有规律变化的干湿度地带性（经度地带性）；随山地海拔高度的增加，气温下降，产生气候随海拔高度变化的垂直地带性；气候受地方的地形起伏、坡向以及下垫面状况等因素影响，也发生变化。因此，任何地方的气候都是受地带性与非地带性综合影响的结果。

气候区划方法，一般采用发生学方法和实用方法，或两种方法结合运用。发生学方法着重从气候形成因子选取指标，进行区划；实用方法主要根据服务对象对气候的不同要求选取指标，进行区划。

气候区划指标有两类：一类是气候指标，这些指标是无形的，其代表性随观测地点而异，但它是定量的；另一类是其他自然因子的指标，如地貌类型、地势高度、土壤类型、植被类型等，这些指标是有形的，但一般只能定性。气候区划应以气候指标为主，以其他自然因子的指标为辅。气候是随地区的不同逐渐变化的，区划界线实际是具有一定宽度的带，一般应把线划在带的平均位置上。

中国气候区划。竺可桢（1929）根据少量的气候资料提出了中国的第一个气候区划。他将全国分为华南、华中、华北、东北、云贵高原、草原、西藏和蒙新共八个气候区。此后涂长望等提出了不同的区划。卢鋈（1949）又提出下列四条界线：①1月平均气温为 −6℃的等温线（大致与长城平行），作为春麦与冬麦的分界；②1月平均气温为6℃的等温线（大致与南岭山地一致），作为一季稻和二季稻的分界；③年降水量为 750 mm 的等值线（大约与秦岭—淮河一线相当），作为水稻的北界；④年降水量为 1250 mm 的等值线，作为麦作的南限。在此基础上他进一步将全国分成十大气候区。

1959 年中国科学院自然区划工作委员会公布了中国气候区划初稿，以日平均气温不低于 10℃ 稳定期的积温和最冷月气温或极端最低气温多年平均值为热量指标，以干燥度为水分指标。根据热量指标，把全国分划成六个气候带和一个高原气候区：①赤道带。积温 9000℃ 左右，生长热带植物。②热带。积温达 8000℃ 以上，终年无霜，橡胶、槟榔和咖啡等均宜生长，稻可一年三熟，主要植被为樟科等。③亚热带。积温 8000～4500℃，稻可一年二熟，自然植被为亚热带季风林、常绿阔叶林以及它们和落叶林的混生林，柑橘、茶、棕榈、油桐和毛竹等为其代表性植物。④暖温带。积温 4500～3400℃，冬冷夏热，农作物可一年二熟或二年三熟。⑤温带。积温 3400～1600℃，冬天严寒，不宜冬作物生长，春小麦、大豆为主要作物。自然植被为针叶树和落叶阔叶树的混交林。⑥寒温带。积温低于1600℃，尚可种植春小麦、马铃薯、荞麦和谷子。主要植被为针叶林。⑦高原气候区(青藏高原)。积温低于 2000℃，其光照条件优于寒温带。该区虽不适宜林木生长，但除部分地区外，尚可栽培耐寒作物和蔬菜。他们结合中国地形特点和历史行政区划传统，又将全国分为 8 个一级气候地区和 32 个二级气候省。

1966 年，中央气象局(现中国气象局)在上述气候区划基础上，将 1951—1960 年全国600 多个站的资料进行补充和修正，绘制了中国气候区划图。1978 年，又在此基础上用1951—1970 年的气候资料编绘了新的中国气候区划图。此外，中国各省(自治区、直辖市)、各业务部门结合本地区的特点，也做了相应的气候区划。

中国地图出版社 1994 年出版了由中国气象局编制的《中国气候资源地图集》，1998 年颁布了国家标准(《中国气候区划名称与代码 气候带和气候大区》(GB/T 17297—1998)。

1.3.2 基于植被区划

根据植被分布规律及其组合特征，将全球或某一地区划分为不同的植被区域，称为植被区划。

植被区划有着重要的理论意义。它在植物区系、植被与环境的相互关系、植被的历史发展以及植被分类的基础上进行，因此它是关于地区植被地理的规律性的总结。同时，植被区划可供进行综合自然地理区划参考。

植被区划同样具有重要的实践意义。它对区域土地利用和农林业的发展具有指导意义，也是进行自然保护区划和环境保护区划的基础。

植被区划的原则：第一个原则是地域分异性原则。第二个原则是根据植被本身的特点而不是环境因素(如气候、土壤和地貌)的特点进行区划，这也是植被区划与自然地理区划不同的地方。区域植被本身的特点主要考虑占优势的植物群落类型以及各种群落类型的组合方式。在天然植被遭受破坏时，栽培植被的性质也是植被区划考虑的依据之一。

在一定地区依据类型及其地理分布特征划分出彼此有区别，但内部有相对一致性的植被组合的分区。植被分区在空间上是完整的、连续的和不重复出现的植被类型或其组合的地理单位。从理论意义来说，通过植被区划所展现的地球各地区的植被地域分异，可以指示植被地理分布的规律性及其与环境的关系，提供区域或全球的植被地理图式；还可以借以确定某一地区在植被带中的位置及其与周围分区的相应关系，从而能更深刻地认识该区的植被实质。在实践上，植被区划是自然生态区划的主要依据之一。地区植被的开发利用和经营保护，农、林、牧、副渔业的发展也应在植被分区的基础上进行。

植被区划的依据：最重要的区划依据是植被地域分异规律，即植被的"三向地带性"。在进行植被区划时，首先按照反映热量和水分条件的植被水平地带性，划分出高级的区划单位，在各区域内再进一步根据热量或水分的分异所引起的植被差异划分出地带或亚地带，进而在各地带内根据垂直地带性或其他非地带性因素(如地貌构造)的影响，将植被划分为不同的植被区。通常是从高级单位到低级单位逐步向下进行细分。另一类植被区划是以植被类型和成分性质为原则，将各分区按照植物区系成分的相似性进行归并，在原理上是从下向上聚类分区的。这类区划源于植物区系分区，特点是较重视植物的地理—历史性质，但由于偏重区系性质而对生态条件考虑不足。所谓的植物区划或植物地理区划即属此类。

在植被地理地带性的原则下进行植被区划的具体依据或指标，包括该地区的植被类型及其组成者——植物种类的生态类型、生活型和地理成分。气候、地貌和土壤等也可以作为植被区划的参考依据或辅助指标。

（1）植被类型：根据生活型来划分的植被类型高级单位，尤其是反映大气候水热地带性的植被类型，是植被区划高级单位的依据。例如，中生的冬季落叶阔叶乔木生活型构成的是温带湿润区的地带性植被型，以它占优势的植被区域应划为温带落叶阔叶林区域。根据较低的生活型单位或植物种、属等分类群来划分的中、低级类型单位，则是划分中、低级植被区划单位的依据。一些重要的隐域性植被类型也可以作为较低级区划单位的依据。植被区划往往是根据植被类型的组合，即若干地带性植被类型组合、地带性植被和隐域性植被组合，或一系列山地垂直带植被组合类型划分或归并的。

（2）植物区系成分：构成植物群落类型的优势种或标志种的地理—历史成分，对于地区的地理性质或历史性质具有特殊的指示意义，并可据此进行定量统计分析。在以植被类型为分区依据时，考虑其优势和标志植物的分布界限以及历史成分，有助于揭示和认识各植被分区的性质。

（3）环境因子：植被与气候、地貌、土壤、水分等环境因子，尤其是主导的因子具有密切的相关性和在空间上分布的相对一致性。因此植被区划应当与这些自然地理要素的区划大致相符合或相对应。一些重要的生态气候指标，如最暖月、最冷月均温，生长期和无霜期，降水量及其季节分配，干燥度或湿润系数等，往往与某些重要的植被类型分布界限一致，可作为植被分区的重要参考数据。在地貌单元与植被类型及分区之间往往也存在着同一性，尤其是巨大的山系和高原，其边缘通常是大气候区的分界线，影响植物种类的迁移和发展，因而往往也是植被区划的界线。

区划方法：植被区划应在植被图的基础上进行。高级植被分区单位，如植被带或其下一级分区，可在小比例尺植被图上进行，中、低级分区则在相应的中、大比例尺植被图上划分。通常按照先水平地带性、后垂直地带性，先高级植被分类单位、后低级植被分类单位，先植物生活型高级单位、后低级单位，先大气候、大地貌因子作用，后中小地貌、基质作用的顺序，由高向低地划分各级植被分区单位。对区内各植物群落类型、区系成分及主导生态因子进行数量的多元分析，以定量地确定区内植被的一致性和各分区之间的相异性程度。高级植被分区之间的界线，可以通过精确的植被图以及植物群落类型和区系成分的数量指标的定量分析来确定。

植被区划体系：欧美植被区划体系较简单，级别较少，通常为4级：区域—省—区—小区；前苏联植被区划体系层次较复杂，相应于上述各单位还往往分为亚级。

中国从20世纪50年代起进行全国性的植被区划。侯学煜院士主编的《中国植被》（1980年）提出中国植被4级区划系统。第1级是植被区域，第2级是植被地带，第3级是植被分区，第4级是植被小区。在此基础上，2007年中国科学院中国植被图编辑委员会编制《中华人民共和国植被图（1∶1 000 000）》（张新时主编）。中国1∶100万植被图研制任务，是20世纪80年代国家农业委员会、国家科学技术委员会和中国科学院提出的国家重点研究课题之一。该研究课题经过以侯学煜和张新时院士先后为主编的三届编辑委员会、全国70个单位、260余研究人员耗时近30年的努力终于完成。该植被的分类系统由上而下共6级组成：一级是植被型组（如：针叶林，共11个），二级是植被型（如：寒温性针叶林，共53个），三级是植被亚型，四级是群系组，五级是群系（如：兴安落叶松林，共960个），六级是亚群系（如：兴安落叶松—白桦林）。

1.3.3 基于森林立地分类划分

森林立地是指一定空间内对林木生长发育有影响的所有环境因子的综合体。这些对林木生长发育有影响的环境因子也可称为森林立地因子。这种森林环境因子综合体的特征称为森林立地特征。森林立地分类系统的基本单元是森林立地类型，同一森林立地类型应是相同（相似）的森林环境综合体，它是林业工作中最基本的经营单元。森林经营者将根据森林立地类型编制森林立地图，进行森林立地质量评价，确定适宜树种和进行造林设计。

1982年开始，原林业部詹昭宁专家等开展全国森林立地分类研究，全国森林立地分类系统以森林生态学理论为基础，采用综合多因子与主导因子相结合途径，以与森林生产力密切相关的自然地理因子及其组合的分异性和自然综合体自然属性的相似性与差异性为依据进行分类。根据上述原则将我国先按综合自然条件的重大差异，概分为三大立地区域：东部季风森林立地区域、西北干旱立地区域、青藏高寒区域。再根据温度带、大地貌、中地貌、土壤容量分为森林立地带、森林立地区、森林立地类型区、森林立地类型。中国森林立地分类系统共划分3个立地区域、16个立地带、65个立地区、162个立地亚区。

1.4 森林生产力及分区研究存在的主要问题与发展趋势

1.4.1 存在的主要问题

传统的森林生产力评价多在行政单元、地理单元（如山地、平原、流域等）分区的基础上开展森林生产力分区，或是基于某一单个自然要素如地表植被、土壤等自然资源的地域分区框架基础上评价森林生产力，或者是由某一学科如森林经理学科基于森林生长量进行森林生产力评价与分区。这种单一学科、单一要素、局部的评价方法已难以有效地、科学地评价森林生产力，需要从整个森林生态系统的多功能（生态、社会、经济、碳汇、文化等）的角度综合研究和评价森林生产力。

森林生态系统森林生产力综合评价的基础是对森林生态系统多功能的全面认识和把握。而传统的森林生产力评价分区多以行政区划、气候区划、植被区划等为基础，缺乏森林生态系统区划。其次，传统的森林生产力评价分区指标多采用实物量（林木生长量）来评价森林木材生产的森林生产力，没有充分考虑评价地区的社会需求和森林的多功能。

由于多种原因，长期以来国内森林生产力研究基础非常薄弱，大多数林业院校和林业科研机构有经验的教学科研人员都已退休，再加上多年来缺乏相关研究课题，多数林业院校已不开设森林生产力评价相关课程和研究方向，也不培养高级专业研究人才，传统研究方法陈旧，研究水平还基本停留在20世纪60~70年代水平，与国际相差甚远，远远不能满足林业现代化建设和林业生产实际需求。

1.4.2 发展趋势

多学科参与、产学研结合开展森林生态系统森林生产力评价研究，提出森林生态系统综合森林生产力研究方法和技术，研究森林生态系统多功能(生态、经济、社会、碳汇、文化)与森林生产力的关系，提出系列森林生态系统多功能森林生产力评价方法和区划体系。

加强森林生产力评价基础研究，争取相关研究课题，开设森林生产力课程和研究方向，培养相关人才。

2 研究目标与研究方法

2.1 研究目标

依据自然地理条件的差异性、森林与气候等环境的相关性、林业发展潜力以及社会经济发展对林业的主导需求，分析全国地形、土壤、气候、植被及影像光谱等特性所反映的森林植被差异，制订森林植被分区方案；基于我国现有的气候区划和植被区划，以及全国森林立地分类系统研究成果，通过对全国森林样地森林生产力量化和分级研究，提出基于森林生产力要素的森林植被生产力区划方法与技术，为全国森林植被生产力区划工作提供科学、可行的方法和技术路线；形成全国森林植被生产力分区成果图，为开展基于森林生态分区的遥感生物量和碳储量建模提供生态分区成果，为开展境外典型森林类型遥感生物量建模提供生态分区依据，提高遥感森林生物量和碳储量模型的精度，支撑实现大区域森林生物量和碳储量遥感估算。

2.2 研究内容

2.2.1 森林潜在生产力影响因子研究

综合分析气候、植被、立地、林木生长量等对森林潜在生产力的影响，提出三级主导影响因子。一级主导影响因子指标选择气候（温度和湿度），二级主导影响因子指标选择植被，三级主导影响因子指标选择森林立地质量，构建森林潜在生产力三级评价指标体系。

2.2.2 森林潜在生产力分区方法和技术研究

首次利用我国森林资源清查体系的 41.5 万个样地数据，开展森林潜在生产力定量评价，提出归一化森林生产力定量评价模型，以时间、面积归一化到各优势树种（组）成熟林蓄积量作为评价森林潜在生产力的评价方法，研究提出森林潜在生产力分区指标体系和区划体系。

2.2.3 全国、主要林区和省级森林潜在生产力分区研究

综合上述 2.2.1 和 2.2.2 的研究内容，分别以全国、主要林区和省级 3 个空间尺度，分区研究其森林潜在生产力，绘制森林潜在生产力分区图。

2.3 研究方法

本研究主要采用了文献调查和比较研究相结合分析、宏观和中观及微观相结合研究、定性研究和定量相结合区划、模型模拟研究量化分级、多学科交叉融合出成果图的多种研究方法，其中主要研究成果森林生产力区划采用综合多因子分类与逐级控制相结合的方法，研究制定了三级森林生产力区划系统，即一级气候区划、二级植被区划、三级森林立地区划，然后基于三级区划框架，通过建模对不同树种森林生产力值量化，实现全国森林潜在生产力分区和量化分级目标。

（1）第一级区划以气候因子为主要区划指标，反映对森林生产力起到宏观控制作用的水热因子的地域分异规律，同时考虑地貌格局的影响，划分出气候条件不同的地区。

（2）第二级区划以植被类型因子为主要区划指标，反映森林生产潜力的客观格局。第

二级区划基于中国科学院植物研究所 2007 版的中华人民共和国植被分区成果数据，根据森林生长的特点对划分指标稍作调整，结合第一级区划结果，形成第二级区划成果。

（3）第三级区划以立地类型为主要区划指标，反映影响森林生长土壤因子分布格局。第三级区划基于詹昭宁研究的中国森林立地分类系统，实现全国森林立地分类区划。结合第二级区划结果，形成第三级区划。

（4）用森林的潜在生产力进行森林生产力分级。建立样地平均木材积—样地平均年龄模型，得到样地平均木材积随平均年龄变化的曲线，计算样地平均木刚刚生长到成熟龄时的材积，乘以样地刚刚达到成熟龄时的样木总株数，将各样地的蓄积量统一划为单位公顷面积的蓄积量。经过时间、面积归一化的蓄积量作为森林生产力分级的量化指标，而不以当前蓄积量来进行森林生产力分级，使分级结果更合理。

2.4 技术路线

森林生产力是森林生态系统的重要功能指标。为了体现气候水热条件、植被和土壤等自然因子对森林生产力的宏观控制作用，同时体现森林经营活动对我国森林生产力的现实影响，在综合分析气候、植被、立地和林木生长等对森林生产力影响的基础上，建立主导因子模型，研究森林生产力区划和量化分级的指标、区划体系，提出森林潜在生产力分区。具体技术路线见图 2-1。

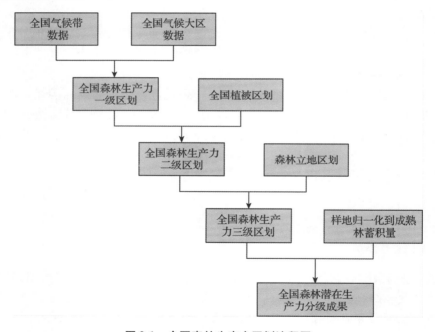

图 2-1　全国森林生产力区划流程图

3 全国森林潜在生产力宏观区划框架研究

3.1 以气候为主要区划指标的森林生产力一级区划框架

我国是典型季风气候国家，季风带来的水汽是中国大陆上降水的主要来源，为此，我国降水表现为东多西少。由于日照受纬度影响，我国气温呈南热北冷。温度和水分是气候区划的主要指标。中国气象局的中国气候区划成果数据依据中国各地区的气温指标和年干燥度指标，将全国气候区域划分气候带、气候大区两级区划。综合考虑中国气象局气候带和气候大区两级区划成果，通过空间叠加分析，得到兼顾气温和年干燥度两项指标的第一级气候区划成果。主要方法和流程如下：

3.1.1 按热量(温度)单项指标形成全国气候带区划

按照国家标准《中国气候区划名称与代码 气候带和气候大区》(GB/T 17297—1998)，气候带区划标准见表3-1。

表 3-1 气候带区划标准

序号	气候带名称	多年5天滑动平均气温稳定 通过 >10℃的天数(天)	>10℃的年积温(℃)
1	寒温带	< 100	< 1600
2	中温带	100 ~ 170	1600 ~ 3400
3	暖温带	171 ~ 217	3100 ~ 4800
4	北亚热带	218 ~ 238	
5	中亚热带	239 ~ 284	4800 ~ 7500
6	亚热带		
7	南亚热带	285 ~ 364	
8	边缘热带		7500 ~ 9000
9	中热带	365	9000 ~ 10000
10	赤道热带		> 10000
11	高原寒带	0	
12	高原亚温带	51 ~ 140	
13	高原温带	> 140	

对应的，按照中国气象局1994年气候地图，气候带区划结果如图3-1所示。

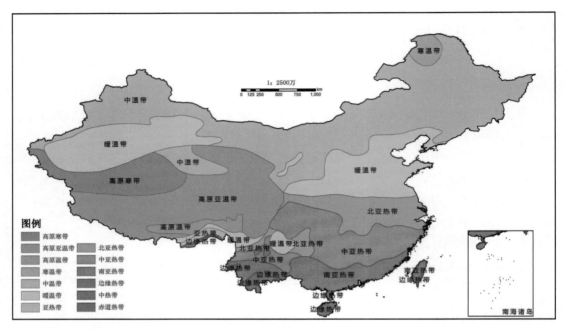

图 3-1 中国气候带区划专题图

注 1：本图显示采用 2000 国家大地坐标系（简称 CGCS2000），后续相关地图同该坐标系。

注 2：图中比例尺为制图比例尺，由于图书版面限制，本书编辑时已适当缩小成果图图片，因此图中比例尺非书中实际显示比例尺。以下同。

3.1.2 按水分（干燥度）单项指标形成全国气候大区区划

我国在气候上因受东亚季风影响，从沿海地带到内陆湿度逐渐减弱，气候大区以多年平均干燥度作为干湿划分指标。按气候大区区划标准，全国划分为湿润、亚湿润、亚干旱、干旱与极干旱 5 个大区。

原气候大区区划成果图如图 3-3 所示。

考虑到在干旱与极干旱区，森林生产力极低，因此合并这两类气候大区，将气候大区区划调整为湿润、亚湿润、亚干旱、干旱 4 个大区。区划标准见表 3-2。调整后的气候大区区划分布图如图 3-2 所示。

表 3-2 气候大区及新大区区划标准

序号	气候大区干湿程度	年干燥度	重区划气候大区干湿程度	重区划年干燥度
1	湿润	< 1.0	湿润	< 1.0
2	亚湿润	$1.0 \leqslant x < 1.6$	亚湿润	$1.0 \leqslant x < 1.6$
3	亚干旱	$1.6 \leqslant x < 3.5$	亚干旱	$1.6 \leqslant x < 3.5$
4	干旱	$3.5 \leqslant x < 16.0$	干旱	$\geqslant 3.5$
5	极干旱	$\geqslant 16.0$		

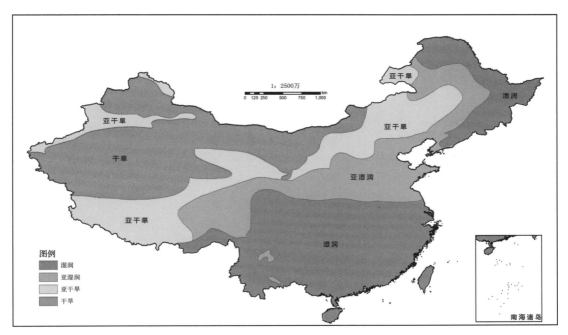

图 3-2　中国气候大区区划专题图

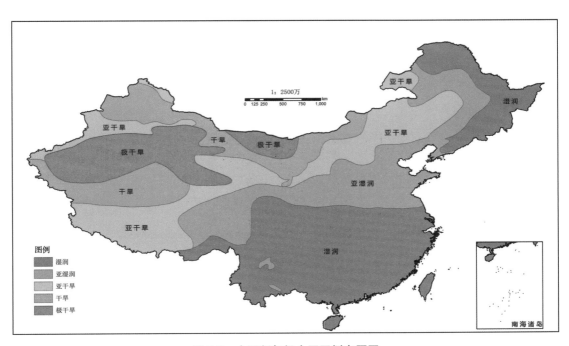

图 3-3　中国新气候大区区划专题图

3.1.3 综合两项气候因子生成全国森林生产力一级区划

综合考虑温度、水分两级指标，通过叠加分析，将中国气候区划成 23 个区域，形成本课题森林生产力一级区划成果，见表 3-3 和图 3-4。

表 3-3 森林生产力一级区划标准

序号	气候带	气候大区	森林生产力一级区划	多年 5 天滑动平均气温稳定通过 >10℃的天数	年干燥度
1	寒温带	湿润	寒温带—湿润地区	<100	<1.0
2	中温带	干旱	中温带—干旱地区	100~170	≥3.5
3		亚干旱	中温带—亚干旱地区	100~170	1.6≤x<3.5
4		亚湿润	中温带—亚湿润地区	100~170	1.0≤x<1.6
5		湿润	中温带—湿润地区	100~170	<1.0
6	暖温带	干旱	暖温带—干旱地区	171~217	≥3.5
7		亚湿润	暖温带—亚湿润地区	171~217	1.0≤x<1.6
8		湿润	暖温带—湿润地区	171~217	<1.0
9	北亚热带	湿润	北亚热带—湿润地区	218~238	<1.0
10	中亚热带	湿润	中亚热带—湿润地区	239~284	<1.0
11	亚热带	湿润	亚热带—湿润地区		<1.0
12	南亚热带	亚湿润	南亚热带—亚湿润地区	285~364	1.0≤x<1.6
13		湿润	南亚热带—湿润地区	285~364	<1.0
14	边缘热带	亚湿润	边缘热带—亚湿润地区	365	1.0≤x<1.6
15		湿润	边缘热带—湿润地区	365	<1.0
16	中热带	湿润	中热带—湿润地区	365	<1.0
17	赤道热带	湿润	赤道热带—湿润地区	365	<1.0
18	高原寒带	干旱	高原寒带—干旱地区	0	≥3.5
19	高原亚温带	亚干旱	高原亚温带—亚干旱地区	51~140	1.6≤x<3.5
20		亚湿润	高原亚温带—亚湿润地区	51~140	1.0≤x<1.6
21		湿润	高原亚温带—湿润地区	51~140	<1.0
22	高原温带	亚干旱	高原温带—亚干旱地区	>140	1.6≤x<3.5
23		亚湿润	高原温带—亚湿润地区	>140	1.0≤x<1.6

3.1.4 森林生产力一级区划生成案例

本研究以大兴安岭地区为示范区，探索研究森林生产力分区技术方法。大兴安岭地区包括内蒙古森工集团所辖林区和黑龙江大兴安岭公司所辖林区两部分，如图 3-5 所示。

按照大兴安岭的边界提取大兴安岭森林生产力一级区划，大兴安岭森林生产力一级区划单位为 3 个，如图 3-6。

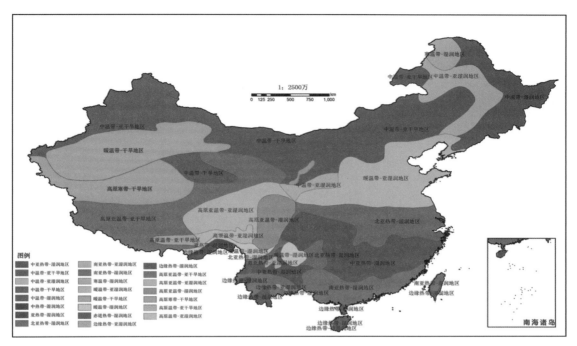

图 3-4　中国森林生产力一级区划专题图

图 3-5　大兴安岭林业边界

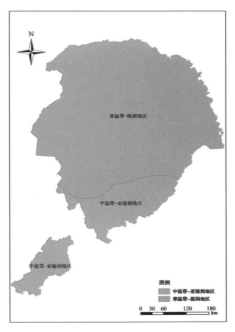

图 3-6　大兴安岭地区森林生产力一级区划专题图

3.2 以植被为主要区划指标的森林生产力二级区划框架

3.2.1 按植被指标形成的中国植被区划

中国植被区划成果[①]将中国区划为：寒温带针叶林、温带针阔叶混交林、暖温带落叶阔叶林、亚热带常绿阔叶林、热带雨林季雨林、温带草原、温带荒漠和青藏高原高寒植被8大植被区域。植被区划标准见表3-4，范围见图3-7。

表3-4 植被区划标准

序号	植被区域	地带性植被型	主要植物区系成分
1	寒温带针叶林	寒温性针叶林	温带亚洲成分，北极高山成分
2	温带针阔叶混交林	温性针阔叶混交林	温带亚洲成分，东亚(中国—日本)成分
3	暖温带落叶阔叶林	落叶阔叶林	东亚(中国—日本)成分，温带亚洲成分
4	亚热带常绿阔叶林	常绿阔叶林，常绿落叶阔叶混交林，季风常绿阔叶林	东亚(中国—日本)成分，中国—喜马拉雅成分
5	热带季雨林、雨林	季雨林(季节性)雨林	热带东南亚成分
6	温带草原	温性草原	亚洲中部成分，干旱亚洲成分，旧世界温带成分
7	温带荒漠	温带荒漠	亚洲中部成分，干旱亚洲成分
8	青藏高原高寒植被	高寒灌丛与草地干旱草原高寒荒漠	东亚(中国—喜马拉雅)成分，亚洲中部成分，青藏成分

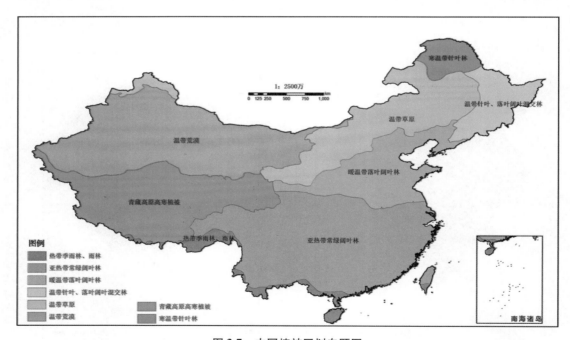

图3-7 中国植被区划专题图

---

① 2007年中国科学研究院.《中华人民共和国植被图(1:1000000)》. 张新时主编.

3.2.2 综合一级区划和植被区划形成全国森林生产力二级区划成果

综合气候区划、植被区划，通过叠加分析，将中国气候、植被区划成 28 个区域，形成全国森林生产力二级区划，见表 3-5。

表 3-5 二级森林生产力区划及区划结果

序号	植被分区	森林生产力一级	森林生产力二级
1	寒温带针叶林	寒温带—湿润地区	寒温带—湿润—针叶林
2	暖温带落叶阔叶林	暖温带—亚湿润地区	暖温带—亚湿润—落叶阔叶林
3	青藏高原高寒植被	高原温带—亚干旱地区	高原温带—亚干旱—高寒植被
4		高原亚温带—亚干旱地区	高原亚温带—亚干旱—高寒植被
5		高原亚温带—亚湿润地区	高原亚温带—亚湿润—高寒植被
6		高原亚温带—湿润地区	高原亚温带—湿润—高寒植被
7		高原寒带—干旱地区	高原寒带—干旱—高寒植被
8	热带季雨林、雨林	赤道热带—湿润地区	赤道热带—湿润—季雨林、雨林
9		中热带—湿润地区	中热带—湿润—季雨林、雨林
10		边缘热带—亚湿润地区	边缘热带—亚湿润—季雨林、雨林
11	热带季雨林、雨林	边缘热带—湿润地区	边缘热带—湿润—季雨林、雨林
12		亚热带—湿润地区	亚热带—湿润—季雨林、雨林
13	温带草原	暖温带—干旱地区	暖温带—干旱—草原
14		中温带—亚干旱地区	中温带—亚干旱—草原
15		中温带—亚湿润地区	中温带—亚湿润—草原
16	温带荒漠	暖温带—干旱地区	暖温带—干旱—荒漠
17		中温带—干旱地区	中温带—干旱—荒漠
18		中温带—亚干旱地区	中温带—亚干旱—荒漠
19		高原亚温带—亚干旱地区	高原亚温带—亚干旱—荒漠
20	温带针叶、落叶阔叶混交林	中温带—湿润地区	中温带—湿润—针叶、落叶阔叶混交林
21	亚热带常绿阔叶林	南亚热带—亚湿润地区	南亚热带—亚湿润—常绿阔叶林
22		南亚热带—湿润地区	南亚热带—湿润—常绿阔叶林
23		中亚热带—湿润地区	中亚热带—湿润—常绿阔叶林
24		北亚热带—湿润地区	北亚热带—湿润—常绿阔叶林
25		暖温带—湿润地区	暖温带—湿润—常绿阔叶林
26		高原温带—亚湿润地区	高原温带—亚湿润—常绿阔叶林
27		高原亚温带—亚湿润地区	高原亚温带—亚湿润—常绿阔叶林
28		高原亚温带—湿润地区	高原亚温带—湿润—常绿阔叶林

形成的全国森林生产力二级区划图如图 3-8 所示。

3.2.3 森林生产力二级区划生成案例

按照大兴安岭边界从全国森林生产力二级区划中提取大兴安岭森林生产力二级区划，大兴安岭二级森林生产力区划单位为 2 个，如图 3-9。

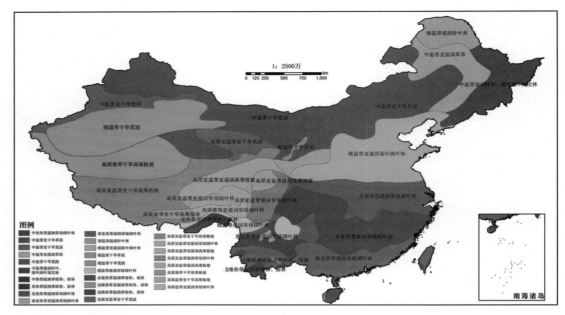

图 3-8　中国森林生产力二级区划专题图

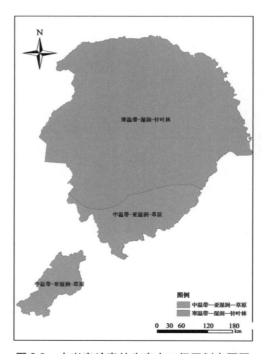

图 3-9　大兴安岭森林生产力二级区划专题图

3.3 以森林立地分类为主要区划指标的森林生产力三级区划框架

3.3.1 按森林立地指标形成的中国森林立地分类区划

3.3.1.1 中国现行立地区划标准和区划示意图

土壤、地形等条件是植物生长的决定性自然要素之一。我国林业系统很早就开展土壤、地形等自然地理条件对森林生产力影响的研究。1982 年开始，原林业部詹昭宁等专家开展全国森林立地分类研究，1989 年形成并公布了中国森林立地分类系统成果。该成果建立了我国林业三级立地分类系统，即立地区域、立地区、立地亚区（分别见图3-10，图3-11，图3-12）。为体现土壤、地形等自然条件对森林生产力的客观影响，本课题以该森林立地分类系统成果为依据，结合二级分区成果，开展森林生产力三级分区研究。

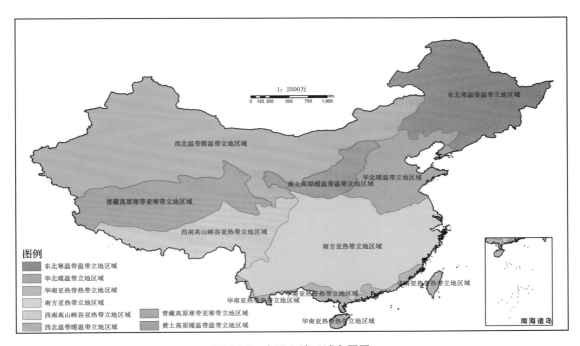

图 3-10 中国立地区域专题图

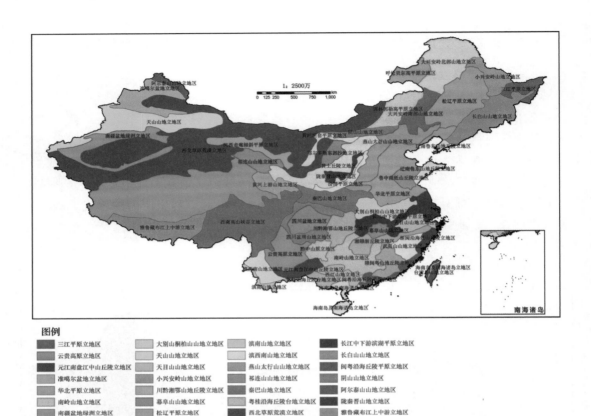

图例

三江平原立地区	大别山桐柏山山地立地区	滇南山地立地区	长江中下游滨湖平原立地区
云贵高原立地区	天山山地立地区	滇西南山地立地区	长白山山地立地区
元江南盘江中山丘陵立地区	天目山山地立地区	燕山太行山山地立地区	闽粤沿海丘陵平原立地区
准噶尔盆地立地区	小兴安岭山地立地区	祁连山山地立地区	阴山山地立地区
华北平原立地区	川黔湘鄂山地丘陵立地区	秦巴山地立地区	阿尔泰山山地立地区
南岭山地立地区	幕阜山山地立地区	粤桂沿海丘陵台地立地区	陇秦晋山地立地区
南疆盆地绿洲立地区	松江平原立地区	西北草原荒漠立地区	雅鲁藏布江上中游立地区
台湾岛地立地区	武夷山山地立地区	西南高山峡谷立地区	鲁中南低山丘陵立地区
呼伦贝尔高平原立地区	沿渭平原立地区	西江山地立地区	黄土丘陵立地区
四川盆周山地立地区	河西走廊倾斜平原立地区	赣闽粤山地丘陵立地区	黄河上游山地立地区
四川盆地立地区	浙闽沿海低山丘陵立地区	辽南辽东山地丘陵立地区	黄河河套平原立地区
大兴安岭北部山地立地区	海南岛及南海诸岛立地区	鄂尔多斯东部沙地立地区	黔中山原立地区
大兴安岭南部山地立地区	湘赣浙丘陵立地区	锡林郭勒高平原立地区	

图 3-11 中国立地区专题图

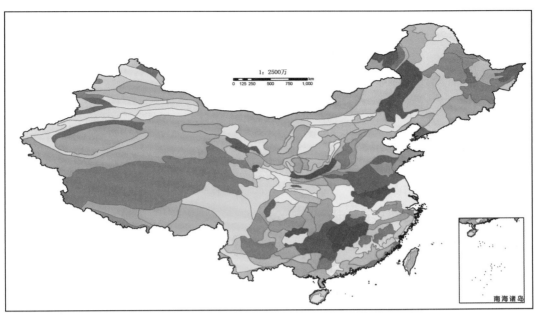

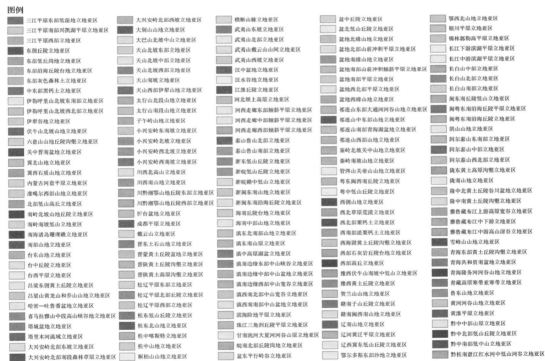

图例

三江平原东部低湿地立地亚区
三江平原南部兴凯湖平原立地亚区
三江平原西部立地亚区
东侧丘陵立地亚区
东部低丘岗地立地亚区
东部沿海丘陵台地立地亚区
东部灰色森林土立地亚区
中东部黑钙土立地亚区
伊勒呼里山北坡东部立地亚区
伊勒呼里山北坡西北部立地亚区
伊犁谷地立地亚区
伏牛山坡地立地亚区
六盘山山地丘陵沟谷立地亚区
关中晋南盆地立地亚区
冀北山地立地亚区
冀西石质山地立地亚区
内蒙古河套平原立地亚区
准噶尔西部山地立地亚区
北部低山高丘立地亚区
南岭北坡山地丘陵立地亚区
南岭南坡低山立地亚区
南海诸岛珊瑚礁立地亚区
南部山地立地亚区
台东山地立地亚区
台中丘陵立地亚区
台西平原立地亚区
吕梁东侧黄土丘陵立地亚区
吕梁山黄龙山和乔山山地立地亚区
哈密—吐鲁番盆地立地亚区
喜马拉雅山中段高山峡谷地立地亚区
塔城盆地立地亚区
塔里木河流域立地亚区
大兴安岭北部东坡立地亚区
大兴安岭北部南段森林草原立地亚区

大兴安岭北部西坡立地亚区
大别山山地立地亚区
大巴山北坡中山立地亚区
天山北坡东部立地亚区
天山北坡中部立地亚区
天山北坡西部立地亚区
天山南坡立地亚区
天山西部伊犁山山地立地亚区
太行山北段山地立地亚区
太行山南段山地立地亚区
子午岭山地立地亚区
小兴安岭东南坡立地亚区
小兴安岭北坡立地亚区
小兴安岭西北坡立地亚区
小兴安岭西南坡立地亚区
川西高山立地亚区
川西南山地立地亚区
川黔湘鄂山地丘陵东部立地亚区
川黔鄂山沿地陵西部立地亚区
忻台盆地立地亚区
成都平原立地亚区
戴云山立地亚区
晋东土石山立地亚区
晋蒙黄土丘陵立地亚区
晋陕黄土丘陵沟壑立地亚区
晋陕黄土丘陵沟壑立地亚区
松辽平原东部立地亚区
松辽平原北部丘陵立地亚区
松辽平原西部立地亚区
桂东北山地立地亚区
桂东南立地亚区
桂中喀斯特立地亚区
桂中山地立地亚区
楸柏山山地立地亚区

横断山脉立地亚区
武夷山东坡立地亚区
武夷山北部立地亚区
武夷山巅云山山间中山立地亚区
武夷山西坡立地亚区
汉中盆地立地亚区
汉水谷地立地亚区
江淮丘陵立地亚区
河北坝上高原立地亚区
河西走廊东部倾斜平原立地亚区
河西走廊中部倾斜平原立地亚区
河西走廊西部倾斜平原立地亚区
泰山鲁山北部立地亚区
泰山鲁山南部立地亚区
浙东低山立地亚区
浙皖低山立地亚区
浙皖赣中低山立地亚区
浙闽东南沿海丘陵立地亚区
海南东部台地立地亚区
海南中部山地立地亚区
滇东北部山地立地亚区
滇东南山立地亚区
滇中高原湖盆立地亚区
滇边绿东部中山峡谷立地亚区
滇南边绿西部中山盆地立地亚区
滇西北部中山宽谷立地亚区
滇西南部沿海中山盆地立地亚区
滨海南部平原立地亚区
珠江三角洲丘陵平原立地亚区
甘南洮河大夏河河谷山原立地亚区
皖西北部丘陵岗地立地亚区
盆东平行岭谷立地亚区

盆中丘陵立地亚区
盆北低山丘陵立地亚区
盆地缘山地立地亚区
盆地北部冲积平原立地亚区
盆地南部山地立地亚区
盆地南部冲积倾斜平原立地亚区
盆地西北部平原立地亚区
盆地西缘山地立地亚区
祁连山东部大通河河谷山地立地亚区
祁连山中东部山地立地亚区
祁连山南部青海湖盆地立地亚区
祁连山西部山地立地亚区
秦岭北坡关中山地立地亚区
秦岭南坡山地立地亚区
管涔山关帝山山地立地亚区
粤东闽西南丘陵立地亚区
粤中北坡丘陵立地亚区
西侧山地立地亚区
西北草原荒漠立地亚区
西北部栗钙土立地亚区
西南部淡栗钙土立地亚区
西海固黄土丘陵台地立地亚区
西部石灰岩山丘陵台地立地亚区
西部高丘立地亚区
豫西伏牛山南坡中山立地亚区
豫南黄土丘陵立地亚区
贺兰山山地立地亚区
赣南闽西南山地立地亚区
辽南立地亚区
辽河黄泛平原立地亚区
辽西冀东低山丘陵立地亚区
辽东低山丘陵立地亚区
鄂尔多斯东部沙地立地亚区

鄂西北山地立地亚区
银川平原立地亚区
锡林郭勒高平原立地亚区
长江下游滨湖平原立地亚区
长江中游滨湖平原立地亚区
长白山中部立地亚区
长白山北部立地亚区
长白山西部立地亚区
闽东南低丘立地亚区
闽粤东南沿海丘陵平原立地亚区
闽粤东南沿海丘陵立地亚区
阴山山地立地亚区
阿尔泰山东部立地亚区
阿尔泰山南部立地亚区
阿尔泰山西北部立地亚区
陇东黄土高原沟壑立地亚区
陇南山地立地亚区
隆中北黄土丘陵谷川盆谷立地亚区
隆中南部黄土丘陵沟壑立地亚区
雅鲁藏布江上游高原宽谷立地亚区
雅鲁藏布江中下游立地亚区
雅鲁藏布江中游高山深谷立地亚区
雪峰山山地立地亚区
青海东部黄土丘陵沟壑立地亚区
青海共和贵南盆地立地亚区
青海隆务河河谷山地立地亚区
青藏高原寒带亚寒带立地亚区
鲁东山地立地亚区
黄河河谷立地亚区
黄淮平原立地亚区
黔中部山地立地亚区
黔中北部低山丘陵立地亚区
黔中南部山地中山立地亚区
黔桂南盘江水河中低山河谷立地亚区

图 3-12 中国立地亚区专题图

3.3.1.2 森林立地分类图配准

原林业部研究形成的 1989 年中国森林立地分类系统成果由于建立时间较早, 彼时并无数字化矢量成果, 因此, 本课题利用 GIS, 对该数据进行数字化处理。以下以大兴安岭为案例, 详细说明森林立地分类区划数字化建立过程。

基于国家基础地理信息中心提供的 1∶100 万基础地理数据 (2002 年公示版) (以后涉及基础地理数据均来源该数据), 对扫描后的森林立地分类图进行配准, 见图 3-13。

3.3.1.3 森林立地区划数字化成果案例

基于配准后的森林立地分类图, 以大兴安岭为例, 综合当地的地貌和气候特点, 以大兴安岭林业界限为控制图, 对大兴安岭地区进行立地亚区的划分, 见图 3-14。

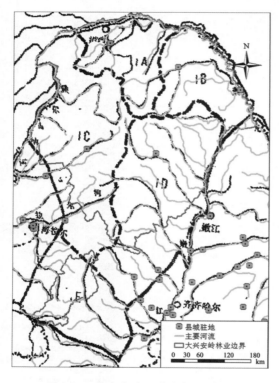

图 3-13 大兴安岭立地分类配准图

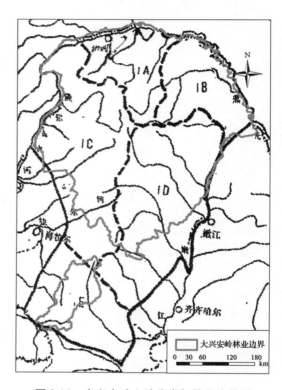

图 3-14 大兴安岭立地分类与林业边界图

将大兴安岭划分为 5 个立地亚区: 伊勒呼里山北坡西北部立地亚区、伊勒呼里山北坡东南部立地亚区、大兴安岭北部西坡立地亚区、大兴安岭北部东坡立地亚区和大兴安岭北部南段森林草原立地亚区。如图 3-15 所示。

图 3-15 大兴安岭立地亚区划图

3.3.2 综合二级区划和立地区划形成全国森林生产力三级区划

利用全国森林生产力二级区划，叠加全国森林生产力二级区划和全国立地区划，得到全国森林生产力三级区划。见图 3-16。

3.3.3 森林生产力三级区划生成案例

根据全国森林生产力三级区划结果，以大兴安岭林区为例，生成大兴安岭森林生产力三级区划。需要说明的是，由于大兴安岭数据与全国森林生产力三级区划成果数据精度不一致，导致提取的大兴安岭森林生产力三级区划数据在边界边缘出现不少细小的破碎斑块。因此，对大兴安岭森林生产力三级区划数据进行了处理，根据就近原则，将破碎斑块就近合并到最近的大斑块中。

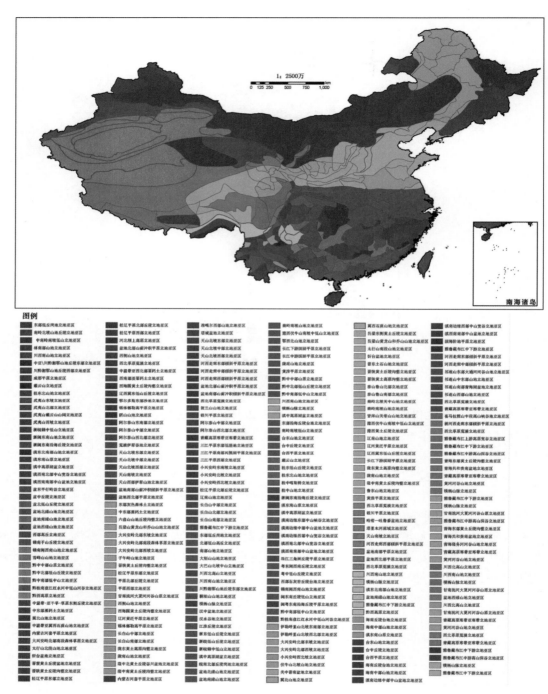

图 3-16 全国森林生产力三级区划专题图

大兴安岭森林生产力三级区划单位为 7 个，如图 3-17。

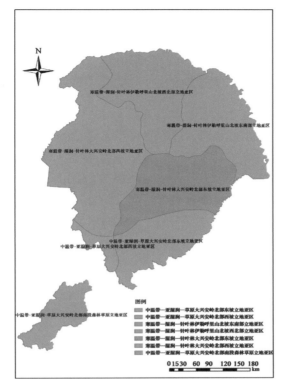

图 3-17　大兴安岭森林生产力三级区划专题图

4 归一化森林潜在生产力量化分级研究

以大兴安岭地区为案例，说明森林生产力量化分级方法和过程。

4.1 基于森林资源清查样地的林分生长模型的建立

单位面积蓄积量标志着林地生产力的高低及经营措施的效果。本书在立地区划结果基础上，根据内蒙古大兴安岭第 6 期、第 7 期森林资源清查(以下简称一类清查)样地数据和黑龙江大兴安岭第 6 期、第 7 期森林资源清查(以下简称一类清查)样地数据，提取大兴安岭各立地亚区的样地数据，筛选出两期地类是乔木林地和疏林地的样地，根据立地亚区的主要树种，建立样地优势树种蓄积量生长模型，并归一该树种到成熟林时单位公顷的蓄积值，以此作为量化样地森林生产力的依据，根据森林生产力分级标准确定各立地亚区的森林生产力等级。

4.1.1 林分生长模型建模方案比选分析

根据大兴安岭地区的样地数据，建立各优势树种的生长模型，在建模过程中，选用了不同的方法和变量，现将使用过的方法比较归纳，见表4-1。

表4-1 大兴安岭地区建模方法比较

方案	模型类别	变量选取	数据选取	选用模型	特点
1	林分生长模型	林木蓄积量，样地平均年龄	大兴安岭第6、7期样地数据	线性函数、二次函数、幂函数、S型函数、生长函数	1. 未进行样地对应； 2. 选取的线性函数、幂函数、二次函数不符合林木的生长规律； 3. 分树种组，覆盖所有树种
2	单木生长模型	林木蓄积量，样木总株数，样地平均年龄	大兴安岭第6、7期样地、样木数据	线性函数、二次函数、幂函数、S型函数、生长函数	1. 未进行样地对应； 2. 选取的线性函数、幂函数、二次函数不符合林木的生长规律； 3. 减少了因为采伐造成的株数误差问题，需要考虑样木株数变化问题，枯损模型精度很低； 4. 分树种组，覆盖所有树种
3	林分＋单木组合预测模型	林木蓄积量，样木总株数，样地平均年龄	大兴安岭第6、7期样地、样木数据	线性函数、二次函数、幂函数、S型函数、生长函数	1. 进行了两期的样地对应，剔除了采伐样地； 2. 选取的线性函数、幂函数、二次函数不符合林木的生长规律； 3. 需要考虑样木株数变化问题，枯损模型精度很低； 4. 分树种组，覆盖所有树种

（续）

方案	模型类别	变量选取	数据选取	选用模型	特点
4	林分生长模型	林木蓄积量，样地平均年龄	大兴安岭第6、7期数据样地	S型函数、理论生长方程	1. 根据立地亚区提取大兴安岭第6、7样地数据，数据前后两期对应，第7期的采伐数据加到第7期的林木蓄积量中，使第6、7期数据构成生长序列； 2. 采用的生长模型符合林木生长规律，减少了计算； 3. 建立主要树种的生长模型
5	林分生长模型	林木蓄积量，样地平均年龄	大兴安岭第6、7期数据样地	理论生长方程	1. 根据立地亚区提取大兴安岭第6、7样地数据，数据前后两期对应，第7期的采伐数据加到第7期的林木蓄积量中，使第6、7期数据构成生长序列； 2. 采用的生长模型符合林木生长规律，减少了计算； 3. 建立主要树种的生长模型； 4. 采用理论生长方程建立普通回归模型后，以通用权函数建立加权回归模型

对于各优势树种的处理有两种思路：

（1）参照内蒙古大兴安岭当地的树种材积表，对大兴安岭地区的树种进行树种组划分，将整个大兴安岭地区划分出7个优势树种（组），然后建模。这种思路希望把所有优势树种都考虑进去，所有有优势树种的样地都能通过模型计算出归一化蓄积量。

（2）分立地亚区提取出样地数据后，根据各立地亚区的主要树种建立优势树种的生长模型，其他非主要树种则略去不计。

本书经过比较分析，最终选取第2种思路。

4.1.2 建模数据筛选

根据大兴安岭划分的立地亚区，提取每个立地亚区的样地数据，对提取的立地亚区样地数据进行筛选。

筛选的条件如下：

（1）乔木林地或疏林地的地类。剔除地类是国家特别规定的灌木林地、其他灌木林地、未成林造林地、未成林封育地、采伐迹地、火烧迹地、宜林荒山荒地、林业辅助生产用地、耕地、牧草地、水域、未利用地、城乡居民建设用地、其他用地的样地。

（2）前后调查不发生变化的地类。被剔除的样地或者没有划分起源，或者没有样地平均年龄，或者优势树种是灌木，无法进行以林木蓄积量为因变量，样地平均年龄为自变量的曲线拟合。

大兴安岭地区包括内蒙古大兴安岭和黑龙江大兴安岭两部分，其中内蒙古大兴安岭样地1680个，黑龙江大兴安岭样地1307个，现根据立地亚区说明大兴安岭第6、7期样地的筛选情况，见表4-2。

表 4-2　大兴安岭地区样地筛选情况

序号	立地亚区	期	样地总数	筛选样地数	所占比例/%
1	大兴安岭北部西坡立地亚区	第 6 期	916	786	86
		第 7 期	916	788	86
2	伊勒呼里北坡西北部立地亚区	第 6 期	502	441	88
		第 7 期	502	443	88
3	伊勒呼里北坡东南部立地亚区	第 6 期	508	392	77
		第 7 期	508	369	73
4	大兴安岭北部东坡立地亚区	第 6 期	848	542	64
		第 7 期	848	556	66
5	大兴安岭北部南段森林草原立地亚区	第 6 期	193	151	78
		第 7 期	193	155	80

4.1.3　建模树种的选取

对筛选出的立地亚区的乔木林地和疏林地样地数据，分别统计每个优势树种的样地数和样地的起源，对样地数大于 50 的优势树种建模，其他样地数小于 50 的优势树种暂不予建模。

表 4-3　各立地亚区分优势树种样地数统计

序号	立地亚区	优势树种	起源	样地数
1	大兴安岭北部西坡立地亚区	落叶松	人工	38
		落叶松	天然	830
		樟子松	天然	31
		栎类	天然	6
		桦木	天然	299
		白桦	天然	288
		枫桦	天然	1
		榆树	天然	1
		硬阔	天然	1
		杨树	天然	70
		柳树	天然	1
		软阔	天然	4

（续）

序号	立地亚区	优势树种	起源	样地数
2	伊勒呼里北坡西北部立地亚区	云杉	人工	4
		云杉	天然	6
		落叶松	人工	42
		落叶松	天然	408
		樟子松	天然	30
		樟子松	人工	2
		桦木	天然	185
		白桦	天然	170
		杨树	天然	34
		柳树	天然	1
		软阔	天然	1
3	伊勒呼里北坡东南部立地亚区	云杉	天然	24
		落叶松	人工	9
		落叶松	天然	274
		樟子松	天然	3
		栎类	天然	7
		桦木	天然	227
		白桦	天然	156
		杨树	天然	49
		柳树	天然	1
		软阔	天然	1
4	大兴安岭北部东坡立地亚区	落叶松	天然	347
		落叶松	人工	12
		栎类	天然	220
		桦木	天然	215
		白桦	天然	167
		榆树	天然	1
		硬阔	天然	1
		杨树	天然	132
		柳树	天然	1
		软阔	天然	2

（续）

序号	立地亚区	优势树种	起源	样地数
5	大兴安岭北部南段森林草原立地亚区	落叶松	人工	24
		落叶松	天然	133
		桦木	天然	132
		白桦	天然	3
		杨树	天然	15

从表4-3中可以筛选大兴安岭各立地亚区的建模树种如表4-4。

表4-4　大兴安岭各立地亚区主要建模树种

序号	立地亚区	优势树种	起源	样地数
1	大兴安岭北部西坡立地亚区	落叶松	天然	830
		桦木	天然	299
		白桦	天然	288
2	伊勒呼里北坡西北部立地亚区	落叶松	天然	408
		桦木	天然	185
		白桦	天然	170
3	伊勒呼里北坡东南部立地亚区	落叶松	天然	274
		桦木	天然	227
		白桦	天然	156
4	大兴安岭北部东坡立地亚区	落叶松	天然	347
		栎类	天然	220
		桦木	天然	215
		白桦	天然	167
		杨树	天然	132
5	大兴安岭北部南段森林草原立地亚区	落叶松	天然	133
		桦木	天然	132

4.1.4　分树种建立林分蓄积量生长模型

整理好数据后，提取80%的数据作为建模数据，20%的数据作为检验数据（表4-5）。

根据筛选出的优势树种样地数据，以整理后的林木蓄积量作为因变量，以样地的平均年龄作为自变量，剔除异常数据，根据样地数据散点图的总体趋势，选取不同的方程拟合生长曲线（表4-6）。

表 4-5 数据使用情况统计

序号	立地亚区	优势树种	起源	总样地数	建模样地	所占比例/%
1	大兴安岭北部西坡立地亚区	落叶松	天然	786	588	75
		白桦	天然	587	521	89
2	伊勒呼里北坡西北部立地亚区	落叶松	天然	408	282	70
		白桦	天然	355	233	66
3	伊勒呼里北坡东南部立地亚区	落叶松	天然	274	214	78
		白桦	天然	320	230	72
4	大兴安岭北部东坡立地亚区	落叶松	天然	347	237	68
		栎类	天然	220	153	70
		白桦	天然	334	269	81
		杨树	天然	132	101	77
5	大兴安岭北部南段森林草原立地亚区	落叶松	天然	133	92	69
		白桦	天然	132	87	66

表 4-6 主要树种建模数据统计

立地亚区	优势树种	统计量	样本数	最小值	最大值	平均值	标准差
大兴安岭北部东坡立地亚区	落叶松	平均年龄	237	42	155	67.32	30.3510
		林木蓄积量		1.009	14.782	6.3892	3.2310
	白桦	平均年龄	269	3	160	49.32	26.6100
		林木蓄积量		0.0000	11.7400	3.8363	2.6247
	栎类	平均年龄	153	6	160	61.74	35.1970
		林木蓄积量		0.0170	7.1290	3.2488	2.0604
	杨树	平均年龄	101	7	80	41.66	14.1000
		林木蓄积量		0.0000	13.1370	5.8596	3.4956
大兴安岭北部南段森林草原立地亚区	落叶松	平均年龄	92	18	155	49.79	15.6800
		林木蓄积量		0.0460	11.0690	5.5243	2.7485
	白桦	平均年龄	87	15	77	48.03	12.1100
		林木蓄积量		0.0520	10.5430	5.6137	2.7251
大兴安岭北部西坡立地亚区	落叶松	平均年龄	588	5	218	83.79	44.9900
		林木蓄积量		0.0000	16.2690	5.1933	3.3004
	白桦	平均年龄	521	0	190	55.79	18.7000
		林木蓄积量		0.0000	13.3730	5.4551	2.8684

（续）

立地亚区	优势树种	统计量	样本数	最小值	最大值	平均值	标准差
伊勒呼里山北坡东南部立地亚区	落叶松	平均年龄	214	15	175	57.76	27.1500
		林木蓄积量		0.2890	13.6260	5.3912	2.6571
	杨树	平均年龄	50	10	70	44.82	15.2200
		林木蓄积量		0.1110	14.9060	6.1166	3.3537
	白桦	平均年龄	230	10	90	43.52	13.1600
		林木蓄积量		0.0000	9.7210	4.0273	2.4172
伊勒呼里山北坡西北部立地亚区	落叶松	平均年龄	282	15	190	93	40.5500
		林木蓄积量		0.3180	14.4190	5.5703	3.0976
	白桦	平均年龄	233	12	85	43.88	19.6100
		林木蓄积量		0.0130	12.6390	4.3258	3.0188

S 型生长模型能够合理地表示树木或林分的生长过程和趋势，避免了其他模型只在某一生长阶段的拟合精度高，而不能完整体现树木或林分生长趋势的弊端，而本方案的目的是预测林分达到成熟林时的蓄积量，S 型生长模型得到的值在比较合理的范围内。表4-7为拟合所用的生长模型。

表 4-7   拟合所用的生长模型

序号	生长模型名称	生长模型公式
1	Richards 模型	$y = A\left(1 - e^{-kx}\right)^{B}$
2	单分子模型	$y = A(1 - e^{-kx})$
3	Logistic 模型	$y = A/(1 + Be^{-kx})$
4	Korf 模型	$y = Ae^{-Bx-k}$

其中，y 为样地的林木蓄积量，x 为林分年龄，A 为树木生长的最大值参数，k 为生长速率参数，B 为与初始值有关的参数。

经过数据拟合，得出各模型的参数和拟合优度及总相对误差，选取各立地亚区各树种的最合适拟合方程，整理如表4-8。

表 4-8　大兴安岭各立地亚区主要树种模型

立地亚区	优势树种	模型	生长方程	参数标准差			R^2	TRE/%
				A	B	k		
大兴安岭北部东坡立地亚区	落叶松	Logistic 普通	$y = 11.472/(1 + 6.3724e^{-0.0305x})$	1.6173	3.5124	0.0122	0.48	0.1143
		Logistic 加权	$y = 12.566/(1 + 4.9205e^{-0.0236x})$	3.3142	1.4342	0.0109		0.0950
	白桦	Logistic 普通	$y = 6.3759/(1 + 38.033e^{-0.0924x})$	0.2735	15.6202	0.0113	0.58	-0.0946
		Logistic 加权	$y = 6.3759/(1 + 38.033e^{-0.0924x})$	0.2894	27.8477	0.0116		2.1580
	栎类	Logistic 普通	$y = 5.3404/(1 + 18.6087e^{-0.0644x})$	0.2047	6.5008	0.0090	0.70	-0.0594
		Logistic 加权	$y = 4.9578/(1 + 26.0759e^{-0.0792x})$	0.3546	6.3419	0.0091		1.4745
	杨树	Richards 普通	$y = 17.1998(1 - e^{-0.0283x})^{2.9001}$	6.7263	1.3702	0.0167	0.63	-0.1661
		Richards 加权	$y = 13.0244(1 + e^{-0.0404x})^{3.7178}$	3.4998	0.9885	0.0133		0.3884
大兴安岭北部南段森林草原立地亚区	落叶松	Logistic 普通	$y = 5.8971/(1 + 25993.7476e^{-0.3018x})$	0.1885	77710.7343	0.0858	0.72	0.0458
		Logistic 加权	$y = 5.8611/(1 + 31056.1843e^{-0.3095x})$	0.2157	14591.0268	0.0171		0.0179
	白桦	Logistic 普通	$y = 10.8372/(1 + 22.5444e^{-0.0666x})$	2.2647	14.0673	0.0212	0.50	-0.0224
		Logistic 加权	$y = 8.8067/(1 + 42.664e^{-0..0925x})$	1.3376	22.5799	0.0191		0.3791
大兴安岭北部西坡立地亚区	落叶松	Richards 普通	$y = 10.3262(1 - e^{-0.0131x})^{1.3282}$	1.4085	0.4035	0.0056	0.62	-0.3541
		Richards 加权	$y = 8.2875(1 - e^{-0.0289x})^{2.6147}$	0.5907	0.4554	0.0052		0.7106
	白桦	Logistic 普通	$y = 7.6341/(1 + 59.6928e^{-0..103x})$	0.3325	46.1414	0.0200	0.74	-0.3068
		Logistic 加权	$y = 7.1087/(1 + 205.4281e^{-0.1445x})$	0.3243	64.6380	0.0112		0.9537

（续）

立地亚区	优势树种	模型	生长方程	参数标准差			R^2	TRE/%
				A	B	k		
伊勒呼里北坡东南部立地亚区	落叶松	单分子普通	$y = 16.2358(1 - e^{-0.0068x})$	3.0158		0.0068	0.70	0.5886
		Richards加权	$y = 15.90970(1 - e^{-0.0146x})^{1.5147}$	20.4284	0.2413	0.0041		0.4346
	白桦	Logistic普通	$y = 7.147/(1 + 63.157e^{-0.1034x})$	0.4027	34.7489	0.0156	0.85	0.1068
		Logistic加权	$y = 6.7647/(1 + 79.4823e^{-0.1144x})$	0.6352	19.4469	0.0108		0.2605
伊勒呼里北坡西北部立地亚区	落叶松	Richards普通	$y = 8.1218(1 - e^{-0.031x})^{3.1422}$	0.4115	1.3332	0.0079	0.60	0.0246
		Richards加权	$y = 8.2692(1 - e^{-0.0287x})^{2.8796}$	0.4776	0.3500	0.0039		0.1141
	白桦	Richards普通	$y = 7.1713(1 - e^{-0.0632x})^{5.5015}$	0.4994	2.5587	0.0157	0.79	-0.0319
		Richards加权	$y = 7.6597(1 - e^{-0.0519x})^{4.2357}$	1.0427	0.9136	0.0118		0.2854

为了消除普通回归模型中的异方差，采用加权回归分析方法（曾伟生，2013；曾伟生等，1999；张会儒等，1999），得到大兴安岭地区各优势树种（组）蓄积量—年龄回归分析图 4-1 ~ 图 4-12。

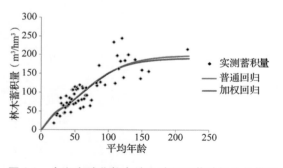

图4-1　大兴安岭北部东坡立地亚区落叶松生长模型

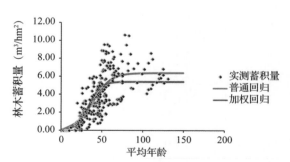

图4-2　大兴安岭北部东坡立地亚区白桦生长模型

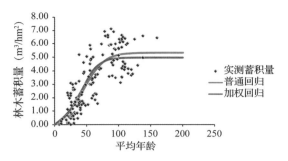

图 4-3 大兴安岭北部东坡立地亚区栎类生长模型　　图 4-4 大兴安岭北部东坡立地亚区杨树生长模型

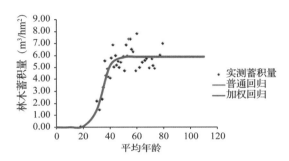
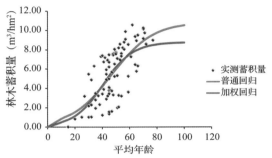

图 4-5 大兴安岭北部南段森林草原立地亚区落叶松生长模型　　图 4-6 大兴安岭北部南段森林草原立地亚区白桦生长模型

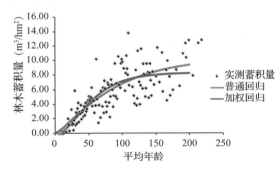
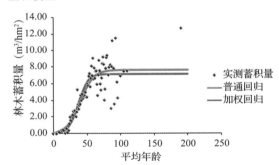

图 4-7 大兴安岭北部西坡立地亚区落叶松生长模型　　图 4-8 大兴安岭北部西坡立地亚区白桦生长模型

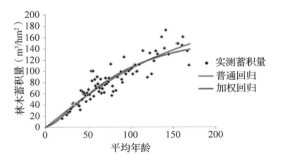
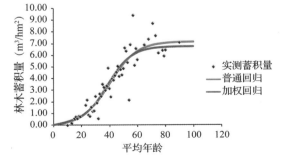

图 4-9 伊勒呼里山北坡东南部立地亚区落叶松生长模型　　图 4-10 伊勒呼里山北坡东南部立地亚区白桦生长模型

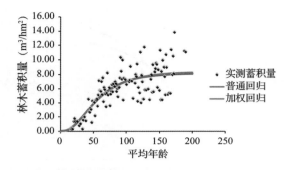

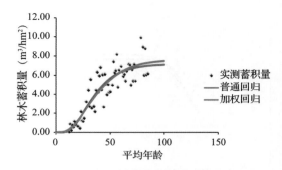

图 4-11 伊勒呼里山北坡西北部立地亚区落叶松生长模型

图 4-12 勒呼里山北坡西北部立地亚区白桦生长模型

4.1.5 林分蓄积量生长模型的检验

模型的检验过程是以生长方程计算出的林木预测蓄积量为自变量，以样地的实测林木蓄积量作为因变量，建立线性回归方程。大兴安岭地区各优势树种（组）蓄积量模型检验结果如图 4-13 ~ 图 4-24。

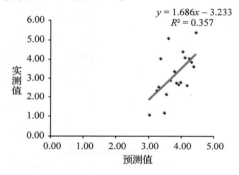

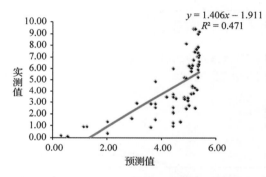

图 4-13 大兴安岭北部东坡立地亚区落叶松生长模型检验

图 4-14 大兴安岭北部东坡立地亚区白桦生长模型检验

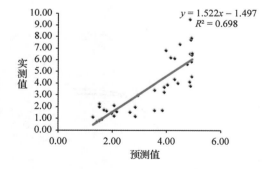

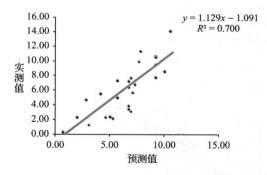

图 4-15 大兴安岭北部东坡立地亚区栎类生长模型检验

图 4-16 大兴安岭北部东坡立地亚区杨树生长模型检验

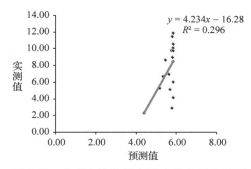

图 4-17　大兴安岭北部南段森林草原立地亚区落叶松生长模型检验

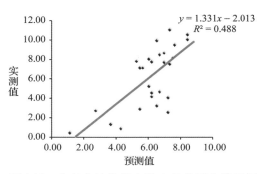

图 4-18　大兴安岭北部南段森林草原立地亚区白桦生长模型检验

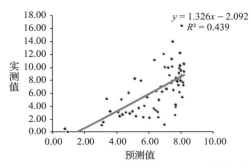

图 4-19　大兴安岭北部西坡立地亚区落叶松生长模型检验

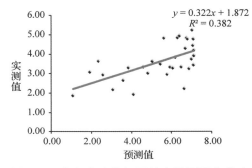

图 4-20　大兴安岭北部西坡立地亚区白桦生长模型检验

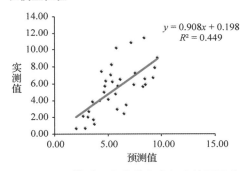

图 4-21　伊勒呼里山北坡东南部立地亚区落叶松生长模型检验

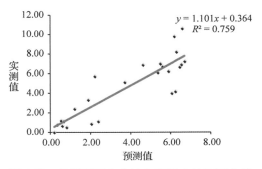

图 4-22　伊勒呼里山北坡东南部立地亚区白桦生长模型检验

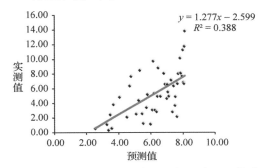

图 4-23　伊勒呼里山北坡西北部立地亚区落叶松生长模型检验

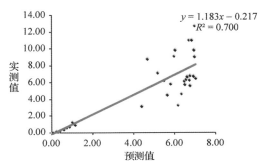

图 4-24　伊勒呼里山北坡西北部立地亚区白桦生长模型检验

4.2 森林潜在生产力量化分级

4.2.1 归一化后主要树种成熟林公顷蓄积量

根据《国家森林资源连续清查主要技术规定》和《大兴安岭地区森林资源调查技术规程》确定各树种组的龄组划分和成熟林年龄(表4-9)。

表4-9 大兴安岭地区树种成熟年龄

序号	树种	起源	龄级	成熟林
1	云杉	天然	20	121～160
		人工	10	81－120
2	落叶松、樟子松	天然	20	101～140
		人工	10	41～60
3	白桦、杨、柳、软阔	人工	10	41～60
		天然	10	61～80
4	黑桦、榆树、枫桦	天然	20	81～120
		人工	10	41～60
5	栎类、硬阔	天然	20	81～120
		人工	10	51～70

根据各样地的优势树种的成熟林年龄,用相应立地亚区的优势树种林分生长方程推算各树种的成熟林蓄积量,计算得出各优势树种的样地蓄积。大兴安岭的样地面积是10 m × 60 m = 600 m^2,归一化到单位公顷面积上的蓄积量,单位面积、龄组归一到成熟林蓄积量公式是:

$$M = (龄组归一到成熟林蓄积量/600) \times 10000$$

归一化后的大兴安岭立地亚区主要树种成熟林蓄积量如表4-10、图4-25～图4-27。

表4-10 大兴安岭立地亚区主要树种成熟林蓄积量

序号	立地亚区	树种	起源	成熟年龄	成熟林公顷蓄积量/(m^3/hm^2)
1	大兴安岭北部东坡立地亚区	落叶松	天然	100	142.9975
		白桦	天然	60	87.4199
		栎类	天然	80	78.9818
		杨树	天然	60	153.7701
2	大兴安岭北部南段森林草原立地亚区	落叶松	天然	100	97.6850
		白桦	天然	60	125.8976

（续）

序号	立地亚区	树种	起源	成熟年龄	成熟林公顷蓄积量/（m³/hm²）
3	大兴安岭北部西坡立地亚区	落叶松	天然	100	118.9436
		白桦	天然	60	114.4427
4	伊勒呼里山北坡东南部立地亚区	落叶松	天然	100	134.8895
		白桦	天然	60	104.1008
5	伊勒呼里山北坡西北部立地亚区	落叶松	天然	100	116.4972
		白桦	天然	60	105.3106

图4-25　大兴安岭落叶松蓄积量分布图

图4-26　大兴安岭白桦蓄积量分布图

图4-27 大兴安岭杨树蓄积量分布图

4.2.2 中国森林成熟公顷蓄积量等级划分标准

根据全国第7次森林资源连续清查结果，中国各省（自治区、直辖市）成熟林平均公顷蓄积量如表4-11和图4-28所示。

表4-11 各省平均公顷蓄积量

统计单位	面积/100hm²	蓄积量/100m³	单位蓄积量/（m³/hm²）
全国	187125	31587222	169
北京	209	17788	85
天津	44	2282	52
河北	1350	81136	60
山西	1118	63577	57
内蒙古	26306	2542044	97
辽宁	2494	305194	122
吉林	13985	2532931	181
黑龙江	16382	1970177	120
上海	8	835	104
江苏	361	19633	54
浙江	1724	149730	87

（续）

统计单位	面积/100hm²	蓄积量/100m³	单位蓄积量/(m³/hm²)
安徽	1386	141235	102
福建	6327	923853	146
江西	2625	237442	90
山东	720	43747	61
河南	823	64584	78
湖北	1408	121616	86
湖南	6147	626440	102
广东	4124	315080	76
广西	4564	484909	106
海南	1006	184549	183
重庆	1653	164207	99
四川	23975	4550559	190
贵州	1794	267537	149
云南	17324	3206388	185
西藏	32032	10273588	321
陕西	8381	751679	90
甘肃	3316	462095	139
青海	680	77975	115
宁夏	32	895	28
新疆	4827	1003517	208

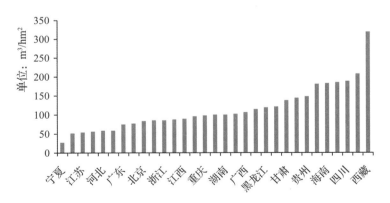

图 4-28　中国各地成熟林蓄积量

得知我国成熟林公顷蓄积量范围在 28～321m³/hm² 之间，现将其划分为 10 级（单位为 m³/hm²）具体分级标准如表 4-12。

表 4-12　公顷蓄积量分级结果　　　　　　　　　　　　单位：m³/hm²

级别	1 级	2 级	3 级	4 级	5 级
公顷蓄积量	≤30	30～60	60～90	90～120	120～150
级别	6 级	7 级	8 级	9 级	10 级
公顷蓄积量	150～180	180～210	210～240	240～270	≥270

4.2.3　样地归一化蓄积量等级划分

根据归一化后主要树种成熟林公顷蓄积量，计算大兴安岭地区所有有林地样地归一化到成熟林阶段蓄积量。根据成熟林公顷蓄积量等级划分标准，确定有林地样地归一化蓄积量等级（图 4-29）。

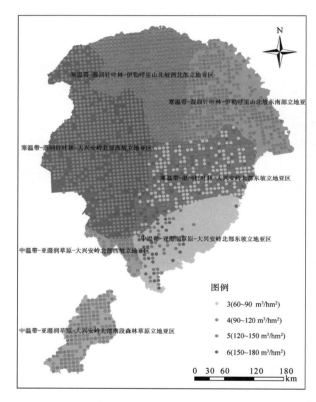

图 4-29　大兴安岭样地归一化到成熟林蓄积量分布图

4.2.4　样地所在分区森林生产力量化分级

基于大兴安岭森林生产力三级区划框架，以及所在区域样地归一化蓄积量等级量化结果，对每个立地亚区森林潜在生产力进行量化分级，区划结果见图 4-30 和图 4-31。

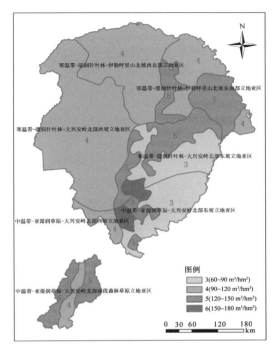

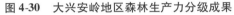

图 4-30　大兴安岭地区森林生产力分级成果

图 4-31　大兴安岭地区森林潜在生产力分区成果
（叠加县级行政单位信息）

5 全国森林潜在生产力分区研究分析

5.1 全国森林潜在生产力分区研究

气候、植被、森林生产力等要素相互作用，产生区域森林生产力的差异性和均衡性。综合区划就是要把这三个区划结果叠加，利用 GIS 人机交互的方法修正区划结果，对每种类型进行定性描述和指标确定(阈值)，形成不同的种类。把地理特征相同的地方归在一起，相异的地方另划一区。最后合并区划过于细碎的区域，形成全国森林蓄积量分级结果如图 5-1。

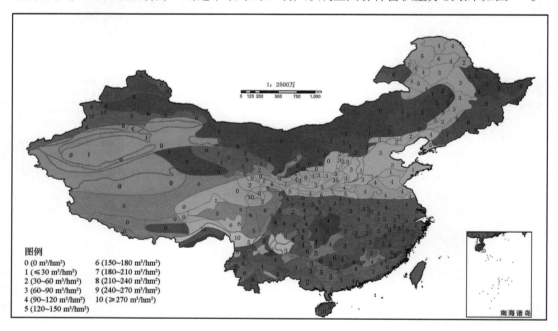

图 5-1 全国森林蓄积量分级成果

5.2 主要林区森林潜在生产力分区分析

根据统计分析的需要，将全国划为 4 大林区，分别是东北内蒙古林区、西南高山林区、东南低山丘陵区和西北林区。

5.2.1 东北内蒙古林区森林生产力区划

东北内蒙古林区包括黑龙江、吉林和辽宁，主要为寒温带—湿润地区、中温带—湿润地区和中温带—亚湿润地区，内蒙古是中温带—亚干旱地区和中温带—干旱地区，森林植被生产力受水热、立地条件控制，水热不均和立地条件差异也体现出了不同的森林生产力等级，如内蒙古荒漠和草原部分没有森林，森林生产力等级为 0，大兴安岭地区和长白山地区森林生产力较高，其他地区森林生产力较低且相差不大。东北内蒙古林区森林生产力区划结果如图 5-2。

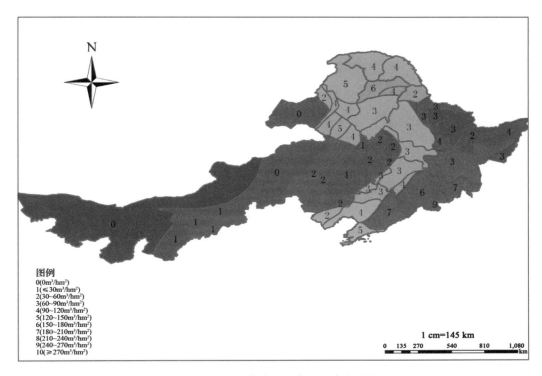

图 5-2 东北内蒙古林区森林生产力分级

注：本图显示采用 2000 国家大地坐标系（简称 CGCS2000），后续相关地图同该坐标系。

5.2.2 西南高山林区森林生产力区划

西南高山林区包括云南、四川、贵州和重庆市，主要为边缘热带—湿润地区、边缘热带—亚湿润地区、南亚热带—亚湿润地区、中亚热带—湿润地区，西藏自治区是高原温带—湿润地区、高原温带—亚湿润地区、高原亚温带—亚湿润地区、高原亚温带—亚干旱地区和高原寒带—干旱地区，森林生产力受水热、立地条件控制，水热不均、立地差异也体现出了不同的森林生产力等级，如西藏、云南横断山脉地区和云南南部边缘地区森林生产力较高，其他地区森林生产力相差不大；西藏除横断山脉外基本没有森林分布，其森林生产力等级为 0。西南高山林区森林生产力区划结果及各省（自治区、直辖市）森林生产力区划结果如图 5-3。

5.2.3 东南低山丘陵区森林生产力区划

东南低山丘陵区包括河北、山西、山东、河南、安徽、江苏、湖北、湖南、广西、广东、福建、江西和浙江。主要为暖温带—亚湿润地区、北亚热带—湿润地区、中亚热带—湿润地区和南亚热带—湿润地区，由北向南水热湿度递增，森林生产力等级南部高于北部地区，福建、广东和海南森林生产力等级较高，其他区域森林生产力等级差距不大。东南低山丘陵区森林生产力区划结果如图 5-4。

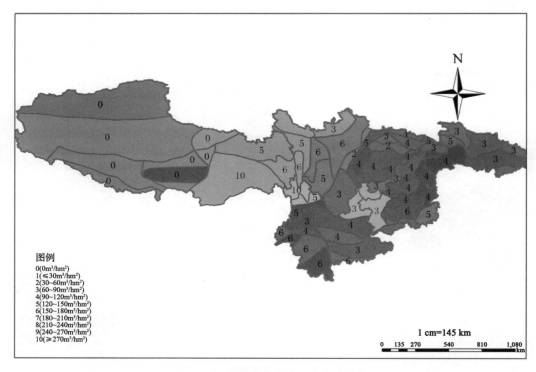

图 5-3　西南高山林区森林生产力分级

注：本图显示采用 2000 国家大地坐标系（简称 CGCS2000），后续相关地图同该坐标系。

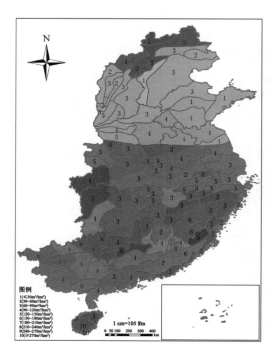

图 5-4　东南低山丘陵区森林生产力分级

注：本图显示采用 2000 国家大地坐标系（简称 CGCS2000），后续相关地图同该坐标系。

5.2.4 西北林区森林生产力区划

西北林区包括陕西、宁夏、甘肃、青海和新疆。主要为中温带—亚干旱地区、中温带—干旱地区、高原亚温带—亚干旱地区和暖温带—干旱地区，多为荒漠和草原，森林植被覆盖较少，森林生产力等级较低，阿尔泰山、天山、祁连山地区森林生产力较高，东部地区森林生产力较低，其他部分地区无森林分布，其森林生产力基本为0。西北林区森林生产力区划结果如图5-5。

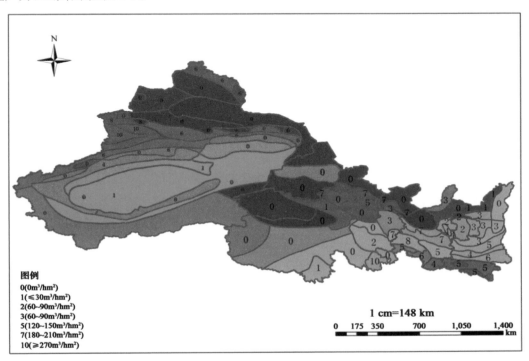

图5-5 西北林区森林植被生产力分级

注：图中森林植被生产力等级值依据前文中表4 – 12 公顷蓄积量分级结果。

5.3 各省(自治区、直辖市)森林潜在生产力分区分析

28 个省级地区的森林潜在生产力分区分析详见本书的第二部分。

6 森林潜在生产力分区研究成果和创新

6.1 主要成果

6.1.1 森林潜在生产力研究

综合分析气候、植被、立地、林木生长量等对森林潜在生产力的影响，提出三级评价指标体系，以气候（温度和湿度）作为评价森林生产力的一级指标，植被作为评价森林生产力的二级指标，森林立地质量作为评价森林生产力的三级指标。

6.1.2 森林潜在生产力评价方法和技术研究

首次利用我国森林资源清查体系的41.5万个样地数据开展森林潜在生产力定量评价，提出归一化森林生产力定量评价模型，以时间、面积归一化到各优势树种（组）成熟林公顷蓄积量作为评价森林潜在生产力的评价方法，研究提出森林潜在生产力分区指标体系和区划体系。

6.1.3 全国、主要林区和省级森林潜在生产力分区研究

完成3个空间尺度，即全国、4个重点国有林区和28个省级森林潜在生产力分区成果。

6.2 创新点

（1）提出归一化森林潜在生产力定量评价模型，以时间、面积归一化到各优势树种（组）成熟林公顷蓄积量作为评价森林潜在生产力重要指标。

（2）提出中国森林潜在生产力评价与分区体系。首次利用我国森林资源清查体系的样地数据开展森林潜在生产力定量评价和分区研究，提出三级分区指标体系，系统评价了由样地—省—大林区—全国的多层次分区森林潜在生产力，该体系具有可操作性和实用性。

6.3 展望

长期以来，人们习惯于在行政单元、地理单元（如山地、平原、流域等）分区的基础上开展森林生产力分区，或是基于某一单个自然要素如地表植被、土壤等自然资源的地域分区框架，评价森林生产力，或者是由某一学科如森林经理学科，基于森林生长量进行森林生产力评价与分区。这种单一学科、单一要素、局部的评价方法已难以有效地、科学地解决森林生产力评价与配置。越来越多的研究者和政府机构认识到从整个森林生态系统多功能（生态、社会、经济、碳汇、文化等）的角度研究和评价的重要性，基于森林生态系统的分区评价分区研究便成为森林生态系统管理的核心。20世纪70年代出现的生态系统生态分区理论，便是从生态系统和生物地理分布的角度上提出的一种多尺度生态区域分级嵌套区划和评价系统，为自然资源开发、保护和管理提供了新的有效方法。20世纪90年代以后，生态分区在地区、国家和世界范围得到广泛开展和应用，基于生态区的评价分区系统管理，已经成为当前世界各国自然资源管理者和政策制定者研究的热点问题。

为评价森林生产力和优化美国森林布局，Bailey与美国林务局的同事于1976年首次构建了一个分等级的全美森林生态分区体系，采用影响不同尺度区域生态系统组成和结构的

控制因素为分区指标，构建了一个地域、省、区和地段分级嵌套生态分区体系。以 Omernik 为代表的美国国家环境保护署（EPA）在 Bailey 生态分区框架上，进一步发展了适应流域水和森林资源评价的生态分区框架，综合评价影响生态系统的因素（包括人类活动），划分了不同等级生态区，并改良不同等级生态分区采用不同名称命名的方法。此后，美国自然资源保护局、土地管理局、地质测绘局等纷纷根据各自需要构建出相应的生态分区体系。这些资源环境管理机构有着各自不同的生态分区体系，不利于部门间的合作，因此，McMahon 等人在分析美国林务局、自然资源保护局和环保署 3 个部门生态分区体系的基础上，总结优劣，提出构建一个"公共生态区"分区方案以整合现有分区体系，以促进各机构的合作，共同在生态系统的综合视角下评价和管理森林资源。

生态分区理论的研究，主要包括生态分区的概念、原则和指标体系的构建。尽管生态分区的重要性已为人们所认识，但是对于生态分区的理论基础却没有得到统一的认识，主要体现在分区指标体系、分区方法及原则上，不同人和组织有着不同的看法。Loveland 和 Merchant 从地理学和生态学角度讨论了生态分区及森林生产力评价这一工作的跨学科性，认为生态分区及评价的最大挑战在于如何整合不同学科的知识为其服务，强调针对生态分区评价及使用进行专业培训和教育的重要性。McMahon 和 Wiken 等论述了生态分区的理论基础，指出生态分区最重要的作用应该是，促进人们对区域地理和生态现象以及森林生产力在多个区域间相互作用、相互依赖这一特征的理解，而构建生态分区体系的理论前提则是了解地理现象、生态森林生产力和生态现象是怎样形成一个生态区，确定每一分区等级的生态区具有什么样的生态功能和森林生产力，并指出，跨学科合作、基金支持和专业教育这 3 个方面，即是科学研究和政府管理相结合在生态分区中的重要性。

现有的森林资源管理大多是基于单要素的管理与保护，如何将新的生态区划体系纳入原有管理体系之中，许多学者做出了有益的探索。运用生态分区体系进行森林生态系统管理主要有基于生态分区开展森林生产力评价、环境监测与评价、生物多样性保护等。此外，还有学者针对生态分区体系与现在使用的区划体系进行比较研究。

我国真正意义上大规模开展的生态分区，是 2003 年由原国家环保总局组织开展的生态功能区划。在此之前，傅伯杰、刘国华等从生态系统结构与生态功能区划相统一的角度，提出了中国的生态区划原则、目标、任务、特征以及区划，为生态功能区划的开展构筑了理论基础。原国家环境保护部发布了《全国生态功能区划暂行规程》，并按照规程设计的分区体系，在全国范围内开展陆地生态功能区划，于 2008 年完成全国生态功能区划。按照《全国生态保护"十一五"规划》，今后将进一步完善国家和地方生态功能区划，确定不同地区的生态、环境承载力和主导生态功能，对重点生态功能保护区分期分批开展保护与建设。

中国生态功能分区的原则和依据是生态区的主导生态功能。中国省域及全国范围开展的生态功能分区，是在分析区域生态特征、生态系统服务功能、森林生产力与生态敏感性空间分异规律的基础上，以确定不同生态区的主导生态功能。

森林生态系统森林生产力评价分区原则和依据同样也是需要在分析区域生态特征、生态系统服务功能、森林生产力空间分异规律的基础上，以确定不同森林生态区的主导生态功能和森林生产力。

今后，森林生态系统森林生产力评价和分区研究的发展趋势是：

（1）森林生态系统的服务功能是多样化的，以区域主导生态功能分区不能完全概括生态系统的所有生态功能。目前，人们对森林生产力的评价指标还侧重于森林生长和木材生产，对森林的经济森林生产力、生态环境（防护）森林生产力、森林碳汇森林生产力、森林文化森林生产力、森林游憩森林生产力、森林疗养森林生产力等的评价还刚刚起步。因此，需要加大森林生态服务功能、碳汇功能、森林文化功能、森林经济功能等的调查监测力度，制定详细的、可操作的森林多功能森林生产力评价指标，以完善现有森林生产力评价方法与分区体系。

（2）森林多功能森林生产力区划需要多学科、产学研的合作与共同努力。因此就需要联合多个相关的学科，组成产学研综合研究团队，真正能够从生态系统的高度全面评价森林生产力，为林业现代化建设提供科学方法和技术。

参考文献

傅伯杰，陈利顶，刘国华. 1999. 中国生态区划的目的、任务及特点[J]. 生态学报，19(5)：591－595.

傅伯杰，刘国华，陈利顶，等. 2001. 中国生态区划方案[J]. 生态学报，21(1)：1－6.

高金萍，高显连，郝月兰. 2014. 森林生产力区划和量化分级方法研究——以辽宁省为例[J]. 林业资源管理，(6)：20－27.

国家发展和改革委员会. 2015. 全国及各地区主体功能区规划(上、中、下)[M]. 北京：人民出版社.

国家环保总局. 2007. 全国生态保护"十一五"规划.

国家环境保护总局. 2003. 生态功能区划暂行规程.

国家林业局. 2009. 中国森林资源报告[M]. 北京：中国林业出版社，61－62.

国家林业局. 2013. 全国森林资源统计：第八次全国森林资源清查[M]. 北京：中国林业出版社.

环境保护部，中国科学院. 2008. 全国生态功能区划.

李智勇. 1991. 美国林业的木材生产力测定与评价[J]. 林业经济，(2)：47－56.

中华人民共和国林业部林业区划办公室. 1987. 中国林业区划[M]. 北京：中国林业出版社.

刘国华，傅伯杰. 1998. 生态区划的原则及其特征[J]. 环境科学进展，6(6)：67－72.

任方喜，王森林，夏文忠，等. 2009. 山东省森林生产力等级[J]. 山东林业科技，3：10－16.

詹昭宁. 1989. 中国森林立地分类[M]. 北京：中国林业出版社，1－5.

詹昭宁. 1985. 立地分类和评价研讨[J]. 林业资源管理，(1)：72－74.

张时新. 2008. 中华人民共和国植被图[M]. 北京：中国地质出版社，28－50.

张万儒. 1997. 中国森林立地[M]. 北京：科学出版社.

郑小贤. 1999. 森林资源经营管理[M]. 北京：中国林业出版社，70－77.

中国标准化与信息分类编码研究所，国家气象中心. 1998. GB/T 17297—1998 中国气候区划名称与代码 气候带和气候大区[S]. 北京：中国标准出版社.

周广胜，张新时. 1995. 自然植被净第一性森林生产力模型初探[J]. 植物生态学报，19(3)：193－200.

周洁敏，寇文正. 2011. 区域森林生产力评价的分析[J]. 南京林业大学学报(自然科学版)，1.35(1)：79－82

Bailey R G. 2002. Ecoregion－based design for sustainability[M]. New York：Springer－Verlag.

Omernik J M. 2004. Perspectives on the nature and definition of ecological regions[J]. Environmental Management，34(Suppl 1)：27－38.

第二部分
各省(自治区、直辖市)
森林潜在生产力

河北（含北京、天津）森林潜在生产力分区成果

1.1 河北（含北京、天津）森林生产力一级区划

以我国1:100万全国行政区划数据中河北省界为边界，从全国森林生产力一级区划图中提取河北（含北京、天津）森林生产力一级区划，河北（含北京、天津）森林生产力一级区划单位为2个，如表1-1和图1-1：

表1-1 森林生产力一级区划标准

序号	气候带	气候大区	森林生产力一级区划
1	中温带	亚干旱	中温带—亚干旱地区
2	暖温带	亚湿润	暖温带—亚湿润地区

图1-1 河北（含北京、天津）森林生产力一级区划

注：本图显示采用 2000 国家大地坐标系（简称
CGCS2000），后续相关地图同该坐标系。

1.2 河北(含北京、天津)森林生产力二级区划

按照河北省界从全国森林生产力二级区划中提取河北(含北京、天津)森林生产力二级区划,河北(含北京、天津)森林生产力二级区划单位为2个,如表1-1和图1-2:

表1-2 森林生产力二级区划标准

序号	森林生产力一级区划	森林生产力二级区划
1	中温带—亚干旱地区	中温带—亚干旱—草原
2	暖温带—亚湿润地区	暖温带—亚湿润—落叶阔叶林

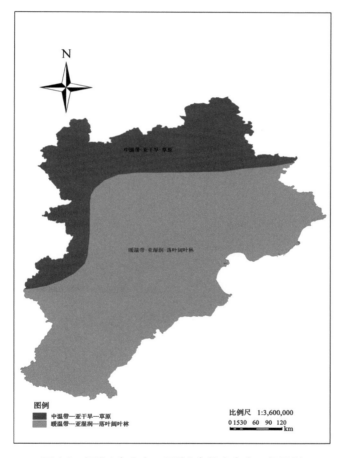

图1-2 河北(含北京、天津)森林生产力二级区划

1.3 河北(含北京、天津)森林生产力三级区划

1.3.1 河北(含北京、天津)立地区划

根据全国立地区划结果,以河北1:100万省界为提取框架,提取河北(含北京、天津)立地区划结果。需要说明的是,由于河北省界数据与全国立地区划成果数据精度不一致,

导致提取的河北(含北京、天津)立地区划数据在省界边缘出现不少细小的破碎斑块。根据就近原则,将破碎小斑块就近合并到最近的大斑块中。处理后,得到的河北(含北京、天津)立地区划属性数据和矢量图分别如表1-3和图1-3:

表1-3 河北(含北京、天津)立地区划

序号	立地区域	立地区	立地亚区
1	华北暖温带立地区域	华北平原立地区	辽河黄泛平原立地亚区
2		燕山太行山山地立地区	冀北山地立地亚区
3			冀西石质山地立地亚区
4			辽西冀东低山丘陵立地亚区
5			太行山北段山地立地亚区
6	西北温带暖温带立地区域	阴山山地立地区	河北坝上高原立地亚区

图1-3 河北(含北京、天津)立地区划

1.3.2 河北(含北京、天津)三级区划

根据河北的省界从全国森林生产力三级区划中提取河北(含北京、天津)森林生产力三级区划。

河北(含北京、天津)森林生产力三级区划单位为 8 个，如表1-4 和图1-4：

表1-4 森林生产力三级区划标准

序号	森林生产力一级区划	森林生产力二级区划	森林生产力三级区划
1	暖温带—亚湿润地区	暖温带—亚湿润—落叶阔叶林	暖温带—亚湿润—落叶阔叶林冀北山地立地地区
2			暖温带—亚湿润—落叶阔叶林冀西石质山地立地亚区
3			暖温带—亚湿润—落叶阔叶林辽河黄泛平原立地亚区
4			暖温带—亚湿润—落叶阔叶林辽西冀东低山丘陵立地亚区
5	中温带—亚干旱地区	中温带—亚干旱—草原	中温带—亚干旱—草原冀北山地立地亚区
6			中温带—亚干旱—草原冀西石质山地立地亚区
7			中温带—亚干旱—草原河北坝上高原立地亚区
8			中温带—亚干旱—草原太行山北段山地立地地区

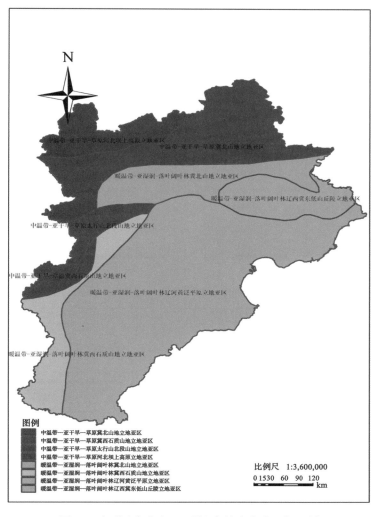

图1-4 河北(含北京、天津)森林生产力三级区划

1.4 河北(含北京、天津)森林生产力量化分级

1.4.1 技术方案

单位面积蓄积量标志着林地生产力的高低及经营措施的效果。本方案在森林生产力三级区划结果基础上，根据已调查的河北第 6 期、第 7 期一类清查样地数据，提取河北(含北京、天津)森林生产力三级区划的样地数据，筛选出两期地类是乔木林地、疏林地的样地，根据森林生产力三级区划的主要树种，建立样地优势树种蓄积量生长模型，并归一该树种到成熟林时单位公顷的蓄积值，以此作为量化样地森林生产力的依据，在森林生产力三级区划框架的基础上进行进一步的量化分级。

1.4.2 样地筛选

1.4.2.1 样地情况

北京 1979 年建立森林资源连续清查体系，仅在怀柔、延庆、平谷、门头沟、房山、密云和昌平 7 个郊区县建立调查总体，按 2 km×2 km 网点系统布设固定样地，样地为 0.0667 hm² 的正方形，共布设样地 2237 个，按优势法确定地类。

1991 年北京开展了森林资源连续清查第 2 次复查，将调查总体扩大到全北京，样地按 2 km×2 km 网格布点，共布设 4101 个固定样地，样地面积仍为 0.0667 hm²。

1996 年北京进行了森林资源清查第 3 次复查，这次复查，体系没有进行改动。

2001 年北京进行了森林资源清查第 4 次复查。这次清查在原固定样地的基础上，加密遥感判读样地，布设了一套遥感判读样本，判读样本数量为 16413 个，间距 1 km×1 km，其中 1/4 样地与地面调查重合。

1979 年天津进行了森林资源连续清查的初查工作，1988 年按着原林业部统一部署，开展了全市森林资源清查，此次清查采用 4 km×4 km 网交点设置面积为 0.5 km² 的大固定样地，在样地内按地类划分为不同小班。

2002 年天津以全市为总体开展了森林资源清查第 2 次复查，采用系统抽样方法，以 2 km×2 km 的间距布设边长 25.82 m，面积为 0.0667 hm² 的正方形固定样地，全市共布设固定样地 2913 个。

这次清查在原固定样地的基础上，加密遥感判读样地，布设了一套遥感判读样本，判读样本数量为 11911 个，间距 1 km×1 km，其中 1/4 样地与地面调查重合。

1978 年河北建立森林资源连续清查体系。首先在高原、山区、丘陵的 55 个县建立山区副总体，按 4 km×4 km 间距布设面积为 0.06 hm² 的固定样地 7449 个，样地形状正方形，以优势法确定样地地类。

1983 年河北开展了森林资源清查第 1 次复查，本次复查在平原区 94 个县范围建立了平原副总体，样地间距从 8 km×12 km 共设置了样地形状不规则、面积不同，面积平均为 1.37 km² 的大样地 702 个。山区副总体与 1978 年建立的体系相同。

2001 年河北进行森林资源清查第 5 次复查时，将平原副总体与山区副总体合并，把全省样地面积、方向、间距、布局统一，在平原副总体范围内新布设面积为 0.06 hm² 的正方形样地 4260 块，样地间距为 4 km×4 km。全省共布设固定样地 11709 个。

本次复查，在原固定样地的基础上，加密遥感判读样地，布设了一套遥感判读样本，

判读样地数量 46350 个，间距 2 km×2 km，其中四分之一样地与地面调查重合。

河北(含北京、天津)的样地情况如表 1-5：

表 1-5　河北(含北京、天津)样地概况

项目	内容
调查(副)总体	河北(含北京、天津)样地
样地调查时间	全国第 6 次清查北京数据(2001 年) 全国第 7 次清查北京数据(2006 年) 全国第 6 次清查天津数据(2002 年) 全国第 7 次清查天津数据(2007 年) 全国第 6 次清查河北数据(2001 年) 全国第 7 次清查河北数据(2006 年)
样地个数	全国第 6 次清查北京样地 4101 个 全国第 6 次清查天津样地 2913 个 全国第 6 次清查河北样地 11709 个
样地间距	北京样地间距 2 km×2 km 天津样地间距 2 km×2 km 河北样地间距 4 km×4 km
样地大小	北京样地面积 0.0667 hm^2 天津样地面积 0.0667 hm^2 河北样地面积 0.06 hm^2
样地形状	正方形
备注	

全国森林资源清查的调查内容可以分为以下 6 个方面：土地利用与覆盖、立地与土壤、林分特征、森林功能、生态状况和其他。各方面调查因子如表 1-6：

表 1-6　样地调查因子

调查内容	调查因子
土地利用与覆盖	土地类型(地类)、植被类型、植被总覆盖度、灌木覆盖度等
立地与土壤	地貌、坡向、坡位、坡度、土壤名称、土壤厚度、腐殖质厚度等
林分特征	树种(组)、起源、年龄、郁闭度、平均胸径、平均树高、单位蓄积量等
森林功能	森林类别、林种、森林生态功能等级、森林生态功能指数等
生态状况	湿地类型、沙化类型、森林健康等级等
其他	气候带、土地权属、采伐蓄积量、地类面积等级

1.4.2.2　样地筛选情况

根据河北划分的森林生产力三级区划，提取每个三级区划的样地数据，对提取的样地数据进行筛选。

筛选的条件如下：

地类为乔木林或疏林地。剔除地类是红树林、竹林、国家特别规定灌木林地、其他灌木林地、未成林封育地、未成林造林地、苗圃地、采伐迹地、火烧迹地、其他无立木林地、宜林荒山荒地、宜林沙荒地、其他宜林地、耕地、牧草地、水域、未利用地、工矿建设用地、城乡居民建设用地、交通建设用地、其他用地的样地。被剔除的样地或者没有划分起源，或者没有样地平均年龄，或者优势树种是灌木，无法进行以林木蓄积量为因变量，样地平均年龄为自变量的曲线拟合。

表 1-7 详细说明了河北第 6、7 期样地(分三级区划)及样地筛选情况。

表 1-7　河北(含北京、天津)分三级区划样地筛选情况

序号	森林生产力三级区划	监测期	样地总数	筛选样地数	所占比例/%
1	暖温带—亚湿润—落叶阔叶林冀北山地立地亚区	第6期	2364	503	21.3
		第7期	2371	750	31.6
2	暖温带—亚湿润—落叶阔叶林冀西石质山地立地亚区	第6期	1163	131	11.3
		第7期	1164	157	13.5
3	暖温带—亚湿润—落叶阔叶林辽河黄泛平原立地亚区	第6期	9807	326	3.3
		第7期	9800	578	5.9
4	暖温带—亚湿润—落叶阔叶林辽西冀东低山丘陵立地亚区	第6期	1110	272	24.5
		第7期	1109	348	31.4
5	中温带—亚干旱—草原冀北山地立地亚区	第6期	2468	649	26.3
		第7期	2468	830	33.6
6	中温带—亚干旱—草原冀西石质山地立地亚区	第6期	277	27	9.7
		第7期	277	40	14.4
7	中温带—亚干旱—草原河北坝上高原立地亚区	第6期	819	54	6.6
		第7期	819	68	8.3
8	中温带—亚干旱—草原太行山北段山地立地亚区	第6期	534	84	15.7
		第7期	535	98	18.3

1.4.3　建模树种提取

对筛选出的森林生产力三级区划的乔木林地和疏林地样地数据,分别统计每个优势树种的样地数和样地的起源,为了尽量使每个三级区划都能有森林生产力值,方便森林生产力等级划分,在每个森林生产力三级区内,如果优势树种的建模样地达到50,则建立样本数≥50的优势树种的生长模型;如果优势树种的建模样地均未达到50,则降低建模样本量为30;降低建模标准且合并树种组仍无法达到建模量的,若该区为完整的三级区,则看邻近区内与该区内相似树种的蓄积量,作为该区的归一化蓄积量;若该区是被省界分割的森林生产力三级区的小部分,则暂时空缺,若是被省界分割的森林生产力三级区的大部分,则参照完整的三级区处理。

河北(含北京、天津)各三级区划分优势树种样地数统计见表 1-8。

表 1-8　河北(含北京、天津)各三级区划样地数分优势树种统计

序号	森林生产力三级区划	优势树种	监测期	起源	样地数
1	中温带—亚干旱—草原冀北山地立地亚区	云杉	第6期	天然	1
			第7期		0
		落叶松	第6期	天然	1
			第7期		0
		落叶松	第6期	人工	100
			第7期		125
		樟子松	第6期	人工	4
			第7期		2
		油松	第6期	天然	9
			第7期		7
		油松	第6期	人工	68
			第7期		69
		柏木	第6期	天然	1
			第7期		0
		柏木	第6期	人工	0
			第7期		2
		栎类	第6期	天然	125
			第7期		170

（续）

序号	森林生产力三级区划	优势树种	监测期	起源	样地数
1	中温带—亚干旱—草原冀北山地立地亚区	栎类	第 6 期	人工	0
			第 7 期		2
		桦木	第 6 期	天然	132
			第 7 期		0
		白桦	第 6 期	天然	0
			第 7 期		114
		枫桦	第 6 期	天然	0
			第 7 期		33
		胡桃楸	第 6 期	天然	0
			第 7 期		2
		榆树	第 6 期	天然	0
			第 7 期		17
		其他硬阔	第 6 期	天然	114
			第 7 期		22
		其他硬阔	第 6 期	人工	10
			第 7 期		0
		椴树	第 6 期	天然	5
			第 7 期		7
		杨树	第 6 期	人工	28
			第 7 期		27
		其他软阔	第 6 期	天然	40
			第 7 期		189
		其他软阔	第 6 期	人工	8
			第 7 期		35
		针叶混	第 6 期	天然	0
			第 7 期		1
		阔叶混	第 6 期	天然	2
			第 7 期		2
		针阔混	第 6 期	人工	1
			第 7 期		2
		针阔混	第 6 期	天然	0
			第 7 期		1
2	中温带—亚干旱—草原冀西石质山地立地亚区	油松	第 6 期	人工	2
			第 7 期		5
		栎类	第 6 期	天然	1
			第 7 期		3
		桦木	第 6 期	天然	1
			第 7 期		0
		白桦	第 6 期	天然	0
			第 7 期		1
		胡桃楸	第 6 期	天然	0
			第 7 期		1
		其他硬阔	第 6 期	天然	4
			第 7 期		3

（续）

序号	森林生产力三级区划	优势树种	监测期	起源	样地数
2	中温带—亚干旱—草原冀西石质山地立地亚区	其他硬阔	第6期	人工	
			第7期		0
		椴树	第6期	天然	2
			第7期		1
		杨树	第6期	人工	1
			第7期		1
		其他软阔	第6期	天然	4
			第7期		1
		其他软阔	第6期	人工	0
			第7期		16
		阔叶混	第6期	天然	18
			第7期		0
3	中温带—亚干旱—草原太行山北段山地立地亚区	云杉	第6期	天然	1
			第7期		1
		落叶松	第6期	天然	0
			第7期		1
		落叶松	第6期	人工	3
			第7期		3
		油松	第6期	天然	2
			第7期		2
		油松	第6期	人工	6
			第7期		6
		柏木	第6期	天然	2
			第7期		2
		柏木	第6期	人工	3
			第7期		4
		栎类	第6期	天然	15
			第7期		18
		桦木	第6期	天然	24
			第7期		5
		白桦	第6期	天然	0
			第7期		23
		枫桦	第6期	天然	0
			第7期		3
		胡桃楸	第6期	天然	0
			第7期		2
		其他硬阔	第6期	天然	10
			第7期		11
		椴树	第6期	天然	0
			第7期		3

（续）

序号	森林生产力三级区划	优势树种	监测期	起源	样地数
3	中温带—亚干旱—草原太行山北段山地立地亚区	杨树	第6期	天然	1
			第7期		1
		杨树	第6期	人工	5
			第7期		3
		其他软阔	第6期	天然	8
			第7期		4
		其他软阔	第6期	人工	1
			第7期		3
		阔叶混	第6期	天然	3
			第7期		2
4	中温带—亚干旱—草原河北坝上高原立地亚区	落叶松	第6期	人工	4
			第7期		7
		桦木	第6期	天然	2
			第7期		0
		白桦	第6期	天然	0
			第7期		2
		榆树	第6期	天然	0
			第7期		1
		榆树	第6期	人工	0
			第7期		13
		其他硬阔	第6期	天然	4
			第7期		0
		其他硬阔	第6期	人工	6
			第7期		0
		杨树	第6期	天然	1
			第7期		0
		杨树	第6期	人工	36
			第7期		36
		柳树	第6期	人工	0
			第7期		1
		其他软阔	第6期	天然	0
			第7期		3
		其他软阔	第6期	人工	1
			第7期		3
		阔叶混	第6期	天然	0
			第7期		1
5	暖温带—亚湿润—落叶阔叶林冀北山地立地亚区	落叶松	第6期	天然	0
			第7期		1
		落叶松	第6期	人工	12
			第7期		10

（续）

序号	森林生产力三级区划	优势树种	监测期	起源	样地数
5	暖温带—亚湿润—落叶阔叶林冀北山地立地亚区	油松	第 6 期	天然	12
			第 7 期		10
		油松	第 6 期	人工	78
			第 7 期		93
		柏木	第 6 期	天然	17
			第 7 期		20
		柏木	第 6 期	人工	21
			第 7 期		57
		栎类	第 6 期	天然	142
			第 7 期		182
		栎类	第 6 期	人工	3
			第 7 期		2
		桦木	第 6 期	天然	18
			第 7 期		12
		白桦	第 6 期	天然	0
			第 7 期		9
		枫桦	第 6 期	天然	0
			第 7 期		3
		水胡黄[*]	第 6 期	天然	2
			第 7 期		0
		水胡黄	第 6 期	人工	0
			第 7 期		1
		胡桃楸	第 6 期	天然	0
			第 7 期		11
		胡桃楸	第 6 期	人工	0
			第 7 期		1
		榆树	第 6 期	天然	0
			第 7 期		6
		榆树	第 6 期	人工	0
			第 7 期		4
		其他硬阔	第 6 期	天然	35
			第 7 期		65
		其他硬阔	第 6 期	人工	31
			第 7 期		36
		椴树	第 6 期	天然	6
			第 7 期		19
		杨树	第 6 期	天然	18
			第 7 期		19
		杨树	第 6 期	天然	37
			第 7 期		56

（续）

序号	森林生产力三级区划	优势树种	监测期	起源	样地数
5	暖温带—亚湿润—落叶阔叶林冀北山地立地亚区	柳树	第 6 期	天然	0
			第 7 期		1
		其他软阔	第 6 期	天然	41
			第 7 期		66
		其他软阔	第 6 期	人工	28
			第 7 期		29
		阔叶混	第 6 期	天然	2
			第 7 期		33
		针阔混	第 6 期	人工	0
			第 7 期		1
6	暖温带—亚湿润—落叶阔叶林冀西石质山地立地亚区	落叶松	第 6 期	人工	2
			第 7 期		2
		油松	第 6 期	人工	13
			第 7 期		17
		柏木	第 6 期	天然	2
			第 7 期		2
		柏木	第 6 期	人工	10
			第 7 期		11
		栎类	第 6 期	天然	32
			第 7 期		32
		栎类	第 6 期	人工	0
			第 7 期		3
		桦木	第 6 期	天然	5
			第 7 期		4
		胡桃楸	第 6 期	天然	0
			第 7 期		3
		其他硬阔	第 6 期	天然	20
			第 7 期		23
		其他硬阔	第 6 期	人工	1
			第 7 期		1
		椴树	第 6 期	天然	0
			第 7 期		1
		杨树	第 6 期	天然	1
			第 7 期		1
		杨树	第 6 期	人工	5
			第 7 期		9
		其他软阔	第 6 期	天然	10
			第 7 期		20
		其他软阔	第 6 期	人工	29
			第 7 期		27
		阔叶混	第 6 期	天然	1
			第 7 期		1

（续）

序号	森林生产力三级区划	优势树种	监测期	起源	样地数
7	暖温带—亚湿润—落叶阔叶林辽河黄泛平原立地亚区	落叶松	第 6 期	人工	2
			第 7 期		2
		樟子松	第 6 期	人工	0
			第 7 期		1
		油松	第 6 期	天然	11
			第 7 期		11
		油松	第 6 期	人工	20
			第 7 期		24
		其他松类	第 6 期	人工	0
			第 7 期		1
		柏木	第 6 期	天然	2
			第 7 期		1
		柏木	第 6 期	人工	38
			第 7 期		50
		栎类	第 6 期	天然	10
			第 7 期		10
		栎类	第 6 期	人工	3
			第 7 期		3
		桦木	第 6 期	天然	1
			第 7 期		1
		桦木	第 6 期	人工	1
			第 7 期		0
		胡桃楸	第 6 期	人工	0
			第 7 期		1
		水胡黄	第 6 期	人工	2
			第 7 期		0
		榆树	第 6 期	天然	0
			第 7 期		1
		榆树	第 6 期	人工	0
			第 7 期		12
		其他硬阔	第 6 期	天然	2
			第 7 期		3
		其他硬阔	第 6 期	人工	65
			第 7 期		46
		杨树	第 6 期	天然	2
			第 7 期		3
		杨树	第 6 期	人工	115
			第 7 期		347
		柳树	第 6 期	人工	0
			第 7 期		28

（续）

序号	森林生产力三级区划	优势树种	监测期	起源	样地数
7	暖温带—亚湿润—落叶阔叶林辽河黄泛平原立地亚区	泡桐	第 6 期	人工	1
			第 7 期	人工	1
		其他软阔	第 6 期	天然	3
			第 7 期		6
		其他软阔	第 6 期	人工	48
			第 7 期		18
		针阔混	第 6 期	人工	0
			第 7 期		2
8	暖温带—亚湿润—落叶阔叶林辽西冀东低山丘陵立地亚区	云杉	第 6 期	人工	0
			第 7 期		1
		落叶松	第 6 期	人工	2
			第 7 期		2
		油松	第 6 期	天然	27
			第 7 期		37
		油松	第 6 期	人工	71
			第 7 期		56
		柏木	第 6 期	天然	3
			第 7 期		4
		柏木	第 6 期	人工	10
			第 7 期		12
		栎类	第 6 期	天然	83
			第 7 期		107
		栎类	第 6 期	天然	4
			第 7 期		7
		桦木	第 6 期	天然	2
			第 7 期		0
		白桦	第 6 期	天然	0
			第 7 期		1
		枫桦	第 6 期	天然	0
			第 7 期		1
		胡桃楸	第 6 期	天然	0
			第 7 期		6
		榆树	第 6 期	天然	0
			第 7 期		3
		其他硬阔	第 6 期	天然	31
			第 7 期		26
		其他硬阔	第 6 期	人工	3
			第 7 期		2
		椴树	第 6 期	天然	5
			第 7 期		5

（续）

序号	森林生产力三级区划	优势树种	监测期	起源	样地数
8	暖温带—亚湿润—落叶阔叶林辽西冀东低山丘陵立地亚区	杨树	第6期	天然	0
			第7期		1
		杨树	第6期	人工	6
			第7期		25
		其他软阔	第6期	天然	11
			第7期		32
		其他软阔	第6期	人工	13
			第7期		16
		阔叶混	第6期	天然	1
			第7期		0

＊水胡黄为水曲柳、胡桃、木楸、黄檗的简称。以下同。

从表1-8中可以筛选河北（含北京、天津）森林生产力三级区划的建模树种如表1-9：

表1-9　河北（含北京、天津）各三级分区主要建模树种及建模数据统计

序号	森林生产力三级区划	优势树种	监测期	起源	总样地数	建模样地数	所占比例/%
1	中温带—亚干旱—草原冀北山地立地亚区	落叶松	第6期	人工	100	188	83.6
			第7期		125		
		油松	第6期	人工	68	131	95.6
			第7期		69		
		栎类	第6期	天然	125	212	71.9
			第7期		170		
		桦木	第6期	天然	132	238	96.7
			第7期		0		
		白桦	第6期	天然	0		
			第7期		114		
2	中温带—亚干旱—草原河北坝上高原立地亚区	杨树	第6期	人工	36	69	95.8
			第7期		36		
3	暖温带—亚湿润—落叶阔叶林冀北山地立地亚区	油松	第6期	人工	78	152	88.9
			第7期		93		
		栎类	第6期	天然	142	246	75.9
			第7期		182		
4	暖温带—亚湿润—落叶阔叶林冀西石质山地立地亚区	栎类	第6期	天然	32	51	79.7
			第7期		32		
5	暖温带—亚湿润—落叶阔叶林辽河黄泛平原立地亚区	杨树	第6期	人工	115	378	81.8
			第7期		347		

（续）

序号	森林生产力三级区划	优势树种	监测期	起源	总样地数	建模样地数	所占比例/%
6	暖温带—亚湿润—落叶阔叶林辽西冀东低山丘陵立地亚区	油松	第 6 期	人工	71	108	85.0
			第 7 期		56		
		栎类	第 6 期	天然	83	125	65.8
			第 7 期		107		

1.4.4 建模前数据整理和对应

1.4.4.1 对森林采伐等人为干扰情况的处理

在数据的整理过程中，对第 6、7 期样地号对应，优势树种一致，第 7 期年龄增加与调查间隔期一致的样地，第 7 期林木蓄积量加上采伐蓄积量作为第 7 期的林木蓄积量，第 6 期的林木蓄积量不变。

1.4.4.2 对优势树种发生变化情况的处理

两期样地对照分析，第 6 期样地的优势树种发生变化的样地，林木蓄积量仍以第 7 期的林木蓄积量为准，把该样地作为第 7 期优势树种的样地，林木蓄积量以第 7 期调查时为准，不加采伐蓄积量。第 6 期的处理同第 7 期。

1.4.4.3 对样地年龄与时间变化不一致情况的处理

对样地第 7 期的年龄与调查间隔时间变化不一致的样地，则以第 7 期的样地平均年龄为准，林木蓄积量不与采伐蓄积量相加，仍以第 7 期的林木蓄积量作为林木蓄积量，第 6 期的林木蓄积量不发生变化。

1.4.5 建立林分蓄积量生长模型

根据筛选出的优势树种样地数据，以整理后的林木蓄积量作为因变量，以样地的平均年龄作为自变量，剔除异常数据，根据样地数据散点图的总体趋势，选取不同的生长方程拟合曲线。主要树种建模数据统计见表 1-10。

表 1-10 主要树种建模数据统计

序号	森林生产力三级区划	优势树种	统计量	最小值	最大值	平均值
1	中温带—亚干旱—草原冀北山地立地亚区	落叶松	林木蓄积量	1.5000	188.1667	70.6805
			平均年龄	8	41	24
		油松	林木蓄积量	3.7000	141.9584	55.0388
			平均年龄	12	50	31
		栎类	林木蓄积量	0.4167	97.3167	38.9818
			平均年龄	2	71	33
		桦木	林木蓄积量	1.5833	117.5000	52.5527
			平均年龄	5	58	31

（续）

序号	森林生产力三级区划	优势树种	统计量	最小值	最大值	平均值
2	暖温带—亚湿润—落叶阔叶林冀北山地立地亚区	油松	林木蓄积量	0.4000	87.3163	40.6277
			平均年龄	14	57	33
		栎类	林木蓄积量	0.0833	104.2333	37.1952
			平均年龄	3	70	32
3	暖温带—亚湿润—落叶阔叶林冀西石质山地立地亚区	栎类	林木蓄积量	2.7084	59.8351	26.5164
			平均年龄	7	75	28
4	暖温带—亚湿润—落叶阔叶林辽河黄泛平原立地亚区	杨树	林木蓄积量	1.1083	117.1964	60.8768
			平均年龄	1	43	18
5	暖温带—亚湿润—落叶阔叶林辽西冀东低山丘陵立地亚区	油松	林木蓄积量	0.0167	81.9940	39.7857
			平均年龄	8	140	38
		栎类	林木蓄积量	0.1417	62.7000	27.5782
			平均年龄	5	58	28
6	中温带—亚干旱—草原河北坝上高原立地亚区	杨树	林木蓄积量	0.8667	85.1667	35.9328
			平均年龄	4	54	26

S 型生长模型能够合理地表示树木或林分的生长过程和趋势，避免了其他模型只在某一生长阶段的拟合精度高，而不能完整体现树木或林分生长趋势的弊端，而本方案的目的是预测林分达到成熟林时的蓄积量，S 型生长模型得到的值在比较合理的范围内。

选取的生长方程如表 1-11：

表 1-11　拟合所用的生长模型

序号	生长模型名称	生长模型公式
1	Richards 模型	$y = A(1 - e^{-kx})^B$
2	单分子模型	$y = A(1 - e^{-kx})$
3	Logistic 模型	$y = A/(1 + Be^{-kx})$
4	Korf 模型	$y = Ae^{-Bx-k}$

其中，y 为样地的林木蓄积量，x 为林分年龄，A 为树木生长的最大值参数，k 为生长速率参数，B 为与初始值有关的参数。

经过数据拟合，得出各模型的参数和拟合优度及总相对误差，选取三级区划各树种的适合拟合方程，整理如表 1-12。生长模型如图 1-5 ~ 图 1-15。

表 1-12　主要树种模型

序号	森林生产力三级区划	优势树种	模型	生长方程	A	B	k	R^2	TRE/%
1	中温带—亚干旱—草原冀北山地立地亚区	落叶松	Richards 普	$y = 339.9784\,(1 - e^{-0.0416x})^{3.6139}$	282.3185	2.2746	0.0371	0.86	-0.2413
			Richards 加	$y = 216.1364\,(1 - e^{-0.0677x})^{5.2877}$	67.8932	1.2303	0.0194		0.4456
		油松	Richards 普	$y = 114.5556\,(1 - e^{-0.0689x})^{5.2817}$	30.0232	4.1504	0.0368	0.75	-0.1745
			Richards 加	$y = 97.3874\,(1 - e^{-0.0967x})^{8.9789}$	17.3030	3.7506	0.0255		0.1250
		栎类	Richards 普	$y = 75.0964\,(1 - e^{-0.0441x})^{1.9749}$	11.3084	0.7889	0.0192	0.79	-0.4065
			Richards 加	$y = 72.9383\,(1 - e^{-0.0508x})^{2.3459}$	7.5976	0.2241	0.0086		-0.0124
		桦木	Richards 普	$y = 92.2007\,(1 - e^{-0.0661x})^{3.0404}$	8.7901	1.1303	0.0192	0.85	-0.0975
			Richards 加	$y = 89.4948\,(1 - e^{-0.0726x})^{3.3939}$	7.5186	0.3878	0.0102		-0.0144
2	暖温带—亚湿润—落叶阔叶林冀北山地立地亚区	油松	Richards 普	$y = 96.0413\,(1 - e^{-0.0570x})^{4.8499}$	21.7212	2.6014	0.0236	0.85	-0.1970
			Richards 加	$y = 89.3243\,(1 - e^{-0.0656x})^{5.8620}$	22.1033	2.1483	0.0211		0.0890
		栎类	Richards 普	$y = 98.2731\,(1 - e^{-0.0311x})^{1.9345}$	45.1586	1.2314	0.0288	0.60	-0.1751
			Richards 加	$y = 68.4602\,(1 - e^{-0.0593x})^{2.9387}$	14.3761	0.6942	0.0191		2.9524
3	暖温带—亚湿润—落叶阔叶林冀西石质山地立地亚区	栎类	Logistic 普	$y = 61.6719/(1 + 14.5170e^{-0.0876x})$	5.7530	4.8117	0.0150	0.87	-0.2123
			Logistic 加	$y = 50.9570/(1 + 19.4323e^{-0.1204x})$	9.7184	7.0635	0.0293		1.2769
4	暖温带—亚湿润—落叶阔叶林辽河黄泛平原立地亚区	杨树	Logistic 普	$y = 89.3133/(1 + 6.2341e^{-0.1737x})$	7.7328	3.2367	0.0533	0.66	-0.1535
			Logistic 加	$y = 81.8294/(1 + 8.6653e^{-0.2419x})$	7.3198	2.4752	0.0483		0.7912
5	暖温带—亚湿润—落叶阔叶林辽西冀东低山丘陵立地亚区	油松	Richards 普	$y = 64.0359\,(1 - e^{-0.1222x})^{16.6102}$	5.1596	15.7258	0.0396	0.85	-0.0291
			Richards 加	$y = 62.3570\,(1 - e^{-0.1303x})^{18.8203}$	5.3672	2.7861	0.0113		0.2173
		栎类	Richards 普	$y = 58.5493\,(1 - e^{-0.0367x})^{1.5153}$	22.3197	0.9017	0.0344	0.66	-0.3177
			Richards 加	$y = 46.1196\,(1 - e^{-0.0712x})^{2.5054}$	6.4924	0.6240	0.0214		0.3267
6	中温带—亚干旱—草原河北坝上高原立地亚区	杨树	Logistic 普	$y = 69.2677/(1 + 22.7139e^{-0.1281x})$	9.9292	15.7071	0.0372	0.70	-0.1200
			Logistic 加	$y = 59.6112/(1 + 34.7347e^{-0.1678x})$	16.0586	25.3413	0.0587		0.9522

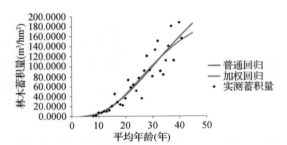

图 1-5　中温带—亚干旱—草原冀北山地立地亚区落叶松生长模型

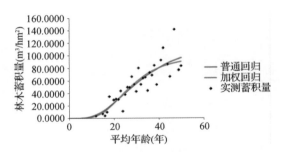

图 1-6　中温带—亚干旱—草原冀北山地立地亚区油松生长模型

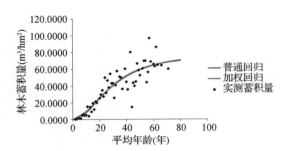

图 1-7　中温带—亚干旱—草原冀北山地立地亚区栎类生长模型

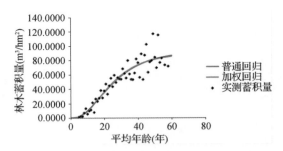

图 1-8　中温带—亚干旱—草原冀北山地立地亚区桦木生长模型

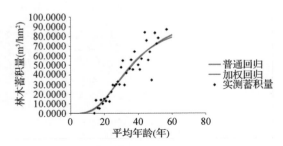

图 1-9　暖温带—亚湿润—落叶阔叶林冀北山地立地亚区油松生长模型

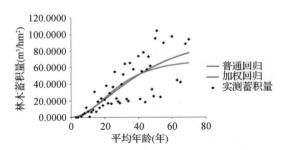

图 1-10　暖温带—亚湿润—落叶阔叶林冀西石质山地立地亚区油松生长模型

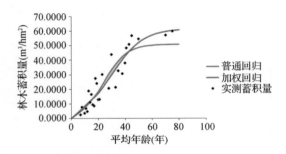

图 1-11　暖温带—亚湿润—落叶阔叶林冀西石质山地立地亚区栎类生长模型

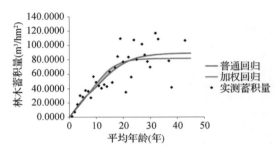

图 1-12　暖温带—亚湿润—落叶阔叶林辽河黄泛平原立地亚区杨树生长模型

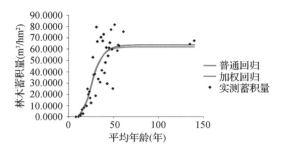

图 1-13　暖温带—亚湿润—落叶阔叶林辽西冀东低山丘陵立地亚区油松生长模型

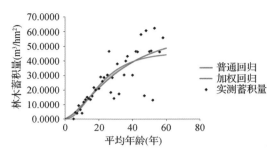

图 1-14　暖温带—亚湿润—落叶阔叶林辽西冀东低山丘陵立地亚区栎类生长模型

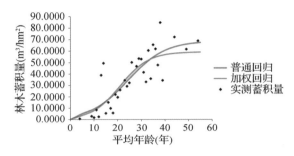

图 1-15　中温带—亚干旱—草原河北坝上高原立地亚区杨树生长模型

1.4.6　生长模型的检验

为了检验普通回归和加权回归生长模型的适用性，采用以下评价指标：确定系数（ R^2 ）、估计值的标准误差（ SEE ）、总相对误差（ TRE ）、平均系统误差（ MSE ）、平均预估误差（ MPE ）。

$$R^2 = 1 - \sum (y_i - \hat{y}_i)^2 / \sum (y_i - \bar{y}_i)^2$$

$$SEE = \sqrt{\sum (y_i - \hat{y}_i)^2 / (n - k)}$$

$$TRE = \sum (y_i - \hat{y}_i) / \sum \hat{y}_i \times 100$$

$$MSE = \sum (y_i - \hat{y}_i) / \hat{y}_i / n \times 100$$

$$MPE = t_\alpha \cdot (SEE / \bar{y}) / \sqrt{n} \times 100$$

式中， y_i 为实际观测值， $\hat{y}_i$ 为模型预估值， $\bar{y}$ 为样本平均值， n 为样本单元数， k 为参数个数， t_α 为置信水平 α 时的 t 值。在这 6 项指标中， R^2 和 SEE 是回归模型的最常用指标，既反映了模型的拟合优度，也反映了自变量的贡献率和因变量的离差情况； TRE 和 MSE 是反映拟合效果的重要指标，二者应该控制在一定范围内（如 ±3% ），趋向于 0 时效果最好； MPE 是反映平均蓄积量估计值的精度指标。

各森林生产力三级区划优势树种生长模型检验见表 1-13。

表 1-13　各森林生产力三级区划优势树种生长模型检验

序号	森林生产力三级区划	优势树种	模型	R^2	SEE	TRE	MSE	MPE
1	中温带—亚干旱—草原冀北山地立地亚区	落叶松	Richards 普	0.86	21.1901	− 0.2413	− 4.2743	10.6241
			Richards 加		21.4870	0.4456	− 0.1257	10.7729
		油松	Richards 普	0.85	16.4839	− 0.1745	− 2.3224	10.7889
			Richards 加		16.6782	0.1250	− 0.0765	10.9161
		栎类	Richards 普	0.79	11.4612	− 0.4065	− 4.9844	7.7293
			Richards 加		11.4863	− 0.0124	0.2190	7.7462
		桦木	Richards 普	0.85	11.6242	− 0.0975	− 1.4807	6.1605
			Richards 加		11.6387	− 0.0144	− 0.0200	6.1682
2	暖温带—亚湿润—落叶阔叶林冀北山地立地亚区	油松	Richards 普	0.85	10.0073	− 0.1970	− 1.5687	8.3313
			Richards 加		10.0242	0.0890	0.1019	8.3453
		栎类	Richards 加	0.60	19.1729	− 0.1751	− 4.5726	14.3565
			Richards 普		19.5655	2.9524	0.1216	14.6505
3	暖温带—亚湿润—落叶阔叶林冀西石质山地立地亚区	栎类	Logistic 普	0.87	7.0703	− 0.2123	− 2.1524	10.5298
			Logistic 加		7.8156	1.2769	0.0688	11.6397
4	暖温带—亚湿润—落叶阔叶林辽河黄泛平原立地亚区	杨树	Logistic 普	0.66	18.6615	− 0.1535	− 1.7161	10.6910
			Logistic 加		19.2009	0.7912	− 0.2272	11.0001
5	暖温带—亚湿润—落叶阔叶林辽西冀东低山丘陵立地亚区	油松	Richards 加	0.85	14.0590	− 0.0291	− 0.9784	10.7440
			Richards 普		14.0830	0.2173	− 0.0408	10.7623
		栎类	Richards 加	0.66	10.4864	− 0.3177	− 3.2539	12.1506
			Richards 普		10.6253	0.3267	− 0.3226	12.3115
6	中温带—亚干旱—草原河北坝上高原立地亚区	杨树	Logistic 普	0.70	13.3013	− 0.1200	− 2.2321	13.1178
			Logistic 加		13.6297	0.9522	− 0.4443	13.4417

总相对误差（TRE）基本在 ± 3% 以内，平均系统误差（MSE）基本在 ± 5% 以内，表明模型拟合效果良好。从这一原则出发，加权回归模型的拟合效果要好于普通回归模型；平均预估误差（MPE）基本在 15% 以内，说明蓄积量生长模型的平均预估精度达到约 85% 以上。

从参数估计值看，各树种的相应参数的标准差较小，说明模型的稳定性比较好。

1.4.7　样地蓄积量归一化

通过提取的河北（含北京、天津）的样地数据，河北（含北京、天津）的针叶树种主要是落叶松和油松，阔叶树种主要是栎类、白桦、杨树和其他软阔。

根据《国家森林资源连续清查主要技术规定》确定各树种组的龄组划分和成熟林年龄，表 1-14。河北三级区划主要树种成熟林蓄积量见表 1-15。

表 1-14   河北(含北京、天津)树种成熟年龄

序号	树种	地区	起源	龄级	成熟林
1	落叶松	北方	天然	20	101
			人工	10	41
2	油松	北方	天然	10	61
			人工	10	41
3	栎类	北方	天然	20	81
			人工	10	51
4	白桦	北方	天然	10	61
			人工	10	41
5	杨树	北方	天然	5	26
			人工	5	21

表 1-15   河北(含北京、天津)三级区划主要树种成熟林蓄积量

序号	森林生产力三级区划	树种	起源	成熟年龄	成熟林蓄积量/(m^3/hm^2)
1	中温带—亚干旱—草原冀北山地立地亚区	落叶松	人工	41	153.7807
		油松	人工	41	81.9788
		栎类	天然	81	70.1738
		白桦	天然	61	85.9152
2	中温带—亚干旱—草原河北坝上高原立地亚区	杨树	人工	21	29.4433
3	暖温带—亚湿润—落叶阔叶林冀北山地立地亚区	油松	人工	41	59.1703
		栎类	天然	81	66.8174
4	暖温带—亚湿润—落叶阔叶林冀西石质山地立地亚区	栎类	天然	81	50.8994
5	暖温带—亚湿润—落叶阔叶林辽河黄泛平原立地亚区	杨树	人工	21	80.5327
6	暖温带—亚湿润—落叶阔叶林辽西冀东低山丘陵立地亚区	油松	人工	41	56.9657
		栎类	天然	81	45.7591

1.4.8   河北(含北京、天津)森林生产力分区

依据全国公顷蓄积量分级结果(参见全国报告的表4-12)。河北(含北京、天津)公顷蓄积量分级结果见表1-16。样地归一化蓄积量如图1-16。森林生产力分级如图1-17。

表 1-16　河北（含北京、天津）公顷蓄积量分级结果　　　　单位：m^3/hm^2

级别	1 级	2 级	3 级	6 级
公顷蓄积量	≤30	30～60	60～90	150～180

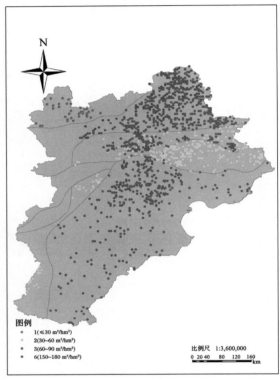

图 1-16　河北（含北京、天津）样地归一化蓄积量分级

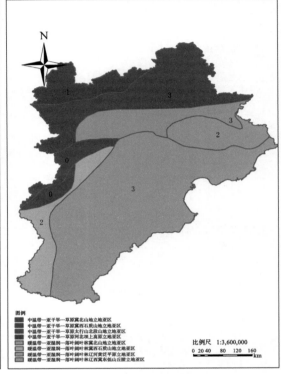

图 1-17　河北（含北京、天津）森林生产力分级

注：图中数字表达了该区域森林生产力等级。其中空值并不表示该区的森林生产力等级是 0，而是该森林生产力区划跨省，本省建模样地数未达到建模标准，将在区域或全国森林生产力分区图中赋值；图中森林生产力等级值依据前文中表 1-16 公顷蓄积量分级结果。

1.4.9　河北（含北京、天津）森林生产力分区调整

中温带—亚干旱—草原冀西石质山地立地亚区与暖温带—亚湿润—落叶阔叶林冀西石质山地立地亚区立地条件相同，将两区合并，命名为暖温带—亚湿润—落叶阔叶林冀西石质山地立地亚区；

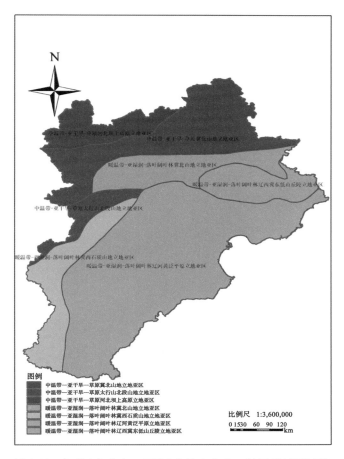

图 1-18　河北(含北京、天津)森林生产力三级区划(调整后)

山西中温带—亚干旱—草原太行山北段山地立地亚区和河北中温带—亚干旱—草原太行山北段山地立地亚区组成完整的三级区,跨省界提取该区数据,分析该区的森林生产力等级。

调整后,河北森林生产力三级区划见图 1-18。三级区划分优势树种样地数统计见表 1-17。各三级分区主要建模树种及建模数据统计见表 1-18。主要树种建筑数据统计见表 1-19。主要树种建模数据统计[河北(含北京、天津)+山西]见表 1-20。主要树种模型统计见表 1-21。主要树种模型统计[河北(含北京、天津)+山西]见表 1-22。合并后,生长模型如图 1-19 和图 1-20。各森林生产力三级区划优势树种生长模型检验见表 1-23。河北(含北京、天津)+山西见表 1-24。调整后,样地归一化蓄积量如图 1-21。河北森林生产力分级如图 1-22。

表 1-17　河北（含北京、天津）三级区划分优势树种样地数统计（调整后）

序号	森林生产力三级区划	优势树种	监测期	起源	样地数
1	暖温带—亚湿润—落叶阔叶林冀西石质山地立地亚区	落叶松	第 6 期	人工	2
			第 7 期		2
		油松	第 6 期	人工	15
			第 7 期		22
		柏木	第 6 期	天然	2
			第 7 期		2
		柏木	第 6 期	人工	10
			第 7 期		11
		栎类	第 6 期	天然	33
			第 7 期		35
		栎类	第 6 期	人工	0
			第 7 期		3
		桦木	第 6 期	天然	6
			第 7 期		4
		白桦	第 6 期	天然	0
			第 7 期		1
		胡桃楸	第 6 期	天然	0
			第 7 期		4
		其他硬阔	第 6 期	天然	24
			第 7 期		26
		其他硬阔	第 6 期	人工	1
			第 7 期		3
		椴树	第 6 期	天然	1
			第 7 期		2
		杨树	第 6 期	天然	1
			第 7 期		1
		杨树	第 6 期	人工	6
			第 7 期		13
		其他软阔	第 6 期	天然	11
			第 7 期		20
		其他软阔	第 6 期	人工	45
			第 7 期		45
		阔叶混	第 6 期	天然	1
			第 7 期		2
2	中温带—亚干旱—草原太行山北段山地立地亚区	云杉	第 6 期	天然	4
			第 7 期		3
		云杉	第 7 期	人工	1
			第 8 期		2
		落叶松	第 6 期	天然	3
			第 7 期		4

（续）

序号	森林生产力三级区划	优势树种	监测期	起源	样地数
2	中温带—亚干旱—草原太行山北段山地立地亚区	落叶松	第6期	人工	22
			第7期		23
		油松	第6期	天然	2
			第7期		2
		油松	第6期	人工	15
			第7期		17
		其他松类	第7期	天然	1
			第8期		0
		柏木	第6期	天然	2
			第7期		3
		柏木	第6期	人工	3
			第7期		4
		栎类	第6期	天然	18
			第7期		22
		桦木	第6期	天然	28
			第7期		8
		白桦	第6期	天然	12
			第7期		35
		枫桦	第6期	天然	0
			第7期		3
		胡桃楸	第6期	天然	0
			第7期		2
		刺槐	第7期	人工	0
			第8期		1
		其他硬阔	第6期	天然	10
			第7期		11
		椴树	第6期	天然	0
			第7期		3
		杨树	第6期	天然	5
			第7期		5
		杨树	第6期	人工	9
			第7期		7
		柳树	第7期	天然	0
			第8期		1
		其他软阔	第6期	天然	8
			第7期		5
		其他软阔	第6期	人工	1
			第7期		3
		阔叶混	第6期	天然	3
			第7期		2

表1-18　河北（含北京、天津）各三级分区主要建模树种及建模数据统计

序号	森林生产力三级区划	优势树种	监测期	起源	总样地数	建模样地数	所占比例/%
1	暖温带—亚湿润—落叶阔叶林冀西石质山地立地亚区	其他软阔	第6期	人工	45	79	87.8
			第7期		45		
2	中温带—亚干旱—草原太行山北段山地立地亚区	桦木	第6期	天然	28	81	97.6
			第7期		8		
		白桦	第6期	天然	12		
			第7期		35		

表1-19　主要树种建模数据统计

序号	森林生产力三级区划	优势树种	统计量	最小值	最大值	平均值
1	暖温带—亚湿润—落叶阔叶林冀西石质山地立地亚区	其他软阔	林木蓄积量	1.0417	41.4833	19.7176
			平均年龄	3	38	18

表1-20　主要树种建模数据统计［河北（含北京、天津）+山西］

序号	森林生产力三级区划	优势树种	统计量	最小值	最大值	平均值
1	中温带—亚干旱—草原太行山北段山地立地亚区	桦木	林木蓄积量	3.0833	68.3250	33.4979
			平均年龄	7	58	34

表1-21　主要树种模型统计

序号	森林生产力三级区划	优势树种	模型	生长方程	参数标准差			R^2	TRE/%
					A	B	k		
1	暖温带—亚湿润—落叶阔叶林冀西石质山地立地亚区	其他软阔	Logistic 普	$y = 43.8962/(1 + 17.5116 + e^{-0.1469x})$	5.2990	6.7071	0.0292	0.88	0.3440
			Logistic 加	$y = 40.5016/(1 + 16.7404 e^{-0.1561x})$	9.8812	4.6016	0.0311		0.1725

表1-22　主要树种模型统计［河北（含北京、天津）+山西］

序号	森林生产力三级区划	优势树种	模型	生长方程	参数标准差			R^2	TRE/%
					A	B	k		
1	中温带—亚干旱—草原太行山北段山地立地亚区	桦木	Richards 普	$y = 54.2511 (1 - e^{-0.0703x})^{3.7595}$	9.7776	3.2470	0.0403	0.67	-0.9823
			Richards 普	$y = 51.6762 (1 - e^{-0.0776x})^{4.2095}$	7.4504	1.0130	0.0189		0.0691

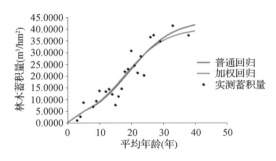

图1-19 暖温带—亚湿润—落叶阔叶林冀西石质山地立地亚区其他软阔生长模型（合并后）

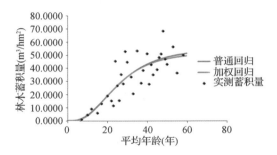

图1-20 中温带—亚干旱—草原太行山北段山地立地亚区生长模型［河北（含北京、天津）+山西］

表1-23 各森林生产力三级区划优势树种生长模型检验

序号	森林生产力三级区划	优势树种	模型	R^2	SEE	TRE	MSE	MPE
1	暖温带—亚湿润—落叶阔叶林冀西石质山地立地亚区	其他软阔	Logistic 普	0.88	4.3248	0.3440	1.0207	9.2409
			Logistic 加		4.4013	0.1725	−0.0134	9.4045

表1-24 各森林生产力三级区划优势树种生长模型检验［河北（含北京、天津）+山西］

序号	森林生产力三级区划	优势树种	模型	R^2	SEE	TRE	MSE	MPE
1	中温带—亚干旱—草原太行山北段山地立地亚区	桦木	Richards 普	0.67	10.2997	−0.9823	−1.3996	10.9455
			Richards 普		10.2690	0.0691	0.0494	10.9128

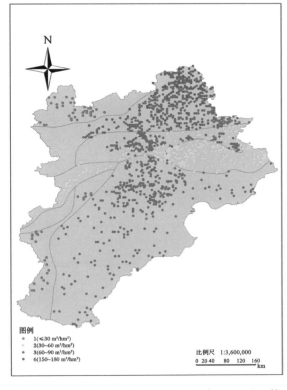

图1-21 河北（含北京、天津）样地归一化蓄积量分级（第二次）

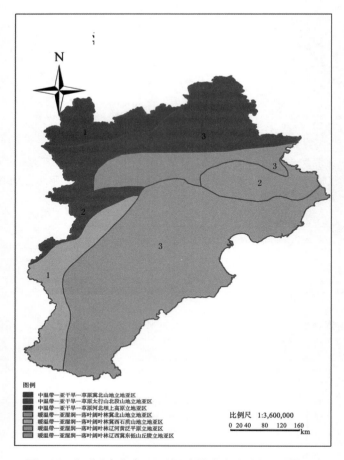

图 1-22 河北(含北京、天津)森林生产力分级(调整后)

注:图中森林生产力等值依据前文中表 1-16 公顷蓄积量分级结果。

2 山西森林潜在生产力分区成果

2.1 山西森林生产力一级区划

以我国 1:100 万全国行政区划数据中山西省界为边界，从全国森林生产力一级区划图中提取山西森林生产力一级区划，山西森林生产力一级区划单位为 2 个，如表 2-1 和图 2-1：

表 2-1 森林生产力一级区划标准

序号	气候带	气候大区	森林生产力一级区划
1	中温带	亚干旱	中温带—亚干旱地区
2	暖温带	亚湿润	暖温带—亚湿润地区

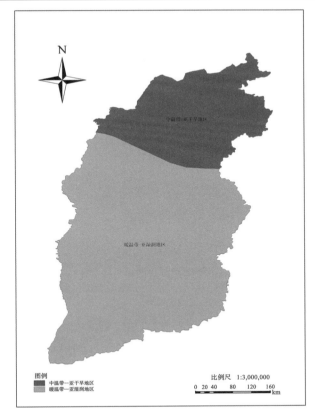

图 2-1 山西森林生产力一级区划

注：本图显示采用 2000 国家大地坐标系（简称 CGCS2000），后续相关地图同该坐标系。

2.2 山西森林生产力二级区划

按照山西省界从全国森林生产力二级区划中提取山西的森林生产力二级区划，山西森林生产力二级区划单位为 2 个，如表 2-2 和图 2-2：

表 2-2 森林生产力二级区划标准

序号	森林生产力一级区划	森林生产力二级区划
1	中温带—亚干旱地区	中温带—亚干旱—草原
2	暖温带—亚湿润地区	暖温带—亚湿润—落叶阔叶林

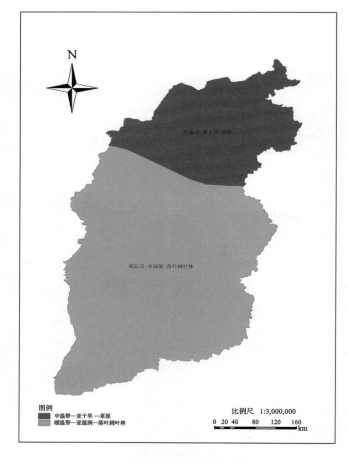

图 2-2 山西森林生产力二级区划

2.3 山西森林生产力三级区划

2.3.1 山西立地区划

根据全国立地区划结果，以山西 1∶100 万省界为提取框架，提取山西立地区划结果。需要说明的是，由于山西省界数据与全国立地区划成果数据精度不一致，导致提取的山西立地区划数据在省界边缘出现不少细小的破碎斑块。因此，对山西立地区划数据进行了破碎化斑块处理，根据就近原则，将破碎小斑块就近合并到最近的大斑块中。处理后，得到的山西立地区划属性数据和矢量图分别如表2-3和图2-3：

表2-3　山西立地区划

序号	立地区域	立地区	立地亚区
1	黄土高原暖温带温带立地区域	汾渭平原立地区	关中晋南盆地立地亚区
2			忻台盆地立地亚区
3		黄土丘陵立地区	晋蒙黄土丘陵盆地立地亚区
4			晋陕黄土高原沟壑立地亚区
5			吕梁东侧黄土丘陵立地亚区
6			晋陕黄土丘陵沟壑立地亚区
7		陇秦晋山地立地区	管涔山关帝山山地立地亚区
8			吕梁山黄龙山和乔山山地立地亚区
9	华北暖温带立地区域	燕山太行山山地立地区	晋东土石山地立地亚区
10			太行山北段山地立地亚区
11			太行山南段山地立地亚区

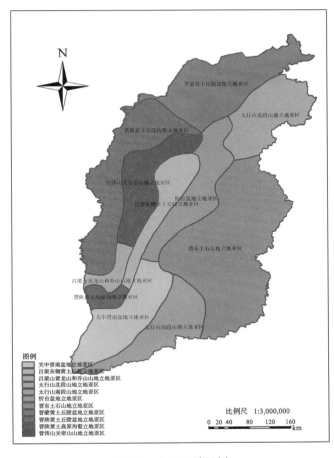

图2-3　山西立地区划

2.3.2 山西三级区划

根据山西的省界从全国森林生产力三级区划中提取山西森林生产力三级区划。

山西森林生产力三级区划单位为 13 个，如表 2-4 和图 2-4：

表 2-4 森林生产力三级区划标准

序号	森林生产力一级区划	森林生产力二级区划	森林生产力三级区划
1	暖温带—亚湿润地区	暖温带—亚湿润—落叶阔叶林	暖温带—亚湿润—落叶阔叶林关中晋南盆地立地亚区
2			暖温带—亚湿润—落叶阔叶林忻台盆地立地亚区
3			暖温带—亚湿润—落叶阔叶林晋陕黄土高原沟壑立地亚区
4			暖温带—亚湿润—落叶阔叶林晋陕黄土丘陵沟壑立地亚区
5			暖温带—亚湿润—落叶阔叶林吕梁东侧黄土丘陵立地亚区
6			暖温带—亚湿润—落叶阔叶林管涔山关帝山山地立地亚区
7			暖温带—亚湿润—落叶阔叶林晋东土石山地立地亚区
8			暖温带—亚湿润—落叶阔叶林太行山南段山地立地亚区
9			暖温带—亚湿润—落叶阔叶林吕梁山黄龙山和乔山山地立地亚区
10	中温带—亚干旱地区	中温带—亚干旱—草原	中温带—亚干旱—草原忻台盆地立地亚区
11			中温带—亚干旱—草原晋蒙黄土丘陵盆地立地亚区
12			中温带—亚干旱—草原太行山北段山地立地亚区
13			中温带—亚干旱—草原晋陕黄土丘陵沟壑立地亚区

2.4 山西森林生产力量化分级

2.4.1 技术方案

单位面积蓄积量标志着林地生产力的高低及经营措施的效果。本方案在森林生产力三级区划结果基础上，根据已调查的山西第 7 期、第 8 期一类清查样地数据，提取山西森林生产力三级区划的样地数据，筛选出两期地类是乔木林地、疏林地的样地，根据森林生产力三级区划的主要树种，建立样地优势树种蓄积量生长模型，并归一该树种到成熟林时单位公顷的蓄积值，以此作为量化样地森林生产力的依据，在森林生产力三级区划框架的基础上进行进一步的量化分级。

2.4.2 样地筛选

2.4.2.1 样地情况

山西于 1978 年初步建立了森林资源连续清查体系，约 6 km² 范围内布设一个样地，共设置固定样地 25781 个，面积 0.0667 hm²，样地形状为正方形，以优势地类法确定地类。机械抽取 19535 个样地，用以计算全省林木蓄积量。

1990 年山西开展森林资源清查第 2 次复查，仅对第 1 次复查中的 19535 个固定样地进行了复查。

1995 年进行了森林资源清查第 3 次复查时，对原有样地数进行了调整，总数由第二次

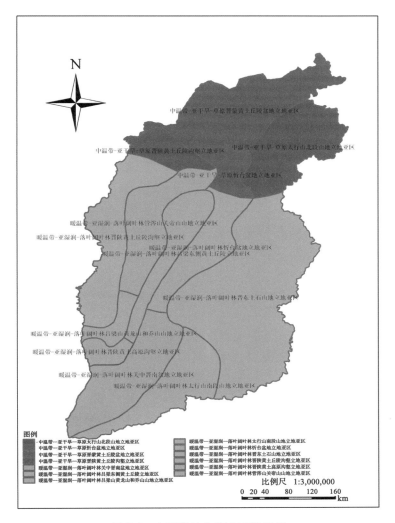

图 2-4　山西森林生产力三级区划

复查时的 19535 个减少到 9915 个，取舍方法为样地号尾数为奇数的样地保留，尾数为偶数的样地不进行调查。

2000 年山西开展了森林资源清查第 4 次复查，本次复查第 1 次将四旁树调查纳入连续清查体系，使森林资源连续清查体系实现了全省覆盖。全省共布设 9915 个固定样地，样地面积为 0.0667 hm²，样地形状为正方形，样地间距为 4 km×4 km。

2000 年第 4 次复查，在原固定样地的基础上，加密遥感判读样地，布设了一套遥感判读样本，判读样地数量 51543 个，间距 1 km×3 km。

山西的样地情况如表 2-5：

表 2-5　山西样地概况

项目	内容
调查（副）总体	山西样地
样地调查时间	全国第 7 次清查山西数据（2005 年） 全国第 8 次清查山西数据（2010 年）
样地个数	全国第 7 次清查山西样地 9915 个 全国第 8 次清查山西样地 9915 个
样地间距	样地间距 4 km×4 km
样地大小	0.0667 hm²
样地形状	25.82 m×25.82 m 的正方形
备注	

2.4.2.2　样地筛选情况

根据山西划分的森林生产力三级区划，提取每个三级区划的样地数据，对提取的样地数据进行筛选。

筛选的条件如下：

地类为乔木林地或疏林地。剔除地类是红树林、竹林、国家特别规定灌木林地、其他灌木林地、未成林封育地、未成林造林地、苗圃地、采伐迹地、火烧迹地、其他无立木林地、宜林荒山荒地、宜林沙荒地、其他宜林地、耕地、牧草地、水域、未利用地、工矿建设用地、城乡居民建设用地、交通建设用地、其他用地的样地。被剔除的样地或者没有划分起源，或者没有样地平均年龄，或者优势树种是灌木，无法进行以林木蓄积量为因变量，样地平均年龄为自变量的曲线拟合。

表 2-6 详细说明了山西第 7、8 期样地（分三级区划）及样地筛选情况。

表 2-6　山西分三级区划样地筛选情况

序号	森林生产力三级区划	监测期	样地总数	筛选样地数	所占比例/%
1	暖温带—亚湿润—落叶阔叶林关中晋南盆地立地亚区	第 7 期	947	31	3.3
		第 8 期	949	57	6.0
2	暖温带—亚湿润—落叶阔叶林忻台盆地立地亚区	第 7 期	609	29	4.8
		第 8 期	609	51	8.4
3	暖温带—亚湿润—落叶阔叶林晋陕黄土高原沟壑立地亚区	第 7 期	128	23	18.0
		第 8 期	131	31	23.7
4	暖温带—亚湿润—落叶阔叶林晋陕黄土丘陵沟壑立地亚区	第 7 期	914	30	3.3
		第 8 期	918	55	6.0
5	暖温带—亚湿润—落叶阔叶林吕梁东侧黄土丘陵立地亚区	第 7 期	531	83	15.6
		第 8 期	533	102	19.1
6	暖温带—亚湿润—落叶阔叶林管涔山关帝山山地立地亚区	第 7 期	755	185	24.5
		第 8 期	751	206	27.4

序号	森林生产力三级区划	监测期	样地总数	筛选样地数	所占比例/%
7	暖温带—亚湿润—落叶阔叶林晋东土石山地立地亚区	第7期	2508	357	14.2
		第8期	2509	424	16.9
8	暖温带—亚湿润—落叶阔叶林太行山南段山地立地亚区	第7期	756	236	31.2
		第8期	758	273	36.0
9	暖温带—亚湿润—落叶阔叶林吕梁山黄龙山和乔山山地立地亚区	第7期	191	49	25.7
		第8期	189	60	31.7
10	中温带—亚干旱—草原忻台盆地立地亚区	第7期	186	5	2.7
		第8期	185	4	2.2
11	中温带—亚干旱—草原晋蒙黄土丘陵盆地立地亚区	第7期	1241	96	7.7
		第8期	1242	98	7.9
12	中温带—亚干旱—草原太行山北段山地立地亚区	第7期	858	64	7.5
		第8期	857	69	8.1
13	中温带—亚干旱—草原晋陕黄土丘陵沟壑立地亚区	第7期	257	15	5.8
		第8期	256	17	6.6

2.4.3 建模树种提取

对筛选出的森林生产力三级区划的乔木林地和疏林地样地数据，分别统计每个优势树种的样地数和样地的起源，为了尽量使每个三级区划都能有森林生产力值，方便森林生产力等级划分，在每个森林生产力三级区内，如果优势树种的建模样地达到50，则建立样本数≥50的优势树种的生长模型；如果优势树种的建模样地均未达到50，则降低建模样本量为30；降低建模标准且合并树种组仍无法达到建模量的，若该区为完整的三级区，则看邻近区内与该区内相似树种的蓄积量，作为该区的归一化蓄积量；若该区是被省界分割的森林生产力三级区的小部分，则暂时空缺，若是被省界分割的森林生产力三级区的大部分，则参照完整的三级区处理。

各三级区划分优势树种样地数统计见表2-7。

表2-7　山西各三级区划分优势树种样地数统计

序号	森林生产力三级区划	优势树种	监测期	起源	样地数
1	中温带—亚干旱—草原太行山北段山地立地亚区	云杉	第7期	天然	3
			第8期		2
		云杉	第7期	人工	1
			第8期		2
		落叶松	第7期	天然	3
			第8期		3
		落叶松	第7期	人工	19
			第8期		20
		油松	第7期	人工	9
			第8期		11
		柏木	第7期	天然	0
			第8期		1

（续）

序号	森林生产力三级区划	优势树种	监测期	起源	样地数
1	中温带—亚干旱—草原太行山北段山地立地亚区	其他松类	第 7 期	天然	1
			第 8 期		0
		栎类	第 7 期	天然	3
			第 8 期		4
		桦木	第 7 期	天然	4
			第 8 期		3
		白桦	第 7 期	天然	13
			第 8 期		12
		刺槐	第 7 期	人工	0
			第 8 期		1
		杨树	第 7 期	天然	4
			第 8 期		4
		杨树	第 7 期	人工	4
			第 8 期		4
		柳树	第 7 期	天然	0
			第 8 期		1
		其他软阔	第 7 期	天然	0
			第 8 期		1
2	中温带—亚干旱—草原忻台盆地立地亚区	栎类	第 7 期	天然	0
			第 8 期		1
		白桦	第 7 期	天然	1
			第 8 期		0
		杨树	第 7 期	人工	3
			第 8 期		2
		柳树	第 7 期	人工	1
			第 8 期		1
3	中温带—亚干旱—草原晋蒙黄土丘陵盆地立地亚区	落叶松	第 7 期	人工	1
			第 8 期		1
		樟子松	第 7 期	人工	1
			第 8 期		1
		油松	第 7 期	人工	6
			第 8 期		10
		柏木	第 7 期	人工	0
			第 8 期		1
		白桦	第 7 期	天然	3
			第 8 期		3
		杨树	第 7 期	人工	85
			第 8 期		81

（续）

序号	森林生产力三级区划	优势树种	监测期	起源	样地数
4	中温带—亚干旱—草原晋陕黄土丘陵沟壑立地亚区	云杉	第 7 期	人工	1
			第 8 期		1
		落叶松	第 7 期	天然	0
			第 8 期		1
		落叶松	第 7 期	人工	1
			第 8 期		1
		油松	第 7 期	人工	0
			第 8 期		2
		白桦	第 7 期	天然	5
			第 8 期		5
		杨树	第 7 期	天然	1
			第 8 期		0
		杨树	第 7 期	人工	6
			第 8 期		6
		柳树	第 7 期	人工	1
			第 8 期		1
5	暖温带—亚湿润—落叶阔叶林关中晋南盆地立地亚区	落叶松	第 7 期	人工	1
			第 8 期		1
		油松	第 7 期	天然	1
			第 8 期		1
		其他松类	第 7 期	天然	8
			第 8 期		9
		柏木	第 7 期	天然	3
			第 8 期		6
		柏木	第 7 期	人工	1
			第 8 期		1
		栎类	第 7 期	天然	7
			第 8 期		7
		白桦	第 7 期	人工	1
			第 8 期		1
		其他硬阔	第 7 期	天然	1
			第 8 期		1
		其他硬阔	第 7 期	人工	2
			第 8 期		3
		杨树	第 7 期	人工	6
			第 8 期		21
		刺槐	第 7 期	人工	0
			第 8 期		5
		其他软阔	第 7 期	人工	0
			第 8 期		1

（续）

序号	森林生产力三级区划	优势树种	监测期	起源	样地数
6	暖温带—亚湿润—落叶阔叶林吕梁东侧黄土丘陵立地亚区	落叶松	第 7 期	人工	3
			第 8 期		4
		油松	第 7 期	天然	22
			第 8 期		24
		油松	第 7 期	人工	6
			第 8 期		13
		其他松类	第 7 期	天然	3
			第 8 期		4
		柏木	第 7 期	天然	3
			第 8 期		2
		栎类	第 7 期	天然	36
			第 8 期		41
		桦木	第 7 期	天然	1
			第 8 期		0
		白桦	第 7 期	天然	3
			第 8 期		1
		榆树	第 7 期	天然	0
			第 8 期		1
		刺槐	第 7 期	人工	0
			第 8 期		3
		其他硬阔	第 7 期	天然	0
			第 8 期		1
		其他硬阔	第 7 期	人工	1
			第 8 期		1
		椴树	第 7 期	天然	1
			第 8 期		1
		杨树	第 7 期	天然	2
			第 8 期		4
		柳树	第 7 期	天然	0
			第 8 期		1
		柳树	第 7 期	人工	2
			第 8 期		1
7	暖温带—亚湿润—落叶阔叶林吕梁山黄龙山和乔山山地立地亚区	落叶松	第 7 期	人工	1
			第 8 期		1
		油松	第 7 期	天然	2
			第 8 期		2
		油松	第 7 期	人工	3
			第 8 期		3
		其他松类	第 7 期	天然	2
			第 8 期		2

（续）

序号	森林生产力三级区划	优势树种	监测期	起源	样地数
7	暖温带—亚湿润—落叶阔叶林吕梁山黄龙山和乔山山地立地亚区	柏木	第 7 期	天然	4
			第 8 期		4
		柏木	第 7 期	人工	0
			第 8 期		1
		栎类	第 7 期	天然	28
			第 8 期		29
		白桦	第 7 期	天然	2
			第 8 期		3
		刺槐	第 7 期	人工	0
			第 8 期		11
		其他硬阔	第 7 期	人工	4
			第 8 期		0
		杨树	第 7 期	天然	2
			第 8 期		2
		其他软阔	第 7 期	天然	1
			第 8 期		0
		其他软阔	第 7 期	人工	0
			第 8 期		1
8	暖温带—亚湿润—落叶阔叶林太行山南段山地立地亚区	油松	第 7 期	天然	26
			第 8 期		27
		油松	第 7 期	人工	35
			第 8 期		36
		华山松	第 7 期	天然	1
			第 8 期		1
		华山松	第 7 期	人工	4
			第 8 期		4
		其他松类	第 7 期	天然	2
			第 8 期		2
		其他松类	第 7 期	人工	1
			第 8 期		1
		柏木	第 7 期	天然	10
			第 8 期		13
		柏木	第 7 期	人工	2
			第 8 期		5
		栎类	第 7 期	天然	61
			第 8 期		65
		栎类	第 7 期	人工	1
			第 8 期		1
		桦木	第 7 期	天然	0
			第 8 期		18

（续）

序号	森林生产力三级区划	优势树种	监测期	起源	样地数
8	暖温带—亚湿润—落叶阔叶林太行山南段山地立地亚区	胡桃楸	第7期	天然	1
			第8期		1
		榆树	第7期	天然	2
			第8期		2
		榆树	第7期	人工	0
			第8期		1
		刺槐	第7期	人工	0
			第8期		21
		其他硬阔	第7期	天然	31
			第8期		19
		其他硬阔	第7期	人工	7
			第8期		2
		椴树	第7期	天然	1
			第8期		1
		杨树	第7期	天然	1
			第8期		1
		杨树	第7期	人工	4
			第8期		6
		其他软阔	第7期	天然	3
			第8期		1
		其他软阔	第7期	人工	0
			第8期		1
		阔叶混	第7期	天然	3
			第8期		1
9	暖温带—亚湿润—落叶阔叶林忻台盆地立地亚区	落叶松	第7期	人工	1
			第8期		1
		油松	第7期	天然	3
			第8期		3
		油松	第7期	人工	3
			第8期		6
		其他松类	第7期	天然	1
			第8期		1
		柏木	第7期	天然	3
			第8期		4
		柏木	第7期	人工	0
			第8期		2
		栎类	第7期	天然	2
			第8期		6
		桦木	第7期	天然	1
			第8期		0

（续）

序号	森林生产力三级区划	优势树种	监测期	起源	样地数
9	暖温带—亚湿润—落叶阔叶林忻台盆地立地亚区	白桦	第7期	天然	0
			第8期		1
		榆树	第7期	人工	1
			第8期		1
		刺槐	第7期	人工	0
			第8期		6
		其他硬阔	第7期	天然	0
			第8期		2
		其他硬阔	第7期	人工	1
			第8期		0
		椴树	第7期	天然	1
			第8期		1
		杨树	第7期	天然	3
			第8期		3
		杨树	第7期	人工	3
			第8期		8
		柳树	第7期	人工	2
			第8期		3
		其他软阔	第7期	天然	1
			第8期		0
		针叶混	第7期	天然	1
			第8期		0
		针阔混	第7期	天然	1
			第8期		1
10	暖温带—亚湿润—落叶阔叶林晋东土石山地立地亚区	落叶松	第7期	人工	7
			第8期		7
		油松	第7期	天然	114
			第8期		119
		油松	第7期	人工	72
			第8期		74
		其他松类	第7期	天然	7
			第8期		5
		柏木	第7期	天然	7
			第8期		11
		柏木	第7期	人工	3
			第8期		9
		栎类	第7期	天然	69
			第8期		80
		栎类	第7期	人工	1
			第8期		2

序号	森林生产力三级区划	优势树种	监测期	起源	样地数
10	暖温带—亚湿润—落叶阔叶林晋东土石山地立地亚区	白桦	第7期	天然	6
			第8期		7
		白桦	第7期	人工	1
			第8期		1
		胡桃楸	第7期	天然	1
			第8期		1
		榆树	第7期	天然	0
			第8期		2
		榆树	第7期	人工	1
			第8期		2
		刺槐	第7期	人工	0
			第8期		42
		其他硬阔	第7期	天然	21
			第8期		26
		其他硬阔	第7期	人工	21
			第8期		2
		杨树	第7期	天然	2
			第8期		4
		杨树	第7期	人工	13
			第8期		14
		柳树	第7期	天然	1
			第8期		0
		柳树	第7期	人工	0
			第8期		3
		其他软阔	第7期	天然	2
			第8期		4
		其他软阔	第7期	人工	0
			第8期		1
		针叶混	第7期	天然	1
			第8期		1
11	暖温带—亚湿润—落叶阔叶林晋陕黄土丘陵沟壑立地亚区	云杉	第7期	天然	1
			第8期		1
		云杉	第7期	人工	1
			第8期		1
		樟子松	第7期	人工	0
			第8期		1
		油松	第7期	人工	5
			第8期		8
		柏木	第7期	天然	2
			第8期		3

（续）

序号	森林生产力三级区划	优势树种	监测期	起源	样地数
11	暖温带—亚湿润—落叶阔叶林晋陕黄土丘陵沟壑立地亚区	柏木	第7期	人工	0
			第8期		3
		栎类	第7期	天然	1
			第8期		0
		榆树	第7期	天然	0
			第8期		1
		刺槐	第7期	天然	0
			第8期		1
		刺槐	第7期	人工	0
			第8期		26
		其他硬阔	第7期	人工	8
			第8期		0
		杨树	第7期	天然	4
			第8期		4
		杨树	第7期	人工	4
			第8期		5
		其他软阔	第7期	人工	3
			第8期		0
12	暖温带—亚湿润—落叶阔叶林晋陕黄土高原沟壑立地亚区	油松	第7期	天然	3
			第8期		3
		油松	第7期	人工	2
			第8期		2
		其他松类	第7期	天然	2
			第8期		2
		柏木	第7期	天然	1
			第8期		1
		栎类	第7期	天然	11
			第8期		15
		刺槐	第7期	人工	0
			第8期		4
		水曲柳	第7期	天然	1
			第8期		0
		其他硬阔	第7期	天然	1
			第8期		2
		杨树	第7期	天然	1
			第8期		1
		其他软阔	第7期	人工	1
			第8期		1

（续）

序号	森林生产力三级区划	优势树种	监测期	起源	样地数
13	暖温带—亚湿润—落叶阔叶林管涔山关帝山山地立地亚区	云杉	第7期	天然	12
			第8期		11
		云杉	第7期	人工	1
			第8期		1
		落叶松	第7期	天然	13
			第8期		13
		落叶松	第7期	人工	16
			第8期		18
		油松	第7期	天然	31
			第8期		31
		油松	第7期	人工	3
			第8期		6
		其他松类	第7期	天然	5
			第8期		5
		柏木	第7期	天然	2
			第8期		1
		柏木	第7期	人工	0
			第8期		1
		栎类	第7期	天然	58
			第8期		65
		桦木	第7期	天然	1
			第8期		1
		白桦	第7期	天然	17
			第8期		22
		榆树	第7期	人工	1
			第8期		1
		刺槐	第7期	人工	0
			第8期		4
		其他硬阔	第7期	天然	1
			第8期		1
		椴树	第7期	天然	2
			第8期		2
		杨树	第7期	天然	12
			第8期		18
		杨树	第7期	人工	3
			第8期		4
		其他软阔	第7期	天然	7
			第8期		1

从表 2-7 中可以筛选山西森林生产力三级区划的建模树种如表 2-8：

表 2-8 山西各三级分区主要建模树种及建模数据统计

序号	森林生产力三级区划	优势树种	起源	监测期	总样地数	建模样地数	所占比例/%
1	中温带—亚干旱—草原晋蒙黄土丘陵盆地立地亚区	杨树	人工	第 7 期	85	164	100
				第 8 期	81		
2	暖温带—亚湿润—落叶阔叶林吕梁东侧黄土丘陵立地亚区	栎类	天然	第 7 期	36	76	98.7
				第 8 期	41		
3	暖温带—亚湿润—落叶阔叶林吕梁山黄龙山和乔山山地立地亚区	栎类	天然	第 7 期	28	57	100
				第 8 期	29		
4	暖温带—亚湿润—落叶阔叶林太行山南段山地立地亚区	栎类	天然	第 7 期	61	124	98.4
				第 8 期	65		
5	暖温带—亚湿润—落叶阔叶林晋东土石山地立地亚区	油松	天然	第 7 期	114	231	99.1
				第 8 期	119		
		油松	人工	第 7 期	72	141	96.6
				第 8 期	74		
		栎类	天然	第 7 期	69	145	97.3
				第 8 期	80		
6	暖温带—亚湿润—落叶阔叶林管涔山关帝山山地立地亚区	栎类	天然	第 7 期	58	123	100
				第 8 期	65		

2.4.4 建模前数据整理和对应

2.4.4.1 对森林采伐等人为干扰情况的处理

在数据的整理过程中，对第 7、8 期样地号对应，优势树种一致，第 8 期年龄增加与调查间隔期一致的样地，第 8 期林木蓄积量加上采伐蓄积量作为第 8 期的林木蓄积量，第 7 期的林木蓄积量不变。

2.4.4.2 对优势树种发生变化情况的处理

两期样地对照分析，第 8 期样地的优势树种发生变化的样地，林木蓄积量仍以第 8 期的林木蓄积量为准，把该样地作为第 8 期优势树种的样地，林木蓄积量以第 8 期调查时为准，不加采伐蓄积量。第 7 期的处理同第 8 期。

2.4.4.3 对样地年龄与时间变化不一致情况的处理

对样地第 8 期的年龄与调查间隔时间变化不一致的样地，则以第 8 期的样地平均年龄为准，林木蓄积量不与采伐蓄积量相加，仍以第 8 期的林木蓄积量作为林木蓄积量，第 7 期的林木蓄积量不发生变化。

2.4.5 建立林分蓄积量生长模型

根据筛选出的优势树种样地数据，以整理后的林木蓄积量作为因变量，以样地的平均年龄作为自变量，剔除异常数据，根据样地数据散点图的总体趋势，选取不同的生长方程拟合曲线。主要树种建模数据统计见表 2-9。

表 2-9　主要树种建模数据统计

序号	森林生产力三级区划	优势树种	统计量	最小值	最大值	平均值
1	暖温带—亚湿润—落叶阔叶林晋东土石山地立地亚区	油松（人工）	林木蓄积量	1.4243	125.7121	50.5210
			平均年龄	14	95	53
		油松（天然）	林木蓄积量	2.3238	81.4393	32.6701
			平均年龄	7	61	30
		栎类	林木蓄积量	1.1394	127.4063	60.4993
			平均年龄	5	90	48
2	中温带—亚干旱—草原晋蒙黄土丘陵盆地立地亚区	杨树	林木蓄积量	0.5547	25.5454	14.9378
			平均年龄	7	57	35
3	暖温带—亚湿润—落叶阔叶林太行山南段山地立地亚区	栎类	林木蓄积量	1.5892	100.6072	45.1068
			平均年龄	8	96	51
4	暖温带—亚湿润—落叶阔叶林吕梁山黄龙山和乔山山地立地亚区	栎类	林木蓄积量	12.8936	106.9115	59.1701
			平均年龄	33	96	63
5	暖温带—亚湿润—落叶阔叶林吕梁东侧黄土丘陵立地亚区	栎类	林木蓄积量	3.3958	78.5757	39.2548
			平均年龄	15	95	53
6	暖温带—亚湿润—落叶阔叶林管涔山关帝山山地立地亚区	栎类	林木蓄积量	4.0780	105.0675	52.9654
			平均年龄	18	95	60

　　S 型生长模型能够合理地表示树木或林分的生长过程和趋势，避免了其他模型只在某一生长阶段的拟合精度高，而不能完整体现树木或林分生长趋势的弊端，而本方案的目的是预测林分达到成熟林时的蓄积量，S 型生长模型得到的值在比较合理的范围内。

　　选取的生长方程如下表 2-10：

表 2-10　拟合所用的生长模型

序号	生长模型名称	生长模型公式
1	Richards 模型	$y = A (1 - e^{-kx})^B$
2	单分子模型	$y = A (1 - e^{-kx})$
3	Logistic 模型	$y = A / (1 + Be^{-kx})$
4	Korf 模型	$y = Ae^{-Bx-k}$

　　其中，y 为样地的林木蓄积量，x 为林分年龄，A 为树木生长的最大值参数，k 为生长速率参数，B 为与初始值有关的参数。

　　经过数据拟合，得出各模型的参数和拟合优度及总相对误差，选取三级区划各树种的适合拟合方程，整理如表 2-11。生长模型如图 2-5 ～ 图 2-12。

表 2-11　主要树种模型

序号	森林生产力三级区划	优势树种	模型	生长方程	参数标准差 A	B	k	R^2	TRE/%
1	暖温带—亚湿润—落叶阔叶林晋东土石山地立地亚区	油松11	Logistic普	$y = 74.4725 / (1 + 76.4993e^{-0.1107x})$	4.5462	76.3421	0.0270	0.64	0.1886
			Logistic加	$y = 73.7950 / (1 + 74.3292e^{-0.1116x})$	6.2742	26.6189	0.0144		0.0020
		油松21	Logistic普	$y = 60.5123 / (1 + 24.4709e^{-0.1143x})$	7.2448	15.4954	0.0294	0.72	-0.2104
			Logistic加	$y = 55.5544 / (1 + 34.6648e^{-0.1372x})$	6.8871	10.6509	0.0210		0.2239
		栎类	Richards普	$y = 110.0902 (1 - e^{-0.0319x})^{2.0746}$	24.7408	1.1225	0.0190	0.66	-0.0137
			Richards加	$y = 100.4069 (1 - e^{-0.0405x})^{2.5374}$	13.6322	0.4753	0.0101		0.0397
2	中温带—亚干旱—草原晋蒙黄土丘陵盆地立地亚区	杨树	Richards普	$y = 17.9274 (1 - e^{-0.1341x})^{5.7599}$	0.9501	4.6590	0.0496	0.64	-0.1551
			Richards加	$y = 17.5616 (1 - e^{-0.1714x})^{10.2230}$	0.8310	3.3831	0.0272		0.0163
3	暖温带—亚湿润—落叶阔叶林太行山南段山地立地亚区	栎类	Logistic普	$y = 74.6720 / (1 + 13.7935e^{-0.0646x})$	5.6178	5.6976	0.0125	0.73	0.0354
			Logistic加	$y = 69.7082 / (1 + 16.6938e^{-0.0750x})$	6.8820	4.0534	0.0109		0.2078
4	暖温带—亚湿润—落叶阔叶林吕梁山黄龙山和乔山山地立地亚区	栎类	Richards普	$y = 78.8369 (1 - e^{-0.0751x})^{19.3033}$	5.6636	18.6502	0.0228	0.70	0.0195
			Richards加	$y = 78.5553 (1 - e^{-0.0758x})^{19.7098}$	5.5026	10.5180	0.0146		-0.0280
5	暖温带—亚湿润—落叶阔叶林吕梁东侧黄土丘陵立地亚区	栎类	Logistic普	$y = 65.7712 / (1 + 15.6973e^{-0.0607x})$	9.3224	9.5505	0.0180	0.62	-0.0319
			Logistic加	$y = 58.6869 / (1 + 21.7646e^{-0.0760x})$	6.8496	7.4330	0.0140		0.3842
6	暖温带—亚湿润—落叶阔叶林管涔山关帝山山地立地亚区	栎类	Logistic普	$y = 84.7115 / (1 + 17.9371e^{-0.0588x})$	12.4515	12.5476	0.0186	0.61	0.1899
			Logistic加	$y = 84.6999 / (1 + 15.9805e^{-0.0569x})$	16.3731	5.1940	0.0138		-0.0209

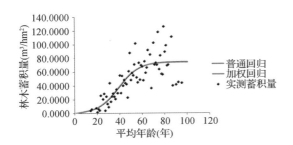

图 2-5　暖温带—亚湿润—落叶阔叶林晋东土石山地立地亚区油松 11 生长模型

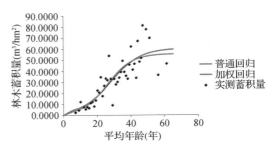

图 2-6　暖温带—亚湿润—落叶阔叶林晋东土石山地立地亚区油松 21 生长模型

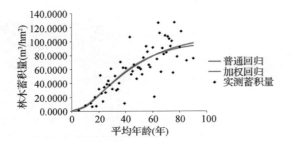

图2-7　暖温带—亚湿润—落叶阔叶林晋东土石山地立地亚区栎类生长模型

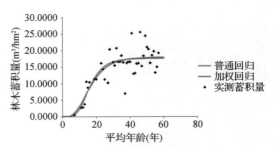

图2-8　中温带—亚干旱—草原晋蒙黄土丘陵盆地立地亚区杨树生长模型

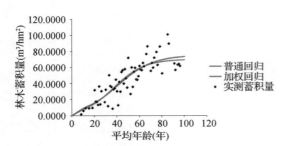

图2-9　暖温带—亚湿润—落叶阔叶林太行山南段山地立地亚区栎类生长模型

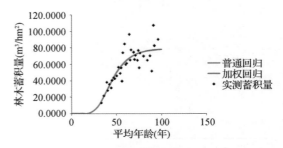

图2-10　暖温带—亚湿润—落叶阔叶林吕梁山黄龙山和乔山山地立地亚区栎类生长模型

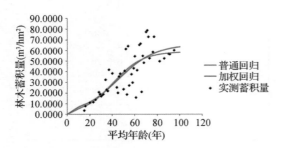

图2-11　暖温带—亚湿润—落叶阔叶林吕梁东侧黄土丘陵立地亚区栎类生长模型

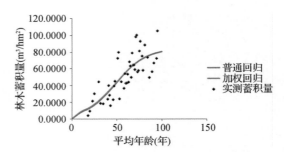

图2-12　暖温带—亚湿润—落叶阔叶林管涔山关帝山山地立地亚区栎类生长模型

2.4.6　生长模型的检验

为了检验普通回归和加权回归生长模型的适用性，采用以下评价指标：确定系数（ R^2 ）、估计值的标准误差（ SEE ）、总相对误差（ TRE ）、平均系统误差（ MSE ）、平均预估误差（ MPE ）。

$$R^2 = 1 - \sum (y_i - \hat{y}_i)^2 / \sum (y_i - \bar{y}_i)^2$$

$$SEE = \sqrt{\sum (y_i - \hat{y}_i)^2 / (n - k)}$$

$$TRE = \sum (y_i - \hat{y}_i) / \sum \hat{y}_i \times 100$$

$$MSE = \sum (y_i - \hat{y}_i) / \hat{y}_i / n \times 100$$

$$MPE = t_\alpha \cdot (SEE / \bar{y}) / \sqrt{n} \times 100$$

式中，y_i 为实际观测值，$\hat{y}_i$ 为模型预估值，$\bar{y}$ 为样本平均值，n 为样本单元数，k 为参数个数，t_α 为置信水平 α 时的 t 值。在这 6 项指标中，R^2 和 SEE 是回归模型的最常用指标，既反映了模型的拟合优度，也反映了自变量的贡献率和因变量的离差情况；TRE 和 MSE 是反映拟合效果的重要指标，二者应该控制在一定范围内（如 ±3%），趋向于 0 时效果最好；MPE 是反映平均蓄积量估计值的精度指标。

各森林生产力三级区划优势树种生长模型检验见表 2-12。

表 2-12　各森林生产力三级区划优势树种生长模型检验

序号	森林生产力三级区划	优势树种	模型	R^2	SEE	TRE	MSE	MPE
1	暖温带—亚湿润—落叶阔叶林晋东土石山地立地亚区	油松 11	Logistic 普	0.64	18.4225	0.1886	0.9222	8.8323
			Logistic 加		18.4307	0.0020	−0.0202	8.8362
		油松 21	Logistic 普	0.72	11.2072	−0.2104	−2.0629	10.5561
			Logistic 加		11.3219	0.2239	0.0089	10.6641
		栎类	Richards 普	0.66	19.5075	−0.0137	−0.9588	8.3254
			Richards 加		19.5588	0.0397	−0.0243	8.3473
2	中温带—亚干旱—草原晋蒙黄土丘陵盆地立地亚区	杨树	Richards 普	0.64	3.5523	−0.1551	−1.9021	7.4616
			Richards 加		3.5678	0.0163	0.2302	7.4944
3	暖温带—亚湿润—落叶阔叶林太行山南段山地立地亚区	栎类	Logistic 普	0.73	12.2904	0.0354	−0.5696	6.8623
			Logistic 加		12.4226	0.2078	−0.0818	6.9361
4	暖温带—亚湿润—落叶阔叶林吕梁山黄龙山和乔山山地立地亚区	栎类	Richards 普	0.70	12.0655	0.0195	0.0944	7.0021
			Richards 加		12.0665	−0.0280	−0.0306	7.0026
5	暖温带—亚湿润—落叶阔叶林吕梁东侧黄土丘陵立地亚区	栎类	Logistic 普	0.62	13.1774	−0.0319	−0.8337	3.5391
			Logistic 加		13.0144	0.3842	0.0031	4.0986
6	暖温带—亚湿润—落叶阔叶林管涔山关帝山山地立地亚区	栎类	Logistic 普	0.61	15.9767	0.1899	0.9151	8.9604
			Logistic 加		15.9844	−0.0209	−0.0252	8.9647

总相对误差（TRE）基本在 ±3% 以内，平均系统误差（MSE）基本在 ±5% 以内，表明模型拟合效果良好。从这一原则出发，加权回归模型的拟合效果要好于普通回归模型；平均预估误差（MPE）基本在 10% 以内，说明蓄积生长模型的平均预估精度达到约 90% 以上。

从参数估计值看，各树种的相应参数的标准差较小，说明模型的稳定性比较好。

2.4.7　样地蓄积量归一化

通过提取的山西的样地数据，山西的针叶树种主要是油松，阔叶树种主要是杨树和栎类。

根据《国家森林资源连续清查主要技术规定》确定各树种组的龄组划分和成熟林年龄，见表 2-13 和表 2-14。

表2-13　山西树种成熟年龄

序号	树种	地区	起源	龄级	成熟林
1	油松	北方	天然	10	61
			人工	10	41
2	栎类	北方	天然	20	81
			人工	10	51
3	杨树	北方	天然	5	26
			人工	5	21

表2-14　山西三级区划主要树种成熟林蓄积量

序号	森林生产力三级区划	树种	起源	成熟年龄	成熟林蓄积量/(m^3/hm^2)
1	暖温带—亚湿润—落叶阔叶林晋东土石山地立地亚区	油松（天然）	天然	61	68.1823
		油松（人工）	人工	41	49.3754
		栎类	天然	81	91.1003
2	中温带—亚干旱—草原晋蒙黄土丘陵盆地立地亚区	杨树	人工	21	13.2256
3	暖温带—亚湿润—落叶阔叶林太行山南段山地立地亚区	栎类	天然	81	67.1381
4	暖温带—亚湿润—落叶阔叶林吕梁山黄龙山和乔山山地立地亚区	栎类	人工	81	75.2890
5	暖温带—亚湿润—落叶阔叶林吕梁东侧黄土丘陵立地亚区	栎类	人工	81	56.1018
6	暖温带—亚湿润—落叶阔叶林管涔山关帝山山地立地亚区	栎类	人工	81	73.0506

2.4.8　山西森林生产力分区

依据全国公顷蓄积量分级结果（参见全国报告的表4-12）。山西公顷蓄积量分级结果见表2-15。样地归一化蓄积量分级如图2-13。

表2-15　山西公顷蓄积量分级结果　　　　　　　　　　单位：m^3/hm^2

级别	1级	2级	3级	4级
公顷蓄积量	≤30	30～60	60～90	90～120

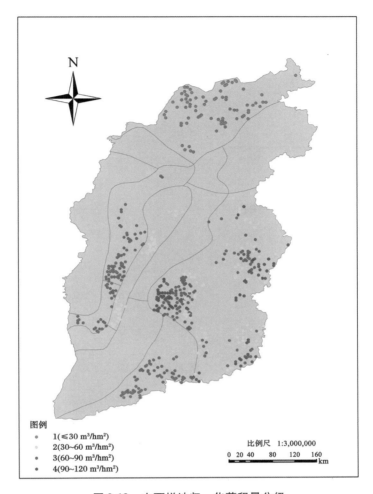

图 2-13   山西样地归一化蓄积量分级

暖温带—亚湿润—落叶阔叶林晋陕黄土高原沟壑立地亚区与陕西暖温带—亚湿润—落叶阔叶林晋陕黄土高原沟壑立地亚区属于同一个完整的森林生产力三级区，陕西暖温带—亚湿润—落叶阔叶林晋陕黄土高原沟壑立地亚区森林生产力等级为 3，根据陕西部分为山西该区森林生产力等级赋值，森林生产力等级为 3；

暖温带—亚湿润—落叶阔叶林关中晋南盆地立地亚区与陕西暖温带—亚湿润—落叶阔叶林关中晋南盆地立地亚区属于同一三级区，陕西该区森林生产力等级值为 5，根据陕西省森林生产力等级值，暖温带—亚湿润—落叶阔叶林关中晋南盆地立地亚区的森林生产力等级为 5。

山西森林生产力分级如图 2-14。

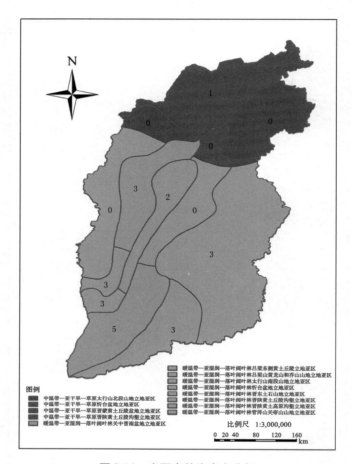

图 2-14　山西森林生产力分级

注：图中数字表达了该区域森林植被生产力等级。其中空值并不表示该区的森林植被生产力等级是 0，而是该森林生产力区划跨省，本省建模样地数未达到建模标准，将在区域或全国森林植被生产力分区图中赋值；图中森林植被生产力等级值依据前文中表 2-15 公顷蓄积量分级结果。

2.4.9　山西森林生产力分区调整

中温带—亚干旱—草原晋陕黄土丘陵沟壑立地亚区与暖温带—亚湿润—落叶阔叶林晋陕黄土丘陵沟壑立地亚区立地条件一致，将中温带—亚干旱—草原晋陕黄土丘陵沟壑立地亚区并入暖温带—亚湿润—落叶阔叶林晋陕黄土丘陵沟壑立地亚区；

中温带—亚干旱—草原忻台盆地立地亚区与暖温带—亚湿润—落叶阔叶林忻台盆地立地亚区立地条件一致，将中温带—亚干旱—草原忻台盆地立地亚区并入暖温带—亚湿润—落叶阔叶林忻台盆地立地亚区；

山西中温带—亚干旱—草原太行山北段山地立地亚区和河北中温带—亚干旱—草原太行山北段山地立地亚区组成完整的三级区，跨省界提取该区数据，分析该区的森林植被生产力等级。

调整后，森林生产力三级区划如图 2-15。

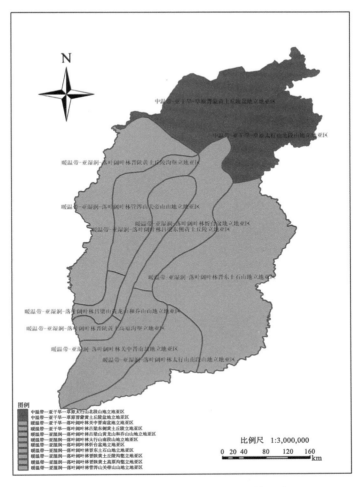

图 2-15 山西森林生产力三级区划（第二次）

2.4.10 调整后分优势树种建模

调整后，三级区划分优势树种样地数统计见表 2-16。各三级分区主要建模树种及建模数据统计如表 2-17。

表 2-16 山西调整后三级区划分优势树种样地数统计

序号	森林生产力三级区划	优势树种	监测期	起源	样地数
1	中温带—亚干旱—草原太行山北段山地立地亚区	云杉	第6期	天然	4
			第7期		3
		云杉	第7期	人工	1
			第8期		2
		落叶松	第6期	天然	3
			第7期		4
		落叶松	第6期	人工	22
			第7期		23

（续）

序号	森林生产力三级区划	优势树种	监测期	起源	样地数
1	中温带—亚干旱—草原太行山北段山地立地亚区	油松	第 6 期	天然	2
			第 7 期		2
		油松	第 6 期	人工	15
			第 7 期		17
		其他松类	第 7 期	天然	1
			第 8 期		0
		柏木	第 6 期	天然	2
			第 7 期		3
		柏木	第 6 期	人工	3
			第 7 期		4
		栎类	第 6 期	天然	18
			第 7 期		22
		桦木	第 6 期	天然	28
			第 7 期		8
		白桦	第 6 期	天然	12
			第 7 期		35
		枫桦	第 6 期	天然	0
			第 7 期		3
		胡桃楸	第 6 期	天然	0
			第 7 期		2
		刺槐	第 7 期	人工	0
			第 8 期		1
		其他硬阔	第 6 期	天然	10
			第 7 期		11
		椴树	第 6 期	天然	0
			第 7 期		3
		杨树	第 6 期	天然	5
			第 7 期		5
		杨树	第 6 期	人工	9
			第 7 期		7
		柳树	第 7 期	天然	0
			第 8 期		1
		其他软阔	第 6 期	天然	8
			第 7 期		5
		其他软阔	第 6 期	人工	1
			第 7 期		3
		阔叶混	第 6 期	天然	3
			第 7 期		2

表 2-17　山西各三级分区主要建模树种及建模数据统计

序号	森林生产力三级区划	优势树种	监测期	起源	总样地数	建模样地数	所占比例/%
1	中温带—亚干旱—草原太行山北段山地立地亚区	桦木	第 6 期	天然	28	81	97.6
			第 7 期		8		
		白桦	第 6 期	天然	12		
			第 7 期		35		

河北和山西主要树种建模数据统计见表 2-18。主要树种模型统计见表 2-19。生长模型如图 2-16。各森林生产力三级区划优势树种生长模型检验如表 2-20。

表 2-18　主要树种建模数据统计[河北(含北京、天津)+山西]

序号	森林生产力三级区划	优势树种	统计量	最小值	最大值	平均值
1	中温带—亚干旱—草原太行山北段山地立地亚区	桦木	林木蓄积量	3.0833	68.3250	33.4979
			平均年龄	7	58	34

表 2-19　主要树种模型统计[河北(含北京、天津)+山西]

序号	森林生产力三级区划	优势树种	模型	生长方程	参数标准差 A	B	k	R^2	TRE/%
1	中温带—亚干旱—草原太行山北段山地立地亚区	桦木	Richards 普	$y = 54.2511(1 - e^{-0.0703x})^{3.7595}$	9.7776	3.2470	0.0403	0.67	−0.9823
			Richards 普	$y = 51.6762(1 - e^{-0.0776x})^{4.2095}$	7.4504	1.0130	0.0189		0.0691

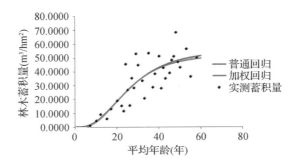

图 2-16　中温带—亚干旱—草原太行山北段山地立地亚区生长模型[河北(含北京、天津)+山西]

表 2-20　各森林生产力三级区划优势树种生长模型检验[河北(含北京、天津)+山西]

序号	森林生产力三级区划	优势树种	模型	R^2	SEE	TRE	MSE	MPE
1	中温带—亚干旱—草原太行山北段山地立地亚区	桦木	Richards 普	0.67	10.2997	−0.9823	−1.3996	10.9455
			Richards 普		10.2690	0.0691	0.0494	10.9128

2.4.11 调整后样地蓄积量归一化

三级区划主要树种成熟林蓄积量见表2-21。样地归一化蓄积量见图2-17。

表 2-21 山西三级区划主要树种成熟林蓄积量

序号	森林生产力三级区划	树种	起源	成熟年龄	成熟林蓄积量/(m^3/hm^2)
1	暖温带—亚湿润—落叶阔叶林晋东土石山地立地亚区	油松(天然)	天然	61	68.1823
		油松(人工)	人工	41	49.3754
		栎类	天然	81	91.1003
2	中温带—亚干旱—草原晋蒙黄土丘陵盆地立地亚区	杨树	人工	21	13.2256
3	暖温带—亚湿润—落叶阔叶林太行山南段山地立地亚区	栎类	天然	81	67.1381
4	暖温带—亚湿润—落叶阔叶林吕梁山黄龙山和乔山山地立地亚区	栎类	天然	81	75.2890
5	暖温带—亚湿润—落叶阔叶林吕梁东侧黄土丘陵立地亚区	栎类	天然	81	56.1018
6	暖温带—亚湿润—落叶阔叶林管涔山关帝山山地立地亚区	栎类	天然	81	73.0506
7	中温带—亚干旱—草原太行山北段山地立地亚区	桦木	天然	61	49.7851

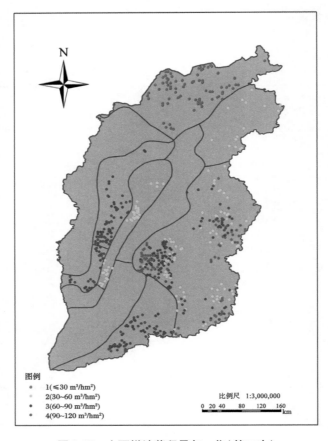

图 2-17 山西样地蓄积量归一化(第二次)

暖温带—亚湿润—落叶阔叶林晋陕黄土丘陵沟壑立地亚区与陕西暖温带—亚湿润—落叶阔叶林晋陕黄土丘陵沟壑立地亚区组成完整的三级区，山西该区的优势树种是刺槐人工林，陕西该区的优势树种是其他硬阔人工林，该区的优势树种是硬阔类人工林，与相邻区域的优势树种起源不同，根据相邻区域森林生产力等级值的平均值确定该区的森林生产力等级。中温带—亚干旱—草原晋蒙黄土丘陵盆地立地亚区森林生产力等级为1，暖温带—亚湿润—落叶阔叶林管涔山关帝山山地立地亚区森林生产力等级为3，暖温带—亚湿润—落叶阔叶林吕梁山黄龙山和乔山山地立地亚区森林生产力等级为3，中温带—亚湿润—草原晋陕黄土丘陵沟壑立地亚区森林生产力等级为3，中温带—亚干旱—草原晋陕黄土丘陵沟壑立地亚区森林生产力等级为1，中温带—亚干旱—草原鄂尔多斯东部沙地立地亚区森林生产力等级为1，周围相邻区域森林生产力等级平均值为2，故该区的森林生产力等级为2；

暖温带—亚湿润—落叶阔叶林忻台盆地立地亚区各树种分布较少，相邻三级区中温带—亚干旱—草原晋蒙黄土丘陵盆地立地亚区优势树种是杨树人工林，中温带—亚干旱—草原太行山北段山地立地亚区优势树种是桦木天然林，暖温带—亚湿润—落叶阔叶林晋东土石山地立地亚区的优势树种是油松天然林和油松人工林，暖温带—亚湿润—落叶阔叶林关中晋南盆地立地亚区根据陕西森林生产力赋值，暖温带—亚湿润—落叶阔叶林吕梁东侧黄土丘陵立地亚区优势树种是栎类天然林，暖温带—亚湿润—落叶阔叶林管涔山关帝山山地立地亚区优势树种栎类天然林，根据暖温带—亚湿润—落叶阔叶林晋东土石山地立地亚区森林植被生产力等级为暖温带—亚湿润—落叶阔叶林忻台盆地立地亚区森林生产力等级赋值，暖温带—亚湿润—落叶阔叶林晋东土石山地立地亚区森林生产力等级是3，暖温带—亚湿润—落叶阔叶林忻台盆地立地亚区森林生产力等级是3。

调整后山西森林植被生产力分级如图2-18。

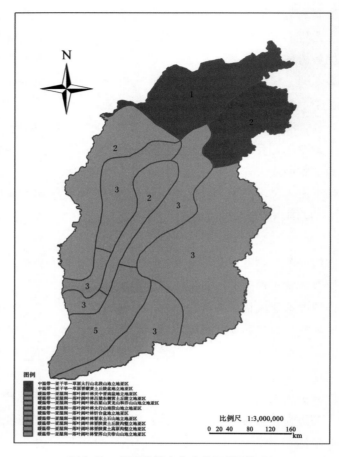

图 2-18　山西森林生产力分级（调整后）

　　注：图中森林生产力等值依据前文中表 2-15 公顷蓄积量分级结果。

3 内蒙古森林潜在生产力分区成果

3.1 内蒙古森林生产力一级区划

以我国 1:100 万全国行政区划数据中内蒙古界为边界，从全国森林生产力一级区划图中提取内蒙古森林生产力一级区划，内蒙古森林生产力一级区划单位为 5 个，如表 3-1 和图 3-1：

表 3-1　森林生产力一级区划标准

序号	气候带	气候大区	森林生产力一级区划
1	中温带	干旱	中温带—干旱地区
2		亚干旱	中温带—亚干旱地区
3		亚湿润	中温带—亚湿润地区
4		湿润	中温带—湿润地区
5	寒温带	湿润	寒温带—湿润地区

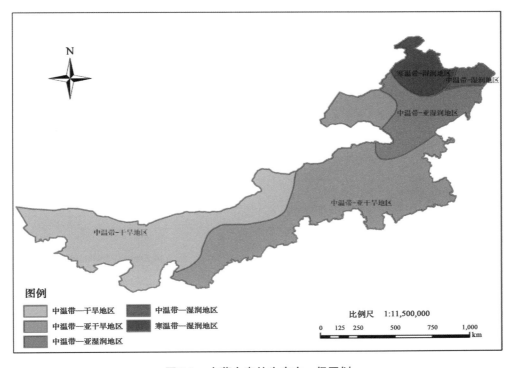

图 3-1　内蒙古森林生产力一级区划

注：本图显示采用 2000 国家大地坐标系（简称 CGCS2000），后续相关地图同该坐标系。

3.2 内蒙古森林生产力二级区划

按照内蒙古行政边界从全国森林生产力二级区划中提取内蒙古的森林生产力二级区划，内蒙古森林生产力二级区划单位为4个，如表3-2和图3-2：

表3-2 森林生产力二级区划标准

序号	森林生产力一级区划	森林生产力二级区划
1	寒温带湿润地区	寒温带—湿润—针叶林
2	中温带亚干旱地区	中温带—亚干旱—草原
3	中温带亚湿润地区	中温带—亚湿润—草原
4	中温带干旱地区	中温带—干旱—荒漠

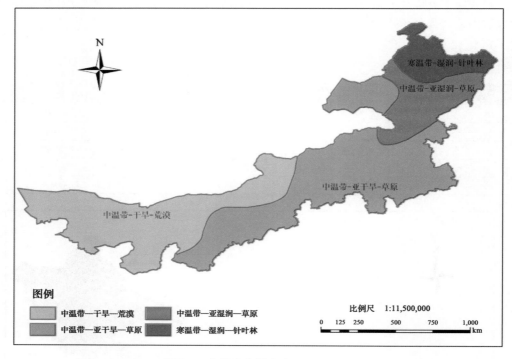

图3-2 内蒙古森林生产力二级区划

3.3 内蒙古森林生产力三级区划

3.3.1 内蒙古立地区划

根据全国立地区划结果，以内蒙古1:100万行政边界为提取框架，提取内蒙古立地区划结果。需要说明的是，由于内蒙古行政边界数据与全国立地区划成果数据精度不一致，导致提取的内蒙古立地区划数据在行政边界边缘出现不少细小的破碎斑块。因此，对内蒙古立地区划数据进行了破碎化斑块处理，根据就近原则，将破碎小斑块就近合并到最近的大斑块中。处理后，得到的内蒙古立地区划属性数据和矢量图分别如表3-3和图3-3：

表 3-3　内蒙古立地区划

序号	立地区域	立地区	立地亚区
1	东北寒温带温带立地区域	大兴安岭北部山地立地区	大兴安岭北部东坡立地亚区
2			大兴安岭北部南段森林草原立地亚区
3			大兴安岭北部西坡立地亚区
4		大兴安岭南部山地立地区	东侧丘陵立地亚区
5			西侧山地立地亚区
6		呼伦贝尔高平原立地区	东部灰色森林土立地亚区
7			西北部栗钙土立地亚区
8			西南部淡栗钙土立地亚区
9			中东部黑钙土立地亚区
10		松辽平原立地区	松辽平原西部立地亚区
11	黄土高原暖温带立地区域	黄土丘陵立地区	晋蒙黄土丘陵盆地立地亚区
12	西北温带暖温带立地区域	鄂尔多斯东部沙地立地区	鄂尔多斯东部沙地立地亚区
13		黄河河套平原立地区	贺兰山山地立地亚区
14			内蒙古河套平原立地亚区
15		西北草原荒漠立地区	西北草原荒漠立地亚区
16		锡林郭勒高平原立地区	锡林郭勒高平原立地亚区
17		阴山山地立地区	阴山山地立地亚区
18		黄河河套平原立地区	银川平原立地亚区

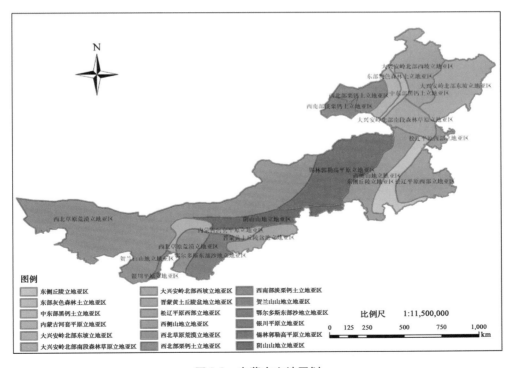

图 3-3　内蒙古立地区划

3.3.2 内蒙古三级区划

根据内蒙古的行政边界从全国森林生产力三级区划中提取内蒙古森林生产力三级区划。

内蒙古森林生产力三级区划单位为 25 个，如表 3-4 和图 3-4：

表 3-4 森林生产力三级区划标准

序号	森林生产力一级区划	森林生产力二级区划	森林生产力三级区划
1	寒温带湿润地区	寒温带—湿润—针叶林	寒温带—湿润—针叶林大兴安岭北部东坡立地亚区
2			寒温带—湿润—针叶林大兴安岭北部西坡立地亚区
3	中温带亚干旱地区	中温带—亚干旱—草原	中温带—亚干旱—草原东侧丘陵立地亚区
4			中温带—亚干旱—草原西侧山地立地亚区
5			中温带—亚干旱—草原鄂尔多斯东部沙地立地亚区
6			中温带—亚干旱—草原西北部栗钙土立地亚区
7			中温带—亚干旱—草原西南部淡栗钙土立地亚区
8			中温带—亚干旱—草原中东部黑钙土立地亚区
9			中温带—亚干旱—草原内蒙古河套平原立地亚区
10			中温带—亚干旱—草原晋蒙黄土丘陵盆地立地亚区
11			中温带—亚干旱—草原松辽平原西部立地亚区
12			中温带—亚干旱—草原锡林郭勒高平原立地亚区
13			中温带—亚干旱—草原阴山山地立地亚区
14			中温带—亚干旱—草原西北草原荒漠立地亚区
15	中温带亚湿润地区	中温带—亚湿润—草原	中温带—亚湿润—草原大兴安岭北部东坡立地亚区
16			中温带—亚湿润—草原大兴安岭北部南段森林草原立地亚区
17			中温带—亚湿润—草原西侧山地立地亚区
18			中温带—亚湿润—草原东部灰色森林土立地亚区
19			中温带—亚湿润—草原中东部黑钙土立地亚区
20			中温带—亚湿润—草原松辽平原西部立地亚区
21			中温带—亚湿润—草原锡林郭勒高平原立地亚区
22			中温带—亚湿润—草原大兴安岭北部西坡立地亚区
23	中温带干旱地区	中温带—干旱—荒漠	中温带—干旱—荒漠贺兰山山地立地亚区
24			中温带—干旱—荒漠内蒙古河套平原立地亚区
25			中温带—干旱—荒漠西北草原荒漠立地亚区

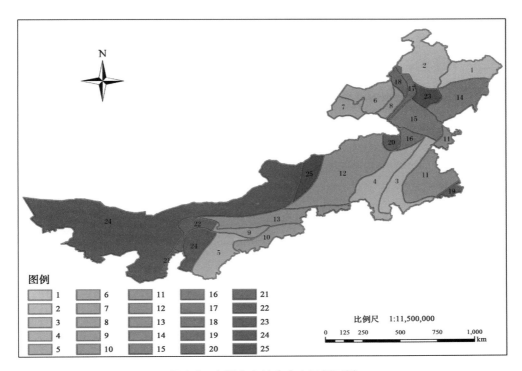

图 3-4　内蒙古森林生产力三级区划

注：1 表示寒温带—湿润—针叶林大兴安岭北部东坡立地亚区；2 表示寒温带—湿润—针叶林大兴安岭北部西坡立地亚区；3 表示中温带—亚干旱—草原东侧丘陵立地亚区；4 表示中温带—亚干旱—草原西侧山地立地亚区；5 表示中温带—亚干旱—草原鄂尔多斯东部沙地立地亚区；6 表示中温带—亚干旱—草原西北部栗钙土立地亚区；7 表示中温带—亚干旱—草原西南部淡栗钙土立地亚区；8 表示中温带—亚干旱—草原中东部黑钙土立地亚区；9 表示中温带—亚干旱—草原内蒙古河套平原立地亚区；10 表示中温带—亚干旱—草原晋蒙黄土丘陵盆地立地亚区；11 表示中温带—亚干旱—草原松辽平原西部立地亚区；12 表示中温带—亚干旱—草原锡林郭勒高平原立地亚区；13 表示中温带—亚干旱—草原阴山山地立地亚区；14 表示中温带—亚湿润—草原大兴安岭北部东坡立地亚区；15 表示中温带—亚湿润—草原大兴安岭北部南段森林草原立地亚区；16 表示中温带—亚湿润—草原西侧山地立地亚区；17 表示中温带—亚湿润—草原东部灰色森林土立地亚区；18 表示中温带—亚湿润—草原中东部黑钙土立地亚区；19 表示中温带—亚湿润—草原松辽平原西部立地亚区；20 表示中温带—亚湿润—草原锡林郭勒高平原立地亚区；21 表示中温带—干旱—荒漠贺兰山山地立地亚区；22 表示中温带—干旱—荒漠内蒙古河套平原立地亚区；23 表示中温带—亚湿润—草原大兴安岭北部西坡立地亚区；24 表示中温带—干旱—荒漠西北草原荒漠立地亚区；25 表示中温带—亚干旱—草原西北草原荒漠立地亚区。

3.4　内蒙古森林生产力量化分级

3.4.1　技术方案

单位面积蓄积量标志着林地生产力的高低及经营措施的效果。本方案在森林生产力三级区划结果基础上，根据已调查的内蒙古自治区第 6 期、第 7 期一类清查样地数据，提取内蒙古森林生产力三级区划的样地数据，筛选出两期地类是乔木林地、疏林地的样地，根据森林生产力三级区划的主要树种，建立样地优势树种蓄积量生长模型，并归一该树种到成熟林时单位公顷的蓄积值，以此作为量化样地森林生产力的依据，在森林生产力三级区划框架的基础上进行进一步的量化分级。

3.4.2 样地筛选

3.4.2.1 样地情况

2003 年内蒙古进行第 6 次森林资源清查，并建立了以整个内蒙古自治区为总体的森林资源连续清查体系，新体系全区统一按 8 km × 8 km 间距布设固定样地，样地形状为 10 m × 60 m 的矩形，以样地中心点确定样地地类，全内蒙古自治区新体系共布设固定样地 17951（含黑龙江大兴安岭林业公司经营的内蒙古部分 294 块样地），抽样总面积 118.3 万 km²。这一体系作为以后的复查体系。

内蒙古的样地情况如表 3-5。

表 3-5　内蒙古样地概况

项目	内容
调查（副）总体	内蒙古（副总体 1501） 黑龙江大兴安岭内蒙古部分（副总体 237）
样地调查时间	全国第 6 次清查内蒙古数据（2003 年） 全国第 7 次清查内蒙古数据（2008 年）
样地个数	全国第 6 次清查内蒙古样地 17951 个 全国第 7 次清查内蒙古样地 17951 个
样地间距	内蒙古样地间距 8 km × 8 km
样地大小	0.06 hm²
样地形状	10 m × 60 m 的矩形
备注	

3.4.2.2 样地筛选情况

根据内蒙古划分的森林生产力三级区划，提取每个三级区划的样地数据，对提取的样地数据进行筛选。

筛选的条件如下：

地类为乔木林地或疏林地。剔除地类是红树林、国家特别规定灌木林地、其他灌木林地、未成林封育地、未成林造林地、苗圃地、采伐迹地、火烧迹地、其他无立木林地、宜林荒山荒地、宜林沙荒地、其他宜林地、林业辅助生产用地、耕地、牧草地、水域、未利用地、工矿建设用地、城乡居民建设用地、交通建设用地、其他用地的样地。被剔除的样地或者没有划分起源，或者没有样地平均年龄，或者优势树种是灌木，无法进行以林木蓄积量为因变量，样地平均年龄为自变量的曲线拟合。

下表详细说明了内蒙古第 6、7 期样地（分三级区划）及样地筛选情况，见表 3-6。

表 3-6　内蒙古分三级区划样地筛选情况

序号	森林生产力三级区划	监测期	样地总数	筛选样地数	所占比例/%
1	寒温带—湿润—针叶林大兴安岭北部东坡立地亚区	第 6 期	506	357	71
		第 7 期	508	368	72
2	寒温带—湿润—针叶林大兴安岭北部西坡立地亚区	第 6 期	880	752	85
		第 7 期	879	756	86

（续）

序号	森林生产力三级区划	监测期	样地总数	筛选样地数	所占比例/%
3	中温带—亚干旱—草原东侧丘陵立地亚区	第 6 期	710	103	15
		第 7 期	711	119	17
4	中温带—亚干旱—草原西侧山地立地亚区	第 6 期	837	133	16
		第 7 期	804	134	17
5	中温带—亚干旱—草原鄂尔多斯东部沙地立地亚区	第 6 期	721	23	3
		第 7 期	721	24	3
6	中温带—亚干旱—草原西北部栗钙土立地亚区	第 6 期	489	0	0
		第 7 期	489	0	0
7	中温带—亚干旱—草原西南部淡栗钙土立地亚区	第 6 期	272	0	0
		第 7 期	271	0	0
8	中温带—亚干旱—草原中东部黑钙土立地亚区	第 6 期	170	4	2
		第 7 期	170	3	2
9	中温带—亚干旱—草原内蒙古河套平原立地亚区	第 6 期	218	15	7
		第 7 期	218	25	11
10	中温带—亚干旱—草原晋蒙黄土丘陵盆地立地亚区	第 6 期	475	38	8
		第 7 期	475	44	9
11	中温带—亚干旱—草原松辽平原西部立地亚区	第 6 期	991	130	13
		第 7 期	1025	153	15
12	中温带—亚干旱—草原锡林郭勒高平原立地亚区	第 6 期	1909	28	1
		第 7 期	1859	31	2
13	中温带—亚干旱—草原阴山山地立地亚区	第 6 期	780	20	3
		第 7 期	780	28	4
14	中温带—亚湿润—草原大兴安岭北部东坡立地亚区	第 6 期	745	339	46
		第 7 期	744	333	45
15	中温带—亚湿润—草原大兴安岭北部南段森林草原立地亚区	第 6 期	613	351	57
		第 7 期	611	357	58
16	中温带—亚湿润—草原西侧山地立地亚区	第 6 期	172	39	23
		第 7 期	172	41	24
17	中温带—亚湿润—草原东部灰色森林土立地亚区	第 6 期	156	37	24
		第 7 期	155	38	25
18	中温带—亚湿润—草原中东部黑钙土立地亚区	第 6 期	128	8	6
		第 7 期	127	8	6
19	中温带—亚湿润—草原松辽平原西部立地亚区	第 6 期	93	11	12
		第 7 期	108	19	18
20	中温带—亚湿润—草原锡林郭勒高平原立地亚区	第 6 期	126	0	0
		第 7 期	125	0	0
21	中温带—干旱—荒漠贺兰山山地立地亚区	第 6 期	52	5	10
		第 7 期	52	5	10
22	中温带—干旱—荒漠内蒙古河套平原立地亚区	第 6 期	292	8	2
		第 7 期	292	7	2

（续）

序号	森林生产力三级区划	监测期	样地总数	筛选样地数	所占比例/%
23	中温带—亚湿润—草原大兴安岭北部西坡立地亚区	第6期	214	141	66
		第7期	214	140	65
24	中温带—干旱—荒漠西北草原荒漠立地亚区	第6期	6008	3	0
		第7期	6009	7	0
25	中温带—亚干旱—草原西北草原荒漠立地亚区	第6期	334	0	0
		第7期	332	0	0

3.4.3　建模树种提取

对筛选出的森林生产力三级区划的乔木林地和疏林地样地数据，分别统计每个优势树种的样地数和样地的起源，为了尽量使每个三级区划都能有森林生产力值，方便森林生产力等级划分，在每个森林生产力三级区内，如果优势树种的建模样地达到50，则建立样本数≥50的优势树种的生长模型；如果优势树种的建模样地均未达到50，则降低建模样本量为30；降低建模标准且合并树种组仍无法达到建模量的，若该区为完整的三级区，则看邻近区内与该区内相似树种的蓄积量，作为该区的归一化蓄积量；若该区是被省界分割的森林生产力三级区的小部分，则暂时空缺，若是被省界分割的森林生产力三级区的大部分，则参照完整的三级区处理。统计见表3-7。

表3-7　内蒙古各三级区划分优势树种样地数统计

序号	森林生产力三级区划	优势树种	监测期	起源	样地数
1	寒温带—湿润—针叶林大兴安岭北部东坡立地亚区	落叶松	第6期	天然	127
			第7期	天然	135
		栎类	第6期	天然	51
			第7期		49
		桦木	第6期	天然	139
			第7期		142
		其他硬阔	第6期	天然	1
			第7期		0
		杨树	第6期	天然	39
			第7期		38
		榆树	第6期	天然	0
			第7期		1
		其他软阔	第6期	天然	0
			第7期		2
		柳树	第6期	天然	0
			第7期		1
2	寒温带—湿润—针叶林大兴安岭北部西坡立地亚区	落叶松	第6期	天然	409
			第7期		412
		樟子松	第6期	天然	17
			第7期		17

（续）

序号	森林生产力三级区划	优势树种	监测期	起源	样地数
2	寒温带—湿润—针叶林大兴安岭北部西坡立地亚区	栎类	第 6 期	天然	3
			第 7 期		3
		桦木	第 6 期	天然	286
			第 7 期		284
		其他硬阔	第 6 期	天然	1
			第 7 期		0
		杨树	第 6 期	天然	35
			第 7 期		34
		其他软阔	第 6 期	天然	2
			第 7 期		3
		枫桦	第 6 期	天然	0
			第 7 期		1
		柳树	第 6 期	天然	0
			第 7 期		1
		榆树	第 6 期	天然	0
			第 7 期		1
3	中温带—亚干旱—草原东侧丘陵立地亚区	落叶松	第 6 期	人工	1
			第 7 期		2
		油松	第 6 期	人工	17
			第 7 期		18
		栎类	第 6 期	天然	29
			第 7 期		29
		桦木	第 6 期	天然	5
			第 7 期		4
		其他硬阔	第 6 期	天然	3
			第 7 期		0
		其他硬阔	第 6 期	人工	2
			第 7 期		0
		杨树	第 6 期	人工	45
			第 7 期		57
		其他软阔	第 6 期	人工	1
			第 7 期		1
		榆树	第 6 期	天然	0
			第 7 期		7
		椴树	第 6 期	天然	0
			第 7 期		1
4	中温带—亚干旱—草原西侧山地立地亚区	云杉	第 6 期	人工	1
			第 7 期		0
		落叶松	第 6 期	人工	14
			第 7 期		21

（续）

序号	森林生产力三级区划	优势树种	监测期	起源	样地数
4	中温带—亚干旱—草原西侧山地立地亚区	樟子松	第6期	人工	1
			第7期		1
		油松	第6期	人工	8
			第7期		8
		栎类	第6期	天然	39
			第7期		39
		桦木	第6期	天然	33
			第7期		26
		其他硬阔	第6期	天然	4
			第7期		1
		榆树	第6期	天然	0
			第7期		5
		杨树	第6期	天然	10
			第7期		6
		杨树	第6期	人工	21
			第7期		23
		阔叶混	第6期	天然	0
			第7期		1
		针阔混	第6期	天然	0
			第7期		2
		其他软阔	第6期	天然	2
			第7期		1
5	中温带—亚干旱—草原鄂尔多斯东部沙地立地亚区	其他硬阔	第6期	人工	1
			第7期		0
		杨树	第6期	人工	10
			第7期		11
		其他软阔	第6期	人工	12
			第7期		0
		柳树	第6期	人工	0
			第7期		12
6	中温带—亚干旱—草原西北部栗钙土立地亚区	—	—	—	—
7	中温带—亚干旱—草原西南部淡栗钙土立地亚区	—	—	—	—
8	中温带—亚干旱—草原中东部黑钙土立地亚区	樟子松	第6期	人工	3
			第7期		3
9	中温带—亚干旱—草原内蒙古河套平原立地亚区	柏木	第6期	天然	3
			第7期		4
		桦木	第7期	天然	4
			第8期		0

（续）

序号	森林生产力三级区划	优势树种	监测期	起源	样地数
9	中温带—亚干旱—草原内蒙古河套平原立地亚区	杨树	第6期	人工	5
			第7期		9
		柳树	第6期	人工	0
			第7期		3
		其他硬阔	第6期	人工	3
			第7期		0
		榆树	第6期	人工	0
			第7期		2
		油松	第6期	人工	0
			第7期		2
		栎类	第6期	天然	0
			第7期		1
		白桦	第6期	天然	0
			第7期		4
10	中温带—亚干旱—草原晋蒙黄土丘陵盆地立地亚区	落叶松	第6期	人工	1
			第7期		2
		樟子松	第6期	人工	1
			第7期		1
		油松	第6期	人工	2
			第7期		8
		桦木	第6期	天然	3
			第7期		0
		榆树	第6期	人工	0
			第7期		3
		其他硬阔	第6期	人工	2
			第7期		0
		杨树	第6期	人工	27
			第7期		25
		柳树	第6期	人工	0
			第7期		1
		其他软阔	第6期	人工	2
			第7期		0
		白桦	第6期	天然	0
			第7期		3
11	中温带—亚干旱—草原松辽平原西部立地亚区	油松	第6期	人工	1
			第7期		1
		栎类	第6期	天然	3
			第7期		1
		白桦	第6期	天然	0
			第7期		1

（续）

序号	森林生产力三级区划	优势树种	监测期	起源	样地数
11	中温带—亚干旱—草原松辽平原西部立地亚区	榆树	第6期	天然	0
			第7期		13
		其他硬阔	第6期	天然	16
			第7期		0
		杨树	第6期	人工	106
			第7期		134
		柳树	第6期	人工	0
			第7期		3
		其他软阔	第6期	人工	4
			第7期		0
12	中温带—亚干旱—草原锡林郭勒高平原立地亚区	栎类	第6期	天然	2
			第7期		1
		桦木	第6期	天然	8
			第7期		0
		榆树	第6期	人工	0
			第7期		17
		榆树	第6期	人工	0
			第7期		6
		其他硬阔	第6期	天然	17
			第7期		0
		杨树	第6期	天然	1
			第7期		2
		软阔	第6期	天然	0
			第7期		1
		白桦	第6期	天然	0
			第7期		3
13	中温带—亚干旱—草原阴山山地立地亚区	落叶松	第6期	人工	1
			第7期		1
		白桦	第6期	天然	2
			第7期		2
		榆树	第6期	人工	0
			第7期		5
		杨树	第6期	人工	16
			第7期		20
		其他硬阔	第6期	人工	1
			第7期		0
14	中温带—亚湿润—草原大兴安岭北部东坡立地亚区	落叶松	第6期	天然	59
			第7期		55
		樟子松	第6期	人工	0
			第7期		1

（续）

序号	森林生产力三级区划	优势树种	监测期	起源	样地数
14	中温带—亚湿润—草原大兴安岭北部东坡立地亚区	栎类	第6期	天然	137
			第7期		129
		白桦	第6期	天然	0
			第7期		57
		桦木	第6期	天然	97
			第7期		40
		榆树	第6期	天然	0
			第7期		3
		硬阔	第6期	天然	2
			第7期		0
		杨树	第6期	天然	42
			第7期		44
		柳树	第6期	天然	0
			第7期		1
		其他软阔	第6期	天然	2
			第7期		1
		阔叶混	第6期	天然	0
			第7期		1
		针阔混	第6期	天然	0
			第7期		1
15	中温带—亚湿润—草原大兴安岭北部南段森林草原立地亚区	落叶松	第6期	天然	90
			第7期		94
		落叶松	第6期	人工	12
			第7期		12
		樟子松	第6期	天然	11
			第7期		11
		栎类	第6期	天然	59
			第7期		58
		桦木	第6期	天然	157
			第7期		45
		白桦	第6期	天然	0
			第7期		112
		榆树	第6期	天然	0
			第7期		1
		杨树	第6期	天然	20
			第7期		21
		柳树	第6期	天然	0
			第7期		1
		针阔混	第6期	天然	0
			第7期		2

（续）

序号	森林生产力三级区划	优势树种	监测期	起源	样地数
15	中温带—亚湿润—草原大兴安岭北部南段森林草原立地亚区	其他硬阔	第6期	天然	1
			第7期		0
		其他软阔	第6期	天然	0
			第7期		0
16	中温带—亚湿润—草原西侧山地立地亚区	落叶松	第6期	天然	5
			第7期		5
		栎类	第6期	天然	8
			第7期		8
		桦木	第6期	天然	21
			第7期		12
		杨树	第6期	天然	4
			第7期		5
		柳树	第6期	天然	0
			第7期		1
		其他软阔	第6期	天然	4
			第7期		0
		白桦	第6期	天然	0
			第7期		10
17	中温带—亚湿润—草原东部灰色森林土立地亚区	落叶松	第6期	天然	1
			第7期		1
		樟子松	第6期	天然	8
			第7期		8
		白桦	第6期	天然	25
			第7期		26
		杨树	第6期	天然	2
			第7期		2
		柳树	第6期	天然	0
			第7期		1
		其他软阔	第6期	天然	1
			第7期		0
18	中温带—亚湿润—草原中东部黑钙土立地亚区	栎类	第6期	天然	1
			第7期		1
		杨树	第6期	天然	1
			第7期		1
		白桦	第6期	天然	6
			第7期		6
19	中温带—亚湿润—草原松辽平原西部立地亚区	樟子松	第6期	人工	1
			第7期		2
		榆树	第6期	天然	0
			第7期		2

（续）

序号	森林生产力三级区划	优势树种	监测期	起源	样地数
19	中温带—亚湿润—草原松辽平原西部立地亚区	其他硬阔	第6期	天然	2
			第7期		0
		杨树	第6期	人工	8
			第7期		13
		软阔	第6期	天然	0
			第7期		1
		白桦	第6期	天然	0
			第7期		1
20	中温带—亚湿润—草原锡林郭勒高平原立地亚区	—	—	—	—
			—		—
21	中温带—干旱—荒漠贺兰山山地立地亚区	云杉	第6期	天然	3
			第7期		3
		其他软阔	第6期	天然	1
			第7期		1
		油松	第6期	天然	1
			第7期		1
22	中温带—干旱—荒漠内蒙古河套平原立地亚区	榆树	第6期	天然	0
			第7期		2
		杨树	第6期	人工	5
			第7期		5
		其他软阔	第6期	人工	3
			第7期		0
23	中温带—亚湿润—草原大兴安岭北部西坡立地亚区	落叶松	第6期	天然	46
			第7期		44
		栎类	第6期	天然	2
			第7期		2
		白桦	第6期	天然	84
			第7期		74
		杨树	第6期	天然	9
			第7期		10
		阔叶混	第6期	天然	0
			第7期		3
		针阔混	第6期	天然	0
			第7期		6
24	中温带—干旱—荒漠西北草原荒漠立地亚区	杨树	第6期	天然	3
			第7期		6
		榆树	第6期	天然	0
			第7期		1
25	中温带—亚干旱—草原西北草原荒漠立地亚区	—	—	—	—

从表3-7中可以筛选内蒙古森林生产力三级区划的建模树种如表3-8：

表 3-8　内蒙古各三级分区主要建模树种及建模数据统计

序号	森林生产力三级区划	优势树种	起源	监测期	总样地数	建模样地数	所占比例/%
1	寒温带—湿润—针叶林大兴安岭北部东坡立地亚区	落叶松	天然	第 6 期	127	241	92.0
				第 7 期	135		
		桦木	天然	第 6 期	139	272	96.8
				第 7 期	142		
2	寒温带—湿润—针叶林大兴安岭北部西坡立地亚区	落叶松	天然	第 6 期	409	786	95.7
				第 7 期	412		
		桦木	天然	第 6 期	286	569	99.8
				第 7 期	284		
3	中温带—亚干旱—草原东侧丘陵立地亚区	杨树	人工	第 6 期	45	84	82.4
				第 7 期	57		
4	中温带—亚干旱—草原西侧山地立地亚区	栎类	天然	第 6 期	39	72	92.3
				第 7 期	39		
5	中温带—亚干旱—草原晋蒙黄土丘陵盆地立地亚区	杨树	人工	第 6 期	27	46	88.5
				第 7 期	25		
6	中温带—亚干旱—草原松辽平原西部立地亚区	杨树	人工	第 6 期	106	208	86.7
				第 7 期	134		
7	中温带—亚湿润—草原大兴安岭北部东坡立地亚区	栎类	天然	第 6 期	137	246	92.5
				第 7 期	129		
		白桦	天然	第 6 期	0	165	85.1
				第 7 期	57		
		桦木	天然	第 6 期	97		
				第 7 期	40		
8	中温带—亚湿润—草原大兴安岭北部南段森林草原立地亚区	落叶松	天然	第 6 期	90	184	100
				第 7 期	94		
		栎类	天然	第 6 期	59	104	88.9
				第 7 期	58		
		桦木	天然	第 6 期	157	313	99.7
				第 7 期	45		
		白桦	天然	第 6 期	0		
				第 7 期	112		
9	中温带—亚湿润—草原大兴安岭北部西坡立地亚区	白桦	天然	第 6 期	87	156	98.7
				第 7 期	74		

3.4.4　初次森林生产力分级区划成果及调整说明

3.4.4.1　初次森林生产力分级区划成果

森林生产力分级见图 3-5。

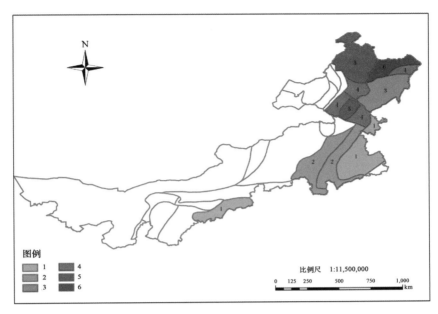

图 3-5 内蒙古初次森林植被生产力分级

注：图中数字表达了该区域森林植被生产力等级。其中空值并不表示该区的森林植被
生产力等级是 0，而是该森林生产力区划跨省，本省建模样地数未达到建模标准，将在区
域或全国森林植被生产力分区图中赋值；图中森林植被生产力等级值依据前文中表 3-17 公
顷蓄积量分级结果。

3.4.4.2 调整说明

按照内蒙初次森林植被生产力分级结果，部分区域为空白，主要原因是建模样地数未
达到建模标准而未建立模型。根据实际情况调整建模：

将中温带—干旱—荒漠贺兰山山地立地亚区、中温带—干旱—荒漠内蒙古河套平原立
地亚区、中温带—干旱—荒漠西北草原荒漠立地亚区、中温带—亚干旱—草原西北草原荒
漠立地亚区四个区合并，命名为中温带—干旱—荒漠立地亚区。

中温带—亚干旱—草原锡林郭勒高平原立地亚区、中温带—亚干旱—草原西北部栗钙
土立地亚区、中温带—亚干旱—草原西南部淡栗钙土立地亚区、中温带—亚干旱—草原中
东部黑钙土立地亚区、中温带—亚湿润—草原锡林郭勒高平原立地亚区合并，命名为中温
带—亚干旱—草原立地亚区。

中温带—亚湿润—草原西侧山地立地亚区并入中温带—亚干旱—草原西侧山地立地亚
区中。

中温带—亚湿润—草原东部灰色森林土立地亚区、中温带—亚湿润—草原中东部黑钙
土立地亚区、中温带—亚湿润—草原松辽平原西部立地亚区、中温带—亚干旱—高原鄂尔
多斯东部沙地立地亚区、中温带—亚干旱—草原内蒙古河套平原立地亚区、中温带—亚干
旱—草原阴山山地立地亚区 6 个三级区与相邻三级区立地条件不一致，不与其他区合并，
根据优势树种或相邻三级区划的森林植被生产力等级赋值。

3.4.4.3 调整后三级区划成果

调整后的内蒙古森林生产力三级区划如表 3-9，调整后的内蒙古森林生产力三级区划
结果如图 3-6。

表 3-9　内蒙古调整后森林生产力三级区划标准

序号	森林生产力一级区划	森林生产力二级区划	森林生产力三级区划
1	寒温带湿润地区	寒温带—湿润—针叶林	寒温带—湿润—针叶林大兴安岭北部东坡立地亚区
2			寒温带—湿润—针叶林大兴安岭北部西坡立地亚区
3	中温带亚干旱地区	中温带—亚干旱—草原	中温带—亚干旱—草原东侧丘陵立地亚区
4			中温带—亚干旱—草原西侧山地立地亚区
5			中温带—亚干旱—草原鄂尔多斯东部沙地立地亚区
6			中温带—亚干旱—草原立地亚区
7			中温带—亚干旱—草原内蒙古河套平原立地亚区
8			中温带—亚干旱—草原晋蒙黄土丘陵盆地立地亚区
9			中温带—亚干旱—草原松辽平原西部立地亚区
10			中温带—亚干旱—草原阴山山地立地亚区
11	中温带亚湿润地区	中温带—亚湿润—草原	中温带—亚湿润—草原大兴安岭北部东坡立地亚区
12			中温带—亚湿润—草原大兴安岭北部南段森林草原立地亚区
13			中温带—亚湿润—草原东部灰色森林土立地亚区
14			中温带—亚湿润—草原中东部黑钙土立地亚区
15			中温带—亚湿润—草原松辽平原西部立地亚区
16			中温带—亚湿润—草原大兴安岭北部西坡立地亚区
17	中温带干旱地区	中温带—干旱—荒漠	中温带—干旱—荒漠立地亚区

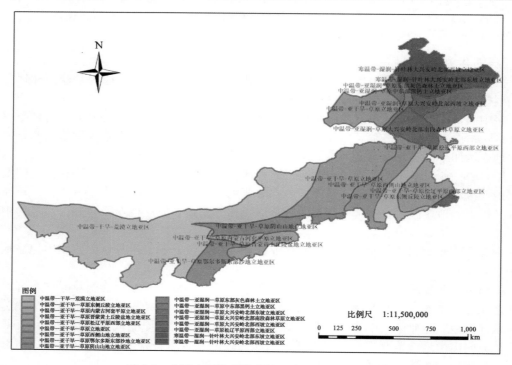

图 3-6　内蒙古调整后的森林生产力三级区划结果

3.4.5　调整后建模树种提取

中温带—亚湿润—草原西侧山地立地亚区并入中温带—亚干旱—草原西侧山地立地亚

区后，重新提取中温带—亚干旱—草原西侧山地立地亚区的优势树种。

调整后森林生产力三级区划优势树种统计如表3-10。

表3-10　内蒙古调整后森林生产力三级区划优势树种统计

序号	森林生产力三级区划	优势树种	监测期	起源	样地数
4	中温带—亚干旱—草原西侧山地立地亚区	云杉	第6期	人工	1
			第7期		0
		落叶松	第6期	人工	14
			第7期		21
		落叶松	第6期	天然	5
			第7期		5
		樟子松	第6期	人工	1
			第7期		1
		油松	第6期	人工	8
			第7期		8
		栎类	第6期	天然	47
			第7期		47
		桦木	第6期	天然	54
			第7期		38
		白桦	第6期	天然	0
			第7期		10
		其他硬阔	第6期	天然	4
			第7期		1
		榆树	第6期	天然	0
			第7期		5
		杨树	第6期	天然	14
			第7期		11
		杨树	第6期	人工	21
			第7期		23
		柳树	第6期	天然	0
			第7期		1
		阔叶混	第6期	天然	0
			第7期		1
		针阔混	第6期	天然	0
			第7期		2
		其他软阔	第6期	天然	6
			第7期		1

3.4.6　建模前数据整理和对应

3.4.6.1　对森林采伐等人为干扰情况的处理

在数据的整理过程中，对第6、7期样地号对应，优势树种一致，第7期年龄增加与调查间隔期一致的样地，第7期林木蓄积量加上采伐蓄积量作为第7期的林木蓄积量，第6期的林木蓄积量不变。

3.4.6.2 对优势树种发生变化情况的处理

两期样地对照分析，第 7 期样地的优势树种发生变化的样地，林木蓄积量仍以第 7 期的林木蓄积量为准，把该样地作为第 7 期优势树种的样地，林木蓄积量以第 7 期调查时为准，不加采伐蓄积量。第 6 期的处理同第 7 期。

3.4.6.3 对样地年龄与时间变化不一致情况的处理

对样地第 7 期的年龄与调查间隔时间变化不一致的样地，则以第 7 期的样地平均年龄为准，林木蓄积量不与采伐蓄积量相加，仍以第 7 期的林木蓄积量作为林木蓄积量，第 6 期的林木蓄积量不发生变化。

3.4.7 建立林分蓄积量生长模型

根据筛选出的优势树种样地数据，以整理后的林木蓄积量作为因变量，以样地的平均年龄作为自变量，剔除异常数据，根据样地数据散点图的总体趋势，选取不同的生长方程拟合曲线。见表 3-11。

表 3-11 主要树种建模数据统计

序号	森林生产力三级区划	优势树种	统计量	最小值	最大值	平均值
1	寒温带—湿润—针叶林大兴安岭北部东坡立地亚区	落叶松	平均年龄	19	218	70
			林木蓄积量	17.8000	243.4833	104.8417
		桦木	平均年龄	18	107	54
			林木蓄积量	7.8783	144.2083	77.2714
2	寒温带—湿润—针叶林大兴安岭北部西坡立地亚区	落叶松	平均年龄	15	218	93
			林木蓄积量	3.4333	233.5833	100.9612
		桦木	平均年龄	6	110	54
			林木蓄积量	0.3167	180.0417	87.6235
3	中温带—亚干旱—草原东侧丘陵立地亚区	杨树	平均年龄	4	38	20
			林木蓄积量	1.7500	59.6333	29.7820
4	中温带—亚干旱—草原西侧山地立地亚区	栎类	平均年龄	10	65	35
			林木蓄积量	2.6167	41.9417	22.0551
5	中温带—亚干旱—草原晋蒙黄土丘陵盆地立地亚区	杨树	平均年龄	10	50	29
			林木蓄积量	7.2500	37.5833	27.1018
6	中温带—亚干旱—草原松辽平原西部立地亚区	杨树	平均年龄	4	37	19
			林木蓄积量	2.3944	41.7889	22.7980
7	中温带—亚湿润—草原大兴安岭北部东坡立地亚区	栎类	平均年龄	6	165	64
			林木蓄积量	0.2250	121.9333	60.4637
		白桦＋桦木	平均年龄	8	94	49
			林木蓄积量	2.0500	167.3500	74.0982
8	中温带—亚湿润—草原大兴安岭北部南段森林草原立地亚区	落叶松	平均年龄	18	160	71
			林木蓄积量	14.7667	182.8833	101.4305
		栎类	平均年龄	16	130	58
			林木蓄积量	2.9500	143.2667	57.9393
		桦木	平均年龄	6	135	53
			林木蓄积量	0.3667	149.7000	81.0338

（续）

序号	森林生产力三级区划	优势树种	统计量	最小值	最大值	平均值
9	中温带—亚湿润—草原大兴安岭北部西坡立地亚区	白桦	平均年龄	10	120	52
			林木蓄积量	0.3667	131.6833	84.2908

S 型生长模型能够合理的表示树木或林分的生长过程和趋势，避免了其他模型只在某一生长阶段的拟合精度高，而不能完整体现树木或林分生长趋势的弊端，而本方案的目的是预测林分达到成熟林时的蓄积量，S 型生长模型得到的值在比较合理的范围内。

选取的生长方程如下表 3-12：

表 3-12　拟合所用的生长模型

序号	生长模型名称	生长模型公式
1	Richards 模型	$y = A(1 - e^{-kx})^B$
2	单分子模型	$y = A(1 - e^{-kx})$
3	Logistic 模型	$y = A/(1 + Be^{-kx})$
4	Korf 模型	$y = Ae^{-Bx-k}$

其中，y 为样地的林木蓄积量，x 为林分年龄，A 为树木生长的最大值参数，k 为生长速率参数，B 为与初始值有关的参数。

经过数据拟合，得出各模型的参数和拟合优度及总相对误差，选取三级区划各树种的适合拟合方程，整理如表 3-13，生长模型如图 3-7 ~ 图 3-20。

表 3-13　主要树种模型统计

序号	森林生产力三级区划	优势树种	模型	生长方程	参数标准差 A	参数标准差 B	参数标准差 k	R^2	TRE/%
1	寒温带—湿润—针叶林大兴安岭北部东坡立地亚区	落叶松	Logistic 普	$y = 198.2842/(1 + 6.3367e^{-0.0298x})$	17.1863	1.4867	0.0060	0.74	0.0459
			Logistic 加	$y = 190.7159/(1 + 6.6395e^{-0.0324x})$	21.7051	1.2390	0.0061		0.1481
		桦木	Richards 普	$y = 116.6246(1 - e^{-0.0553x})^{4.9372}$	5.9266	1.6741	0.0104	0.83	-0.0259
			Richards 加	$y = 113.0807(1 - e^{-0.0623x})^{6.0063}$	7.0113	1.3194	0.0090		-0.0085
2	寒温带—湿润—针叶林大兴安岭北部西坡立地亚区	落叶松	Richards 普	$y = 205.0720(1 - e^{-0.0117x})^{1.5132}$	32.7598	0.4292	0.0048	0.67	-0.1188
			Richards 加	$y = 171.6344(1 - e^{-0.0188x})^{2.1152}$	17.8360	0.3331	0.0041		0.2384
		桦木	Logistic 普	$y = 130.4275/(1 + 45.3757e^{-0.0978x})$	4.6404	22.8395	0.0135	0.84	0.1318
			Logistic 加	$y = 123.0540/(1 + 68.8478e^{-0.1162x})$	6.0398	14.1686	0.0083		0.4983
3	中温带—亚干旱—草原东侧丘陵立地亚区	杨树	Richards 普	$y = 59.8645(1 - e^{-0.0911x})^{3.2680}$	6.3911	1.1352	0.0256	0.92	0.1081
			Richards 加	$y = 65.3041(1 - e^{-0.0754x})^{2.7523}$	12.3269	0.3973	0.0190		0.1408
4	中温带—亚干旱—草原西侧山地立地亚区	栎类	Logistic 普	$y = 44.4179/(1 + 28.8944e^{-0.0952x})$	3.0202	8.4345	0.0115	0.95	-0.1434
			Logistic 加	$y = 40.6877/(1 + 37.3757e^{-0.1099x})$	3.4855	6.4663	0.0098		0.2111
5	中温带—亚干旱—草原晋蒙黄土丘陵盆地立地亚区	杨树	Richards 普	$y = 35.7419(1 - e^{-0.1162x})^{4.3260}$	1.2904	1.4079	0.0196	0.93	0.0213
			Richards 加	$y = 36.1339(1 - e^{-0.1093x})^{3.8829}$	1.5858	0.7336	0.0146		-0.0029

（续）

序号	森林生产力三级区划	优势树种	模型	生长方程	参数标准差			R^2	TRE/%
					A	B	k		
6	中温带—亚干旱—草原松辽平原西部立地亚区	杨树	Richards 普	$y=40.0640(1-e^{-0.0858x})^{2.0444}$	6.8407	0.9580	0.0422	0.82	−0.1826
			Richards 加	$y=36.4060(1-e^{-0.1158x})^{2.7456}$	4.6727	0.6612	0.0319		0.0793
7	中温带—亚湿润—草原大兴安岭北部东坡立地亚区	栎类	Richards 普	$y=114.3453(1-e^{-0.0232x})^{2.0494}$	12.1389	0.6323	0.0073	0.76	−0.0497
			Richards 加	$y=100.2593(1-e^{-0.0333x})^{2.8266}$	9.5076	0.3965	0.0056		0.2881
		白桦+桦木	Logistic 普	$y=146.0327/(1+33.4046e^{-0.0735x})$	9.4479	12.8524	0.0103	0.89	0.0720
			Logistic 加	$y=139.9124/(1+36.0127e^{-0.0779x})$	14.4736	6.9032	0.0075		0.0434
8	中温带—亚湿润—草原大兴安岭北部南段森林草原立地亚区	落叶松	Richards 普	$y=174.7481(1-e^{-0.0219x})^{1.8878}$	15.0979	0.5906	0.0066	0.78	−0.1839
			Richards 加	$y=155.8164(1-e^{-0.0348x})^{3.3344}$	11.7093	0.8072	0.0065		0.1356
		栎类	Richards 普	$y=177.8931(1-e^{-0.0159x})^{2.1149}$	33.3634	0.4470	0.0051	0.93	−0.5590
			Richards 加	$y=133.2644(1-e^{-0.0277x})^{3.2759}$	18.9032	0.5155	0.0056		−0.1906
		桦木	Richards 普	$y=129.6054(1-e^{-0.0465x})^{3.3641}$	6.9029	1.0546	0.0093	0.82	−0.2490
			Richards 加	$y=127.6212(1-e^{-0.0514x})^{4.0130}$	9.3273	0.4678	0.0063		−0.0651
9	中温带—亚湿润—草原大兴安岭北部西坡立地亚区	白桦	Richards 普	$y=123.8067(1-e^{-0.0614x})^{5.3664}$	5.0763	1.8216	0.0102	0.89	0.1098
			Richards 加	$y=124.6588(1-e^{-0.0570x})^{4.5362}$	11.2675	0.6203	0.0085		0.1121

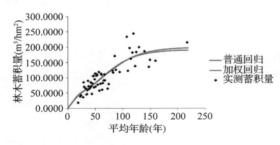

图3-7　寒温带—湿润—针叶林大兴安岭北部东坡立地亚区落叶松生长模型

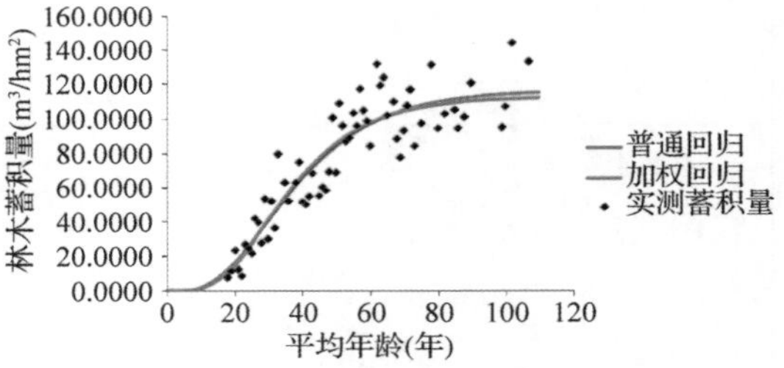

图3-8　寒温带—湿润—针叶林大兴安岭北部东坡立地亚区桦木生长模型

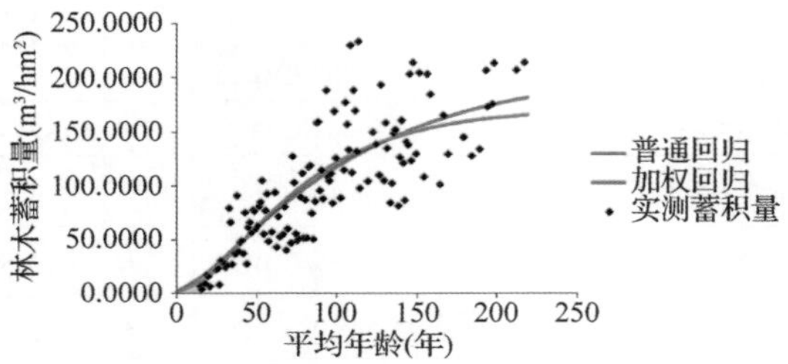

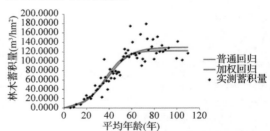

图3-9　寒温带—湿润—针叶林大兴安岭北部西坡立地亚区落叶松生长模型

图3-10　寒温带—湿润—针叶林大兴安岭北部西坡立地亚区桦木生长模型

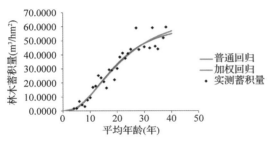

图 3-11 中温带—亚干旱—草原东侧丘陵立地亚区杨树生长模型

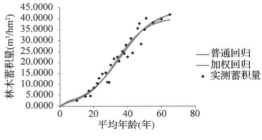

图 3-12 中温带—亚干旱—草原西侧山地立地亚区栎类生长模型

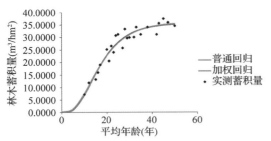

图 3-13 中温带—亚干旱—草原晋蒙黄土丘陵盆地立地亚区杨树生长模型

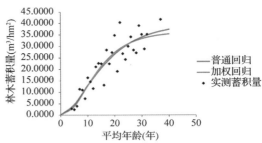

图 3-14 中温带—亚干旱—草原松辽平原西部立地亚区杨树生长模型

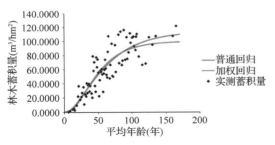

图 3-15 中温带—亚湿润—草原大兴安岭北部东坡立地亚区栎类生长模型

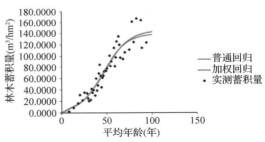

图 3-16 中温带—亚湿润—草原大兴安岭北部东坡立地亚区白桦＋桦木生长模型

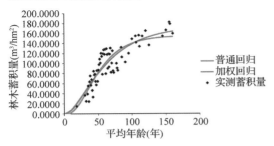

图 3-17 中温带—亚湿润—草原大兴安岭北部南段森林草原立地亚区落叶松生长模型

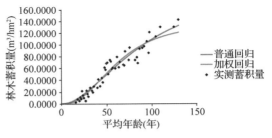

图 3-18 中温带—亚湿润—草原大兴安岭北部南段森林草原立地亚区栎类生长模型

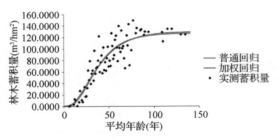

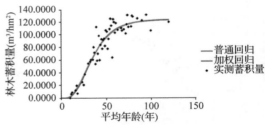

图3-19　中温带—亚湿润—草原大兴安岭北部南段森林草原立地亚区桦木生长模型

图3-20　中温带—亚湿润—草原大兴安岭北部西坡立地亚区白桦生长模型

3.4.8　生长模型的检验

为了检验普通回归和加权回归生长模型的适用性，采用以下评价指标：确定系数（R^2）、估计值的标准误差（SEE）、总相对误差（TRE）、平均系统误差（MSE）、平均预估误差（MPE）。

$$R^2 = 1 - \sum (y_i - \hat{y}_i)^2 / \sum (y_i - \bar{y}_i)^2$$

$$SEE = \sqrt{\sum (y_i - \hat{y}_i)^2 / (n - k)}$$

$$TRE = \sum (y_i - \hat{y}_i) / \sum \hat{y}_i \times 100$$

$$MSE = \sum (y_i - \hat{y}_i) / \hat{y}_i / n \times 100$$

$$MPE = t_\alpha \cdot (SEE / \bar{y}) / \sqrt{n} \times 100$$

式中，y_i 为实际观测值，$\hat{y}_i$ 为模型预估值，$\bar{y}$ 为样本平均值，n 为样本单元数，k 为参数个数，t_α 为置信水平 α 时的 t 值。在这6项指标中，R^2 和 SEE 是回归模型的最常用指标，既反映了模型的拟合优度，也反映了自变量的贡献率和因变量的离差情况；TRE 和 MSE 是反映拟合效果的重要指标，二者应该控制在一定范围内（如 ±3%），趋向于0时效果最好；MPE 是反映平均蓄积量估计值的精度指标。

各森林生产力三级区划优势树种生产模型检验见表3-14。

表3-14　各森林生产力三级区划优势树种生长模型检验

序号	森林生产力三级区划	优势树种	模型	R^2	SEE	TRE	MSE	MPE
1	寒温带—湿润—针叶林大兴安岭北部东坡立地亚区	落叶松	Logistic 普	0.74	26.7487	0.0459	-0.0081	6.5322
			Logistic 加		26.8124	0.1481	0.1088	6.5478
		桦木	Richards 普	0.83	14.7360	-0.0259	-0.4928	4.8029
			Richards 加		14.7992	-0.0085	-0.0188	4.8235
2	寒温带—湿润—针叶林大兴安岭北部西坡立地亚区	落叶松	Richards 普	0.67	33.1006	-0.1188	-1.5338	5.7021
			Richards 加		33.3986	0.2384	-0.0367	5.7534
		桦木	Logistic 普	0.84	18.2734	0.1318	-1.0998	4.9769
			Logistic 加		18.9088	0.4983	-0.2677	5.1499
3	中温带—亚干旱—草原东侧丘陵立地亚区	杨树	Richards 普	0.92	5.2173	0.1081	2.1506	6.4183
			Richards 加		5.2707	0.1408	0.0452	6.4840
4	中温带—亚干旱—草原西侧山地立地亚区	栎类	Logistic 普	0.95	2.8961	-0.1434	-1.3658	4.9866
			Logistic 加		3.0135	0.2111	0.0312	5.1888

（续）

序号	森林生产力三级区划	优势树种	模型	R^2	SEE	TRE	MSE	MPE
5	中温带—亚干旱—草原晋蒙黄土丘陵盆地立地亚区	杨树	Richards 普	0.93	2.3302	0.0213	0.1980	3.6223
			Richards 加		2.3368	−0.0029	−0.0266	3.6327
6	中温带—亚干旱—草原松辽平原西部立地亚区	杨树	Richards 普	0.82	5.0161	−0.1826	−1.7754	8.2028
			Richards 加		5.0550	0.0793	1.5111	8.2665
7	中温带—亚湿润—草原大兴安岭北部东坡立地亚区	栎类	Richards 普	0.76	16.5878	−0.0497	−2.2272	6.0370
			Richards 加		16.8487	0.2881	−0.4041	6.1320
		白桦 + 桦木	Logistic 普	0.89	14.8867	0.0720	−0.0332	5.9679
			Logistic 加		14.9860	0.0434	−0.0587	6.0077
8	中温带—亚湿润—草原大兴安岭北部南段森林草原立地亚区	落叶松	Richards 普	0.78	19.0803	−0.1839	−1.1799	4.7376
			Richards 加		19.4945	0.1356	0.1468	4.8405
		栎类	Richards 普	0.93	10.3927	−0.5590	−4.4737	4.9958
			Richards 加		10.8398	−0.1906	−0.3367	5.2107
		桦木	Richards 普	0.82	18.2668	−0.2490	−3.1366	5.1929
			Richards 加		18.3060	−0.0651	−0.1058	5.2040
9	中温带—亚湿润—草原大兴安岭北部西坡立地亚区	白桦	Richards 普	0.89	12.9470	0.1098	3.4849	4.1531
			Richards 加		12.9845	0.1121	−0.0178	4.1652

总相对误差（TRE）均在 ±3% 以内，平均系统误差（MSE）均在 ±5% 以内，表明模型拟合效果良好。从这一原则出发，加权回归模型的拟合效果要好于普通回归模型；平均预估误差（MPE）基本在 10% 以内，说明蓄积量生长模型的平均预估精度达到约 90% 以上。

从参数估计值看，各树种的相应参数的标准差较小，说明模型的稳定性比较好。

3.4.9　样地蓄积量归一化

根据《国家森林资源连续清查主要技术规定》确定各树种组的龄组划分和成熟林年龄，见表 3-15 和表 3-16。

表 3-15　内蒙古树种成熟年龄

序号	树种	地区	起源	龄级	成熟林
1	落叶松	北方	天然	20	101
			人工	10	41
2	栎类	南北	天然	20	81
			人工	10	51
3	白桦	北方	天然	10	61
			人工	10	41
9	杨树	北方	人工	5	21
		南方			16

表 3-16　内蒙古三级区划主要树种成熟林蓄积量

序号	森林生产力三级区划	树种	起源	成熟年龄	成熟林蓄积量（m³/hm²）
1	寒温带—湿润—针叶林大兴安岭北部东坡立地亚区	落叶松	天然	101	152.2336
		桦木	天然	61	98.7205

（续）

序号	森林生产力三级区划	树种	起源	成熟年龄	成熟林蓄积量（m³/hm²）
2	寒温带—湿润—针叶林大兴安岭北部西坡立地亚区	落叶松	天然	101	121.8505
		桦木	天然	61	116.3725
3	中温带—亚干旱—草原东侧丘陵立地亚区	杨树	人工	21	34.6756
4	中温带—亚干旱—草原西侧山地立地亚区	栎类	天然	81	40.4816
5	中温带—亚干旱—草原晋蒙黄土丘陵盆地立地亚区	杨树	人工	21	23.9259
6	中温带—亚干旱—草原松辽平原西部立地亚区	杨树	人工	21	28.2803
7	中温带—亚湿润—草原大兴安岭北部东坡立地亚区	栎类	天然	81	82.3237
		白桦	天然	61	106.6926
8	中温带—亚湿润—草原大兴安岭北部南段森林草原立地亚区	落叶松	天然	101	140.9528
		栎类	天然	81	92.1559
		白桦	天然	61	106.7855
9	中温带—亚湿润—草原大兴安岭北部西坡立地亚区	白桦	天然	61	108.0765

依据全国公顷蓄积量分级结果（参见全国报告的表4-12）。内蒙古公顷蓄积量分级结果见表3-17。样地归一化蓄积见图3-21。

表3-17　内蒙古公顷蓄积量分级结果　　　　　　单位：m³/hm²

级别	1级	2级	3级	4级	5级	6级
公顷蓄积量	≤30	30~60	60~90	90~120	120~150	150~180

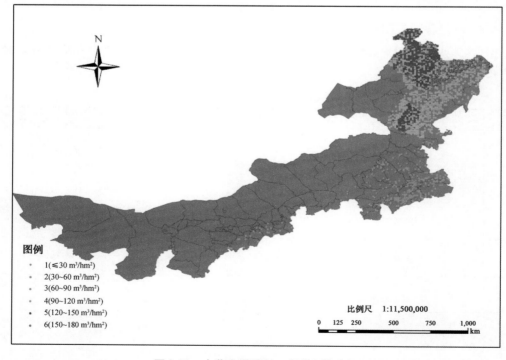

图例
- · 1(≤30 m³/hm²)
- · 2(30~60 m³/hm²)
- · 3(60~90 m³/hm²)
- · 4(90~120 m³/hm²)
- · 5(120~150 m³/hm²)
- · 6(150~180 m³/hm²)

比例尺　1:11,500,000

0　125　250　　500　　750　　1,000
km

图3-21　内蒙古样地归一化蓄积量分级

3.4.10 内蒙古森林生产力分区

中温带—亚湿润—草原东部灰色森林土立地亚区的优势树种是白桦天然林，与中温带—亚湿润—草原大兴安岭北部南段森林草原立地亚区和中温带—亚湿润—草原大兴安岭北部西坡立地亚区的优势树种一致，故森林生产力等级赋值为4；

将中温带—干旱—荒漠贺兰山山地立地亚区、中温带—干旱—荒漠内蒙古河套平原立地亚区、中温带—干旱—荒漠西北草原荒漠立地亚区、中温带—亚干旱—草原西北草原荒漠立地亚区四个区合并，命名为中温带—干旱—荒漠立地亚区，森林生产力等级赋值为0；

将中温带—亚湿润—草原西侧山地立地亚区并入中温带—亚干旱—草原西侧山地立地亚区中，森林生产力等级与中温带—亚干旱—草原西侧山地立地亚区一致，为2；中温带—亚干旱—草原锡林郭勒高平原立地亚区、中温带—亚干旱—草原西北部栗钙土立地亚区、中温带—亚干旱—草原西南部淡栗钙土立地亚区、中温带—亚干旱—草原中东部黑钙土立地亚区、中温带—亚湿润—草原锡林郭勒高平原立地亚区合并，命名为中温带—亚干旱—草原立地亚区，森林生产力等级为0；

中温带—亚湿润—草原中东部黑钙土立地亚区的优势树种是白桦，介于中温带—亚干旱—草原立地亚区和中温带—亚湿润—草原东部灰色森林土立地亚区之间，取两者森林生产力均值，赋值为2；中温带—亚湿润—草原松辽平原西部立地亚区与吉林中温带—亚湿润—草原松辽平原西部立地亚区为同一三级区，故森林生产力按照吉林部分赋值为3；

中温带—亚干旱—草原阴山山地立地亚区、中温带—亚干旱—草原内蒙古河套平原立地亚区、中温带—亚干旱—草原鄂尔多斯东部沙地立地亚区与中温带—亚干旱—草原晋蒙黄土丘陵盆地立地亚区的优势树种一致，都是杨树人工林，因此森林生产力等级值与中温带—亚干旱—草原晋蒙黄土丘陵盆地立地亚区的森林生产力等级值一样，赋为1。

综合区划后，形成内蒙古森林生产力分级，如图3-22。

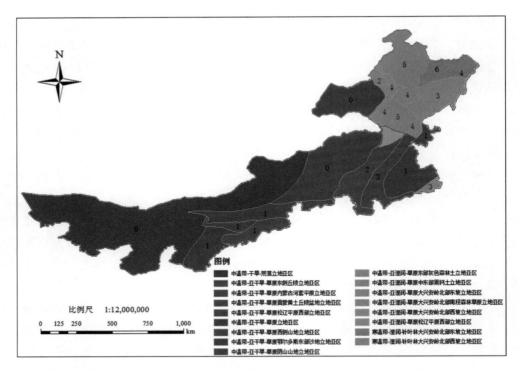

图例

中温带-干旱-荒漠立地亚区
中温带-亚干旱-草原东侧丘陵立地亚区
中温带-亚干旱-草原内蒙古河套平原立地亚区
中温带-亚干旱-草原霭黄土丘陵盆地立地亚区
中温带-亚干旱-草原松辽平原西部立地亚区
中温带-亚干旱-草原立地亚区
中温带-亚干旱-草原西侧山地立地亚区
中温带-亚干旱-草原鄂尔多斯东部沙地立地亚区
中温带-亚干旱-草原阴山山地立地亚区

中温带-亚湿润-草原东部灰色森林土立地亚区
中温带-亚湿润-草原中东部黑钙土立地亚区
中温带-亚湿润-草原大兴安岭北部东坡立地亚区
中温带-亚湿润-草原大兴安岭北部阳段森林草原立地亚区
中温带-亚湿润-草原松辽平原西部立地亚区
寒温带-湿润-针叶林大兴安岭北部东坡立地亚区
寒温带-湿润-针叶林大兴安岭北部西坡立地亚区

比例尺　1:12,000,000

0　125　250　　500　　750　　1,000
　　　　　　　　　　　　　　　km

图 3-22　内蒙古森林生产力等级

注：图中数字表达了该区域森林生产力等级。其中空值并不表示该区的森林生产力等级是 0，而是该
森林生产力区划跨省，本省建模样地数未达到建模标准，将在区域或全国森林生产力分区图中赋值；图中
森林生产力等级值依据前文中表 3-17 公顷蓄积量分级结果。

4 辽宁森林潜在生产力分区成果

4.1 辽宁森林生产力一级区划

以我国 1:100 万全国行政区划数据中辽宁省界为边界，从全国森林生产力一级区划图中提取辽宁森林生产力一级区划，辽宁森林生产力一级区划单位为 4 个，如表 4-1 和图 4-1：

表 4-1 森林生产力一级区划

序号	气候带	气候大区	森林生产力一级区划
1	中温带	亚干旱	中温带—亚干旱地区
2	暖温带	亚湿润	暖温带—亚湿润地区
3	中温带	亚湿润	中温带—亚湿润地区
4	中温带	湿润	中温带—湿润地区

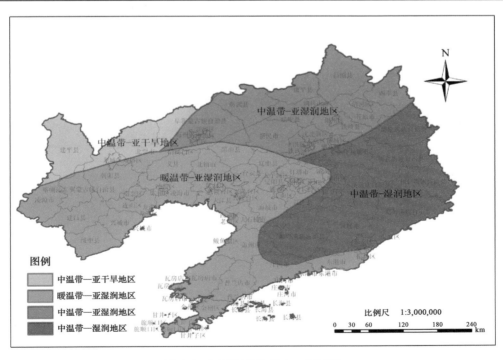

图 4-1 辽宁森林生产力一级区划

注：本图显示采用 2000 国家大地坐标系（简称 CGCS2000），后续相关地图同该坐标系。

4.2 辽宁森林生产力二级区划

按照辽宁省界从全国森林生产力二级区划中提取辽宁森林生产力二级区划，辽宁森林生产力二级区划单位为 4 个，如表 4-2 和图 4-2：

表 4-2　森林生产力二级区划

序号	森林生产力一级区划	森林生产力二级区划
1	中温带湿润地区	中温带—湿润—针叶、落叶阔叶混交林
2	中温带亚干旱地区	中温带—亚干旱—草原
3	中温带亚湿润地区	中温带—亚湿润—草原
4	暖温带亚湿润地区	暖温带—亚湿润—落叶阔叶林

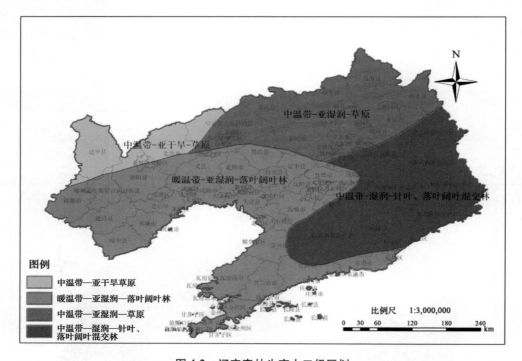

图 4-2　辽宁森林生产力二级区划

4.3 辽宁森林生产力三级区划

4.3.1 辽宁立地区划

研究詹昭宁专家提出的中国森林立地分类系统，直接应用该分类系统成果，通过地图扫描、坐标校正和人工分析勾绘，实现全国森林立地类型分区。

根据全国立地区划结果，按照辽宁省界范围，提取辽宁立地区划结果。需要说明的是用辽宁省界来提取辽宁立地区划数据时，在省界的边缘会出现破碎的小斑块，为了使省级立地区划不至于太破碎，根据就近原则，将破碎小斑块就近合并到最近的大斑块中。

处理后，得到的辽宁立地区划属性数据和图分别如表 4-3 和图 4-3：

表 4-3　辽宁立地区划

序号	立地区域	立地区	立地亚区
1	东北寒温带温带立地区域	松辽平原立地区	松辽平原东部立地亚区
2		长白山山地立地区	长白山南部立地亚区
3	华北暖温带立地区域	辽南鲁东山地丘陵立地区	辽南山地立地亚区
4		华北平原立地区	辽河黄泛平原立地亚区
5		燕山太行山山地立地区	辽西冀东低山丘陵立地亚区

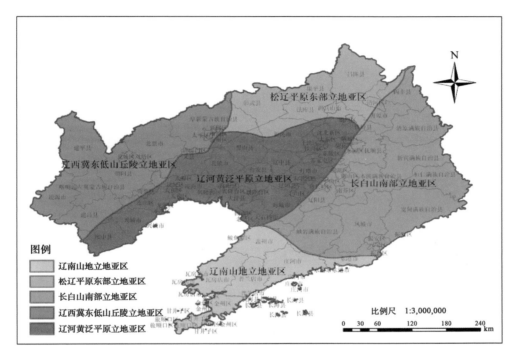

图 4-3　辽宁立地区划

4.3.2　辽宁三级区划

根据辽宁省界从全国森林生产力三级区划中提取辽宁森林生产力三级区划。

用辽宁省界来提取辽宁森林生产力三级区划时边缘出现了破碎的小斑块，为了使三级森林生产力不至于太破碎，根据就近原则，将破碎小斑块就近合并到最近的大斑块中。

辽宁森林生产力三级区划单位为 7 个，如表 4-4 和图 4-4：

表4-4　森林生产力三级区划

序号	森林生产力一级区划	森林生产力二级区划	森林生产力三级区划
1	暖温带亚湿润地区	暖温带—亚湿润—落叶阔叶林	暖温带—亚湿润—落叶阔叶林辽西冀东低山丘陵立地亚区
2			暖温带—亚湿润—落叶阔叶林辽河黄泛平原立地亚区
3			暖温带—亚湿润—落叶阔叶林辽南山地立地亚区
4	中温带亚湿润地区	中温带—亚湿润—草原	中温带—亚湿润—草原辽河黄泛平原立地亚区
5			中温带—亚湿润—草原松辽平原东部立地亚区
6	中温带湿润地区	中温带—湿润—针叶、落叶阔叶混交林	中温带—湿润—针叶、落叶阔叶混交林长白山南部立地亚区
7	中温带亚干旱地区	中温带—亚干旱—草原	中温带—亚干旱—草原辽西冀东低山丘陵立地亚区

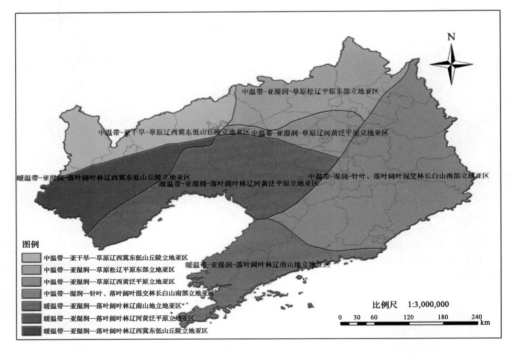

图4-4　辽宁森林生产力三级区划

4.4　辽宁森林生产力量化分级

4.4.1　技术方案

单位面积蓄积量标志着林地生产力的高低及经营措施的效果。本方案在森林生产力三级区划结果基础上，根据已调查的辽宁第7期、第8期一类清查样地数据，提取辽宁森林生产力三级区划的样地数据，筛选出两期地类是乔木林地、疏林地的样地，根据各森林生产力三级区划的主要树种，建立样地优势树种蓄积量生长模型，并归一该树种到成熟林时单位公顷的蓄积值，以此作为量化样地森林生产力的依据，在森林生产力三级区划的基础上进行森林植被生产力区划。

4.4.2 样地筛选

4.4.2.1 样地情况

辽宁总体面积 14.57 万 km^2，样地间距 4 km × 8 km，样地覆盖全省，样地面积 0.08 hm^2，共计 4617 块，按优势法确定样地地类。

辽宁样地概况如表 4-5。

表 4-5　辽宁样地概况

项目	内容
调查（副）总体	辽宁样地
样地调查时间	全国第 7 次清查辽宁数据（2005 年） 全国第 8 次清查辽宁数据（2010 年）
样地个数	全国第 7、8 次清查辽宁样地 4617 个
样地间距	4 km × 8 km
样地大小	0.08 hm^2
样地形状	正方形
备注	

4.4.2.2 样地筛选情况

根据辽宁划分的森林生产力三级区划，提取每个三级区划的样地数据，对提取的样地数据进行筛选。

筛选的条件如下：

地类为乔木林地或疏林地。剔除地类是红树林、国家特别规定灌木林地、其他灌木林地、未成林造林地、采伐迹地、火烧迹地、其他无立木林地、宜林荒山荒地、宜林沙荒地、其他宜林地、林业辅助生产用地、耕地、水域、未利用地、工矿建设用地、城乡居民建设用地、交通建设用地、其他用地的样地。被剔除的样地或者没有划分起源，或者没有样地平均年龄，或者优势树种是灌木，无法进行以林木蓄积量为因变量，样地平均年龄为自变量的曲线拟合。

下表详细说明了辽宁第 7、8 期样地（分三级区划）及样地筛选情况，见表 4-6。

表 4-6　辽宁分三级区划样地筛选情况

序号	森林生产力三级区划	监测期	样地总数	筛选样地数	所占比例/%
1	暖温带—亚湿润—落叶阔叶林辽西冀东低山丘陵立地亚区	第 7 期	464	79	17
		第 8 期	460	89	19
2	暖温带—亚湿润—落叶阔叶林辽河黄泛平原立地亚区	第 7 期	889	97	11
		第 8 期	888	93	10
3	暖温带—亚湿润—落叶阔叶林辽南山地立地亚区	第 7 期	535	93	17
		第 8 期	535	104	19
4	中温带—亚湿润—草原辽河黄泛平原立地亚区	第 7 期	226	21	9
		第 8 期	228	21	9
5	中温带—亚湿润—草原松辽平原东部立地亚区	第 7 期	575	73	13
		第 8 期	570	82	14

（续）

序号	森林生产力三级区划	监测期	样地总数	筛选样地数	所占比例/%
6	中温带—湿润—针叶、落叶阔叶混交林长白山南部立地亚区	第 7 期	1414	701	50
		第 8 期	1406	743	53
7	中温带—亚干旱—草原辽西冀东低山丘陵立地亚区	第 7 期	439	94	21
		第 8 期	453	105	23

4.4.3 建模树种提取

对筛选出的森林生产力三级区划的乔木林地和疏林地样地数据，分别统计每个优势树种的样地数和样地的起源，为了尽量使每个三级区划都能有森林生产力值，方便森林生产力等级划分，在每个森林生产力三级区内，如果优势树种的建模样地达到50，则建立样本数≥50的优势树种的生长模型；如果优势树种的建模样地均未达到50，则降低建模样本量为30；若降低建模标准且合并树种组仍无法达到建模样本量的，若该区为完整的三级区，则看邻近区内与该区内相似树种的蓄积量，作为该区的归一化蓄积量；若该区是被省界分割的森林生产力三级区的小部分，则暂时空缺，若是被省界分割的森林生产力三级区的大部分，则参照完整的三级区处理。统计见表4-7。

表 4-7　辽宁各三级区划分优势树种样地数统计

序号	森林生产力三级区划	优势树种	监测期	起源	样地数
1	暖温带—亚湿润—落叶阔叶林辽西冀东低山丘陵立地亚区	樟子松	第 7 期	人工	1
			第 8 期		1
		油松	第 7 期	人工	31
			第 8 期		30
		柏木	第 7 期	人工	2
			第 8 期		2
		栎类	第 7 期	天然	9
			第 8 期		11
		榆树	第 7 期	人工	1
			第 8 期		4
		其他硬阔	第 7 期	人工	21
			第 8 期		9
		杨树	第 7 期	人工	11
			第 8 期		12
		阔叶混	第 7 期	天然	3
			第 8 期		4
		刺槐	第 7 期	人工	0
			第 8 期		16
2	暖温带—亚湿润—落叶阔叶林辽河黄泛平原立地亚区	落叶松	第 7 期	人工	1
			第 8 期		1
		油松	第 7 期	人工	19
			第 8 期		18

（续）

序号	森林生产力三级区划	优势树种	监测期	起源	样地数
2	暖温带—亚湿润—落叶阔叶林辽河黄泛平原立地亚区	油松	第7期	天然	5
			第8期		7
		柏木	第7期	人工	2
			第8期		1
		栎类	第7期	天然	12
			第8期		10
		其他硬阔	第7期	人工	25
			第8期		1
		杨树	第7期	人工	24
			第8期		20
		柳树	第7期	人工	1
			第8期		1
		针叶混	第7期	人工	1
			第8期		0
		阔叶混	第7期	天然	7
			第8期		11
		水曲柳	第7期	天然	0
			第8期		2
		榆树	第7期	天然	0
			第8期		1
		刺槐	第7期	人工	0
			第8期		18
		其他软阔	第7期	天然	0
			第8期		1
		针阔混	第7期	人工	0
			第8期		1
3	暖温带—亚湿润—落叶阔叶林辽南山地立地亚区	落叶松	第7期	人工	5
			第8期		3
		赤松	第7期	人工	1
			第8期		1
		黑松	第7期	人工	1
			第8期		1
		油松	第7期	天然	9
			第8期		8
		油松	第7期	人工	7
			第8期		7
		柏木	第7期	人工	1
			第8期		1
		栎类	第7期	天然	26
			第8期		30

（续）

序号	森林生产力三级区划	优势树种	监测期	起源	样地数
3	暖温带—亚湿润—落叶阔叶林辽南山地立地亚区	栎类	第 7 期	人工	20
			第 8 期		19
		其他硬阔	第 7 期	人工	11
			第 8 期		3
		杨树	第 7 期	人工	3
			第 8 期		4
		柳树	第 7 期	天然	0
			第 8 期		1
		其他软阔	第 7 期	天然	1
			第 8 期		2
		阔叶混	第 7 期	天然	7
			第 8 期		10
		针阔混	第 7 期	天然	1
			第 8 期		5
		刺槐	第 7 期	人工	0
			第 8 期		8
4	中温带—亚湿润—草原辽河黄泛平原立地亚区	落叶松	第 7 期	人工	1
			第 8 期		1
		油松	第 7 期	人工	5
			第 8 期		4
		水曲柳	第 7 期	天然	1
			第 8 期		0
		榆树	第 7 期	天然	0
			第 8 期		1
		刺槐	第 7 期	人工	0
			第 8 期		2
		其他硬阔	第 7 期	人工	2
			第 8 期		0
		杨树	第 7 期	人工	11
			第 8 期		10
		针阔混	第 7 期	人工	1
			第 8 期		2
		阔叶混	第 7 期	天然	0
			第 8 期		1
5	中温带—亚湿润—草原松辽平原东部立地亚区	落叶松	第 7 期	人工	7
			第 8 期		5
		樟子松	第 7 期	人工	8
			第 8 期		8
		油松	第 7 期	人工	7
			第 8 期		7

（续）

序号	森林生产力三级区划	优势树种	监测期	起源	样地数
5	中温带—亚湿润—草原松辽平原东部立地亚区	枥类	第7期	天然	5
			第8期		5
		胡桃楸	第7期	天然	1
			第8期		1
		其他硬阔	第7期	人工	1
			第8期		0
		杨树	第7期	人工	36
			第8期		46
		阔叶混	第7期	天然	5
			第8期		6
		针阔混	第7期	人工	3
			第8期		3
		针叶混	第7期	人工	0
			第8期		1
6	中温带—湿润—针叶、落叶阔叶混交林长白山南部立地亚区	冷杉	第7期	天然	1
			第8期		0
		云杉	第7期	人工	1
			第8期		0
		落叶松	第7期	人工	95
			第8期		120
		红松	第7期	人工	12
			第8期		16
		樟子松	第7期	人工	2
			第8期		2
		赤松	第7期	天然	2
			第8期		1
		油松	第7期	人工	13
			第8期		12
		油松	第7期	天然	14
			第8期		10
		枥类	第7期	天然	208
			第8期		183
		桦木	第7期	天然	2
			第8期		1
		水胡黄	第7期	天然	1
			第8期		0
		水曲柳	第7期	天然	3
			第8期		1
		胡桃楸	第7期	天然	19
			第8期		23

（续）

序号	森林生产力三级区划	优势树种	监测期	起源	样地数
6	中温带—湿润—针叶、落叶阔叶混交林长白山南部立地亚区	黄檗	第7期	天然	1
			第8期		0
		榆树	第7期	天然	3
			第8期		1
		其他硬阔	第7期	人工	25
			第8期		2
		其他硬阔	第7期	天然	28
			第8期		7
		椴树	第7期	天然	4
			第8期		2
		杨树	第7期	天然	4
			第8期		7
		柳树	第7期	人工	1
			第8期		0
		其他软阔	第7期	天然	3
			第8期		3
		针叶混	第7期	人工	5
			第8期		9
		阔叶混	第7期	天然	225
			第8期		293
		针阔混	第7期	人工	16
			第8期		24
		针阔混	第7期	天然	12
			第8期		9
		刺槐	第7期	人工	0
			第8期		16
		枫桦	第7期	天然	0
			第8期		1
7	中温带—亚干旱—草原辽西冀东低山丘陵立地亚区	油松	第7期	人工	50
			第8期		52
		榆树	第7期	人工	1
			第8期		3
		其他硬阔	第7期	人工	16
			第8期		9
		杨树	第7期	人工	27
			第8期		28
		阔叶混	第7期	人工	0
			第8期		3
		针阔混	第7期	人工	0
			第8期		1
		刺槐	第7期	人工	0
			第8期		9

4.4.4 初次森林生产力分级区划成果及调整说明

4.4.4.1 初次森林生产力分级区划成果

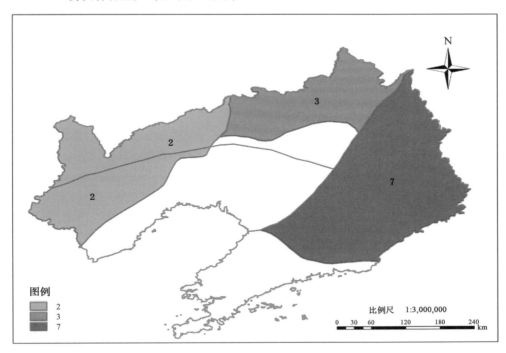

图 4-5 辽宁初次森林生产力分级结果

注：图中数字表达了该区域森林生产力等级。其中空值并不表示该区的森林生产力等级是 0，而是该森林生产力区划跨省，本省建模样地数未达到建模标准，将在区域或全国森林生产力分区图中赋值；图中森林生产力等级值依据后文中表 4-17 公顷蓄积量分级结果。

4.4.4.2 调整说明

按照辽宁初次森林植被生产力分级结果，部分区域为空白，主要原因是建模样地数未达到建模标准而未建立模型。根据实际情况调整建模：

中温带—亚湿润—草原辽河黄泛平原立地亚区和暖温带—亚湿润—落叶阔叶林辽河黄泛平原立地亚区 2 个森林生产力三级区的各优势树种均未达到建模样本量，为使森林生产力等级值不为空，且 2 个区立地条件一致，故在辽宁森林生产力三级区划中将两个区合并，合并后该区命名为暖温带—亚湿润—落叶阔叶林辽河黄泛平原立地亚区，重新提取 2 个区的优势树种。

暖温带—亚湿润—落叶阔叶林辽南山地立地亚区与中温带—湿润—针叶、落叶阔叶混交林长白山南部立地亚区、暖温带—亚湿润—落叶阔叶林辽河黄泛平原立地亚区立地条件不一致，不与其他区合并，根据优势树种或相邻三级划的森林植被生产力等级赋值。

暖温带—亚湿润—落叶阔叶林辽南山地立地亚区有栎类中幼龄林，但是由于未达到建模样本量，未建立生长模型计算样地归一化蓄积量，但是中温带—湿润—针叶、落叶阔叶混交林长白山南部立地亚区和暖温带—亚湿润—落叶阔叶林辽河黄泛平原立地亚区的森林生产力值分别为 7 和 4，为了估计该区的森林生产力值，以相邻 2 个区的森林生产力平均值作为该区的森林生产力值，故该区的森林生产力值为5。

4.4.4.3 调整后三级区划成果

调整后的辽宁森林生产力三级区划如表4-8，调整后的辽宁森林生产力三级区划结果如图4-6。

表4-8 辽宁森林生产力三级区划

序号	森林生产力一级区划	森林生产力二级区划	森林生产力三级区划
1	暖温带亚湿润地区	暖温带—亚湿润—落叶阔叶林	暖温带—亚湿润—落叶阔叶林辽西冀东低山丘陵立地亚区
2			暖温带—亚湿润—落叶阔叶林辽河黄泛平原立地亚区
3			暖温带—亚湿润—落叶阔叶林辽南山地立地亚区
4	中温带亚湿润地区	中温带—亚湿润—草原	中温带—亚湿润—草原松辽平原东部立地亚区
5	中温带湿润地区	中温带—湿润—针叶、落叶阔叶混交林	中温带—湿润—针叶、落叶阔叶混交林长白山南部立地亚区
6	中温带亚干旱地区	中温带—亚干旱—草原	中温带—亚干旱—草原辽西冀东低山丘陵立地亚区

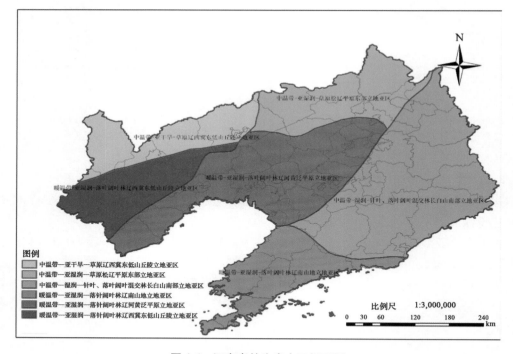

图4-6 辽宁森林生产力三级区划

4.4.5 调整后建模树种提取

中温带—亚湿润—草原辽河黄泛平原立地亚区和暖温带—亚湿润—落叶阔叶林辽河黄泛平原立地亚区合并为暖温带—亚湿润—落叶阔叶林辽河黄泛平原立地亚区后，重新提取树种结果如表4-9。

表 4-9 辽宁三级区优势树种样地数统计(合并后)

序号	森林生产力三级区划	优势树种	监测期	起源	样地数
2	暖温带—亚湿润—落叶阔叶林辽河黄泛平原立地亚区	落叶松	第 7 期	人工	2
			第 8 期		2
		油松	第 7 期	人工	24
			第 8 期		22
		油松	第 7 期	天然	5
			第 8 期		7
		柏木	第 7 期	人工	2
			第 8 期		1
		栎类	第 7 期	天然	12
			第 8 期		10
		其他硬阔	第 7 期	人工	27
			第 8 期		1
		杨树	第 7 期	人工	35
			第 8 期		30
		柳树	第 7 期	人工	1
			第 8 期		1
		针叶混	第 7 期	人工	1
			第 8 期		0
		阔叶混	第 7 期	天然	7
			第 8 期		12
		水曲柳	第 7 期	天然	1
			第 8 期		2
		榆树	第 7 期	天然	0
			第 8 期		2
		刺槐	第 7 期	人工	0
			第 8 期		20
		其他软阔	第 7 期	天然	0
			第 8 期		1
		针阔混	第 7 期	人工	1
			第 8 期		3

从表 4-7、表 4-9 中可以筛选辽宁森林生产力三级区划的建模树种如表 4-10：

表 4-10 辽宁各三级分区主要建模树种

序号	森林生产力三级区划	优势树种	起源	监测期	总样地数	建模样地数	所占比例/%
1	暖温带—亚湿润—落叶阔叶林辽西冀东低山丘陵立地亚区	油松	人工	第 7 期	31	63	98
				第 8 期	33		
2	中温带—亚湿润—草原松辽平原东部立地亚区	杨树	人工	第 7 期	36	67	82
				第 8 期	46		
3	中温带—湿润—针叶、落叶阔叶混交林长白山南部立地亚区	落叶松	人工	第 7 期	95	197	92
				第 8 期	120		

（续）

序号	森林生产力三级区划	优势树种	起源	监测期	总样地数	建模样地数	所占比例/%
4	中温带—湿润—针叶、落叶阔叶混交林长白山南部立地亚区	柞类	天然	第7期	208	283	72
				第8期	183		
		阔叶混	天然	第7期	225	317	61
				第8期	293		
5	中温带—亚干旱—草原辽西冀东低山丘陵立地亚区	油松	人工	第7期	50	92	90
				第8期	52		
6	暖温带—亚湿润—落叶阔叶林辽河黄泛平原立地亚区	杨树	人工	第7期	35	53	82
				第8期	30		

4.4.6 建模前数据整理和对应

4.4.6.1 对森林采伐等人为干扰情况的处理

在数据的整理过程中，对第7、8期样地号对应，优势树种一致，第8期年龄增加与调查间隔期一致的样地，第8期林木蓄积量加上采伐蓄积量作为第8期的林木蓄积量，第7期的林木蓄积量不变。

4.4.6.2 对优势树种发生变化情况的处理

两期样地对照分析，第8期样地的优势树种与第7期不一致的样地，林木蓄积量仍以第8期的林木蓄积量为准，把该样地作为第8期优势树种的样地，林木蓄积量以第8期调查时为准，不加采伐蓄积量。第7期的处理同第8期。

4.4.6.3 对样地年龄与时间变化不一致情况的处理

对样地第8期的年龄与调查间隔时间变化不一致的样地，则第8期林木蓄积量不与采伐蓄积量相加，仍以第8期的林木蓄积量作为林木蓄积量，第7期的林木蓄积量不发生变化。

4.4.7 建立林分蓄积量生长模型

根据筛选出的优势树种样地数据，以整理后的林木蓄积量作为因变量，以样地的平均年龄作为自变量，剔除异常数据，根据样地数据散点图的总体趋势，选取不同的生长方程拟合曲线。见表4-11。

表4-11 主要树种建模数据统计

序号	森林生产力三级区划	优势树种	统计量	最小值	最大值	平均值
1	暖温带—亚湿润—落叶阔叶林辽西冀东低山丘陵立地亚区	油松	平均年龄	7	48	31
			林木蓄积量	2.1750	65.0250	37.0700
2	中温带—亚湿润—草原松辽平原东部立地亚区	杨树	平均年龄	3	50	24
			林木蓄积量	10.8661	118.0688	74.2768
3	中温带—湿润—针叶、落叶阔叶混交林长白山南部立地亚区	落叶松	平均年龄	3	49	25
			林木蓄积量	2.0250	228.5562	116.0634
		柞类	平均年龄	6	86	41
			林木蓄积量	6.7563	216.2313	104.4688
		阔叶混	平均年龄	5	74	38
			林木蓄积量	1.1375	225.1250	115.1627

（续）

序号	森林生产力三级区划	优势树种	统计量	最小值	最大值	平均值
4	中温带—亚干旱—草原辽西冀东低山丘陵立地亚区	油松	平均年龄	17	55	35
			林木蓄积量	9.1625	56.7125	33.5558
5	暖温带—亚湿润—落叶阔叶林辽河黄泛平原立地亚区	杨树	平均年龄	2	45	16
			林木蓄积量	8.900	129.0875	75.7407

S 型生长模型能够合理的表示树木或林分的生长过程和趋势，避免了其他模型只在某一生长阶段的拟合精度高，而不能完整体现树木或林分生长趋势的弊端，而本方案的目的是预测林分达到成熟林时的蓄积量，S 型生长模型得到的值在比较合理的范围内。

选取的生长方程如表 4-12：

表 4-12　拟合所用的生长模型

序号	生长模型名称	生长模型公式
1	Richards 模型	$y = A(1-e^{-kx})^B$
2	单分子模型	$y = A(1-e^{-kx})$
3	Logistic 模型	$y = A/(1+Be^{-kx})$
4	Korf 模型	$y = Ae^{-Bx-k}$

其中，y 为样地的林木蓄积量，x 为林分年龄，A 为树木生长的最大值参数，k 为生长速率参数，B 为与初始值有关的参数。

经过数据拟合，得出各模型的参数和拟合优度及总相对误差，选取三级区划各树种的适合拟合方程，整理如表 4-13，生长模型见图 4-7 ~ 图 4-13。

表 4-13　主要树种模型

序号	森林生产力三级区划	优势树种	模型	生长方程	参数标准差 A	参数标准差 B	参数标准差 k	R^2	TRE/%
1	暖温带—亚湿润—落叶阔叶林辽西冀东低山丘陵立地亚区	油松	Logistic 普	$y = 80.0178/(1+30.4657e^{-0.1031x})$	13.7599	11.9840	0.0219	0.90	−0.0707
			Logistic 加	$y = 65.4149/(1+45.9152e^{-0.1329x})$	8.6381	14.8671	0.0192		0.3994
2	中温带—亚湿润—草原松辽平原东部立地亚区	杨树	Richards 普	$y = 106.7056(1-e^{-0.0882x})^{1.3975}$	7.3274	0.5269	0.0340	0.84	−0.1733
			Richards 加	$y = 103.5263(1-e^{-0.1107x})^{1.7603}$	7.6633	0.3799	0.0286		0.0046
3	中温带—湿润—针叶、落叶阔叶混交林长白山南部立地亚区	落叶松	Logistic 普	$y = 203.0059/(1+35.2605e^{-0.1635x})$	8.7753	13.3077	0.0202	0.93	−0.2029
				Logistic 加	$y = 185.9726/(1+59.2801e^{-0.2052x})$	13.6921	13.7703	0.0191		0.6487
		栎类	Richards 普	$y = 269.5865(1-e^{-0.0227x})^{1.7659}$	57.9836	0.4406	0.0094	0.88	0.0639
			Richards 加	$y = 314.8726(1-e^{-0.0175x})^{1.5833}$	91.2294	0.1636	0.0066		0.1157
		阔叶混	Richards 普	$y = 286.4006(1-e^{-0.0231x})^{1.5699}$	54.1025	0.3069	0.0085	0.93	−0.0197
			Richards 加	$y = 240.6796(1-e^{-0.0320x})^{1.8354}$	36.2541	0.2028	0.0077		−0.0900
4	中温带—亚干旱—草原辽西冀东低山丘陵立地亚区	油松	Logistic 普	$y = 69.7227/(1+19.5571e^{-0.0816x})$	13.3317	6.4362	0.0188	0.88	0.0279
			Logistic 加	$y = 67.2740/(1+19.9817e^{-0.0845x})$	14.1078	4.5118	0.0169		0.0122

（续）

序号	森林生产力三级区划	优势树种	模型	生长方程	参数标准差 A	参数标准差 B	参数标准差 k	R^2	TRE/%
5	暖温带—亚湿润—落叶阔叶林辽河黄泛平原立地亚区	杨树	Richards 普	$y = 122.0170(1 - e^{-0.2408x})^{4.7969}$	2.7323	1.1630	0.0308	0.98	0.2860
			Richards 加	$y = 118.7530(1 - e^{-0.2429x})^{4.3700}$	13.5511	0.6353	0.0402		0.2511

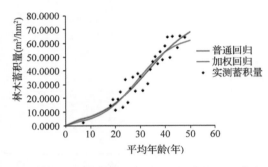

图4-7 暖温带—亚湿润—落叶阔叶林辽西冀东低山丘陵立地亚区油松生长模型

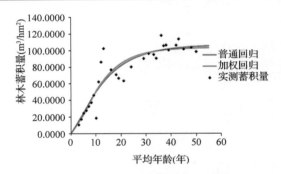

图4-8 中温带—亚湿润—草原松辽平原东部立地亚区杨树生长模型

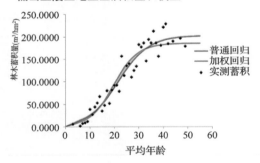

图4-9 中温带—湿润—针叶、落叶阔叶混交林长白山南部立地亚区落叶松生长模型

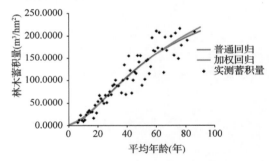

图4-10 中温带—湿润—针叶、落叶阔叶混交林长白山南部立地亚区栎类生长模型

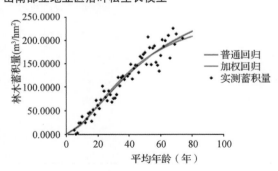

图4-11 中温带—湿润—针叶、落叶阔叶混交林长白山南部立地亚区阔叶混生长模型

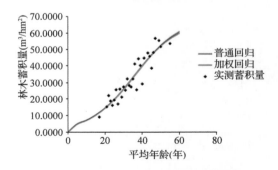

图4-12 中温带—亚干旱—草原辽西冀东低山丘陵立地亚区油松生长模型

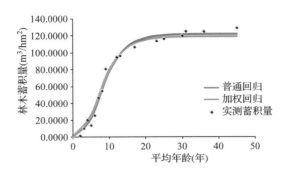

图 4-13　暖温带—亚湿润—落叶阔叶林辽河黄泛平原立地亚区

4.4.8　生长模型的检验

为了检验普通回归和加权回归生长模型的适用性，采用以下评价指标：确定系数（R^2）、估计值的标准误差（SEE）、总相对误差（TRE）、平均系统误差（MSE）、平均预估误差（MPE）。

$$R^2 = 1 - \sum (y_i - \hat{y}_i)^2 / \sum (y_i - \bar{y}_i)^2$$

$$SEE = \sqrt{\sum (y_i - \hat{y}_i)^2 / (n - k)}$$

$$TRE = \sum (y_i - \hat{y}_i) / \sum \hat{y}_i \times 100$$

$$MSE = \sum (y_i - \hat{y}_i) / \hat{y}_i / n \times 100$$

$$MPE = t_\alpha \cdot (SEE / \bar{y}) / \sqrt{n} \times 100$$

式中，y_i 为实际观测值，$\hat{y}_i$ 为模型预估值，$\bar{y}$ 为样本平均值，n 为样本单元数，k 为参数个数，t_α 为置信水平 α 时的 t 值。在这 6 项指标中，R^2 和 SEE 是回归模型的最常用指标，既反映了模型的拟合优度，也反映了自变量的贡献率和因变量的离差情况；TRE 和 MSE 是反映拟合效果的重要指标，二者应该控制在一定范围内（如 ±3%），趋向于 0 时效果最好；MPE 是反映平均蓄积量估计值的精度指标。

各森林生产力三级区划优势树种生长模型检验见表4-14。

表 4-14　各森林生产力三级区划优势树种生长模型检验

序号	森林生产力三级区划	优势树种	模型	R^2	SEE	TRE	MSE	MPE
1	暖温带—亚湿润—落叶阔叶林辽西冀东低山丘陵立地亚区	油松	Logistic 普	0.90	5.9318	−0.0707	−1.3283	6.0765
			Logistic 加		6.2427	0.3994	−0.1504	6.3950
2	中温带—亚湿润—草原松辽平原东部立地亚区	杨树	Richards 普	0.84	13.6100	−0.1733	−1.3141	6.9582
			Richards 加		13.6965	0.0046	0.0104	7.0025
3	中温带—湿润—针叶、落叶阔叶混交林长白山南部立地亚区	落叶松	Logistic 普	0.93	19.1459	−0.2029	−3.5827	5.2039
			Logistic 加		20.7038	0.6487	−0.2953	5.6273
		栎类	Richards 普	0.88	21.8229	0.0639	0.9765	5.0981
			Richards 加		21.8946	0.1157	0.0745	5.1149
		阔叶混	Richards 普	0.93	16.5429	−0.0197	−0.8500	3.6178
			Richards 加		16.7804	−0.0900	−0.1807	3.6697

（续）

序号	森林生产力三级区划	优势树种	模型	R^2	SEE	TRE	MSE	MPE
4	中温带—亚干旱—草原辽西冀东低山丘陵立地亚区	油松	Logistic 普	0.88	4.9134	0.0279	0.0477	5.5696
			Logistic 加		4.9179	0.0122	0.0062	5.5747
5	暖温带—亚湿润—落叶阔叶林辽河黄泛平原立地亚区	杨树	Richards 普	0.98	6.3579	0.2860	7.7426	4.3209
			Richards 加		7.0345	0.2511	−0.0876	4.7808

总相对误差（TRE）基本上在 ±3% 以内，平均系统误差（MSE）基本上在 ±5% 以内，表明模型拟合效果良好。从这一原则出发，加权回归模型的拟合效果要好于普通回归模型；平均预估误差（MPE）基本在 10% 以内，说明蓄积量生长模型的平均预估精度达到约 90% 以上。

从参数估计值看，各树种的相应参数的标准差较小，说明模型的稳定性比较好。

4.4.9　样地蓄积量归一化

通过提取辽宁的样地数据，辽宁的针叶树种主要是落叶松（人工）、油松（人工），阔叶树种主要是栎类、椴树、水曲柳和胡桃楸。

故认为组成阔叶混的主要阔叶树种是栎类、椴树、水曲柳和胡桃楸，且阔叶混的组成树种中，各树种的比例是 1:1。

根据《国家森林资源连续清查主要技术规定》确定各树种组的龄组划分和成熟林年龄，见表 4-15 和表 4-16。

表 4-15　辽宁树种成熟年龄

序号	树种	地区	起源	龄级	成熟林
1	落叶松	北方	天然	20	101
			人工	10	41
2	油松	北方	天然	10	61
			人工		41
3	栎类	南北	天然	20	81
			人工	10	51
3	水胡黄	南北	天然	20	81
			人工	10	51
4	椴树	南北	天然	20	81
			人工	10	51
5	杨树	北方	人工	5	21
		南方			16
6	阔叶混（栎类、椴树、水胡黄）	北方	天然	20	81
			人工	10	51

表4-16　辽宁三级区划主要树种成熟林蓄积量

序号	森林生产力三级区划	树种	起源	成熟年龄	成熟林蓄积量（m³/hm²）
1	暖温带—亚湿润—落叶阔叶林辽西冀东低山丘陵立地亚区	油松	人工	41	54.6300
2	中温带—亚湿润—草原松辽平原东部立地亚区	杨树	人工	21	86.3843
3	中温带—湿润—针叶、落叶阔叶混交林长白山南部立地亚区	落叶松	人工	41	183.5583
		栎类	天然	81	203.2553
		阔叶混	天然	81	208.5798
4	中温带—亚干旱—草原辽西冀东低山丘陵立地亚区	油松	人工	41	41.3852
5	暖温带—亚湿润—落叶阔叶林辽河黄泛平原立地亚区	杨树	人工	21	115.6242

依据全国公顷蓄积量分级结果(参见全国报告的表4-12)。辽宁公顷蓄积量分级结果见表4-17。辽宁样地归一化蓄积量见图4-14。

表4-17　辽宁公顷蓄积量分级结果　　　　　　　　　　　　单位：m³/hm²

级别	2级	3级	4级	7级
公顷蓄积量	30~60	60~90	90~120	180~210

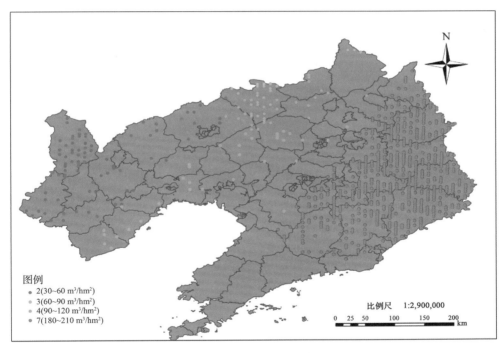

图例
- 2(30~60 m³/hm²)
- 3(60~90 m³/hm²)
- 4(90~120 m³/hm²)
- 7(180~210 m³/hm²)

比例尺　1:2,900,000

0　25　50　100　150　200 km

图4-14　辽宁样地归一化蓄积量

4.4.10　辽宁森林生产力分区

辽宁森林生产力等级如图 4-15。

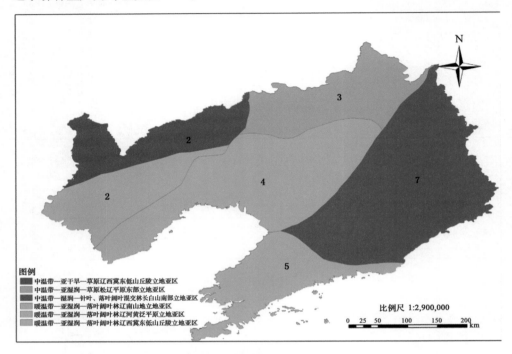

图中图例说明：

图例
- 中温带—亚干旱—草原辽西冀东低山丘陵立地亚区
- 中温带—亚湿润—草原松辽平原东部立地亚区
- 中温带—湿润—针叶、落叶阔叶混交林长白山南部立地亚区
- 暖温带—亚湿润—落叶阔叶林辽南山地立地亚区
- 暖温带—亚湿润—落叶阔叶林辽河黄泛平原立地亚区
- 暖温带—亚湿润—落叶阔叶林辽西冀东低山丘陵立地亚区

比例尺 1:2,900,000

图 4-15　辽宁森林生产力等级

注：图中数字表达了该区域森林生产力等级。其中空值并不表示该区的森林生产力等级是 0，而是该森林生产力区划跨省，本省建模样地数未达到建模标准，将在区域或全国森林生产力分区图中赋值；图中森林生产力等级值依据前文中表 4-17 公顷蓄积量分级结果。

5 吉林森林潜在生产力分区成果

5.1 吉林森林生产力一级区划

以我国1:100万全国行政区划数据中吉林省界为边界,从全国森林生产力一级区划图中提取吉林森林生产力一级区划,吉林森林生产力一级区划单位为3个,如表5-1和图5-1:

表5-1 森林生产力一级区划

序号	森林生产力一级区划	气候带	气候大区
1	中温带—亚干旱地区	中温带	亚干旱
2	中温带—亚湿润地区	中温带	亚湿润
3	中温带—湿润地区	中温带	湿润

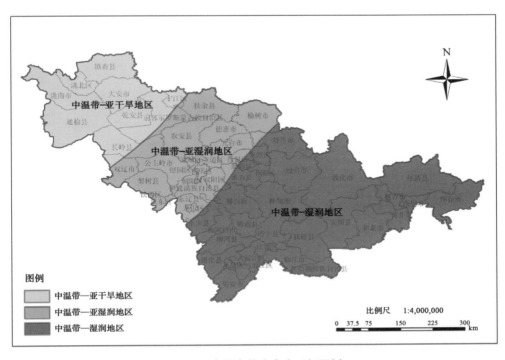

图5-1 吉林森林生产力一级区划

注:本图显示采用2000国家大地坐标系(简称CGCS2000),后续相关地图同该坐标系。

5.2　吉林森林生产力二级区划

按照吉林省界从全国二级区划中提取吉林森林生产力二级区划，吉林森林生产力二级区划单位为 3 个，如表 5-2 和图 5-2：

表 5-2　森林生产力二级区划

序号	气候带	气候大区	森林生产力一级区划	森林生产力二级区划
1	中温带	亚干旱	中温带—亚干旱地区	中温带—亚干旱—草原
2	中温带	亚湿润	中温带—亚湿润地区	中温带—亚湿润—草原
3	中温带	湿润	中温带—湿润地区	中温带—湿润—针叶、落叶阔叶混交林

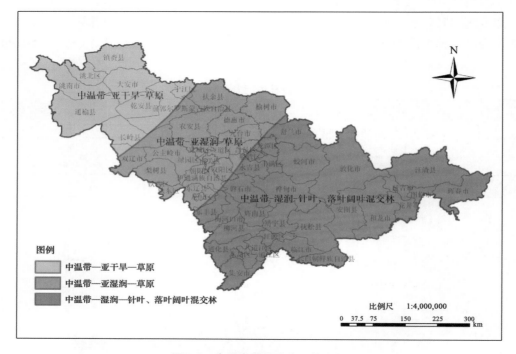

图 5-2　吉林森林生产力二级区划

5.3　吉林森林生产力三级区划

5.3.1　吉林立地区划

根据全国立地区划结果，以吉林 1:100 万省界为提取框架，提取吉林立地区划结果。需要说明的是，由于吉林省界数据与全国立地区划成果数据精度不一致，导致提取的吉林立地区划数据在省界边缘出现不少细小的破碎斑块。因此，对吉林立地区划数据进行了破碎化斑块处理，根据就近原则，将破碎小斑块就近合并到最近的大斑块中。处理后，得到的吉林立地区划属性数据和矢量图，如表 5-3 和图 5-3：

表5-3　吉林立地区划

序号	立地区域	立地区	立地亚区
1	东北寒温带温带立地区域	松辽平原立地区	松辽平原东部立地亚区
2			松辽平原西部立地亚区
3		长白山山地立地区	长白山中部立地亚区

图5-3　吉林立地区划

5.3.2　吉林三级区划

根据吉林省界，从全国森林生产力三级区划数据中提取吉林省森林生产力三级区划数据。

用吉林省界来提取吉林森林生产力三级区划时边缘出现了破碎的小斑块，为了使省级森林生产力三级区划不至于太破碎，根据就近原则，将破碎小斑块就近合并到最近的大斑块中。

吉林森林生产力三级区划单位为6个，如表5-4和图5-4：

表5-4　森林生产力三级区划

序号	森林生产力一级区划	森林生产力二级区划	森林生产力三级区划
1	中温带亚干旱地区	中温带—亚干旱—草原	中温带—亚干旱—草原—松辽平原东部立地亚区
2			中温带—亚干旱—草原—松辽平原西部立地亚区
3	中温带亚湿润地区	中温带—亚湿润—草原	中温带—亚湿润—草原—松辽平原东部立地亚区
4			中温带—亚湿润—草原—松辽平原西部立地亚区
5			中温带—亚湿润—草原—长白山中部立地亚区
6	中温带湿润地区	中温带—湿润—针叶、落叶阔叶混交林	中温带—湿润—针叶、落叶阔叶混交林—长白山中部立地亚区

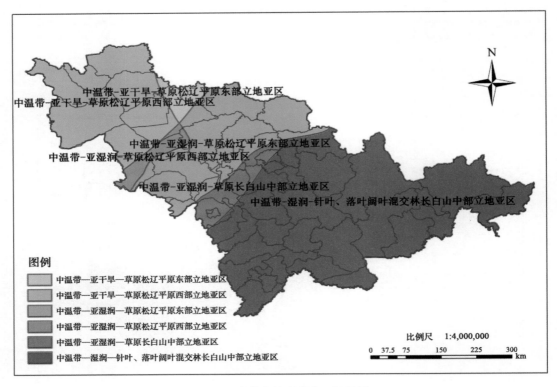

图 5-4　吉林森林生产力三级区划

5.4　吉林森林生产力量化分级

5.4.1　技术方案

单位面积蓄积量标志着林地生产力的高低及经营措施的效果。本方案在森林生产力三级区划结果基础上，根据已调查的吉林第 7 期、第 8 期一类清查样地数据，提取吉林森林生产力三级区划的样地数据，筛选出两期地类是乔木林地、疏林地的样地，根据森林生产力三级区划的主要树种，建立样地优势树种蓄积量生长模型，并归一该树种到成熟林时单位公顷的蓄积值，以此作为量化样地森林生产力的依据，在森林生产力三级的基础上进行森林植被生产力区划。

5.4.2　样地筛选

5.4.2.1　样地情况

2004 年进行第 7 次森林资源清查，2009 年进行第 8 次森林资源清查，第 7 次和第 8 次样地均为 8872 块，样地间距 4 km×6 km 或 4 km×8 km，面积为 0.06 hm^2 的正方形。以第 7 次和第 8 次样地为基础计算样地归一化蓄积量。

吉林的样地情况如表 5-5。

表 5-5　吉林样地概况

项目	内容
调查(副)总体	吉林样地
样地调查时间	全国第 7 次清查吉林数据（2004 年） 全国第 8 次清查吉林数据（2009 年）
样地个数	全国第 7、8 次清查吉林样地 8872 个
样地间距	4 km×6 km 或 4 km×8 km
样地大小	0.06 hm²
样地形状	正方形
备注	

5.4.2.2　样地筛选情况

根据吉林划分的森林生产力三级区划，提取每个三级区划的样地数据，对提取的样地数据进行筛选。

筛选的条件如下：

（1）地类为乔木林地或疏林地。剔除地类是红树林、国家特别规定的灌木林地、其他灌木林地、未成林封育地、未成林造林地、采伐迹地、火烧迹地、其他无立木林地、宜林荒山荒地、宜林沙荒地、其他宜林地、林业辅助生产用地、耕地、牧草地、水域、未利用地、工矿建设用地、城乡居民建设用地、交通建设用地、其他用地的样地。被剔除的样地或者没有划分起源，或者没有样地平均年龄，或者优势树种是灌木，无法进行以林木蓄积量为因变量，样地平均年龄为自变量的曲线拟合。

（2）地类前后不一致的情况处理。对前后期地类不一致的样地，保留前期或者后期是乔木林地或疏林地的样地。

下表详细说明了吉林第 7、8 期样地(分三级区划)及样地筛选情况，见表 5-6。

表 5-6　吉林分三级区划样地筛选情况

序号	森林生产力三级区划	清查期	样地总数	筛选样地数	所占比例/%
1	中温带—亚干旱—草原松辽平原东部立地亚区	第 7 期	169	10	5.9
		第 8 期	169	8	4.7
2	中温带—亚干旱—草原松辽平原西部立地亚区	第 7 期	1643	122	7.4
		第 8 期	1643	119	7.2
3	中温带—亚湿润—草原松辽平原东部立地亚区	第 7 期	1686	117	6.9
		第 8 期	1684	120	7.1
4	中温带—亚湿润—草原松辽平原西部立地亚区	第 7 期	189	13	6.9
		第 8 期	189	22	11.6
5	中温带—亚湿润—草原长白山中部立地亚区	第 7 期	384	73	19
		第 8 期	383	74	19.3
6	中温带—湿润—针叶、落叶阔叶混交林长白山中部立地亚区	第 7 期	4776	3117	65.3
		第 8 期	4779	3198	66.9

5.4.3 建模树种提取

对筛选出的森林生产力三级区划的乔木林地和疏林地样地数据，分别统计每个优势树种的样地数和样地的起源，为了尽量使每个三级区划都能有森林生产力值，方便森林生产力等级划分，在每个森林生产力三级区内，如果优势树种的建模样地达到50，则建立样本数≥50的优势树种的生长模型；如果优势树种的建模样地均未达到50，则降低建模样本量为30；降低建模标准且合并树种组仍无法达到建模量的，若该区为完整的三级区，则看邻近区内与该区内相似树种的蓄积量，作为该区的归一化蓄积量；若该区是被省界分割的森林生产力三级区的小部分，则暂时空缺，若是被省界分割的森林生产力三级区的大部分，则参照完整的三级区处理。统计见表5-7。

表5-7 吉林各三级区划样地数分优势树种统计

序号	森林生产力三级区划	优势树种	监测期	起源	样地数
1	中温带—湿润—针叶、落叶阔叶混交林长白山中部立地亚区	冷杉	第7期	天然	15
			第8期		3
		云杉	第7期	人工	16
			第8期		29
		云杉	第7期	人工	39
			第8期		17
		落叶松	第7期	人工	40
			第8期		33
		落叶松	第7期	天然	270
			第8期		254
		红松	第7期	人工	11
			第8期		7
		红松	第7期	人工	26
			第8期		43
		樟子松	第7期	天然	34
			第8期		30
		赤松	第7期	天然	2
			第8期		2
		赤松	第7期	天然	5
			第8期		5
		黑松	第7期	天然	4
			第8期		4
		国外松	第7期	人工	0
			第8期		1
		栎类	第7期	天然	507
			第8期		454
		白桦	第7期	人工	18
			第8期		58
		枫桦	第7期	天然	2
			第8期		8

（续）

序号	森林生产力三级区划	优势树种	监测期	起源	样地数
1	中温带—湿润—针叶、落叶阔叶混交林长白山中部立地亚区	水胡黄	第7期	天然	30
			第8期		0
		水曲柳	第7期	人工	1
			第8期		6
		水曲柳	第7期	天然	4
			第8期		4
		胡桃楸	第7期	天然	2
			第8期		2
		胡桃楸	第7期	人工	20
			第8期		38
		榆树	第7期	天然	5
			第8期		20
		刺槐	第7期	人工	0
			第8期		10
		其他硬阔	第7期	天然	87
			第8期		12
		椴树	第7期	天然	57
			第8期		26
		杨树	第7期	天然	54
			第8期		24
		杨树	第7期	人工	16
			第8期		37
		柳树	第7期	人工	0
			第8期		1
		柳树	第7期	天然	4
			第8期		8
		软阔	第7期	人工	12
			第8期		1
		软阔	第7期	天然	10
			第8期		27
		针叶混	第7期	人工	8
			第8期		33
		针叶混	第7期	天然	60
			第8期		78
		阔叶混	第7期	人工	0
			第8期		6
		阔叶混	第7期	天然	1378
			第8期		1639
		针阔混	第7期	人工	37
			第8期		71

（续）

序号	森林生产力三级区划	优势树种	监测期	起源	样地数
1	中温带—湿润—针叶、落叶阔叶混交林长白山中部立地亚区	针阔混	第 7 期	天然	208
			第 8 期		286
2	中温带—亚湿润—草原长白山中部立地亚区	云杉	第 7 期	人工	1
			第 8 期		1
		落叶松	第 7 期	人工	19
			第 8 期		16
		樟子松	第 7 期	人工	1
			第 8 期		2
		黑松	第 7 期	人工	8
			第 8 期		5
		油松	第 7 期	人工	0
			第 8 期		1
		栎类	第 7 期	天然	15
			第 8 期		14
		榆树	第 7 期	人工	0
			第 8 期		1
		椴树	第 7 期	天然	3
			第 8 期		2
		杨树	第 7 期	人工	1
			第 8 期		2
		针叶混	第 7 期	人工	1
			第 8 期		5
		软阔	第 7 期	天然	0
			第 8 期		1
		阔叶混	第 7 期	天然	17
			第 8 期		18
		针阔混	第 7 期	天然	5
			第 8 期		3
		落叶松	第 7 期	人工	15
			第 8 期		13
3	中温带—亚湿润—草原松辽平原东部立地亚区	樟子松	第 7 期	人工	11
			第 8 期		7
		黑松	第 7 期	人工	3
			第 8 期		3
		油松	第 7 期	人工	0
			第 8 期		1
		栎类	第 7 期	天然	15
			第 8 期		16
		榆树	第 7 期	天然	2
			第 8 期		1

（续）

序号	森林生产力三级区划	优势树种	监测期	起源	样地数
3	中温带—亚湿润—草原松辽平原东部立地亚区	刺槐	第 7 期	人工	0
			第 8 期		2
		杨树	第 7 期	天然	4
			第 8 期		2
		杨树	第 7 期	人工	51
			第 8 期		64
		柳树	第 7 期	天然	1
			第 8 期		1
		柳树	第 7 期	人工	1
			第 8 期		1
		针叶混	第 7 期	人工	2
			第 8 期		5
		阔叶混	第 7 期	人工	0
			第 8 期		1
		阔叶混	第 7 期	天然	10
			第 8 期		10
		针阔混	第 7 期	人工	0
			第 8 期		1
		榆树	第 7 期	人工	2
			第 8 期		1
4	中温带—亚干旱—草原松辽平原西部立地亚区	榆树	第 7 期	天然	9
			第 8 期		4
		杨树	第 7 期	人工	111
			第 8 期		138
5	中温带—亚湿润—草原松辽平原西部立地亚区	杨树	第 7 期	人工	11
			第 8 期		25
6	中温带—亚干旱—草原松辽平原东部立地亚区	杨树	第 7 期	人工	10
			第 8 期		8

从表 5-7 中可以筛选吉林森林生产力三级区划的建模树种如表 5-8：

表 5-8　吉林各三级分区主要建模树种

序号	森林生产力三级分区	优势树种	监测期	起源	样地数
1	中温带—湿润—针叶、落叶阔叶混交林长白山中部立地亚区	落叶松	第 7 期	人工	270
			第 8 期		254
		栎类	第 7 期	天然	507
			第 8 期		454
		水胡黄	第 7 期	天然	54
			第 8 期		42
		针叶混	第 7 期	天然	60
			第 8 期		78

（续）

序号	森林生产力三级分区	优势树种	监测期	起源	样地数
1	中温带—湿润—针叶、落叶阔叶混交林长白山中部立地亚区	阔叶混	第7期	天然	1378
			第8期		1639
		针阔混	第7期	天然	208
			第8期		286
2	中温带—亚湿润—草原松辽平原东部立地亚区	杨树	第7期	人工	51
			第8期		64
3	中温带—亚干旱—草原松辽平原西部立地亚区	杨树	第7期	人工	111
			第8期		138
4	中温带—亚湿润—草原松辽平原西部立地亚区	杨树	第7期	人工	11
			第8期		25
5	中温带—亚湿润—草原长白山中部立地亚区	阔叶混（栎类＋椴树）	第7期	天然	41
			第8期		30

5.4.4 初次森林生产力分级区划成果及调整说明

5.4.4.1 初次森林生产力分级区划成果

初次森林生产力分级区划成果如图5-5。

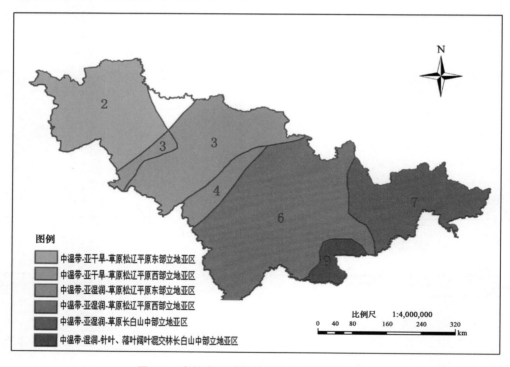

图5-5 吉林森林植被生产力分级区划（初次）

注：图中数字表达了该区域森林植被生产力等级。其中空值并不表示该区的森林植被生产力等级是0，而是该森林生产力区划跨省，本省建模样地数未达到建模标准，将在区域或全国森林植被生产力分区图中赋值；图中森林植被生产力等级值依据后文中表5-16公顷蓄积量分级结果。

5.4.4.2 调整说明

初次吉林森林植被生产力分级区划结果中，由于中温带—亚干旱—草原松辽平原西部立地亚区建模树种样本不够，无法计算，故森林生产力分级显示为空白。为解决空白问题，进行以下调整：

该区与黑龙江部分中温带—亚干旱—草原松辽平原西部立地亚区为同一三级区，在该区各优势树种未达到建模标准无法建立模型的情况下，按照黑龙江部分赋值，生产等级为2。

5.4.4.3 调整后的吉林森林生产力三级区划

三级区划未做调整。

5.4.5 调整后建模树种提取

无调整。

5.4.6 建模前数据整理和对应

5.4.6.1 对森林采伐等人为干扰情况的处理

在数据的整理过程中，对第7、8期样地号对应，优势树种一致，第8期年龄增加与调查间隔期一致的样地，第8期林木蓄积量加上采伐蓄积量作为第8期的林木蓄积量，第7期的林木蓄积量不变。

5.4.6.2 对优势树种发生变化情况的处理

两期样地对照分析，第8期样地的优势树种发生变化的样地，林木蓄积量仍以第8期的林木蓄积量为准，把该样地作为第8期优势树种的样地，林木蓄积量以第8期调查时为准，不加采伐蓄积量。第7期的处理同第8期。

5.4.6.3 对样地年龄与时间变化不一致情况的处理

对样地第8期的年龄与调查间隔时间变化不一致的样地，则以第8期的样地平均年龄为准，林木蓄积量不与采伐蓄积量相加，仍以第8期的林木蓄积量作为林木蓄积量，第7期的林木蓄积量不发生变化。

5.4.7 林分蓄积量生长模型的建立

根据筛选出的优势树种样地数据，以整理后的林木蓄积量作为因变量，以样地的平均年龄作为自变量，剔除异常数据，根据样地数据散点图的总体趋势，选取不同的生长方程拟合曲线。见表5-9和表5-10。

表5-9 数据使用情况统计

序号	森林生产力三级区划	优势树种	起源	总样地数	建模样地数	所占比例/%
1	中温带—湿润—针叶、落叶阔叶混交林长白山中部立地亚区	落叶松	人工	524	462	88
		栎类	天然	961	911	95
		水胡黄	天然	101	98	97
		针叶混	天然	139	139	100
		阔叶混	天然	3017	2962	98
		针阔混	天然	417	416	99.8

（续）

序号	森林生产力三级区划	优势树种	起源	总样地数	建模样地数	所占比例/%
2	中温带—亚湿润—草原松辽平原东部立地亚区	杨树	人工	123	115	94
3	中温带—亚干旱—草原松辽平原西部立地亚区	杨树	人工	272	269	99
4	中温带—亚湿润—草原松辽平原西部立地亚区	杨树	人工	48	48	100
5	中温带—亚湿润—草原长白山中部立地亚区	阔叶混（栎类＋椴树）	天然	71	70	99

表 5-10　主要树种建模数据统计

序号	森林生产力三级区划	优势树种	统计量	最小值	最大值	平均值
1	中温带—湿润—针叶、落叶阔叶混交林长白山中部立地亚区	落叶松	平均年龄	5	52	25
			林木蓄积量	0.1190	11.6618	5.2088
		栎类	平均年龄	6	163	76
			林木蓄积量	0.0757	21.8650	9.2145
		水胡黄	平均年龄	9	157	61
			林木蓄积量	0.7805	14.3080	6.8592
		针叶混	平均年龄	25	202	107
			林木蓄积量	3.1870	26.5140	14.7538
		阔叶混	平均年龄	5	198	84
			林木蓄积量	0.3073	25.52	9.8347
		针阔混	平均年龄	9	179	93
			林木蓄积量	0.1820	27.6050	11.3275
2	中温带—亚湿润—草原松辽平原东部立地亚区	杨树	平均年龄	4	39	20
			林木蓄积量	0.0085	9.8280	4.4150
3	中温带—亚干旱—草原松辽平原西部立地亚区	杨树	平均年龄	3	48	22
			林木蓄积量	0.0055	7.7340	2.9080
4	中温带—亚湿润—草原松辽平原西部立地亚区	杨树	平均年龄	6	42	16
			林木蓄积量	0.1040	7.8030	2.8041
5	中温带—亚湿润—草原长白山中部立地亚区	阔叶混（栎类＋椴树）	平均年龄	9	89	40
			林木蓄积量	0.3810	10.0370	4.3785

　　S 型生长模型能够合理的表示树木或林分的生长过程和趋势，避免了其他模型只在某一生长阶段的拟合精度高，而不能完整体现树木或林分生长趋势的弊端，而本方案的目的是预测林分达到成熟林时的蓄积量，S 型生长模型得到的值在比较合理的范围内。

　　选取的生长方程如下表 5-11：

表 5-11　拟合所用的生长模型

序号	生长模型名称	生长模型公式
1	Richards 模型	$y = A(1 - e^{-kx})^B$
2	单分子模型	$y = A(1 - e^{-kx})$
3	Logistic 模型	$y = A/(1 + Be^{-kx})$
4	Korf 模型	$y = Ae^{-Bx-k}$

其中，y 为样地的林木蓄积量，x 为林分年龄，A 为树木生长的最大值参数，k 为生长速率参数，B 为与初始值有关的参数。

普通回归拟合存在异方差，为了消除异方差，在普通回归拟合后，采用加权回归拟合方法消除异方差，经过模型评价指标的评价结果，选取普通回归和加权回归中较优者。经过数据拟合，得出各模型的参数、拟合优度及总相对误差，整理如表 5-12，生长模型见图 5-6 ~ 图 5-15。

表 5-12　主要树种模型

序号	森林生产力三级区划	优势树种	模型	生长方程	参数标准差			R^2	TRE/%
					A	B	k		
1	中温带—湿润—针叶、落叶阔叶混交林长白山中部立地亚区	落叶松 21	Richards 普	$y = 10.2465 \ (1 - e^{-0.0787x})^{3.7487}$	0.6468	1.0325	0.0151	0.94	-0.4877
			Richards 加	$y = 9.0372 \ (1 - e^{-0.1213x})^{7.3335}$	0.4269	0.8717	0.0100		0.2801
		栎类 11	Richards 普	$y = 15.5333 \ (1 - e^{-0.0231x})^{2.1220}$	0.8466	0.4305	0.0043	0.84	0.0387
			Richards 加	$y = 15.2311 \ (1 - e^{-0.0276x})^{2.6002}$	0.6361	0.1519	0.0022		0.0281
		水胡黄	Richards 普	$y = 27.5100 \ (1 - e^{-0.0057x})^{1.0813}$	14.5281	0.2155	0.0050	0.89	-0.0052
			Richards 加	$y = 24.9581 \ (1 - e^{-0.0067x})^{0.0328}$	14.9936	0.1667	0.0059		-0.6814
		针叶混 11	Logistic 普	$y = 27.0846/(1 + 10.4425e^{-0.0237x})$	2.4539	1.9960	0.0033	0.84	0.0244
			Logistic 加	$y = 27.0826/(1 + 10.1207e^{-0.0228x})$	3.2107	1.1003	0.0026		0.0014
		阔叶混 11	Richards 普	$y = 20.0398 \ (1 - e^{-0.0124x})^{1.4337}$	2.0844	0.2450	0.0033	0.84	-0.0099
			Richards 加	$y = 17.6099 \ (1 - e^{-0.0170x})^{1.7001}$	0.9641	0.0836	0.0018		-0.0848
		针阔混 11	Logistic 普	$y = 17.1488/(1 + 6.2246e^{-0.0298x})$	1.1550	1.5986	0.0054	0.60	-0.0873
			Logistic 加	$y = 15.9137/(1 + 7.4745e^{-0.0368x})$	1.0233	1.1358	0.0046		0.2458
2	中温带—亚湿润—草原松辽平原东部立地亚区	杨树	Logistic 普	$y = 10.1036/(1 + 213.8889e^{-0.2314x})$	1.3092	361.9793	0.0811	0.84	0.0355
			Logistic 加	$y = 8.4999/(1 + 600.0201e^{-0.3068x})$	0.6780	1.9730	0.0322		1.9698
3	中温带—亚干旱—草原松辽平原西部立地亚区	杨树	Richards 普	$y = 12.1037 \ (1 - e^{-0.0265x})^{1.7625}$	10.2644	0.8704	0.0318	0.81	-0.9555
			Richards 加	$y = 5.4807 \ (1 - e^{-0.1072x})^{5.1578}$	0.7783	1.5228	0.0258		1.7273
4	中温带—亚湿润—草原松辽平原西部立地亚区	杨树	Richards 普	$y = 7.3213 \ (1 - e^{-0.0906x})^{3.6457}$	1.2677	2.1224	0.0387	0.90	-1.1826
			Richards 加	$y = 5.6567 \ (1 - e^{-0.1812x})^{10.0413}$	0.5735	2.9387	0.0334		1.3929
5	中温带—亚湿润—草原长白山中部立地亚区	阔叶混（栎类 + 椴树）	Richards 普	$y = 7.7022 \ (1 - e^{-0.0434x})^{2.4016}$	1.2376	1.3881	0.0218	0.68	-0.2548
			Richards 加	$y = 6.5678 \ (1 - e^{-0.0729x})^{4.4844}$	0.7664	1.2695	0.0169		0.6052

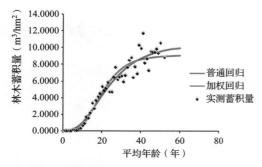

图 5-6 中温带—湿润—针叶、落叶阔叶混交林—长白山中部立地亚区落叶松生长模型

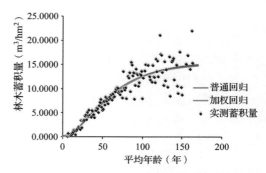

图 5-7 中温带—湿润—针叶、落叶阔叶混交林—长白山中部立地亚区栎类生长模型

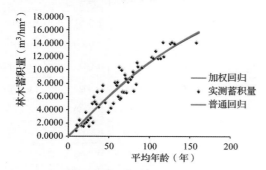

图 5-8 中温带—湿润—针叶、落叶阔叶混交林—长白山中部立地亚区水胡黄生长模型

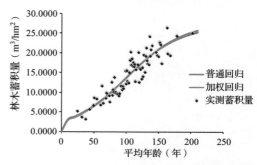

图 5-9 中温带—湿润—针叶、落叶阔叶混交林—长白山中部立地亚区针叶混 11 生长模型

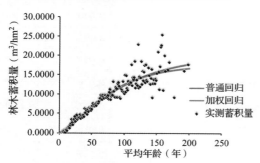

图 5-10 中温带—湿润—针叶、落叶阔叶混交林—长白山中部立地亚区阔叶混生长模型

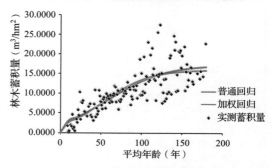

图 5-11 中温带—湿润—针叶、落叶阔叶混交林—长白山中部立地亚区针阔混生长模型

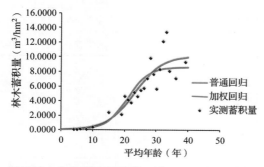

图 5-12 中温带—亚湿润—草原—松辽平原东部立地亚区杨树生长模型

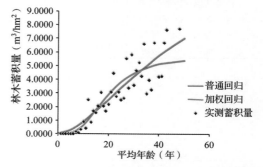

图 5-13 中温带—亚干旱—草原—松辽平原西部立地亚区杨树生长模型

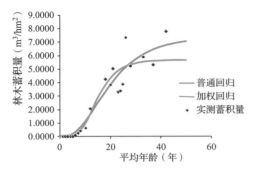

图 5-14 中温带—亚湿润—草原松辽平原西部立地亚区杨树生长模型

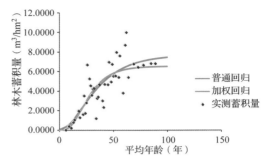

图 5-15 中温带—亚湿润—草原长白山中部立地亚区阔叶混（栎类＋椴树）生长模型

5.4.8 生长模型的检验

为了检验普通回归和加权回归生长模型的适用性，采用以下评价指标：确定系数（R^2）、估计值的标准误差（SEE）、总相对误差（TRE）、平均系统误差（MSE）、平均预估误差（MPE）。

$$R^2 = 1 - \sum (y_i - \hat{y}_i)^2 / \sum (y_i - \bar{y}_i)^2$$

$$SEE = \sqrt{\sum (y_i - \hat{y}_i)^2 / (n - k)}$$

$$TRE = \sum (y_i - \hat{y}_i) / \sum \hat{y}_i \times 100$$

$$MSE = \sum (y_i - \hat{y}_i) / \hat{y}_i / n \times 100$$

$$MPE = t_\alpha \cdot (SEE / \bar{y}) / \sqrt{n} \times 100$$

式中，y_i 为实际观测值，$\hat{y}_i$ 为模型预估值，$\bar{y}$ 为样本平均值，n 为样本单元数，k 为参数个数，t_α 为置信水平 α 时的 t 值。在这 6 项指标中，R^2 和 SEE 是回归模型的最常用指标，既反映了模型的拟合优度，也反映了自变量的贡献率和因变量的离差情况；TRE 和 MSE 是反映拟合效果的重要指标，二者应该控制在一定范围内（如 ±3% 或 ±5%），趋向于 0 时效果最好；MPE 是反映平均蓄积量估计值的精度指标。

生长模型指标统计见表 5-13。

表 5-13 吉林生长模型检验

森林生产力三级区划	优势树种	模型	R^2	SEE	TRE	MSE	MPE
中温带—湿润—针叶、落叶阔叶混交林长白山中部立地亚区	落叶松	Richards 普	0.94	0.8701	− 0.4877	− 7.5559	4.4218
		Richards 加		0.9340	0.2801	− 4.1328	4.7468
	栎类 11	Richards 普	0.84	1.9586	0.0387	− 0.2521	3.6675
		Richards 加		1.9604	0.0281	− 0.0741	3.6709
	水胡黄	Richards 普	0.89	1.3298	− 0.0052	− 0.1889	4.9456
		Richards 加		1.3315	− 0.6814	− 0.7160	4.9520
	针叶混 11	Logistic 普	0.84	2.2240	0.0244	0.1497	3.4490
		Logistic 加		2.2252	0.0014	− 0.0011	3.4509

（续）

森林生产力三级区划	优势树种	模型	R^2	SEE	TRE	MSE	MPE
中温带—湿润—针叶、落叶阔叶混交林长白山中部立地亚区	阔叶混 11	Richards 普	0.84	2.1187	−0.0099	−1.2040	3.3369
		Richards 加		2.1386	−0.0848	−0.1622	3.3683
	针阔混 11	Logistic 普	0.60	3.5683	−0.0873	−0.8657	5.3349
		Logistic 加		3.940	0.2458	−0.0296	5.3733
中温带—亚湿润—草原—松辽平原东部立地亚区	杨树	Logistic 普	0.84	1.6247	0.0355	−11.7542	12.9697
		Logistic 加		1.7581	1.9698	−6.8184	14.0531
中温带—亚干旱—草原—松辽平原西部立地亚区	杨树	Richards 普	0.81	0.9637	−0.9555	−12.3244	10.1980
		Richards 加		1.0334	1.7273	−4.1470	10.9354
中温带—亚湿润—草原松辽平原西部立地亚区	杨树	Richards 普	0.90	0.9372	−1.1826	−9.0255	12.2270
		Richards 加		1.0249	1.3929	3.2110	13.3712
中温带—亚湿润—草原长白山中部立地亚区	阔叶混（柞类＋椴树）	Richards 普	0.68	1.4219	−0.2548	−4.5474	9.9988
		Richards 加		1.4592	0.6052	−1.1682	10.2610

总相对误差（TRE）在 ±3% 以内，平均系统误差（MSE）基本上在 ±5% 以内，表明模型拟合效果较好，从 TRE 和 MSE 可以看出，加权回归模型的拟合效果要好于普通回归模型；平均预估误差（MPE）在 15% 以内，说明蓄积量生长模型的平均预估精度达到约 85% 以上。

从参数估计值看，各树种的相应参数的标准差较小，说明模型的稳定性比较好。

5.4.9 样地蓄积量归一化

吉林的针叶树种主要是云杉、冷杉、红松、樟子松，阔叶树种主要是柞类、白桦、椴树。

故认为组成针叶混的主要针叶树种是红松、云杉、冷杉、樟子松，组成阔叶混的主要阔叶树种是柞类、白桦和椴树，组成针阔混的主要树种是红松、云杉、冷杉、樟子松、柞类、白桦和椴树。且针叶混、阔叶混和针阔混的组成树种中，各树种的比例是 1:1。

根据《国家森林资源连续清查主要技术规定》确定各树种组的龄组划分和成熟林年龄，见表 5-14。

表 5-14　吉林树种成熟年龄

序号	树种	地区	起源	龄级	成熟林
1	落叶松	北方	天然	20	101
			人工	10	41
2	柞类	南北	天然	20	81
			人工	10	51
3	水胡黄	南北	天然	20	81
			人工	10	51
4	杨树	北方	人工	5	21
		南方			16
5	针叶混（红松、云杉、冷杉、落叶松）	北方	天然	20	111
			人工	10	61

（续）

序号	树种	地区	起源	龄级	成熟林
6	阔叶混（白桦、栎类、椴树、水胡黄）	北方	天然	20	76
			人工	10	49
7	针阔混（红松、云杉、冷杉、落叶松、白桦、栎类、椴树）	北方	天然	20	96
			人工	10	56

根据各样地的优势树种的成熟林年龄，用相应森林生产力三级的优势树种林分生长方程计算各树种的成熟林蓄积量，计算得出每个以该树种为优势树种的样地蓄积，见表5-15。吉林的样地面积是 $10\ m \times 60\ m = 600\ m^2$，归一化到单位公顷面积上的蓄积量，即最终的面积、龄组归一到成熟林蓄积量是：

$$M = （龄组归一到成熟林蓄积量/600）\times 10000$$

表5-15　吉林三级区划主要树种成熟林蓄积量

序号	森林生产力三级区划	树种	起源	成熟年龄	成熟林蓄积量（m^3/hm^2）
1	中温带—湿润—针叶、落叶阔叶混交林长白山中部立地亚区	落叶松	人工	41	143.1472
		栎类	天然	81	182.8894
		水胡黄	天然	81	156.9015
		针叶混	天然	111	256.6137
		阔叶混	天然	76	170.3500
		针阔混	天然	96	217.5727
2	中温带—亚湿润—草原—松辽平原东部立地亚区	杨树	人工	21	72.4222
3	中温带—亚干旱—草原—松辽平原西部立地亚区	杨树	人工	21	51.4459
4	中温带—亚湿润—草原松辽平原西部立地亚区	杨树	人工	21	75.2117
5	中温带—亚湿润—草原长白山中部立地亚区	阔叶混	天然	76	107.5475

依据全国公顷蓄积量分级结果（参见全国报告的表4-12）。吉林公顷蓄积量分级结果见表5-16。吉林省样区归一化蓄积量见图5-16。

表5-16　吉林公顷蓄积量分级结果　　　　　　单位：m^3/hm^2

级别	2 级	3 级	4 级	5 级
公顷蓄积量	30 ~ 60	60 ~ 90	90 ~ 120	120 ~ 150
级别	6 级	7 级	8 级	9 级
公顷蓄积量	150 ~ 180	180 ~ 210	210 ~ 240	240 ~ 270

5.4.10　吉林森林生产力分区

中温带—亚干旱—草原松辽平原西部立地亚区与黑龙江部分中温带—亚干旱—草原松辽平原西部立地亚区为同一三级区，在该区各优势树种未达到建模标准无法建立模型的情况下，按照黑龙江部分赋值，生产等级为2。

综合区划后，形成吉林森林植被生产力分级成果，如图5-17：

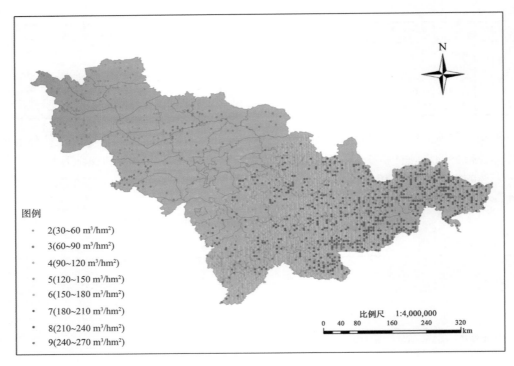

图 5-16　吉林样地归一化蓄积量

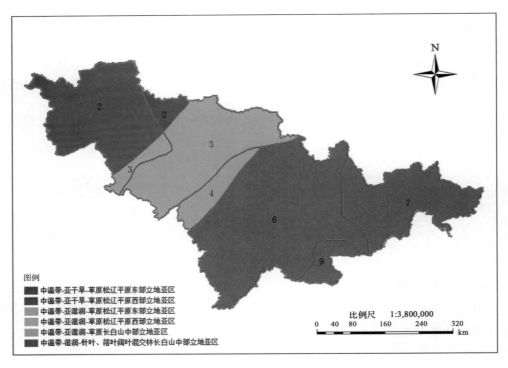

图 5-17　吉林森林生产力分级成果

注：图中森林生产力等值依据前文中表 5-16 公顷蓄积量分级结果。

6 | 黑龙江森林潜在生产力分区成果

6.1 黑龙江森林生产力一级区划

以我国 1:100 万全国行政区划数据中黑龙江省界为边界,从全国森林生产力一级区划图中提取黑龙江森林生产力一级区划,黑龙江森林生产力一级区划单位为 4 个,如表 6-1 和图 6-1:

表 6-1 森林生产力一级区划

序号	气候带	气候大区	森林生产力一级区划
1	中温带	亚干旱	中温带—亚干旱地区
2		亚湿润	中温带—亚湿润地区
3		湿润	中温带—湿润地区
4	寒温带	湿润	寒温带—湿润地区

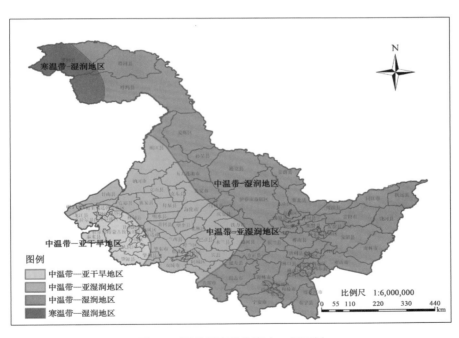

图 6-1 黑龙江森林生产力一级区划

注:本图显示采用 2000 国家大地坐标系(简称 CGCS2000),后续相关地图同该坐标系。

6.2 黑龙江森林生产力二级区划

按照黑龙江省界从全国二级区划中提取黑龙江森林生产力二级区划，黑龙江森林生产力二级区划单位为 4 个，如表 6-2 和图 6-2：

表 6-2 森林生产力二级区划

序号	森林生产力一级	森林生产力二级区划
1	寒温带湿润地区	寒温带—湿润—针叶林
2	中温带亚干旱地区	中温带—亚干旱—草原
3	中温带亚湿润地区	中温带—亚湿润—草原
4	中温带湿润地区	中温带—湿润—针叶、落叶阔叶混交林

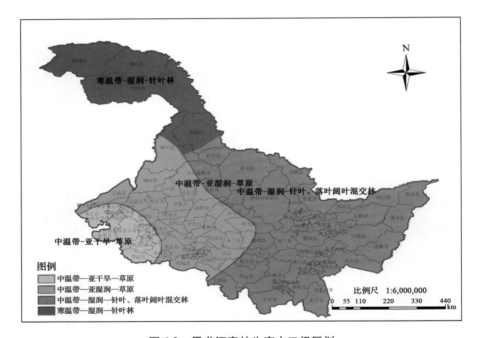

图 6-2 黑龙江森林生产力二级区划

6.3 黑龙江森林生产力三级区划

6.3.1 黑龙江立地区划

根据全国立地区划结果，以黑龙江 1:100 万省界为提取框架，提取黑龙江立地区划结果。需要说明的是，由于黑龙江省界数据与全国立地区划成果数据精度不一致，导致提取的黑龙江立地区划数据在省界边缘出现不少细小的破碎斑块。因此，对黑龙江立地区划数据进行了破碎化斑块处理，根据就近原则，将破碎小斑块就近合并到最近的大斑块中。处理后，得到的黑龙江立地区划属性数据和矢量图分别如表 6-3 和图 6-3：

表 6-3　黑龙江立地区划

序号	立地区域	立地区	立地亚区
1	东北寒温带温带立地区域	松辽平原立地区	松辽平原北部丘陵立地亚区
2			松辽平原东部立地亚区
3			松辽平原西部立地亚区
4		长白山山地立地区	长白山北部立地亚区
5		大兴安岭北部山地立地区	伊勒呼里山北坡西北部立地亚区
6			伊勒呼里山北坡东南部立地亚区
7		三江平原立地区	三江平原东部低湿地立地亚区
8			三江平原南部兴凯湖平原立地亚区
9			三江平原西部立地亚区
10		小兴安岭山地立地区	小兴安岭北坡立地亚区
11			小兴安岭东南坡立地亚区
12			小兴安岭西北坡立地亚区
13			小兴安岭西南坡立地亚区

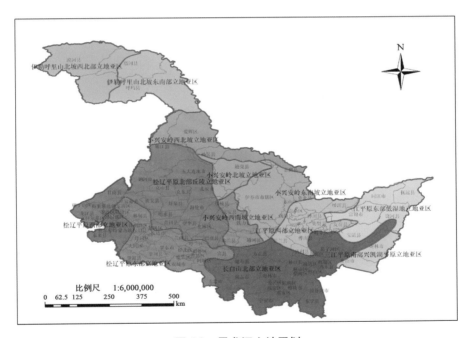

图 6-3　黑龙江立地区划

6.3.2　黑龙江三级区划

根据黑龙江省界从全国森林生产力三级区划中提取黑龙江森林生产力三级区划。

用黑龙江省界来提取黑龙江森林生产力三级区划时边缘出现了破碎的小斑块，为了使省级森林生产力三级不至于太破碎，根据就近原则，将破碎小斑块就近合并到最近的大斑块中。

黑龙江森林生产力三级区划单位为 17 个，如表 6-4 和图 6-4：

表6-4　森林生产力三级区划

序号	森林生产力一级区划	森林生产力二级区划	森林生产力三级区划
1	寒温带湿润地区	寒温带—湿润—针叶林	寒温带—湿润—针叶林伊勒呼里山北坡西北部立地亚区
2			寒温带—湿润—针叶林小兴安岭西北坡立地亚区
3			寒温带—湿润—针叶林伊勒呼里山北坡东南部立地亚区
4	中温带亚干旱地区	中温带—亚干旱—草原	中温带—亚干旱—草原松辽平原北部丘陵立地亚区
5			中温带—亚干旱—草原松辽平原东部立地亚区
6			中温带—亚干旱—草原松辽平原西部立地亚区
7	中温带亚湿润地区	中温带—亚湿润—草原	中温带—亚湿润—草原松辽平原北部丘陵立地亚区
8			中温带—亚湿润—草原松辽平原东部立地亚区
9	中温带湿润地区	中温带—湿润—针叶、落叶阔叶混交林	中温带—湿润—针叶、落叶阔叶混交林三江平原东部低湿地立地亚区
10			中温带—湿润—针叶、落叶阔叶混交林三江平原南部兴凯湖平原立地亚区
11			中温带—湿润—针叶、落叶阔叶混交林三江平原西部立地亚区
12			中温带—湿润—针叶、落叶阔叶混交林松辽平原北部丘陵立地亚区
13			中温带—湿润—针叶、落叶阔叶混交林小兴安岭北坡立地亚区
14			中温带—湿润—针叶、落叶阔叶混交林小兴安岭西北坡立地亚区
15			中温带—湿润—针叶、落叶阔叶混交林长白山北部立地亚区
16			中温带—湿润—针叶、落叶阔叶混交林小兴安岭东南坡立地亚区
17			中温带—湿润—针叶、落叶阔叶混交林小兴安岭西南坡立地亚区

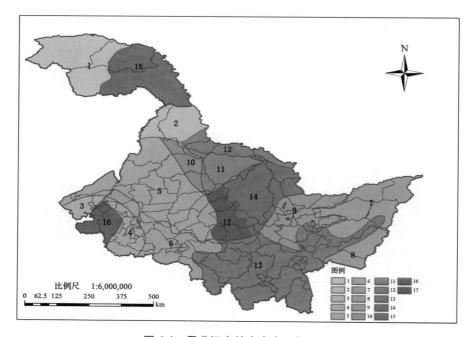

图6-4　黑龙江森林生产力三级区划

注：1 表示寒温带—湿润—针叶林伊勒呼里山北坡西北部立地亚区；2 表示寒温带—湿润—针叶林小兴安岭西北坡立地亚区；3 表示中温带—亚干旱—草原松辽平原北部丘陵立地亚区；4 表示中温带—亚干旱—草原松辽平原东部立地亚区；5 表示中温带—亚干旱—草原松辽平原北部丘陵立地亚区；6 表示中温带—亚湿润—草原松辽平原东部立地亚区；7 表示中温带—湿润—针叶、落叶阔叶混交林三江平原东部低湿地立地亚区；8 表示中温带—湿润—针叶、落叶阔叶混交林三江平原南部兴凯湖平原立地亚区；9 表示中温带—湿润—针叶、落叶阔叶混交林三江平原西部立地亚区；10 表示中温带—湿润—针叶、落叶阔叶混交林松辽平原北部丘陵立地亚区；11 表示中温带—湿润—针叶、落叶阔叶混交林小兴安岭北坡立地亚区；12 表示中温带—湿润—针叶、落叶阔叶混交林小兴安岭西北坡立地亚区；13 表示中温带—湿润—针叶、落叶阔叶混交林长白山北部立地亚区；14 表示中温带—湿润—针叶、落叶阔叶混交林小兴安岭东南坡立地亚区；15 表示寒温带—湿润—针叶林伊勒呼里山北坡东南部立地亚区；16 表示中温带—亚干旱—草原松辽平原西部立地亚区；17 表示中温带—湿润—针叶、落叶阔叶混交林小兴安岭西南坡立地亚区。

6.4 黑龙江森林生产力量化分级

6.4.1 技术方案

单位面积蓄积量标志着林地生产力的高低及经营措施的效果。本方案在森林生产力三级区划结果基础上，根据已调查的黑龙江第 7 期、第 8 期一类清查样地数据，提取黑龙江森林生产力三级区划的样地数据，筛选出两期地类是乔木林地、疏林地的样地，根据森林生产力三级区划的主要树种，建立样地优势树种蓄积量生长模型，并归一该树种到成熟林时单位公顷的蓄积值，以此作为量化样地森林生产力的依据，在森林生产力三级的基础上进行森林生产力区划。

6.4.2 样地筛选

6.4.2.1 样地情况

一类清查每隔 5 年进行一次，黑龙江以第 7 次和第 8 次清查样地数据建立模型，第 7 次和第 8 次清查时间分别是 2005 年和 2010 年。黑龙江面积 45 万多平方千米，样地分布覆盖全省，一类样地调查总体包括三部分：黑龙江森工、黑龙江地方和黑龙江大兴安岭。三部分在样地形状、设置方法、样地大小等方面都有明显差异。

黑龙江的样地情况如表 6-5：

表 6-5 黑龙江样地概况

项目	内容
调查(副)总体	黑龙江包括 3 部分： 黑龙江森工系统(副总体 501) 黑龙江地方(副总体 700) 黑龙江大兴安岭(副总体 233)
样地调查时间	全国第 7 次清查黑龙江数据（2005 年） 全国第 8 次清查黑龙江数据（2010 年）
样地个数	全国第 7 次清查黑龙江样地 11638 个 全国第 8 次清查黑龙江样地 11633 个
样地间距	黑龙江森工系统样地间距 8 km×8 km 黑龙江大兴安岭样地间距 8 km×8 km 黑龙江地方样地间距 4 km×8 km
样地大小	黑龙江森工样地 0.1 hm² 黑龙江地方样地 0.1 hm² 黑龙江大兴安岭样地 0.06 hm²
样地形状	黑龙江森工及黑龙江地方样地为正方形 黑龙江大兴安岭样地为 10 m×60 m 的矩形
备注	

6.4.2.2 样地筛选情况

根据黑龙江划分的森林生产力三级区划,提取每个三级区划的样地数据,对提取的样地数据进行筛选。

筛选的条件如下:

(1)地类为乔木林或疏林地。剔除地类是红树林、国家特别规定的灌木林地、其他灌木林地、未成林封育地、未成林造林地、采伐迹地、火烧迹地、其他无立木林地、宜林荒山荒地、宜林沙荒地、其他宜林地、林业辅助生产用地、耕地、牧草地、水域、未利用地、工矿建设用地、城乡居民建设用地、交通建设用地、其他用地的样地。被剔除的样地或者没有划分起源,或者没有样地平均年龄,或者优势树种是灌木,无法进行以林木蓄积量为因变量,样地平均年龄为自变量的曲线拟合。

(2)地类前后不一致的情况处理。对前后期地类不一致的样地,保留前期或者后期是乔木林地或疏林地的样地。

表6-6详细说明了黑龙江第7、8期样地(分三级区划)及样地筛选情况。

表6-6 黑龙江分三级区划样地筛选情况

序号	森林生产力三级区划	监测期	样地总数	筛选样地数	所占比例/%
1	寒温带—湿润—针叶林伊勒呼里山北坡东南部立地亚区	第7期	499	371	74.3
		第8期	500	392	78.4
2	寒温带—湿润—针叶林伊勒呼里山北坡西北部立地亚区	第7期	509	449	88.2
		第8期	508	456	89.8
3	寒温带—湿润—针叶林小兴安岭西北坡立地亚区	第7期	533	313	58.7
		第8期	533	329	61.7
4	中温带—亚干旱—草原松辽平原北部丘陵立地亚区	第7期	179	14	7.8
		第8期	179	18	10.1
5	中温带—亚干旱—草原松辽平原东部立地亚区	第7期	444	33	7.4
		第8期	444	30	6.8
6	中温带—亚湿润—草原松辽平原北部丘陵立地亚区	第7期	2139	192	9.0
		第8期	2139	196	9.2
7	中温带—亚湿润—草原松辽平原东部立地亚区	第7期	918	76	8.3
		第8期	918	77	8.4
8	中温带—湿润—针叶、落叶阔叶混交林三江平原东部低湿地立地亚区	第7期	955	99	10.4
		第8期	955	100	10.5
9	中温带—湿润—针叶、落叶阔叶混交林三江平原南部兴凯湖平原立地亚区	第7期	334	27	8.1
		第8期	334	29	8.7
10	中温带—湿润—针叶、落叶阔叶混交林三江平原西部立地亚区	第7期	866	106	12.2
		第8期	866	111	12.8

（续）

序号	森林生产力三级区划	监测期	样地总数	筛选样地数	所占比例/%
11	中温带—湿润—针叶、落叶阔叶混交林松辽平原北部丘陵立地亚区	第 7 期	277	92	33.2
		第 8 期	277	94	33.9
12	中温带—湿润—针叶、落叶阔叶混交林小兴安岭北坡立地亚区	第 7 期	271	176	64.9
		第 8 期	271	172	63.5
13	中温带—湿润—针叶、落叶阔叶混交林小兴安岭西北坡立地亚区	第 7 期	380	167	43.9
		第 8 期	380	168	44.2
14	温带—湿润—针叶、落叶阔叶混交林小兴安岭西南坡立地亚区	第 7 期	269	181	67.3
		第 8 期	269	180	66.9
15	中温带—湿润—针叶、落叶阔叶混交林小兴安岭东南坡立地亚区	第 7 期	628	524	83.4
		第 8 期	628	523	83.3
16	中温带—亚干旱—草原松辽平原西部立地亚区	第 7 期	324	21	6.5
		第 8 期	324	20	6.2
17	中温带—湿润—针叶、落叶阔叶混交林长白山北部立地亚区	第 7 期	2077	1074	51.7
		第 8 期	2078	1092	52.6

6.4.3　建模树种提取

对筛选出的森林生产力三级区划的乔木林地和疏林地样地数据，分别统计每个优势树种的样地数和样地的起源，为了尽量使每个三级区划都能有森林生产力值，方便森林生产力等级划分，在每个森林生产力三级区内，如果优势树种的建模样地达到50，则建立样本数≥50的优势树种的生长模型；如果优势树种的建模样地均未达到50，则降低建模样本量为30；降低建模标准且合并树种组仍无法达到建模量的，若该区为完整的三级区，则看邻近区内与该区内相似树种的蓄积量，作为该区的归一化蓄积量；若该区是被省界分割的森林生产力三级区的小部分，则暂时空缺，若是被省界分割的森林生产力三级区的大部分，则参照完整的三级区处理。统计见表6-7。

表 6-7　黑龙江各三级区划分优势树种样地数统计

序号	森林生产力三级区划	优势树种	监测期	起源	样地数
1	寒温带—湿润—针叶林伊勒呼里山北坡东南部立地亚区	云杉	第 7 期	天然	4
			第 8 期		6
		落叶松	第 7 期	天然	156
			第 8 期		149
		落叶松	第 7 期	人工	
			第 8 期		2
		樟子松	第 7 期	天然	3
			第 8 期		2

（续）

序号	森林生产力三级区划	优势树种	监测期	起源	样地数
1	寒温带—湿润—针叶林伊勒呼里山北坡东南部立地亚区	栎类	第7期	天然	7
			第8期		15
		桦木	第7期	天然	5
			第8期		4
		白桦	第7期	天然	156
			第8期		161
		杨树	第7期	天然	36
			第8期		46
		软阔	第7期	天然	1
			第8期		7
2	寒温带—湿润—针叶林伊勒呼里山北坡西北部立地亚区	云杉	第7期	天然	3
			第8期		2
		云杉	第7期	人工	2
			第8期		1
		落叶松	第7期	天然	220
			第8期		201
		落叶松	第7期	人工	21
			第8期		20
		樟子松	第7期	天然	15
			第8期		14
		白桦	第7期	天然	168
			第8期		193
		枫桦	第7期	天然	0
			第8期		1
		杨树	第7期	天然	19
			第8期		22
		柳树	第7期	天然	1
			第8期		1
		软阔	第7期	天然	0
			第8期		1
3	寒温带—湿润—针叶林小兴安岭西北坡立地亚区	落叶松	第7期	人工	6
			第8期		9
		落叶松	第7期	天然	8
			第8期		14
		樟子松	第7期	人工	1
			第8期		2

（续）

序号	森林生产力三级区划	优势树种	监测期	起源	样地数
3	寒温带—湿润—针叶林小兴安岭西北坡立地亚区	栎类	第7期	天然	87
			第8期		88
		桦木	第7期	天然	24
			第8期		34
		白桦	第7期	天然	97
			第8期		109
		枫桦	第7期	天然	1
			第8期		1
		椴树	第7期	天然	5
			第8期		1
		杨树	第7期	天然	10
			第8期		12
		软阔	第7期	天然	0
			第8期		8
		针叶混	第7期	人工	1
			第8期		1
		阔叶混	第7期	天然	67
			第8期		47
		针阔混	第7期	天然	6
			第8期		3
4	中温带—亚干旱—草原松辽平原北部丘陵立地亚区	落叶松	第7期	人工	2
			第8期		2
		栎类	第7期	天然	2
			第8期		3
		杨树	第7期	人工	10
			第8期		13
5	中温带—亚干旱—草原松辽平原东部立地亚区	榆树	第7期	天然	1
			第8期		1
		杨树	第7期	人工	32
			第8期		29
6	中温带—亚湿润—草原松辽平原北部丘陵立地亚区	云杉	第7期	人工	1
			第8期		1
		落叶松	第7期	人工	27
			第8期		31
		樟子松	第7期	人工	4
			第8期		9
		栎类	第7期	天然	12
			第8期		18
		桦木	第7期	天然	3
			第8期		3

（续）

序号	森林生产力三级区划	优势树种	监测期	起源	样地数
6	中温带—亚湿润—草原松辽平原北部丘陵立地亚区	白桦	第 7 期	天然	6
			第 8 期		9
		榆树	第 7 期	天然	0
			第 8 期		1
		杨树	第 7 期	人工	71
			第 8 期		75
		柳树	第 7 期	天然	6
			第 8 期		4
		柳树	第 7 期	人工	8
			第 8 期		5
		针叶混	第 7 期	人工	2
			第 8 期		2
		阔叶混	第 7 期	天然	44
			第 8 期		36
		针阔混	第 7 期	人工	6
			第 8 期		2
7	中温带—亚湿润—草原松辽平原东部立地亚区	云杉	第 7 期	人工	0
			第 8 期		1
		落叶松	第 7 期	人工	8
			第 8 期		8
		樟子松	第 7 期	人工	2
			第 8 期		2
		栎类	第 7 期	天然	7
			第 8 期		3
		白桦	第 7 期	天然	1
			第 8 期		1
		榆树	第 7 期	天然	2
			第 8 期		1
		硬阔	第 7 期	天然	1
			第 8 期		1
		椴树	第 7 期	天然	2
			第 8 期		3
		杨树	第 7 期	人工	45
			第 8 期		43
		柳树	第 7 期	人工	1
			第 8 期		3
		阔叶混	第 7 期	天然	3
			第 8 期		8
		针阔混	第 7 期	人工	2
			第 8 期		3

（续）

序号	森林生产力三级区划	优势树种	监测期	起源	样地数
8	中温带—湿润—针叶、落叶阔叶混交林三江平原东部低湿地立地亚区	落叶松	第7期	人工	8
			第8期		12
		樟子松	第7期	人工	2
			第8期		2
		栎类	第7期	天然	22
			第8期		23
		桦木	第7期	天然	1
			第8期		2
		白桦	第7期	天然	5
			第8期		5
		水曲柳	第7期	天然	0
			第8期		1
		胡桃楸	第7期	天然	0
			第8期		1
		黄檗	第7期	天然	0
			第8期		1
		椴树	第7期	天然	5
			第8期		5
		杨树	第7期	天然	15
			第8期		19
		柳树	第7期	天然	3
			第8期		2
		软阔	第7期	天然	0
			第8期		2
		阔叶混	第7期	天然	36
			第8期		25
9	中温带—湿润—针叶、落叶阔叶混交林三江平原南部兴凯湖平原立地亚区	落叶松	第7期	人工	7
			第8期		9
		樟子松	第7期	人工	1
			第8期		1
		栎类	第7期	天然	2
			第8期		3
		杨树	第7期	天然	3
			第8期		3
		柳树	第7期	天然	0
			第8期		1
		软阔	第7期	天然	0
			第8期		1
		阔叶混	第7期	天然	11
			第8期		11

（续）

序号	森林生产力三级区划	优势树种	监测期	起源	样地数
10	中温带—湿润—针叶、落叶阔叶混交林三江平原西部立地亚区	云杉	第7期	人工	2
			第8期		2
		落叶松	第7期	人工	28
			第8期		31
		红松	第7期	人工	7
			第8期		7
		樟子松	第7期	人工	12
			第8期		11
		栎类	第7期	天然	20
			第8期		20
		白桦	第7期	天然	4
			第8期		3
		椴树	第7期	天然	5
			第8期		2
		杨树	第7期	人工	7
			第8期		10
		柳树	第7期	天然	1
			第8期		2
		软阔	第7期	天然	0
			第8期		1
		针叶混	第7期	人工	1
			第8期		1
		阔叶混	第7期	天然	16
			第8期		18
		针阔混	第7期	人工	2
			第8期		2
11	中温带—湿润—针叶、落叶阔叶混交林松辽平原北部丘陵立地亚区	落叶松	第7期	人工	6
			第8期		7
		栎类	第7期	天然	14
			第8期		19
		白桦	第7期	天然	27
			第8期		36
		杨树	第7期	人工	1
			第8期		3
		柳树	第7期	天然	1
			第8期		1
		软阔	第7期	天然	0
			第8期		3
		阔叶混	第7期	天然	34
			第8期		25

（续）

序号	森林生产力三级区划	优势树种	监测期	起源	样地数
12	中温带—湿润—针叶、落叶阔叶混交林小兴安岭北坡立地亚区	冷杉	第7期	天然	1
			第8期		1
		云杉	第7期	天然	0
			第8期		1
		落叶松	第7期	天然	19
			第8期		15
		栎类	第7期	天然	8
			第8期		11
		白桦	第7期	天然	35
			第8期		33
		硬阔	第7期	天然	5
			第8期		1
		椴树	第7期	天然	2
			第8期		3
		杨树	第7期	天然	4
			第8期		5
		软阔	第7期	天然	0
			第8期		3
		针叶混	第7期	天然	5
			第8期		3
		阔叶混	第7期	天然	70
			第8期		65
		针阔混	第7期	天然	25
			第8期		31
13	中温带—湿润—针叶、落叶阔叶混交林小兴安岭西北坡立地亚区	落叶松	第7期	人工	7
			第8期		8
		樟子松	第7期	人工	0
			第8期		1
		栎类	第7期	人工	25
			第8期		31
		白桦	第7期	人工	35
			第8期		57
		椴树	第7期	人工	5
			第8期		1
		杨树	第7期	天然	5
			第8期		2
		软阔	第7期	人工	0
			第8期		8
		阔叶混	第7期	人工	73
			第8期		59

（续）

序号	森林生产力三级区划	优势树种	监测期	起源	样地数
13	中温带—湿润—针叶、落叶阔叶混交林小兴安岭西北坡立地亚区	针阔混	第7期	人工	3
			第8期		1
14	中温带—湿润—针叶、落叶阔叶混交林小兴安岭西南坡立地亚区	落叶松	第7期	人工	11
			第8期		10
		樟子松	第7期	人工	2
			第8期		1
		栎类	第7期	人工	1
			第8期		1
		白桦	第7期	天然	7
			第8期		7
		水胡黄	第7期	天然	9
			第8期		9
		榆树	第7期	人工	1
			第8期		1
		硬阔	第7期	天然	1
			第8期		1
		椴树	第7期	天然	9
			第8期		5
		杨树	第7期	天然	2
			第8期		1
		软阔	第7期	天然	0
			第8期		2
		针叶混	第7期	天然	0
			第8期		2
		阔叶混	第7期	天然	112
			第8期		123
		针阔混	第7期	天然	20
			第8期		17
15	中温带—湿润—针叶、落叶阔叶混交林小兴安岭东南坡立地亚区	冷杉	第7期	天然	4
			第8期		4
		云杉	第7期	天然	2
			第8期		4
		落叶松	第7期	天然	12
			第8期		12
		落叶松	第7期	人工	10
			第8期		11
		红松	第7期	天然	8
			第8期		13
		樟子松	第7期	人工	1
			第8期		1

（续）

序号	森林生产力三级区划	优势树种	监测期	起源	样地数
15	中温带—湿润—针叶、落叶阔叶混交林小兴安岭东南坡立地亚区	栎类	第 7 期	天然	55
			第 8 期		59
		白桦	第 7 期	天然	22
			第 8 期		29
		水曲柳	第 7 期	天然	1
			第 8 期		2
		榆树	第 7 期	天然	2
			第 8 期		3
		硬阔	第 7 期	天然	10
			第 8 期		3
		椴树	第 7 期	天然	21
			第 8 期		15
		杨树	第 7 期	天然	7
			第 8 期		7
		柳树	第 7 期	天然	1
			第 8 期		1
		软阔	第 7 期	天然	1
			第 8 期		9
		针叶混	第 7 期	天然	35
			第 8 期		35
		阔叶混	第 7 期	天然	236
			第 8 期		234
		针阔混	第 7 期	天然	91
			第 8 期		80
16	中温带—亚干旱—草原松辽平原西部立地亚区	樟子松	第 7 期	人工	1
			第 8 期		1
		榆树	第 7 期	人工	0
			第 8 期		1
		杨树	第 7 期	人工	20
			第 8 期		17
		针阔混	第 7 期	人工	0
			第 8 期		1
17	中温带—湿润—针叶、落叶阔叶混交林长白山北部立地亚区	冷杉	第 7 期	天然	2
			第 8 期		2
		云杉	第 7 期	人工	4
			第 8 期		3
		落叶松	第 7 期	人工	114
			第 8 期		119
		红松	第 7 期	人工	25
			第 8 期		30

（续）

序号	森林生产力三级区划	优势树种	监测期	起源	样地数
17	中温带—湿润—针叶、落叶阔叶混交林长白山北部立地亚区	樟子松	第7期	人工	20
			第8期		21
		赤松	第7期	天然	4
			第8期		3
		栎类	第7期	天然	201
			第8期		197
		白桦	第7期	天然	40
			第8期		40
		水胡黄	第7期	天然	20
			第8期		20
		榆树	第7期	天然	8
			第8期		9
		硬阔	第7期	天然	18
			第8期		13
		椴树	第7期	天然	38
			第8期		33
		杨树	第7期	人工	13
			第8期		16
		杨树	第7期	天然	16
			第8期		13
		柳树	第7期	天然	7
			第8期		5
		软阔	第7期	天然	1
			第8期		6
		针叶混	第7期	天然	16
			第8期		13
		阔叶混	第7期	天然	458
			第8期		476
		针阔混	第7期	人工	23
			第8期		27
		针阔混	第7期	天然	46
			第8期		46

6.4.4　初次森林生产力分级区划成果及调整说明

6.4.4.1　初次森林生产力分级区划成果

初次森林生产力分级区划成果如图6-5。

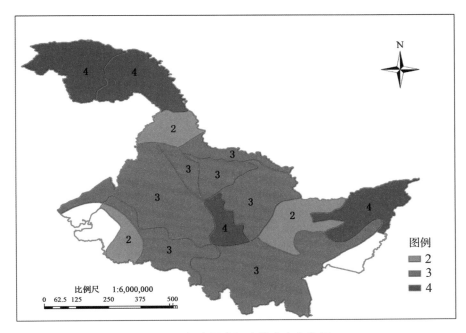

图 6-5　初次黑龙江森林生产力分级

注：图中没有森林生产力等级值部分并不表示该区的森林植被生产力等级是 0，而是该区是被省界分割的大区的一部分，建模样地数未达到建模标准而未建立模型，暂时未赋值，等该区另一部分的森林生产力等级值。

6.4.4.2　调整说明

初次森林生产力分级区划成果显示，有 3 个三级区由于样本数量无法满足建模要求，故无法进行森林生产力等级区划。为解决空白问题，调整如下：

中温带—亚干旱—草原松辽平原北部丘陵立地亚区和中温带—亚湿润—草原松辽平原北部丘陵立地亚区同为松辽平原北部丘陵立地亚区，且优势树种均为人工杨树林，故将中温带—亚干旱—草原松辽平原北部丘陵立地亚区并入中温带—亚湿润—草原松辽平原北部丘陵立地亚区中；

中温带—亚干旱—草原松辽平原西部立地亚区与吉林中温带—亚干旱—草原松辽平原西部立地亚区和内蒙古中温带—亚干旱—草原松辽平原西部立地亚区属于同一三级区，且三部分的优势树种均为杨树，根据就近原则与吉林中温带—亚干旱—草原松辽平原西部立地亚区的森林生产力等级一致，赋值为 2；

中温带—湿润—针叶、落叶阔叶混交林三江平原南部兴凯湖平原立地亚区的优势树种与中温带—湿润—针叶、落叶阔叶混交林长白山北部立地亚区的优势树种一致，主要是落叶松和阔叶混，中温带—湿润—针叶、落叶阔叶混交林三江平原南部兴凯湖平原立地亚区按照中温带—湿润—针叶、落叶阔叶混交林长白山北部立地亚区森林生产力等级赋值为 3。

6.4.4.3　调整后的黑龙江森林生产力三级区划

调整后的黑龙江森林生产力三级区划如表 6-8，调整后的黑龙江森林生产力三级区划结果如图 6-6。

表6-8 森林生产力三级区划(调整后)

序号	森林生产力一级区划	森林生产力二级区划	森林生产力三级区划
1	寒温带湿润地区	寒温带—湿润—针叶林	寒温带—湿润—针叶林伊勒呼里山坡西北部立地亚区
2			寒温带—湿润—针叶林小兴安岭西北部立地亚区
3			寒温带—湿润—针叶林伊勒呼里山坡东南部立地亚区
4	中温带亚干旱地区	中温带—亚干旱—草原	中温带—亚干旱—草原松辽平原东部立地亚区
5			中温带—亚干旱—草原松辽平原西部立地亚区
6	中温带亚湿润地区	中温带—亚湿润—草原	中温带—亚湿润—草原松辽平原北部丘陵立地亚区
7			中温带—亚湿润—草原松辽平原东部立地亚区
8	中温带湿润地区	中温带—湿润—针叶、落叶阔叶混交林	中温带—湿润—针叶、落叶阔叶混交林三江平原东部低湿地立地亚区
9			中温带—湿润—针叶、落叶阔叶混交林三江平原南部兴凯湖平原立地亚区
10			中温带—湿润—针叶、落叶阔叶混交林三江平原西部立地亚区
11			中温带—湿润—针叶、落叶阔叶混交林松辽平原北部丘陵立地亚区
12			中温带—湿润—针叶、落叶阔叶混交林小兴安岭北坡立地亚区
13			中温带—湿润—针叶、落叶阔叶混交林小兴安岭西北坡立地亚区
14			中温带—湿润—针叶、落叶阔叶混交林长白山北部立地亚区
15			中温带—湿润—针叶、落叶阔叶混交林小兴安岭东南坡立地亚区
16			中温带—湿润—针叶、落叶阔叶混交林小兴安岭西南坡立地亚区

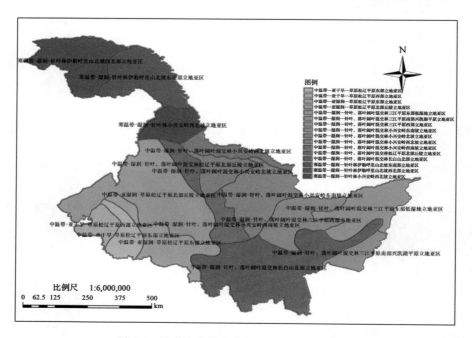

图6-6 黑龙江森林生产力三级区划(调整后)

6.4.5 调整后建模树种提取

调整后,各三级区划分优势树种样地数统计见表6-9。

表 6-9　黑龙江各三级区划样地数分优势树种统计（调整后）

序号	森林生产力三级区划	优势树种	监测期	起源	样地数
5	中温带—亚湿润—草原松辽平原北部丘陵立地亚区	云杉	第 7 期	人工	1
			第 8 期		1
		落叶松	第 7 期	人工	29
			第 8 期		33
		樟子松	第 7 期	人工	4
			第 8 期		9
		栎类	第 7 期	天然	14
			第 8 期		21
		桦木	第 7 期	天然	3
			第 8 期		3
		白桦	第 7 期	天然	6
			第 8 期		9
		榆树	第 7 期	天然	0
			第 8 期		1
		杨树	第 7 期	人工	81
			第 8 期		88
		柳树	第 7 期	天然	6
			第 8 期		4
		柳树	第 7 期	人工	8
			第 8 期		5
		针叶混	第 7 期	人工	2
			第 8 期		2
		阔叶混	第 7 期	天然	44
			第 8 期		36
		针阔混	第 7 期	人工	6
			第 8 期		2

从表 6-7、表 6-9 中可以筛选黑龙江森林生产力三级区划的建模树种如表 6-10：

表 6-10　黑龙江各三级分区主要建模树种及建模数据统计

序号	森林生产力三级区划	优势树种	起源	监测期	总样地数	建模样地数	所占比例/%
1	寒温带—湿润—针叶林伊勒呼里山北坡东南部立地亚区	落叶松	天然	第 7 期	156	302	99
				第 8 期	149		
		白桦	天然	第 7 期	156	314	99
				第 8 期	161		
2	寒温带—湿润—针叶林伊勒呼里山北坡西北部立地亚区	落叶松	天然	第 7 期	221	414	98
				第 8 期	201		
		白桦	天然	第 7 期	173	353	96
				第 8 期	193		

（续）

序号	森林生产力三级区划	优势树种	起源	监测期	总样地数	建模样地数	所占比例/%
3	寒温带—湿润—针叶林小兴安岭西北坡立地亚区	栎类	天然	第7期	87	170	97
				第8期	88		
		白桦	天然	第7期	97	188	91
				第8期	109		
4	中温带—亚干旱—草原松辽平原东部立地亚区	杨树	人工	第7期	32	47	77
				第8期	29		
5	中温带—亚湿润—草原松辽平原北部丘陵立地亚区	杨树	人工	第7期	81	112	77
				第8期	88		
6	中温带—亚湿润—草原松辽平原东部立地亚区	杨树	人工	第7期	45	71	81
				第8期	43		
7	中温带—湿润—针叶、落叶阔叶混交林三江平原东部低湿地立地亚区	阔叶混	天然	第7期	36	61	100
				第8期	25		
8	中温带—湿润—针叶、落叶阔叶混交林三江平原西部立地亚区	落叶松	人工	第7期	28	53	65
				第8期	31		
		樟子松	人工	第7期	12		
				第8期	11		
9	中温带—湿润—针叶、落叶阔叶混交林松辽平原北部丘陵立地亚区	白桦	天然	第7期	27	56	89
				第8期	36		
		阔叶混	天然	第7期	34	57	97
				第8期	25		
10	中温带—湿润—针叶、落叶阔叶混交林小兴安岭北坡立地亚区	阔叶混	天然	第7期	70	135	100
				第8期	65		
11	中温带—湿润—针叶、落叶阔叶混交林小兴安岭西南坡立地亚区	阔叶混	天然	第7期	112	231	98
				第8期	123		
12	中温带—湿润—针叶、落叶阔叶混交林小兴安岭东南坡立地亚区	栎类	天然	第7期	55	114	100
				第8期	59		
		阔叶混	天然	第7期	236	461	98
				第8期	234		
		针阔混	天然	第7期	91	167	98
				第8期	80		
13	中温带—湿润—针叶、落叶阔叶混交林长白山北部立地亚区	落叶松	人工	第7期	114	189	81
				第8期	119		
		栎类	天然	第7期	201	379	95
				第8期	197		
		阔叶混	天然	第7期	458	923	99
				第8期	476		
14	中温带—湿润—针叶、落叶阔叶混交林小兴安岭西北坡立地亚区	阔叶混	天然	第7期	73	119	90
				第8期	59		

6.4.6 建模前数据整理和对应

6.4.6.1 对森林采伐等人为干扰情况的处理

在数据的整理过程中，对第 7、8 期样地号对应，优势树种一致，第 8 期年龄增加与调查间隔期一致的样地，第 8 期林木蓄积量加上采伐蓄积量作为第 8 期的林木蓄积量，第 7 期的林木蓄积量不变。

6.4.6.2 对优势树种发生变化情况的处理

两期样地对照分析，第 8 期样地的优势树种发生变化的样地，林木蓄积量仍以第 8 期的林木蓄积量为准，把该样地作为第 8 期优势树种的样地，林木蓄积量以第 8 期调查时为准，不加采伐蓄积量。第 7 期的处理同第 8 期。

6.4.6.3 对样地年龄与时间变化不一致情况的处理

对样地第 8 期的年龄与调查间隔时间变化不一致的样地，则以第 8 期的样地平均年龄为准，林木蓄积量不与采伐蓄积量相加，仍以第 8 期的林木蓄积量作为林木蓄积量，第 7 期的林木蓄积量不发生变化。

6.4.6.4 样地面积不一致的处理

黑龙江划分为黑龙江森工（副总体 501）、地方（副总体 700）和黑龙江大兴安岭（副总体 233），黑龙江大兴安岭样地面积 0.06 hm²，黑龙江森工和黑龙江地方样地面积各 0.1 hm²，为了解决样地面积不一致造成的误差，将林木蓄积量和采伐蓄积量统一为面积 1 hm² 蓄积值。

林木蓄积量 = 林木蓄积量/0.06

林木蓄积量 = 林木蓄积量/0.1

6.4.7 建立林分蓄积量生长模型

根据筛选出的优势树种样地数据，以整理后的林木蓄积量作为因变量，以样地的平均年龄作为自变量，剔除异常数据，根据样地数据散点图的总体趋势，选取不同的生长方程拟合曲线。见表 6-11。

表 6-11 主要树种建模数据统计

序号	森林生产力三级区划	优势树种	统计量	最小值	最大值	平均值
1	寒温带—湿润—针叶林伊勒呼里山北坡东南部立地亚区	落叶松	平均年龄	20	169	78
			林木蓄积量	25.5667	173.0500	83.8459
		白桦	平均年龄	4	90	45
			林木蓄积量	0.2333	134.5083	61.4180
2	寒温带—湿润—针叶林伊勒呼里山北坡西北部立地亚区	落叶松	平均年龄	7	190	96
			林木蓄积量	1.4500	194.8583	95.5170
		白桦	平均年龄	7	130	54
			林木蓄积量	2.0500	191.6700	81.4322
3	寒温带—湿润—针叶林小兴安岭西北坡立地亚区	栎类	平均年龄	12	160	63
			林木蓄积量	3.1700	86.5700	48.8435
		白桦	平均年龄	5	105	39
			林木蓄积量	0.1800	86.1800	28.0963
4	中温带—亚干旱—草原松辽平原东部立地亚区	杨树	平均年龄	4	40	20
			林木蓄积量	2.1850	88.0800	42.1331

（续）

序号	森林生产力三级区划	优势树种	统计量	最小值	最大值	平均值
5	中温带—亚湿润—草原松辽平原北部丘陵立地亚区	杨树	平均年龄	5	50	人工
			林木蓄积量	2.3633	109.1500	59.8436
6	中温带—亚湿润—草原松辽平原东部立地亚区	杨树	平均年龄	4	30	17
			林木蓄积量	3.1600	102.4000	49.3368
7	中温带—湿润—针叶、落叶阔叶混交林三江平原东部低湿地立地亚区	阔叶混	平均年龄	11	119	54
			林木蓄积量	9.8900	128.9500	67.1191
8	中温带—湿润—针叶、落叶阔叶混交林三江平原西部立地亚区	松类（落叶松+樟子松）	平均年龄	7	49	28
			林木蓄积量	2.0300	67.6200	40.3736
9	中温带—湿润—针叶、落叶阔叶混交林松辽平原北部丘陵立地亚区	白桦	平均年龄	5	95	36
			林木蓄积量	5.2500	105.4000	36.0598
		阔叶混	平均年龄	4	95	45
			林木蓄积量	1.8900	66.5600	43.7743
10	中温带—湿润—针叶、落叶阔叶混交林小兴安岭北坡立地亚区	阔叶混	平均年龄	4	90	44
			林木蓄积量	4.9200	87.8700	47.9540
11	中温带—湿润—针叶、落叶阔叶混交林小兴安岭西南坡立地亚区	阔叶混	平均年龄	10	105	49
			林木蓄积量	13.8600	112.8800	59.4610
12	中温带—湿润—针叶、落叶阔叶混交林小兴安岭东南坡立地亚区	栎类	平均年龄	10	150	63
			林木蓄积量	1.2000	128.8300	66.2818
		阔叶混	平均年龄	5	105	50
			林木蓄积量	4.9800	129.0300	58.5274
		针阔混	平均年龄	14	85	49
			林木蓄积量	12.9200	98.1200	58.7099
13	中温带—湿润—针叶、落叶阔叶混交林长白山北部立地亚区	落叶松	平均年龄	4	51	26
			林木蓄积量	0.0800	105.3000	50.1945
		栎类	平均年龄	5	159	62
			林木蓄积量	0.2900	132.1700	66.7055
		阔叶混	平均年龄	6	184	60
			林木蓄积量	0.1100	170.3300	66.0017
14	中温带—湿润—针叶、落叶阔叶混交林小兴安岭西北坡立地亚区	阔叶混	平均年龄	5	95	47
			林木蓄积量	2.2150	80.1300	38.2127

　　S 型生长模型能够合理地表示树木或林分的生长过程和趋势，避免了其他模型只在某一生长阶段的拟合精度高，而不能完整体现树木或林分生长趋势的弊端，而本方案的目的是预测林分达到成熟林时的蓄积量，S 型生长模型得到的值在比较合理的范围内。

　　选取的生长方程如表 6-12：

表 6-12　拟合所用的生长模型

序号	生长模型名称	生长模型公式
1	Richards 模型	$y = A\left(1 - e^{-kx}\right)^{B}$
2	单分子模型	$y = A\left(1 - e^{-kx}\right)$
3	Logistic 模型	$y = A / \left(1 + Be^{-kx}\right)$
4	Korf 模型	$y = Ae^{-Bx-k}$

其中，y 为样地的林木蓄积量，x 为林分年龄，A 为树木生长的最大值参数，k 为生长速率参数，B 为与初始值有关的参数。

经过数据拟合，得出各模型的参数和拟合优度及总相对误差，选取三级区划各树种的适合拟合方程，整理如表6-13，生长模型见图6-7 ~ 图6-28。

表6-13　主要树种模型

序号	森林生产力三级区划	优势树种	模型	生长方程	参数标准差 A	B	k	R^2	TRE/%
1	寒温带—湿润—针叶林伊勒呼里山北坡东南部立地亚区	落叶松	Richards 普	$y = 224.8165(1 - e^{-0.0067x})^{1.0746}$	75.5141	0.2393	0.0046	0.84	- 0.0748
			Richards 加	$y = 159.0970(1 - e^{-0.0146x})^{1.5147}$	20.4284	0.2413	0.0041		0.4346
		白桦	Logistic 普	$y = 97.7788/(1 + 51.9278e^{-0.1116x})$	5.4316	38.6668	0.0227	0.74	0.4575
			Logistic 加	$y = 95.0611/(1 + 47.9810e^{-0.1141x})$	7.5154	9.1495	0.0098		0.1184
2	寒温带—湿润—针叶林伊勒呼里山北坡西北部立地亚区	落叶松	Richards 普	$y = 270.8814(1 - e^{-0.0037x})^{0.8218}$	266.1184	0.3133	0.0037	0.57	- 0.2655
			Richards 加	$y = 139.3443(1 - e^{-0.0212x})^{1.8868}$	12.2975	0.4039	0.0052		- 0.2545
		白桦	Richards 普	$y = 234.3029(1 - e^{-0.0126x})^{1.4246}$	61.3606	0.3376	0.0063	0.81	- 0.6505
			Richards 加	$y = 131.8752(1 - e^{-0.0453x})^{3.6888}$	11.6109	0.7079	0.0080		1.5403
3	寒温带—湿润—针叶林小兴安岭西北坡立地亚区	栎类	Richards 普	$y = 80.3310(1 - e^{-0.0199x})^{1.1754}$	9.1017	0.3960	0.0087	0.70	- 0.1480
			Richards 加	$y = 72.9306(1 - e^{-0.0307x})^{1.7077}$	7.5028	0.4507	0.0094		- 0.0603
		白桦	Richards 普	$y = 136.5430(1 - e^{-0.0116x})^{1.5446}$	68.4685	0.4263	0.0087	0.85	- 0.8441
			Richards 加	$y = 60.8444(1 - e^{-0.0450x})^{3.5523}$	9.0324	0.6511	0.0094		1.2704
4	中温带—亚干旱—草原松辽平原东部立地亚区	杨树	Richards 普	$y = 105.5989(1 - e^{-0.0496x})^{1.9044}$	36.1978	0.8090	0.0328	0.90	- 0.6488
			Richards 加	$y = 73.5338(1 - e^{-0.1161x})^{4.1767}$	8.6233	0.9619	0.0243		0.3823
5	中温带—亚湿润—草原松辽平原北部丘陵立地亚区	杨树	Richards 普	$y = 94.8137(1 - e^{-0.1539x})^{6.3341}$	5.8109	3.1469	0.0370	0.87	0.0696
			Richards 加	$y = 114.8736(1 - e^{-0.0858x})^{3.1453}$	23.1981	0.6232	0.0254		2.8097
6	中温带—亚湿润—草原松辽平原东部立地亚区	杨树	Richards 普	$y = 90.6147(1 - e^{-0.1222x})^{3.7556}$	15.2771	2.3064	0.0562	0.86	- 0.0690
			Richards 加	$y = 106.0443(1 - e^{-0.0890x})^{2.8678}$	29.6182	0.6641	0.0345		0.3231
7	中温带—湿润—针叶、落叶阔叶混交林三江平原东部低湿地立地亚区	阔叶混	Richards 普	$y = 120.8108(1 - e^{-0.0418x})^{4.8204}$	11.2101	2.1251	0.0109	0.89	0.1936
			Richards 加	$y = 172.5013(1 - e^{-0.0192x})^{2.1881}$	41.4534	0.2680	0.0056		1.0449
8	中温带—湿润—针叶、落叶阔叶混交林三江平原西部立地亚区	落叶松 + 樟子松	Logistic 普	$y = 57.1933/(1 + 533.8579e^{-0.3403x})$	1.0664	389.7805	0.0413	0.97	0.3500
			Logistic 加	$y = 58.4792/(1 + 179.1348e^{-0.2692x})$	2.1328	23.8372	0.0122		0.3727
9	中温带—湿润—针叶、落叶阔叶混交林松辽平原北部丘陵立地亚区	白桦	Logistic 普	$y = 103.9837/(1 + 18.0238e^{-0.0589x})$	8.6174	4.4326	0.0074	0.90	0.2211
			Logistic 加	$y = 99.1504/(1 + 17.2857e^{-0.0603x})$	22.5757	3.8595	0.0080		0.0198
		阔叶混	Logistic 普	$y = 52.5868/(1 + 44.2980e^{-0.1703x})$	1.4717	35.0702	0.0331	0.83	0.0210
			Logistic 加	$y = 52.4126/(1 + 45.0756e^{-0.1726x})$	1.6190	7.1909	0.0105		0.0084

（续）

序号	森林生产力三级区划	优势树种	模型	生长方程	参数标准差			R^2	TRE/%
					A	B	k		
10	中温带—湿润—针叶、落叶阔叶混交林小兴安岭北坡立地亚区	阔叶混	Logistic 普	$y = 86.0387/(1 + 8.7720e^{-0.0592x})$	5.4601	1.9659	0.0086	0.86	0.1014
			Logistic 加	$y = 83.5778/(1 + 8.8877e^{-0.0620x})$	6.8672	1.1537	0.0069		-0.0221
11	中温带—湿润—针叶、落叶阔叶混交林小兴安岭西南坡立地亚区	阔叶混	Logistic 普	$y = 110.0083/(1 + 10.1260e^{-0.0533x})$	5.9456	1.7084	0.0056	0.90	0.1568
			Logistic 加	$y = 112.3814/(1 + 9.4471e^{-0.0506x})$	9.5234	0.8787	0.0048		0.0164
12	中温带—湿润—针叶、落叶阔叶混交林小兴安岭东南坡立地亚区	栎类	Logistic 普	$y = 99.9802/(1 + 8.5262e^{-0.0475x})$	12.5058	4.8443	0.0150	0.57	-0.0476
			Logistic 加	$y = 95.0059/(1 + 10.05831e^{-0.0540x})$	11.9821	3.1511	0.0117		0.0584
		阔叶混	Richards 普	$y = 268.5457(1 - e^{-0.0050x})^{0.9926}$	333.8461	0.2744	0.0095	0.81	1.4788
			Richards 加	$y = 137.2926(1 - e^{-0.0153x})^{1.2671}$	32.8849	0.1614	0.0062		1.5400
		针阔混	Richards 普	$y = 103.4303(1 - e^{-0.0204x})^{1.1337}$	30.2383	0.4969	0.0165	0.73	0.0081
			Richards 加	$y = 98.7817(1 - e^{-0.0231x})^{1.2049}$	25.2882	0.3961	0.0150		-0.0168
13	中温带—湿润—针叶、落叶阔叶混交林长白山北部立地亚区	落叶松	Richards 普	$y = 114.1804(1 - e^{-0.0591x})^{3.1649}$	14.8567	0.9725	0.0166	0.92	-0.3073
			Richards 加	$y = 96.8660(1 - e^{-0.0839x})^{4.6263}$	12.2223	0.7493	0.0144		0.2906
		栎类	Richards 普	$y = 98.0371(1 - e^{-0.0374x})^{2.1244}$	4.6749	0.5868	0.0079	0.77	-0.0809
			Richards 加	$y = 94.2339(1 - e^{-0.0450x})^{2.6067}$	6.1387	0.3516	0.0069		-0.0264
		阔叶混	Richards 普	$y = 115.8402(1 - e^{-0.0218x})^{1.3909}$	10.4391	0.3315	0.0065	0.74	-0.0976
			Richards 加	$y = 99.4606(1 - e^{-0.0364x})^{2.0527}$	6.3345	0.2426	0.0056		0.3509
14	中温带—湿润—针叶、落叶阔叶混交林小兴安岭西北坡立地亚区	阔叶混	Richards 普	$y = 77.4525(1 - e^{-0.0295x})^{2.1858}$	12.3439	0.8133	0.0118	0.82	0.0834
			Richards 加	$y = 114.1045(1 - e^{-0.0147x})^{1.5308}$	36.4363	0.1317	0.0057		0.5618

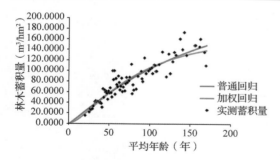

图 6-7　寒温带—湿润—针叶林伊勒呼里山北坡东南部立地亚区落叶松生长模型

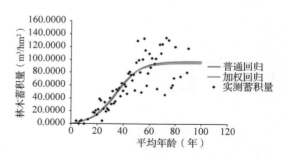

图 6-8　寒温带—湿润—针叶林伊勒呼里山北坡东南部立地亚区白桦生长模型

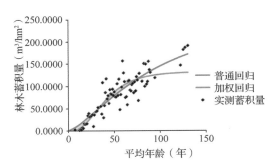

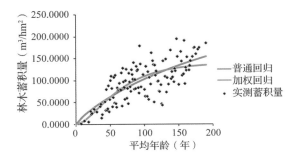

图 6-9　寒温带—湿润—针叶林伊勒呼里山北坡西北部立地亚区落叶松生长模型

图 6-10　寒温带—湿润—针叶林伊勒呼里山北坡西北部立地亚区白桦生长模型

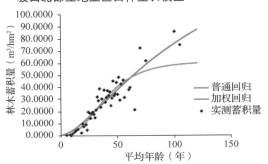

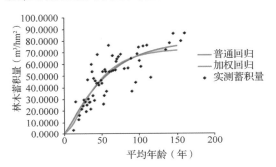

图 6-11　寒温带—湿润—针叶林小兴安岭西北坡立地亚区栎类生长模型

图 6-12　寒温带—湿润—针叶林小兴安岭西北坡立地亚区白桦生长模型

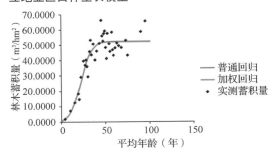

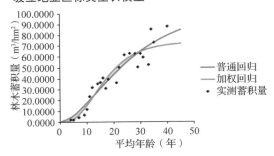

图 6-13　中温带—亚干旱—草原松辽平原东部立地亚区杨树生长模型

图 6-14　中温带—亚湿润—草原松辽平原北部丘陵立地亚区杨树生长模型

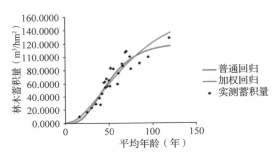

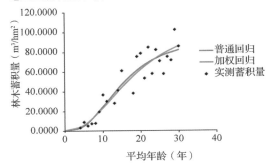

图 6-15　中温带—亚湿润—草原松辽平原东部立地亚区杨树生长模型

图 6-16　中温带—湿润—针叶、落叶阔叶混交林三江平原东部低湿地立地亚区阔叶混生长模型

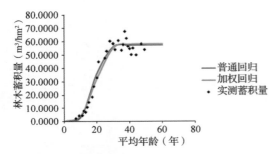

图 6-17　中温带—湿润—针叶、落叶阔叶混交林三江平原西部立地亚区松类（落叶松＋樟子松）生长模型

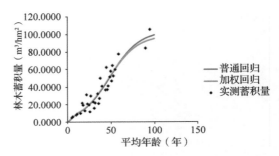

图 6-18　中温带—湿润—针叶、落叶阔叶混交林松辽平原北部丘陵立地亚区白桦生长模型

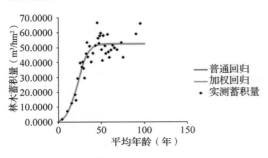

图 6-19　中温带—湿润—针叶、落叶阔叶混交林松辽平原北部丘陵立地亚区阔叶混生长模型

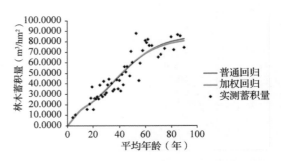

图 6-20　中温带—湿润—针叶、落叶阔叶混交林小兴安岭北坡立地亚区阔叶混生长模型

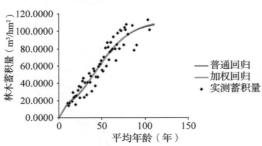

图 6-21　中温带—湿润—针叶、落叶阔叶混交林小兴安岭西南坡立地亚区阔叶混生长模型

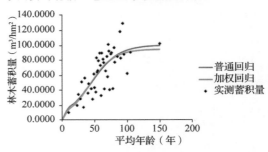

图 6-22　中温带—湿润—针叶、落叶阔叶混交林小兴安岭东南坡立地亚区栎类生长模型

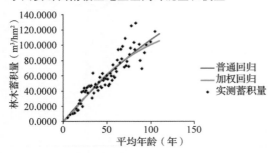

图 6-23　中温带—湿润—针叶、落叶阔叶混交林小兴安岭东南坡立地亚区阔叶混生长模型

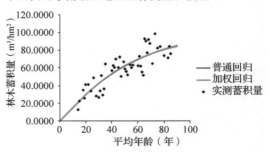

图 6-24　中温带—湿润—针叶、落叶阔叶混交林小兴安岭东南坡立地亚区针阔混生长模型

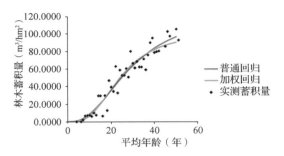

图 6-25　中温带—湿润—针叶、落叶阔叶混交林
长白山北部立地亚区落叶松生长模型

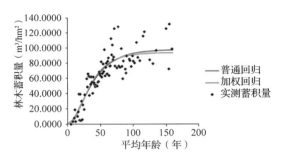

图 6-26　中温带—湿润—针叶、落叶阔叶混交林
长白山北部立地亚区柞类生长模型

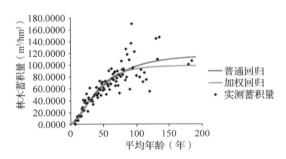

图 6-27　中温带—湿润—针叶、落叶阔叶混交林
长白山北部立地亚区阔叶混生长模型

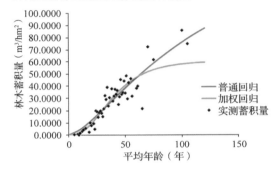

图 6-28　中温带—湿润—针叶、落叶阔叶混交林
小兴安岭西北坡立地亚区阔叶混生长模型

6.4.8　生长模型的检验

为了检验普通回归和加权回归生长模型的适用性，采用以下评价指标：确定系数
（R^2）、估计值的标准误差（SEE）、总相对误差（TRE）、平均系统误差（MSE）、平均预估误
差（MPE）。

$$R^2 = 1 - \sum (y_i - \hat{y}_i)^2 / \sum (y_i - \bar{y}_i)^2$$

$$SEE = \sqrt{\sum (y_i - \hat{y}_i)^2 / (n - k)}$$

$$TRE = \sum (y_i - \hat{y}_i) / \sum \hat{y}_i \times 100$$

$$MSE = \sum (y_i - \hat{y}_i) / \hat{y}_i / n \times 100$$

$$MPE = t_\alpha \cdot (SEE / \bar{y}) / \sqrt{n} \times 100$$

式中，y_i 为实际观测值，$\hat{y}_i$ 为模型预估值，$\bar{y}$ 为样本平均值，n 为样本单元数，k 为参
数个数，t_α 为置信水平 α 时的 t 值。在这 6 项指标中，R^2 和 SEE 是回归模型的最常用指
标，既反映了模型的拟合优度，也反映了自变量的贡献率和因变量的离差情况；TRE 和
MSE 是反映拟合效果的重要指标，二者应该控制在一定范围内（如 ±3%），趋向于 0 时效
果最好；MPE 是反映平均蓄积量估计值的精度指标。

各森林生产力三级区划优势树种生长模型检验见表 6-14。

表 6-14　各森林生产力三级区划优势树种生长模型检验

序号	森林生产力三级区划	优势树种	模型	R^2	SEE	TRE	MSE	MPE
1	寒温带—湿润—针叶林伊勒呼里山北坡东南部立地亚区	落叶松	Richards 普	0.84	14.7362	−0.0748	−0.6326	3.8750
			Richards 加		15.0481	0.4346	0.3567	3.9750
		白桦	Logistic 普	0.74	20.0346	0.4575	2.5027	7.9010
			Logistic 加		20.1238	0.1184	−0.0087	7.9362
2	寒温带—湿润—针叶林伊勒呼里山北坡西北部立地亚区	落叶松	Richards 普	0.57	29.6424	−0.2655	−2.1628	5.4404
			Richards 加		30.1473	−0.2545	−0.8169	5.5331
		白桦	Richards 普	0.81	20.5999	−0.6505	−5.7798	5.7114
			Richards 加		22.8098	1.5403	1.7957	6.3242
3	寒温带—湿润—针叶林小兴安岭西北坡立地亚区	栎类	Richards 普	0.70	11.1771	−0.1480	−0.9408	5.9085
			Richards 加		11.2670	−0.0603	−0.0024	5.9560
		白桦	Richards 普	0.85	7.8613	−0.8441	−8.9127	7.9554
			Richards 加		8.9551	1.2704	2.2209	9.0623
4	中温带—亚干旱—草原松辽平原东部立地亚区	杨树	Richards 普	0.90	8.1769	−0.6488	−6.8619	8.1765
			Richards 加		8.7545	0.3823	2.0702	8.7541
5	中温带—亚湿润—草原松辽平原北部丘陵立地亚区	杨树	Richards 普	0.87	12.3331	0.0696	4.7215	7.5506
			Richards 加		14.3553	2.8097	2.1025	8.7887
6	中温带—亚湿润—草原松辽平原东部立地亚区	杨树	Richards 普	0.86	11.8899	−0.0690	1.2005	10.1534
			Richards 加		12.0546	0.3231	0.0665	10.2941
7	中温带—湿润—针叶、落叶阔叶混交林三江平原东部低湿立地亚区	阔叶混	Richards 普	0.89	10.6564	0.1936	5.6732	6.2699
			Richards 加		11.8122	1.0449	0.5199	6.9499
8	中温带—湿润—针叶、落叶阔叶混交林三江平原西部立地亚区	落叶松＋樟子松	Logistic 普	0.97	3.9536	0.3500	7.3167	3.7901
			Logistic 加		4.4099	0.3727	0.1700	4.2275
9	中温带—湿润—针叶、落叶阔叶混交林松辽平原北部丘陵立地亚区	白桦	Logistic 普	0.90	7.9795	0.2211	0.6696	7.7176
			Logistic 加		8.0354	0.0198	−0.0361	7.7716
		阔叶混	Logistic 普	0.83	6.4500	0.0210	0.1062	4.7734
			Logistic 加		6.4532	0.0084	0.0052	4.7757
10	中温带—湿润—针叶、落叶阔叶混交林小兴安岭北坡立地亚区	阔叶混	Logistic 普	0.86	8.5394	0.1014	0.1991	4.9221
			Logistic 加		8.5671	−0.0221	−0.0554	4.9380
11	中温带—湿润—针叶、落叶阔叶混交林小兴安岭西南坡立地亚区	阔叶混	Logistic 普	0.90	9.1002	0.1568	0.7449	3.8136
			Logistic 加		9.1211	0.0164	0.0117	3.8224
12	中温带—湿润—针叶、落叶阔叶混交林小兴安岭东南坡立地亚区	栎类	Logistic 普	0.57	18.9449	−0.0476	−0.4211	8.7533
			Logistic 加		18.9926	0.0584	−0.0148	8.7753
		阔叶混	Richards 普	0.81	11.6924	1.4788	0.5396	4.5697
			Richards 加		11.8756	1.5400	1.1792	4.6413
		针阔混	Richards 普	0.73	10.9277	0.0081	−0.0001	5.4671
			Richards 加		10.9320	−0.0168	−0.0099	5.4692
13	中温带—湿润—针叶、落叶阔叶混交林长白山北部立地亚区	落叶松	Richards 普	0.92	9.2735	−0.3073	−5.7668	5.6851
			Richards 加		9.5572	0.2906	−1.0679	5.8591
		栎类	Richards 普	0.77	14.9699	−0.0809	−1.3381	4.7347
			Richards 加		15.0452	−0.0264	−0.1923	4.7585

（续）

序号	森林生产力三级区划	优势树种	模型	R^2	SEE	TRE	MSE	MPE
13	中温带—湿润—针叶、落叶阔叶混交林长白山北部立地亚区	阔叶混	Richards 普	0.74	16.9438	-0.0976	-1.9461	5.1810
			Richards 加		17.4081	0.3509	-0.2777	5.3230
14	中温带—湿润—针叶、落叶阔叶混交林小兴安岭西北坡立地亚区	阔叶混	Richards 普	0.82	8.6931	0.0834	3.1291	6.4342
			Richards 加		8.9534	0.5618	0.3067	6.6268

总相对误差（ TRE ）基本上在 ±3% 以内，平均系统误差（ MSE ）基本上在 ±5% 以内，表明模型拟合效果良好。从这一原则出发，加权回归模型的拟合效果要好于普通回归模型；平均预估误差（ MPE ）基本在 10% 以内，说明蓄积生长模型的平均预估精度达到约 90% 以上。

从参数估计值看，各树种的相应参数的标准差较小，说明模型的稳定性比较好。

6.4.9　样地蓄积量归一化

黑龙江的针叶树种主要是云杉、冷杉、落叶松、红松，阔叶树种主要是柞类、椴树、水胡黄。

故认为组成针叶混的主要针叶树种是云杉、冷杉、落叶松、红松，组成阔叶混的主要阔叶树种是柞类、椴树、水胡黄，组成针阔混的主要树种是红松、云杉、冷杉、落叶松、柞类、椴树、水胡黄。且针叶混、阔叶混和针阔混的组成树种中，各树种的比例是 1∶1。

根据《国家森林资源连续清查主要技术规定》确定各树种组的龄组划分和成熟林年龄，见表 6-15 和表 6-16。

表 6-15　黑龙江树种成熟年龄

序号	树种	地区	起源	龄级	成熟林
1	落叶松	北方	天然	20	101
			人工	10	41
2	柞类	南北	天然	20	81
			人工	10	51
3	白桦	北方	天然	10	61
			人工	10	41
9	杨树	北方	人工	5	21
		南方			16
10	针叶混（红松、云杉、冷杉、落叶松）	北方	天然	20	111
			人工	10	61
11	阔叶混（柞类、椴树、水胡黄）	北方	天然	20	81
			人工	10	51
12	针阔混（红松、云杉、冷杉、落叶松、柞类、椴树、水胡黄）	北方	天然	20	96
			人工	10	56

表 6-16　黑龙江三级区划主要树种成熟林蓄积量

序号	森林生产力三级区划	树种	起源	成熟年龄	成熟林蓄积量 /(m³/hm²)
1	寒温带—湿润—针叶林伊勒呼里山北坡东南部立地亚区	落叶松	天然	101	107.1726
		白桦	天然	61	90.9163
2	寒温带—湿润—针叶林伊勒呼里山北坡西北部立地亚区	落叶松	天然	101	110.0286
		白桦	天然	61	103.6425
3	寒温带—湿润—针叶林小兴安岭西北坡立地亚区	栎类	天然	81	62.8598
		白桦	天然	61	48.0590
4	中温带—亚干旱—草原松辽平原东部立地亚区	杨树	人工	21	50.2200
5	中温带—亚湿润—草原松辽平原北部丘陵立地亚区	杨树	人工	21	65.1181
6	中温带—亚湿润—草原松辽平原东部立地亚区	杨树	人工	21	65.5577
7	中温带—湿润—针叶、落叶阔叶混交林三江平原东部低湿地立地亚区	阔叶混	天然	81	102.6234
8	中温带—湿润—针叶、落叶阔叶混交林三江平原西部立地亚区	落叶松 樟子松	人工	41	58.3111
9	中温带—湿润—针叶、落叶阔叶混交林松辽平原北部丘陵立地亚区	白桦	天然	61	69.0479
		阔叶混	天然	81	52.4106
10	中温带—湿润—针叶、落叶阔叶混交林小兴安岭北坡立地亚区	阔叶混	天然	81	78.9483
11	中温带—湿润—针叶、落叶阔叶混交林小兴安岭西南坡立地亚区	阔叶混	天然	81	97.0976
12	中温带—湿润—针叶、落叶阔叶混交林小兴安岭东南坡立地亚区	栎类	天然	81	84.3130
		阔叶混	天然	81	88.9431
		针阔混	天然	96	85.9509
13	中温带—湿润—针叶、落叶阔叶混交林长白山北部立地亚区	落叶松	人工	41	83.3025
		栎类	天然	81	87.9475
		阔叶混	天然	81	89.0337
14	中温带—湿润—针叶、落叶阔叶混交林小兴安岭西北坡立地亚区	阔叶混	天然	81	65.3799

6.4.10　黑龙江森林生产力分区

依据全国公顷蓄积量分级结果(参见全国报告的表4-12)。黑龙江公顷蓄积量分级结果见表 6-17。黑龙江样地归一化蓄积量分极见图 6-29。

表 6-17　黑龙江公顷蓄积量分级结果　　　　　　　　单位：m³/hm²

级别	2级	3级	4级
公顷蓄积量	30~60	60~90	90~120

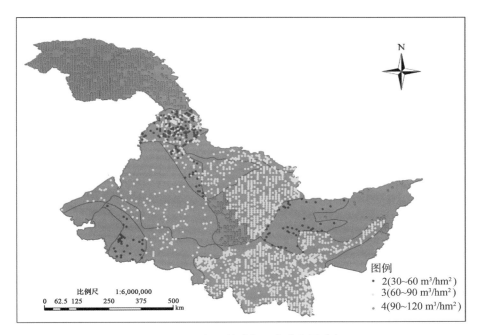

图 6-29   黑龙江样地归一化蓄积量分级

中温带—亚干旱—草原松辽平原西部立地亚区与吉林省中温带—亚干旱—草原松辽平原西部立地亚区和内蒙古中温带—亚干旱—草原松辽平原西部立地亚区属于同一三级区，且三部分的优势树种均为杨树，根据就近原则与吉林中温带—亚干旱—草原松辽平原西部立地亚区的森林生产力等级一致，赋值为 2；

中温带—湿润—针叶、落叶阔叶混交林三江平原南部兴凯湖平原立地亚区的优势树种与中温带—湿润—针叶、落叶阔叶混交林长白山北部立地亚区的优势树种一致，主要是落叶松和阔叶混，中温带—湿润—针叶、落叶阔叶混交林三江平原南部兴凯湖平原立地亚区按照中温带—湿润—针叶、落叶阔叶混交林长白山北部立地亚区森林生产力等级赋值为 3。

综合区划后，形成黑龙江森林生产力分级，如图 6-30。

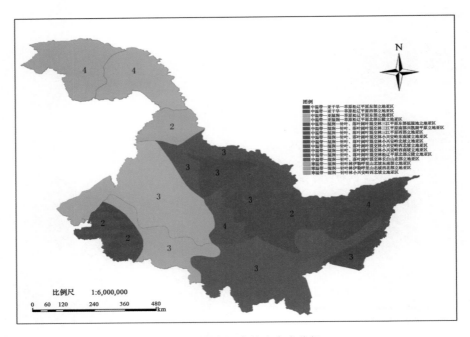

图 6-30　黑龙江森林生产力分级

注：图中森林生产力等值依据前文中表 6-17 公顷蓄积量分级结果。

7 江苏（含上海）森林潜在生产力分区成果

7.1 江苏（含上海）森林生产力一级区划

以我国 1:100 万全国行政区划数据中江苏省界为边界，从全国森林生产力一级区划图中提取江苏（含上海）森林生产力一级区划，江苏（含上海）森林生产力一级区划单位为 2 个，如表 7-1 和图 7-1：

表 7-1　森林生产力一级区划

序号	气候带	气候大区	森林生产力一级区划
1	暖温带	亚湿润	暖温带—亚湿润地区
2	北亚热带	湿润	北亚热带—湿润地区

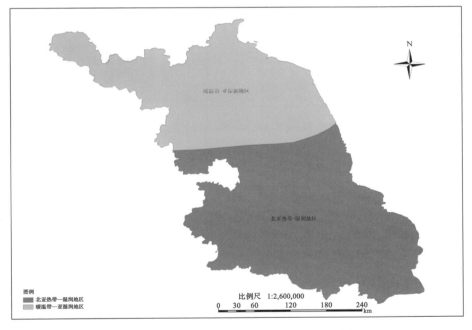

图 7-1　江苏（含上海）森林生产力一级区划

注：本图显示采用 2000 国家大地坐标系（简称 CGCS2000），后续相关地图同该坐标系。

7.2 江苏（含上海）森林生产力二级区划

按照江苏省界从全国森林生产力二级区划中提取江苏（含上海）的森林生产力二级区

划，江苏(含上海)森林生产力二级区划单位为 2 个，如表 7-2 和图 7-2：

表 7-2　森林生产力二级区划

序号	森林生产力一级区划	森林生产力二级区划
1	北亚热带—湿润地区	北亚热带—湿润—常绿阔叶林
2	暖温带—亚湿润地区	暖温带—亚湿润—落叶阔叶林

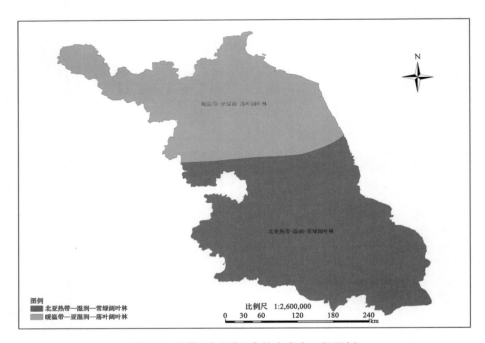

图 7-2　江苏(含上海)森林生产力二级区划

7.3　江苏(含上海)森林生产力三级区划

7.3.1　江苏(含上海)立地区划

根据全国立地区划结果，以江苏 1:100 万省界为提取框架，提取江苏(含上海)立地区划结果。需要说明的是，由于江苏省界数据与全国立地区划成果数据精度不一致，导致提取的江苏(含上海)立地区划数据在省界边缘出现不少细小的破碎斑块。因此，对江苏(含上海)立地区划数据进行了破碎化斑块处理，根据就近原则，将破碎小斑块就近合并到最近的大斑块中。处理后，得到的江苏(含上海)立地区划属性数据和矢量图分别如表 7-3 和图 7-3：

表 7-3　江苏(含上海)立地区划

序号	立地区域	立地区	立地亚区
1	南方亚热带立地区域	长江中下游滨湖平原立地区	长江下游滨湖平原立地亚区
2	华北暖温带立地区域	华北平原立地区	黄淮平原立地亚区

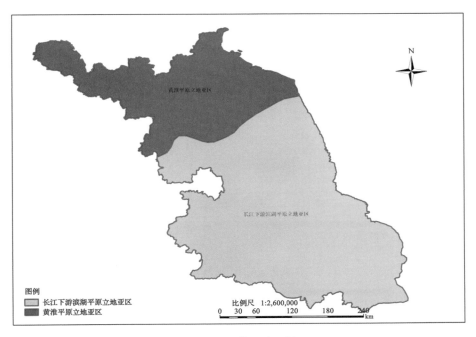

图7-3 江苏立地区划

7.3.2 江苏(含上海)三级区划

根据江苏省界从全国森林生产力三级区划中提取江苏(含上海)森林生产力三级区划。

用江苏省界来提取江苏森林生产力三级区划时边缘出现了破碎的小斑块,为了使省级森林生产力三级区划不至于太破碎,根据就近原则,将破碎小斑块就近合并到最近的大斑块中。

江苏森林生产力三级区划单位为3个,如表7-4和图7-4:

表7-4 森林生产力三级区划

序号	森林生产力一级区划	森林生产力二级区划	森林生产力三级区划
1	暖温带—亚湿润地区	暖温带—亚湿润—落叶阔叶林	暖温带—亚湿润—落叶阔叶林黄淮平原立地亚区
2			暖温带—亚湿润—落叶阔叶林长江下游滨湖平原立地亚区
3	北亚热带—湿润地区	北亚热带—湿润—常绿阔叶林	北亚热带—湿润—常绿阔叶林长江下游滨湖平原立地亚区

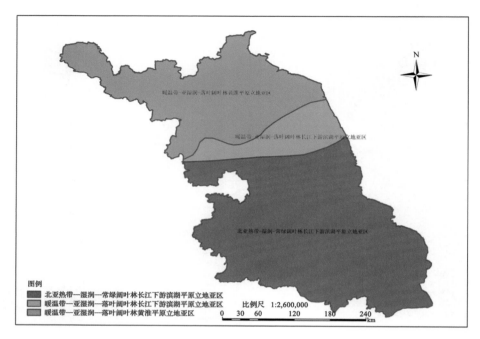

图7-4　江苏(含上海)森林生产力三级区划

7.4　江苏(含上海)森林生产力量化分级

7.4.1　技术方案

单位面积蓄积量标志着林地生产力的高低及经营措施的效果。本方案在森林生产力三级区划结果基础上，根据已调查的江苏(含上海)第7期、第8期一类清查样地数据，提取江苏(含上海)森林生产力三级区划的样地数据，筛选出两期地类是乔木林地、疏林地的样地，根据森林生产力三级区划的主要树种，建立样地优势树种蓄积量生长模型，并归一该树种到成熟林时单位公顷的蓄积值，以此作为量化样地森林生产力的依据，在森林生产力三级的基础上进行森林植被生产力区划。

7.4.2　样地筛选

7.4.2.1　样地情况

上海1999年第1次建立森林资源连续清查体系。以全陆地面积63.41万 hm² 为总体，按2 km×1 km间距系统布设3361个样地。样地形状为正方形，样地面积0.0667 hm²，以优势地类法确定地类。

本次清查在原固定样地的基础上，加密遥感判读样地，布设了一套遥感判读样本，判读样地数量为33069个，间距0.5 km×0.5 km。

江苏1979年4~12月在全省范围内建立了森林资源连续清查体系。分别成片林、零星林、四旁树三个副总体，分别设置固定样地，成片林按全省2 km×1 km网系统布设样地，固定样地形状为正方形，其面积为0.0667 hm²，以点定地类法确定地类。

1988年开展了全省森林资源连续清查第1次复查。这次复查将初查的3个副总体改为两个副总体，即改为成片林(零星林并入成片林)和四旁树两个副总体。

1990 年开展了全省森林资源连续清查第 2 次复查。在成片林副总体中增设样地 181 个，共调查样地 3253 个，其中林业用地转非林业用地 90 个，实际回收林业用地固定样地 3163 个。

2000 年江苏开展森林资源清查第 4 次复查。这次复查采取了以全省总土地面积为总体，统一采用 4 km×3 km 的点间距，布设 8536 个固定样地。样地形状为正方形，面积为 0.0667 hm²。

本次清查在原固定样地的基础上，加密遥感判读样地，布设了一套遥感判读样本，判读样地数量 51890 个，间距 2 km×1 km。

江苏(含上海)的样地情况如表 7-5：

表 7-5   江苏(含上海)样地概况

项目	内容
调查(副)总体	江苏、上海样地
样地调查时间	全国第 7 次清查江苏数据(2005 年) 全国第 8 次清查江苏数据(2010 年) 全国第 7 次清查上海数据(2004 年) 全国第 8 次清查上海数据(2009 年)
样地个数	全国第 7 次清查江苏样地 8536 个 全国第 8 次清查江苏样地 8536 个 全国第 7 次清查上海样地 3365 个 全国第 8 次清查上海样地 3365 个
样地间距	江苏样地间距 4 km×3 km 上海样地间距 2 km×1 km
样地大小	江苏、上海样地面积均为 0.0667 hm²
样地形状	25.82 m×25.82 m 的正方形
备注	

7.4.2.2   样地筛选情况

根据江苏(含上海)划分的森林生产力三级区划，提取每个三级区划的样地数据，对提取的样地数据进行筛选。

筛选的条件如下：

地类为乔木林地或疏林地。剔除地类是红树林、竹林、国家特别规定灌木林地、其他灌木林地、未成林封育地、未成林造林地、苗圃地、采伐迹地、火烧迹地、其他无立木林地、宜林荒山荒地、宜林沙荒地、其他宜林地、耕地、牧草地、水域、未利用地、工矿建设用地、城乡居民建设用地、交通建设用地、其他用地的样地。被剔除的样地或者没有划分起源，或者没有样地平均年龄，或者优势树种是灌木，无法进行以林木蓄积量为因变量，样地平均年龄为自变量的曲线拟合。

表 7-6 详细说明了江苏(含上海)第 7、8 期样地(分三级区划)及样地筛选情况。

表 7-6   江苏(含上海)分三级区划样地筛选情况

序号	森林生产力三级区划	监测期	样地总数	筛选样地数	所占比例/%
1	暖温带—亚湿润—落叶阔叶林黄淮平原立地亚区	第 7 期	2839	377	13.2
		第 8 期	2836	542	19.1

（续）

序号	森林生产力三级区划	监测期	样地总数	筛选样地数	所占比例/%
2	暖温带—亚湿润—落叶阔叶林长江下游滨湖平原立地亚区	第 7 期	884	33	3.7
		第 8 期	885	81	9.2
3	北亚热带—湿润—常绿阔叶林长江下游滨湖平原立地亚区	第 7 期	8047	392	4.9
		第 8 期	8047	642	8.0

7.4.3 建模树种提取

对筛选出的森林生产力三级区划的乔木林地和疏林地样地数据，分别统计每个优势树种的样地数和样地的起源，为了尽量使每个三级区划都能有森林生产力值，方便森林生产力等级划分，在每个森林生产力三级区内，如果优势树种的建模样地达到50，则建立样本数≥50的优势树种的生长模型；如果优势树种的建模样地均未达到50，则降低建模样本量为30；降低建模标准且合并树种组仍无法达到建模量的，若该区为完整的三级区，则看邻近区内与该区内相似树种的蓄积量，作为该区的归一化蓄积量；若该区是被省界分割的森林生产力三级区的小部分，则暂时空缺，若是被省界分割的森林生产力三级区的大部分，则参照完整的三级区处理。

各三级区划分优势树种样地数统计如表 7-7。

表 7-7　江苏（含上海）各三级区划样地数分优势树种统计

序号	森林生产力三级区划	优势树种	监测期	起源	样地数
1	暖温带—亚湿润—落叶阔叶林黄淮平原立地亚区	赤松	第 7 期	人工	1
			第 8 期		1
		国外松	第 7 期	人工	1
			第 8 期		0
		湿地松	第 7 期	人工	0
			第 8 期		1
		其他松类	第 7 期	人工	0
			第 8 期		1
		杉木	第 7 期	人工	1
			第 8 期		1
		水杉	第 7 期	人工	2
			第 8 期		1
		柏木	第 7 期	人工	9
			第 8 期		10
		栎类	第 7 期	人工	1
			第 8 期		0
		刺槐	第 7 期	人工	0
			第 8 期		3
		其他硬阔	第 7 期	人工	2
			第 8 期		6
		杨树	第 7 期	人工	351
			第 8 期		480

（续）

序号	森林生产力三级区划	优势树种	监测期	起源	样地数
1	暖温带—亚湿润—落叶阔叶林黄淮平原立地亚区	柳树	第7期	人工	1
			第8期		2
		泡桐	第7期	人工	0
			第8期		3
		其他软阔	第7期	人工	1
			第8期		1
		针叶混	第7期	人工	1
			第8期		1
		阔叶混	第7期	人工	2
			第8期		25
		针阔混	第7期	人工	4
			第8期		4
2	暖温带—亚湿润—落叶阔叶林长江下游滨湖平原立地亚区	杨树	第7期	人工	30
			第8期		65
		针阔混	第7期	人工	3
			第8期		1
		其他松类	第7期	人工	0
			第8期		1
		水杉	第7期	人工	0
			第8期		2
		樟木	第7期	人工	0
			第8期		2
		其他硬阔	第7期	人工	0
			第8期		2
		阔叶混	第7期	人工	0
			第8期		8
3	北亚热带—湿润—常绿阔叶林长江下游滨湖平原立地亚区	黑松	第7期	人工	6
			第8期		3
		马尾松	第7期	人工	16
			第8期		12
		国外松	第7期	人工	5
			第8期		0
		湿地松	第7期	人工	0
			第8期		8
		其他松类	第7期	人工	1+8
			第8期		6+7
		杉木	第7期	人工	14
			第8期		15
		柳杉	第7期	人工	1
			第8期		2

（续）

序号	森林生产力三级区划	优势树种	监测期	起源	样地数
3	北亚热带—湿润—常绿阔叶林长江下游滨湖平原立地亚区	水杉	第7期	人工	9＋24
			第8期		12＋24
		池杉	第7期	人工	2
			第8期		4
		柏木	第7期	人工	3＋3
			第8期		2＋2
		其他杉类	第7期	人工	0
			第8期		3
		栎类	第7期	天然	8
			第8期		9
		樟木	第7期	人工	0＋32
			第8期		31＋54
		榆树	第7期	人工	1＋1
			第8期		5＋2
		刺槐	第7期	人工	0
			第8期		2
		枫香	第7期	天然	2
			第8期		0＋2
		其他硬阔	第7期	天然	12
			第8期		4
		其他硬阔	第7期	人工	21＋34
			第8期		19＋57
		杨树	第7期	人工	62＋25
			第8期		137＋21
		柳树	第7期	人工	2＋1
			第8期		6＋5
		其他软阔	第7期	人工	13＋12
			第8期		26＋21
		针叶混	第7期	人工	1
			第8期		3
		阔叶混	第7期	人工	13＋24
			第8期		56＋19
		阔叶混	第7期	天然	0
			第8期		25
		针阔混	第7期	人工	21＋15
			第8期		24＋8

从表7-8中可以筛选江苏（含上海）森林生产力三级区划的建模树种如表7-8：

表7-8 江苏(含上海)各三级分区主要建模树种及建模数据统计

序号	森林生产力三级区划	优势树种	起源	监测期	总样地数	建模样地数	所占比例/%
1	暖温带—亚湿润—落叶阔叶林黄淮平原立地亚区	杨树	人工	第7期	351	830	99.9
				第8期	480		
2	暖温带—亚湿润—落叶阔叶林长江下游滨湖平原立地亚区	杨树	人工	第7期	30	95	100
				第8期	65		
3	北亚热带—湿润—常绿阔叶林长江下游滨湖平原立地亚区	其他硬阔	人工	第7期	21+34	96	73.3
				第8期	19+57		
		杨树	人工	第7期	62+25	235	95.9
				第8期	137+21		

7.4.4 建模前数据整理和对应

7.4.4.1 对森林采伐等人为干扰情况的处理

在数据的整理过程中，对第7、8期样地号对应，优势树种一致，第8期年龄增加与调查间隔期一致的样地，第8期林木蓄积量加上采伐蓄积量作为第8期的林木蓄积量，第7期的林木蓄积量不变。

7.4.4.2 对优势树种发生变化情况的处理

两期样地对照分析，第8期样地的优势树种发生变化的样地，林木蓄积量仍以第8期的林木蓄积量为准，把该样地作为第8期优势树种的样地，林木蓄积量以第8期调查时为准，不加采伐蓄积量。第7期的处理同第8期。

7.4.4.3 对样地年龄与时间变化不一致情况的处理

对样地第8期的年龄与调查间隔时间变化不一致的样地，则以第8期的样地平均年龄为准，林木蓄积量不与采伐蓄积量相加，仍以第8期的林木蓄积量作为林木蓄积量，第7期的林木蓄积量不发生变化。

7.4.5 建立林分蓄积量生长模型

根据筛选出的优势树种样地数据，以整理后的林木蓄积量作为因变量，以样地的平均年龄作为自变量，剔除异常数据，根据样地数据散点图的总体趋势，选取不同的生长方程拟合曲线。主要树种建模数据统计见表7-9。

表7-9 主要树种建模数据统计

序号	森林生产力三级区划	优势树种	统计量	最小值	最大值	平均值
1	暖温带—亚湿润—落叶阔叶林黄淮平原立地亚区	杨树	林木蓄积量	6.7050	145.0543	82.1259
			平均年龄	2	20	天然
2	北亚热带—湿润—常绿阔叶林长江下游滨湖平原立地亚区	其他硬阔	林木蓄积量	4.7601	61.4393	31.5395
			平均年龄	2	38	15
		杨树	林木蓄积量	3.8331	136.6417	64.0001
			平均年龄	2	18	10
3	暖温带—亚湿润—落叶阔叶林长江下游滨湖平原立地亚区	杨树	林木蓄积量	11.9490	132.3988	66.7847
			平均年龄	3	17	9

S型生长模型能够合理地表示树木或林分的生长过程和趋势，避免了其他模型只在某

一生长阶段的拟合精度高，而不能完整体现树木或林分生长趋势的弊端，而本方案的目的是预测林分达到成熟林时的蓄积量，S 型生长模型得到的值在比较合理的范围内。

选取的生长方程如下表 7-10：

表 7-10　拟合所用的生长模型量

序号	生长模型名称	生长模型公式
1	Richards 模型	$y = A (1 - e^{-kx})^B$
2	单分子模型	$y = A (1 - e^{-kx})$
3	Logistic 模型	$y = A/(1 + Be^{-kx})$
4	Korf 模型	$y = Ae^{-Bx-k}$

其中，y 为样地的林木蓄积量，x 为林分年龄，A 为树木生长的最大值参数，k 为生长速率参数，B 为与初始值有关的参数。

经过数据拟合，得出各模型的参数和拟合优度及总相对误差，选取三级区划各树种的适合拟合方程，整理如表 7-11。生长模型如图 7-5 ~ 图 7-8。

表 7-11　主要树种模型

序号	森林生产力三级区划	优势树种	模型	生长方程	参数标准差 A	参数标准差 B	参数标准差 k	R^2	TRE /%
1	暖温带—亚湿润—落叶阔叶林黄淮平原立地亚区	杨树	Logistic 普	$y = 130.6614/(1 + 13.2620e^{-0.3140x})$	9.7832	6.3284	0.0697	0.90	-0.2525
			Logistic 加	$y = 119.4499/(1 + 21.0980e^{-0.4166x})$	8.3469	4.9724	0.0513		0.5747
2	北亚热带—湿润—常绿阔叶林长江下游滨湖平原立地亚区	其他硬阔	Richards 普	$y = 70.4857 (1 - e^{-0.0475x})^{1.0180}$	18.7965	0.3678	0.0365	0.88	-0.2562
			Richards 加	$y = 64.9871 (1 - e^{-0.0621x})^{1.1738}$	18.1038	0.2788	0.0374		-0.0367
		杨树	Richards 普	$y = 111.8290 (1 - e^{-0.2004x})^{2.9839}$	19.4369	1.9822	0.1059	0.86	0.0113
			Richards 加	$y = 109.8807 (1 - e^{-0.2097x})^{3.1134}$	11.7232	0.4354	0.0381		-0.0158
3	暖温带—亚湿润—落叶阔叶林长江下游滨湖平原立地亚区	杨树	Richards 普	$y = 118.5822 (1 - e^{-0.1917x})^{2.5296}$	32.8587	2.0978	0.1459	0.80	0.0140
			Richards 加	$y = 111.9403 (1 - e^{-0.2221x})^{2.9049}$	24.7598	1.2114	0.1011		0.0028

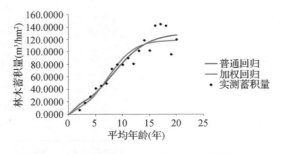

图 7-5　暖温带—亚湿润—落叶阔叶林黄淮平原立地亚区杨树生长模型

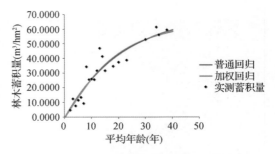

图 7-6　北亚热带—湿润—常绿阔叶林长江下游滨湖平原立地亚区其他硬阔生长模型

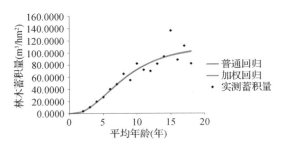

图7-7 北亚热带—湿润—常绿阔叶林长江下游
滨湖平原立地亚区杨树生长模型

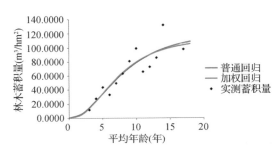

图7-8 暖温带—亚湿润—落叶阔叶林长江下游
滨湖平原立地亚区杨树生长模型

7.4.6 生长模型的检验

为了检验普通回归和加权回归生长模型的适用性,采用以下评价指标:确定系数(R^2)、估计值的标准误差(SEE)、总相对误差(TRE)、平均系统误差(MSE)、平均预估误差(MPE)。

$$R^2 = 1 - \sum (y_i - \hat{y}_i)^2 / \sum (y_i - \bar{y}_i)^2$$

$$SEE = \sqrt{\sum (y_i - \hat{y}_i)^2 / (n - k)}$$

$$TRE = \sum (y_i - \hat{y}_i) / \sum \hat{y}_i \times 100$$

$$MSE = \sum (y_i - \hat{y}_i) / \hat{y}_i / n \times 100$$

$$MPE = t_\alpha \cdot (SEE / \bar{y}) / \sqrt{n} \times 100$$

式中,y_i 为实际观测值,$\hat{y}_i$ 为模型预估值,$\bar{y}$ 为样本平均值,n 为样本单元数,k 为参数个数,t_α 为置信水平 α 时的 t 值。在这 6 项指标中,R^2 和 SEE 是回归模型的最常用指标,既反映了模型的拟合优度,也反映了自变量的贡献率和因变量的离差情况;TRE 和 MSE 是反映拟合效果的重要指标,二者应该控制在一定范围内(如 ±3%),趋向于 0 时效果最好;MPE 是反映平均蓄积量估计值的精度指标。

各森林生产力三级区划优势树种生长模型检验见表7-12。

表7-12 各森林生产力三级区划优势树种生长模型检验

序号	森林生产力三级区划	优势树种	模型	R^2	SEE	TRE	MSE	MPE
1	暖温带—亚湿润—落叶阔叶林黄淮平原立地亚区	杨树	Logistic 普	0.90	14.2146	−0.2525	−2.4677	8.3109
			Logistic 加		15.2592	0.5747	−0.1537	8.8662
2	北亚热带—湿润—常绿阔叶林长江下游滨湖平原立地亚区	其他硬阔	Richards 普	0.88	6.5144	−0.2562	−1.5869	9.3751
			Richards 加		6.5405	−0.0367	−0.0375	9.4127
		杨树	Richards 普	0.86	14.3413	0.0113	−0.2289	11.4674
			Richards 加		14.3486	−0.0158	−0.0124	11.4733
3	暖温带—亚湿润—落叶阔叶林长江下游滨湖平原立地亚区	杨树	Richards 普	0.80	16.4496	0.0140	−0.1827	14.7557
			Richards 加		16.4998	0.0028	−0.0039	14.8007

总相对误差(TRE)基本在 ±3% 以内,平均系统误差(MSE)基本在 ±5% 以内,表明模型拟合效果良好。从这一原则出发,加权回归模型的拟合效果要好于普通回归模型;平均预估误差(MPE)基本在 15% 以内,说明蓄积生长模型的平均预估精度达到约85%以上。

从参数估计值看，各树种的相应参数的标准差较小，说明模型的稳定性比较好。

7.4.7 样地蓄积量归一化

通过提取的江苏(含上海)的样地数据，江苏(含上海)的优势树种主要是杨树人工林和其他硬阔人工林。

根据《国家森林资源连续清查主要技术规定》确定各树种组的龄组划分和成熟林年龄，见表7-13和表7-14。

表 7-13　江苏(含上海)树种成熟年龄

序号	树种	地区	起源	龄级	成熟林
1	杨树	南方	天然	5	21
			人工	5	16
2	其他硬阔	南方	天然	20	81
			人工	10	51

表 7-14　江苏(含上海)三级区划主要树种成熟林蓄积量

序号	森林生产力三级区划	树种	起源	成熟年龄	成熟林蓄积量/(m^3/hm^2)
1	暖温带—亚湿润—落叶阔叶林黄淮平原立地亚区	杨树	人工	16	116.3240
2	暖温带—亚湿润—落叶阔叶林长江下游滨湖平原立地亚区	杨树	人工	16	102.8882
3	北亚热带—湿润—常绿阔叶林长江下游滨湖平原立地亚区	其他硬阔	人工	51	61.7877
		杨树	人工	16	98.3733

7.4.8 江苏(含上海)森林生产力分区

依据全国公顷蓄积量分级结果(参见全国报告的表4-12)。江苏(含上海)公顷蓄积量分级结果见表7-15。样地归一化蓄积量如图7-9。森林生产力分级如图7-10。

表 7-15　江苏(含上海)公顷蓄积量分级结果　　　　　　单位：m^3/hm^2

级别	3 级	4 级
公顷蓄积量	60～90	90～120

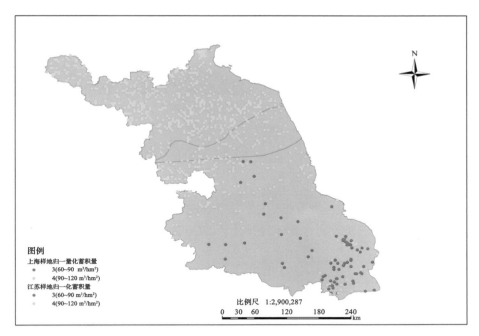

图 7-9　江苏(含上海)样地归一化蓄积量分级

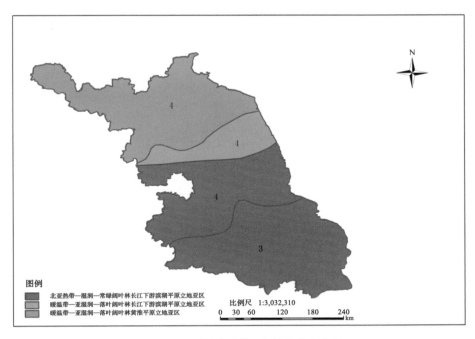

图 7-10　江苏(含上海)森林生产力分级

注：图中森林生产力等值依据前文中表 7-15 公顷蓄积量分级结果。

8 浙江森林潜在生产力分区成果

8.1 浙江森林生产力一级区划

以我国 1:100 万全国行政区划数据中浙江省界为边界，从全国森林生产力一级区划图中提取浙江森林生产力一级区划，浙江森林生产力一级区划单位为 2 个，如表 8-1 和图 8-1：

表 8-1 森林生产力一级区划

序号	气候带	气候大区	森林生产力一级区划
1	中亚热带	湿润	中亚热带—湿润地区
2	北亚热带	湿润	北亚热带—湿润地区

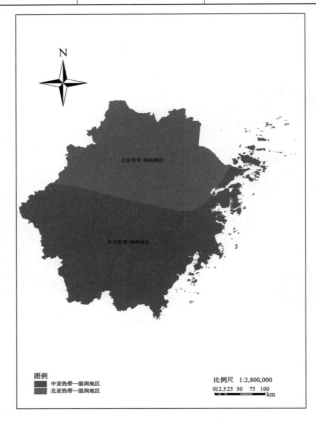

图 8-1 浙江森林生产力一级区划

注：本图显示采用 2000 国家大地坐标系（简称 CGCS2000），后续相关地图同该坐标系。

8.2 浙江森林生产力二级区划

按照浙江省界从全国森林生产力二级区划中提取浙江的森林生产力二级区划，浙江森林生产力二级区划单位为 2 个，如表 8-2 和图 8-2：

表 8-2 森林生产力二级区划

序号	森林生产力一级区划	森林生产力二级区划
1	中亚热带—湿润地区	中亚热带—湿润—常绿阔叶林
2	北亚热带—湿润地区	北亚热带—湿润—常绿阔叶林

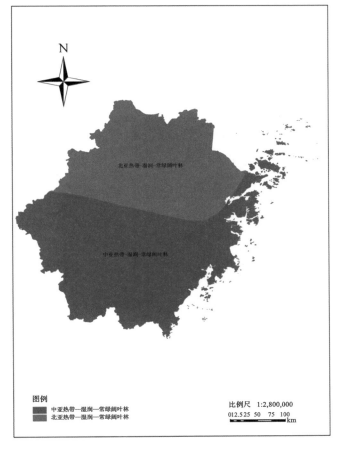

图 8-2 浙江森林生产力二级区划

8.3 浙江森林生产力三级区划

8.3.1 浙江立地区划

根据全国立地区划结果，以浙江 1:100 万省界为提取框架，提取浙江立地区划结果。需要说明的是，由于浙江省界数据与全国立地区划成果数据精度不一致，导致提取的浙江立地区划数据在省界边缘出现不少细小的破碎斑块。因此，对浙江立地区划数据进行了破碎化斑块处理，根据就近原则，将破碎小斑块就近合并到最近的大斑块中。处理后，得到

的浙江立地区划属性数据和矢量图分别如表 8-3 和图 8-3:

表 8-3　浙江立地区划

序号	立地区域	立地区	立地亚区
1	南方亚热带立地区域	长江中下游滨湖平原立地区	长江下游滨湖平原立地亚区
2		天目山山地立地区	浙东低山丘陵立地亚区
3			浙皖低山丘陵立地亚区
4		武夷山山地立地区	浙皖赣中低山立地亚区
5		湘赣浙丘陵立地区	武夷山北部立地亚区
6		浙闽沿海低山丘陵立地区	东部低丘岗地立地亚区
7			浙闽东南沿海丘陵立地亚区
8			浙闽东南山地立地亚区

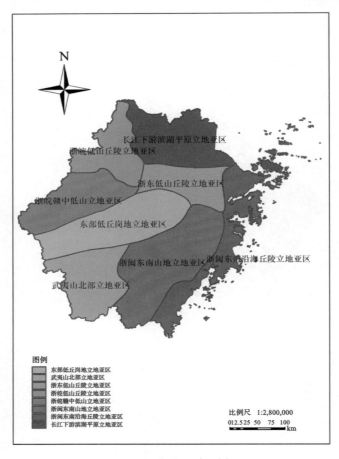

图 8-3　浙江立地区划

8.3.2　浙江三级区划

　　根据浙江的省界从全国森林生产力三级区划中提取浙江森林生产力三级区划。

　　用浙江省界来提取浙江森林生产力三级区划时边缘出现了破碎的小斑块,为了使省级森林生产力三级区划不至于太破碎,根据就近原则,将破碎小斑块就近合并到最近的大斑块中。

浙江森林生产力三级区划单位为10个，如表8-4，分布如图8-4：

表8-4　森林生产力三级区划

序号	森林生产力一级区划	森林生产力二级区划	森林生产力三级区划
1	北亚热带—湿润地区	北亚热带—湿润—常绿阔叶林	北亚热带—湿润—常绿阔叶林浙东低山丘陵立地亚区
2			北亚热带—湿润—常绿阔叶林浙皖低山丘陵立地亚区
3			北亚热带—湿润—常绿阔叶林浙皖赣中低山立地亚区
4			北亚热带—湿润—常绿阔叶林东部低丘岗地立地亚区
5			北亚热带—湿润—常绿阔叶林长江下游滨湖平原立地亚区
6	中亚热带—湿润地区	中亚热带—湿润—常绿阔叶林	中亚热带—湿润—常绿阔叶林浙皖赣中低山立地亚区
7			中亚热带—湿润—常绿阔叶林武夷山北部立地亚区
8			中亚热带—湿润—常绿阔叶林东部低丘岗地立地亚区
9			中亚热带—湿润—常绿阔叶林浙闽东南沿海丘陵立地亚区
10			中亚热带—湿润—常绿阔叶林浙闽东南山地立地亚区

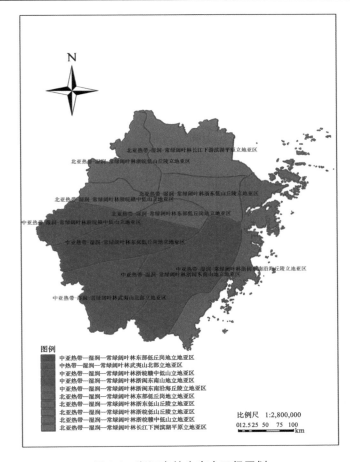

图8-4　浙江森林生产力三级区划

8.4 浙江森林生产力量化分级

8.4.1 技术方案

单位面积蓄积量标志着林地生产力的高低及经营措施的效果。本方案在森林生产力三级区划结果基础上，根据已调查的浙江第 7 期、第 8 期一类清查样地数据，提取浙江森林生产力三级区划的样地数据，筛选出两期地类是乔木林地、疏林地的样地，根据森林生产力三级区划的主要树种，建立样地优势树种蓄积生长模型，并归一该树种到成熟林时单位公顷的蓄积值，以此作为量化样地森林生产力的依据，在森林生产力三级的基础上进行森林植被生产力区划。

8.4.2 样地筛选

8.4.2.1 样地情况

1979 年浙江建立森林资源连续清查体系。全省抽样总体面积为 864.7 万 hm^2，按 4 km ×6 km 间距，采用系统抽样方法机械布设固定样地 3550 个，样地形状正方形，面积为0.08 hm^2，以点定地类法确定地类。

1986 年浙江开展了森林资源清查第 1 次复查，本次复查在全省总体区划、总体面积、技术标准和基础数表方面与初查一致。

1989 年浙江开展森林资源清查第 2 次复查，在初查和第一次复查时被剔除的几个平原区按相同间距增设样地 640 个，使全省固定样地数共达 4215 个，覆盖全省范围。

1994 年浙江开展森林资源清查第 3 次复查。样地间距分别为 4 km × 3 km、4 km ×6 km 和 4 km ×9 km，固定样地 2808 个，新设样地 1414 个，样地共计 4222 个。

1999 年浙江开展森林资源清查第 4 次复查。本期复查样地 2829 个，新测设固定样地1420 个，本期总体共调查样地 4249 个，样地间距、面积、形状不变。

本次复查，在原固定样地的基础上，加密遥感判读样地，布设了一套遥感判读样本，判读样地数量 52091 个，间距 2 km ×1 km。

浙江的样地情况如表 8-5：

表 8-5　浙江样地概况

项目	内容
调查（副）总体	浙江样地
样地调查时间	全国第 7 次清查浙江数据（2004 年） 全国第 8 次清查浙江数据（2009 年）
样地个数	全国第 7 次清查浙江样地 4253 个 全国第 8 次清查浙江样地 4252 个
样地间距	副总体样地间距 4 km ×3 km、4 km ×6 km、4 km ×9 km
样地大小	0.08 hm^2
样地形状	28.28 m ×28.28 m 的正方形
备注	

8.4.2.2 样地筛选情况

根据浙江划分的森林生产力三级区划，提取每个三级区划的样地数据，对提取的样地数据进行筛选。

筛选的条件如下：

地类为乔木林地或疏林地。剔除地类是红树林、竹林、国家特别规定灌木林地、其他灌木林地、未成林封育地、未成林造林地、苗圃地、采伐迹地、火烧迹地、其他无立木林地、宜林荒山荒地、宜林沙荒地、其他宜林地、耕地、牧草地、水域、未利用地、工矿建设用地、城乡居民建设用地、交通建设用地、其他用地的样地。被剔除的样地或者没有划分起源，或者没有样地平均年龄，或者优势树种是灌木，无法进行以林木蓄积量为因变量，样地平均年龄为自变量的曲线拟合。

表8-6详细说明了浙江第7、8期样地(分三级区划)及样地筛选情况。

表8-6　浙江分三级区划样地筛选情况

序号	森林生产力三级区划	监测期	样地总数	筛选样地数	所占比例/%
1	北亚热带—湿润—常绿阔叶林浙东低山丘陵立地亚区	第7期	334	115	34.4
		第8期	335	111	33.1
2	北亚热带—湿润—常绿阔叶林浙皖低山丘陵立地亚区	第7期	366	132	36.1
		第8期	366	141	38.5
3	北亚热带—湿润—常绿阔叶林浙皖赣中低山立地亚区	第7期	211	104	49.3
		第8期	211	123	58.3
4	北亚热带—湿润—常绿阔叶林东部低丘岗地立地亚区	第7期	159	65	40.1
		第8期	159	69	43.4
5	北亚热带—湿润—常绿阔叶林长江下游滨湖平原立地亚区	第7期	467	29	6.2
		第8期	468	34	7.3
6	中亚热带—湿润—常绿阔叶林浙皖赣中低山立地亚区	第7期	280	147	52.5
		第8期	280	148	52.9
7	中亚热带—湿润—常绿阔叶林武夷山北部立地亚区	第7期	489	292	59.7
		第8期	489	289	59.1
8	中亚热带—湿润—常绿阔叶林东部低丘岗地立地亚区	第7期	518	169	32.6
		第8期	518	176	34.0
9	中亚热带—湿润—常绿阔叶林浙闽东南沿海丘陵立地亚区	第7期	547	145	26.5
		第8期	542	157	29.0
10	中亚热带—湿润—常绿阔叶林浙闽东南山地立地亚区	第7期	846	457	54.0
		第8期	846	453	53.5

8.4.3 建模树种提取

对筛选出的森林生产力三级区划的乔木林地和疏林地样地数据，分别统计每个优势树种的样地数和样地的起源，为了尽量使每个三级区划都能有森林生产力值，方便森林生产力等级划分，在每个森林生产力三级区内，如果优势树种的建模样地达到50，则建立样本数≥50的优势树种的生长模型；如果优势树种的建模样地均未达到50，则降低建模样本量为30；降低建模标准且合并树种组仍无法达到建模量的，若该区为完整的三级区，则看邻近区内与该区内相似树种的蓄积量，作为该区的归一化蓄积量；若该区是被省界分割的森林生产力三级区的小部分，则暂时空缺，若是被省界分割的森林生产力三级区的大部分，则参照完整的三级区处理。

各三级区划分优势树种样地数统计见表8-7。

表 8-7　浙江各三级区划样地数分优势树种统计

序号	森林生产力三级区划	优势树种	监测期	起源	样地数
1	北亚热带—湿润—常绿阔叶林浙东低山丘陵立地亚区	马尾松	第7期	天然	25
			第8期		17
		高山松	第7期	人工	1
			第8期		0
		湿地松	第7期	人工	1
			第8期		0
		黄山松	第7期	人工	0
			第8期		1
		杉木	第7期	人工	5
			第8期		4
		栎类	第7期	天然	3
			第8期		4
		木荷	第7期	天然	11
			第8期		10
		其他硬阔	第7期	天然	1
			第8期		2
		泡桐	第7期	天然	1
			第8期		0
		其他软阔	第7期	天然	1
			第8期		0
		针叶混	第7期	天然	7
			第8期		4
		阔叶混	第7期	天然	35
			第8期		50
		针阔混	第7期	天然	24
			第8期		19
2	北亚热带—湿润—常绿阔叶林浙皖低山丘陵立地亚区	马尾松	第7期	天然	31
			第8期		20
		高山松	第7期	天然	2
			第8期		0
		湿地松	第7期	人工	2
			第8期		1

（续）

序号	森林生产力三级区划	优势树种	监测期	起源	样地数
2	北亚热带—湿润—常绿阔叶林浙皖低山丘陵立地亚区	火炬松	第7期	人工	0
			第8期		1
		黄山松	第7期	天然	0
			第8期		2
		杉木	第7期	人工	36
			第8期		22
		杉木	第7期	天然	12
			第8期		6
		栎类	第7期	天然	6
			第8期		16
		榆树	第7期	天然	1
			第8期		0
		木荷	第7期	天然	2
			第8期		1
		枫香	第7期	天然	1
			第8期		0
		其他硬阔	第7期	天然	7
			第8期		0
		其他软阔	第7期	天然	1
			第8期		0
		针叶混	第7期	天然	4
			第8期		7
		阔叶混	第7期	天然	19
			第8期		44
		针阔混	第7期	天然	8
			第8期		21
3	北亚热带—湿润—常绿阔叶林浙皖赣中低山立地亚区	马尾松	第7期	天然	16
			第8期		19
		湿地松	第7期	人工	2
			第8期		1
		杉木	第7期	人工	26
			第8期		24
		杉木	第7期	天然	10
			第8期		10
		柏木	第7期	人工	3
			第8期		3
		栎类	第7期	天然	9
			第8期		8
		其他硬阔	第7期	天然	5
			第8期		0
		杨树	第7期	人工	1
			第8期		0

（续）

序号	森林生产力三级区划	优势树种	监测期	起源	样地数
3	北亚热带—湿润—常绿阔叶林浙皖赣中低山立地亚区	其他软阔	第7期	天然	0
			第8期		1
		针叶混	第7期	天然	13
			第8期		13
		阔叶混	第7期	天然	6
			第8期		29
		针阔混	第7期	天然	13
			第8期		15
4	北亚热带—湿润—常绿阔叶林东部低丘岗地立地亚区	马尾松	第7期	天然	28
			第8期		19
		高山松	第7期	天然	3
			第8期		0
		黄山松	第7期	天然	0
			第8期		3
		杉木	第7期	人工	9
			第8期		7
		栎类	第7期	天然	4
			第8期		2
		枫香	第7期	天然	2
			第8期		0
		其他硬阔	第7期	天然	3
			第8期		3
		针叶混	第7期	天然	2
			第8期		3
		阔叶混	第7期	天然	5
			第8期		19
		针阔混	第7期	天然	9
			第8期		13
5	北亚热带—湿润—常绿阔叶林长江下游滨湖平原立地亚区	马尾松	第7期	天然	9
			第8期		8
		湿地松	第7期	人工	0
			第8期		1
		杉木	第7期	人工	2
			第8期		1
		水杉	第7期	人工	1
			第8期		1
		栎类	第7期	天然	2
			第8期		3
		樟木	第7期	人工	1
			第8期		1
		木荷	第7期	天然	1
			第8期		1

（续）

序号	森林生产力三级区划	优势树种	监测期	起源	样地数
5	北亚热带—湿润—常绿阔叶林长江下游滨湖平原立地亚区	其他硬阔	第 7 期	天然	3
			第 8 期		2
		杨树	第 7 期	人工	1
			第 8 期		1
		其他软阔	第 7 期	人工	0
			第 8 期		2
		针叶混	第 7 期	人工	1
			第 8 期		1
		阔叶混	第 7 期	天然	7
			第 8 期		11
		针阔混	第 7 期	天然	1
			第 8 期		1
6	中亚热带—湿润—常绿阔叶林浙皖赣中低山立地亚区	马尾松	第 7 期	天然	25
			第 8 期		25
		高山松	第 7 期	天然	1
			第 8 期		0
		湿地松	第 7 期	人工	1
			第 8 期		1
		黄山松	第 7 期	天然	0
			第 8 期		1
		杉木	第 7 期	人工	59
			第 8 期		51
		杉木	第 7 期	天然	9
			第 8 期		8
		柏木	第 7 期	人工	2
			第 8 期		2
		栎类	第 7 期	天然	12
			第 8 期		11
		枫香	第 7 期	人工	1
			第 8 期		1
		其他硬阔	第 7 期	天然	4
			第 8 期		0
		其他软阔	第 7 期	天然	1
			第 8 期		1
		针叶混	第 7 期	天然	11
			第 8 期		11
		阔叶混	第 7 期	天然	14
			第 8 期		25
		针阔混	第 7 期	天然	7
			第 8 期		12
7	中亚热带—湿润—常绿阔叶林武夷山北部立地亚区	马尾松	第 7 期	天然	22
			第 8 期		15

（续）

序号	森林生产力三级区划	优势树种	监测期	起源	样地数
7	中亚热带—湿润—常绿阔叶林武夷山北部立地亚区	高山松	第 7 期	人工	9
			第 8 期		0
		湿地松	第 7 期	人工	0
			第 8 期		1
		黄山松	第 7 期	天然	0
			第 8 期		8
		杉木	第 7 期	人工	84
			第 8 期		74
		杉木	第 7 期	天然	31
			第 8 期		26
		柳杉	第 7 期	人工	1
			第 8 期		1
		水杉	第 7 期	人工	1
			第 8 期		0
		柏木	第 7 期	人工	1
			第 8 期		1
		栎类	第 7 期	天然	7
			第 8 期		11
		桦木	第 7 期	人工	0
			第 8 期		2
		木荷	第 7 期	天然	1
			第 8 期		0
		其他硬阔	第 7 期	天然	13
			第 8 期		6
		其他软阔	第 7 期	天然	3
			第 8 期		1
		针叶混	第 7 期	天然	13
			第 8 期		26
		阔叶混	第 7 期	天然	61
			第 8 期		79
		针阔混	第 7 期	天然	40
			第 8 期		38
8	中亚热带—湿润—常绿阔叶林东部低丘岗地立地亚区	马尾松	第 7 期	天然	61
			第 8 期		42
		马尾松	第 7 期	人工	6
			第 8 期		5
		湿地松	第 7 期	人工	5
			第 8 期		6
		杉木	第 7 期	天然	16
			第 8 期		14
		杉木	第 7 期	人工	29
			第 8 期		25

（续）

序号	森林生产力三级区划	优势树种	监测期	起源	样地数
8	中亚热带—湿润—常绿阔叶林东部低丘岗地立地亚区	栎类	第 7 期	天然	10
			第 8 期		12
		木荷	第 7 期	天然	4
			第 8 期		7
		枫香	第 7 期	天然	1
			第 8 期		1
		其他硬阔	第 7 期	天然	3
			第 8 期		1
		其他软阔	第 7 期	天然	1
			第 8 期		0
		杨树	第 7 期	人工	0
			第 8 期		1
		针叶混	第 7 期	天然	5
			第 8 期		8
		针叶混	第 7 期	人工	5
			第 8 期		4
		阔叶混	第 7 期	天然	13
			第 8 期		25
		阔叶混	第 7 期	人工	0
			第 8 期		1
		针阔混	第 7 期	天然	9
			第 8 期		21
		针阔混	第 7 期	人工	1
			第 8 期		3
9	中亚热带—湿润—常绿阔叶林浙闽东南沿海丘陵立地亚区	黑松	第 7 期	天然	1
			第 8 期		0
		黑松	第 7 期	人工	3
			第 8 期		3
		马尾松	第 7 期	天然	30
			第 8 期		18
		马尾松	第 7 期	人工	20
			第 8 期		10
		湿地松	第 7 期	人工	2
			第 8 期		1
		杉木	第 7 期	天然	1
			第 8 期		1
		杉木	第 7 期	人工	7
			第 8 期		10
		柳杉	第 7 期	人工	2
			第 8 期		2
		栎类	第 7 期	天然	4
			第 8 期		4

（续）

序号	森林生产力三级区划	优势树种	监测期	起源	样地数
9	中亚热带—湿润—常绿阔叶林浙闽东南沿海丘陵立地亚区	榆树	第7期	天然	3
		榆树	第8期	人工	0
		木荷	第7期	天然	5
		木荷	第8期		8
		木荷	第7期	人工	1
		木荷	第8期		2
		枫香	第7期	天然	1
		枫香	第8期		2
		其他硬阔	第7期	天然	5
		其他硬阔	第8期		1
		其他软阔	第7期	天然	1
		其他软阔	第8期		0
		针叶混	第7期	天然	6
		针叶混	第8期		5
		针叶混	第7期	人工	4
		针叶混	第8期		3
		阔叶混	第7期	天然	30
		阔叶混	第8期		56
		阔叶混	第7期	人工	0
		阔叶混	第8期		1
		针阔混	第7期	天然	17
		针阔混	第8期		18
		针阔混	第7期	人工	5
		针阔混	第8期		9
10	中亚热带—湿润—常绿阔叶林浙闽东南山地立地亚区	黑松	第7期	人工	1
		黑松	第8期		0
		马尾松	第7期	人工	26
		马尾松	第8期		23
		马尾松	第7期	天然	161
		马尾松	第8期		122
		高山松	第7期	天然	17
		高山松	第8期		0
		高山松	第7期	人工	5
		高山松	第8期		0
		湿地松	第7期	人工	7
		湿地松	第8期		6
		黄山松	第7期	天然	0
		黄山松	第8期		15
		黄山松	第7期	人工	0
		黄山松	第8期		5
		杉木	第7期	天然	23
		杉木	第8期		19

序号	森林生产力三级区划	优势树种	监测期	起源	样地数
10	中亚热带—湿润—常绿阔叶林浙闽东南山地立地亚区	杉木	第7期	人工	47
			第8期		45
		柳杉	第7期	人工	4
			第8期		3
		柏木	第7期	人工	5
			第8期		4
		栎类	第7期	天然	12
			第8期		14
		木荷	第7期	天然	2
			第8期		2
		枫香	第7期	天然	1
			第8期		0
		其他硬阔	第7期	天然	7
			第8期		4
		杨树	第7期	天然	0
			第8期		1
		柳树	第7期	天然	1
			第8期		0
		其他软阔	第7期	天然	2
			第8期		1
		其他软阔	第7期	人工	0
			第8期		1
		针叶混	第7期	天然	39
			第8期		38
		针叶混	第7期	人工	22
			第8期		25
		阔叶混	第7期	天然	33
			第8期		79
		阔叶混	第7期	人工	1
			第8期		1
		针阔混	第7期	天然	37
			第8期		56
		针阔混	第7期	人工	4
			第8期		10

从表8-7中可以筛选浙江森林生产力三级区划的建模树种如表8-8：

表 8-8　浙江各三级分区主要建模树种及建模数据统计

序号	森林生产力三级区划	优势树种	监测期	起源	总样地数	建模样地数	所占比例/%
1	北亚热带—湿润—常绿阔叶林浙东低山丘陵立地亚区	阔叶混	第7期	天然	35	84	98.8
			第8期		50		
2	中亚热带—湿润—常绿阔叶林浙皖赣中低山立地亚区	杉木	第7期	人工	59	109	99.1
			第8期		51		
3	中亚热带—湿润—常绿阔叶林武夷山北部立地亚区	杉木	第7期	人工	84	154	97.5
			第8期		74		
		阔叶混	第7期	天然	61	135	96.4
			第8期		79		
4	中亚热带—湿润—常绿阔叶林东部低丘岗立地亚区	马尾松	第7期	天然	61	103	100
			第8期		42		
5	中亚热带—湿润—常绿阔叶林浙闽东南沿海丘陵立地亚区	阔叶混	第7期	天然	30	82	95.3
			第8期		56		
6	中亚热带—湿润—常绿阔叶林浙闽东南山地立地亚区	马尾松	第7期	天然	161	282	99.6
			第8期		122		

8.4.4　建模前数据整理和对应

8.4.4.1　对森林采伐等人为干扰情况的处理

在数据的整理过程中，对第7、8期样地号对应，优势树种一致，第8期年龄增加与调查间隔期一致的样地，第8期林木蓄积量加上采伐蓄积量作为第8期的林木蓄积量，第7期的林木蓄积量不变。

8.4.4.2　对优势树种发生变化情况的处理

两期样地对照分析，第8期样地的优势树种发生变化的样地，林木蓄积量仍以第8期的林木蓄积量为准，把该样地作为第8期优势树种的样地，林木蓄积量以第8期调查时为准，不加采伐蓄积量。第7期的处理同第8期。

8.4.4.3　对样地年龄与时间变化不一致情况的处理

对样地第8期的年龄与调查间隔时间变化不一致的样地，则以第8期的样地平均年龄为准，林木蓄积量不与采伐蓄积量相加，仍以第8期的林木蓄积量作为林木蓄积量，第7期的林木蓄积量不发生变化。

8.4.5　建立林分蓄积量生长模型

根据筛选出的优势树种样地数据，以整理后的林木蓄积量作为因变量，以样地的平均年龄作为自变量，剔除异常数据，根据样地数据散点图的总体趋势，选取不同的生长方程拟合曲线。主要树种建模数据统计见表8-9。

表 8-9　主要树种建模数据统计

序号	森林生产力三级区划	优势树种	统计量	最小值	最大值	平均值
1	北亚热带—湿润—常绿阔叶林浙东低山丘陵立地亚区	阔叶混	林木蓄积量	1.3625	101.4625	38.6727
			平均年龄	6	42	21

（续）

序号	森林生产力三级区划	优势树种	统计量	最小值	最大值	平均值
2	中亚热带—湿润—常绿阔叶林东部低丘岗地立地亚区	马尾松	林木蓄积量	3.8000	56.1219	28.8851
			平均年龄	9	41	24
3	中亚热带—湿润—常绿阔叶林武夷山北部立地亚区	杉木	林木蓄积量	1.6688	129.5250	57.3046
			平均年龄	5	38	20
		阔叶混	林木蓄积量	0.4250	152.5000	54.4098
			平均年龄	6	43	24
4	中亚热带—湿润—常绿阔叶林浙闽东南山立地亚区	马尾松	林木蓄积量	0.8000	79.3542	33.9417
			平均年龄	6	47	25
5	中亚热带—湿润—常绿阔叶林浙闽东南沿海丘陵立地亚区	阔叶混	林木蓄积量	2.0250	73.0500	33.0403
			平均年龄	5	41	22
6	中亚热带—湿润—常绿阔叶林浙皖赣中低山立地亚区	杉木	林木蓄积量	11.2875	87.3313	60.7079
			平均年龄	7	35	20

S 型生长模型能够合理地表示树木或林分的生长过程和趋势，避免了其他模型只在某一生长阶段的拟合精度高，而不能完整体现树木或林分生长趋势的弊端，而本方案的目的是预测林分达到成熟林时的蓄积量，S 型生长模型得到的值在比较合理的范围内。

选取的生长方程如下表 8-10。

表 8-10　拟合所用的生长模型

序号	生长模型名称	生长模型公式
1	Richards 模型	$y = A(1 - e^{-kx})^B$
2	单分子模型	$y = A(1 - e^{-kx})$
3	Logistic 模型	$y = A/(1 + Be^{-kx})$
4	Korf 模型	$y = Ae^{-Bx-k}$

其中，y 为样地的林木蓄积量，x 为林分年龄，A 为树木生长的最大值参数，k 为生长速率参数，B 为与初始值有关的参数。

经过数据拟合，得出各模型的参数和拟合优度及总相对误差，选取三级区划各树种的适合拟合方程，整理如表 8-11。生长模型如图 8-5 ~ 图 8-11。

表 8-11　主要树种模型

序号	森林生产力三级区划	优势树种	模型	生长方程	参数标准差			R^2	TRE/%
					A	B	k		
1	北亚热带—湿润—常绿阔叶林浙东低山丘陵立地亚区	阔叶混	Richards 普	$y = 161.3127(1 - e^{-0.0490x})^{3.2824}$	80.2894	1.7725	0.0332	0.87	-0.1635
			Richards 加	$y = 135.7960(1 - e^{-0.0609x})^{3.8719}$	77.6018	1.2401	0.0316		0.0556
2	中亚热带—湿润—常绿阔叶林东部低丘岗地立地亚区	马尾松	Richards 普	$y = 86.0646(1 - e^{-0.0422x})^{2.3507}$	47.4130	1.2496	0.0351	0.84	-0.1561
			Richards 加	$y = 59.5277(1 - e^{-0.0769x})^{3.7600}$	14.4588	1.2696	0.0281		0.2119

（续）

序号	森林生产力三级区划	优势树种	模型	生长方程	参数标准差			R^2	TRE/%
					A	B	k		
3	中亚热带—湿润—常绿阔叶林武夷山北部立地亚区	杉木	Richards 普	$y = 122.5649(1 - e^{-0.0886x})^{3.5292}$	30.1844	2.3369	0.0488	0.79	-0.5090
			Richards 加	$y = 114.2314(1 - e^{-0.1084x})^{4.6755}$	25.7812	1.4009	0.0338		-0.5033
		阔叶混	Richards 普	$y = 167.8676(1 - e^{-0.0489x})^{3.0087}$	85.6680	1.9218	0.0382	0.79	-0.1241
			Richards 加	$y = 124.9414(1 - e^{-0.0753x})^{4.2730}$	25.1645	0.8342	0.0180		0.2973
4	中亚热带—湿润—常绿阔叶林浙闽东南山地立地亚区	马尾松	Logistic 普	$y = 72.0378/(1 + 41.2454e^{-0.1449x})$	6.7701	19.3713	0.0248	0.89	-0.3574
			Logistic 加	$y = 63.5995/(1 + 64.2179e^{-0.1788x})$	7.6946	17.3384	0.0211		0.4660
5	中亚热带—湿润—常绿阔叶林浙闽东南沿海丘陵立地亚区	阔叶混	Logistic 普	$y = 77.7565/(1 + 48.0990e^{-0.1565x})$	9.9071	28.5026	0.0334	0.87	0.1924
			Logistic 加	$y = 68.7222/(1 + 56.9896e^{-0.1786x})$	19.9672	27.5562	0.0412		0.5333
6	中亚热带—湿润—常绿阔叶林浙皖赣中低山立地亚区	杉木	Logistic 普	$y = 80.3812/(1 + 14.4239e^{-0.2269x})$	5.7799	11.0161	0.0676	0.74	0.0063
			Logistic 加	$y = 79.3650/(1 + 16.1241e^{-0.2398x})$	7.9702	9.3792	0.0671		0.0227

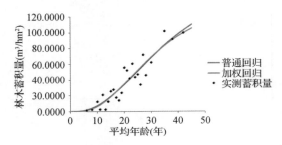

图 8-5 北亚热带—湿润—常绿阔叶林浙东低山丘陵立地亚区阔叶混生长模型

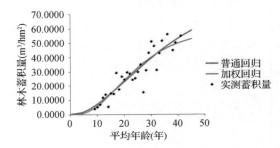

图 8-6 中亚热带—湿润—常绿阔叶林东部低丘岗地立地亚区马尾松生长模型

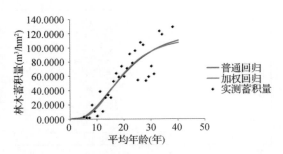

图 8-7 中亚热带—湿润—常绿阔叶林武夷山北部立地亚区杉木生长模型

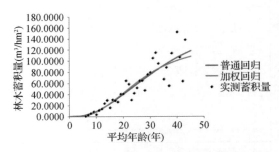

图 8-8 中亚热带—湿润—常绿阔叶林武夷山北部立地亚区阔叶混生长模型

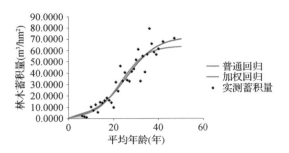

图 8-9 中亚热带—湿润—常绿阔叶林浙闽东南山地立地亚区马尾松生长模型

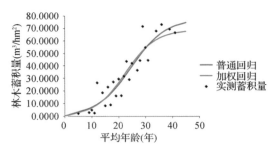

图 8-10 中亚热带—湿润—常绿阔叶林浙闽东南沿海丘陵立地亚区阔叶混生长模型

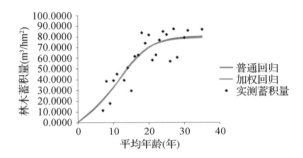

图 8-11 中亚热带—湿润—常绿阔叶林浙皖赣中低山立地亚区杉木生长模型

8.4.6 生长模型的检验

为了检验普通回归和加权回归生长模型的适用性，采用以下评价指标：确定系数（ R^2 ）、估计值的标准误差（ SEE ）、总相对误差（ TRE ）、平均系统误差（ MSE ）、平均预估误差（ MPE ）。

$$R^2 = 1 - \sum (y_i - \hat{y}_i)^2 / \sum (y_i - \bar{y}_i)^2$$

$$SEE = \sqrt{\sum (y_i - \hat{y}_i)^2 / (n - k)}$$

$$TRE = \sum (y_i - \hat{y}_i) / \sum \hat{y}_i \times 100$$

$$MSE = \sum (y_i - \hat{y}_i) / \hat{y}_i / n \times 100$$

$$MPE = t_\alpha \cdot (SEE/\bar{y}) / \sqrt{n} \times 100$$

式中， y_i 为实际观测值， $\hat{y}_i$ 为模型预估值， $\bar{y}$ 为样本平均值， n 为样本单元数， k 为参数个数， t_α 为置信水平 α 时的 t 值。在这6项指标中， R^2 和 SEE 是回归模型的最常用指标，既反映了模型的拟合优度，也反映了自变量的贡献率和因变量的离差情况； TRE 和 MSE 是反映拟合效果的重要指标，二者应该控制在一定范围内（如 $\pm 3\%$ ），趋向于0时效果最好； MPE 是反映平均蓄积量估计值的精度指标。

各森林生产力三级区划优势树种生长模型检验见表8-12。

表 8-12 各森林生产力三级区划优势树种生长模型检验

序号	森林生产力三级区划	优势树种	模型	R^2	SEE	TRE	MSE	MPE
1	北亚热带—湿润—常绿阔叶林浙东低山丘陵立地亚区	阔叶混	Richards 普	0.87	11.4366	− 0.1635	− 2.2728	12.1839
			Richards 加		11.4873	0.0556	− 0.0514	12.2380
2	中亚热带—湿润—常绿阔叶林东部低丘岗地立地亚区	马尾松	Richards 普	0.84	6.6718	− 0.1561	− 1.6147	8.6112
			Richards 加		6.8249	0.2119	− 0.0200	8.8088
3	中亚热带—湿润—常绿阔叶林武夷山北部立地亚区	杉木	Richards 普	0.79	18.2870	− 0.5090	− 5.0204	11.8973
			Richards 加		18.3266	− 0.0533	0.1346	11.9230
		阔叶混	Richards 普	0.79	18.6871	− 0.1241	− 3.2933	11.6167
			Richards 加		18.9359	0.2973	− 0.4661	11.7713
4	中亚热带—湿润—常绿阔叶林浙闽东南山立地亚区	马尾松	Logistic 普	0.89	8.0153	− 0.3574	− 3.7836	7.7159
			Logistic 加		7.7429	0.4660	− 0.2305	7.9874
5	中亚热带—湿润—常绿阔叶林浙闽东南沿海丘陵立地亚区	阔叶混	Logistic 普	0.87	8.6241	0.1924	− 0.5140	10.5246
			Logistic 加		8.8978	0.5333	− 0.0360	10.8586
6	中亚热带—湿润—常绿阔叶林浙皖赣中低山立地亚区	杉木	Logistic 普	0.74	12.0568	0.0063	− 0.0700	8.3674
			Logistic 加		12.0699	0.0227	0.0079	8.3765

总相对误差(TRE)基本在 ± 3% 以内,平均系统误差(MSE)基本在 ± 5% 以内,表明模型拟合效果良好。从这一原则出发,加权回归模型的拟合效果要好于普通回归模型;平均预估误差(MPE)基本在 15% 以内,说明蓄积生长模型的平均预估精度达到约 85% 以上。

从参数估计值看,各树种的相应参数的标准差较小,说明模型的稳定性比较好。

8.4.7 样地蓄积量归一化

通过提取的浙江的样地数据,浙江的针叶树种主要是马尾松和杉木,阔叶树种主要是阔叶混,浙江的阔叶树种主要为栎类等硬阔树种。

根据《国家森林资源连续清查主要技术规定》确定各树种组的龄组划分和成熟林年龄,见表 8-13 和表 8-14。

表 8-13 浙江树种成熟年龄

序号	树种	地区	起源	龄级	成熟林
1	马尾松	南方	天然	10	41
			人工	10	31
2	杉木	南方	天然	5	31
			人工	5	26
3	阔叶混	南方	天然	20	81
			人工	10	51

表 8-14 浙江三级区划主要树种成熟林蓄积量

序号	森林生产力三级区划	树种	起源	成熟年龄	成熟林蓄积量/(m^3/hm^2)
1	北亚热带—湿润—常绿阔叶林浙东低山丘陵立地亚区	阔叶混	天然	81	132.0536
2	中亚热带—湿润—常绿阔叶林浙皖赣中低山立地亚区	杉木	人工	26	76.9357
3	中亚热带—湿润—常绿阔叶林武夷山北部立地亚区	杉木	人工	26	85.6934
		阔叶混	天然	81	123.7518

（续）

序号	森林生产力三级区划	树种	起源	成熟年龄	成熟林蓄积量/（m³/hm²）
4	中亚热带—湿润—常绿阔叶林东部低丘岗地立地亚区	马尾松	天然	41	50.5078
5	中亚热带—湿润—常绿阔叶林浙闽东南沿海丘陵立地亚区	阔叶混	天然	81	68.7202
6	中亚热带—湿润—常绿阔叶林浙闽东南山地立地亚区	马尾松	天然	41	61.0316

8.4.8 浙江森林生产力分区

依据全国公顷蓄积量分级结果（参见全国报告的表4-12）。浙江公顷蓄积量分级结果见表8-15。样地归一化蓄积量分级如图8-12。森林植被生产力分级如图8-13。

表8-15 浙江公顷蓄积量分级结果　　　　　　　　　　单位：m³/hm²

级别	2级	3级	5级
公顷蓄积量	30～60	60～90	120～150

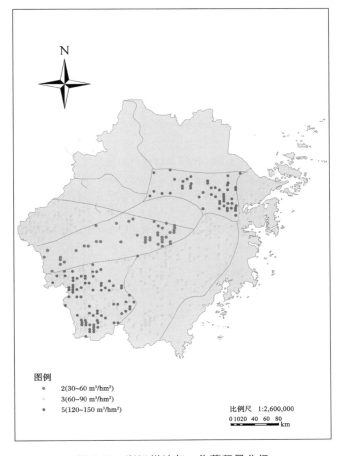

图例
　· 2（30~60 m³/hm²）
　○ 3（60~90 m³/hm²）
　● 5（120~150 m³/hm²）

比例尺　1:2,600,000
0 1020　40　60　80
　　　　　　　　km

图 8-12　浙江样地归一化蓄积量分级

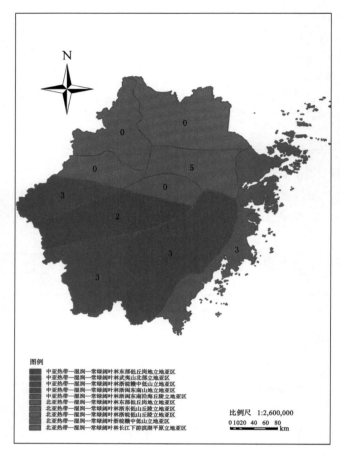

图 8-13 浙江森林生产力分级

注：图中数字表达了该区域森林生产力等级。其中空值并不表示该区的森林生产力等级是 0，而是该森林生产力区划跨省，本省建模样地数未达到建模标准，将在区域或全国森林生产力分区图中赋值；图中森林生产力等级值依据前文中表 8-15 公顷蓄积量分级结果。

8.4.9 浙江森林生产力分区调整

北亚热带—湿润—常绿阔叶林东部低丘岗地立地亚区与中亚热带—湿润—常绿阔叶林东部低丘岗地立地亚区立地条件一致，将两区合并为中亚热带—湿润—常绿阔叶林东部低丘岗地立地亚区；

北亚热带—湿润—常绿阔叶林浙皖赣中低山立地亚区是整个北亚热带—湿润—常绿阔叶林浙皖赣中低山立地亚区的一部分，根据安徽部分森林生产力等级值为浙江北亚热带—湿润—常绿阔叶林浙皖赣中低山立地亚区森林生产力等级赋值，森林生产力等级是 5；

北亚热带—湿润—常绿阔叶林浙皖低山丘陵立地亚区和安徽北亚热带—湿润—常绿阔叶林浙皖低山丘陵立地亚区组成完整的三级区，根据安徽部分为浙江北亚热带—湿润—常绿阔叶林浙皖低山丘陵立地亚区森林生产力等级赋值，森林生产力等级为 5；

北亚热带—湿润—常绿阔叶林长江下游滨湖平原立地亚区待江苏森林植被生产力等级

计算完成后赋值或两省同一三级区合并计算森林生产力等级。

调整后，三级区划分优势树种样地数统计如表8-16。各三级分区主要建模树种及建模数据统计如表8-17。主要树种建模数据统计见表8-18。主要树种模型统计见表8-19。生长模型如图8-14。各森林生产力三级区划分优势树种生长模型检验见表8-20。三级区划主要树种成熟林蓄积量见表8-21。样地归一化蓄积量如图8-15。

表8-16　浙江三级区划样地数分优势树种统计（调整后）

序号	森林生产力三级区划	优势树种	监测期	起源	样地数
1	中亚热带—湿润—常绿阔叶林东部低丘岗地立地亚区	马尾松	第7期	天然	89
			第8期		61
		马尾松	第7期	人工	6
			第8期		5
		湿地松	第7期	人工	5
			第8期		6
		杉木	第7期	天然	16
			第8期		14
		杉木	第7期	人工	38
			第8期		32
		栎类	第7期	天然	14
			第8期		14
		木荷	第7期	天然	4
			第8期		7
		枫香	第7期	天然	3
			第8期		1
		其他硬阔	第7期	天然	6
			第8期		4
		其他软阔	第7期	天然	1
			第8期		0
		杨树	第7期	人工	0
			第8期		1
		针叶混	第7期	天然	7
			第8期		11
		针叶混	第7期	人工	5
			第8期		4
		阔叶混	第7期	天然	18
			第8期		44
		阔叶混	第7期	人工	0
			第8期		1
		针阔混	第7期	天然	18
			第8期		34
		针阔混	第7期	人工	1
			第8期		3
		高山松	第7期	天然	3
			第8期		0
		黄山松	第7期	天然	0
			第8期		3

表 8-17   浙江各三级分区主要建模树种及建模数据统计

序号	森林生产力三级区划	优势树种	起源	监测期	总样地数	建模样地数	所占比例/%
1	中亚热带—湿润—常绿阔叶林东部低丘岗地立地亚区	马尾松	第 7 期	天然	89	147	98.0
			第 8 期		61		

表 8-18   主要树种建模数据统计

序号	森林生产力三级区划	优势树种	统计量	最小值	最大值	平均值
1	北亚热带—湿润—常绿阔叶林北部低山高丘立地亚区	杉木	平均年龄	4	34	16
			林木蓄积量	3.2234	98.4858	45.8454

表 8-19   主要树种模型统计

序号	森林生产力三级区划	优势树种	模型	生长方程	参数标准差			R^2	TRE/%
					A	B	k		
1	中亚热带—湿润—常绿阔叶林东部低丘岗地立地亚区	马尾松	Logistic 普	$y = 80.5866/(1 + 39.3562e^{-0.1322x})$	12.1481	15.9872	0.0249	0.90	−0.0097
			Logistic 加	$y = 72.3679/(1 + 44.7864e^{-0.1475x})$	11.8477	9.6072	0.0191		0.2034

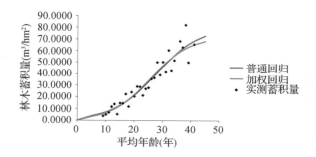

图 8-14   中亚热带—湿润—常绿阔叶林东部低丘岗地立地亚区马尾松生长模型（调整后）

表 8-20   各森林生产力三级区划优势树种生长模型检验

序号	森林生产力三级区划	优势树种	模型	R^2	SEE	TRE	MSE	MPE
1	中亚热带—湿润—常绿阔叶林东部低丘岗地立地亚区	马尾松	Logistic 普	0.90	7.0437	−0.0097	−0.7259	7.6842
			Logistic 加		6.9469	0.2034	0.0423	7.7913

表 8-21   浙江三级区划主要树种成熟林蓄积量

序号	森林生产力三级区划	树种	起源	成熟年龄	成熟林蓄积量/(m³/hm²)
1	中亚热带—湿润—常绿阔叶林东部低丘岗地立地亚区	马尾松	天然	41	65.4337

　　江苏北亚热带—湿润—常绿阔叶林长江下游滨湖平原立地亚区森林植被生产力等级是3，故浙江该区的森林植被生产力等级是3。

　　调整后，浙江森林植被生产力分级如图8-16。

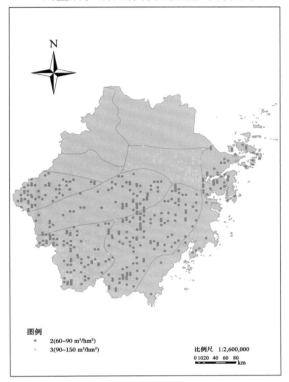

图8-15　浙江样地归一化蓄积量分级

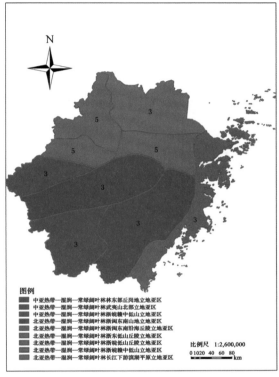

图8-16　浙江森林生产力分级

　　注：图中森林生产力等值依据前文中表8-15公顷蓄积量分级结果。

9 安徽森林潜在生产力分区成果

9.1 安徽森林生产力一级区划

以我国 1:100 万全国行政区划数据中安徽省界为边界，从全国森林生产力一级区划图中提取安徽森林生产力一级区划，安徽森林生产力一级区划单位为 3 个，如表 9-1 和图 9-1：

表 9-1 森林生产力一级区划

序号	气候带	气候大区	森林生产力一级区划
1	中亚热带	湿润	中亚热带—湿润地区
2	北亚热带	湿润	北亚热带—湿润地区
3	暖温带	亚湿润	暖温带—亚湿润地区

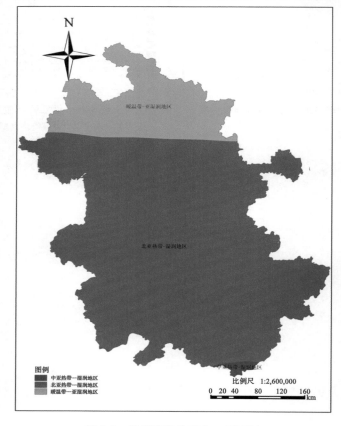

图 9-1 安徽森林生产力一级区划

注：本图显示采用 2000 国家大地坐标系（简称 CGCS2000），后续相关地图同该坐标系。

9.2 安徽森林生产力二级区划

按照安徽省界从全国森林生产力二级区划中提取安徽的森林生产力二级区划，安徽森林生产力二级区划单位为 3 个，如表 9-2 和图 9-2：

表 9-2 森林生产力二级区划

序号	森林生产力一级区划	森林生产力二级区划
1	中亚热带—湿润地区	中亚热带—湿润—常绿阔叶林
2	北亚热带—湿润地区	北亚热带—湿润—常绿阔叶林
3	暖温带—亚湿润地区	暖温带—亚湿润—落叶阔叶林

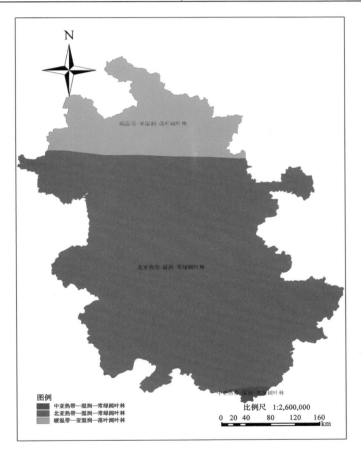

图 9-2 安徽森林生产力二级区划

9.3 安徽森林生产力三级区划

9.3.1 安徽立地区划

根据全国立地区划结果，以安徽 1：100 万省界为提取框架，提取安徽立地区划结果。需要说明的是，由于安徽省界数据与全国立地区划成果数据精度不一致，导致提取的安徽立地区划数据在省界边缘出现不少细小的破碎斑块。因此，对安徽立地区划数据进行了破碎化斑块处理，根据就近原则，将破碎小斑块就近合并到最近的大斑块中。处理后，得到的安徽立地区划属性数据和矢量图分别如表9-3和图9-3：

表9-3　安徽立地区划

序号	立地区域	立地区	立地亚区
1	南方亚热带立地区域	长江中下游滨湖平原立地区	长江下游滨湖平原立地亚区
2		大别山桐柏山山地立地区	大别山山地立地亚区
3			江淮丘陵立地亚区
4		天目山山地立地区	皖南北部丘陵岗地立地亚区
5			皖南北部丘陵岗地立地亚区
6			浙皖赣中低山立地亚区
7	华北暖温带立地区域	华北平原立地区	黄淮平原立地亚区

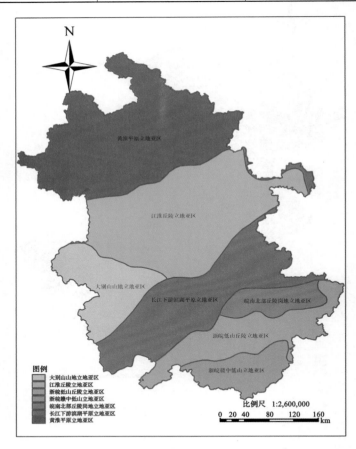

图9-3　安徽立地区划

9.3.2　安徽三级区划

根据安徽的省界从全国森林生产力三级区划中提取安徽森林生产力三级区划。

用安徽省界来提取安徽森林生产力三级区划时边缘出现了破碎的小斑块，为了使省级森林生产力三级区划不至于太破碎，根据就近原则，将破碎小斑块就近合并到最近的大斑块中。

安徽森林生产力三级区划单位为8个，如表9-4和图9-4：

表9-4 森林生产力三级区划

序号	森林生产力一级区划	森林生产力二级区划	森林生产力三级区划
1			北亚热带—湿润—常绿阔叶林大别山山地立地亚区
2			北亚热带—湿润—常绿阔叶林江淮丘陵立地亚区
3			北亚热带—湿润—常绿阔叶林黄淮平原立地亚区
4	北亚热带—湿润地区	北亚热带—湿润—常绿阔叶林	北亚热带—湿润—常绿阔叶林皖南北部丘陵岗地立地亚区
5			北亚热带—湿润—常绿阔叶林浙皖低山丘陵立地亚区
6			北亚热带—湿润—常绿阔叶林长江下游滨湖平原立地亚区
7			北亚热带—湿润—常绿阔叶林浙皖赣中低山立地亚区
8	暖温带—亚湿润地区	暖温带—亚湿润—落叶阔叶林	暖温带—亚湿润—落叶阔叶林黄淮平原立地亚区

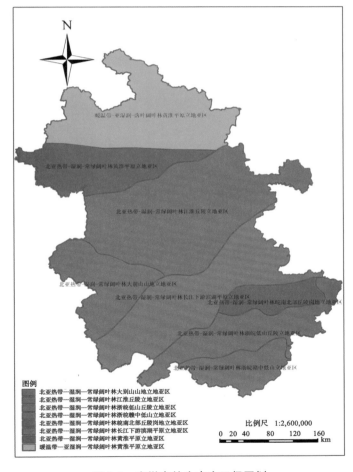

图9-4 安徽森林生产力三级区划

9.4 安徽森林生产力量化分级

9.4.1 技术方案

单位面积蓄积量标志着林地生产力的高低及经营措施的效果。本方案在森林生产力三级区划结果基础上，根据已调查的安徽第7期、第8期一类清查样地数据，提取安徽森林生产力三级区划的样地数据，筛选出两期地类是乔木林地、疏林地的样地，根据森林生产力三级区划的主要树种，建立样地优势树种蓄积生长模型，并归一该树种到成熟林时单位公顷的蓄积值，以此作为量化样地森林生产力的依据，在森林生产力三级的基础上进行森林植被生产力区划。

9.4.2 样地筛选

9.4.2.1 样地情况

安徽省于1976年下半年，在全省林业用地范围内，分不同类型县，采用以数理统计原理为理论基础的抽样调查方法，对原小班调查成果进行了验证，同时按山区、丘陵区4个类型县的林业用地为总体系统布点，对所设置的2802块样地和样木采取了固定措施。样地形状正方形、样地面积0.0667 hm²，以优势地类法确定地类。

1978年安徽开展森林资源清查第1次复查，方法和上次相同。

1984年进行了森林资源清查第2次复查时，改正了4个类型县均以林业用地为总体布点的局限性，改成在4个类型县的土地总面积范围进行系统计表布点，补设了原林业用地范围以外的漏设样地。经室内航片判读剔除非林地3738个，初步确定林业用地3168个，实际复查收回样地调查记录3079份，仍保持为林业用地的3051个。并初步建立了平原农区的森林资源清查体系。

1989年安徽开展森林资源清查第3次复查。这次复查采取了以全省总土地面积1381.65万hm²为总体，统一采用4 km×3 km的点间距，布设11678个固定样地。样地形状为正方形，面积为0.0667 hm²，以优势地类法确定地类。

1994年安徽开展森林资源清查第4次复查，本次复查体系没有变化。

1999年第5次复查，在原固定样地的基础上，加密遥感判读样地，布设了一套遥感判读样本，判读样地数量69056个，间距2 km×1 km。

安徽的样地情况如表9-5：

表9-5 安徽样地概况

项目	内容
调查（副）总体	安徽样地
样地调查时间	全国第7次清查安徽数据（2004年） 全国第8次清查安徽数据（2009年）
样地个数	全国第7次清查安徽样地11678个 全国第8次清查安徽样地11678个
样地间距	副总体样地间距4 km×3 km
样地大小	0.0667 hm²
样地形状	25.82 m×25.82 m的正方形
备注	

9.4.2.2 样地筛选情况

根据安徽划分的森林生产力三级区划，提取每个三级区划的样地数据，对提取的样地数据进行筛选。

筛选的条件如下：

地类为乔木林地或疏林地。剔除地类是红树林、竹林、国家特别规定灌木林地、其他灌木林地、未成林封育地、未成林造林地、苗圃地、采伐迹地、火烧迹地、其他无立木林地、宜林荒山荒地、宜林沙荒地、其他宜林地、耕地、牧草地、水域、未利用地、工矿建设用地、城乡居民建设用地、交通建设用地、其他用地的样地。被剔除的样地或者没有划分起源，或者没有样地平均年龄，或者优势树种是灌木，无法进行以林木蓄积量为因变量，样地平均年龄为自变量的曲线拟合。

下表详细说明了安徽第7、8期样地（分三级区划）及样地筛选情况，见表9-6。

表9-6　安徽分三级区划样地筛选情况

序号	森林生产力三级区划	监测期	样地总数	筛选样地数	所占比例/%
1	北亚热带—湿润—常绿阔叶林大别山山地立地亚区	第7期	1028	544	52.9
		第8期	1028	560	54.5
2	北亚热带—湿润—常绿阔叶林江淮丘陵立地亚区	第7期	3048	237	7.8
		第8期	3048	274	9.0
3	北亚热带—湿润—常绿阔叶林黄淮平原立地亚区	第7期	1181	85	7.2
		第8期	1181	101	8.6
4	北亚热带—湿润—常绿阔叶林皖南北部丘陵岗地立地亚区	第7期	493	108	21.9
		第8期	492	99	20.1
5	北亚热带—湿润—常绿阔叶林浙皖低山丘陵立地亚区	第7期	1181	536	45.4
		第8期	1183	565	47.6
6	北亚热带—湿润—常绿阔叶林长江下游滨湖平原立地亚区	第7期	2066	284	13.7
		第8期	2066	311	15.1
7	北亚热带—湿润—常绿阔叶林浙皖赣中低山立地亚区	第7期	656	355	54.1
		第8期	655	379	57.9
8	暖温带—亚湿润—落叶阔叶林黄淮平原立地亚区	第7期	1995	194	9.7
		第8期	1995	209	10.5

9.4.3 建模树种提取

对筛选出的森林生产力三级区划的乔木林地和疏林地样地数据，分别统计每个优势树种的样地数和样地的起源，为了尽量使每个三级区划都能有森林生产力值，方便森林生产力等级划分，在每个森林生产力三级区内，如果优势树种的建模样地达到50，则建立样本数≥50的优势树种的生长模型；如果优势树种的建模样地均未达到50，则降低建模样本量为30；降低建模标准且合并树种组仍无法达到建模量的，若该区为完整的三级区，则看邻近区内与该区内相似树种的蓄积量，作为该区的归一化蓄积量；若该区是被省界分割的森林生产力三级区的小部分，则暂时空缺，若是被省界分割的森林生产力三级区的大部分，则参照完整的三级区处理。

各三级区划分优势树种样地数统计如表9-7。

表9-7 安徽各三级区划分优势树种样地数统计

序号	森林生产力三级区划	优势树种	监测期	起源	样地数
1	北亚热带—湿润—常绿阔叶林大别山山地立地亚区	马尾松	第7期	天然	141
			第8期		109
		马尾松	第7期	人工	57
			第8期		44
		高山松	第7期	人工	7
			第8期		0
		高山松	第7期	天然	27
			第8期		0
		黄山松	第7期	天然	0
			第8期		23
		杉木	第7期	人工	85
			第8期		74
		杉木	第7期	天然	14
			第8期		10
		柳杉	第7期	人工	1
			第8期		0
		水杉	第7期	人工	1
			第8期		0
		栎类	第7期	天然	46
			第8期		26
		枫香	第7期	天然	2
			第8期		1
		其他硬阔	第7期	天然	31
			第8期		14
		杨树	第7期	人工	2
			第8期		3
		其他软阔	第7期	天然	17
			第8期		4
		针叶混	第7期	天然	0
			第8期		28
		针叶混	第7期	人工	5
			第8期		12
		阔叶混	第7期	天然	76
			第8期		152
		针阔混	第7期	天然	32
			第8期		60
2	北亚热带—湿润—常绿阔叶林江淮丘陵立地亚区	黑松	第7期	人工	16
			第8期		7
		马尾松	第7期	人工	50
			第8期		36

（续）

序号	森林生产力三级区划	优势树种	监测期	起源	样地数
2	北亚热带—湿润—常绿阔叶林江淮丘陵立地亚区	马尾松	第 7 期	天然	5
			第 8 期		3
		国外松	第 7 期	人工	11
			第 8 期		15
		杉木	第 7 期	人工	16
			第 8 期		14
		水杉	第 7 期	人工	1
			第 8 期		0
		池杉	第 7 期	人工	1
			第 8 期		1
		柏木	第 7 期	人工	5
			第 8 期		5
		栎类	第 7 期	人工	11
			第 8 期		15
		樟木	第 7 期	人工	0
			第 8 期		1
		榆树	第 7 期	天然	0
			第 8 期		2
		千金榆	第 7 期	人工	0
			第 8 期		2
		其他硬阔	第 7 期	天然	27
			第 8 期		14
		杨树	第 7 期	人工	68
			第 8 期		97
		其他软阔	第 7 期	人工	0
			第 8 期		3
		针叶混	第 7 期	人工	2
			第 8 期		1
		阔叶混	第 7 期	天然	15
			第 8 期		37
		针阔混	第 7 期	人工	9
			第 8 期		21
3	北亚热带—湿润—常绿阔叶林黄淮平原立地亚区	其他硬阔	第 7 期	人工	11
			第 8 期		1
		杨树	第 7 期	人工	57
			第 8 期		91
		柳树	第 7 期	人工	1
			第 8 期		0
		泡桐	第 7 期	人工	2
			第 8 期		0

（续）

序号	森林生产力三级区划	优势树种	监测期	起源	样地数
3	北亚热带—湿润—常绿阔叶林黄淮平原立地亚区	其他软阔	第7期	人工	7
			第8期		0
		阔叶混	第7期	人工	7
			第8期		7
		千金榆	第7期	人工	0
			第8期		2
4	北亚热带—湿润—常绿阔叶林皖南北部丘陵岗地立地亚区	马尾松	第7期	天然	28
			第8期		17
		国外松	第7期	人工	24
			第8期		16
		杉木	第7期	人工	20
			第8期		20
		栎类	第7期	天然	12
			第8期		9
		枫香	第7期	天然	2
			第8期		1
		其他硬阔	第7期	天然	2
			第8期		2
		其他软阔	第7期	天然	3
			第8期		1
		针叶混	第7期	人工	1
			第8期		8
		阔叶混	第7期	天然	12
			第8期		19
		针阔混	第7期	天然	4
			第8期		4
		杨树	第7期	人工	0
			第8期		1
		泡桐	第7期	人工	0
			第8期		1
5	北亚热带—湿润—常绿阔叶林浙皖低山丘陵立地亚区	马尾松	第7期	天然	68
			第8期		48
		高山松	第7期	天然	5
			第8期		0
		国外松	第7期	人工	12
			第8期		9
		黄山松	第7期	天然	0
			第8期		4
		杉木	第7期	人工	128
			第8期		122

（续）

序号	森林生产力三级区划	优势树种	监测期	起源	样地数
5	北亚热带—湿润—常绿阔叶林浙皖低山丘陵立地亚区	杉木	第 7 期	天然	16
			第 8 期		11
		水杉	第 7 期	人工	0
			第 8 期		1
		柏木	第 7 期	人工	2
			第 8 期		2
		栎类	第 7 期	天然	63
			第 8 期		56
		桦木	第 7 期	人工	0
			第 8 期		1
		榆树	第 7 期	天然	0
			第 8 期		1
		枫香	第 7 期	天然	8
			第 8 期		14
		其他硬阔	第 7 期	天然	40
			第 8 期		12
		檫木	第 7 期	人工	2
			第 8 期		2
		杨树	第 7 期	人工	1
			第 8 期		3
		其他软阔	第 7 期	天然	15
			第 8 期		5
		针叶混	第 7 期	天然	14
			第 8 期		15
		阔叶混	第 7 期	天然	107
			第 8 期		177
		针阔混	第 7 期	天然	55
			第 8 期		82
6	北亚热带—湿润—常绿阔叶林长江下游滨湖平原立地亚区	黑松	第 7 期	人工	8
			第 8 期		5
		马尾松	第 7 期	天然	86
			第 8 期		74
		马尾松	第 7 期	人工	40
			第 8 期		36
		国外松	第 7 期	人工	28
			第 8 期		29
		杉木	第 7 期	人工	37
			第 8 期		33
		柏木	第 7 期	人工	1
			第 8 期		1

（续）

序号	森林生产力三级区划	优势树种	监测期	起源	样地数
6	北亚热带—湿润—常绿阔叶林长江下游滨湖平原立地亚区	栎类	第7期	天然	11
			第8期		10
		樟木	第7期	人工	0
			第8期		2
		榆树	第7期	天然	0
			第8期		2
		枫香	第7期	天然	10
			第8期		9
		其他硬阔	第7期	天然	8
			第8期		4
		檫木	第7期	人工	1
			第8期		1
		杨树	第7期	人工	20
			第8期		34
		柳树	第7期	人工	1
			第8期		0
		其他软阔	第7期	天然	4
			第8期		7
		针叶混	第7期	人工	3
			第8期		4
		阔叶混	第7期	天然	15
			第8期		30
		针阔混	第7期	天然	11
			第8期		30
7	北亚热带—湿润—常绿阔叶林浙皖赣中低山立地亚区	马尾松	第7期	天然	64
			第8期		49
		高山松	第7期	天然	3
			第8期		0
		国外松	第7期	人工	2
			第8期		3
		黄山松	第7期	天然	0
			第8期		3
		杉木	第7期	人工	113
			第8期		114
		杉木	第7期	天然	25
			第8期		21
		栎类	第7期	天然	22
			第8期		17
		桦木	第7期	人工	0
			第8期		1

（续）

序号	森林生产力三级区划	优势树种	监测期	起源	样地数
7	北亚热带—湿润—常绿阔叶林浙皖赣中低山立地亚区	枫香	第7期	人工	0
			第8期		7
		其他硬阔	第7期	天然	8
			第8期		2
		其他软阔	第7期	天然	0
			第8期		1
		针叶混	第7期	天然	19
			第8期		23
		阔叶混	第7期	天然	59
			第8期		87
		针阔混	第7期	天然	40
			第8期		51
8	暖温带—亚湿润—落叶阔叶林黄淮平原立地亚区	柏木	第7期	人工	7
			第8期		7
		其他硬阔	第7期	人工	15
			第8期		0
		杨树	第7期	人工	144
			第8期		180
		柳树	第7期	人工	1
			第8期		0
		泡桐	第7期	人工	7
			第8期		2
		其他软阔	第7期	人工	5
			第8期		1
		阔叶混	第7期	人工	15
			第8期		17
		千金榆	第7期	人工	0
			第8期		2

从表9-7中可以筛选安徽森林生产力三级区划的建模树种如表9-8：

表9-8　安徽各三级分区主要建模树种及建模数据统计

序号	森林生产力三级区划	优势树种	起源	监测期	总样地数	建模样地数	所占比例/%
1	北亚热带—湿润—常绿阔叶林大别山山地立地亚区	马尾松	天然	第7期	141	245	98.0
				第8期	109		
		杉木	人工	第7期	85	148	93.1
				第8期	74		
		阔叶混	天然	第7期	76	184	80.7
				第8期	152		

（续）

序号	森林生产力三级区划	优势树种	起源	监测期	总样地数	建模样地数	所占比例/%
2	北亚热带—湿润—常绿阔叶林江淮丘陵立地亚区	杨树	人工	第7期	68	116	70.3%
				第8期	97		
3	北亚热带—湿润—常绿阔叶林黄淮平原立地亚区	杨树	人工	第7期	57	142	95.9
				第8期	91		
4	北亚热带—湿润—常绿阔叶林浙皖低山丘陵立地亚区	杉木	人工	第7期	128	233	93.2
				第8期	122		
		栎类	天然	第7期	63	99	83.2
				第8期	56		
		阔叶混	天然	第7期	107	276	97.2
				第8期	177		
		针阔混	天然	第7期	55	110	80.3
				第8期	82		
5	北亚热带—湿润—常绿阔叶林长江下游滨湖平原立地亚区	马尾松	天然	第7期	86	160	100.0
				第8期	74		
6	北亚热带—湿润—常绿阔叶林浙皖赣中低山立地亚区	杉木	人工	第7期	113	221	97.4
				第8期	114		
		阔叶混	天然	第7期	59	137	93.8
				第8期	87		
7	暖温带—亚湿润—落叶阔叶林黄淮平原立地亚区	杨树	人工	第7期	144	319	98.5
				第8期	180		

9.4.4 建模前数据整理和对应

9.4.4.1 对森林采伐等人为干扰情况的处理

在数据的整理过程中，对第7、8期样地号对应，优势树种一致，第8期年龄增加与调查间隔期一致的样地，第8期林木蓄积量加上采伐蓄积量作为第8期的林木蓄积量，第7期的林木蓄积量不变。

9.4.4.2 对优势树种发生变化情况的处理

两期样地对照分析，第8期样地的优势树种发生变化的样地，林木蓄积量仍以第8期的林木蓄积量为准，把该样地作为第8期优势树种的样地，林木蓄积量以第8期调查时为准，不加采伐蓄积量。第7期的处理同第8期。

9.4.4.3 对样地年龄与时间变化不一致情况的处理

对样地第8期的年龄与调查间隔时间变化不一致的样地，则以第8期的样地平均年龄为准，林木蓄积量不与采伐蓄积量相加，仍以第8期的林木蓄积量作为林木蓄积量，第7期的林木蓄积量不发生变化。

9.4.5 建立林分蓄积量生长模型

根据筛选出的优势树种样地数据，以整理后的林木蓄积量作为因变量，以样地的平均年龄作为自变量，剔除异常数据，根据样地数据散点图的总体趋势，选取不同的生长方程拟合曲线。主要树种建模数据统计见表9-9。

表 9-9　主要树种建模数据统计

序号	森林生产力三级区划	优势树种	统计量	最小值	最大值	平均值
1	北亚热带—湿润—常绿阔叶林长江下游滨湖平原立地亚区	马尾松	平均年龄	2.5487	59.5532	33.9755
			林木蓄积量	5	33	20
2	北亚热带—湿润—常绿阔叶林大别山山地立地亚区	马尾松	平均年龄	5.2024	103.5532	47.9012
			林木蓄积量	8	42	24
		杉木	平均年龄	3.6882	160.3598	68.2512
			林木蓄积量	4	38	19
		阔叶混	平均年龄	2.0840	134.7676	63.0761
			林木蓄积量	5	57	24
3	北亚热带—湿润—常绿阔叶林黄淮平原立地亚区	杨树	平均年龄	7.1084	110.0150	56.0932
			林木蓄积量	2	13	8
4	北亚热带—湿润—常绿阔叶林江淮丘陵立地亚区	杨树	平均年龄	2.2499	129.5352	53.1775
			林木蓄积量	2	17	8
5	北亚热带—湿润—常绿阔叶林浙皖低山丘陵立地亚区	杉木	平均年龄	1.1319	221.4243	96.4948
			林木蓄积量	4	35	18
		栎类	平均年龄	0.2774	153.0285	69.1473
			林木蓄积量	5	50	25
		阔叶混	平均年龄	1.2219	243.2084	90.0970
			林木蓄积量	5	80	31
		针阔混	平均年龄	9.0105	179.3253	81.9620
			林木蓄积量	6	70	26
6	北亚热带—湿润—常绿阔叶林浙皖赣中低山立地亚区	杉木	平均年龄	10.4798	218.0060	108.8741
			林木蓄积量	6	39	22
		阔叶混	平均年龄	3.9355	142.0240	71.0522
			林木蓄积量	5	62	26
7	暖温带—亚湿润—落叶阔叶林黄淮平原立地亚区	杨树	平均年龄	14.6910	128.2209	76.6128
			林木蓄积量	2	25	12

　　S 型生长模型能够合理地表示树木或林分的生长过程和趋势，避免了其他模型只在某一生长阶段的拟合精度高，而不能完整体现树木或林分生长趋势的弊端，而本方案的目的是预测林分达到成熟林时的蓄积量，S 型生长模型得到的值在比较合理的范围内。

　　选取的生长方程如表 9-10：

表 9-10　拟合所用的生长模型

序号	生长模型名称	生长模型公式
1	Richards 模型	$y = A(1 - e^{-kx})^B$
2	单分子模型	$y = A(1 - e^{-kx})$

（续）

序号	生长模型名称	生长模型公式
3	Logistic 模型	$y = A/(1 + Be^{-kx})$
4	Korf 模型	$y = Ae^{-Bx-k}$

其中，y 为样地的林木蓄积量，x 为林分年龄，A 为树木生长的最大值参数，k 为生长速率参数，B 为与初始值有关的参数。

经过数据拟合，得出各模型的参数和拟合优度及总相对误差，选取适合三级区划各树种的拟合方程，整理如表9-11。生长模型如图9-5~图9-17。

表9-11　主要树种模型

序号	森林生产力三级区划	优势树种	模型	生长方程	参数标准差 A	参数标准差 B	参数标准差 k	R^2	TRE /%
1	北亚热带—湿润—常绿阔叶林长江下游滨湖平原立地亚区	马尾松	Richards 普	$y = 47.6716(1 - e^{-0.1361x})^{3.5507}$	5.7575	2.8799	0.0677	0.72	-0.2031
			Richards 加	$y = 45.2892(1 - e^{-0.1778x})^{5.7373}$	4.4538	2.0832	0.0422		0.0275
2	北亚热带—湿润—常绿阔叶林大别山山地立地亚区	马尾松	Logistic 普	$y = 96.6721/(1 + 24.2993e^{-0.1295x})$	16.7224	13.8722	0.0360	0.79	-0.1312
			Logistic 加	$y = 87.1609/(1 + 30.8779e^{-0.1518x})$	16.0544	10.7343	0.0305		0.1856
		杉木	Richards 普	$y = 298.4774(1 - e^{-0.0357x})^{2.0626}$	196.1602	0.8719	0.0321	0.89	-0.2872
			Richards 加	$y = 258.8317(1 - e^{-0.0428x})^{2.3027}$	118.1542	0.3811	0.0200		-0.0134
		阔叶混	Logistic 普	$y = 99.7557/(1 + 37.0746e^{-0.1968x})$	6.8311	30.0555	0.0480	0.76	0.4042
			Logistic 加	$y = 95.8596/(1 + 38.4723e^{-0.2107x})$	9.0934	10.8800	0.0280		0.2522
3	北亚热带—湿润—常绿阔叶林黄淮平原立地亚区	杨树	Richards 普	$y = 93.5043(1 - e^{-0.2359x})^{2.1607}$	28.8845	2.1092	0.2245	0.77	-0.2855
			Richards 加	$y = 80.8235(1 - e^{-0.3978x})^{3.9817}$	10.7332	1.5894	0.1300		0.2546
4	北亚热带—湿润—常绿阔叶林江淮丘陵立地亚区	杨树	Richards 普	$y = 165.1889(1 - e^{-0.1370x})^{2.7667}$	49.4004	1.2773	0.0738	0.95	-0.2410
			Richards 加	$y = 140.6597(1 - e^{-0.1805x})^{3.4683}$	23.7667	0.4344	0.0344		0.1142
5	北亚热带—湿润—常绿阔叶林皖低山丘陵立地亚区	杉木	Richards 普	$y = 176.4954(1 - e^{-0.1180x})^{3.6387}$	21.6469	1.7701	0.0414	0.87	-0.2385
			Richards 加	$y = 163.7543(1 - e^{-0.1473x})^{4.8960}$	19.1468	0.9974	0.0279		0.0937
		栎类	Richards 普	$y = 143.4058(1 - e^{-0.0445x})^{1.5874}$	56.1626	1.0166	0.0424	0.62	-0.3054
			Richards 加	$y = 106.7881(1 - e^{-0.1004x})^{3.1607}$	18.6714	1.2738	0.0393		0.7213
		阔叶混	Logistic 普	$y = 141.1603/(1 + 18.3888e^{-0.1347x})$	9.9938	11.8890	0.0327	0.69	0.3328
			Logistic 加	$y = 138.8401/(1 + 17.4930e^{-0.1367x})$	14.8926	4.5780	0.0223		0.0549
		针阔混	Richards 普	$y = 136.7558(1 - e^{-0.0733x})^{2.4248}$	21.4369	1.4631	0.0377	0.64	0.0638
			Richards 加	$y = 132.7126(1 - e^{-0.0797x})^{2.6040}$	18.3178	0.6600	0.0238		-0.0247
6	北亚热带—湿润—常绿阔叶林浙皖赣中低山立地亚区	杉木	Richards 普	$y = 197.7856(1 - e^{-0.0769x})^{2.4145}$	48.3267	1.5731	0.0494	0.72	-0.2112
			Richards 加	$y = 184.2700(1 - e^{-0.0951x})^{3.0511}$	32.0983	0.9576	0.0327		0.0472
		阔叶混	Logistic 普	$y = 101.9288/(1 + 25.5367e^{-0.1887x})$	6.6109	20.6211	0.0499	0.72	0.0303
			Logistic 加	$y = 98.6915/(1 + 33.4675e^{-0.2136x})$	8.1280	12.4247	0.0332		0.1851
7	暖温带—亚湿润—落叶阔叶林黄淮平原立地亚区	杨树	Richards 普	$y = 115.8482(1 - e^{-0.1484x})^{1.5068}$	14.7237	0.7039	0.0744	0.84	-0.1281
			Richards 加	$y = 112.3786(1 - e^{-0.1719x})^{1.7407}$	10.7288	0.3373	0.0460		0.0030

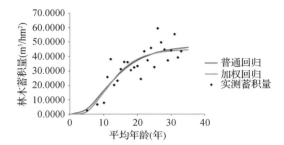

图 9-5　北亚热带—湿润—常绿阔叶林长江下游滨湖平原立地亚区马尾松生长模型

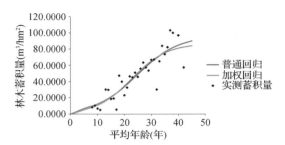

图 9-6　北亚热带—湿润—常绿阔叶林大别山山地立地亚区马尾松生长模型

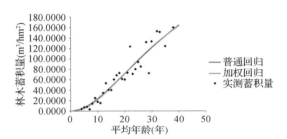

图 9-7　北亚热带—湿润—常绿阔叶林大别山山地立地亚区杉木生长模型

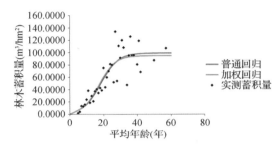

图 9-8　北亚热带—湿润—常绿阔叶林大别山山地立地亚区阔叶混生长模型

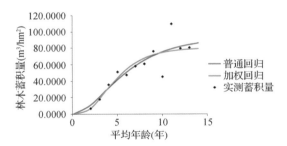

图 9-9　北亚热带—湿润—常绿阔叶林黄淮平原立地亚区杨树生长模型

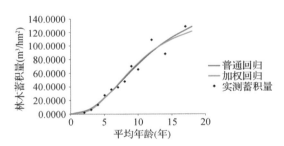

图 9-10　北亚热带—湿润—常绿阔叶林江淮丘陵立地亚区杨树生长模型

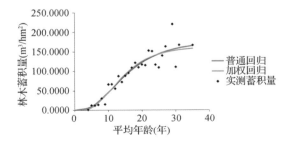

图 9-11　北亚热带—湿润—常绿阔叶林浙皖低山丘陵立地亚区杉木生长模型

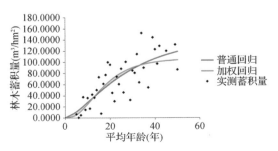

图 9-12　北亚热带—湿润—常绿阔叶林浙皖低山丘陵立地亚区栎类生长模型

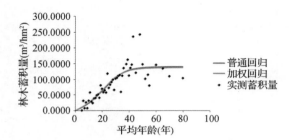

图 9-13 北亚热带—湿润—常绿阔叶林浙皖低山丘陵立地亚区阔叶混生长模型

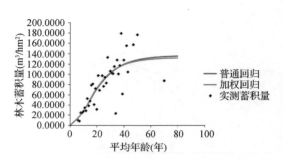

图 9-14 北亚热带—湿润—常绿阔叶林浙皖低山丘陵立地亚区针阔混生长模型

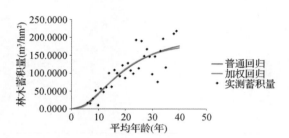

图 9-15 北亚热带—湿润—常绿阔叶林浙皖赣中低山立地亚区杉木生长模型

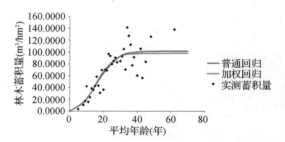

图 9-16 北亚热带—湿润—常绿阔叶林浙皖赣中低山立地亚区阔叶混生长模型

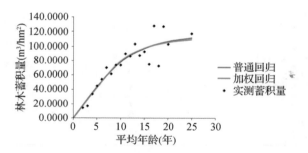

图 9-17 暖温带—亚湿润—落叶阔叶林黄淮平原立地亚区杨树生长模型

9.4.6 生长模型的检验

为了检验普通回归和加权回归生长模型的适用性，采用以下评价指标：确定系数（ R^2 ）、估计值的标准误差（ SEE ）、总相对误差（ TRE ）、平均系统误差（ MSE ）、平均预估误差（ MPE ）。

$$R^2 = 1 - \sum (y_i - \hat{y}_i)^2 / \sum (y_i - \bar{y}_i)^2$$

$$SEE = \sqrt{\sum (y_i - \hat{y}_i)^2 / (n - k)}$$

$$TRE = \sum (y_i - \hat{y}_i) / \sum \hat{y}_i \times 100$$

$$MSE = \sum (y_i - \hat{y}_i) / \hat{y}_i / n \times 100$$

$$MPE = t_\alpha \cdot (SEE / \bar{y}) / \sqrt{n} \times 100$$

式中，y_i 为实际观测值，$\hat{y}_i$ 为模型预估值，$\bar{y}$ 为样本平均值，n 为样本单元数，k 为参数个数，t_α 为置信水平 α 时的 t 值。在这 6 项指标中，R^2 和 SEE 是回归模型的最常用指标，既反映了模型的拟合优度，也反映了自变量的贡献率和因变量的离差情况；TRE 和 MSE 是反映拟合效果的重要指标，二者应该控制在一定范围内（如 ±3%），趋向于 0 时效果最好；MPE 是反映平均蓄积量估计值的精度指标。

各森林生产力三级区划优势树种生长模型检验见表 9-12。

表 9-12　各森林生产力三级区划优势树种生长模型检验

序号	森林生产力三级区划	优势树种	模型	R^2	SEE	TRE	MSE	MPE
1	北亚热带—湿润—常绿阔叶林 长江下游滨湖平原立地亚区	马尾松	Richards 普	0.72	7.7228	−0.2031	−2.1054	9.1653
			Richards 加		7.7769	0.0275	0.1768	9.2294
2	北亚热带—湿润—常绿阔叶林 大别山山地立地亚区	马尾松	Logistic 普	0.79	13.4546	−0.1312	−1.2978	10.1184
			Logistic 加		13.5792	0.1856	0.0039	10.2121
		杉木	Richards 普	0.89	16.3611	−0.2872	−2.8054	8.9371
			Richards 加		16.3898	−0.0134	0.0780	8.9528
		阔叶混	Logistic 普	0.76	19.0024	0.4042	1.5773	9.8974
			Logistic 加		19.1716	0.2522	0.0098	9.9855
3	北亚热带—湿润—常绿阔叶林 黄淮平原立地亚区	杨树	Richards 普	0.77	15.0711	−0.2855	−2.7115	16.9005
			Richards 加		15.4401	0.2546	0.0092	17.3143
4	北亚热带—湿润—常绿阔叶林 江淮丘陵立地亚区	杨树	Richards 普	0.95	9.7870	−0.2410	−3.9723	11.5768
			Richards 加		10.0309	0.1142	−0.0090	11.8652
5	北亚热带—湿润—常绿阔叶林 浙皖低山丘陵立地亚区	杉木	Richards 普	0.87	21.0238	−0.2385	−3.4700	8.4325
			Richards 加		21.2280	0.0937	−0.1407	8.5144
		栎类	Richards 普	0.62	26.9882	−0.3054	−3.2162	12.5055
			Richards 加		26.3209	0.7213	−0.1680	12.8226
		阔叶混	Logistic 普	0.69	30.4541	0.3328	1.3434	9.8191
			Logistic 加		30.4943	0.0549	0.0275	9.8321
		针阔混	Richards 普	0.64	28.2231	0.0638	0.0980	11.3127
			Richards 加		28.2468	−0.0247	−0.0112	11.3223
6	北亚热带—湿润—常绿阔叶林 浙皖赣中低山立地亚区	杉木	Richards 普	0.72	31.9853	−0.2112	−1.5683	10.5831
			Richards 加		32.0365	0.0472	0.0747	10.6000
		阔叶混	Logistic 普	0.72	19.6992	0.0303	−0.5339	9.2403
			Logistic 加		19.8190	0.1851	−0.0356	9.2966
7	暖温带—亚湿润—落叶阔叶林 黄淮平原立地亚区	杨树	Richards 普	0.84	13.8509	−0.1281	−0.9310	8.4329
			Richards 加		13.8844	0.0030	0.0165	8.4533

总相对误差（TRE）基本在 ±3% 以内，平均系统误差（MSE）基本在 ±5% 以内，表明模型拟合效果良好。从这一原则出发，加权回归模型的拟合效果要好于普通回归模型；平均预估误差（MPE）基本在 20% 以内，说明蓄积量生长模型的平均预估精度达到约 80% 以上。

从参数估计值看，各树种的相应参数的标准差较小，说明模型的稳定性比较好。

9.4.7 样地蓄积量归一化

通过提取的安徽的样地数据，安徽的阔叶树种主要是杨树和栎类，针叶树种主要是马尾松和杉木。

根据《国家森林资源连续清查主要技术规定》确定各树种组的龄组划分和成熟林年龄，见表9-13和表9-14。

表9-13　安徽树种成熟年龄

序号	树种	地区	起源	龄级	成熟林
1	马尾松	南方	天然	10	41
			人工	10	31
2	杉木	南方	天然	5	31
			人工	5	26
3	栎类	南方	天然	20	81
			人工	10	51
4	杨树	南方	天然	5	21
			人工	5	16
5	阔叶混（栎类、杨树）	南方	天然	13	51
			人工	8	34
6	针阔混（马尾松、杉木、栎类、杨树）	南方	天然	20	44
			人工	15	31

表9-14　安徽三级区划主要树种成熟林蓄积量

序号	森林生产力三级区划	树种	起源	成熟年龄	成熟林蓄积量/(m^3/hm^2)
1	北亚热带—湿润—常绿阔叶林大别山山地立地亚区	马尾松	天然	41	82.1394
		杉木	人工	26	103.5535
		阔叶混	天然	51	95.7804
2	北亚热带—湿润—常绿阔叶林江淮丘陵立地亚区	杨树	人工	16	115.3007
3	北亚热带—湿润—常绿阔叶林黄淮平原立地亚区	杨树	人工	16	80.2708
4	北亚热带—湿润—常绿阔叶林浙皖低山丘陵立地亚区	杉木	人工	26	147.0538
		栎类	天然	81	106.6887
		阔叶混	天然	51	136.5951
		针阔混	天然	44	122.6146
5	北亚热带—湿润—常绿阔叶林长江下游滨湖平原立地亚区	马尾松	天然	41	45.1119
6	北亚热带—湿润—常绿阔叶林浙皖赣中低山立地亚区	杉木	人工	26	140.8467
		阔叶混	天然	51	98.6303
7	暖温带—亚湿润—落叶阔叶林黄淮平原立地亚区	杨树	人工	16	100.1763

9.4.8 安徽森林生产力分区

依据全国公顷蓄积量分级结果(参见全国报告的表4-12)。公顷蓄积量分级结果见表9-

15。样地归一化蓄积量分级如图9-18。

表9-15　安徽公顷蓄积量分级结果　　　　　　　单位：m^3/hm^2

级别	2级	3级	4级	5级
公顷蓄积量	30~60	60~90	90~120	120~150

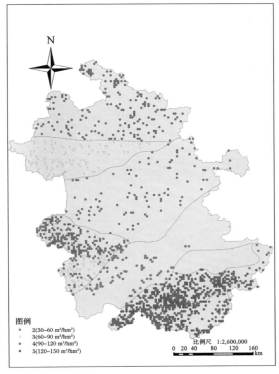

图9-18　安徽样地归一化蓄积量分级

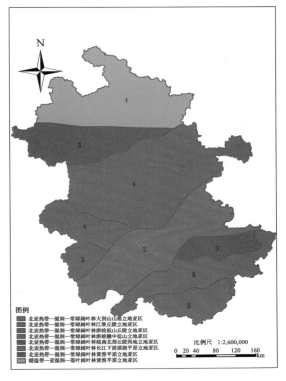

图9-19　安徽森林生产力分级（调整后）

注：图中森林生产力等值依据前文中表9-15公顷蓄积量分级结果。

9.4.9　安徽森林生产力分区调整

北亚热带—湿润—常绿阔叶林皖南北部丘陵岗地立地亚区的优势树种是马尾松天然林或者杉木人工林，北亚热带—湿润—常绿阔叶林长江下游滨湖平原立地亚区的优势树种是马尾松天然林，北亚热带—湿润—常绿阔叶林浙皖低山丘陵立地亚区的优势树种是杉木人工林、阔叶混天然林，将相邻两区的森林生产力均值作为北亚热带—湿润—常绿阔叶林皖南北部丘陵岗地立地亚区的森林生产力等级，森林生产力等级是3。

调整后，森林生产力分级如图9-19。

10 福建森林潜在生产力分区成果

10.1 福建森林生产力一级区划

以我国 1:100 万全国行政区划数据中福建省界为边界，从全国森林生产力一级区划图中提取福建森林生产力一级区划，福建森林生产力一级区划单位为 2 个，如表 10-1 和图 10-1：

表 10-1 森林生产力一级区划

序号	气候带	气候大区	森林生产力一级区划
1	南亚热带	湿润	南亚热带—湿润地区
2	中亚热带	湿润	中亚热带—湿润地区

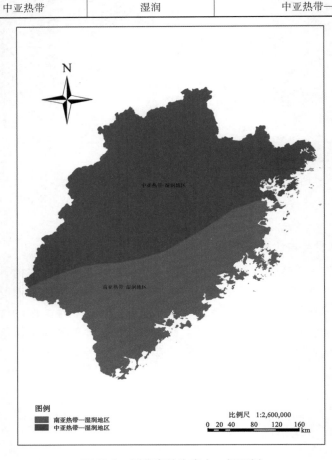

图 10-1 福建森林生产力一级区划

注：本图显示采用 2000 国家大地坐标系（简称 CGCS2000），后续相关地图同该坐标系。

10.2　福建森林生产力二级区划

按照福建省界从全国森林生产力二级区划中提取福建的森林生产力二级区划，福建森林生产力二级区划单位为 2 个，如表 10-2 和图 10-2：

表 10-2　森林生产力二级区划

序号	森林生产力一级区划	森林生产力二级区划
1	南亚热带—湿润地区	南亚热带—湿润—常绿阔叶林
2	中亚热带—湿润地区	中亚热带—湿润—常绿阔叶林

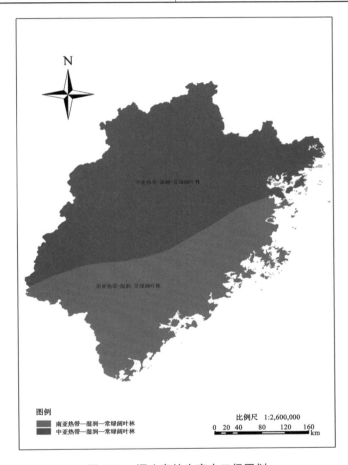

图 10-2　福建森林生产力二级区划

10.3　福建森林生产力三级区划

10.3.1　福建立地区划

根据全国立地区划结果，以福建 1：100 万省界为提取框架，提取福建立地区划结果。需要说明的是，由于福建省界数据与全国立地区划成果数据精度不一致，导致提取的福建立地区划数据在省界边缘出现不少细小的破碎斑块。因此，对福建立地区划数据进行了破碎化斑块处理，根据就近原则，将破碎小斑块就近合并到最近的大斑块中。处理后，得到的福建立地区划属性数据和矢量图分别如表 10-3 和图 10-3：

表 10-3　福建立地区划

序号	立地区域	立地区	立地亚区
1	华南亚热带热带立地区域	闽粤沿海丘陵平原立地区	闽东南丘陵低山立地亚区
2			闽粤东南沿海丘陵平原立地亚区
3	南方亚热带立地区域	赣闽粤山地丘陵立地区	赣南闽西南山地立地亚区
4		武夷山山地立地区	戴云山立地亚区
5			武夷山戴云山山间立地亚区
6			武夷山东坡立地亚区
7		浙闽沿海低山丘陵立地区	浙闽东南山地立地亚区
8			浙闽东南沿海丘陵立地亚区
9		赣闽粤山地丘陵立地区	粤东闽西南丘陵立地亚区

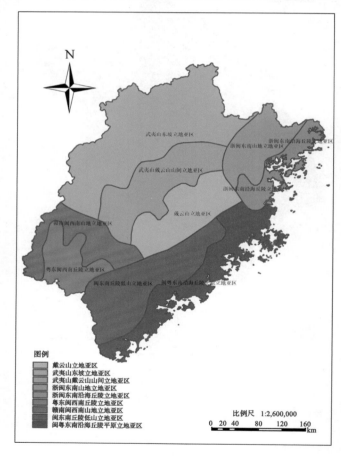

图 10-3　福建立地区划

10.3.2　福建三级区划

根据福建省界从全国森林生产力三级区划中提取福建森林生产力三级区划。

用福建省界来提取福建森林生产力三级区划时边缘出现了破碎的小斑块，为了使省级森林生产力三级区划不至于太破碎，根据就近原则，将破碎小斑块就近合并到最近的大斑块中。

福建森林生产力三级区划单位为 12 个，如表 10-4 和图 10-4：

表 10-4　森林生产力三级区划

序号	森林生产力一级区划	森林生产力二级区划	森林生产力三级区划
1	南亚热带—湿润地区	南亚热带—湿润—常绿阔叶林	南亚热带—湿润—常绿阔叶林戴云山立地亚区
2			南亚热带—湿润—常绿阔叶林赣南闽西南山地立地亚区
3			南亚热带—湿润—常绿阔叶林闽东南丘陵低山立地亚区
4			南亚热带—湿润—常绿阔叶林闽粤东南沿海丘陵平原立地亚区
5			南亚热带—湿润—常绿阔叶林粤东闽西南丘陵立地亚区
6			南亚热带—湿润—常绿阔叶林浙闽东南沿海丘陵立地亚区
7	中亚热带—湿润地区	中亚热带—湿润—常绿阔叶林	中亚热带—湿润—常绿阔叶林戴云山立地亚区
8			中亚热带—湿润—常绿阔叶林赣南闽西南山地立地亚区
9			中亚热带—湿润—常绿阔叶林武夷山戴云山山间立地亚区
10			中亚热带—湿润—常绿阔叶林武夷山东坡立地亚区
11			中亚热带—湿润—常绿阔叶林浙闽东南山地立地亚区
12			中亚热带—湿润—常绿阔叶林浙闽东南沿海丘陵立地亚区

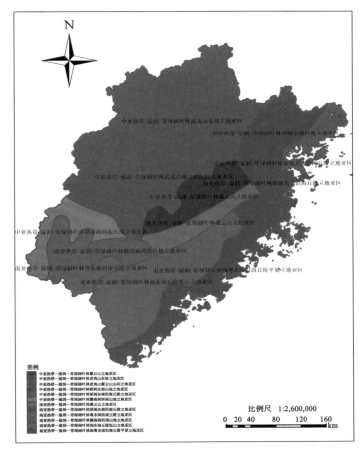

图 10-4　福建森林生产力三级区划

10.4　福建森林生产力量化分级

10.4.1　技术方案

单位面积蓄积量标志着林地生产力的高低及经营措施的效果。本方案在森林生产力三级区划结果基础上，根据已调查的福建第 6 期、第 7 期一类清查样地数据，提取福建森林生产力三级区划的样地数据，筛选出两期地类是乔木林地、疏林地的样地，根据森林生产力三级区划的主要树种，建立样地优势树种蓄积量生长模型，并归一该树种到成熟林时单位公顷的蓄积值，以此作为量化样地森林生产力的依据，在森林生产力三级区划的基础上进行森林植被生产力区划。

10.4.2　样地筛选

10.4.2.1　样地情况

福建于 1978 年以全省面积为总体建立森林资源清查体系，按 4 km×6 km 间距，共布设面积 0.0667 hm² 方形样地 5059 个。

1983 年进行森林资源第 1 次复查，按照 8 km×12 km 布设了 1273 个临时样地，作为分析对照样地。

1988 年福建开展森林资源清查第 2 次复查，在原样点间按照 12 km×12 km 间距，系统加密布设 878 个临时样地，且布设的临时样地位置和上期不重复。

1993 年开展森林资源清查时，原有临时样地不再调查。

1998 年第 4 次森林资源清查体系不再变化。

2003 年第 5 次复查，在原固定样地的基础上，加密遥感判读样地，布设了一套遥感判读样本，判读样地数量 31534 个，间距 2 km×2 km。

福建的样地情况如表 10-5：

表 10-5　福建样地概况

项目	内容
调查（副）总体	福建样地
样地调查时间	全国第 6 次清查福建数据（2003 年） 全国第 7 次清查福建数据（2008 年）
样地个数	全国第 6 次清查福建样地 5059 个 全国第 7 次清查福建样地 5059 个
样地间距	副总体样地间距 4 km×6 km
样地大小	0.0667 hm²
样地形状	25.82 m×25.82 m 的正方形
备注	

10.4.2.2　样地筛选情况

根据福建划分的森林生产力三级区划，提取每个三级区划的样地数据，对提取的样地数据进行筛选。

筛选的条件如下：

地类为乔木林地或疏林地。剔除地类是红树林、竹林、国家特别规定灌木林地、其他灌木林地、未成林封育地、未成林造林地、苗圃地、采伐迹地、火烧迹地、其他无立木林地、宜林荒山荒地、宜林沙荒地、其他宜林地、耕地、牧草地、水域、未利用地、工矿建设用地、城乡居民建设用地、交通建设用地、其他用地的样地。被剔除的样地或者没有划分起源，或者没有样地平均年龄，或者优势树种是灌木，无法进行以林木蓄积量为因变量，样地平均年龄为自变量的曲线拟合。

表 10-6 详细说明了福建第 6、7 期样地（分三级区划）及样地筛选情况。

表 10-6　福建分三级区划样地筛选情况

序号	森林生产力三级区划	监测期	样地总数	筛选样地数	所占比例/%
1	南亚热带—湿润—常绿阔叶林戴云山立地亚区	第 6 期	192	96	50
		第 7 期	194	93	47.9
2	南亚热带—湿润—常绿阔叶林赣南闽西南山地立地亚区	第 6 期	134	74	55.2
		第 7 期	133	73	54.9
3	南亚热带—湿润—常绿阔叶林闽东南丘陵低山立地亚区	第 6 期	718	293	40.8
		第 7 期	715	293	41.0
4	南亚热带—湿润—常绿阔叶林闽粤东南沿海丘陵平原立地亚区	第 6 期	565	137	24.2
		第 7 期	564	145	25.7
5	南亚热带—湿润—常绿阔叶林粤东闽西南丘陵立地亚区	第 6 期	296	191	64.5
		第 7 期	298	190	63.8
6	南亚热带—湿润—常绿阔叶林浙闽东南沿海丘陵立地亚区	第 6 期	107	37	34.6
		第 7 期	106	37	34.9
7	中亚热带—湿润—常绿阔叶林戴云山立地亚区	第 6 期	324	152	46.9
		第 7 期	323	147	45.5
8	中亚热带—湿润—常绿阔叶林赣南闽西南山地立地亚区	第 6 期	251	177	70.5
		第 7 期	251	180	71.7
9	中亚热带—湿润—常绿阔叶林武夷山戴云山山间立地亚区	第 6 期	606	306	50.5
		第 7 期	606	303	50
10	中亚热带—湿润—常绿阔叶林武夷山东坡立地亚区	第 6 期	1329	765	57.6
		第 7 期	1329	722	54.3
11	中亚热带—湿润—常绿阔叶林浙闽东南山地立地亚区	第 6 期	366	142	38.8
		第 7 期	367	154	42.0
12	中亚热带—湿润—常绿阔叶林浙闽东南沿海丘陵立地亚区	第 6 期	138	54	39.1
		第 7 期	138	49	35.5

10.4.3　建模树种提取

对筛选出的森林生产力三级区划的乔木林地和疏林地样地数据，分别统计每个优势树种的样地数和样地的起源，为了尽量使每个三级区划都能有森林生产力值，方便森林生产力等级划分，在每个森林生产力三级区内，如果优势树种的建模样地达到50，则建立样本数≥50的优势树种的生长模型；如果优势树种的建模样地均未达到50，则降低建模样本量为30；降低建模标准且合并树种组仍无法达到建模量的，若该区为完整的三级区，则看邻近区内与该区内相似树种的蓄积量，作为该区的归一化蓄积量；若该区是被省界分割的森林生产力三级区的小部分，则暂时空缺，若是被省界分割的森林生产力三级区的大部分，则参照完整的三级区处理。

福建各三级区划分优势树种样地数统计见表 10-7。

表 10-7　福建各三级区划分优势树种样地数统计

序号	森林生产力三级区划	优势树种	监测期	起源	样地数
1	南亚热带—湿润—常绿阔叶林戴云山立地亚区	马尾松	第 6 期	天然	12
			第 7 期		4
		马尾松	第 6 期	人工	16
			第 7 期		9
		杉木	第 6 期	天然	20
			第 7 期		9
		杉木	第 6 期	人工	15
			第 7 期		10
		栎类	第 6 期	天然	11
			第 7 期		1
		其他硬阔	第 6 期	天然	22
			第 7 期		15
		火炬松	第 6 期	人工	0
			第 7 期		1
		其他松类	第 6 期	天然	1
			第 7 期		0
		木荷	第 6 期	人工	0
			第 7 期		1
		桉树	第 6 期	人工	0
			第 7 期		2
		针叶混	第 6 期	天然	0
			第 7 期		5
		针叶混	第 6 期	人工	0
			第 7 期		4
		阔叶混	第 6 期	天然	0
			第 7 期		18
		针阔混	第 6 期	天然	0
			第 7 期		13
2	南亚热带—湿润—常绿阔叶林赣南闽西南山地立地亚区	马尾松	第 6 期	人工	6
			第 7 期		8
		杉木	第 6 期	天然	7
			第 7 期		1
		杉木	第 6 期	人工	15
			第 7 期		12
		栎类	第 6 期	天然	2
			第 7 期		0

（续）

序号	森林生产力三级区划	优势树种	监测期	起源	样地数
2	南亚热带—湿润—常绿阔叶林赣南闽西南山地立地亚区	楠木	第 6 期	天然	1
			第 7 期		0
		其他硬阔	第 6 期	天然	23
			第 7 期		16
		桉树	第 6 期	人工	1
			第 7 期		2
		其他软阔	第 6 期	天然	3
			第 7 期		0
		其他松类	第 6 期	天然	0
			第 7 期		3
		针叶混	第 6 期	天然	0
			第 7 期		2
		阔叶混	第 6 期	天然	0
			第 7 期		15
		针阔混	第 6 期	天然	0
			第 7 期		14
3	南亚热带—湿润—常绿阔叶林闽东南丘陵低山立地亚区	马尾松	第 6 期	天然	42
			第 7 期		18
		马尾松	第 6 期	人工	69
			第 7 期		32
		杉木	第 6 期	天然	32
			第 7 期		15
		杉木	第 6 期	人工	52
			第 7 期		30
		栎类	第 6 期	天然	11
			第 7 期		1
		其他硬阔	第 6 期	天然	78
			第 7 期		64
		桉树	第 6 期	人工	2
			第 7 期		38
		其他软阔	第 6 期	天然	7
			第 7 期		6
		湿地松	第 6 期	人工	0
			第 7 期		4
		火炬松	第 6 期	人工	0
			第 7 期		2
		木荷	第 6 期	天然	0
			第 7 期		9
		针叶混	第 6 期	人工	0
			第 7 期		23

（续）

序号	森林生产力三级区划	优势树种	监测期	起源	样地数
3	南亚热带—湿润—常绿阔叶林闽东南丘陵低山立地亚区	阔叶混	第 6 期	天然	0
			第 7 期		17
		针阔混	第 6 期	人工	0
			第 7 期		34
4	南亚热带—湿润—常绿阔叶林闽粤东南沿海丘陵平原立地亚区	马尾松	第 6 期	天然	36
			第 7 期		18
		马尾松	第 6 期	人工	37
			第 7 期		15
		杉木	第 6 期	人工	15
			第 7 期		7
		栎类	第 6 期	天然	3
			第 7 期		3
		其他硬阔	第 6 期	天然	13
			第 7 期		15
		桉树	第 6 期	天然	1
			第 7 期		12
		木麻黄	第 6 期	人工	27
			第 7 期		8
		其他软阔	第 6 期	天然	15
			第 7 期		2
		油杉	第 6 期	天然	0
			第 7 期		1
		黑松	第 6 期	人工	0
			第 7 期		3
		湿地松	第 6 期	人工	0
			第 7 期		6
		其他松类	第 6 期	人工	0
			第 7 期		1
		木荷	第 6 期	人工	0
			第 7 期		2
		相思树	第 6 期	天然	0
			第 7 期		14
		针叶混	第 6 期	天然	0
			第 7 期		4
		阔叶混	第 6 期	天然	0
			第 7 期		8
		针阔混	第 6 期	人工	0
			第 7 期		19
5	南亚热带—湿润—常绿阔叶林粤东闽西南丘陵立地亚区	马尾松	第 6 期	天然	81
			第 7 期		40
		杉木	第 6 期	天然	41
			第 7 期		15

（续）

序号	森林生产力三级区划	优势树种	监测期	起源	样地数
5	南亚热带—湿润—常绿阔叶林粤东闽西南丘陵立地亚区	杉木	第 6 期	人工	17
			第 7 期		15
		栎类	第 6 期	天然	3
			第 7 期		1
		楠木	第 6 期	天然	1
			第 7 期		0
		其他硬阔	第 6 期	天然	44
			第 7 期		22
		其他软阔	第 6 期	天然	4
			第 7 期		1
		湿地松	第 6 期	人工	0
			第 7 期		1
		火炬松	第 6 期	人工	0
			第 7 期		1
		木荷	第 6 期	人工	0
			第 7 期		1
		桉树	第 6 期	人工	0
			第 7 期		1
		针叶混	第 6 期	天然	0
			第 7 期		31
		阔叶混	第 6 期	天然	0
			第 7 期		41
		针阔混	第 6 期	天然	0
			第 7 期		20
6	南亚热带—湿润—常绿阔叶林浙闽东南沿海丘陵立地亚区	马尾松	第 6 期	人工	17
			第 7 期		10
		杉木	第 6 期	人工	8
			第 7 期		5
		栎类	第 6 期	天然	3
			第 7 期		0
		其他硬阔	第 6 期	天然	4
			第 7 期		6
		木麻黄	第 6 期	人工	2
			第 7 期		0
		其他软阔	第 6 期	天然	3
			第 7 期		0
		湿地松	第 6 期	人工	0
			第 7 期		2
		木荷	第 6 期	人工	0
			第 7 期		1
		相思树	第 6 期	人工	0
			第 7 期		3

（续）

序号	森林生产力三级区划	优势树种	监测期	起源	样地数
6	南亚热带—湿润—常绿阔叶林浙闽东南沿海丘陵立地亚区	针叶混	第6期	人工	0
			第7期		2
		阔叶混	第6期	天然	0
			第7期		6
		针阔混	第6期	人工	0
			第7期		2
7	中亚热带—湿润—常绿阔叶林戴云山立地亚区	马尾松	第6期	天然	18
			第7期		7
		马尾松	第6期	人工	30
			第7期		18
		杉木	第6期	天然	16
			第7期		9
		杉木	第6期	人工	37
			第7期		28
		栎类	第6期	天然	7
			第7期		0
		其他硬阔	第6期	天然	40
			第7期		19
		其他软阔	第6期	天然	4
			第7期		1
		火炬松	第6期	人工	0
			第7期		2
		木荷	第6期	天然	0
			第7期		1
		针叶混	第6期	人工	0
			第7期		13
		阔叶混	第6期	天然	0
			第7期		27
		针阔混	第6期	天然	0
			第7期		22
8	中亚热带—湿润—常绿阔叶林赣南闽西南山地立地亚区	马尾松	第6期	天然	52
			第7期		27
		杉木	第6期	人工	27
			第7期		24
		杉木	第6期	天然	40
			第7期		19
		栎类	第6期	天然	1
			第7期		2
		其他硬阔	第6期	天然	54
			第7期		8
		其他软阔	第6期	天然	3
			第7期		1

（续）

序号	森林生产力三级区划	优势树种	监测期	起源	样地数
8	中亚热带—湿润—常绿阔叶林赣南闽西南山地立地亚区	黑松	第6期	人工	0
			第7期		1
		桉树	第6期	人工	0
			第7期		2
		针叶混	第6期	天然	0
			第7期		27
		阔叶混	第6期	天然	0
			第7期		47
		针阔混	第6期	天然	0
			第7期		22
9	中亚热带—湿润—常绿阔叶林武夷山戴云山山间立地亚区	马尾松	第6期	天然	27
			第7期		12
		马尾松	第6期	人工	39
			第7期		25
		杉木	第6期	天然	15
			第7期		4
		杉木	第6期	人工	124
			第7期		93
		栎类	第6期	天然	9
			第7期		2
		楠木	第6期	人工	1
			第7期		0
		其他硬阔	第6期	天然	75
			第7期		22
		桉树	第6期	人工	3
			第7期		8
		其他软阔	第6期	天然	13
			第7期		1
		火炬松	第6期	人工	0
			第7期		2
		樟木	第6期	人工	0
			第7期		1
		针叶混	第6期	人工	0
			第7期		15
		阔叶混	第6期	天然	0
			第7期		79
		针阔混	第6期	天然	0
			第7期		37
10	中亚热带—湿润—常绿阔叶林武夷山东坡立地亚区	马尾松	第6期	天然	104
			第7期		44
		马尾松	第6期	人工	75
			第7期		56

（续）

序号	森林生产力三级区划	优势树种	监测期	起源	样地数
10	中亚热带—湿润—常绿阔叶林武夷山东坡立地亚区	杉木	第 6 期	天然	80
		杉木	第 7 期		39
		杉木	第 6 期	人工	207
		杉木	第 7 期		157
		栎类	第 6 期	天然	21
		栎类	第 7 期		4
		其他硬阔	第 6 期	天然	250
		其他硬阔	第 7 期		85
		桉树	第 6 期	人工	1
		桉树	第 7 期		0
		其他软阔	第 6 期	天然	27
		其他软阔	第 7 期		4
		木荷	第 6 期	人工	0
		木荷	第 7 期		3
		桉树	第 6 期	人工	0
		桉树	第 7 期		1
		针叶混	第 6 期	人工	0
		针叶混	第 7 期		50
		阔叶混	第 6 期	天然	0
		阔叶混	第 7 期		193
		针阔混	第 6 期	天然	0
		针阔混	第 7 期		84
11	中亚热带—湿润—常绿阔叶林浙闽东南山地立地亚区	马尾松	第 6 期	天然	18
		马尾松	第 7 期		14
		马尾松	第 6 期	人工	55
		马尾松	第 7 期		50
		杉木	第 6 期	天然	19
		杉木	第 7 期		10
		杉木	第 6 期	人工	28
		杉木	第 7 期		28
		栎类	第 6 期	天然	2
		栎类	第 7 期		0
		其他硬阔	第 6 期	天然	18
		其他硬阔	第 7 期		17
		其他软阔	第 6 期	天然	2
		其他软阔	第 7 期		1
		湿地松	第 6 期	人工	0
		湿地松	第 7 期		1
		火炬松	第 6 期	人工	0
		火炬松	第 7 期		1

（续）

序号	森林生产力三级区划	优势树种	监测期	起源	样地数
11	中亚热带—湿润—常绿阔叶林浙闽东南山地立地亚区	其他松类	第6期	人工	0
			第7期		1
		柳杉	第6期	人工	0
			第7期		2
		针叶混	第6期	人工	0
			第7期		12
		阔叶混	第6期	天然	0
			第7期		9
		针阔混	第6期	天然	0
			第7期		8
12	中亚热带—湿润—常绿阔叶林浙闽东南沿海丘陵立地亚区	马尾松	第6期	人工	33
			第7期		21
		杉木	第6期	人工	6
			第7期		1
		其他硬阔	第6期	天然	15
			第7期		2
		火炬松	第6期	人工	0
			第7期		1
		桉树	第6期	人工	0
			第7期		1
		相思树	第6期	人工	0
			第7期		1
		针叶混	第6期	人工	0
			第7期		4
		阔叶混	第6期	天然	0
			第7期		13
		针阔混	第6期	人工	0
			第7期		5

从表10-7中可以筛选福建森林生产力三级区划的建模树种如表10-8：

表10-8　福建各三级分区主要建模树种及建模数据统计

序号	森林生产力三级区划	优势树种	起源	监测期	总样地数	建模样地数	所占比例/%
1	南亚热带—湿润—常绿阔叶林闽东南丘陵低山立地亚区	其他硬阔	天然	第6期	78	131	92.3
				第7期	64		
2	南亚热带—湿润—常绿阔叶林粤东闽西南丘陵立地亚区	马尾松	天然	第6期	81	100	82.6
				第7期	40		
3	中亚热带—湿润—常绿阔叶林戴云山立地亚区	杉木	人工	第6期	37	64	98.5
				第7期	28		
4	中亚热带—湿润—常绿阔叶林赣南闽西南山地立地亚区	马尾松	天然	第6期	52	64	81.0
				第7期	27		

（续）

序号	森林生产力三级区划	优势树种	起源	监测期	总样地数	建模样地数	所占比例/%
5	中亚热带—湿润—常绿阔叶林武夷山戴云山山间立地亚区	杉木	人工	第 6 期	124	208	95.9
				第 7 期	93		
6	中亚热带—湿润—常绿阔叶林武夷山东坡立地亚区	马尾松	人工	第 6 期	75	128	97.7
				第 7 期	56		
		杉木	人工	第 6 期	207	354	97.3
				第 7 期	157		
		其他硬阔	天然	第 6 期	250	325	97.0
				第 7 期	85		
7	中亚热带—湿润—常绿阔叶林浙闽东南山地立地亚区	马尾松	人工	第 6 期	55	101	96.2
				第 7 期	50		

10.4.4 建模前数据整理和对应

10.4.4.1 对森林采伐等人为干扰情况的处理

在数据的整理过程中，对第 6、7 期样地号对应，优势树种一致，第 7 期年龄增加与调查间隔期一致的样地，第 7 期林木蓄积量加上采伐蓄积量作为第 7 期的林木蓄积量，第 6 期的林木蓄积量不变。

10.4.4.2 对优势树种发生变化情况的处理

两期样地对照分析，第 7 期样地的优势树种发生变化的样地，林木蓄积量仍以第 7 期的林木蓄积量为准，把该样地作为第 7 期优势树种的样地，林木蓄积量以第 7 期调查时为准，不加采伐蓄积量。第 6 期的处理同第 7 期。

10.4.4.3 对样地年龄与时间变化不一致情况的处理

对样地第 7 期的年龄与调查间隔时间变化不一致的样地，则以第 7 期的样地平均年龄为准，林木蓄积量不与采伐蓄积量相加，仍以第 7 期的林木蓄积量作为林木蓄积量，第 6 期的林木蓄积量不发生变化。

10.4.5 建立林分蓄积量生长模型

根据筛选出的优势树种样地数据，以整理后的林木蓄积量作为因变量，以样地的平均年龄作为自变量，剔除异常数据，根据样地数据散点图的总体趋势，选取不同的生长方程拟合曲线。主要树种建模统计如表 10-9。

表 10-9　主要树种建模数据统计

序号	森林生产力三级区划	优势树种	统计量	最小值	最大值	平均值
1	南亚热带—湿润—常绿阔叶林闽东南丘陵低山立地亚区	其他硬阔	林木蓄积量	6.1769	179.7001	78.8077
			平均年龄	7	44	25
2	南亚热带—湿润—常绿阔叶林粤东闽西南丘陵立地亚区	马尾松	林木蓄积量	3.5182	164.0030	59.2326
			平均年龄	5	45	24
3	中亚热带—湿润—常绿阔叶林戴云山立地亚区	杉木	林木蓄积量	4.1679	232.2489	133.4999
			平均年龄	4	41	22

序号	森林生产力三级区划	优势树种	统计量	最小值	最大值	平均值
4	中亚热带—湿润—常绿阔叶林赣南闽西南山地立地亚区	马尾松	林木蓄积量	0.1499	110.7496	52.2381
			平均年龄	8	45	24
5	中亚热带—湿润—常绿阔叶林浙闽东南山地立地亚区	马尾松	林木蓄积量	1.0495	135.6747	45.9437
			平均年龄	4	51	22
6	中亚热带—湿润—常绿阔叶林武夷山戴云山山间立地亚区	杉木	林木蓄积量	2.2139	231.8616	118.5581
			平均年龄	4	33	18
7	中亚热带—湿润—常绿阔叶林武夷山东坡立地亚区	马尾松	林木蓄积量	5.0525	151.8041	91.8704
			平均年龄	6	50	24
		杉木	林木蓄积量	6.4468	229.1561	105.7269
			平均年龄	4	31	18
		其他硬阔	林木蓄积量	1.1094	248.6282	117.2278
			平均年龄	4	75	34

S 型生长模型能够合理地表示树木或林分的生长过程和趋势，避免了其他模型只在某一生长阶段的拟合精度高，而不能完整体现树木或林分生长趋势的弊端，而本方案的目的是预测林分达到成熟林时的蓄积量，S 型生长模型得到的值在比较合理的范围内。

选取的生长方程如表 10-10：

表 10-10　拟合所用的生长模型

序号	生长模型名称	生长模型公式
1	Richards 模型	$y = A(1 - e^{-kx})^B$
2	单分子模型	$y = A(1 - e^{-kx})$
3	Logistic 模型	$y = A/(1 + Be^{-kx})$
4	Korf 模型	$y = Ae^{-Bx-k}$

其中，y 为样地的林木蓄积量，x 为林分年龄，A 为树木生长的最大值参数，k 为生长速率参数，B 为与初始值有关的参数。

经过数据拟合，得出各模型的参数和拟合优度及总相对误差，选取三级区划各树种的适合拟合方程，整理如表 10-11。生长模型如图 10-5 ~ 图 10-13。

表 10-11　主要树种模型

序号	森林生产力三级区划	优势树种	模型	生长方程	参数标准差			R^2	TRE /%
					A	B	k		
1	南亚热带—湿润—常绿阔叶林闽东南丘陵低山立地亚区	其他硬阔	Richards 普	$y = 214.2405(1 - e^{-0.0414x})^{2.1559}$	118.3898	1.3279	0.0392	0.78	-0.1194
			Richards 加	$y = 178.0135(1 - e^{-0.0571x})^{2.6841}$	59.7747	0.8415	0.0275		0.1509
2	南亚热带—湿润—常绿阔叶林粤东闽西南丘陵立地亚区	马尾松	Logistic 普	$y = 156.6478/(1 + 64.0719e^{-0.1422x})$	31.0548	52.5016	0.0415	0.78	1.1465
			Logistic 加	$y = 123.6190/(1 + 65.0742e^{-0.1644x})$	27.9841	23.6315	0.0276		1.8156

（续）

序号	森林生产力三级区划	优势树种	模型	生长方程	参数标准差 A	B	k	R^2	TRE/%
3	中亚热带—湿润—常绿阔叶林戴云山立地亚区	杉木	Richards 普	$y = 207.4278(1 - e^{-0.0891x})^{2.2472}$	40.4480	1.8016	0.0606	0.70	−0.4670
			Richards 加	$y = 180.8989(1 - e^{-0.1671x})^{5.9301}$	19.5489	2.7569	0.0462		0.1574
4	中亚热带—湿润—常绿阔叶林赣南闽西南山地立地亚区	马尾松	Logistic 普	$y = 117.4991/(1 + 68.4730e^{-0.1662x})$	14.4409	53.8098	0.0397	0.86	−0.4895
			Logistic 加	$y = 90.9027/(1 + 238.1719e^{-0.2535x})$	16.7661	180.6491	0.0500		2.6061
5	中亚热带—湿润—常绿阔叶林浙闽东南山地立地亚区	马尾松	Richards 普	$y = 109.4866(1 - e^{-0.0586x})^{2.4446}$	36.4272	1.7331	0.0437	0.67	−0.4100
			Richards 加	$y = 103.4974(1 - e^{-0.0691x})^{2.9230}$	29.6459	0.7058	0.0260		−0.0901
6	中亚热带—湿润—常绿阔叶林武夷山戴云山山间立地亚区	杉木	Richards 普	$y = 156.4299(1 - e^{-0.2602x})^{7.6450}$	10.7933	7.2235	0.1031	0.71	0.0098
			Richards 加	$y = 153.7591(1 - e^{-0.2835x})^{8.8391}$	14.5510	3.0388	0.0601		0.0548
7	中亚热带—湿润—常绿阔叶林武夷山东坡立地亚区	马尾松	Richards 普	$y = 133.3290(1 - e^{-0.1308x})^{4.1512}$	11.4075	3.0417	0.0538	0.72	−0.1424
			Richards 加	$y = 125.9239(1 - e^{-0.1805x})^{7.3396}$	14.8448	3.6386	0.0516		0.2752
		杉木	Richards 普	$y = 229.2167(1 - e^{-0.0853x})^{2.4383}$	60.3186	1.7110	0.0584	0.69	−0.2577
			Richards 加	$y = 200.8142(1 - e^{-0.1230x})^{3.5874}$	26.8100	0.8374	0.0300		0.0965
		其他硬阔	Logistic 普	$y = 233.1855/(1 + 13.3688e^{-0.0771x})$	17.1896	3.3744	0.0108	0.86	−0.2342
			Logistic 加	$y = 206.1483/(1 + 16.8586e^{-0.0962x})$	17.6011	2.4885	0.0098		0.4661

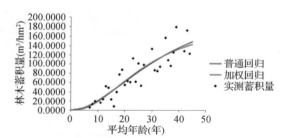

图 10-5　南亚热带—湿润—常绿阔叶林闽东南丘陵低山立地亚区其他硬阔生长模型

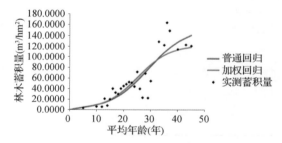

图 10-6　南亚热带—湿润—常绿阔叶林粤东闽西南丘陵立地亚区马尾松生长模型

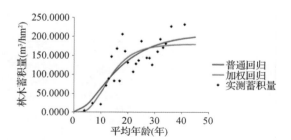

图 10-7　中亚热带—湿润—常绿阔叶林戴云山立地亚区杉木生长模型

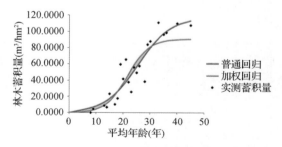

图 10-8　中亚热带—湿润—常绿阔叶林赣南闽西南山地立地亚区马尾松生长模型

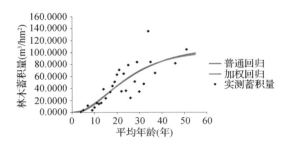

图 10-9　中亚热带—湿润—常绿阔叶林浙闽东南山地立地亚区马尾松生长模型

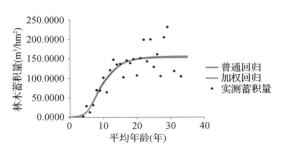

图 10-10　中亚热带—湿润—常绿阔叶林武夷山戴云山山间立地亚区杉木生长模型

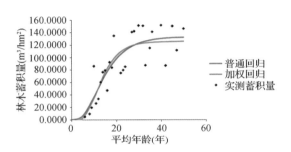

图 10-11　中亚热带—湿润—常绿阔叶林武夷山东坡立地亚区马尾松生长模型

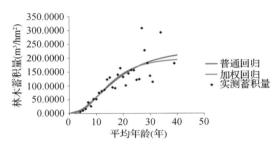

图 10-12　中亚热带—湿润—常绿阔叶林武夷山东坡立地亚区杉木生长模型

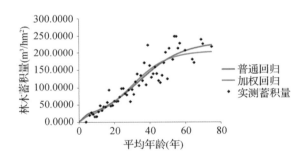

图 10-13　中亚热带—湿润—常绿阔叶林武夷山东坡立地亚区其他硬阔生长模型

10.4.6　生长模型的检验

为了检验普通回归和加权回归生长模型的适用性，采用以下评价指标：确定系数（R^2）、估计值的标准误差（SEE）、总相对误差（TRE）、平均系统误差（MSE）、平均预估误差（MPE）。

$$R^2 = 1 - \sum (y_i - \hat{y}_i)^2 / \sum (y_i - \bar{y}_i)^2$$

$$SEE = \sqrt{\sum (y_i - \hat{y}_i)^2 / (n - k)}$$

$$TRE = \sum (y_i - \hat{y}_i) / \sum \hat{y}_i \times 100$$

$$MSE = \sum (y_i - \hat{y}_i) / \hat{y}_i / n \times 100$$

$$MPE = t_\alpha \cdot (SEE / \bar{y}) / \sqrt{n} \times 100$$

式中，y_i 为实际观测值，$\hat{y}_i$ 为模型预估值，$\bar{y}$ 为样本平均值，n 为样本单元数，k 为参数个数，t_α 为置信水平 α 时的 t 值。在这 6 项指标中，R^2 和 SEE 是回归模型的最常用指标，既反映了模型的拟合优度，也反映了自变量的贡献率和因变量的离差情况；TRE 和 MSE 是反映拟合效果的重要指标，二者应该控制在一定范围内（如 $\pm 3\%$），趋向于 0 时效果最好；MPE 是反映平均蓄积量估计值的精度指标。

各森林生产力三级区划优势树种生长模型检验见表 10-12。

表 10-12　各森林生产力三级区划优势树种生长模型检验

序号	森林生产力三级区划	优势树种	模型	R^2	SEE	TRE	MSE	MPE
1	南亚热带—湿润—常绿阔叶林闽东南丘陵低山立地亚区	其他硬阔	Richards 普	0.78	23.3127	-0.1194	-1.2906	10.6564
			Richards 加		23.3891	0.1509	0.1025	10.6913
2	南亚热带—湿润—常绿阔叶林粤东闽西南丘陵立地亚区	马尾松	Logistic 普	0.78	22.8171	1.1465	3.1919	14.9091
			Logistic 加		24.3998	1.8156	0.2465	15.9433
3	中亚热带—湿润—常绿阔叶林戴云山立地亚区	杉木	Richards 普	0.70	35.2937	-0.4670	-4.5133	10.8921
			Richards 加		35.6280	0.1574	2.4130	10.9953
4	中亚热带—湿润—常绿阔叶林赣南闽西南山地立地亚区	马尾松	Logistic 普	0.86	14.5755	-0.4895	-6.5324	12.0373
			Logistic 加		17.0234	2.6061	-0.8507	14.0590
5	中亚热带—湿润—常绿阔叶林浙闽东南山地立地亚区	马尾松	Richards 普	0.67	19.7907	-0.4100	-3.8314	16.3580
			Richards 加		19.8142	-0.0901	-0.0938	16.3774
6	中亚热带—湿润—常绿阔叶林武夷山戴云山山间立地亚区	杉木	Richards 普	0.71	32.2373	0.0098	-0.1560	10.5240
			Richards 加		32.3038	0.0548	-0.0194	10.5456
7	中亚热带—湿润—常绿阔叶林武夷山东坡立地亚区	马尾松	Richards 普	0.72	25.5314	-0.1424	-2.1602	10.7560
			Richards 加		25.9553	0.2752	-0.1799	10.9346
		杉木	Richards 普	0.69	42.4400	-0.2577	-3.1672	13.2403
			Richards 加		42.7671	0.0965	-0.0960	13.3424
		其他硬阔	Logistic 普	0.86	26.4961	-0.2342	-2.1910	5.9419
			Logistic 加		27.4283	0.4661	-0.0753	6.1509

总相对误差（TRE）基本在 $\pm 3\%$ 以内，平均系统误差（MSE）基本在 $\pm 5\%$ 以内，表明模型拟合效果良好。从这一原则出发，加权回归模型的拟合效果要好于普通回归模型；平均预估误差（MPE）基本在 20% 以内，说明蓄积生长模型的平均预估精度达到 80% 以上。

从参数估计值看，各树种的相应参数的标准差较小，说明模型的稳定性比较好。

10.4.7　样地蓄积量归一化

通过提取的福建的样地数据，福建的针叶树种主要是马尾松和杉木、针叶混，阔叶树种主要是其他硬阔和阔叶混。

根据《国家森林资源连续清查主要技术规定》确定各树种组的龄组划分和成熟林年龄，见表 10-13 和表 10-14。

表 10-13　福建树种成熟年龄

序号	树种	地区	起源	龄级	成熟林
1	其他硬阔	南方	天然	20	81
			人工	10	51
2	马尾松	南方	天然	10	41
			人工	10	31
3	杉木	南方	天然	5	31
			人工	5	26

表 10-14　福建三级区划主要树种成熟林蓄积量

序号	森林生产力三级区划	树种	起源	成熟年龄	成熟林蓄积量/（m³/hm²）
1	南亚热带—湿润—常绿阔叶林闽东南丘陵低山立地亚区	其他硬阔	天然	81	173.3690
2	南亚热带—湿润—常绿阔叶林粤东闽西南丘陵立地亚区	马尾松	天然	41	115.4420
3	中亚热带—湿润—常绿阔叶林戴云山立地亚区	杉木	人工	26	167.4272
4	中亚热带—湿润—常绿阔叶林赣南闽西南山地立地亚区	马尾松	天然	41	90.2440
5	中亚热带—湿润—常绿阔叶林武夷山戴云山山间立地亚区	杉木	人工	26	152.9055
6	中亚热带—湿润—常绿阔叶林武夷山东坡立地亚区	马尾松	人工	31	122.5268
		杉木	人工	26	172.9103
		其他硬阔	天然	81	204.7257
7	中亚热带—湿润—常绿阔叶林浙闽东南山地立地亚区	马尾松	人工	31	71.8246

10.4.8　福建森林生产力分区

依据全国公顷蓄积量分级结果（参见全国报告的表4-12）。福建公顷蓄积量分级结果见表 10-15。样地归一化蓄积量分级图 10-14。福建森林植被生产力分级如图 10-15。

表 10-15　福建公顷蓄积量分级结果　　　　　　　　　　单位：m³/hm²

级别	3 级	4 级	5 级	6 级	7 级
公顷蓄积量	60～90	90～120	120～150	150～180	180～210

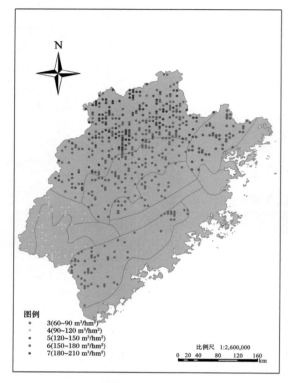

图 10-14　福建样地归一化蓄积量分级

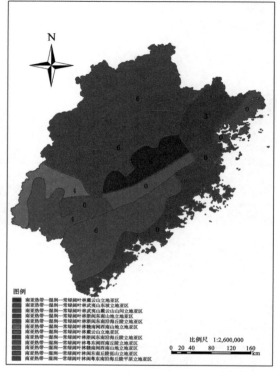

图 10-15　福建森林植被生产力分级
注：图中数字表达了该区域森林植被生产力等级。其中空值并不表示该区的森林植被生产力等级是 0，而是该森林生产力区划跨省，本省建模样地数未达到建模标准，将在区域或全国森林植被生产力分区图中赋值；图中森林植被生产力等级值依据前文中表 10-15 公顷蓄积量分级结果。

10.4.9　福建森林生产力分区调整

南亚热带—湿润—常绿阔叶林赣南闽西南山地立地亚区与中亚热带—湿润—常绿阔叶林赣南闽西南山地立地亚区立地条件一致，将南亚热带—湿润—常绿阔叶林赣南闽西南山地立地亚区并入中亚热带—湿润—常绿阔叶林赣南闽西南山地立地亚区；

南亚热带—湿润—常绿阔叶林戴云山立地亚区与中亚热带—湿润—常绿阔叶林戴云山立地亚区立地条件相同，将南亚热带—湿润—常绿阔叶林戴云山立地亚区并入中亚热带—湿润—常绿阔叶林戴云山立地亚区；

南亚热带—湿润—常绿阔叶林浙闽东南沿海丘陵立地亚区与中亚热带—湿润—常绿阔叶林浙闽东南沿海丘陵立地亚区立地条件相同，将南亚热带—湿润—常绿阔叶林浙闽东南沿海丘陵立地亚区并入中亚热带—湿润—常绿阔叶林浙闽东南沿海丘陵立地亚区。

福建调整后森林生产力三级区划如图 10-16。

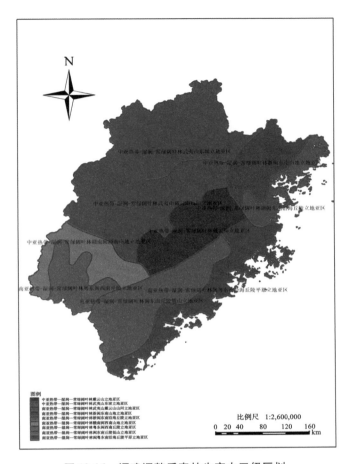

图 10-16 福建调整后森林生产力三级区划

10.4.10 调整后建模树种提取

将广东南亚热带—湿润—常绿阔叶林闽粤东南沿海丘陵平原立地亚区和福建南亚热带—湿润—常绿阔叶林闽粤东南沿海丘陵平原立地亚区合并提取样地优势树种数据，提取结果如表 10-16：

表 10-16 福建样地优势树种统计（调整后）

序号	森林生产力三级区划	优势树种	监测期	起源	样地数
1	南亚热带—湿润—常绿阔叶林闽粤东南沿海丘陵平原立地亚区	马尾松	第 6 期	天然	36
			第 7 期		18
		马尾松	第 6 期	人工	50
			第 7 期		25
		杉木	第 6 期	人工	15
			第 7 期		7
		杉木	第 6 期	天然	1
			第 7 期		4

（续）

序号	森林生产力三级区划	优势树种	监测期	起源	样地数
1	南亚热带—湿润—常绿阔叶林闽粤东南沿海丘陵平原立地亚区	针叶混	第6期	天然	3
			第7期		3
		栎类	第6期	天然	15
			第7期		16
		其他硬阔	第6期	天然	1
			第7期		12
		桉树	第6期	人工	2
			第7期		5
		桉树	第6期	人工	27
			第7期		11
		木麻黄	第6期	天然	15
			第7期		2
		其他软阔	第6期	人工	6
			第7期		2
		其他软阔	第6期	天然	0
			第7期		1
		油杉	第6期	人工	0
			第7期		3
		黑松	第6期	人工	0
			第7期		8
		湿地松	第6期	人工	0
			第7期		1
		其他松类	第6期	人工	0
			第7期		3
		木荷	第6期	天然	0
			第7期		15
		相思树	第6期	天然	0
			第7期		6
		阔叶混	第6期	天然	2
			第7期		17
		针阔混	第6期	人工	12
			第7期		26
2	中亚热带—湿润—常绿阔叶林赣南闽西南山地立地亚区	马尾松	第6期	天然	52
			第7期		27
		马尾松	第6期	人工	6
			第7期		8
		其他松类	第6期	天然	0
			第7期		3
		杉木	第6期	人工	42
			第7期		36

（续）

序号	森林生产力三级区划	优势树种	监测期	起源	样地数
2	中亚热带—湿润—常绿阔叶林赣南闽西南山地立地亚区	杉木	第 6 期	天然	47
			第 7 期		20
		栎类	第 6 期	天然	3
			第 7 期		2
		楠木	第 6 期	天然	1
			第 7 期		0
		其他硬阔	第 6 期	天然	77
			第 7 期		24
		其他软阔	第 6 期	天然	6
			第 7 期		1
		黑松	第 6 期	人工	0
			第 7 期		1
		桉树	第 6 期	人工	1
			第 7 期		4
		针叶混	第 6 期	天然	0
			第 7 期		29
		阔叶混	第 6 期	天然	0
			第 7 期		62
		针阔混	第 6 期	天然	0
			第 7 期		36
3	中亚热带—湿润—常绿阔叶林戴云山立地亚区	马尾松	第 6 期	天然	30
			第 7 期		11
		马尾松	第 6 期	人工	46
			第 7 期		27
		其他松类	第 6 期	天然	1
			第 7 期		0
		杉木	第 6 期	天然	36
			第 7 期		18
		杉木	第 6 期	人工	52
			第 7 期		38
		栎类	第 6 期	天然	18
			第 7 期		1
		其他硬阔	第 6 期	天然	62
			第 7 期		34
		其他软阔	第 6 期	天然	4
			第 7 期		1
		火炬松	第 6 期	人工	0
			第 7 期		3
		木荷	第 6 期	天然	0
			第 7 期		2

（续）

序号	森林生产力三级区划	优势树种	监测期	起源	样地数
3	中亚热带—湿润—常绿阔叶林戴云山立地亚区	桉树	第6期	人工	0
			第7期		2
		针叶混	第6期	人工	0
			第7期		17
		针叶混	第6期	天然	0
			第7期		5
		阔叶混	第6期	天然	0
			第7期		45
		针阔混	第6期	天然	0
			第7期		35
4	中亚热带—湿润—常绿阔叶林浙闽东南沿海丘陵立地亚区	马尾松	第6期	人工	50
			第7期		31
		杉木	第6期	人工	14
			第7期		6
		栎类	第6期	天然	3
			第7期		0
		其他硬阔	第6期	天然	19
			第7期		8
		木麻黄	第6期	人工	2
			第7期		0
		火炬松	第6期	人工	0
			第7期		1
		湿地松	第6期	人工	0
			第7期		2
		木荷	第6期	人工	0
			第7期		1
		桉树	第6期	人工	0
			第7期		1
		相思树	第6期	人工	0
			第7期		4
		其他软阔	第6期	天然	3
			第7期		0
		针叶混	第6期	人工	0
			第7期		6
		阔叶混	第6期	天然	0
			第7期		19
		针阔混	第6期	人工	0
			第7期		7

合并后中亚热带—湿润—常绿阔叶林赣南闽西南山地立地亚区马尾松数据没有变化，不进行建模，故建模优势树种统计如表10-17。

表 10-17　福建三级区样地建模优势树种统计(调整后)

序号	森林生产力三级区划	优势树种	起源	监测期	总样地数	建模样地数	所占比例/%
1	南亚热带—湿润—常绿阔叶林闽粤东南沿海丘陵平原立地亚区	马尾松	人工	第 6 期	50	64	85.3
				第 7 期	25		
2	中亚热带—湿润—常绿阔叶林戴云山立地亚区	杉木	人工	第 6 期	52	90	100
				第 7 期	38		
3	中亚热带—湿润—常绿阔叶林浙闽东南沿海丘陵立地亚区	马尾松	人工	第 6 期	50	74	91.4
				第 7 期	31		

10.4.11　调整后林分生长模型

主要树种建模数据统计如表 10-18。主要树种模型统计如表 10-19。生长模型如图 10-17 ~ 图 10-19。

表 10-18　主要树种建模数据统计(调整后)

序号	森林生产力三级区划	优势树种	统计量	最小值	最大值	平均值
1	南亚热带—湿润—常绿阔叶林闽粤东南沿海丘陵平原立地亚区(合并)	马尾松	林木蓄积量	3.2984	108.1859	48.1820
			平均年龄	10	44	22
2	中亚热带—湿润—常绿阔叶林戴云山立地亚区(合并)	杉木	林木蓄积量	3.0285	227.0690	114.2393
			平均年龄	4	36	22
3	中亚热带—湿润—常绿阔叶林浙闽东南沿海丘陵立地亚区(合并)	马尾松	林木蓄积量	2.2489	94.8276	37.9778
			平均年龄	9	42	22

表 10-19　主要树种模型

序号	森林生产力三级区划	优势树种	模型	生长方程	参数标准差 A	B	k	R^2	TRE /%
1	南亚热带—湿润—常绿阔叶林闽粤东南沿海丘陵平原立地亚区	马尾松	Richards 普	$y = 111.2119 \left(1 - e^{-0.1134x}\right)^{8.2757}$	20.9676	6.7696	0.0479	0.79	-0.2029
			Richards 加	$y = 110.8145 \left(1 - e^{-0.1162x}\right)^{8.7663}$	32.4170	4.1078	0.0396		-0.0558
2	中亚热带—湿润—常绿阔叶林戴云山立地亚区(合并)	杉木	Richards 普	$y = 165.5786 \left(1 - e^{-0.1280x}\right)^{3.6411}$	22.9570	3.4939	0.0744	0.69	-0.3677
			Richards 加	$y = 160.9467 \left(1 - e^{-0.1542x}\right)^{5.2250}$	16.8077	1.3572	0.0330		-0.0316
3	中亚热带—湿润—常绿阔叶林浙闽东南沿海丘陵立地亚区(合并)	马尾松	Richards 普	$y = 75.6582 \left(1 - e^{-0.0695x}\right)^{2.5370}$	26.6035	2.2866	0.0618	0.66	-0.1513
			Richards 加	$y = 60.6700 \left(1 - e^{-0.1279x}\right)^{5.3374}$	13.0102	3.7274	0.0602		0.6039

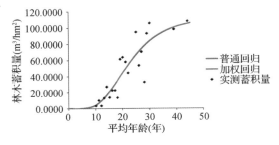

图 10-17　南亚热带—湿润—常绿阔叶林闽粤东南沿海丘陵平原立地亚区马尾松生长模型

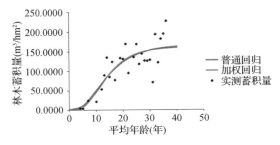

图 10-18　中亚热带—湿润—常绿阔叶林戴云山立地亚区(合并后)杉木生长模型

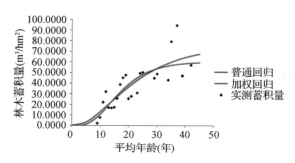

图 10-19 中亚热带—湿润—常绿阔叶林浙闽东南沿海丘陵立地亚区（合并）马尾松生长模型

10.4.12 调整后生长模型检验

各森林生产力三级区划优势树种生长模型检验见表 10-20。

表 10-20 各森林生产力三级区划优势树种生长模型检验

序号	森林生产力三级区划	优势树种	模型	R^2	SEE	TRE	MSE	MPE
1	南亚热带—湿润—常绿阔叶林闽粤东南沿海丘陵平原立地亚区	马尾松	Richards 普	0.79	17.4574	-0.2029	-1.4045	16.4455
			Richards 加		17.4609	-0.0558	-0.0808	16.4488
2	中亚热带—湿润—常绿阔叶林戴云山立地亚区（合并）	杉木	Richards 普	0.69	34.0792	-0.3677	-4.5556	11.7807
			Richards 加		34.1381	-0.0316	0.3145	11.8010
3	中亚热带—湿润—常绿阔叶林浙闽东南沿海丘陵立地亚区（合并）	马尾松	Richards 普	0.66	13.1299	-0.1513	-1.5125	14.9152
			Richards 加		13.4709	0.6039	-0.1320	15.3025

10.4.13 调整后样地蓄积量归一化

调整后，福建三级区主要树种成熟林蓄积量见表 10-21。样地归一化蓄积量如图 10-20。

表 10-21 福建三级区主要树种成熟林蓄积量（调整后）

序号	森林生产力三级区划	树种	起源	成熟年龄	成熟林蓄积量 /（m^3/hm^2）
1	南亚热带—湿润—常绿阔叶林闽东南丘陵低山立地亚区	其他硬阔	天然	81	173.3690
2	南亚热带—湿润—常绿阔叶林粤东闽西南丘陵立地亚区	马尾松	天然	41	115.4420
3	中亚热带—湿润—常绿阔叶林戴云山立地亚区	杉木	人工	26	146.2725
4	中亚热带—湿润—常绿阔叶林赣南闽西南山地立地亚区	马尾松	天然	41	90.2440
5	中亚热带—湿润—常绿阔叶林武夷山戴云山间立地亚区	杉木	人工	26	152.9055
6	中亚热带—湿润—常绿阔叶林武夷山东坡立地亚区	马尾松	人工	31	122.5268
		杉木	人工	26	172.9103
		其他硬阔	天然	81	204.7257

（续）

序号	森林生产力三级区划	树种	起源	成熟年龄	成熟林蓄积量 /（m³/hm²）
7	中亚热带—湿润—常绿阔叶林浙闽东南山地立地亚区	马尾松	人工	31	71.8246
8	南亚热带—湿润—常绿阔叶林闽粤东南沿海丘陵平原立地亚区	马尾松	人工	31	86.9617
9	中亚热带—湿润—常绿阔叶林浙闽东南沿海丘陵立地亚区	马尾松	人工	31	54.7688

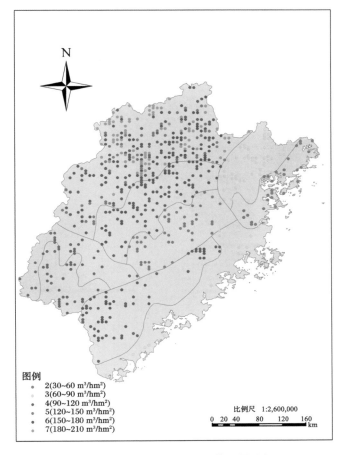

图例
· 2(30~60 m³/hm²)
· 3(60~90 m³/hm²)
· 4(90~120 m³/hm²)
· 5(120~150 m³/hm²)
· 6(150~180 m³/hm²)
· 7(180~210 m³/hm²)

比例尺　1:2,600,000

0 20 40   80   120   160
　　　　　　　　　　　　　km

图 10-20　福建样地归一化蓄积量分级

10.4.14 调整后森林生产力分区

调整后，福建森林生产力分级如图 10-21。

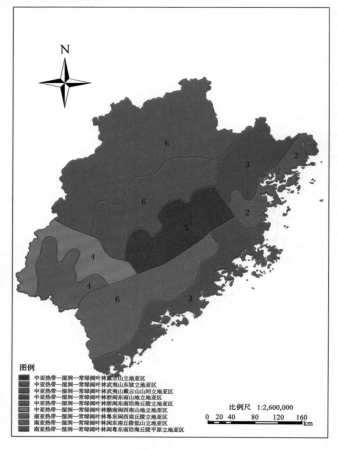

图 10-21 福建森林生产力分级（调整后）

注：图中森林生产力等值依据前文中表 10-15 公顷蓄积量分级结果。

11 江西森林潜在生产力分区成果

11.1 江西森林生产力一级区划

以我国 1:100 万全国行政区划数据中江西省界为边界，从全国森林生产力一级区划图中提取江西森林生产力一级区划，江西森林生产力一级区划单位为 3 个，如表 11-1 和图 11-1：

表 11-1 森林生产力一级区划

序号	气候带	气候大区	森林生产力一级区划
1	南亚热带	湿润	南亚热带—湿润地区
2	中亚热带	湿润	中亚热带—湿润地区
3	北亚热带	湿润	北亚热带—湿润地区

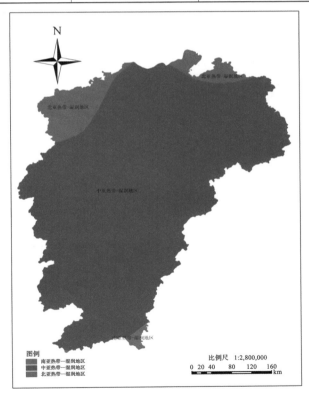

图 11-1 江西森林生产力一级区划

注：本图显示采用 2000 国家大地坐标系（简称 CGCS2000），后续相关地图同该坐标系。

11.2 江西森林生产力二级区划

按照江西省界从全国森林生产力二级区划中提取江西的森林生产力二级区划，江西森林生产力二级区划单位为 3 个，如表 11-2 和图 11-2：

表 11-2 森林生产力二级区划

序号	森林生产力一级区划	森林生产力二级区划
1	南亚热带—湿润地区	南亚热带—湿润—常绿阔叶林
2	中亚热带—湿润地区	中亚热带—湿润—常绿阔叶林
3	北亚热带—湿润地区	北亚热带—湿润—常绿阔叶林

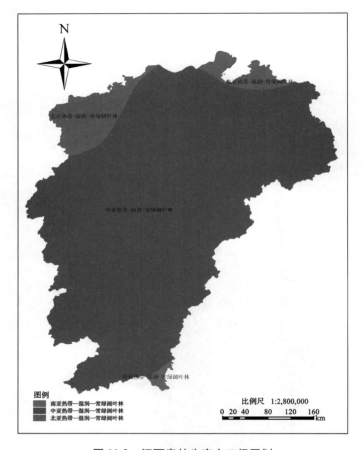

图 11-2 江西森林生产力二级区划

11.3 江西森林生产力三级区划

11.3.1 江西立地区划

根据全国立地区划结果，以江西 1:100 万省界为提取框架，提取江西立地区划结果。需要说明的是，由于江西省界数据与全国立地区划成果数据精度不一致，导致提取的江西立地区划数据在省界边缘出现不少细小的破碎斑块。因此，对江西立地区划数据进行了破碎化斑块处理，根据就近原则，将破碎小斑块就近合并到最近的大斑块中。处理后，得到的江西立地区划属性数据和矢量图分别如表 11-3 和图 11-3：

表 11-3　江西立地区划

序号	立地区域	立地区	立地亚区
1	南方亚热带立地区域	长江中下游滨湖平原立地区	长江中游滨湖平原立地亚区
2		赣闽粤山地丘陵立地区	赣南闽西南山地立地亚区
3			赣南于山丘陵立地亚区
4		武夷山山地立地区	武夷山西坡立地亚区
5		湘赣浙丘陵立地区	东部低丘岗地立地亚区
6			西部高丘立地亚区
7		幕阜山山地立地区	北部低山高丘立地亚区
8			南部山地立地亚区
9		南岭山地立地区	南岭北坡山地丘陵立地亚区
10		天目山山地立地区	浙皖赣中低山立地亚区

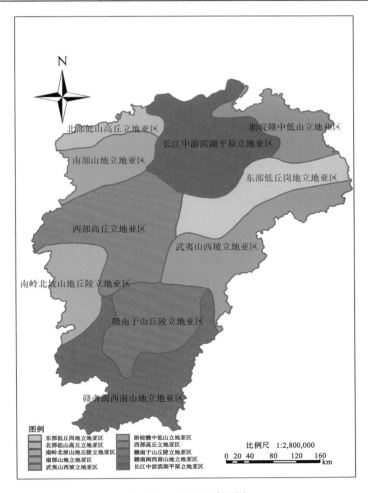

图 11-3　江西立地区划

11.3.2 江西三级区划

根据江西的省界从全国森林生产力三级区划中提取江西森林生产力三级区划。

用江西省界来提取江西森林生产力三级区划时边缘出现了破碎的小斑块，为了使省级森林生产力三级区划不至于太破碎，根据就近原则，将破碎小斑块就近合并到最近的大斑块中。

江西森林生产力三级区划单位为 12 个，如表 11-4 和图 11-4：

表 11-4 森林生产力三级区划

序号	森林生产力一级区划	森林生产力二级区划	森林生产力三级区划
1	中亚热带—湿润地区	中亚热带—湿润—常绿阔叶林	中亚热带—湿润—常绿阔叶林长江中游滨湖平原立地亚区
2			中亚热带—湿润—常绿阔叶林赣南闽西南山地立地亚区
3			中亚热带—湿润—常绿阔叶林赣南于山丘陵立地亚区
4			中亚热带—湿润—常绿阔叶林南部山地立地亚区
5			中亚热带—湿润—常绿阔叶林浙皖赣中低山立地亚区
6			中亚热带—湿润—常绿阔叶林武夷山西坡立地亚区
7			中亚热带—湿润—常绿阔叶林东部低丘岗地立地亚区
8			中亚热带—湿润—常绿阔叶林南岭北坡山地丘陵立地亚区
9			中亚热带—湿润—常绿阔叶林西部高丘立地亚区
10	北亚热带—湿润地区	北亚热带—湿润—常绿阔叶林	北亚热带—湿润—常绿阔叶林北部低山高丘立地亚区
11			北亚热带—湿润—常绿阔叶林南部山地立地亚区
12			北亚热带—湿润—常绿阔叶林浙皖赣中低山立地亚区

11.4 江西森林生产力量化分级

11.4.1 技术方案

单位面积蓄积量标志着林地生产力的高低及经营措施的效果。本方案在森林生产力三级区划结果基础上，根据已调查的江西第 6 期、第 7 期一类清查样地数据，提取江西森林生产力三级区划的样地数据，筛选出两期地类是乔木林地、疏林地的样地，根据森林生产力三级区划的主要树种，建立样地优势树种蓄积生长模型，并归一该树种到成熟林时单位公顷的蓄积值，以此作为量化样地森林生产力的依据，在森林生产力三级的基础上进行森林植被生产力区划。

11.4.2 样地筛选

11.4.2.1 样地情况

1977 年在江西开展全国试点工作，同时也作为江西森林资源清查的初查工作。以全省作为整体，采用系统抽样技术，按 4 km×4 km 等间距布设 10455 个固定样地，样地形状正方形，面积为 0.0667 hm²，以点定地类法确定地类。

1983 年江西开展了森林资源清查第 1 次复查，本次复查维持初查的技术水平。

1996 年江西开展森林资源清查第 4 次复查，本期复查维持上期体系不变的同时，按照

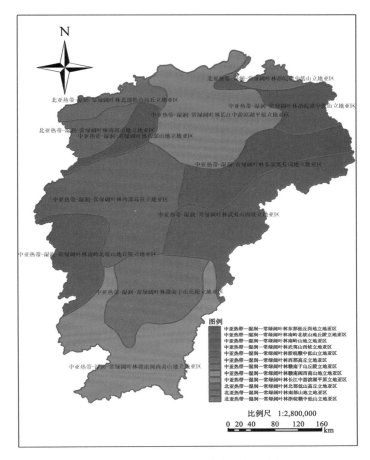

图 11-4　江西森林生产力三级区划

原林业部《关于江西省 1996 年森林资源清查第四次复查样地在原省级样地（10455 个）基础上系统抽取四分之一进行复查的意见》，林业部华东森林资源监测中心与江西省林勘设计院协商确定在四套样本中，抽取样点纵横坐标能被 8 整除的一套为本期复查样地，以及在经度 6° 带上选取 3 个样地，共调查样地 2608 个。

　　2001 年维持上期森林资源清查体系不变。

　　本次复查，在原固定样地的基础上，加密遥感判读样地，布设了一套遥感判读样本，判读样地数量 83553 个，间距 2 km×1 km。

　　江西的样地情况如表 11-5：

表 11-5　江西样地概况

项目	内容
调查（副）总体	江西样地
样地调查时间	全国第 6 次清查江西数据（2001 年） 全国第 7 次清查江西数据（2006 年）

（续）

项目	内容
样地个数	全国第6次清查江西样地2608个 全国第7次清查江西样地2608个
样地间距	副总体样地间距4 km×4 km
样地大小	0.0667hm²
样地形状	25.82 m×25.82 m的正方形
备注	

11.4.2.2 样地筛选情况

根据江西划分的森林生产力三级区划，提取每个三级区划的样地数据，对提取的样地数据进行筛选。

筛选的条件如下：

地类为乔木林或疏林地。剔除地类是红树林、竹林、国家特别规定灌木林地、其他灌木林地、未成林封育地、未成林造林地、苗圃地、采伐迹地、火烧迹地、其他无立木林地、宜林荒山荒地、宜林沙荒地、其他宜林地、耕地、牧草地、水域、未利用地、工矿建设用地、城乡居民建设用地、交通建设用地、其他用地的样地。被剔除的样地或者没有划分起源，或者没有样地平均年龄，或者优势树种是灌木，无法进行以林木蓄积量为因变量，样地平均年龄为自变量的曲线拟合。

下表详细说明了江西第6、7期样地（分三级区划）及样地筛选情况，见表11-6。

表11-6 江西分三级区划样地筛选情况

序号	森林生产力三级区划	监测期	样地总数	筛选样地数	所占比例/%
1	北亚热带—湿润—常绿阔叶林北部低山高丘立地亚区	第6期	82	36	43.9
		第7期	83	38	45.8
2	北亚热带—湿润—常绿阔叶林南部山地立地亚区	第6期	88	54	61.4
		第7期	87	55	63.2
3	北亚热带—湿润—常绿阔叶林浙皖赣中低山立地亚区	第6期	44	32	72.7
		第7期	44	31	70.5
4	中亚热带—湿润—常绿阔叶林长江中游滨湖平原立地亚区	第6期	377	61	16.2
		第7期	377	73	19.4
5	中亚热带—湿润—常绿阔叶林赣南闽西南山地立地亚区	第6期	401	253	63.1
		第7期	403	255	63.3
6	中亚热带—湿润—常绿阔叶林赣南于山丘陵立地亚区	第6期	258	138	53.5
		第7期	258	144	55.8
7	中亚热带—湿润—常绿阔叶林南部山地立地亚区	第6期	74	24	32.4
		第7期	74	25	33.8
8	中亚热带—湿润—常绿阔叶林浙皖赣中低山立地亚区	第6期	123	68	55.3
		第7期	123	71	57.7

（续）

序号	森林生产力三级区划	监测期	样地总数	筛选样地数	所占比例/%
9	中亚热带—湿润—常绿阔叶林武夷山西坡立地亚区	第 6 期	313	177	56.5
		第 7 期	313	177	56.5
10	中亚热带—湿润—常绿阔叶林东部低丘岗地立地亚区	第 6 期	241	75	31.1
		第 7 期	241	84	34.9
11	中亚热带—湿润—常绿阔叶林西部高丘立地亚区	第 6 期	431	158	36.7
		第 7 期	431	162	37.6
12	中亚热带—湿润—常绿阔叶林南岭北坡山地丘陵立地亚区	第 6 期	167	85	50.9
		第 7 期	172	91	52.9

11.4.3 建模树种提取

对筛选出的森林生产力三级区划的乔木林地和疏林地样地数据，分别统计每个优势树种的样地数和样地的起源，为了尽量使每个三级区划都能有森林生产力值，方便森林生产力等级划分，在每个森林生产力三级区内，如果优势树种的建模样地达到50，则建立样本数≥50的优势树种的生长模型；如果优势树种的建模样地均未达到50，则降低建模样本量为30；降低建模标准且合并树种组仍无法达到建模量的，若该区为完整的三级区，则看邻近区内与该区内相似树种的蓄积量，作为该区的归一化蓄积量；若该区是被省界分割的森林生产力三级区的小部分，则暂时空缺，若是被省界分割的森林生产力三级区的大部分，则参照完整的三级区处理。

江西各三级区划分优势树种样地数统计见表11-7。

表 11-7　江西各三级区划样地数分优势树种统计

序号	森林生产力三级区划	优势树种	监测期	起源	样地数
1	北亚热带—湿润—常绿阔叶林北部低山高丘立地亚区	马尾松	第 6 期	天然	7
			第 7 期		6
		杉木	第 6 期	人工	7
			第 7 期		4
		杉木	第 6 期	天然	11
			第 7 期		10
		栎类	第 6 期	天然	5
			第 7 期		0
		其他硬阔	第 6 期	天然	5
			第 7 期		0
		其他软阔	第 6 期	天然	1
			第 7 期		1
		湿地松	第 6 期	人工	0
			第 7 期		1
		针叶混	第 6 期	天然	0
			第 7 期		1
		阔叶混	第 6 期	天然	0
			第 7 期		12
		针阔混	第 6 期	天然	0
			第 7 期		3

（续）

序号	森林生产力三级区划	优势树种	监测期	起源	样地数
2	北亚热带—湿润—常绿阔叶林南部山地立地亚区	马尾松	第 6 期	天然	8
			第 7 期		4
		杉木	第 6 期	人工	7
			第 7 期		6
		杉木	第 6 期	天然	24
			第 7 期		16
		栎类	第 6 期	天然	2
			第 7 期		0
		其他硬阔	第 6 期	天然	10
			第 7 期		1
		其他软阔	第 6 期	天然	3
			第 7 期		0
		枫香	第 6 期	人工	0
			第 7 期		1
		针叶混	第 6 期	天然	0
			第 7 期		3
		阔叶混	第 6 期	天然	0
			第 7 期		14
		针阔混	第 6 期	天然	0
			第 7 期		10
3	北亚热带—湿润—常绿阔叶林浙皖赣中低山立地亚区	马尾松	第 6 期	天然	1
			第 7 期		0
		杉木	第 6 期	人工	4
			第 7 期		2
		杉木	第 6 期	天然	10
			第 7 期		2
		栎类	第 6 期	天然	9
			第 7 期		2
		其他硬阔	第 6 期	天然	5
			第 7 期		2
		其他软阔	第 6 期	天然	3
			第 7 期		1
		针叶混	第 6 期	天然	0
			第 7 期		3
		阔叶混	第 6 期	天然	0
			第 7 期		12
		针阔混	第 6 期	天然	0
			第 7 期		7

（续）

序号	森林生产力三级区划	优势树种	监测期	起源	样地数
4	中亚热带—湿润—常绿阔叶林长江中游滨湖平原立地亚区	马尾松	第6期	人工	6
			第7期		1
		马尾松	第6期	天然	27
			第7期		25
		杉木	第6期	人工	10
			第7期		8
		栎类	第6期	天然	7
			第7期		0
		樟木	第6期	天然	1
			第7期		2
		其他硬阔	第6期	天然	7
			第7期		2
		其他软阔	第6期	天然	3
			第7期		1
		高山松	第6期	人工	0
			第7期		1
		湿地松	第6期	人工	0
			第7期		4
		木荷	第6期	天然	0
			第7期		2
		杨树	第6期	人工	0
			第7期		1
		针叶混	第6期	天然	0
			第7期		2
		阔叶混	第6期	天然	0
			第7期		14
		针阔混	第6期	天然	0
			第7期		10
5	中亚热带—湿润—常绿阔叶林赣南闽西南山地立地亚区	马尾松	第6期	人工	19
			第7期		10
		马尾松	第6期	天然	47
			第7期		27
		杉木	第6期	人工	36
			第7期		22
		杉木	第6期	天然	79
			第7期		54
		栎类	第6期	天然	27
			第7期		6
		楠木	第6期	天然	3
			第7期		0
		其他硬阔	第6期	天然	33
			第7期		5

（续）

序号	森林生产力三级区划	优势树种	监测期	起源	样地数
5	中亚热带—湿润—常绿阔叶林赣南闽西南山地立地亚区	其他软阔	第6期	天然	7
			第7期		2
		阔叶混	第6期	天然	2
			第7期		64
		湿地松	第6期	人工	0
			第7期		3
		木荷	第6期	天然	0
			第7期		4
		桉树	第6期	人工	0
			第7期		2
		针叶混	第6期	天然	0
			第7期		33
		针阔混	第6期	天然	0
			第7期		22
6	中亚热带—湿润—常绿阔叶林赣南于山丘陵立地亚区	马尾松	第6期	人工	21
			第7期		11
		马尾松	第6期	天然	37
			第7期		34
		杉木	第6期	人工	12
			第7期		10
		杉木	第6期	天然	56
			第7期		32
		栎类	第6期	天然	4
			第7期		3
		其他硬阔	第6期	天然	8
			第7期		1
		湿地松	第6期	人工	0
			第7期		7
		檫木	第6期	天然	0
			第7期		1
		楝树	第6期	人工	0
			第7期		2
		其他软阔	第6期	天然	0
			第7期		1
		针叶混	第6期	天然	0
			第7期		26
		阔叶混	第6期	天然	0
			第7期		9
		针阔混	第6期	天然	0
			第7期		6

（续）

序号	森林生产力三级区划	优势树种	监测期	起源	样地数
7	中亚热带—湿润—常绿阔叶林南部山地立地亚区	马尾松	第 6 期	人工	6
			第 7 期		0
		杉木	第 6 期	天然	9
			第 7 期		6
		栎类	第 6 期	天然	3
			第 7 期		0
		其他硬阔	第 6 期	天然	3
			第 7 期		0
		泡桐	第 6 期	天然	1
			第 7 期		0
		其他软阔	第 6 期	天然	2
			第 7 期		1
		湿地松	第 6 期	人工	0
			第 7 期		2
		针叶混	第 6 期	人工	0
			第 7 期		4
		阔叶混	第 6 期	天然	0
			第 7 期		10
		针阔混	第 6 期	天然	0
			第 7 期		2
8	中亚热带—湿润—常绿阔叶林浙皖赣中低山立地亚区	马尾松	第 6 期	天然	6
			第 7 期		4
		马尾松	第 6 期	人工	6
			第 7 期		2
		杉木	第 6 期	人工	15
			第 7 期		7
		杉木	第 6 期	天然	10
			第 7 期		5
		栎类	第 6 期	天然	23
			第 7 期		2
		楠木	第 6 期	天然	1
			第 7 期		0
		其他硬阔	第 6 期	天然	6
			第 7 期		0
		其他软阔	第 6 期	天然	1
			第 7 期		1
		湿地松	第 6 期	人工	0
			第 7 期		3
		木荷	第 6 期	天然	0
			第 7 期		1
		枫香	第 6 期	人工	0
			第 7 期		2

（续）

序号	森林生产力三级区划	优势树种	监测期	起源	样地数
8	中亚热带—湿润—常绿阔叶林浙皖赣中低山立地亚区	针叶混	第6期	天然	0
			第7期		2
		阔叶混	第6期	天然	0
			第7期		37
		针阔混	第6期	天然	0
			第7期		5
9	中亚热带—湿润—常绿阔叶林武夷山西坡立地亚区	马尾松	第6期	人工	11
			第7期		6
		马尾松	第6期	天然	49
			第7期		29
		杉木	第6期	天然	31
			第7期		15
		杉木	第6期	人工	28
			第7期		24
		栎类	第6期	天然	25
			第7期		8
		其他硬阔	第6期	天然	24
			第7期		2
		檫木	第6期	天然	1
			第7期		0
		其他软阔	第6期	天然	8
			第7期		2
		湿地松	第6期	人工	0
			第7期		8
		枫香	第6期	人工	0
			第7期		2
		针叶混	第6期	天然	0
			第7期		10
		阔叶混	第6期	天然	0
			第7期		48
		针阔混	第6期	天然	0
			第7期		23
10	中亚热带—湿润—常绿阔叶林东部低丘岗地立地亚区	马尾松	第6期	天然	46
			第7期		34
		杉木	第6期	天然	8
			第7期		5
		杉木	第6期	人工	11
			第7期		8
		栎类	第6期	天然	5
			第7期		0
		其他硬阔	第6期	天然	4
			第7期		0

（续）

序号	森林生产力三级区划	优势树种	监测期	起源	样地数
10	中亚热带—湿润—常绿阔叶林东部低丘岗地立地亚区	其他软阔	第6期	天然	1
			第7期		0
		湿地松	第6期	人工	0
			第7期		5
		樟木	第6期	人工	0
			第7期		1
		木荷	第6期	天然	0
			第7期		1
		针叶混	第6期	天然	0
			第7期		7
		阔叶混	第6期	天然	0
			第7期		10
		针阔混	第6期	天然	0
			第7期		13
11	中亚热带—湿润—常绿阔叶林西部高丘立地亚区	马尾松	第6期	人工	35
			第7期		1
		马尾松	第6期	天然	57
			第7期		47
		杉木	第6期	天然	18
			第7期		13
		杉木	第6期	人工	32
			第7期		31
		樟木	第6期	天然	1
			第7期		0
		木荷	第6期	人工	0
			第7期		1
		枫香	第6期	人工	0
			第7期		2
		其他硬阔	第6期	天然	6
			第7期		0
		檫木	第6期	人工	1
			第7期		0
		泡桐	第6期	天然	1
			第7期		0
		其他软阔	第6期	天然	5
			第7期		2
		阔叶混	第6期	天然	2
			第7期		16
		湿地松	第6期	人工	0
			第7期		28
		火炬松	第6期	人工	0
			第7期		2

（续）

序号	森林生产力三级区划	优势树种	监测期	起源	样地数
11	中亚热带—湿润—常绿阔叶林西部高丘立地亚区	针叶混	第6期	人工	0
			第7期		8
		针阔混	第6期	天然	0
			第7期		11
12	中亚热带—湿润—常绿阔叶林南岭北坡山地丘陵立地亚区	马尾松	第6期	人工	10
			第7期		0
		马尾松	第6期	天然	12
			第7期		10
		杉木	第6期	天然	19
			第7期		8
		杉木	第6期	人工	24
			第7期		23
		栎类	第6期	天然	3
			第7期		1
		樟木	第6期	人工	1
			第7期		0
		木荷	第6期	人工	0
			第7期		1
		其他硬阔	第6期	天然	7
			第7期		2
		其他软阔	第6期	天然	8
			第7期		5
		针阔混	第6期	天然	1
			第7期		12
		湿地松	第6期	人工	0
			第7期		10
		针叶混	第6期	天然	0
			第7期		5
		阔叶混	第6期	天然	0
			第7期		14

从表 11-7 中可以筛选江西森林生产力三级区划的建模树种如表 11-8：

表 11-8　江西各三级分区主要建模树种及建模数据统计

序号	森林生产力三级区划	优势树种	监测期	起源	总样地数	建模样地数	所占比例/%
1	中亚热带—湿润—常绿阔叶林赣南闽西南山地立地亚区	杉木	第6期	天然	79	124	93.2
			第7期		54		
2	中亚热带—湿润—常绿阔叶林赣南于山丘陵立地亚区	杉木	第6期	天然	56	87	98.9
			第7期		32		
3	中亚热带—湿润—常绿阔叶林武夷山西坡立地亚区	马尾松	第6期	天然	49	76	97.4
			第7期		29		

序号	森林生产力三级区划	优势树种	监测期	起源	总样地数	建模样地数	所占比例/%
4	中亚热带—湿润—常绿阔叶林东部低丘岗地立地亚区	马尾松	第6期	天然	46	72	90.0
			第7期		34		
5	中亚热带—湿润—常绿阔叶林西部高丘立地亚区	马尾松	第6期	天然	57	100	96.2
			第7期		47		

11.4.4 建模前数据整理和对应

11.4.4.1 对森林采伐等人为干扰情况的处理

在数据的整理过程中，对第6、7期样地号对应，优势树种一致，第7期年龄增加与调查间隔期一致的样地，第7期林木蓄积量加上采伐蓄积量作为第7期的林木蓄积量，第6期的林木蓄积量不变。

11.4.4.2 对优势树种发生变化情况的处理

两期样地对照分析，第7期样地的优势树种发生变化的样地，林木蓄积量仍以第7期的林木蓄积量为准，把该样地作为第7期优势树种的样地，林木蓄积量以第7期调查时为准，不加采伐蓄积量。第6期的处理同第7期。

11.4.4.3 对样地年龄与时间变化不一致情况的处理

对样地第7期的年龄与调查间隔时间变化不一致的样地，则以第7期的样地平均年龄为准，林木蓄积量不与采伐蓄积量相加，仍以第7期的林木蓄积量作为林木蓄积量，第6期的林木蓄积量不发生变化。

11.4.5 建立林分蓄积量生长模型

根据筛选出的优势树种样地数据，以整理后的林木蓄积量作为因变量，以样地的平均年龄作为自变量，别除异常数据，根据样地数据散点图的总体趋势，选取不同的生长方程拟合曲线。主要树种建模数据统计见表11-9。

表 11-9 主要树种建模数据统计

序号	森林生产力三级区划	优势树种	统计量	最小值	最大值	平均值
1	中亚热带—湿润—常绿阔叶林武夷山西坡立地亚区	马尾松	林木蓄积量	0.1574	99.2204	38.0829
			平均年龄	7	63	22
2	中亚热带—湿润—常绿阔叶林赣南闽西南山地立地亚区	杉木	林木蓄积量	1.0195	108.0585	45.5026
			平均年龄	6	30	17
3	中亚热带—湿润—常绿阔叶林东部低丘岗地立地亚区	马尾松	林木蓄积量	1.0045	76.5517	28.7033
			平均年龄	5	34	18
4	中亚热带—湿润—常绿阔叶林赣南于山丘陵立地亚区	杉木	林木蓄积量	0.6147	69.8201	34.3346
			平均年龄	6	29	18
5	中亚热带—湿润—常绿阔叶林西部高丘立地亚区	马尾松	林木蓄积量	1.2444	88.3958	47.0708
			平均年龄	11	40	25

S 型生长模型能够合理地表示树木或林分的生长过程和趋势，避免了其他模型只在某一生长阶段的拟合精度高，而不能完整体现树木或林分生长趋势的弊端，而本方案的目的是预测林分达到成熟林时的蓄积量，S 型生长模型得到的值在比较合理的范围内。

选取的生长方程如下表 11-10：

表 11-10　拟合所用的生长模型

序号	生长模型名称	生长模型公式
1	Richards 模型	$y = A(1 - e^{-kx})^{B}$
2	单分子模型	$y = A(1 - e^{-kx})$
3	Logistic 模型	$y = A/(1 + Be^{-kx})$
4	Korf 模型	$y = Ae^{-Bx-k}$

其中，y 为样地的林木蓄积量，x 为林分年龄，A 为树木生长的最大值参数，k 为生长速率参数，B 为与初始值有关的参数。

经过数据拟合，得出各模型的参数和拟合优度及总相对误差，选取适合三级区划各树种的拟合方程，整理如表 11-11。生长模型如图 11-5 ~ 图 11-9。

表 11-11　主要树种模型

序号	森林生产力三级区划	优势树种	模型	生长方程	参数标准差 A	参数标准差 B	参数标准差 k	R^2	TRE /%
1	中亚热带—湿润—常绿阔叶林武夷山西坡立地亚区	马尾松	Richards 普	$y = 94.1973(1 - e^{-0.0937x})^{5.2666}$	9.8872	2.4573	0.0251	0.85	-0.3621
			Richards 加	$y = 86.6808(1 - e^{-0.1149x})^{7.1785}$	24.9957	2.8222	0.0379		0.1783
2	中亚热带—湿润—常绿阔叶林赣南闽西南山地立地亚区	杉木	Richards 普	$y = 122.1559(1 - e^{-0.1135x})^{6.0882}$	28.8822	3.7245	0.0472	0.90	-0.0553
			Richards 加	$y = 97.0455(1 - e^{-0.1614x})^{9.8944}$	17.0961	2.5813	0.0306		0.6610
3	中亚热带—湿润—常绿阔叶林东部低丘岗地立地亚区	马尾松	Logistic 普	$y = 84.9892/(1 + 147.6786e^{-0.2148x})$	13.3734	138.4412	0.0537	0.88	0.4656
			Logistic 加	$y = 65.4128/(1 + 232.4111e^{-0.2695x})$	15.0781	112.4591	0.0413		2.5948
4	中亚热带—湿润—常绿阔叶林赣南于山丘陵立地亚区	杉木	Richards 普	$y = 65.9990(1 - e^{-0.1507x})^{8.0972}$	13.5752	7.6302	0.0734	0.83	0.2260
			Richards 加	$y = 57.8761(1 - e^{-0.1879x})^{11.1279}$	7.9489	2.9310	0.0322		0.5180
5	中亚热带—湿润—常绿阔叶林西部高丘立地亚区	马尾松	Richards 普	$y = 72.6111(1 - e^{-0.1146x})^{5.8903}$	11.9564	5.8759	0.0609	0.67	-0.2794
			Richards 加	$y = 61.9169(1 - e^{-0.2144x})^{26.1656}$	6.5398	21.1954	0.0587		0.7209

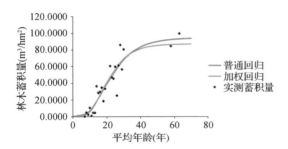

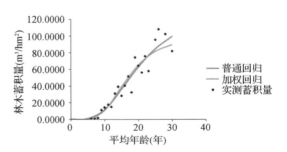

图 11-5 中亚热带—湿润—常绿阔叶林武夷山西坡立地亚区马尾松生长模型

图 11-6 中亚热带—湿润—常绿阔叶林赣南闽西南山地立地亚区杉木生长模型

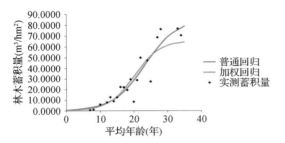

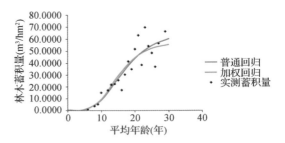

图 11-7 中亚热带—湿润—常绿阔叶林东部低丘岗地立地亚区马尾松生长模型

图 11-8 中亚热带—湿润—常绿阔叶林赣南于山丘陵立地亚区杉木生长模型

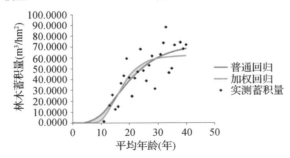

图11-9 中亚热带—湿润—常绿阔叶林西部高丘立地亚区马尾松生长模型

11.4.6 生长模型的检验

为了检验普通回归和加权回归生长模型的适用性，采用以下评价指标：确定系数（R^2）、估计值的标准误差（SEE）、总相对误差（TRE）、平均系统误差（MSE）、平均预估误差（MPE）。

$$R^2 = 1 - \sum (y_i - \hat{y}_i)^2 / \sum (y_i - \bar{y}_i)^2$$

$$SEE = \sqrt{\sum (y_i - \hat{y}_i)^2 / (n - k)}$$

$$TRE = \sum (y_i - \hat{y}_i) / \sum \hat{y}_i \times 100$$

$$MSE = \sum (y_i - \hat{y}_i) / \hat{y}_i / n \times 100$$

$$MPE = t_\alpha \cdot (SEE / \bar{y}) / \sqrt{n} \times 100$$

式中，y_i 为实际观测值，$\hat{y}_i$ 为模型预估值，$\bar{y}$ 为样本平均值，n 为样本单元数，k 为参数个数，t_α 为置信水平 α 时的 t 值。在这 6 项指标中，R^2 和 SEE 是回归模型的最常用指标，既反映了模型的拟合优度，也反映了自变量的贡献率和因变量的离差情况；TRE 和 MSE 是反映拟合效果的重要指标，二者应该控制在一定范围内（如 $\pm 3\%$），趋向于 0 时效果最好；MPE 是反映平均蓄积量估计值的精度指标。

各森林生产力三级区划优势树种生长模型检验见表 11-12。

表 11-12　各森林生产力三级区划优势树种生长模型检验

序号	森林生产力三级区划	优势树种	模型	R^2	SEE	TRE	MSE	MPE
1	中亚热带—湿润—常绿阔叶林武夷山西坡立地亚区	马尾松	Richards 普	0.85	12.1195	-0.3621	-5.2261	13.4078
			Richards 加		12.3444	0.1783	-0.1417	13.6566
2	中亚热带—湿润—常绿阔叶林赣南闽西南山地立地亚区	杉木	Richards 普	0.90	11.0546	-0.0553	-4.5291	10.7424
			Richards 加		11.6719	0.6610	-0.0563	11.3424
3	中亚热带—湿润—常绿阔叶林东部低丘岗地立地亚区	马尾松	Logistic 普	0.88	9.6079	0.4656	-1.7738	15.0278
			Logistic 加		10.9454	2.5948	-0.3494	17.1198
4	中亚热带—湿润—常绿阔叶林赣南于山丘陵立地亚区	杉木	Richards 普	0.83	9.2829	0.2260	0.0887	12.2717
			Richards 加		9.5230	0.5180	-0.0442	12.5892
5	中亚热带—湿润—常绿阔叶林西部高丘立地亚区	马尾松	Richards 普	0.67	13.1461	-0.2794	-2.5122	11.0291
			Richards 加		13.6025	0.7209	-0.6011	11.4120

总相对误差（TRE）基本在 $\pm 3\%$ 以内，平均系统误差（MSE）基本在 $\pm 5\%$ 以内，表明模型拟合效果良好。从这一原则出发，加权回归模型的拟合效果要好于普通回归模型；平均预估误差（MPE）基本在 20% 以内，说明蓄积生长模型的平均预估精度达到 80% 以上。

从参数估计值看，各树种的相应参数的标准差较小，说明模型的稳定性比较好。

11.4.7　样地蓄积量归一化

通过提取的江西的样地数据，江西的针叶树种主要是马尾松和杉木，阔叶树种主要是阔叶混。

根据《国家森林资源连续清查主要技术规定》确定各树种组的龄组划分和成熟林年龄，见表 11-13 和表 11-14。

表 11-13　江西树种成熟年龄

序号	树种	地区	起源	龄级	成熟林
1	马尾松	南方	天然	10	41
			人工	10	31
2	杉木	南方	天然	5	31
			人工	5	26

表 11-14　江西三级区划主要树种成熟林蓄积量

序号	森林生产力三级区划	树种	起源	成熟年龄	成熟林蓄积量/（m^3/hm^2）
1	中亚热带—湿润—常绿阔叶林西部高丘立地亚区	马尾松	天然	41	61.6710
2	中亚热带—湿润—常绿阔叶林武夷山西坡立地亚区	马尾松	天然	41	81.2457

（续）

序号	森林生产力三级区划	树种	起源	成熟年龄	成熟林蓄积量/(m^3/hm^2)
3	中亚热带—湿润—常绿阔叶林赣南于山丘陵立地亚区	杉木	天然	31	55.9997
4	中亚热带—湿润—常绿阔叶林赣南闽西南山地立地亚区	杉木	天然	31	90.7908
5	中亚热带—湿润—常绿阔叶林东部低丘岗地立地亚区	马尾松	天然	41	65.1723

11.4.8　江西森林生产力分区

依据全国公顷蓄积量分级结果(参见全国报告的表4-12)。江西公顷蓄积量分级结果见表11-15。样地归一化蓄积量分级如图11-10。森林植被生产力分级如图11-11。

表 11-15　江西公顷蓄积量分级结果　　　　　　　　单位：m^3/hm^3

级别	2 级	3 级	4 级
公顷蓄积量	30 ~ 60	60 ~ 90	90 ~ 120

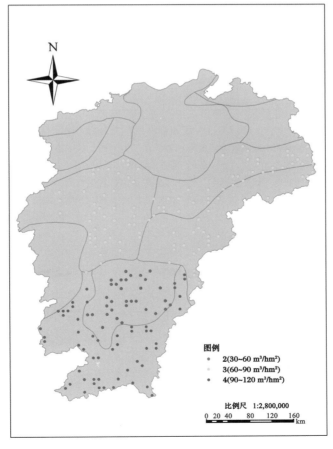

图 11-10　江西样地归一化蓄积量分级

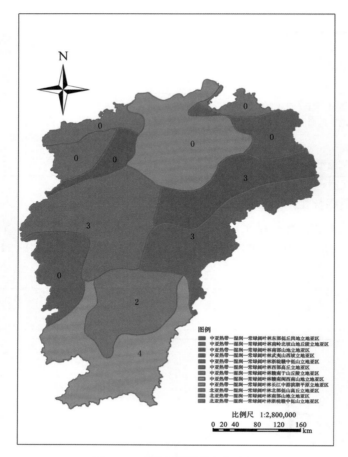

图 11-11   江西森林生产力分级

注：图中数字表达了该区域森林生产力等级。其中空值并不表
示该区的森林生产力等级是 0，而是该森林生产力区划跨省，本省建
模样地数未达到建模标准，将在区域或全国森林生产力分区图中赋
值；图中森林生产力等级值依据前文中表 11-15 公顷蓄积量分级
结果。

11.4.9   江西森林生产力分区调整

江西北亚热带—湿润—常绿阔叶林浙皖赣中低山立地亚区是整个北亚热带—湿润—常
绿阔叶林浙皖赣中低山立地亚区三级区的一部分，待浙江森林生产力等级区划完成后共同
赋值或在整个三级区框架下提取浙江和江西样地数据，计算森林生产力等级；

中亚热带—湿润—常绿阔叶林浙皖赣中低山立地亚区是整个中亚热带—湿润—常绿阔
叶林浙皖赣中低山立地亚区三级区的一部分，待浙江森林生产力等级区划完成后共同赋值
或在整个三级区框架下提取浙江和江西样地数据，计算森林生产力等级；

北亚热带—湿润—常绿阔叶林南部山地立地亚区与中亚热带—湿润—常绿阔叶林南部
山地立地亚区立地条件相同，将两区合并，合并后命名为北亚热带—湿润—常绿阔叶林南
部山地立地亚区；

江西北亚热带—湿润—常绿阔叶林北部低山高丘立地亚区与湖北北亚热带—湿润—常

绿阔叶林北部低山高丘立地亚区是同一三级区，将两省的样地数据合并提取该三级区的样地优势树种数据；

北亚热带—湿润—常绿阔叶林北部低山高丘立地亚区分布在湖北和江西，将两省一类样地数据合并后统计样地优势树种数据。

调整后，江西森林生产力三级区划如图11-12。三级区划分优势树种样地数统计见表11-16。

图11-12 江西森林生产力三级区划（调整后）

表11-16 江西三级区划样地数分优势树种统计（调整后）

序号	森林生产力三级区划	优势树种	监测期	起源	样地数
1	北亚热带—湿润—常绿阔叶林南部山地立地亚区	马尾松	第6期	天然	8
			第7期		4
		马尾松	第6期	人工	6
			第7期		0
		湿地松	第6期	人工	0
			第7期		2
		杉木	第6期	人工	7
			第7期		6

（续）

序号	森林生产力三级区划	优势树种	监测期	起源	样地数
1	北亚热带—湿润—常绿阔叶林南部山地立地亚区	杉木	第6期	天然	33
			第7期		22
		栎类	第6期	天然	5
			第7期		0
		其他硬阔	第6期	天然	13
			第7期		1
		泡桐	第6期	天然	1
			第7期		0
		其他软阔	第6期	天然	5
			第7期		1
		枫香	第6期	人工	0
			第7期		1
		针叶混	第6期	天然	0
			第7期		3
		针叶混	第6期	人工	0
			第7期		4
		阔叶混	第6期	天然	0
			第7期		24
		针阔混	第6期	天然	0
			第7期		12
2	北亚热带—湿润—常绿阔叶林北部低山高丘立地亚区	马尾松	第7期	天然	25
			第8期		23
		湿地松	第6期	人工	0
			第7期		1
		杉木	第7期	人工	35
			第8期		28
		杉木	第6期	天然	11
			第7期		10
		柏木	第7期	天然	3
			第8期		3
		栎类	第7期	天然	9
			第8期		7
		桦木	第7期	天然	1
			第8期		0
		枫香	第7期	天然	0
			第8期		2
		其他硬阔	第7期	天然	8
			第8期		2
		杨树	第7期	人工	2
			第8期		4

（续）

序号	森林生产力三级区划	优势树种	监测期	起源	样地数
2	北亚热带—湿润—常绿阔叶林北部低山高丘立地亚区	国外杨	第7期	人工	2
			第8期		0
		其他软阔	第7期	天然	3
			第8期		3
		针叶混	第7期	天然	2
			第8期		4
		阔叶混	第7期	天然	6
			第8期		22
		针阔混	第7期	天然	3
			第8期		7

　　江西合并后的北亚热带—湿润—常绿阔叶林南部山地立地亚区的优势树种数据均未达到建模标准，湖南北亚热带—湿润—常绿阔叶林南部山地立地亚区与江西北亚热带—湿润—常绿阔叶林南部山地立地亚区属于同一三级区，该区内主要是杉木人工林和天然林，森林植被生产力等级相同，故江西北亚热带—湿润—常绿阔叶林南部山地立地亚区森林植被生产力等级是3；

　　江西中亚热带—湿润—常绿阔叶林南岭北坡山地丘陵立地亚区和湖南中亚热带—湿润—常绿阔叶林南岭北坡山地丘陵立地亚区组成完整的三级区，江西三级区部分优势树种未达到建模标准，整个三级区根据湖南森林植被生产力等级赋值，江西部分森林植被生产力等级是4。

　　主要树种建模数据统计见表11-17，模型统计见表11-18。生长模型如图11-13。各森林生产力三级区划优势树种生长模型检验见表11-19。江西三级区划主要树种成熟林蓄积量如表11-20。样地归一化蓄积量分级见图11-14。江西森林生产力分级如图11-15。

表11-17　主要树种建模数据统计

序号	森林生产力三级区划	优势树种	统计量	最小值	最大值	平均值
1	北亚热带—湿润—常绿阔叶林北部低山高丘立地亚区	杉木	平均年龄	4	34	16
			林木蓄积量	3.2234	98.4858	45.8454

表11-18　主要树种模型统计

序号	森林生产力三级区划	优势树种	模型	生长方程	参数标准差			R^2	TRE /%
					A	B	k		
1	北亚热带—湿润—常绿阔叶林北部低山高丘立地亚区	杉木	Richards 普	$y = 78.4252\,(1 - e^{-0.1458x})^{3.6195}$	11.8616	2.7623	0.0752	0.76	−0.2230
			Richards 加	$y = 76.4237\,(1 - e^{-0.1172x})^{4.3011}$	12.8490	1.4195	0.0501		0.0001

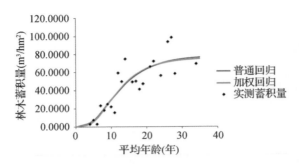

图 11-13 北亚热带—湿润—常绿阔叶林北部低山高丘立地亚区杉木生长模型

表 11-19 各森林生产力三级区划优势树种生长模型检验

序号	森林生产力三级区划	优势树种	模型	R^2	*SEE*	*TRE*	*MSE*	*MPE*
1	北亚热带—湿润—常绿阔叶林北部低山高丘立地亚区	杉木	Richards 普	0.76	14.4338	−0.2230	−2.1788	13.9214
			Richards 加		14.4520	0.0001	0.0255	13.9390

表 11-20 江西三级区划主要树种成熟林蓄积量

序号	森林生产力三级区划	树种	起源	成熟年龄	成熟林蓄积量/(m³/hmr²)
1	中亚热带—湿润—常绿阔叶林西部高丘立地亚区	马尾松	天然	41	61.6710
2	中亚热带—湿润—常绿阔叶林武夷山西坡立地亚区	马尾松	天然	41	81.2457
3	中亚热带—湿润—常绿阔叶林赣南于山丘陵立地亚区	杉木	天然	31	55.9997
4	中亚热带—湿润—常绿阔叶林赣南闽西南山地立地亚区	杉木	天然	31	90.7908
5	中亚热带—湿润—常绿阔叶林东部低丘岗地立地亚区	马尾松	天然	41	65.1723
6	北亚热带—湿润—常绿阔叶林北部低山高丘立地亚区	杉木	人工	26	71.8184

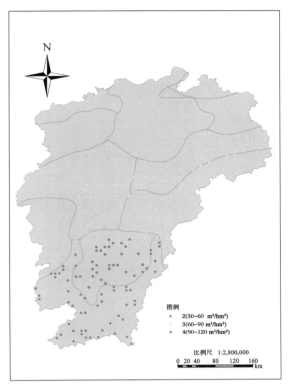

图 11-14　江西样地归一化蓄积量分级

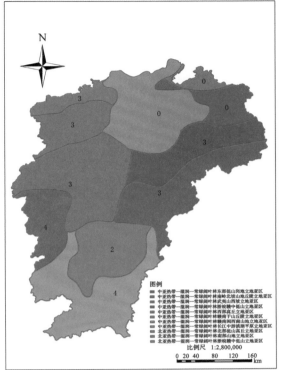

图 11-15　江西森林生产力分级

注：图中森林生产力等值依据前文中表 11-15 公顷蓄积量分级结果。

12 山东森林潜在生产力分区成果

12.1 山东森林生产力一级区划

以我国 1:100 万全国行政区划数据中山东省界为边界，从全国森林生产力一级区划图中提取山东森林生产力一级区划，山东森林生产力一级区划单位为 1 个，如表 12-1 和图 12-1：

表 12-1 森林生产力一级区划

序号	气候带	气候大区	森林生产力一级区划
1	暖温带	亚湿润	暖温带—亚湿润地区

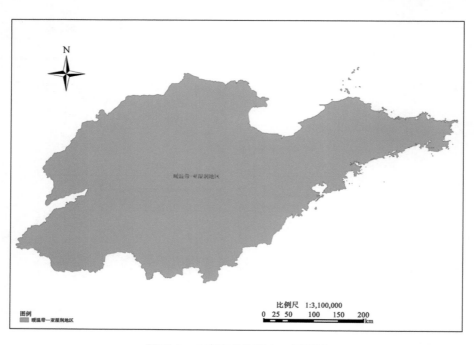

图 12-1 山东森林生产力一级区划

注：本图显示采用 2000 国家大地坐标系（简称 CGCS2000），后续相关地图同该坐标系。

12.2 山东森林生产力二级区划

按照山东省界从全国森林生产力二级区划中提取山东的森林生产力二级区划，山东森林生产力二级区划单位为 1 个，如表 12-2 和图 12-2：

表 12-2　森林生产力二级区划

序号	森林生产力一级区划	森林生产力二级区划
1	暖温带—亚湿润地区	暖温带—亚湿润—落叶阔叶林

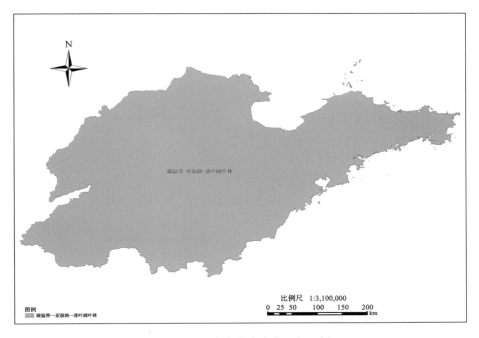

图 12-2　山东森林生产力二级区划

12.3　山东森林生产力三级区划

12.3.1　山东立地区划

根据全国立地区划结果，以山东 1:100 万省界为提取框架，提取山东立地区划结果。需要说明的是，由于山东省界数据与全国立地区划成果数据精度不一致，导致提取的山东立地区划数据在省界边缘出现不少细小的破碎斑块。因此，对山东立地区划数据进行了破碎化斑块处理，根据就近原则，将破碎小斑块就近合并到最近的大斑块中。处理后，得到的山东立地区划属性数据和矢量图分别如表 12-3 和图 12-3：

表 12-3　山东立地区划

序号	立地区域	立地区	立地亚区
1	华北暖温带立地区域	辽南鲁东山地丘陵立地区	鲁东山地立地亚区
2		鲁中南低山丘陵立地区	泰山鲁山北部立地亚区
3			泰山鲁山南部立地亚区
4		华北平原立地区	辽河黄泛平原立地亚区
5			黄淮平原立地亚区

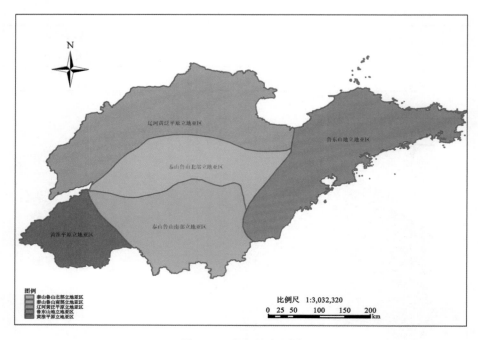

图 12-3　山东立地区划

12.3.2　山东三级区划

根据山东的省界从全国森林生产力三级区划中提取山东森林生产力三级区划。

用山东省界来提取山东森林生产力三级区划时边缘出现了破碎的小斑块，为了使省级森林生产力三级区划不至于太破碎，根据就近原则，将破碎小斑块就近合并到最近的大斑块中。

山东森林生产力三级区划单位为 5 个，如表 12-4 和图 12-4：

表 12-4　森林生产力三级区划

序号	森林生产力一级区划	森林生产力二级区划	森林生产力三级区划
1			暖温带—亚湿润—落叶阔叶林鲁东山地立地亚区
2			暖温带—亚湿润—落叶阔叶林泰山鲁山北部立地亚区
3	暖温带—亚湿润地区	暖温带—亚湿润—落叶阔叶林	暖温带—亚湿润—落叶阔叶林泰山鲁山南部立地亚区
4			暖温带—亚湿润—落叶阔叶林辽河黄泛平原立地亚区
5			暖温带—亚湿润—落叶阔叶林黄淮平原立地亚区

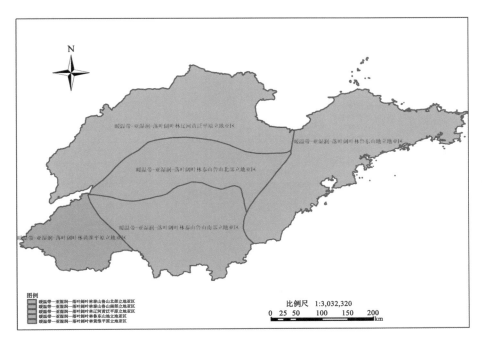

图 12-4　山东森林生产力三级区划

12.4　山东森林生产力量化分级

12.4.1　技术方案

单位面积蓄积量标志着林地生产力的高低及经营措施的效果。本方案在森林生产力三级区划结果基础上，根据已调查的山东第 6 期、第 7 期一类清查样地数据，提取山东森林生产力三级区划的样地数据，筛选出两期地类是乔木林地、疏林地的样地，根据森林生产力三级区划的主要树种，建立样地优势树种蓄积量生长模型，并归一该树种到成熟林时单位公顷的蓄积值，以此作为量化样地森林生产力的依据，在森林生产力三级的基础上进行森林植被生产力区划。

12.4.2　样地筛选

12.4.2.1　样地情况

山东于 1978 年到 1979 年初步建立了森林资源连续清查体系，按照间距 2 km × 2 km 网交叉点作为样点，共设置固定样地 3841 个，面积 0.0667 hm²，样地形状为正方形，以优势地类法确定地类。

1988 年山东开展森林资源清查第 1 次复查，将初查时仅在林业用地设置固定样地的方案改为在全省范围内设置固定样地，方法和上次相同。

1992 年进行了森林资源清查第 2 次复查时，统一采用 4 km × 4 km 的点间距，布设 9646 个固定样地。样地形状为正方形，面积为 0.0667 hm²，以点定地类法确定地类。

1997 年山东开展森林资源清查第 3 次复查，本次复查体系没有变化。

2002 年第 4 次复查，在原固定样地的基础上，加密遥感判读样地，布设了一套遥感判读样本，判读样地数量 40124 个，间距 2 km × 2 km。

山东的样地情况如表 12-5：

表 12-5　山东样地概况

项目	内容
调查(副)总体	山东样地
样地调查时间	全国第 6 次清查山东数据(2002 年) 全国第 7 次清查山东数据(2007 年)
样地个数	全国第 6 次清查山东样地 9646 个 全国第 7 次清查山东样地 9646 个
样地间距	副总体样地间距 4 km×4 km
样地大小	0.0667 hm²
样地形状	25.82 m×25.82 m 的正方形
备注	

12.4.2.1　样地筛选情况

根据山东划分的森林生产力三级区划，提取每个三级区划的样地数据，对提取的样地数据进行筛选。

筛选的条件如下：

地类为乔木林地或疏林地。剔除地类是红树林、竹林、国家特别规定灌木林地、其他灌木林地、未成林封育地、未成林造林地、苗圃地、采伐迹地、火烧迹地、其他无立木林地、宜林荒山荒地、宜林沙荒地、其他宜林地、耕地、牧草地、水域、未利用地、工矿建设用地、城乡居民建设用地、交通建设用地、其他用地的样地。被剔除的样地或者没有划分起源，或者没有样地平均年龄，或者优势树种是灌木，无法进行以林木蓄积量为因变量，样地平均年龄为自变量的曲线拟合。

下表详细说明了山东第 6、7 期样地(分三级区划)及样地筛选情况，见表 12-6。

表 12-6　山东分三级区划样地筛选情况

序号	森林生产力三级区划	监测期	样地总数	筛选样地数	所占比例/%
1	暖温带—亚湿润—落叶阔叶林鲁东山地立地亚区	第 6 期	2470	205	8.3
		第 7 期	2472	280	11.3
2	暖温带—亚湿润—落叶阔叶林泰山鲁山北部立地亚区	第 6 期	1558	145	9.3
		第 7 期	1558	206	13.2
3	暖温带—亚湿润—落叶阔叶林泰山鲁山南部立地亚区	第 6 期	2028	127	6.3
		第 7 期	2028	230	11.3
4	暖温带—亚湿润—落叶阔叶林辽河黄泛平原立地亚区	第 6 期	2644	32	1.2
		第 7 期	2645	139	5.3
5	暖温带—亚湿润—落叶阔叶林黄淮平原立地亚区	第 6 期	918	68	7.4
		第 7 期	918	164	17.9

12.4.3　建模树种提取

对筛选出的森林生产力三级区划的乔木林地和疏林地样地数据，分别统计每个优势树种的样地数和样地的起源，为了尽量使每个三级区划都能有森林生产力值，方便森林生产力等级划分，在每个森林生产力三级区内，如果优势树种的建模样地达到 50，则建立样本数≥50 的优势树种的生长模型；如果优势树种的建模样地均未达到 50，则降低建模样本量为 30；降低建模标准且合并树种组仍无法达到建模量的，若该区为完整的三级区，则看邻近区内与该区内相似树种的蓄积量，作为该区的归一化蓄积量；若该区是被省界分割的森林生产力三级区的小部分，则暂时空缺，若是被省界分割的森林生产力三级区的大部分，则参照完整的三级区处理。

各三级区划分优势树种样地数统计见表 12-7。

表 12-7　山东各三级区划样地数分优势树种统计

序号	森林生产力三级区划	优势树种	监测期	起源	样地数
1	暖温带—亚湿润—落叶阔叶林泰山鲁山北部立地亚区	赤松	第 6 期	天然	0
			第 7 期		1
		赤松	第 6 期	人工	12
			第 7 期		9
		黑松	第 6 期	人工	1
			第 7 期		2
		黑松	第 6 期	天然	1
			第 7 期		0
		油松	第 6 期	人工	4
			第 7 期		3
		柏木	第 6 期	人工	47
			第 7 期		48
		栎类	第 6 期	人工	3
			第 7 期		4
		榆树	第 6 期	人工	0
			第 7 期		1
		其他硬阔	第 6 期	天然	1
			第 7 期		0
		其他硬阔	第 6 期	人工	49
			第 7 期		37
		杨树	第 6 期	人工	22
			第 7 期		70
		柳树	第 6 期	人工	0
			第 7 期		2
		泡桐	第 6 期	人工	5
			第 7 期		1
		其他软阔	第 6 期	人工	0
			第 7 期		5
		针叶混	第 6 期	人工	0
			第 7 期		1
		阔叶混	第 6 期	人工	0
			第 7 期		10
		针阔混	第 6 期	人工	0
			第 7 期		6
2	暖温带—亚湿润—落叶阔叶林泰山鲁山南部立地亚区	落叶松	第 6 期	人工	1
			第 7 期		1
		赤松	第 6 期	人工	10
			第 7 期		14
		黑松	第 6 期	天然	1
			第 7 期		0

（续）

序号	森林生产力三级区划	优势树种	监测期	起源	样地数
2	暖温带—亚湿润—落叶阔叶林泰山鲁山南部立地亚区	黑松	第6期	人工	13
			第7期		12
		油松	第6期	人工	3
			第7期		0
		柏木	第6期	天然	1
			第7期		0
		柏木	第6期	人工	29
			第7期		28
		栎类	第6期	人工	2
			第7期		2
		其他硬阔	第6期	人工	25
			第7期		11
		杨树	第6期	人工	30
			第7期		143
		泡桐	第6期	人工	12
			第7期		6
		其他软阔	第6期	人工	0
			第7期		2
		针叶混	第6期	人工	0
			第7期		1
		阔叶混	第6期	人工	0
			第7期		5
		针阔混	第6期	人工	0
			第7期		5
3	暖温带—亚湿润—落叶阔叶林辽河黄泛平原立地亚区	其他硬阔	第6期	人工	15
			第7期		6
		杨树	第6期	人工	14
			第7期		116
		柳树	第6期	人工	0
			第7期		1
		泡桐	第6期	人工	3
			第7期		0
		其他软阔	第6期	人工	0
			第7期		1
		阔叶混	第6期	人工	0
			第7期		3
4	暖温带—亚湿润—落叶阔叶林鲁东山地立地亚区	赤松	第6期	天然	56
			第7期		48
		赤松	第6期	人工	31
			第7期		22

（续）

序号	森林生产力三级区划	优势树种	监测期	起源	样地数
4	暖温带—亚湿润—落叶阔叶林鲁东山地立地亚区	黑松	第 6 期	天然	1
			第 7 期		0
		黑松	第 6 期	人工	37
			第 7 期		35
		火炬松	第 6 期	人工	0
			第 7 期		1
		其他松类	第 6 期	人工	0
			第 7 期		1
		柏木	第 6 期	人工	1
			第 7 期		1
		栎类	第 6 期	天然	5
			第 7 期		5
		栎类	第 6 期	人工	7
			第 7 期		26
		榆树	第 6 期	人工	0
			第 7 期		2
		其他硬阔	第 6 期	天然	8
			第 7 期		5
		其他硬阔	第 6 期	人工	39
			第 7 期		28
		杨树	第 6 期	人工	20
			第 7 期		76
		柳树	第 6 期	人工	0
			第 7 期		1
		泡桐	第 6 期	人工	0
			第 7 期		1
		其他软阔	第 6 期	人工	0
			第 7 期		5
		针叶混	第 6 期	天然	0
			第 7 期		1
		针叶混	第 6 期	人工	0
			第 7 期		2
		阔叶混	第 6 期	天然	0
			第 7 期		1
		阔叶混	第 6 期	人工	0
			第 7 期		2
		针阔混	第 6 期	天然	0
			第 7 期		6
		针阔混	第 6 期	人工	0
			第 7 期		11

（续）

序号	森林生产力三级区划	优势树种	监测期	起源	样地数
5	暖温带—亚湿润—落叶阔叶林黄淮平原立地亚区	榆树	第6期	人工	0
			第7期		1
		其他硬阔	第6期	人工	16
			第7期		2
		杨树	第6期	人工	51
			第7期		154
		泡桐	第6期	人工	1
			第7期		0
		阔叶混	第6期	人工	0
			第7期		6
		针阔混	第6期	人工	0
			第7期		1

从表12-7中可以筛选山东森林生产力三级区划的建模树种如表12-8：

表12-8　山东各三级分区主要建模树种及建模数据统计

序号	森林生产力三级区划	优势树种	起源	监测期	总样地数	建模样地数	所占比例/%
1	暖温带—亚湿润—落叶阔叶林泰山鲁山北部立地亚区	柏木	人工	第6期	47	88	92.6
				第7期	48		
2	暖温带—亚湿润—落叶阔叶林泰山鲁山南部立地亚区	杨树	人工	第6期	30	171	98.8
				第7期	143		
3	暖温带—亚湿润—落叶阔叶林辽河黄泛平原立地亚区	杨树	人工	第6期	14	130	100
				第7期	116		
4	暖温带—亚湿润—落叶阔叶林鲁东山地立地亚区	赤松	天然	第6期	56	73	70.2
				第7期	48		
5	暖温带—亚湿润—落叶阔叶林黄淮平原立地亚区	杨树	人工	第6期	51	205	100
				第7期	154		

12.4.4　建模前数据整理和对应

12.4.4.1　对森林采伐等人为干扰情况的处理

在数据的整理过程中，对第6、7期样地号对应，优势树种一致，第7期年龄增加与调查间隔期一致的样地，第7期林木蓄积量加上采伐蓄积量作为第7期的林木蓄积量，第6期的林木蓄积量不变。

12.4.4.2　对优势树种发生变化情况的处理

两期样地对照分析，第7期样地的优势树种发生变化的样地，林木蓄积量仍以第7期的林木蓄积量为准，把该样地作为第7期优势树种的样地，林木蓄积量以第7期调查时为准，不加采伐蓄积量。第6期的处理同第7期。

12.4.4.3　对样地年龄与时间变化不一致情况的处理

对样地第7期的年龄与调查间隔时间变化不一致的样地，则以第7期的样地平均年龄为准，林木蓄积量不与采伐蓄积量相加，仍以第7期的林木蓄积量作为林木蓄积量，第6

期的林木蓄积量不发生变化。

12.4.5 建立林分蓄积量生长模型

根据筛选出的优势树种样地数据，以整理后的林木蓄积量作为因变量，以样地的平均年龄作为自变量，剔除异常数据，根据样地数据散点图的总体趋势，选取不同的生长方程拟合曲线。主要树种建模数据统计见表 12-9。

表 12-9　主要树种建模数据统计

序号	森林生产力三级区划	优势树种	统计量	最小值	最大值	平均值
1	暖温带—亚湿润—落叶阔叶林泰山鲁山北部立地亚区	柏木	林木蓄积量	1.1094	26.8316	14.1973
			平均年龄	10	55	31
2	暖温带—亚湿润—落叶阔叶林泰山鲁山南部立地亚区	杨树	林木蓄积量	8.1126	130.1949	59.4841
			平均年龄	2	35	12.5
3	暖温带—亚湿润—落叶阔叶林辽河黄泛平原立地亚区	杨树	林木蓄积量	6.5092	101.1694	56.7747
			平均年龄	2	16	8
4	暖温带—亚湿润—落叶阔叶林鲁东山地立地亚区	赤松	林木蓄积量	0.7196	30.0075	14.1424
			平均年龄	8	40	22
5	暖温带—亚湿润—落叶阔叶林黄淮平原立地亚区	杨树	林木蓄积量	9.3203	124.8066	65.3910
			平均年龄	2	18	9

S 型生长模型能够合理地表示树木或林分的生长过程和趋势，避免了其他模型只在某一生长阶段的拟合精度高，而不能完整体现树木或林分生长趋势的弊端，而本方案的目的是预测林分达到成熟林时的蓄积量，S 型生长模型得到的值在比较合理的范围内。

选取的生长方程如下表 12-10：

表 12-10　拟合所用的生长模型

序号	生长模型名称	生长模型公式
1	Richards 模型	$y = A(1 - e^{-kx})^B$
2	单分子模型	$y = A(1 - e^{-kx})$
3	Logistic 模型	$y = A/(1 + Be^{-kx})$
4	Korf 模型	$y = Ae^{-Bx-k}$

其中，y 为样地的林木蓄积量，x 为林分年龄，A 为树木生长的最大值参数，k 为生长速率参数，B 为与初始值有关的参数。

经过数据拟合，得出各模型的参数和拟合优度及总相对误差，选取适合三级区划各树种的拟合方程，整理如表 12-11。生长模型如图 12-5 ～ 图 12-9。

表 12-11　主要树种模型

序号	森林生产力三级区划	优势树种	模型	生长方程	参数标准差			R^2	TRE/%
					A	B	k		
1	暖温带—亚湿润—落叶阔叶林泰山鲁山北部立地亚区	柏木	Logistic 普	$y = 26.4768/(1+29.8523e^{-0.1146x})$	5.3366	28.6891	0.0440	0.66	-0.2220
			Logistic 加	$y = 23.1867/(1+50.0541e^{-0.1474x})$	4.8530	32.6630	0.0407		0.4333
2	暖温带—亚湿润—落叶阔叶林泰山鲁山南部立地亚区	杨树	Logistic 普	$y = 98.0483/(1+8.8241e^{-0.2537x})$	13.9351	7.3820	0.1091	0.63	0.3724
			Logistic 加	$y = 93.7595/(1+8.9026e^{-0.2758x})$	17.9242	3.5318	0.0859		0.1792
3	暖温带—亚湿润—落叶阔叶林辽河黄泛平原立地亚区	杨树	Richards 普	$y = 87.5102(1-e^{-0.2417x})^{2.0911}$	16.7542	1.7944	0.1790	0.75	-0.1647
			Richards 加	$y = 79.0160(1-e^{-0.3748x})^{3.4986}$	10.7477	1.5311	0.1380		0.2859
4	暖温带—亚湿润—落叶阔叶林鲁东山地立地亚区	赤松	Richards 普	$y = 30.5611(1-e^{-0.0927x})^{5.1530}$	8.4059	4.2846	0.0525	0.76	-0.3749
			Richards 加	$y = 26.2659(1-e^{-0.1293x})^{8.7362}$	5.9961	4.0248	0.0404		0.1330
5	暖温带—亚湿润—落叶阔叶林黄淮平原立地亚区	杨树	Logistic 普	$y = 102.8200/(1+9.4592e^{-0.3398x})$	12.8266	6.0111	0.1185	0.81	0.0799
			Logistic 加	$y = 95.7559/(1+11.2539e^{-0.4061x})$	12.8555	4.0441	0.1015		0.3171

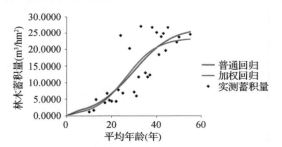

图 12-5　暖温带—亚湿润—落叶阔叶林泰山鲁山北部立地亚区柏木生长模型

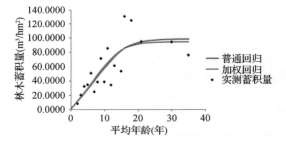

图 12-6　暖温带—亚湿润—落叶阔叶林泰山鲁山南部立地亚区杨树生长模型

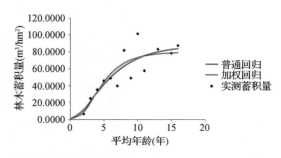

图 12-7　暖温带—亚湿润—落叶阔叶林辽河黄泛平原立地亚区杨树生长模型

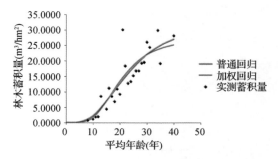

图 12-8　暖温带—亚湿润—落叶阔叶林鲁东山地立地亚区赤松生长模型

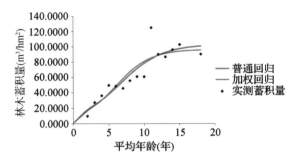

图 12-9　暖温带—亚湿润—落叶阔叶林黄淮平原立地亚区杨树生长模型

12.4.6　生长模型的检验

为了检验普通回归和加权回归生长模型的适用性，采用以下评价指标：确定系数（R^2）、估计值的标准误差（SEE）、总相对误差（TRE）、平均系统误差（MSE）、平均预估误差（MPE）。

$$R^2 = 1 - \sum (y_i - \hat{y}_i)^2 / \sum (y_i - \bar{y}_i)^2$$

$$SEE = \sqrt{\sum (y_i - \hat{y}_i)^2 / (n - k)}$$

$$TRE = \sum (y_i - \hat{y}_i) / \sum \hat{y}_i \times 100$$

$$MSE = \sum (y_i - \hat{y}_i) / \hat{y}_i / n \times 100$$

$$MPE = t_\alpha \cdot (SEE / \bar{y}) / \sqrt{n} \times 100$$

式中，y_i 为实际观测值，$\hat{y}_i$ 为模型预估值，$\bar{y}$ 为样本平均值，n 为样本单元数，k 为参数个数，t_α 为置信水平 α 时的 t 值。在这 6 项指标中，R^2 和 SEE 是回归模型的最常用指标，既反映了模型的拟合优度，也反映了自变量的贡献率和因变量的离差情况；TRE 和 MSE 是反映拟合效果的重要指标，二者应该控制在一定范围内（如 $\pm 3\%$），趋向于 0 时效果最好；MPE 是反映平均蓄积量估计值的精度指标。

各森林生产力三级区划优势树种生长模型检验见表 12-12。

表 12-12　各森林生产力三级区划优势树种生长模型检验

序号	森林生产力三级区划	优势树种	模型	R^2	SEE	TRE	MSE	MPE
1	暖温带—亚湿润—落叶阔叶林泰山鲁山北部立地亚区	柏木	Logistic 普	0.66	5.5120	-0.2220	-2.2461	14.7435
			Logistic 加		5.5870	0.4333	-0.0671	14.9439
2	暖温带—亚湿润—落叶阔叶林泰山鲁山南部立地亚区	杨树	Logistic 普	0.63	23.0471	0.3724	0.9212	19.0779
			Logistic 加		22.9162	0.1792	0.0025	19.1869
3	暖温带—亚湿润—落叶阔叶林辽河黄泛平原立地亚区	杨树	Richards 普	0.75	15.4954	-0.1647	-1.9086	15.9336
			Richards 加		15.1004	0.2859	-0.1286	16.3505
4	暖温带—亚湿润—落叶阔叶林鲁东山地立地亚区	赤松	Richards 普	0.76	4.6544	-0.3749	-4.3674	13.4255
			Richards 加		4.6084	0.1330	0.1763	13.5594
5	暖温带—亚湿润—落叶阔叶林黄淮平原立地亚区	杨树	Logistic 普	0.81	15.3287	0.0799	-0.3109	12.5909
			Logistic 加		14.9636	0.3171	-0.0203	12.8981

总相对误差(TRE)基本在 ±3% 以内，平均系统误差(MSE)基本在 ±5% 以内，表明模型拟合效果良好。从这一原则出发，加权回归模型的拟合效果要好于普通回归模型；平均预估误差(MPE)基本在 20% 以内，说明蓄积生长模型的平均预估精度达到 80% 以上。

从参数估计值看，各树种的相应参数的标准差较小，说明模型的稳定性比较好。

12.4.7　样地蓄积量归一化

通过提取的山东的样地数据，山东的针叶树种主要是赤松、柏木，阔叶树种主要是其他硬阔和杨树。

根据《国家森林资源连续清查主要技术规定》确定各树种组的龄组划分和成熟林年龄，见表 12-13 和表 12-14。

表 12-13　山东树种成熟年龄

序号	树种	地区	起源	龄级	成熟林
1	柏木	北方	天然	20	121
			人工	10	81
2	赤松	北方	天然	20	101
			人工	10	41
3	杨树	北方	天然	5	26
			人工	5	21

表 12-14　山东三级区划主要树种成熟林蓄积量

序号	森林生产力三级区划	树种	起源	成熟年龄	成熟林蓄积量/(m^3/hm^2)
1	暖温带—亚湿润—落叶阔叶林泰山鲁山北部立地亚区	柏木	人工	81	23.1791
2	暖温带—亚湿润—落叶阔叶林泰山鲁山南部立地亚区	杨树	人工	21	91.2774
3	暖温带—亚湿润—落叶阔叶林辽河黄泛平原立地亚区	杨树	人工	21	78.9106
4	暖温带—亚湿润—落叶阔叶林鲁东山地立地亚区	赤松	天然	101	26.2654
5	暖温带—亚湿润—落叶阔叶林黄淮平原立地亚区	杨树	人工	21	95.5431

12.4.8　山东森林生产力分区

依据全国公顷蓄积量分级结果(参见全国报告的表 4-12)。山东公顷蓄积量分级结果见表 12-15。样地归一化蓄积量分级如图 12-10。森林植被生产力分级如图 12-11。

表 12-15　山东公顷蓄积量分级结果　　　　　　　　　单位：m^3/hm^2

级别	1 级	3 级	4 级
公顷蓄积量	≤30	60～90	90～120

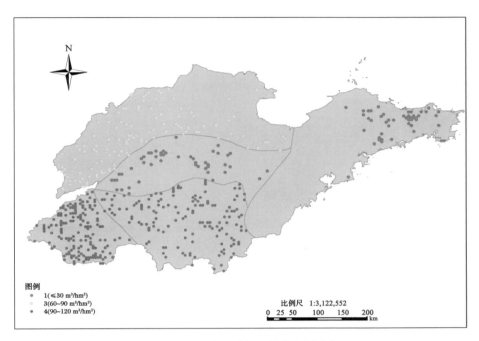

图例
● 1(≤30 m³/hm²)
● 3(60~90 m³/hm²)
● 4(90~120 m³/hm²)

比例尺　1:3,122,552
0　25　50　　100　　150　　200
km

图 12-10　山东样地归一化蓄积量分级

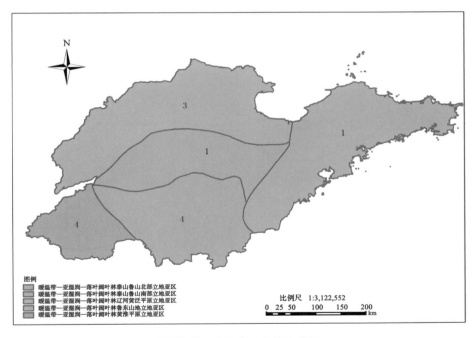

图例
暖温带—亚湿润—落叶阔叶林泰山鲁山北部立地亚区
暖温带—亚湿润—落叶阔叶林泰山鲁山南部立地亚区
暖温带—亚湿润—落叶阔叶林江河黄泛平原立地亚区
暖温带—亚湿润—落叶阔叶林鲁东山地立地亚区
暖温带—亚湿润—落叶阔叶林黄淮平原立地亚区

比例尺　1:3,122,552
0　25　50　　100　　150　　200
km

图 12-11　山东森林生产力分级

注：图中森林生产力等值依据前文中表 12-15 公顷蓄积量分级结果。

13 河南森林潜在生产力分区成果

13.1 河南森林生产力一级区划

以我国 1:100 万全国行政区划数据中河南省界为边界，从全国森林生产力一级区划图中提取河南森林生产力一级区划，河南森林生产力一级区划单位为 2 个，如表 13-1 和图 13-1：

表 13-1 森林生产力一级区划

序号	气候带	气候大区	森林生产力一级区划
1	北亚热带	湿润	北亚热带—湿润地区
2	暖温带	亚湿润	暖温带—亚湿润地区

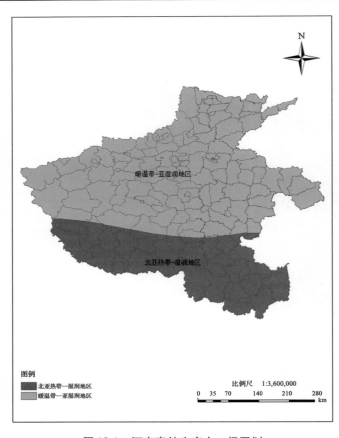

图 13-1 河南森林生产力一级区划

注：本图显示采用 2000 国家大地坐标系（简称 CGCS2000），后续相关地图同该坐标系。

13.2 河南森林生产力二级区划

按照河南省界从全国二级区划中提取河南的森林生产力二级区划，河南森林生产力二级区划单位为2个，如表13-2和图13-2：

表13-2 森林生产力二级区划

序号	森林生产力一级	森林生产力二级区划
1	北亚热带—湿润地区	北亚热带—湿润—常绿阔叶林
2	暖温带—亚湿润地区	暖温带—亚湿润—常绿阔叶林

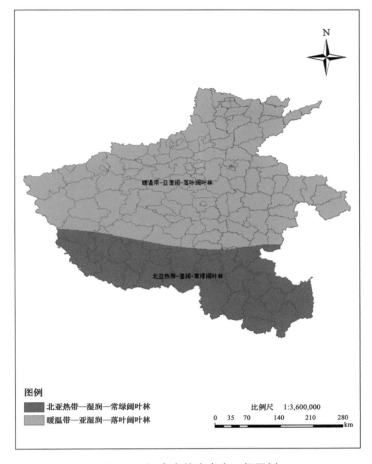

图13-2 河南森林生产力二级区划

13.3 河南森林生产力三级区划

13.3.1 河南立地区划

根据全国立地区划结果，以河南1:100万省界为提取框架，提取河南立地区划结果。需要说明的是，由于河南省界数据与全国立地区划成果数据精度不一致，导致提取的河南立地区划数据在省界边缘出现不少细小的破碎斑块。因此，对河南立地区划数据进行了破碎化斑块处理，根据就近原则，将破碎小斑块就近合并到最近的大斑块中。处理后，得到的河南立地区划属性数据和矢量图分别如表 13-3 和图 13-3：

表 13-3　河南立地区划

序号	立地区域	立地区	立地亚区
1	南方亚热带立地区域	大别山桐柏山山地立地区	大别山山地立地亚区
2			江淮丘陵立地亚区
3		秦巴山地立地区	桐柏山山地立地亚区
4			豫西伏牛山南坡中低山立地亚区
5	华北暖温带立地区域	华北平原立地区	辽河黄泛平原立地亚区
6			黄淮平原立地亚区
7		燕山太行山山地立地区	伏牛山北坡山地立地亚区
8			豫西黄土丘陵立地亚区

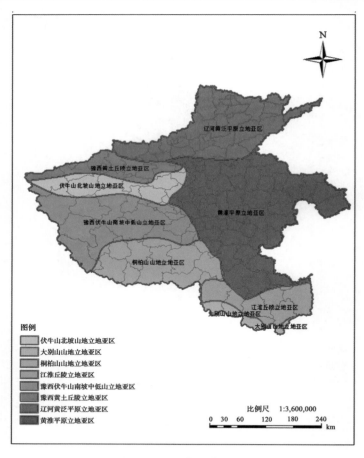

图 13-3　河南立地区划

13.3.2　河南三级区划

根据河南省界从全国森林生产力三级区划中提取河南森林生产力三级区划。

用河南省界来提取河南森林生产力三级区划时边缘出现了破碎的小斑块，为了使省级森林生产力三级区划不至于太破碎，根据就近原则，将破碎小斑块就近合并到最近的大斑块中。

河南森林生产力三级区划单位为 10 个，如表 13-4 和图 13-4：

表 13-4　森林生产力三级区划

序号	森林生产力一级区划	森林生产力二级区划	森林生产力三级区划
1			北亚热带—湿润—常绿阔叶林大别山山地立地亚区
2	北亚热带—	北亚热带—湿润—	北亚热带—湿润—常绿阔叶林黄淮平原立地亚区
3	湿润地区	常绿阔叶林	北亚热带—湿润—常绿阔叶林江淮丘陵立地亚区
4			北亚热带—湿润—常绿阔叶林桐柏山山地立地亚区
5			北亚热带—湿润—常绿阔叶林豫西伏牛山南坡中低山立地亚区
6			暖温带—亚湿润—落叶阔叶林伏牛山北坡山地立地亚区
7	暖温带—亚	暖温带—亚湿润—	暖温带—亚湿润—落叶阔叶林黄淮平原立地亚区
8	湿润地区	落叶阔叶林	暖温带—亚湿润—落叶阔叶林辽河黄泛平原立地亚区
9			暖温带—亚湿润—落叶阔叶林豫西伏牛山南坡中低山立地亚区
10			暖温带—亚湿润—落叶阔叶林豫西黄土丘陵立地亚区

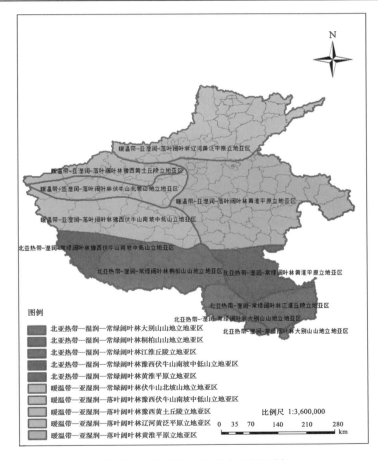

图 13-4　河南森林生产力三级区划

13.4 河南森林生产力量化分级

13.4.1 技术方案

单位面积蓄积量标志着林地生产力的高低及经营措施的效果。本方案在森林生产力三级区划结果基础上，根据已调查的河南第6期、第7期一类清查样地数据，提取河南森林生产力三级区划的样地数据，筛选出两期地类是乔木林地、疏林地的样地，根据森林生产力三级区划的主要树种，建立样地优势树种蓄积生长模型，并归一该树种到成熟林时单位公顷的蓄积值，以此作为量化样地森林生产力的依据，在森林生产力三级的基础上进行森林植被生产力区划。

13.4.2 样地筛选

13.4.2.1 样地情况

1979年到1980年河南以全省为总体建立森林资源连续清查体系。1988年河南开展了森林资源清查第1次复查。1993年河南开展森林资源清查第2次复查，本次复查对第1次复查的体系进行了优化，划分了山区和平原两个副总体。2003年开展第4次复查时，取消了山区和平原两个副总体，改为以全省为总体，在全省范围内统一按4 km×4 km网布设地面样地10358个。同时，为保证前后期全省森林资源评价的连续性和可比性，在调查新体系的同时，对1998年调查的10347个地面固定样地进行复查，以取得资源动态变化分析数据。

2003年在原固定样地的基础上，加密遥感判读样地，布设了一套遥感判读样本，判读样地数量为41475个，间距2 km×2 km。

河南的样地情况如表13-5：

表13-5　河南样地概况

项目	内容
调查（副）总体	河南样地
样地调查时间	全国第6次清查河南数据（2003年） 全国第7次清查河南数据（2008年）
样地个数	全国第6次清查河南样地10355个 全国第7次清查河南样地10355个
样地间距	河南样地间距4 km×4 km
样地大小	河南样地0.08 hm²
样地形状	河南样地为28.28 m×28.28 m的正方形
备注	

13.4.2.2 样地筛选情况

根据河南划分的森林生产力三级区划，提取每个三级区划的样地数据，对提取的样地数据进行筛选。

筛选的条件如下：

地类为乔木林地或疏林地。剔除地类是红树林、竹林、国家特别规定灌木林地、其他灌木林地、未成林封育地、未成林造林地、苗圃地、采伐迹地、火烧迹地、其他无立木林地、宜林荒山荒地、宜林沙荒地、其他宜林地、耕地、牧草地、水域、未利用地、工矿建设用地、城乡居民建设用地、交通建设用地、其他用地的样地。被剔除的样地或者没有划分起源，或者没有样地平均年龄，或者优势树种是灌木，无法进行以林木蓄积量为因变量，样地平均年龄为自变量的曲线拟合。

表 13-6 详细说明了河南第 6、7 期样地(分三级区划)及样地筛选情况。

表 13-6　河南分三级区划样地筛选情况

序号	森林生产力三级区划	监测期	样地总数	筛选样地数	所占比例/%
1	暖温带—亚湿润—落叶阔叶林豫西伏牛山南坡中低山立地亚区	第 6 期	1339	475	35.5
		第 7 期	1339	560	41.8
2	暖温带—亚湿润—落叶阔叶林伏牛山北坡山地立地亚区	第 6 期	729	119	16.3
		第 7 期	730	163	22.3
3	暖温带—亚湿润—落叶阔叶林豫西黄土丘陵立地亚区	第 6 期	585	31	5.3
		第 7 期	584	67	11.5
4	北亚热带—湿润—常绿阔叶林大别山山地立地亚区	第 6 期	189	44	23.3
		第 7 期	188	60	31.9
5	北亚热带—湿润—常绿阔叶林江淮丘陵立地亚区	第 6 期	716	67	9.4
		第 7 期	718	96	13.4
6	北亚热带—湿润—常绿阔叶林黄淮平原立地亚区	第 6 期	691	28	4.1
		第 7 期	689	53	7.7
7	北亚热带—湿润—常绿阔叶林豫西伏牛山南坡中低山立地亚区	第 6 期	418	147	35.2
		第 7 期	418	165	39.5
8	暖温带—亚湿润—落叶阔叶林辽河黄泛平原立地亚区	第 6 期	1748	85	4.9
		第 7 期	1749	167	9.5
9	暖温带—亚湿润—落叶阔叶林黄淮平原立地亚区	第 6 期	2670	170	6.4
		第 7 期	2669	290	10.9
10	北亚热带—湿润—常绿阔叶林桐柏山山地立地亚区	第 6 期	1237	115	9.3
		第 7 期	1238	174	14.1

13.4.3 建模树种提取

对筛选出的森林生产力三级区划的乔木林地和疏林地样地数据，分别统计每个优势树种的样地数和样地的起源，为了尽量使每个三级区划都能有森林生产力值，方便森林生产力等级划分，在每个森林生产力三级区内，如果优势树种的建模样地达到50，则建立样本数≥50的优势树种的生长模型；如果优势树种的建模样地均未达到50，则降低建模样本量为30；降低建模标准且合并树种组仍无法达到建模量的，若该区为完整的三级区，则看邻近区内与该区内相似树种的蓄积量，作为该区的归一化蓄积量；若该区是被省界分割的森林生产力三级区的小部分，则暂时空缺，若是被省界分割的森林生产力三级区的大部分，则参照完整的三级区处理。

各三级区划分优势树种样地数统计见表 13-7。

表 13-7 河南各三级区划样地数分优势树种统计

序号	森林生产力三级区划	优势树种	监测期	起源	样地数
1	暖温带—亚湿润—落叶阔叶林豫西伏牛山南坡中低山立地亚区	落叶松	第6期	人工	3
			第7期		0
		油松	第6期	人工	23
			第7期		24
		油松	第6期	天然	6
			第7期		3
		华山松	第6期	天然	0
			第7期		1
		马尾松	第6期	人工	3
			第7期		2
		柏木	第6期	天然	7
			第7期		8
		栎类	第6期	天然	274
			第7期		255
		栎类	第6期	人工	42
			第7期		53
		其他硬阔	第6期	人工	18
			第7期		16
		其他硬阔	第6期	天然	0
			第7期		61
		杨树	第6期	人工	11
			第7期		40
		泡桐	第6期	人工	2
			第7期		2
		针叶混	第6期	天然	0
			第7期		2
		阔叶混	第6期	天然	86
			第7期		59
		阔叶混	第6期	人工	0
			第7期		17
		针阔混	第6期	天然	0
			第7期		17

（续）

序号	森林生产力三级区划	优势树种	监测期	起源	样地数
2	暖温带—亚湿润—落叶阔叶林伏牛山北坡山地立地亚区	油松	第6期	人工	11
			第7期		9
		柏木	第6期	天然	8
			第7期		8
		栎类	第6期	天然	43
			第7期		47
		其他硬阔	第6期	人工	22
			第7期		39
		杨树	第6期	人工	6
			第7期		23
		泡桐	第6期	人工	1
			第7期		9
		针叶混	第6期	人工	0
			第7期		1
		阔叶混	第6期	天然	28
			第7期		22
		针阔混	第6期	人工	0
			第7期		5
3	暖温带—亚湿润—落叶阔叶林豫西黄土丘陵立地亚区	油松	第6期	人工	2
			第7期		1
		柏木	第6期	天然	1
			第7期		4
		栎类	第6期	天然	9
			第7期		11
		其他硬阔	第6期	人工	7
			第7期		20
		杨树	第6期	人工	1
			第7期		12
		柳树	第6期	人工	0
			第7期		1
		泡桐	第6期	人工	5
			第7期		10
		阔叶混	第6期	天然	6
			第7期		6
		针阔混	第6期	人工	0
			第7期		1
4	北亚热带—湿润—常绿阔叶林大别山山地立地亚区	马尾松	第6期	天然	26
			第7期		25
		杉木	第6期	人工	4
			第7期		4

（续）

序号	森林生产力三级区划	优势树种	监测期	起源	样地数
4	北亚热带—湿润—常绿阔叶林大别山山地立地亚区	栎类	第6期	天然	4
			第7期		7
		枫香	第6期	天然	0
			第7期		1
		其他硬阔	第6期	天然	0
			第7期		6
		杨树	第6期	人工	0
			第7期		1
		针叶混	第6期	人工	0
			第7期		1
		阔叶混	第6期	天然	10
			第7期		4
		针阔混	第6期	天然	0
			第7期		1
5	北亚热带—湿润—常绿阔叶林江淮丘陵立地亚区	马尾松	第6期	天然	49
			第7期		40
		湿地松	第6期	人工	0
			第7期		1
		火炬松	第6期	人工	0
			第7期		1
		杉木	第6期	人工	9
			第7期		7
		栎类	第6期	天然	3
			第7期		7
		其他硬阔	第6期	人工	1
			第7期		4
		杨树	第6期	人工	1
			第7期		19
		针叶混	第6期	天然	0
			第7期		2
		阔叶混	第6期	人工	4
			第7期		3
		针阔混	第6期	天然	0
			第7期		3
6	北亚热带—湿润—常绿阔叶林黄淮平原立地亚区	杉木	第6期	人工	1
			第7期		0
		其他硬阔	第6期	人工	3
			第7期		0
		杨树	第6期	人工	20
			第7期		51

（续）

序号	森林生产力三级区划	优势树种	监测期	起源	样地数
6	北亚热带—湿润—常绿阔叶林黄淮平原立地亚区	泡桐	第 6 期	人工	1
			第 7 期		0
		阔叶混	第 6 期	人工	3
			第 7 期		2
7	北亚热带—湿润—常绿阔叶林豫西伏牛山南坡中低山立地亚区	油松	第 6 期	人工	5
			第 7 期		6
		马尾松	第 6 期	人工	20
			第 7 期		13
		火炬松	第 6 期	人工	0
			第 7 期		1
		柏木	第 6 期	人工	12
			第 7 期		12
		栎类	第 6 期	天然	85
			第 7 期		78
		其他硬阔	第 6 期	人工	1
			第 7 期		17
		杨树	第 6 期	人工	5
			第 7 期		8
		其他软阔	第 6 期	人工	0
			第 7 期		1
		阔叶混	第 6 期	天然	19
			第 7 期		23
		针阔混	第 6 期	人工	0
			第 7 期		6
8	暖温带—亚湿润—落叶阔叶林辽河黄泛平原立地亚区	油松	第 6 期	人工	3
			第 7 期		6
		柏木	第 6 期	人工	11
			第 7 期		15
		栎类	第 6 期	天然	23
			第 7 期		27
		榆树	第 6 期	人工	0
			第 7 期		1
		其他硬阔	第 6 期	人工	17
			第 7 期		22
		杨树	第 6 期	人工	17
			第 7 期		80
		柳树	第 6 期	人工	0
			第 7 期		1
		泡桐	第 6 期	人工	4
			第 7 期		5

（续）

序号	森林生产力三级区划	优势树种	监测期	起源	样地数
8	暖温带—亚湿润—落叶阔叶林辽河黄泛平原立地亚区	其他软阔	第6期	天然	0
			第7期		1
		针叶混	第6期	人工	0
			第7期		1
		阔叶混	第6期	天然	10
			第7期		6
		针阔混	第6期	天然	0
			第7期		2
9	暖温带—亚湿润—落叶阔叶林黄淮平原立地亚区	其他硬阔	第6期	人工	29
			第7期		6
		杨树	第6期	人工	116
			第7期		269
		柳树	第6期	人工	0
			第7期		1
		泡桐	第6期	人工	22
			第7期		6
		其他软阔	第6期	人工	0
			第7期		1
		阔叶混	第6期	人工	3
			第7期		5
10	北亚热带—湿润—常绿阔叶林桐柏山山地立地亚区	黑松	第6期	人工	0
			第7期		3
		油松	第6期	人工	6
			第7期		1
		马尾松	第6期	人工	32
			第7期		16
		火炬松	第6期	人工	0
			第7期		9
		栎类	第6期	人工	38
			第7期		41
		其他硬阔	第6期	人工	5
			第7期		14
		杨树	第6期	人工	9
			第7期		70
		泡桐	第6期	人工	1
			第7期		0
		其他软阔	第6期	天然	0
			第7期		2
		针叶混	第6期	人工	0
			第7期		1

（续）

序号	森林生产力三级区划	优势树种	监测期	起源	样地数
10	北亚热带—湿润—常绿阔叶林桐柏山山地立地亚区	阔叶混	第 6 期	天然	24
			第 7 期		11
		针阔混	第 6 期	人工	0
			第 7 期		4

从表13-7 中可以筛选河南森林生产力三级区划的建模树种如表13-8：

表 13-8　河南各三级分区主要建模树种及建模数据统计

序号	森林生产力三级区划	优势树种	起源	监测期	总样地数	建模样地数	所占比例/%
1	暖温带—亚湿润—落叶阔叶林豫西伏牛山南坡中低山立地亚区	栎类	天然	第 6 期	274	499	94.3
				第 7 期	255		
		阔叶混	天然	第 6 期	86	140	96.6
				第 7 期	59		
2	暖温带—亚湿润—落叶阔叶林伏牛山北坡山地立地亚区	栎类	天然	第 6 期	43	83	92.2
				第 7 期	47		
3	北亚热带—湿润—常绿阔叶林江淮丘陵立地亚区	马尾松	天然	第 6 期	49	75	84.3
				第 7 期	40		
4	北亚热带—湿润—常绿阔叶林豫西伏牛山南坡中低山立地亚区	栎类	天然	第 6 期	85	123	75.5
				第 7 期	78		
5	暖温带—亚湿润—落叶阔叶林辽河黄泛平原立地亚区	杨树	人工	第 6 期	17	94	96.9
				第 7 期	80		
6	暖温带—亚湿润—落叶阔叶林黄淮平原立地亚区	杨树	人工	第 6 期	116	385	100
				第 7 期	269		

13.4.4　建模前数据整理和对应

13.4.4.1　对森林采伐等人为干扰情况的处理

在数据的整理过程中，对第6、7 期样地号对应，优势树种一致，第7 期年龄增加与调查间隔期一致的样地，第7 期林木蓄积量加上采伐蓄积量作为第7 期的林木蓄积量，第6 期的林木蓄积量不变。

13.4.4.2　对优势树种发生变化情况的处理

两组样地对照分析，第7 期样地的优势树种发生变化的样地，林木蓄积量仍以第7 期的林木蓄积量为准，把该样地作为第7 期优势树种的样地，林木蓄积量以第7 期调查时为准，不加采伐蓄积量。第6 期的处理同第7 期。

13.4.4.3　对样地年龄与时间变化不一致情况的处理

对样地第7 期的年龄与调查间隔时间变化不一致的样地，则以第7 期的样地平均年龄为准，林木蓄积量不与采伐蓄积量相加，仍以第7 期的林木蓄积量作为林木蓄积量，第6 期的林木蓄积量不发生变化。

13.4.5　建立林分蓄积量生长模型

根据筛选出的优势树种样地数据，以整理后的林木蓄积量作为因变量，以样地的平均年龄作为自变量，剔除异常数据，根据样地数据散点图的总体趋势，选取不同的生长方程拟合曲线。见表 13-9。

表 13-9　主要树种建模数据统计

序号	森林生产力三级区划	优势树种	统计量	最小值	最大值	平均值
1	北亚热带—湿润—常绿阔叶林江淮丘陵立地亚区	马尾松	林木蓄积量	4.6000	78.0500	36.0505
			平均年龄	10	48	27
2	北亚热带—湿润—常绿阔叶林豫西伏牛山南坡中低山立地亚区	栎类	林木蓄积量	0.3500	176.1250	51.5936
			平均年龄	4	64	24
3	暖温带—亚湿润—落叶阔叶林伏牛山北坡山地立地亚区	栎类	林木蓄积量	1.7375	145.2125	62.0612
			平均年龄	8	68	31
4	暖温带—亚湿润—落叶阔叶林黄淮平原立地亚区	杨树	林木蓄积量	7.0000	132.3563	81.3779
			平均年龄	2	35	12
5	暖温带—亚湿润—落叶阔叶林辽河黄泛平原立地亚区	杨树	林木蓄积量	18.0563	87.7375	52.7152
			平均年龄	2	33	12
6	暖温带—亚湿润—落叶阔叶林豫西伏牛山南坡中低山立地亚区	栎类	林木蓄积量	1.6375	211.5250	78.4421
			平均年龄	4	115	42
		阔叶混	林木蓄积量	1.5750	81.6500	42.0447
			平均年龄	6	65	26

　　S 型生长模型能够合理的表示树木或林分的生长过程和趋势，避免了其他模型只在某一生长阶段的拟合精度高，而不能完整体现树木或林分生长趋势的弊端，而本方案的目的是预测林分达到成熟林时的蓄积量，S 型生长模型得到的值在比较合理的范围内。

　　选取的生长方程如表 13-10：

表 13-10　拟合所用的生长模型

序号	生长模型名称	生长模型公式
1	Richards 模型	$y = A(1 - e^{-kx})^B$
2	单分子模型	$y = A(1 - e^{-kx})$
3	Logistic 模型	$y = A/(1 + Be^{-kx})$
4	Korf 模型	$y = Ae^{-Bx^{-k}}$

　　其中，y 为样地的林木蓄积量，x 为林分年龄，A 为树木生长的最大值参数，k 为生长速率参数，B 为与初始值有关的参数。

　　经过数据拟合，得出各模型的参数和拟合优度及总相对误差，选取适合三级区划各树种的拟合方程，整理如表 13-11。生长模型如图 13-5～图 13-11。

表 13-11　主要树种模型

序号	森林生产力三级区划	优势树种	模型	生长方程	参数标准差 A	参数标准差 B	参数标准差 k	R^2	TRE/%
1	北亚热带—湿润—常绿阔叶林江淮丘陵立地亚区	马尾松	Richards 普	$y = 79.5809(1 - e^{-0.0713x})^{4.1235}$	20.1721	3.0591	0.0399	0.80	-0.3440
			Richards 加	$y = 75.7095(1 - e^{-0.0839x})^{5.3470}$	19.2338	2.2887	0.0303		-0.0900
2	北亚热带—湿润—常绿阔叶林豫西伏牛山南坡中低山立地亚区	栎类	Logistic 普	$y = 122.1153/(1 + 39.3804e^{-0.1341x})$	16.2943	31.2901	0.0367	0.73	1.3627
			Logistic 加	$y = 102.3988/(1 + 36.9460e^{-0.1550x})$	23.0906	12.6104	0.0293		1.9457
3	暖温带—亚湿润—落叶阔叶林伏牛山北坡山地立地亚区	栎类	Richards 普	$y = 165.2345(1 - e^{-0.0272x})^{1.6103}$	79.6794	0.8318	0.0255	0.70	-0.4408
			Richards 加	$y = 98.6285(1 - e^{-0.0898x})^{4.5184}$	13.5793	1.7003	0.0261		1.3559
4	暖温带—亚湿润—落叶阔叶林黄淮平原立地亚区	杨树	Richards 普	$y = 115.9110(1 - e^{-0.2355x})^{2.6154}$	6.9229	1.0756	0.0667	0.90	0.0348
			Richards 加	$y = 112.1778(1 - e^{-0.2752x})^{3.1169}$	6.5219	0.4773	0.0415		-0.0104
5	暖温带—亚湿润—落叶阔叶林辽河黄泛平原立地亚区	杨树	Richards 普	$y = 73.5983(1 - e^{-0.1679x})^{1.0600}$	6.7898	0.6095	0.0976	0.76	-0.0719
			Richards 加	$y = 73.0168(1 - e^{-0.1839x})^{1.1647}$	8.9291	0.4581	0.0928		-0.0106
6	暖温带—亚湿润—落叶阔叶林豫西伏牛山南坡中低山立地亚区	栎类	Logistic 普	$y = 126.9678/(1 + 19.6742e^{-0.1017x})$	8.6866	12.5084	0.0235	0.64	0.2264
			Logistic 加	$y = 121.5016/(1 + 22.2667e^{-0.1134x})$	8.2566	3.8339	0.0111		0.2429
		阔叶混	Richards 普	$y = 65.6961(1 - e^{-0.1055x})^{3.6111}$	6.9785	2.6162	0.0460	0.65	-0.2104
			Richards 加	$y = 60.2874(1 - e^{-0.1532x})^{6.5259}$	6.6721	2.3277	0.0357		0.4698

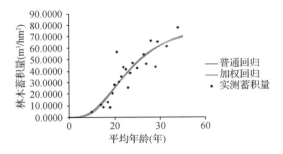

图 13-5　北亚热带—湿润—常绿阔叶林江淮丘陵立地亚区马尾松生长模型

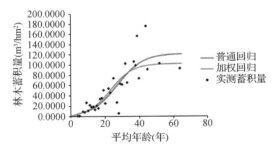

图 13-6　北亚热带—湿润—常绿阔叶林豫西伏牛山南坡中低山立地亚区栎类生长模型

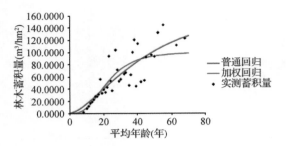

图 13-7 暖温带—亚湿润—落叶阔叶林伏牛山北坡山地立地亚区栎类生长模型

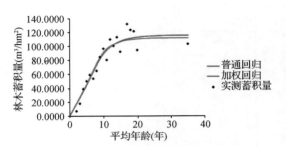

图 13-8 暖温带—亚湿润—落叶阔叶林黄淮平原立地亚区杨树生长模型

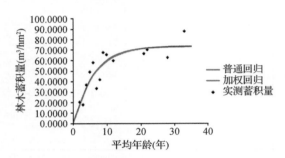

图 13-9 暖温带—亚湿润—落叶阔叶林辽河黄泛平原立地亚区杨树生长模型

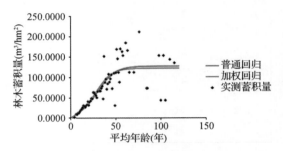

图 13-10 暖温带—亚湿润—落叶阔叶林豫西伏牛山南坡中低山立地亚区栎类生长模型

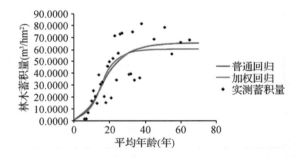

图 13-11 暖温带—亚湿润—落叶阔叶林豫西伏牛山南坡中低山立地亚区阔叶混生长模型

13.4.6 生长模型的检验

为了检验普通回归和加权回归生长模型的适用性，采用以下评价指标：确定系数（R^2）、估计值的标准误差（SEE）、总相对误差（TRE）、平均系统误差（MSE）、平均预估误差（MPE）。

$$R^2 = 1 - \sum (y_i - \hat{y}_i)^2 / \sum (y_i - \bar{y}_i)^2$$

$$SEE = \sqrt{\sum (y_i - \hat{y}_i)^2 / (n - k)}$$

$$TRE = \sum (y_i - \hat{y}_i) / \sum \hat{y}_i \times 100$$

$$MSE = \sum (y_i - \hat{y}_i) / \hat{y}_i / n \times 100$$

$$MPE = t_\alpha \cdot (SEE/\bar{y}) / \sqrt{n} \times 100$$

式中，y_i 为实际观测值，$\hat{y}_i$ 为模型预估值，$\bar{y}$ 为样本平均值，n 为样本单元数，k 为参数个数，t_α 为置信水平 α 时的 t 值。在这 6 项指标中，R^2 和 SEE 是回归模型的最常用指标，既反映了模型的拟合优度，也反映了自变量的贡献率和因变量的离差情况；TRE 和 MSE 是反映拟合效果的重要指标，二者应该控制在一定范围内（如 ±3%），趋向于 0 时效果最好；MPE 是反映平均蓄积量估计值的精度指标。

各森林生产力三级区划优势树种生长模型检验中表 13-12。

表 13-12 各森林生产力三级区划优势树种生长模型检验

序号	森林生产力三级区划	优势树种	模型	R^2	SEE	TRE	MSE	MPE
1	北亚热带—湿润—常绿阔叶林江淮丘陵立地亚区	马尾松	Richards 普	0.8	9.7771	− 0.3440	− 2.3473	11.1348
			Richards 加		9.8088	− 0.0900	0.0371	11.1710
2	北亚热带—湿润—常绿阔叶林豫西伏牛山南坡中低山立地亚区	栎类	Logistic 普	0.73	23.9110	1.3627	4.7243	16.4233
			Logistic 加		25.0358	1.9457	0.2832	17.1958
3	暖温带—亚湿润—落叶阔叶林伏牛山北坡山地立地亚区	栎类	Richards 普	0.70	21.3390	− 0.4408	− 3.8730	11.2961
			Richards 加		22.7562	1.3559	− 0.4205	12.0464
4	暖温带—亚湿润—落叶阔叶林黄淮平原立地亚区	杨树	Richards 普	0.90	11.8823	0.0348	− 0.4915	7.0111
			Richards 加		12.0892	− 0.0104	− 0.0315	7.1332
5	暖温带—亚湿润—落叶阔叶林辽河黄泛平原立地亚区	杨树	Richards 普	0.76	10.6344	− 0.0719	− 0.3784	11.5649
			Richards 加		10.6447	− 0.0106	− 0.0039	11.5760
6	暖温带—亚湿润—落叶阔叶林豫西伏牛山南坡中低山立地亚区	栎类	Logistic 普	0.64	31.4873	0.2264	0.0836	10.0285
			Logistic 加		31.6741	0.2429	− 0.0523	10.0880
		阔叶混	Richards 普	0.65	14.8342	− 0.2104	− 3.2850	12.7098
			Richards 加		15.0689	0.4698	− 0.5131	12.9109

总相对误差（TRE）基本上在 ±3% 以内，平均系统误差（MSE）基本上在 ±5% 以内，表明模型拟合效果良好。从这一原则出发，加权回归模型的拟合效果要好于普通回归模型；平均预估误差（MPE）基本在 10% 以内，说明蓄积生长模型的平均预估精度达到 90% 以上。

从参数估计值看，各树种的相应参数的标准差较小，说明模型的稳定性比较好。

13.4.7 样地蓄积量归一化

通过提取的河南的样地数据，河南的针叶树种主要是马尾松、杉木、柏木，阔叶树种主要是栎类。

根据《国家森林资源连续清查主要技术规定》确定各树种组的龄组划分和成熟林年龄，见表 13-13 和表 13-14。

表 13-13　河南树种成熟年龄

序号	树种	地区	起源	龄级	成熟林
1	马尾松	北方	天然	10	61
			人工	10	41
2	栎类	南北	天然	20	81
			人工	10	51
3	杨树	北方	天然	5	26
			人工	5	21
4	阔叶混（杨树、栎类、其他硬阔）	北方	天然	15	62
			人工	8	41

表 13-14　河南三级区划主要树种成熟林蓄积量

序号	森林生产力三级区划	树种	起源	成熟年龄	成熟林蓄积量 /（m³/hm²）
1	暖温带—亚湿润—落叶阔叶林豫西伏牛山南坡中低山立地亚区	栎类	天然	81	121.2256
		阔叶混	天然	62	60.2580
2	暖温带—亚湿润—落叶阔叶林伏牛山北坡山地立地亚区	栎类	天然	81	98.3194
3	北亚热带—湿润—常绿阔叶林江淮丘陵立地亚区	马尾松	天然	61	73.3122
4	北亚热带—湿润—常绿阔叶林豫西伏牛山南坡中低山立地亚区	栎类	天然	81	102.3854
5	暖温带—亚湿润—落叶阔叶林辽河黄泛平原立地亚区	杨树	人工	21	71.2301
6	暖温带—亚湿润—落叶阔叶林黄淮平原立地亚区	杨树	人工	21	111.1000

13.4.8　河南森林生产力分区

依据全国公顷蓄积量分级结果（参见全国报告的表4-12）。河南公顷蓄积量分级结果如表 13-15。样地归一化蓄积量如图 13-12。

表 13-15　河南公顷蓄积量分级结果　　　　　　　　单位：m³/hm³

级别	3 级	4 级	5 级
公顷蓄积量	60~90	90~120	120~150

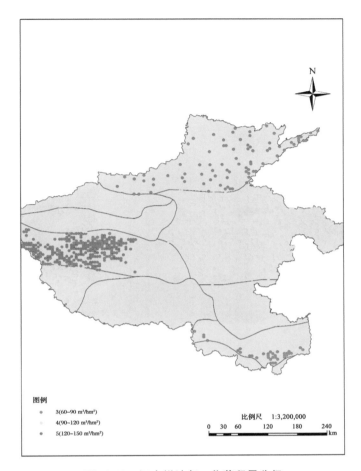

图 13-12　河南样地归一化蓄积量分级

河南北亚热带—湿润—常绿阔叶林桐柏山山地立地亚区和湖北北亚热带—湿润—常绿阔叶林桐柏山山地立地亚区是同一三级区，河南部分按照湖北部分森林生产力等级赋值，所以河南北亚热带—湿润—常绿阔叶林桐柏山山地立地亚区森林生产力等级为 3；

河南北亚热带—湿润—常绿阔叶林大别山山地立地亚区和湖北北亚热带—湿润—常绿阔叶林大别山山地立地亚区是同一三级区，湖北北亚热带—湿润—常绿阔叶林大别山山地立地亚区森林生产力等级为 3，故按照湖北部分河南北亚热带—湿润—常绿阔叶林大别山山地立地亚区森林生产力等级为 3。

调整后，河南森林生产力分级如图 13-13。

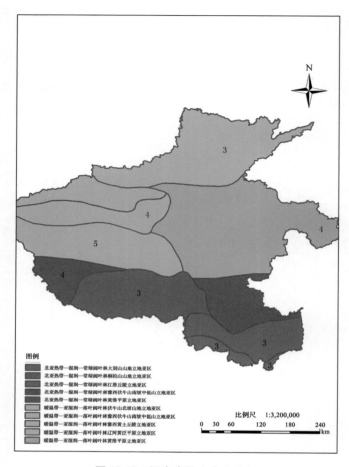

图 13-13 河南森林生产力分级

注：图中数字表达了该区域森林生产力等级。其中空值并不表示
该区的森林生产力等级是 0，而是该森林生产力区划跨省，本省建模
样地数未达到建模标准，将在区域或全国森林生产力分区图中赋值；
图中森林生产力等级值依据前文中表 13-15 公顷蓄积量分级结果。

14 | 湖北森林潜在生产力分区成果

14.1 湖北森林生产力一级区划

以我国 1:100 万全国行政区划数据中湖北省界为边界，从全国森林生产力一级区划图中提取湖北森林生产力一级区划，湖北森林生产力一级区划单位为 2 个，如表 14-1 和图 14-1：

表 14-1 森林生产力一级区划

序号	气候带	气候大区	森林生产力一级区划
1	北亚热带	湿润	北亚热带—湿润地区
2	中亚热带	湿润	中亚热带—湿润地区

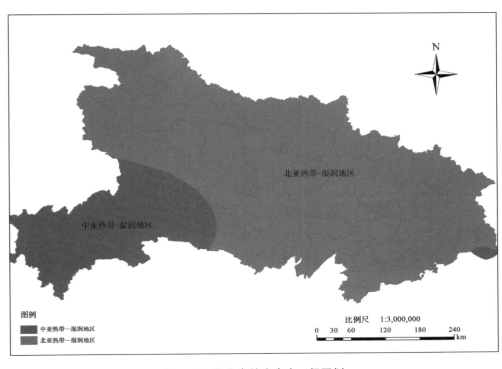

图 14-1 湖北森林生产力一级区划

注：本图显示采用 2000 国家大地坐标系（简称 CGCS2000），后续相关地图同该坐标系。

14.2 湖北森林生产力二级区划

按照湖北省界从全国二级区划中提取湖北的森林生产力二级区划，湖北森林生产力二级区划单位为2个，如表14-2和图14-2：

表14-2 森林生产力二级区划

序号	森林生产力一级区划	森林生产力二级区划
1	北亚热带—湿润地区	北亚热带—湿润—常绿阔叶林
2	中亚热带—湿润地区	中亚热带—湿润—常绿阔叶林

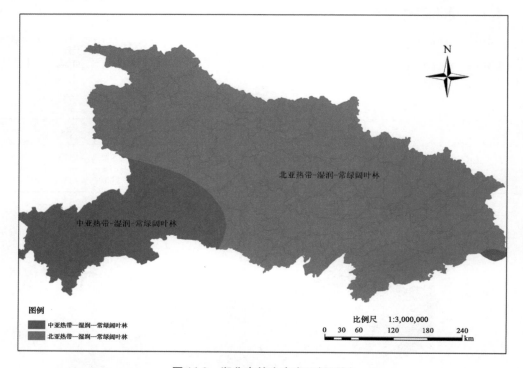

图14-2 湖北森林生产力二级区划

14.3 湖北森林生产力三级区划

14.3.1 湖北立地区划

根据全国立地区划结果，以湖北1:100万省界为提取框架，提取湖北立地区划结果。需要说明的是，由于湖北省界数据与全国立地区划成果数据精度不一致，导致提取的湖北立地区划数据在省界边缘出现不少细小的破碎斑块。因此，对湖北立地区划数据进行了破碎化斑块处理，根据就近原则，将破碎小斑块就近合并到最近的大斑块中。处理后，得到的湖北立地区划属性数据和矢量图分别如表14-3和图14-3：

表 14-3 湖北立地区划

序号	立地区域	立地区	立地亚区
1	南方亚热带立地区域	长江中下游滨湖平原立地区	长江中游滨湖平原立地亚区
2		大别山桐柏山山地立地区	大别山山地立地亚区
3			桐柏山山地立地亚区
4		川黔湘鄂山地丘陵立地区	川黔湘鄂山地丘陵东部立地亚区
5		幕阜山山地立地区	北部低山高丘立地亚区
6		秦巴山地立地区	鄂西北山地立地亚区

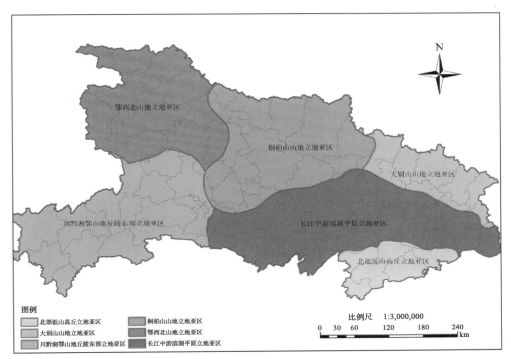

图 14-3 湖北立地区划

14.3.2 湖北三级区划

根据湖北省界从全国森林生产力三级区划中提取湖北森林生产力三级区划。

用湖北省界来提取湖北森林生产力三级区划时边缘出现了破碎的小斑块，为了使省级森林生产力三级区划不至于太破碎，根据就近原则，将破碎小斑块就近合并到最近的大斑块中。

湖北森林生产力三级区划单位为 6 个，如表 14-4 和图 14-4：

表 14-4　森林生产力三级区划

序号	森林生产力一级区划	森林生产力二级区划	森林生产力三级区划
1	北亚热带—湿润地区	北亚热带—湿润—常绿阔叶林	北亚热带—湿润—常绿阔叶林大别山山地立地亚区
2			北亚热带—湿润—常绿阔叶林桐柏山山地立地亚区
3			北亚热带—湿润—常绿阔叶林北部低山高丘立地亚区
4			北亚热带—湿润—常绿阔叶林鄂西北山地立地亚区
5			北亚热带—湿润—常绿阔叶林长江中游滨湖平原立地亚区
6	中亚热带—湿润地区	中亚热带—湿润—常绿阔叶林	中亚热带—湿润—常绿阔叶林川黔湘鄂山地丘陵东部立地亚区

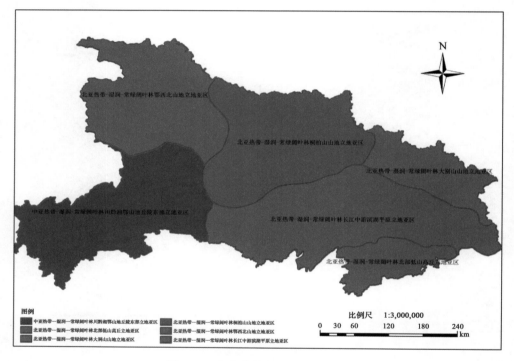

图 14-4　湖北森林生产力三级区划

14.4　湖北森林生产力量化分级

14.4.1　技术方案

　　单位面积蓄积量标志着林地生产力的高低及经营措施的效果。本方案在森林生产力三级区划结果基础上，根据已调查的湖北第 7 期、第 8 期一类清查样地数据，提取湖北森林生产力三级区划的样地数据，筛选出两期地类是乔木林地、疏林地的样地，根据森林生产力三级区划的主要树种，建立样地优势树种蓄积量生长模型，并归一该树种到成熟林时单位公顷的蓄积值，以此作为量化样地森林生产力的依据，在森林生产力三级的基础上进行森林植被生产力区划。

14.4.2 样地筛选

14.4.2.1 样地情况

1978 年湖北单独建立森林资源连续清查体系。1984 年湖北开展了森林资源清查第 1 次复查，湖北 1994 年进行森林资源清查第 3 次复查时，以原抽样体系为基础，对抽样方法和样地、样木调查方法等方面进行了优化。1999 年湖北省在第 3 次复查的基础上开展了森林资源清查第 4 次复查，体系没有进行变动。

1999 年在原固定样地的基础上，加密遥感判读样地，布设了一套遥感判读样本，判读样地数量为 92948 个，间距 1 km × 2 km。

湖北的样地情况如表 14-5：

表 14-5　湖北样地概况

项目	内容
调查（副）总体	湖北样地
样地调查时间	全国第 7 次清查湖北数据（2004 年） 全国第 8 次清查湖北数据（2009 年）
样地个数	全国第 7 次清查湖北样地 5819 个 全国第 8 次清查湖北样地 5820 个
样地间距	湖北样地间距 4 km × 8 km
样地大小	湖北样地 0.0667 hm^2
样地形状	湖北样地为 25.82 m × 25.82 m 的正方形
备注	

14.4.2.2 样地筛选情况

根据湖北划分的森林生产力三级区划，提取每个三级区划的样地数据，对提取的样地数据进行筛选。

筛选的条件如下：

地类为乔木林地或疏林地。剔除地类是红树林、竹林、国家特别规定灌木林地、其他灌木林地、未成林封育地、未成林造林地、苗圃地、采伐迹地、火烧迹地、其他无立木林地、宜林荒山荒地、宜林沙荒地、其他宜林地、耕地、牧草地、水域、未利用地、工矿建设用地、城乡居民建设用地、交通建设用地、其他用地的样地。被剔除的样地或者没有划分起源，或者没有样地平均年龄，或者优势树种是灌木，无法进行以林木蓄积量为因变量，样地平均年龄为自变量的曲线拟合。

下表详细说明了湖北第 7、8 期样地（分三级区划）及样地筛选情况，见表 14-6。

表 14-6　湖北分三级区划样地筛选情况

序号	森林生产力三级区划	监测期	样地总数	筛选样地数	所占比例/%
1	北亚热带—湿润—常绿阔叶林大别山山地立地亚区	第 7 期	473	160	33.8
		第 8 期	472	167	35.4
2	北亚热带—湿润—常绿阔叶林桐柏山山地立地亚区	第 7 期	1205	316	26.2
		第 8 期	1203	344	28.6

（续）

序号	森林生产力三级区划	监测期	样地总数	筛选样地数	所占比例/%
3	北亚热带—湿润—常绿阔叶林北部低山高丘立地亚区	第7期	329	84	25.5
		第8期	329	78	23.7
4	北亚热带—湿润—常绿阔叶林鄂西北山地立地亚区	第7期	1062	439	41.3
		第8期	1065	543	51.0
5	北亚热带—湿润—常绿阔叶林长江中游滨湖平原立地亚区	第7期	1466	98	6.7
		第8期	1466	106	7.2
6	中亚热带—湿润—常绿阔叶林川黔湘鄂山地丘陵东部立地亚区	第7期	1267	524	41.4
		第8期	1265	580	45.8

14.4.3　建模树种提取

对筛选出的森林生产力三级区划的乔木林地和疏林地样地数据，分别统计每个优势树种的样地数和样地的起源，为了尽量使每个三级区划都能有森林生产力值，方便森林生产力等级划分，在每个森林生产力三级区内，如果优势树种的建模样地达到50，则建立样本数≥50的优势树种的生长模型；如果优势树种的建模样地均未达到50，则降低建模样本量为30；降低建模标准且合并树种组仍无法达到建模量的，若该区为完整的三级区，则看邻近区内与该区内相似树种的蓄积量，作为该区的归一化蓄积量；若该区是被省界分割的森林生产力三级区的小部分，则暂时空缺，若是被省界分割的森林生产力三级区的大部分，则参照完整的三级区处理。

湖北各三级区划分优势树种样地数统计如表14-7。

表14-7　湖北各三级区划样地数分优势树种统计

序号	森林生产力三级区划	优势树种	监测期	起源	样地数
1	北亚热带—湿润—常绿阔叶林大别山山地立地亚区	马尾松	第7期	天然	95
		马尾松	第8期		80
		马尾松	第7期	人工	22
			第8期		21
		湿地松	第7期	人工	0
			第8期		2
		其他松类	第7期	人工	0
			第8期		3
		杉木	第7期	人工	0
			第8期		7
		栎类	第7期	天然	7
			第8期		7
		枫香	第7期	人工	0
			第8期		1

（续）

序号	森林生产力三级区划	优势树种	监测期	起源	样地数
1	北亚热带—湿润—常绿阔叶林大别山山地立地亚区	其他硬阔	第7期	天然	0
			第8期		2
		杨树	第7期	人工	0
			第8期		4
		其他软阔	第7期	天然	2
			第8期		1
		针叶混	第7期	人工	2
			第8期		6
		阔叶混	第7期	天然	9
			第8期		22
		针阔混	第7期	人工	5
			第8期		11
2	北亚热带—湿润—常绿阔叶林桐柏山山地立地亚区	马尾松	第7期	天然	80
			第8期		62
		马尾松	第7期	人工	37
			第8期		32
		湿地松	第7期	人工	7
			第8期		7
		其他松类	第7期	人工	0
			第8期		1
		杉木	第7期	人工	10
			第8期		10
		水杉	第7期	人工	1
			第8期		0
		柏木	第7期	天然	4
			第8期		4
		栎类	第7期	天然	55
			第8期		50
		栎类	第7期	人工	9
			第8期		11
		麻栎	第7期	天然	5
			第8期		0
		枫香	第7期	天然	0
			第8期		2
		其他硬阔	第7期	天然	13
			第8期		10
		杨树	第7期	人工	10
			第8期		32

（续）

序号	森林生产力三级区划	优势树种	监测期	起源	样地数
2	北亚热带—湿润—常绿阔叶林桐柏山山地立地亚区	国外杨	第7期	人工	7
			第8期		0
		其他软阔	第7期	天然	7
			第8期		7
		针叶混	第7期	人工	7
			第8期		6
		阔叶混	第7期	天然	32
			第8期		68
		针阔混	第7期	天然	26
			第8期		41
3	北亚热带—湿润—常绿阔叶林北部低山高丘立地亚区	马尾松	第7期	天然	18
			第8期		17
		杉木	第7期	人工	28
			第8期		24
		柏木	第7期	天然	3
			第8期		3
		栎类	第7期	天然	4
			第8期		7
		桦木	第7期	天然	1
			第8期		0
		枫香	第7期	天然	0
			第8期		2
		其他硬阔	第7期	天然	3
			第8期		2
		杨树	第7期	人工	2
			第8期		4
		国外杨	第7期	人工	2
			第8期		0
		其他软阔	第7期	天然	2
			第8期		2
		针叶混	第7期	天然	2
			第8期		3
		阔叶混	第7期	天然	6
			第8期		10
		针阔混	第7期	天然	3
			第8期		4
4	北亚热带—湿润—常绿阔叶林鄂西北山地立地亚区	冷杉	第7期	天然	2
			第8期		4
		铁杉	第7期	天然	1
			第8期		0

（续）

序号	森林生产力三级区划	优势树种	监测期	起源	样地数
4	北亚热带—湿润—常绿阔叶林鄂西北山地立地亚区	落叶松	第7期	人工	0
			第8期		4
		黑松	第7期	人工	1
			第8期		0
		华山松	第7期	天然	2
			第8期		2
		马尾松	第7期	天然	61
			第8期		59
		其他松类	第7期	天然	0
			第8期		1
		杉木	第7期	人工	13
			第8期		16
		柏木	第7期	人工	1
			第8期		10
		栎类	第7期	天然	59
			第8期		86
		桦木	第7期	天然	1
			第8期		2
		刺槐	第7期	人工	0
			第8期		2
		其他硬阔	第7期	天然	70
			第8期		27
		椴树	第7期	天然	1
			第8期		1
		杨树	第7期	人工	5
			第8期		17
		国外杨	第7期	人工	1
			第8期		0
		其他软阔	第7期	天然	12
			第8期		15
		针叶混	第7期	天然	12
			第8期		5
		阔叶混	第7期	天然	135
			第8期		231
		针阔混	第7期	天然	36
			第8期		61
5	北亚热带—湿润—常绿阔叶林长江中游滨湖平原立地亚区	马尾松	第7期	天然	29
			第8期		34
		湿地松	第7期	人工	1
			第8期		0

（续）

序号	森林生产力三级区划	优势树种	监测期	起源	样地数
5	北亚热带—湿润—常绿阔叶林长江中游滨湖平原立地亚区	杉木	第7期	人工	4
			第8期		2
		水杉	第7期	人工	4
			第8期		2
		池杉	第7期	人工	2
			第8期		2
		柏木	第7期	天然	1
			第8期		1
		栎类	第7期	天然	1
			第8期		1
		樟木	第7期	人工	1
			第8期		1
		枫香	第7期	人工	0
			第8期		3
		其他硬阔	第7期	人工	0
			第8期		1
		杨树	第7期	人工	11
			第8期		43
		国外杨	第7期	人工	24
			第8期		0
		柳树	第7期	人工	2
			第8期		1
		其他软阔	第7期	天然	2
			第8期		3
		针叶混	第7期	天然	2
			第8期		0
		阔叶混	第7期	天然	2
			第8期		6
		针阔混	第7期	人工	4
			第8期		6
6	中亚热带—湿润—常绿阔叶林川黔湘鄂山地丘陵东部立地亚区	落叶松	第7期	人工	12
			第8期		10
		黑松	第7期	人工	0
			第8期		1
		油松	第7期	人工	4
			第8期		4
		华山松	第7期	人工	2
			第8期		2
		马尾松	第7期	天然	72
			第8期		63

（续）

序号	森林生产力三级区划	优势树种	监测期	起源	样地数
6	中亚热带—湿润—常绿阔叶林川黔湘鄂山地丘陵东部立地亚区	国外松	第7期	人工	0
			第8期		2
		其他松类	第7期	天然	0
			第8期		2
		杉木	第7期	天然	37
			第8期		42
		柳杉	第7期	人工	6
			第8期		6
		柏木	第7期	天然	9
			第8期		8
		栎类	第7期	天然	38
			第8期		39
		麻栎	第7期	天然	7
			第8期		0
		桦木	第7期	人工	0
			第8期		1
		樟木	第7期	天然	1
			第8期		0
		刺槐	第7期	人工	0
			第8期		6
		其他硬阔	第7期	天然	30
			第8期		7
		杨树	第7期	天然	0
			第8期		7
		泡桐	第7期	人工	0
			第8期		1
		楝树	第7期	天然	1
			第8期		0
		其他软阔	第7期	天然	27
			第8期		6
		针叶混	第7期	天然	81
			第8期		96
		阔叶混	第7期	天然	108
			第8期		193
		针阔混	第7期	天然	81
			第8期		88

从表 14-7 中可以筛选湖北森林生产力三级区划的建模树种如表 14-8：

表 14-8　湖北各三级分区主要建模树种及建模数据统计

序号	森林生产力三级区划	优势树种	起源	监测期	总样地数	建模样地数	所占比例/%
1	北亚热带—湿润—常绿阔叶林大别山山地立地亚区	马尾松	天然	第7期	95	173	98.9
				第8期	80		
2	北亚热带—湿润—常绿阔叶林桐柏山山地立地亚区	马尾松	天然	第7期	80	141	99.3
				第8期	62		
		栎类	天然	第7期	55	90	85.7
				第8期	50		
3	北亚热带—湿润—常绿阔叶林鄂西北山地立地亚区	马尾松	天然	第7期	61	98	81.7
				第8期	59		
		栎类	天然	第7期	59	126	86.9
				第8期	86		
		阔叶混	天然	第7期	135	353	96.4
				第8期	231		
4	北亚热带—湿润—常绿阔叶林长江中游滨湖平原立地亚区	马尾松	天然	第7期	29	40	63.5
				第8期	34		
5	中亚热带—湿润—常绿阔叶林川黔湘鄂山地丘陵东部立地亚区	马尾松	天然	第7期	72	130	96.3
				第8期	63		
		针叶混	天然	第7期	81	155	87.6
				第8期	96		
		阔叶混	天然	第7期	108	280	93.0
				第8期	193		
		针阔混	天然	第7期	81	150	88.8
				第8期	88		

14.4.4　建模前数据整理和对应

14.4.4.1　对森林采伐等人为干扰情况的处理

在数据的整理过程中，对第7、8期样地号对应，优势树种一致，第8期年龄增加与调查间隔期一致的样地，第8期林木蓄积量加上采伐蓄积量作为第8期的林木蓄积量，第7期的林木蓄积量不变。

14.4.4.2　对优势树种发生变化情况的处理

两期样地对照分析，第8期样地的优势树种发生变化的样地，林木蓄积量仍以第8期的林木蓄积量为准，把该样地作为第8期优势树种的样地，林木蓄积量以第8期调查时为准，不加采伐蓄积量。第7期的处理同第8期。

14.4.4.3　对样地年龄与时间变化不一致情况的处理

对样地第8期的年龄与调查间隔时间变化不一致的样地，则以第8期的样地平均年龄为准，林木蓄积量不与采伐蓄积量相加，仍以第8期的林木蓄积量作为林木蓄积量，第7期的林木蓄积量不发生变化。

14.4.5　建立林分蓄积量生长模型

根据筛选出的优势树种样地数据，以整理后的林木蓄积量作为因变量，以样地的平均年龄作为自变量，剔除异常数据，根据样地数据散点图的总体趋势，选取不同的生长方程拟合曲线,见表 14-9。

表 14-9　主要树种建模数据统计

序号	森林生产力三级区划	优势树种	统计量	最小值	最大值	平均值
1	北亚热带—湿润—常绿阔叶林长江中游滨湖平原立地亚区	马尾松	平均年龄	8	38	23
			林木蓄积量	1.5742	77.0990	34.5747
2	北亚热带—湿润—常绿阔叶林大别山山地立地亚区	马尾松	平均年龄	5	39	23
			林木蓄积量	4.5277	77.7961	37.8068
3	北亚热带—湿润—常绿阔叶林鄂西北山地立地亚区	马尾松	平均年龄	8	43	24.75
			林木蓄积量	1.8816	93.6732	49.2166
		栎类	平均年龄	4	100	31
			林木蓄积量	2.0990	89.9550	42.7372
		阔叶混	平均年龄	5	113	39
			林木蓄积量	8.9192	217.7811	77.4557
4	北亚热带—湿润—常绿阔叶林桐柏山山地立地亚区	马尾松	平均年龄	5	44	25
			林木蓄积量	2.9835	109.5112	50.1772
		栎类	平均年龄	5	48	18
			林木蓄积量	2.2189	128.9655	40.4677
5	中亚热带—湿润—常绿阔叶林川黔湘鄂山地丘陵东部立地亚区	马尾松	平均年龄	8	39	23
			林木蓄积量	1.8966	140.2511	58.4451
		针叶混	平均年龄	5	41	23
			林木蓄积量	3.5232	131.3118	67.3714
		阔叶混	平均年龄	4	68	27
			林木蓄积量	5.0225	111.7391	53.3112
		针阔混	平均年龄	5	48	22
			林木蓄积量	6.7541	98.7256	55.2932

　　S 型生长模型能够合理地表示树木或林分的生长过程和趋势,避免了其他模型只在某一生长阶段的拟合精度高,而不能完整体现树木或林分生长趋势的弊端,而本方案的目的是预测林分达到成熟林时的蓄积量,S 型生长模型得到的值在比较合理的范围内。

　　选取的生长方程如下表 14-10:

表 14-10　拟合所用的生长模型

序号	生长模型名称	生长模型公式
1	Richards 模型	$y = A(1 - e^{-kx})^B$
2	单分子模型	$y = A(1 - e^{-kx})$
3	Logistic 模型	$y = A/(1 + Be^{-kx})$
4	Korf 模型	$y = Ae^{-Bx-k}$

　　其中,y 为样地的林木蓄积量,x 为林分年龄,A 为树木生长的最大值参数,k 为生长速率参数,B 为与初始值有关的参数。

　　经过数据拟合,得出各模型的参数和拟合优度及总相对误差,选取三级区划各树种的适合拟合方程,整理如表 14-11。生长模型如图 14-5 ~ 图 14-15。

表 14-11　主要树种模型

序号	森林生产力三级区划	优势树种	模型	生长方程	参数标准差 A	B	k	R^2	TRE/%
1	北亚热带—湿润—常绿阔叶林长江中游滨湖平原立地亚区	马尾松	Richards 普	$y=66.6021\,(1-e^{-0.1024x})^{6.1131}$	15.8139	5.4830	0.0548	0.80	−0.5277
			Richards 加	$y=64.8952\,(1-e^{-0.1172x})^{8.2804}$	11.8623	2.6610	0.0279		−0.0913
2	北亚热带—湿润—常绿阔叶林大别山山地立地亚区	马尾松	Logistic 普	$y=77.4876/(1+34.5160e^{-0.1511x})$	9.6896	18.6909	0.0331	0.86	−0.0667
			Logistic 加	$y=77.3302/(1+35.4238e^{-0.1524x})$	10.1127	6.1880	0.0168		0.0097
3	北亚热带—湿润—常绿阔叶林鄂西北山地立地亚区	马尾松	Richards 普	$y=102.8982\,(1-e^{-0.0537x})^{2.2667}$	49.1888	1.9147	0.0535	0.70	−0.3386
			Richards 加	$y=67.7856\,(1-e^{-0.1630x})^{11.4356}$	8.4383	8.4108	0.0513		0.8089
		栎类	Richards 普	$y=75.2040\,(1-e^{-0.0463x})^{1.2324}$	9.6574	0.6393	0.0271	0.60	−0.9850
			Richards 加	$y=63.1612\,(1-e^{-0.1266x})^{3.8214}$	7.5318	1.5603	0.0394		0.9558
		阔叶混	Richards 普	$y=136.2591\,(1-e^{-0.0332x})^{1.2922}$	16.9883	0.4810	0.0153	0.65	−0.2943
			Richards 加	$y=127.7605\,(1-e^{-0.0443x})^{1.6501}$	13.0570	0.2666	0.0110		0.0916
4	北亚热带—湿润—常绿阔叶林桐柏山山地立地亚区	马尾松	Logistic 普	$y=99.1605/(1+41.8282e^{-0.1468x})$	13.3977	30.0109	0.0378	0.82	0.8383
			Logistic 加	$y=97.8963/(1+30.1399e^{-0.1363x})$	15.7696	5.7936	0.0170		0.0723
		栎类	Richards 普	$y=332.7238\,(1-e^{-0.0177x})^{1.6544}$	236.9037	0.3878	0.0152	0.97	−0.5790
			Richards 加	$y=124.8835\,(1-e^{-0.0637x})^{2.8658}$	37.8403	0.5861	0.0222		2.1845
5	中亚热带—湿润—常绿阔叶林川黔湘鄂山地丘陵东部立地亚区	马尾松	Richards 普	$y=102.8534\,(1-e^{-0.1327x})^{9.1037}$	13.9787	8.0273	0.0539	0.76	0.2050
			Richards 加	$y=98.9628\,(1-e^{-0.1404x})^{9.5775}$	15.8635	3.0565	0.0307		0.1006
		针叶混	Logistic 普	$y=113.0142/(1+29.7556e^{-0.1790x})$	9.6430	20.7994	0.0426	0.82	−0.0963
			Logistic 加	$y=106.5858/(1+41.7167e^{-0.2077x})$	9.9981	12.3036	0.0257		0.2086
		阔叶混	Richards 普	$y=108.3328\,(1-e^{-0.0443x})^{1.6476}$	15.8855	0.5676	0.0188	0.82	−0.4557
			Richards 加	$y=104.4041\,(1-e^{-0.0523x})^{1.9508}$	14.0917	0.2777	0.0128		−0.0361
		针阔混	Richards 普	$y=102.3774\,(1-e^{-0.0630x})^{1.8143}$	19.8313	0.8688	0.0340	0.77	−0.2574
			Richards 加	$y=91.6898\,(1-e^{-0.0894x})^{2.5514}$	16.9969	0.8349	0.0341		0.0563

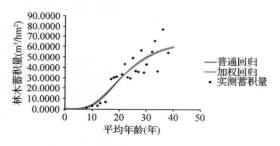

图 14-5　北亚热带—湿润—常绿阔叶林长江中游滨湖平原立地亚区马尾松生长模型

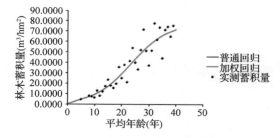

图 14-6　北亚热带—湿润—常绿阔叶林大别山山地立地亚区马尾松生长模型

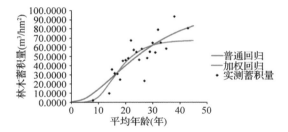

图 14-7　北亚热带—湿润—常绿阔叶林鄂西北山地立地亚区马尾松生长模型

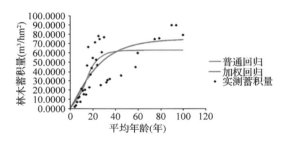

图 14-8　北亚热带—湿润—常绿阔叶林鄂西北山地立地亚区栎类生长模型

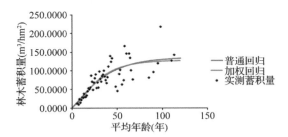

图 14-9　北亚热带—湿润—常绿阔叶林鄂西北山地立地亚区阔叶混生长模型

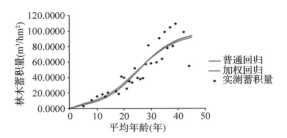

图 14-10　北亚热带—湿润—常绿阔叶林桐柏山山地立地亚区马尾松生长模型

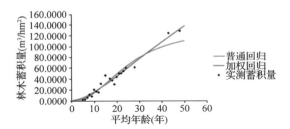

图 14-11　北亚热带—湿润—常绿阔叶林桐柏山山地立地亚区栎类生长模型

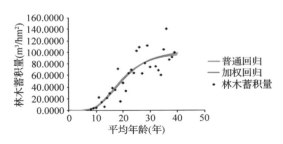

图 14-12　中亚热带—湿润—常绿阔叶林川黔湘鄂山地丘陵东部立地亚区马尾松生长模型

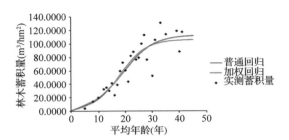

图 14-13　中亚热带—湿润—常绿阔叶林川黔湘鄂山地丘陵东部立地亚区针叶混生长模型

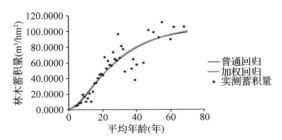

图 14-14　中亚热带—湿润—常绿阔叶林川黔湘鄂山地丘陵东部立地亚区阔叶混生长模型

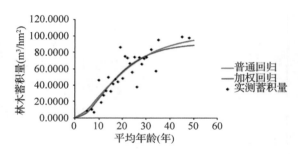

图 14-15　中亚热带—湿润—常绿阔叶林川黔湘鄂山
地丘陵东部立地亚区针阔混生长模型

14.4.6　生长模型的检验

为了检验普通回归和加权回归生长模型的适用性，采用以下评价指标：确定系数（R^2）、估计值的标准误差（SEE）、总相对误差（TRE）、平均系统误差（MSE）、平均预估误差（MPE）。

$$R^2 = 1 - \sum (y_i - \hat{y}_i)^2 / \sum (y_i - \bar{y}_i)^2$$

$$SEE = \sqrt{\sum (y_i - \hat{y}_i)^2 / (n - k)}$$

$$TRE = \sum (y_i - \hat{y}_i) / \sum \hat{y}_i \times 100$$

$$MSE = \sum (y_i - \hat{y}_i) / \hat{y}_i / n \times 100$$

$$MPE = t_\alpha \cdot (SEE / \bar{y}) / \sqrt{n} \times 100$$

式中，y_i 为实际观测值，$\hat{y}_i$ 为模型预估值，$\bar{y}$ 为样本平均值，n 为样本单元数，k 为参数个数，t_α 为置信水平 α 时的 t 值。在这 6 项指标中，R^2 和 SEE 是回归模型的最常用指标，既反映了模型的拟合优度，也反映了自变量的贡献率和因变量的离差情况；TRE 和 MSE 是反映拟合效果的重要指标，二者应该控制在一定范围内（如 ±3%），趋向于 0 时效果最好；MPE 是反映平均蓄积量估计值的精度指标。

各森林生产力三级区划优势树种生长模型检验见表 14-12。

表 14-12　各森林生产力三级区划优势树种生长模型检验

序号	森林生产力三级区划	优势树种	模型	R^2	SEE	TRE	MSE	MPE
1	北亚热带—湿润—常绿阔叶林长江中游滨湖平原立地亚区	马尾松	Richards 普	0.80	9.6820	−0.5277	−5.2509	12.0810
			Richards 加		9.7345	−0.0913	0.4726	12.1465
2	北亚热带—湿润—常绿阔叶林大别山山地立地亚区	马尾松	Logistic 普	0.86	9.3591	−0.0667	−0.3710	8.7724
			Logistic 加		9.3595	0.0097	0.0106	8.7728
3	北亚热带—湿润—常绿阔叶林鄂西北山地立地亚区	马尾松	Richards 普	0.70	12.4280	−0.3386	−3.1061	10.6388
			Richards 加		13.1275	0.8089	0.5453	11.2376
		栎类	Richards 普	0.60	17.5305	−0.9850	−6.5505	13.8741
			Richards 加		17.6557	0.9558	1.6888	13.9732
		阔叶混	Richards 普	0.65	26.0975	−0.2943	−2.0791	8.9003
			Richards 加		26.1819	0.0916	0.1329	8.9291

序号	森林生产力三级区划	优势树种	模型	R^2	SEE	TRE	MSE	MPE
4	北亚热带—湿润—常绿阔叶林桐柏山山地立地亚区	马尾松	Logistic 普	0.82	13.6076	0.8383	5.1837	10.1104
			Logistic 加		13.7129	0.0723	−0.0125	10.1887
		栎类	Richards 普	0.97	6.5877	−0.5790	−6.3551	7.3888
			Richards 加		9.8167	2.1845	−0.1599	11.0105
5	中亚热带—湿润—常绿阔叶林川黔湘鄂山地丘陵东部立地亚区	马尾松	Richards 普	0.76	18.9288	0.2050	1.9536	11.8660
			Richards 加		18.9887	0.1006	−0.0149	11.9035
		针叶混	Logistic 普	0.82	16.1255	−0.0963	−1.4273	9.4522
			Logistic 加		16.3316	0.2086	−0.1122	9.5730
		阔叶混	Richards 普	0.82	13.8740	−0.4557	−3.0942	8.1073
			Richards 加		13.9152	−0.0361	0.0077	8.1313
		针阔混	Richards 普	0.77	13.2784	−0.2574	−1.9082	9.1194
			Richards 加		13.3860	0.0563	0.0982	9.1933

总相对误差（TRE）基本上在 ±3% 以内，平均系统误差（MSE）基本上在 ±7% 以内，表明模型拟合效果良好。从这一原则出发，加权回归模型的拟合效果要好于普通回归模型；平均预估误差（MPE）基本在 14% 以内，说明蓄积量生长模型的平均预估精度达到 86% 以上。

从参数估计值看，各树种的相应参数的标准差较小，说明模型的稳定性比较好。

14.4.7 样地蓄积量归一化

通过提取的湖北的样地数据，湖北的针叶树种主要是马尾松、杉木，阔叶树种主要是栎类、其他硬阔、阔叶混。

根据《国家森林资源连续清查主要技术规定》确定各树种的龄组划分和成熟林年龄，见表 14-13 和表 14-14。

表 14-13 湖北树种成熟年龄

序号	树种	地区	起源	龄级	成熟林
1	马尾松	南方	天然	10	41
			人工	10	31
2	栎类	南北	天然	20	81
			人工	10	51
3	针叶混（马尾松、杉木）	南方	天然	12	36
			人工	12	28
4	阔叶混（栎类、其他硬阔）	南方	天然	20	81
			人工	10	51
5	针阔混（马尾松、栎类、其他硬阔）	南方	天然	16	68
			人工	10	44

表 14-14　湖北三级区划主要树种成熟林蓄积量

序号	森林生产力三级区划	树种	起源	成熟年龄	成熟林蓄积量 /（m³/hm²）
1	北亚热带—湿润—常绿阔叶林长江中游滨湖平原立地亚区	马尾松	天然	41	60.6325
2	北亚热带—湿润—常绿阔叶林大别山山地立地亚区	马尾松	天然	41	72.3700
3	北亚热带—湿润—常绿阔叶林鄂西北山地立地亚区	马尾松	天然	41	66.8207
		栎类	天然	81	63.1528
		阔叶混	天然	81	121.9853
4	北亚热带—湿润—常绿阔叶林桐柏山山地立地亚区	马尾松	天然	41	87.9866
		栎类	天然	81	122.8463
5	中亚热带—湿润—常绿阔叶林川黔湘鄂山地丘陵东部立地亚区	马尾松	天然	41	96.0018
		针叶混	天然	36	104.1309
		阔叶混	天然	81	101.4750
		针阔混	天然	68	91.1544

14.4.8　湖北森林生产力分区

依据全国公顷蓄积量分级结果（参见全国报告的表4-12）。湖北公顷蓄积量分级结果见表14-15。湖北样地归一化蓄积量见图14-16，森林生产力分级如图14-17。

表 14-15　湖北公顷蓄积量分级结果　　　　单位：m³/hm²

级别	3级	4级	5级
公顷蓄积量	60~90	90~120	120~150

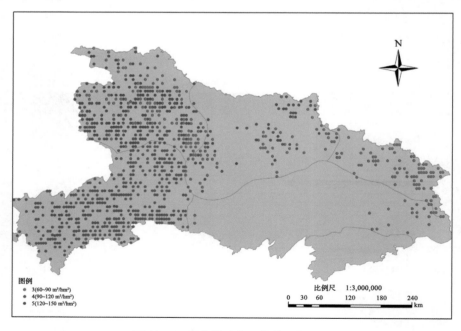

图 14-16　湖北样地归一化蓄积量分级

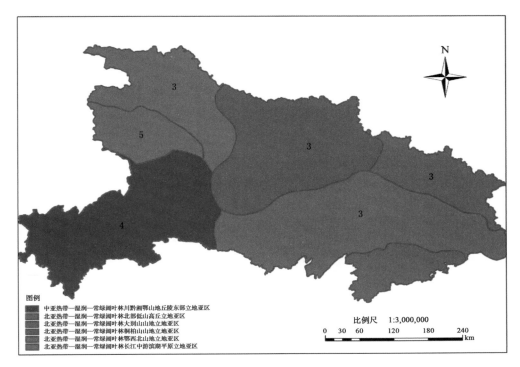

图 14-17　湖北森林生产力分级

　　注：图中数字表达了该区域森林生产力等级。其中空值并不表示该区的森林生产力等级是 0，而是该森林生产力区划跨省，本省建模样地数未达到建模标准，将在区域或全国森林生产力分区图中赋值；图中森林生产力等级值依据前文中表 14-15 公顷蓄积量分级结果。

15 湖南森林潜在生产力分区成果

15.1 湖南森林生产力一级区划

以我国 1:100 万全国行政区划数据中湖南省界为边界，从全国森林生产力一级区划图中提取湖南森林生产力一级区划，湖南森林生产力一级区划单位为 2 个，如表 15-1 和图 15-1：

表 15-1 森林生产力一级区划

序号	气候带	气候大区	森林生产力一级区划
1	北亚热带	湿润	北亚热带—湿润地区
2	中亚热带	湿润	中亚热带—湿润地区

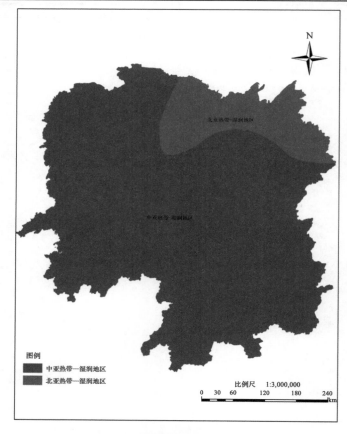

图 15-1 湖南森林生产力一级区划

注：本图显示采用 2000 国家大地坐标系（简称 CGCS2000），后续相关地图同该坐标系。

15.2 湖南森林生产力二级区划

按照湖南省界从全国二级区划中提取湖南的森林生产力二级区划，湖南森林生产力二级区划单位为 2 个，如表 15-2 和图 15-2：

表 15-2 森林生产力二级区划

序号	森林生产力一级区划	森林生产力二级区划
1	北亚热带—湿润地区	北亚热带—湿润—常绿阔叶林
2	中亚热带—湿润地区	中亚热带—湿润—常绿阔叶林

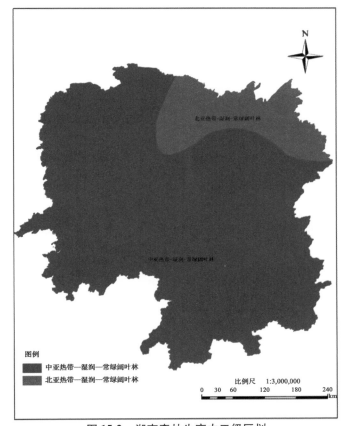

图 15-2 湖南森林生产力二级区划

15.3 湖南森林生产力三级区划

15.3.1 湖南立地区划

根据全国立地区划结果，以湖南 1:100 万省界为提取框架，提取湖南立地区划结果。需要说明的是，由于湖南省界数据与全国立地区划成果数据精度不一致，导致提取的湖南立地区划数据在省界边缘出现不少细小的破碎斑块。因此，对湖南立地区划数据进行了破碎化斑块处理，根据就近原则，将破碎小斑块就近合并到最近的大斑块中。处理后，得到的湖南立地区划属性数据和矢量图分别如表 15-3 和图 15-3：

表 15-3　湖南立地区划

序号	立地区域	立地区	立地亚区
1		长江中下游滨湖平原立地区	长江中游滨湖平原立地亚区
2		川黔湘鄂山地丘陵立地区	川黔湘鄂山地丘陵东部立地亚区
3	南方亚热带立地区域	幕阜山山地立地区	南部山地立地亚区
4		南岭山立地地区	南岭北坡山地丘陵立地亚区
5			雪峰山山地立地亚区
6		湘赣浙丘陵立地区	西部高丘立地亚区

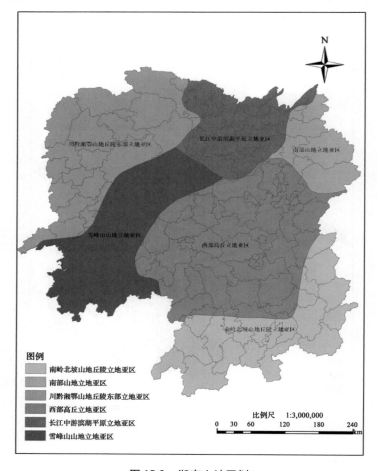

图 15-3　湖南立地区划

15.3.2　湖南三级区划

根据湖南的省界从全国森林生产力三级区划中提取湖南森林生产力三级区划。

用湖南省界来提取湖南森林生产力三级区划时边缘出现了破碎的小斑块，为了使省级森林生产力三级区划不至于太破碎，根据就近原则，将破碎小斑块就近合并到最近的大斑块中。

湖南森林生产力三级区划单位为 6 个，如表 15-4 和图 15-4：

表 15-4 森林生产力三级区划

序号	森林生产力一级区划	森林生产力二级区划	森林生产力三级区划
1	北亚热带—湿润地区	北亚热带—湿润—常绿阔叶林	北亚热带—湿润—常绿阔叶林南部山地立地亚区
2			北亚热带—湿润—常绿阔叶林长江中游滨湖平原立地亚区
3	中亚热带—湿润地区	中亚热带—湿润—常绿阔叶林	中亚热带—湿润—常绿阔叶林川黔湘鄂山地丘陵东部立地亚区
4			中亚热带—湿润—常绿阔叶林南岭北坡山地丘陵立地亚区
5			中亚热带—湿润—常绿阔叶林雪峰山山地立地亚区
6			中亚热带—湿润—常绿阔叶林西部高丘立地亚区

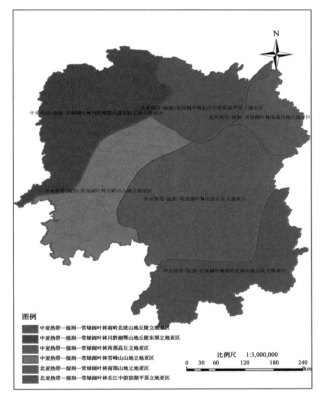

图 15-4　湖南森林生产力三级区划

15.4　湖南森林生产力量化分级

15.4.1　技术方案

单位面积蓄积量标志着林地生产力的高低及经营措施的效果。本方案在森林生产力三级区划结果基础上，根据已调查的湖南第 7 期、第 8 期一类清查样地数据，提取湖南森林生产力三级区划的样地数据，筛选出两期地类是乔木林地、疏林地的样地，根据森林生产力三级区划的主要树种，建立样地优势树种蓄积量生长模型，并归一该树种到成熟林时单位公顷的蓄积值，以此作为量化样地森林生产力的依据，在森林生产力三级的基础上进行森林生产力区划。

15.4.2 样地筛选

15.4.2.1 样地情况

1979 年湖南以全省为总体建立森林资源连续清查体系，系统布设了 6615 块面积为 0.1 hm² 的方形固定样地。1985 年湖南省开展了森林资源清查第 1 次复查，在初查设置的 0.1 hm² 样地内，套设了 0.0667 hm² 的对照样地，并证明 0.0667 hm² 样地具有较好的抽样效果。1989 年湖南开展森林资源清查第 2 次复查，采用 0.0667 hm² 的样地面积，取代原 0.1 hm² 的样地。1994 年湖南开展第 3 次复查，体系维持上期不变。

1999 年在原固定样地的基础上，加密遥感判读样地，布设了一套遥感判读样本，判读样地数量为 105788 个，间距 1 km×2 km。

湖南的样地情况如表 15-5：

表 15-5　湖南样地概况

项目	内容
调查（副）总体	湖南样地
样地调查时间	全国第 7 次清查湖南数据（2004 年） 全国第 8 次清查湖南数据（2009 年）
样地个数	全国第 7 次清查湖南样地 6615 个 全国第 8 次清查湖南样地 6615 个
样地间距	湖南样地间距 4 km×8 km
样地大小	湖南样地 0.0667 hm²
样地形状	湖南样地为 25.82 m×25.82 m 的正方形
备注	

15.4.2.2 样地筛选情况

根据湖南划分的森林生产力三级区划，提取每个三级区划的样地数据，对提取的样地数据进行筛选。

筛选的条件如下：

地类为乔木林地或疏林地。剔除地类是红树林、竹林、国家特别规定灌木林地、其他灌木林地、未成林封育地、未成林造林地、苗圃地、采伐迹地、火烧迹地、其他无立木林地、宜林荒山荒地、宜林沙荒地、其他宜林地、耕地、牧草地、水域、未利用地、工矿建设用地、城乡居民建设用地、交通建设用地、其他用地的样地。被剔除的样地或者没有划分起源，或者没有样地平均年龄，或者优势树种是灌木，无法进行以林木蓄积量为因变量，样地平均年龄为自变量的曲线拟合。

下表详细说明了湖南第 7、8 期样地（分三级区划）及样地筛选情况，见表 15-6。

表 15-6　湖南分三级区划样地筛选情况

序号	森林生产力三级区划	监测期	样地总数	筛选样地数	所占比例/%
1	北亚热带—湿润—常绿阔叶林南部山地立地亚区	第 7 期	417	195	46.8
		第 8 期	415	174	41.9
2	北亚热带—湿润—常绿阔叶林长江中游滨湖平原立地亚区	第 7 期	670	51	7.6
		第 8 期	671	62	9.2

（续）

序号	森林生产力三级区划	监测期	样地总数	筛选样地数	所占比例/%
3	中亚热带—湿润—常绿阔叶林川黔湘鄂山地丘陵东部立地亚区	第7期	1333	503	37.7
		第8期	1333	588	44.1
4	中亚热带—湿润—常绿阔叶林南岭北坡山地丘陵立地亚区	第7期	1079	482	44.7
		第8期	1084	427	39.4
5	中亚热带—湿润—常绿阔叶林雪峰山山地立地亚区	第7期	1130	552	48.8
		第8期	1130	552	48.8
6	中亚热带—湿润—常绿阔叶林西部高丘立地亚区	第7期	1962	515	26.2
		第8期	1964	506	25.8

15.4.3　建模树种提取

对筛选出的森林生产力三级区划的乔木林地和疏林地样地数据，分别统计每个优势树种的样地数和样地的起源，为了尽量使每个三级区划都能有森林生产力值，方便森林生产力等级划分，在每个森林生产力三级区内，如果优势树种的建模样地达到50，则建立样本数≥50的优势树种的生长模型；如果优势树种的建模样地均未达到50，则降低建模样本量为30；降低建模标准且合并树种组仍无法达到建模量的，若该区为完整的三级区，则看邻近区内与该区内相似树种的蓄积量，作为该区的归一化蓄积量；若该区是被省界分割的森林生产力三级区的小部分，则暂时空缺，若是被省界分割的森林生产力三级区的大部分，则参照完整的三级区处理。

各三级区划分优势树种样地数统计见表15-7。

表15-7　湖南各三级区划样地数分优势树种统计

序号	森林生产力三级区划	优势树种	监测期	起源	样地数
1	中亚热带—湿润—常绿阔叶林南岭北坡山地丘陵立地亚区	马尾松	第7期	天然	55
			第8期		27
		马尾松	第7期	人工	32
			第8期		22
		国外松	第7期	人工	1
			第8期		1
		湿地松	第7期	人工	10
			第8期		12
		黄山松	第7期	天然	0
			第8期		2
		杉木	第7期	天然	38
			第8期		21
		杉木	第7期	人工	155
			第8期		138
		柳杉	第7期	人工	1
			第8期		1

（续）

序号	森林生产力三级区划	优势树种	监测期	起源	样地数
1	中亚热带—湿润—常绿阔叶林南岭北坡山地丘陵立地亚区	柏木	第7期	人工	0
			第8期		1
		紫杉	第7期	人工	0
			第8期		1
		栎类	第7期	天然	17
			第8期		4
		楠木	第7期	天然	0
			第8期		1
		木荷	第7期	天然	2
			第8期		5
		枫香	第7期	天然	1
			第8期		1
		其他硬阔	第7期	天然	58
			第8期		2
		檫木	第7期	人工	1
			第8期		0
		桉树	第7期	人工	5
			第8期		7
		楝树	第7期	天然	1
			第8期		0
		其他软阔	第7期	天然	7
			第8期		4
		针叶混	第7期	天然	14
			第8期		23
		阔叶混	第7期	天然	44
			第8期		121
		针阔混	第7期	天然	34
			第8期		41
2	北亚热带—湿润—常绿阔叶林南部山地立地亚区	马尾松	第7期	天然	33
			第8期		28
		马尾松	第7期	人工	10
			第8期		4
		国外松	第7期	人工	2
			第8期		0
		湿地松	第7期	人工	3
			第8期		7
		杉木	第7期	天然	27
			第8期		15
		杉木	第7期	人工	35
			第8期		31

（续）

序号	森林生产力三级区划	优势树种	监测期	起源	样地数
2	北亚热带—湿润—常绿阔叶林南部山地立地亚区	柳杉	第7期	人工	1
			第8期		0
		栎类	第7期	天然	4
			第8期		4
		木荷	第7期	天然	1
			第8期		0
		其他硬阔	第7期	天然	7
			第8期		0
		其他软阔	第7期	天然	1
			第8期		2
		针叶混	第7期	天然	3
			第8期		18
		阔叶混	第7期	天然	20
			第8期		39
		针阔混	第7期	天然	43
			第8期		26
		马尾松	第7期	天然	6
			第8期		3
		湿地松	第7期	人工	1
			第8期		3
		火炬松	第7期	人工	1
			第8期		0
		杉木	第7期	人工	22
			第8期		19
3	北亚热带—湿润—常绿阔叶林长江中游滨湖平原立地亚区	水杉	第7期	人工	1
			第8期		1
		池杉	第7期	人工	1
			第8期		0
		樟木	第7期	人工	1
			第8期		1
		其他硬阔	第7期	天然	1
			第8期		0
		杨树	第7期	人工	11
			第8期		21
		柳树	第7期	人工	1
			第8期		0
		其他软阔	第7期	天然	1
			第8期		0
		针叶混	第7期	人工	0
			第8期		6

（续）

序号	森林生产力三级区划	优势树种	监测期	起源	样地数
3	北亚热带—湿润—常绿阔叶林长江中游滨湖平原立地亚区	阔叶混	第 7 期	天然	2
			第 8 期		6
		针阔混	第 7 期	天然	2
			第 8 期		2
4	中亚热带—湿润—常绿阔叶林川黔湘鄂山地丘陵东部立地亚区	油松	第 7 期	天然	0
			第 8 期		1
		马尾松	第 7 期	天然	92
			第 8 期		78
		马尾松	第 7 期	人工	29
			第 8 期		37
		国外松	第 7 期	人工	2
			第 8 期		0
		湿地松	第 7 期	人工	1
			第 8 期		3
		其他松类	第 7 期	人工	0
			第 8 期		1
		杉木	第 7 期	天然	52
			第 8 期		29
		杉木	第 7 期	人工	78
			第 8 期		75
		柳杉	第 7 期	人工	2
			第 8 期		0
		柏木	第 7 期	人工	7
			第 8 期		13
		栎类	第 7 期	天然	7
			第 8 期		8
		桦木	第 7 期	天然	2
			第 8 期		1
		樟木	第 7 期	天然	4
			第 8 期		4
		木荷	第 7 期	天然	1
			第 8 期		1
		枫香	第 7 期	人工	1
			第 8 期		3
		其他硬阔	第 7 期	天然	57
			第 8 期		3
		杨树	第 7 期	人工	1
			第 8 期		0
		其他软阔	第 7 期	天然	27
			第 8 期		18

（续）

序号	森林生产力三级区划	优势树种	监测期	起源	样地数
4	中亚热带—湿润—常绿阔叶林川黔湘鄂山地丘陵东部立地亚区	针叶混	第7期	天然	15
			第8期		33
		针叶混	第7期	人工	0
			第8期		25
		阔叶混	第7期	天然	77
			第8期		180
		针阔混	第7期	天然	37
			第8期		75
5	中亚热带—湿润—常绿阔叶林雪峰山山地立地亚区	华山松	第7期	天然	2
			第8期		0
		马尾松	第7期	天然	45
			第8期		28
		马尾松	第7期	天然	13
			第8期		19
		国外松	第7期	人工	0
			第8期		1
		湿地松	第7期	人工	2
			第8期		2
		其他松类	第7期	人工	0
			第8期		2
		杉木	第7期	天然	62
			第8期		34
		杉木	第7期	人工	179
			第8期		162
		柳杉	第7期	人工	6
			第8期		3
		柏木	第7期	人工	2
			第8期		4
		紫杉	第7期	人工	0
			第8期		1
		栎类	第7期	天然	20
			第8期		8
		桦木	第7期	天然	1
			第8期		0
		樟木	第7期	天然	1
			第8期		0
		楠木	第7期	天然	1
			第8期		0
		木荷	第7期	天然	1
			第8期		0

（续）

序号	森林生产力三级区划	优势树种	监测期	起源	样地数
5	中亚热带—湿润—常绿阔叶林雪峰山山地立地亚区	枫香	第7期	天然	5
			第8期		1
		其他硬阔	第7期	天然	12
			第8期		2
		杨树	第7期	人工	0
			第8期		1
		其他软阔	第7期	天然	13
			第8期		3
		针叶混	第7期	天然	24
			第8期		54
		阔叶混	第7期	天然	93
			第8期		166
		针阔混	第7期	天然	50
			第8期		39
		针阔混	第7期	人工	15
			第8期		22
6	中亚热带—湿润—常绿阔叶林西部高丘立地亚区	马尾松	第7期	天然	129
			第8期		90
		马尾松	第7期	人工	30
			第8期		19
		国外松	第7期	人工	9
			第8期		0
		湿地松	第7期	人工	19
			第8期		45
		杉木	第7期	天然	43
			第8期		14
		杉木	第7期	人工	147
			第8期		111
		池杉	第7期	人工	0
			第8期		1
		柏木	第7期	人工	5
			第8期		3
		栎类	第7期	天然	25
			第8期		3
		樟木	第7期	天然	6
			第8期		7
		榆树	第7期	天然	2
			第8期		1
		木荷	第7期	人工	2
			第8期		1

（续）

序号	森林生产力三级区划	优势树种	监测期	起源	样地数
6	中亚热带—湿润—常绿阔叶林西部高丘立地亚区	枫香	第 7 期	天然	4
			第 8 期		8
		其他硬阔	第 7 期	天然	15
			第 8 期		0
		檫木	第 7 期	人工	0
			第 8 期		1
		杨树	第 7 期	人工	1
			第 8 期		0
		泡桐	第 7 期	人工	1
			第 8 期		0
		其他软阔	第 7 期	天然	4
			第 8 期		1
		针叶混	第 7 期	天然	15
			第 8 期		22
		针叶混	第 7 期	人工	0
			第 8 期		21
		阔叶混	第 7 期	天然	28
			第 8 期		97
		针阔混	第 7 期	天然	26
			第 8 期		37
		针阔混	第 7 期	人工	0
			第 8 期		24

从表 15-7 中可以筛选湖南森林生产力三级区划的建模树种如表 15-8：

表 15-8　湖南各三级分区主要建模树种及建模数据统计

序号	森林生产力三级区划	优势树种	起源	监测期	总样地数	建模样地数	所占比例/%
1	中亚热带—湿润—常绿阔叶林南岭北坡山地丘陵立地亚区	杉木	人工	第 7 期	155	268	91.5
				第 8 期	138		
2	北亚热带—湿润—常绿阔叶林南部山地立地亚区	杉木	人工	第 7 期	35	60	90.9
				第 8 期	31		
3	中亚热带—湿润—常绿阔叶林川黔湘鄂山地丘陵东部立地亚区	马尾松	天然	第 7 期	92	170	100
				第 8 期	78		
		杉木	人工	第 7 期	78	138	90.2
				第 8 期	75		
		阔叶混	天然	第 7 期	77	220	85.6
				第 8 期	180		
4	中亚热带—湿润—常绿阔叶林雪峰山山地立地亚区	杉木	人工	第 7 期	179	321	94.1
				第 8 期	162		
		阔叶混	天然	第 7 期	93	208	80.3
				第 8 期	166		
5	中亚热带—湿润—常绿阔叶林西部高丘立地亚区	马尾松	天然	第 7 期	129	219	100
				第 8 期	90		
		杉木	人工	第 7 期	147	243	94.2
				第 8 期	111		

15.4.4 建模前数据整理和对应

15.4.4.1 对森林采伐等人为干扰情况的处理

在数据的整理过程中，对第 7、8 期样地号对应，优势树种一致，第 8 期年龄增加与调查间隔期一致的样地，第 8 期林木蓄积量加上采伐蓄积量作为第 8 期的林木蓄积量，第 7 期的林木蓄积量不变。

15.4.4.2 对优势树种发生变化情况的处理

两期样地对照分析，第 8 期样地的优势树种发生变化的样地，林木蓄积量仍以第 8 期的林木蓄积量为准，把该样地作为第 8 期优势树种的样地，林木蓄积量以第 8 期调查时为准，不加采伐蓄积量。第 7 期的处理同第 8 期。

15.4.4.3 对样地年龄与时间变化不一致情况的处理

对样地第 8 期的年龄与调查间隔时间变化不一致的样地，则以第 8 期的样地平均年龄为准，林木蓄积量不与采伐蓄积量相加，仍以第 8 期的林木蓄积量作为林木蓄积量，第 7 期的林木蓄积量不发生变化。

15.4.5 建立林分蓄积量生长模型

根据筛选出的优势树种样地数据，以整理后的林木蓄积量作为因变量，以样地的平均年龄作为自变量，剔除异常数据，根据样地数据散点图的总体趋势，选取不同的生长方程拟合曲线。

主要树种建模数据统计见表 15-9。

表 15-9 主要树种建模数据统计

序号	森林生产力三级区划	优势树种	统计量	最小值	最大值	平均值
1	北亚热带—湿润—常绿阔叶林南部山地立地亚区	杉木	平均年龄	3	35	16
			林木蓄积量	0.8696	112.5337	46.3000
2	中亚热带—湿润—常绿阔叶林川黔湘鄂山地丘陵东部立地亚区	马尾松	平均年龄	4	53	25
			林木蓄积量	3.4258	135.5772	59.2805
		杉木	平均年龄	3	33	17
			林木蓄积量	1.1844	127.3913	48.4388
		阔叶混	平均年龄	4	50	21
			林木蓄积量	7.9085	123.7631	62.3084
3	中亚热带—湿润—常绿阔叶林南岭北坡山地丘陵立地亚区	杉木	平均年龄	8	44	23
			林木蓄积量	16.2163	141.6128	93.9136
4	中亚热带—湿润—常绿阔叶林西部高丘立地亚区	马尾松	平均年龄	4	42	22
			林木蓄积量	1.5892	110.9595	45.2335
		杉木	平均年龄	3	40	19
			林木蓄积量	1.1844	126.0945	53.4204
5	中亚热带—湿润—常绿阔叶林雪峰山山地立地亚区	杉木	平均年龄	2	44	20
			林木蓄积量	1.7391	171.5592	83.1025
		阔叶混	平均年龄	6	70	28
			林木蓄积量	2.9885	203.5532	76.3529

S 型生长模型能够合理地表示树木或林分的生长过程和趋势，避免了其他模型只在某

一生长阶段的拟合精度高，而不能完整体现树木或林分生长趋势的弊端，而本方案的目的是预测林分达到成熟林时的蓄积量，S 型生长模型得到的值在比较合理的范围内。

选取的生长方程如表 15-10：

表 15-10　拟合所用的生长模型

序号	生长模型名称	生长模型公式
1	Richards 模型	$y = A(1 - e^{-kx})^B$
2	单分子模型	$y = A(1 - e^{-kx})$
3	Logistic 模型	$y = A/(1 + Be^{-kx})$
4	Korf 模型	$y = Ae^{-Bx-k}$

其中，y 为样地的林木蓄积量，x 为林分年龄，A 为树木生长的最大值参数，k 为生长速率参数，B 为与初始值有关的参数。

经过数据拟合，得出各模型的参数和拟合优度及总相对误差，选取三级区划各树种的适合拟合方程，整理如表 15-11。生长模型如图 15-5 ~ 图 15-13。

表 15-11　主要树种模型

序号	森林生产力三级区划	优势树种	模型	生长方程	参数标准差 A	参数标准差 B	参数标准差 k	R^2	TRE/%
1	北亚热带—湿润—常绿阔叶林南部山地立地亚区	杉木	Richards 普	$y = 91.4593(1 - e^{-0.0910x})^{2.1889}$	26.8416	1.7851	0.0745	0.69	-0.1853
			Richards 加	$y = 78.3039(1 - e^{-0.1385x})^{3.2490}$	15.8963	1.0936	0.0512		0.3703
2	中亚热带—湿润—常绿阔叶林川黔湘鄂山地丘陵东部立地亚区	马尾松	Richards 普	$y = 233.2593(1 - e^{-0.0229x})^{1.6296}$	137.1832	0.5609	0.0200	0.88	-0.2601
			Richards 加	$y = 159.6639(1 - e^{-0.0416x})^{2.1647}$	45.2859	0.3661	0.0152		-0.0251
		杉木	Richards 普	$y = 121.3606(1 - e^{-0.0685x})^{2.3603}$	58.5895	1.7777	0.0643	0.73	-0.3537
			Richards 加	$y = 107.6499(1 - e^{-0.0881x})^{2.9349}$	28.1530	0.6384	0.0306		0.0162
		阔叶混	Richards 普	$y = 194.1593(1 - e^{-0.0269x})^{1.3096}$	103.2624	0.4815	0.0259	0.85	-0.2511
			Richards 加	$y = 136.2110(1 - e^{-0.0537x})^{1.8077}$	41.3687	0.4551	0.0272		0.1551
3	中亚热带—湿润—常绿阔叶林南岭北坡山地丘陵立地亚区	杉木	Richards 普	$y = 115.2630(1 - e^{-0.2542x})^{13.8808}$	5.0760	11.4087	0.0699	0.77	-0.0676
			Richards 加	$y = 114.5974(1 - e^{-0.2732x})^{17.3280}$	5.4941	7.1629	0.0438		-0.0159
4	中亚热带—湿润—常绿阔叶林西部高丘立地亚区	马尾松	Logistic 普	$y = 85.7167/(1 + 24.3034e^{-0.1547x})$	8.9702	13.8986	0.0361	0.81	-0.0131
			Logistic 加	$y = 74.4331/(1 + 36.6771e^{-0.2014x})$	6.8857	8.9803	0.0234		1.0194
		杉木	Richards 普	$y = 122.3217(1 - e^{-0.0491x})^{1.4977}$	52.0913	0.8114	0.0461	0.75	-0.7463
			Richards 加	$y = 85.4548(1 - e^{-0.1326x})^{3.5644}$	9.6925	0.9234	0.0318		0.4868
5	中亚热带—湿润—常绿阔叶林雪峰山山地立地亚区	杉木	Richards 普	$y = 232.8777(1 - e^{-0.0331x})^{1.3619}$	104.4236	0.4786	0.0276	0.87	-0.4038
			Richards 加	$y = 148.2794(1 - e^{-0.0865x})^{2.4065}$	16.7859	0.3560	0.0178		0.5122
		阔叶混	Richards 普	$y = 187.1294(1 - e^{-0.0299x})^{1.4718}$	45.9801	0.4606	0.0162	0.83	-0.4786
			Richards 加	$y = 136.7592(1 - e^{-0.0650x})^{2.5960}$	14.4166	0.0131	0.4288		0.4047

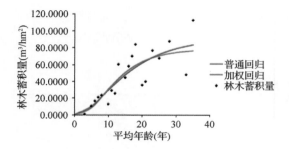

图 15-5 北亚热带—湿润—常绿阔叶林南部山地立地亚区杉木生长模型

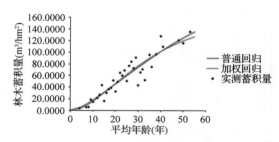

图 15-6 中亚热带—湿润—常绿阔叶林川黔湘鄂山地丘陵东部立地亚区马尾松生长模型

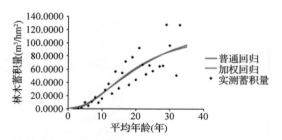

图 15-7 中亚热带—湿润—常绿阔叶林川黔湘鄂山地丘陵东部立地亚区杉木生长模型

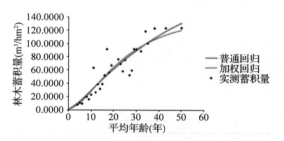

图 15-8 中亚热带—湿润—常绿阔叶林川黔湘鄂山地丘陵东部立地亚区阔叶混生长模型

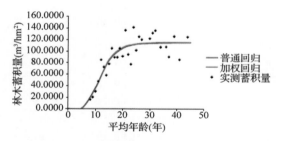

图 15-9 中亚热带—湿润—常绿阔叶林南岭北坡山地丘陵立地亚区杉木生长模型

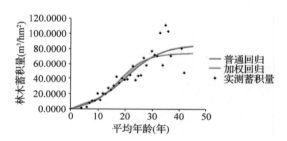

图 15-10 中亚热带—湿润—常绿阔叶林西部高丘立地亚区马尾松生长模型

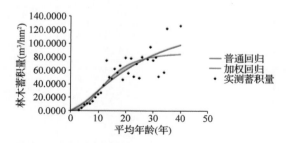

图 15-11 中亚热带—湿润—常绿阔叶林西部高丘立地亚区杉木生长模型

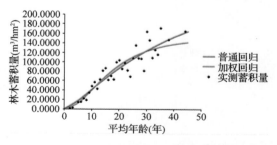

图 15-12 中亚热带—湿润—常绿阔叶林雪峰山山地立地亚区杉木生长模型

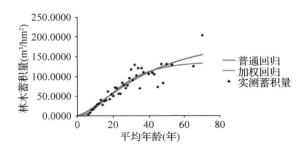

图 15-13　中亚热带—湿润—常绿阔叶林雪峰山山地立地亚区阔叶混生长模型

15.4.6　生长模型的检验

为了检验普通回归和加权回归生长模型的适用性，采用以下评价指标：确定系数（R^2）、估计值的标准误差（SEE）、总相对误差（TRE）、平均系统误差（MSE）、平均预估误差（MPE）。

$$R^2 = 1 - \sum (y_i - \hat{y}_i)^2 / \sum (y_i - \bar{y}_i)^2$$

$$SEE = \sqrt{\sum (y_i - \hat{y}_i)^2 / (n - k)}$$

$$TRE = \sum (y_i - \hat{y}_i) / \sum \hat{y}_i \times 100$$

$$MSE = \sum (y_i - \hat{y}_i) / \hat{y}_i / n \times 100$$

$$MPE = t_\alpha \cdot (SEE / \bar{y}) / \sqrt{n} \times 100$$

式中，y_i 为实际观测值，$\hat{y}_i$ 为模型预估值，$\bar{y}$ 为样本平均值，n 为样本单元数，k 为参数个数，t_α 为置信水平 α 时的 t 值。在这 6 项指标中，R^2 和 SEE 是回归模型的最常用指标，既反映了模型的拟合优度，也反映了自变量的贡献率和因变量的离差情况；TRE 和 MSE 是反映拟合效果的重要指标，二者应该控制在一定范围内（如 ±3%），趋向于 0 时效果最好；MPE 是反映平均蓄积量估计值的精度指标。

各森林生产力三级区划优势树种生长模型检验如表 15-12。

表 15-12　各森林生产力三级区划优势树种生长模型检验

序号	森林生产力三级区划	优势树种	模型	R^2	SEE	TRE	MSE	MPE
1	北亚热带—湿润—常绿阔叶林南部山地立地亚区	杉木	Richards 普	0.69	17.7969	− 0.1853	− 3.0015	17.9293
			Richards 加		18.0086	0.3703	− 0.6611	18.1426
2	中亚热带—湿润—常绿阔叶林川黔湘鄂山地丘陵东部立地亚区	马尾松	Richards 普	0.88	13.0689	− 0.2601	− 2.8472	7.5702
			Richards 加		13.2768	− 0.0251	− 0.0467	7.6907
		杉木	Richards 普	0.73	18.6554	− 0.3537	− 3.9714	14.6254
			Richards 加		18.6822	0.0162	− 0.0638	14.6464
		阔叶混	Richards 普	0.85	14.6370	− 0.2511	− 2.3614	8.9207
			Richards 加		14.9737	0.1551	0.0699	9.1259
3	中亚热带—湿润—常绿阔叶林南岭北坡山地丘陵立地亚区	杉木	Richards 普	0.77	17.1479	− 0.0676	− 0.5980	6.9339
			Richards 加		17.1717	− 0.0159	− 0.0072	6.9435

（续）

序号	森林生产力三级区划	优势树种	模型	R^2	SEE	TRE	MSE	MPE
4	中亚热带—湿润—常绿阔叶林西部高丘立地亚区	马尾松	Logistic 普	0.81	12.8710	−0.0131	−2.2024	9.9238
			Logistic 加		13.5548	1.0194	−0.2455	10.4510
		杉木	Richards 普	0.75	16.4922	−0.7463	−6.6840	11.1214
			Richards 加		16.8843	0.4868	0.4664	11.3858
5	中亚热带—湿润—常绿阔叶林雪峰山山地立地亚区	杉木	Richards 普	0.87	17.7721	−0.4038	−5.2070	7.3436
			Richards 加		18.7802	0.5122	−0.1429	7.7601
		阔叶混	Richards 普	0.83	18.2888	−0.4786	−3.7795	7.4619
			Richards 加		18.9343	0.4047	−0.2123	7.7253

总相对误差（TRE）基本上在 ±3% 以内，平均系统误差（MSE）基本上在 ±5% 以内，表明模型拟合效果良好。从这一原则出发，加权回归模型的拟合效果要好于普通回归模型；平均预估误差（MPE）基本在 19% 以内，说明蓄积量生长模型的平均预估精度达到 81% 以上。

从参数估计值看，各树种的相应参数的标准差较小，说明模型的稳定性比较好。

15.4.7 样地蓄积量归一化

通过提取的湖南样地数据，湖南针叶树种主要是马尾松、杉木、柏木，阔叶树种主要是栎类。

根据《国家森林资源连续清查主要技术规定》确定各树种组的龄组划分和成熟林年龄，如表 15-13 和表 15-14。

表 15-13　湖南树种成熟年龄

序号	树种	地区	起源	龄级	成熟林
1	马尾松	南方	天然	10	41
			人工	10	31
2	杉木	南方	天然	5	31
			人工	5	26
3	阔叶混（栎类、其他硬阔、其他软阔）	南方	天然	15	61
			人工	8	39

表 15-14　湖南三级区划主要树种成熟林蓄积量

序号	森林生产力三级区划	树种	起源	成熟年龄	成熟林蓄积量 /（m³/hm²）
1	中亚热带—湿润—常绿阔叶林南岭北坡山地丘陵立地亚区	杉木	人工	26	112.9765
2	北亚热带—湿润—常绿阔叶林南部山地立地亚区	杉木	人工	26	71.5633
3	中亚热带—湿润—常绿阔叶林川黔湘鄂山地丘陵东部立地亚区	马尾松	天然	41	103.3910
		杉木	人工	26	78.7291
		阔叶混	天然	61	127.0652

（续）

序号	森林生产力三级区划	树种	起源	成熟年龄	成熟林蓄积量/（m³/hm²）
4	中亚热带—湿润—常绿阔叶林雪峰山山地立地亚区	杉木	人工	26	113.4083
		阔叶混	天然	61	130.1111
5	中亚热带—湿润—常绿阔叶林西部高丘立地亚区	马尾松	天然	41	73.7322
		杉木	人工	26	76.1438

15.4.8 湖南森林生产力分区

依据全国公顷蓄积量分级结果（参见全国报告的表4-12）。湖南公顷蓄积量分级结果见表15-15。样地归一化蓄积量见图15-14。

表15-15　湖南公顷蓄积量分级结果　　　　　　　　单位：m³/hm²

级别	3级	4级	5级
公顷蓄积量	60~90	90~120	120~150

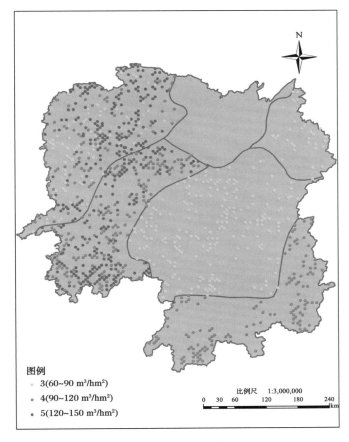

图例
- 3(60~90 m³/hm²)
- 4(90~120 m³/hm²)
- 5(120~150 m³/hm²)

比例尺　1:3 000 000

0　30　60　　120　　180　　240 km

图15-14　湖南样地归一化蓄积量分级

湖南北亚热带—湿润—常绿阔叶林长江中游滨湖平原立地亚区和湖北北亚热带—湿润—常绿阔叶林长江中游滨湖平原立地亚区属于同一三级区，按照湖北北亚热带—湿润—常绿阔叶林长江中游滨湖平原立地亚区部分森林生产力等级为湖南部分赋值，湖南北亚热带—湿润—常绿阔叶林长江中游滨湖平原立地亚区森林生产力等级为3。

调整后，湖南森林生产力分级如图15-15。

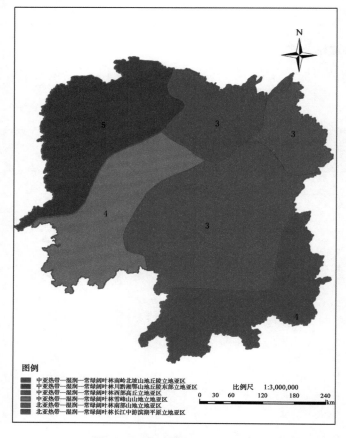

图15-15　湖南森林生产力分级

注：图中森林生产力等值依据前文中表15-15公顷蓄积量分级结果。

16 广东森林潜在生产力分区成果

16.1 广东森林生产力一级区划

以我国 1:100 万全国行政区划数据中广东省界为边界，从全国森林生产力一级区划图中提取广东森林生产力一级区划，广东森林生产力一级区划单位为 3 个，如表 16-1 和图 16-1：

表 16-1 森林生产力一级区划

序号	气候带	气候大区	森林生产力一级区划
1	边缘热带	湿润	边缘热带—湿润地区
2	南亚热带	湿润	南亚热带—湿润地区
3	中亚热带	湿润	中亚热带—湿润地区

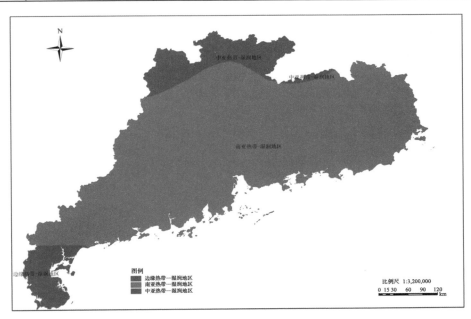

图 16-1 广东森林生产力一级区划

注：本图显示采用 2000 国家大地坐标系（简称 CGCS2000），后续相关地图同该坐标系。

16.2 广东森林生产力二级区划

按照广东省界从全国森林生产力二级区划中提取广东的森林生产力二级区划，广东森林生产力二级区划单位为 3 个，如表 16-2 和图 16-2：

399

表 16-2　森林生产力二级区划

序号	森林生产力一级区划	森林生产力二级区划
1	边缘热带—湿润地区	边缘热带—湿润—季雨林、雨林
2	南亚热带—湿润地区	南亚热带—湿润—常绿阔叶林
3	中亚热带—湿润地区	中亚热带—湿润—常绿阔叶林

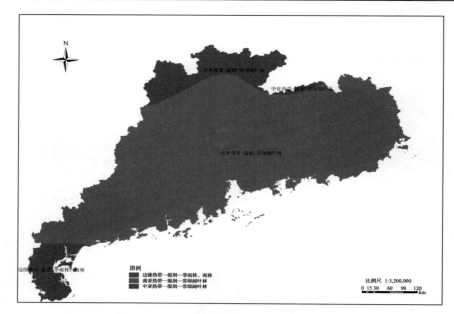

图 16-2　广东森林生产力二级区划

16.3　广东森林生产力三级区划

16.3.1　广东立地区划

根据全国立地区划结果，以广东 1:100 万省界为提取框架，提取广东立地区划结果。需要说明的是，由于广东省界数据与全国立地区划成果数据精度不一致，导致提取的广东立地区划数据在省界边缘出现不少细小的破碎斑块。因此，对广东立地区划数据进行了破碎化斑块处理，根据就近原则，将破碎小斑块就近合并到最近的大斑块中。处理后，得到的广东立地区划属性数据和矢量图分别如表 16-3 和图 16-3：

表 16-3　广东立地区划

序号	立地区域	立地区	立地亚区
1	南方亚热带立地区域	赣闽粤山地丘陵立地区	粤东闽西南丘陵立地亚区
2		南岭山地立地区	南岭南坡低山立地亚区
3		西江山地立地区	粤中低山丘陵立地亚区
4	华南亚热带热带立地区域	闽粤沿海丘陵平原立地区	闽粤东南沿海丘陵平原立地亚区
5			珠江三角洲丘陵平原立地亚区
6		海南岛及南海诸岛立地区	东部沿海丘陵台地立地亚区

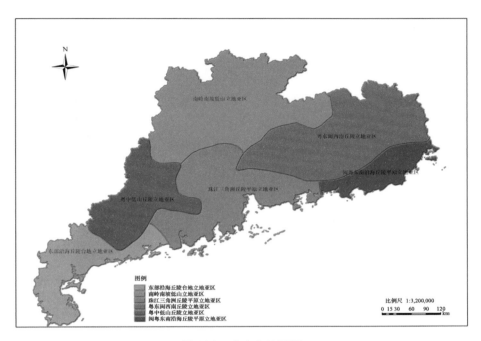

图 16-3　广东立地区划

16.3.2　广东三级区划

根据广东的省界从全国森林生产力三级区划中提取广东森林生产力三级区划。

用广东省界来提取广东森林生产力三级区划时边缘出现了破碎的小斑块，为了使省级森林生产力三级区划不至于太破碎，根据就近原则，将破碎小斑块就近合并到最近的大斑块中。

广东森林生产力三级区划单位为 7 个，如表 16-4 和图 16-4：

表 16-4　森林生产力三级区划

序号	森林生产力一级区划	森林生产力二级区划	森林生产力三级区划
1	南亚热带湿润地区	南亚热带—湿润—常绿阔叶林	南亚热带—湿润—常绿阔叶林粤东闽西南丘陵立地亚区
2			南亚热带—湿润—常绿阔叶林东部沿海丘陵台地立地亚区
3			南亚热带—湿润—常绿阔叶林珠江三角洲丘陵平原立地亚区
4			南亚热带—湿润—常绿阔叶林南岭南坡低山立地亚区
5			南亚热带—湿润—常绿阔叶林粤中低山丘陵立地亚区
6			南亚热带—湿润—常绿阔叶林闽粤东南沿海丘陵平原立地亚区
7	中亚热带湿润地区	中亚热带—湿润—常绿阔叶林	中亚热带—湿润—常绿阔叶林南岭南坡低山立地亚区

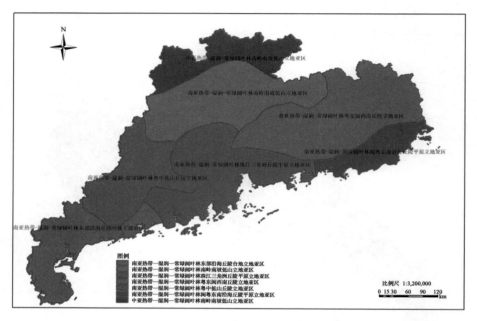

图例
南亚热带—湿润—常绿阔叶林东部沿海丘陵台地立地亚区
南亚热带—湿润—常绿阔叶林南岭南坡低山立地亚区
南亚热带—湿润—常绿阔叶林珠江三角洲丘陵平原立地亚区
南亚热带—湿润—常绿阔叶林粤中低山丘陵立地亚区
南亚热带—湿润—常绿阔叶林粤东南丘陵立地亚区
南亚热带—湿润—常绿阔叶林闽粤东南沿海丘陵平原立地亚区
中亚热带—湿润—常绿阔叶林南岭南坡低山立地亚区

比例尺 1:3,200,000
0 15 30   60   90   120
km

图 16-4　广东森林生产力三级区划

16.4　广东森林生产力量化分级

16.4.1　技术方案

单位面积蓄积量标志着林地生产力的高低及经营措施的效果。本方案在森林生产力三级区划结果基础上，根据已调查的广东第 6 期、第 7 期一类清查样地数据，提取广东森林生产力三级区划的样地数据，筛选出两期地类是乔木林地、疏林地的样地，根据森林生产力三级区划的主要树种，建立样地优势树种蓄积量生长模型，并归一该树种到成熟林时单位公顷的蓄积值，以此作为量化样地森林生产力的依据，在森林生产力三级的基础上进行森林植被生产力区划。

16.4.2　样地筛选

16.4.2.1　样地情况

广东于 1978—1979 年建立了全省森林资源连续清查体系，分别以大陆部分和海南行政区为副总体，采用系统抽样方法，在大陆部分按 8 km×6 km 网交叉点布设 3685 块样地，在海南行政区以 4 km×6 km 网交叉点布设 1421 块样地，样地形状为正方形，样地面积 0.067 hm²，按优势地类法确定样地地类。

1983 年广东开展了森林资源清查第 1 次复查，调查方法、技术标准与初查相同。

1987 年经全国人大批准成立海南省，原广东省一分为二，划分广东省和海南省，此后，海南和广东作为各自独立的森林资源连续清查体系。

2002 年广东开展了森林资源清查第 5 次复查，在原来 3685 个样地的基础上，增设了 25 个红树林和沿海湿地样地，用于全省红树林资源估计，但未参与连清统计。

本次复查，在原固定样地的基础上，加密遥感判读样地，布设了一套遥感判读样本，判读样本数量 44562 个，间距 2 km×2 km。

广东的样地情况如表 16-5：

表 16-5　广东样地概况

项目	内容
调查（副）总体	广东样地
样地调查时间	全国第 6 次清查广东数据（2002 年） 全国第 7 次清查广东数据（2007 年）
样地个数	全国第 6 次清查广东样地 3685 个 全国第 7 次清查广东样地 3685 个
样地间距	样地间距 8 km×6 km
样地大小	0.067 hm^2
样地形状	25.82 m×25.82 m 的正方形
备注	

16.4.2.2　样地筛选情况

根据广东划分的森林生产力三级区划，提取每个三级区划的样地数据，对提取的样地数据进行筛选。

筛选的条件如下：

地类为乔木林地或疏林地。剔除地类是红树林、竹林、国家特别规定灌木林地、其他灌木林地、未成林封育地、未成林造林地、苗圃地、采伐迹地、火烧迹地、其他无立木林地、宜林荒山荒地、宜林沙荒地、其他宜林地、耕地、牧草地、水域、未利用地、工矿建设用地、城乡居民建设用地、交通建设用地、其他用地的样地。被剔除的样地或者没有划分起源，或者没有样地平均年龄，或者优势树种是灌木，无法进行以林木蓄积量为因变量，样地平均年龄为自变量的曲线拟合。

表 16-6 详细说明了广东第 6、7 期样地（分三级区划）及样地筛选情况。

表 16-6　广东分三级区划样地筛选情况

序号	森林生产力三级区划	监测期	样地总数	筛选样地数	所占比例/%
1	南亚热带—湿润—常绿阔叶林粤东闽西南丘陵立地亚区	第 6 期	846	438	51.8
		第 7 期	849	439	51.7
2	南亚热带—湿润—常绿阔叶林东部沿海丘陵台地立地亚区	第 6 期	418	80	19.1
		第 7 期	418	105	25.1
3	南亚热带—湿润—常绿阔叶林珠江三角洲丘陵平原立地亚区	第 6 期	672	138	20.5
		第 7 期	672	146	21.7
4	南亚热带—湿润—常绿阔叶林南岭南坡低山立地亚区	第 6 期	687	347	50.5
		第 7 期	685	336	49.1
5	南亚热带—湿润—常绿阔叶林粤中低山丘陵立地亚区	第 6 期	466	205	44.0
		第 7 期	466	204	43.8
6	南亚热带—湿润—常绿阔叶林闽粤东南沿海丘陵平原立地亚区	第 6 期	225	38	16.9
		第 7 期	225	44	19.6
7	中亚热带—湿润—常绿阔叶林南岭南坡低山立地亚区	第 6 期	351	169	48.1
		第 7 期	352	169	48.0

16.4.3 建模树种提取

对筛选出的森林生产力三级区划的乔木林地和疏林地样地数据，分别统计每个优势树种的样地数和样地的起源，为了尽量使每个三级区划都能有森林生产力值，方便森林生产力等级划分，在每个森林生产力三级区内，如果优势树种的建模样地达到50，则建立样本数≥50的优势树种的生长模型；如果优势树种的建模样地均未达到50，则降低建模样本量为30；降低建模标准且合并树种组仍无法达到建模量的，若该区为完整的三级区，则看邻近区内与该区内相似树种的蓄积量，作为该区的归一化蓄积量；若该区是被省界分割的森林生产力三级区的小部分，则暂时空缺，若是被省界分割的森林生产力三级区的大部分，则参照完整的三级区处理。

广东各三级区划分优势树种样地数统计如表16-7。

表 16-7 广东各三级区划样地数分优势树种统计

序号	森林生产力三级区划	优势树种	监测期	起源	样地数
1	南亚热带—湿润—常绿阔叶林粤东闽西南丘陵立地亚区	马尾松	第 6 期	天然	69
			第 7 期		36
		马尾松	第 6 期	人工	66
			第 7 期		39
		湿地松	第 6 期	人工	0
			第 7 期		13
		杉木	第 6 期	天然	18
			第 7 期		14
		杉木	第 6 期	人工	39
			第 7 期		29
		木荷	第 6 期	人工	0
			第 7 期		9
		其他硬阔	第 6 期	天然	114
			第 7 期		105
		桉树	第 6 期	人工	5
			第 7 期		59
		桉树	第 6 期	天然	2
			第 7 期		1
		相思树	第 6 期	人工	0
			第 7 期		1
		其他软阔	第 6 期	天然	32
			第 7 期		28
		针叶混	第 6 期	天然	7
			第 7 期		7
		针叶混	第 6 期	人工	13
			第 7 期		15
		阔叶混	第 6 期	天然	19
			第 7 期		29
		针阔混	第 6 期	天然	36
			第 7 期		39
		针阔混	第 6 期	人工	18
			第 7 期		14

（续）

序号	森林生产力三级区划	优势树种	监测期	起源	样地数
2	南亚热带—湿润—常绿阔叶林东部沿海丘陵台地立地亚区	马尾松	第6期	人工	17
			第7期		1
		湿地松	第6期	人工	0
			第7期		5
		杉木	第6期	人工	1
			第7期		1
		其他硬阔	第6期	天然	7
			第7期		3
		桉树	第6期	天然	15
			第7期		0
		桉树	第6期	人工	31
			第7期		80
		相思树	第6期	人工	0
			第7期		4
		木麻黄	第6期	人工	2
			第7期		2
		其他软阔	第6期	人工	2
			第7期		1
		阔叶混	第6期	人工	1
			第7期		5
		针阔混	第6期	人工	4
			第7期		3
3	南亚热带—湿润—常绿阔叶林珠江三角洲丘陵平原立地亚区	马尾松	第6期	天然	19
			第7期		7
		马尾松	第6期	人工	49
			第7期		9
		湿地松	第6期	人工	0
			第7期		22
		杉木	第6期	人工	7
			第7期		3
		木荷	第6期	人工	0
			第7期		2
		其他硬阔	第6期	天然	18
			第7期		12
		桉树	第6期	人工	14
			第7期		48
		相思树	第6期	人工	0
			第7期		7
		其他软阔	第6期	天然	12
			第7期		13
		针叶混	第6期	人工	5
			第7期		3
		阔叶混	第6期	人工	5
			第7期		12
		针阔混	第6期	人工	9
			第7期		8

（续）

序号	森林生产力三级区划	优势树种	监测期	起源	样地数
4	南亚热带—湿润—常绿阔叶林南岭南坡低山立地亚区	马尾松	第 6 期	天然	38
			第 7 期		17
		马尾松	第 6 期	人工	39
			第 7 期		22
		湿地松	第 6 期	人工	0
			第 7 期		13
		黄山松	第 6 期	人工	0
			第 7 期		1
		杉木	第 6 期	天然	12
			第 7 期		3
		杉木	第 6 期	人工	48
			第 7 期		30
		柏木	第 6 期	人工	1
			第 7 期		1
		木荷	第 6 期	天然	0
			第 7 期		1
		枫香	第 6 期	天然	0
			第 7 期		1
		其他硬阔	第 6 期	天然	72
			第 7 期		71
		泡桐	第 6 期	天然	0
			第 7 期		1
		桉树	第 6 期	人工	6
			第 7 期		42
		其他软阔	第 6 期	天然	53
			第 7 期		42
		针叶混	第 6 期	人工	13
			第 7 期		16
		阔叶混	第 6 期	天然	30
			第 7 期		42
		针阔混	第 6 期	天然	35
			第 7 期		33
5	南亚热带—湿润—常绿阔叶林粤中低山丘陵立地亚区	马尾松	第 6 期	天然	40
			第 7 期		28
		马尾松	第 6 期	人工	40
			第 7 期		16
		湿地松	第 6 期	人工	0
			第 7 期		9
		其他松类	第 6 期	人工	0
			第 7 期		1
		杉木	第 6 期	天然	9
			第 7 期		1

（续）

序号	森林生产力三级区划	优势树种	监测期	起源	样地数
5	南亚热带—湿润—常绿阔叶林粤中低山丘陵立地亚区	杉木	第 6 期	人工	35
			第 7 期		26
		木荷	第 6 期	人工	0
			第 7 期		3
		其他硬阔	第 6 期	天然	15
			第 7 期		13
		桉树	第 6 期	人工	9
			第 7 期		36
		相思树	第 6 期	人工	0
			第 7 期		1
		其他软阔	第 6 期	天然	17
			第 7 期		15
		针叶混	第 6 期	人工	12
			第 7 期		15
		阔叶混	第 6 期	天然	8
			第 7 期		13
		针阔混	第 6 期	人工	20
			第 7 期		25
6	南亚热带—湿润—常绿阔叶林闽粤东南沿海丘陵平原立地亚区	马尾松	第 6 期	人工	13
			第 7 期		10
		湿地松	第 6 期	人工	0
			第 7 期		2
		杉木	第 6 期	天然	1
			第 7 期		1
		木荷	第 6 期	人工	0
			第 7 期		1
		其他硬阔	第 6 期	天然	2
			第 7 期		1
		桉树	第 6 期	人工	2
			第 7 期		5
		相思树	第 6 期	人工	0
			第 7 期		1
		木麻黄	第 6 期	人工	0
			第 7 期		3
		其他软阔	第 6 期	人工	6
			第 7 期		2
		针叶混	第 6 期	人工	0
			第 7 期		2
		阔叶混	第 6 期	人工	2
			第 7 期		9
		针阔混	第 6 期	人工	12
			第 7 期		7

（续）

序号	森林生产力三级区划	优势树种	监测期	起源	样地数
7	中亚热带—湿润—常绿阔叶林南岭南坡低山立地亚区	马尾松	第6期	天然	21
			第7期		18
		马尾松	第6期	人工	11
			第7期		3
		湿地松	第6期	人工	0
			第7期		7
		杉木	第6期	天然	5
			第7期		4
		杉木	第6期	人工	24
			第7期		28
		木荷	第6期	天然	0
			第7期		1
		其他硬阔	第6期	天然	39
			第7期		30
		桉树	第6期	人工	2
			第7期		5
		其他软阔	第6期	天然	17
			第7期		15
		针叶混	第6期	天然	11
			第7期		8
		阔叶混	第6期	天然	18
			第7期		29
		针阔混	第6期	天然	20
			第7期		19

从表 16-7 中可以筛选广东森林生产力三级区划的建模树种如表 16-8：

表 16-8　广东各三级分区主要建模树种及建模数据统计

序号	森林生产力三级区划	优势树种	起源	监测期	总样地数	建模样地数	所占比例/%
1	南亚热带—湿润—常绿阔叶林粤东闽西南丘陵立地亚区	其他硬阔	天然	第6期	114	199	90.9
				第7期	105		
2	南亚热带—湿润—常绿阔叶林东部沿海丘陵台地立地亚区	桉树	人工	第6期	31	80	72.1
				第7期	80		
3	南亚热带—湿润—常绿阔叶林南岭南坡低山立地亚区	其他硬阔	天然	第6期	72	138	96.5
				第7期	71		
4	南亚热带—湿润—常绿阔叶林粤中低山丘陵立地亚区	马尾松	天然	第6期	40	66	97.1
				第7期	28		
5	中亚热带—湿润—常绿阔叶林南岭南坡低山立地亚区	其他硬阔	天然	第6期	39	67	97.1
				第7期	30		

16.4.4 建模前数据整理和对应

16.4.4.1 对森林采伐等人为干扰情况的处理

在数据的整理过程中，对第 6、7 期样地号对应，优势树种一致，第 7 期年龄增加与调查间隔期一致的样地，第 7 期林木蓄积量加上采伐蓄积量作为第 7 期的林木蓄积量，第 6 期的林木蓄积量不变。

16.4.4.2 对优势树种发生变化情况的处理

两期样地对照分析，第 7 期样地的优势树种发生变化的样地，林木蓄积量仍以第 7 期的林木蓄积量为准，把该样地作为第 7 期优势树种的样地，林木蓄积量以第 7 期调查时为准，不加采伐蓄积量。第 6 期的处理同第 7 期。

16.4.4.3 对样地年龄与时间变化不一致情况的处理

对样地第 7 期的年龄与调查间隔时间变化不一致的样地，则以第 7 期的样地平均年龄为准，林木蓄积量不与采伐蓄积量相加，仍以第 7 期的林木蓄积量作为林木蓄积量，第 6 期的林木蓄积量不发生变化。

16.4.5 建立林分蓄积量生长模型

根据筛选出的优势树种样地数据，以整理后的林木蓄积量作为因变量，以样地的平均年龄作为自变量，剔除异常数据，根据样地数据散点图的总体趋势，选取不同的生长方程拟合曲线。主要树种建模数据统计如表 16-9。

表 16-9　主要树种建模数据统计

序号	森林生产力三级区划	优势树种	统计量	最小值	最大值	平均值
1	南亚热带—湿润—常绿阔叶林粤东闽西南丘陵立地亚区	其他硬阔	林木蓄积量	6.3731	262.7761	83.3116
			平均年龄	5	56	25
2	南亚热带—湿润—常绿阔叶林东部沿海丘陵台地立地亚区	桉树	林木蓄积量	13.0522	112.1791	56.2094
			平均年龄	1	19	7
3	南亚热带—湿润—常绿阔叶林南岭南坡低山立地亚区	其他硬阔	林木蓄积量	1.5522	183.2313	70.2237
			平均年龄	3	61	22
4	南亚热带—湿润—常绿阔叶林粤中低山丘陵立地亚区	马尾松	林木蓄积量	3.6716	93.2090	50.8338
			平均年龄	8	47	24
5	中亚热带—湿润—常绿阔叶林南岭南坡低山立地亚区	其他硬阔	林木蓄积量	22.9254	198.8134	125.2546
			平均年龄	8	55	29

S 型生长模型能够合理地表示树木或林分的生长过程和趋势，避免了其他模型只在某一生长阶段的拟合精度高，而不能完整体现树木或林分生长趋势的弊端，而本方案的目的是预测林分达到成熟林时的蓄积量，S 型生长模型得到的值在比较合理的范围内。

选取的生长方程如表 16-10：

表 16-10　拟合所用的生长模型

序号	生长模型名称	生长模型公式
1	Richards 模型	$y = A(1 - e^{-kx})^B$
2	单分子模型	$y = A(1 - e^{-kx})$
3	Logistic 模型	$y = A/(1 + Be^{-kx})$
4	Korf 模型	$y = Ae^{-Bx-k}$

其中，y 为样地的林木蓄积量，x 为林分年龄，A 为树木生长的最大值参数，k 为生长速率参数，B 为与初始值有关的参数。

经过数据拟合，得出各模型的参数和拟合优度及总相对误差，选取适合三级区划各树种的拟合方程，整理如表 16-11。生长模型如图 16-5 ~ 图 16-9。

表 16-11　主要树种模型统计

序号	森林生产力三级区划	优势树种	模型	生长方程	参数标准差 A	B	k	R^2	TRE /%
1	南亚热带—湿润—常绿阔叶林东部沿海丘陵台地立地亚区	其他硬阔	Logistic 普	$y = 208.5088/(1 + 28.9799e^{-0.1157x})$	23.3748	13.1403	0.0217	0.83	0.3725
			Logistic 加	$y = 206.2972/(1 + 26.9426e^{-0.1142x})$	32.8857	4.4253	0.0121		0.0080
2	南亚热带—湿润—常绿阔叶林东部沿海丘陵台地立地亚区	桉树	Richards 普	$y = 132.4731(1 - e^{-0.0973x})^{0.9759}$	41.7956	0.4331	0.0900	0.89	-0.1109
			Richards 加	$y = 129.5102(1 - e^{-0.1056x})^{1.0189}$	42.7119	0.1995	0.0702		0.0220
3	南亚热带—湿润—常绿阔叶林南岭南坡低山立地亚区	其他硬阔	Logistic 普	$y = 143.2344/(1 + 11.7685e^{-0.1138x})$	15.4401	4.1511	0.0231	0.83	-0.3798
			Logistic 加	$y = 112.8493/(1 + 18.3726e^{-0.1764x})$	13.3589	5.2423	0.0294		1.8622
4	南亚热带—湿润—常绿阔叶林粤中低山丘陵立地亚区	马尾松	Richards 普	$y = 107.8559(1 - e^{-0.0537x})^{2.1773}$	39.1592	1.4819	0.0431	0.70	-0.3499
			Richards 加	$y = 75.0953(1 - e^{-0.1343x})^{6.3886}$	12.6110	3.6088	0.0478		1.0944
5	中亚热带—湿润—常绿阔叶林南岭南坡低山立地亚区	其他硬阔	Richards 普	$y = 166.7773(1 - e^{-0.1037x})^{2.9316}$	14.9006	2.1786	0.0480	0.62	-0.0374
			Richards 加	$y = 166.7122(1 - e^{-0.1051x})^{3.0196}$	16.8239	1.2423	0.0351		-0.0042

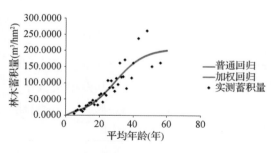

图 16-5　南亚热带—湿润—常绿阔叶林粤东闽西南丘陵立地亚区其他硬阔生长模型

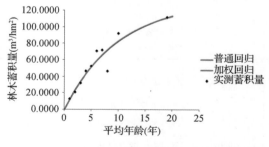

图 16-6　南亚热带—湿润—常绿阔叶林东部沿海丘陵台地立地亚区桉树生长模型

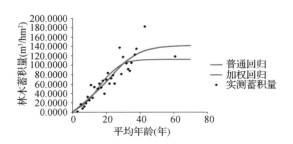

图 16-7 南亚热带—湿润—常绿阔叶林南岭南坡低山立地亚区其他硬阔生长模型

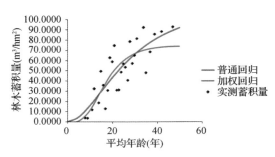

图 16-8 南亚热带—湿润—常绿阔叶林粤中低山丘陵立地亚区马尾松生长模型

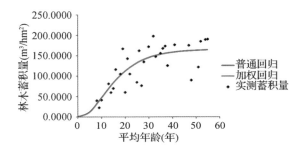

图 16-9 中亚热带—湿润—常绿阔叶林南岭南坡低山立地亚区其他硬阔生长模型

16.4.6 生长模型的检验

为了检验普通回归和加权回归生长模型的适用性，采用以下评价指标：确定系数（ R^2 ）、估计值的标准误差（ SEE ）、总相对误差（ TRE ）、平均系统误差（ MSE ）、平均预估误差（ MPE ）。

$$R^2 = 1 - \sum (y_i - \hat{y}_i)^2 / \sum (y_i - \bar{y}_i)^2$$

$$SEE = \sqrt{\sum (y_i - \hat{y}_i)^2 / (n - k)}$$

$$TRE = \sum (y_i - \hat{y}_i) / \sum \hat{y}_i \times 100$$

$$MSE = \sum (y_i - \hat{y}_i) / \hat{y}_i / n \times 100$$

$$MPE = t_\alpha \cdot (SEE / \bar{y}) / \sqrt{n} \times 100$$

式中， y_i 为实际观测值， $\hat{y}_i$ 为模型预估值， $\bar{y}$ 为样本平均值， n 为样本单元数， k 为参数个数， t_α 为置信水平 α 时的 t 值。在这 6 项指标中， R^2 和 SEE 是回归模型的最常用指标，既反映了模型的拟合优度，也反映了自变量的贡献率和因变量的离差情况； TRE 和 MSE 是反映拟合效果的重要指标，二者应该控制在一定范围内（如 ±3% ），趋向于 0 时效果最好； MPE 是反映平均蓄积量估计值的精度指标。

各森林生产力三级区划优势树种生长模型检验见表 16-12。

表 16-12　各森林生产力三级区划优势树种生长模型检验

序号	森林生产力三级区划	优势树种	模型	R^2	SEE	TRE	MSE	MPE
1	南亚热带—湿润—常绿阔叶林粤东闽西南丘陵立地亚区	其他硬阔	Logistic 普	0.83	26.8191	0.3725	1.6615	10.5758
			Logistic 加		26.8405	0.0080	-0.0010	10.5843
2	南亚热带—湿润—常绿阔叶林东部沿海丘陵台地立地亚区	桉树	Richards 普	0.89	11.5928	-0.1109	-0.6577	14.5310
			Richards 加		11.6008	0.0220	0.0143	14.5410
3	南亚热带—湿润—常绿阔叶林南岭南坡低山立地亚区	其他硬阔	Logistic 普	0.83	18.5675	-0.3798	-3.4667	9.5248
			Logistic 加		20.7588	1.8622	-0.2265	10.6489
4	南亚热带—湿润—常绿阔叶林粤中低山丘陵立地亚区	马尾松	Richards 普	0.70	15.1658	-0.3499	-3.2182	11.5469
			Richards 加		16.0539	1.0944	-0.3417	12.2230
5	中亚热带—湿润—常绿阔叶林南岭南坡低山立地亚区	其他硬阔	Richards 普	0.62	33.1757	-0.0374	-0.2207	9.8747
			Richards 加		33.1773	-0.0042	-0.0132	9.8751

总相对误差（TRE）基本在 ±3% 以内，平均系统误差（MSE）基本在 ±5% 以内，表明模型拟合效果良好。从这一原则出发，加权回归模型的拟合效果要好于普通回归模型；平均预估误差（MPE）基本在 15% 以内，说明蓄积生长模型的平均预估精度达到约 85% 以上。

从参数估计值看，各树种的相应参数的标准差较小，说明模型的稳定性比较好。

16.4.7　样地蓄积量归一化

通过提取的广东的样地数据，广东的针叶树种主要是马尾松、杉木，阔叶树种主要是其他硬阔和桉树。

根据《国家森林资源连续清查主要技术规定》确定各树种组的龄组划分和成熟林年龄，见表 16-13 和表 16-14。

表 16-13　广东树种成熟年龄

序号	树种	地区	起源	龄级	成熟林
1	马尾松	南方	天然	10	41
			人工	10	31
2	桉树	南方	天然	5	21
			人工	5	16
3	其他硬阔	南方	天然	20	81
			人工	10	51

表 16-14　广东三级区划主要树种成熟林蓄积量

序号	森林生产力三级区划	树种	起源	成熟年龄	成熟林蓄积量/（m³/hm²）
1	南亚热带—湿润—常绿阔叶林东部沿海丘陵台地立地亚区	桉树	人工	16	105.1904
2	南亚热带—湿润—常绿阔叶林南岭南坡低山立地亚区	其他硬阔	天然	81	112.8480

（续）

序号	森林生产力三级区划	树种	起源	成熟年龄	成熟林蓄积量/（m³/hm²）
3	南亚热带—湿润—常绿阔叶林粤东闽西南丘陵立地亚区	其他硬阔	天然	81	205.7651
4	南亚热带—湿润—常绿阔叶林粤中低山丘陵立地亚区	马尾松	天然	41	73.1651
5	中亚热带—湿润—常绿阔叶林南岭南坡低山立地亚区	其他硬阔	天然	81	166.6112

16.4.8　广东森林生产力分区

依据全国公顷蓄积量分级结果（参见全国报告的表4-12）。广东公顷蓄积量分级结果见表16-15。样地归一化蓄积量见图16-10。

表 16-15　广东公顷蓄积量分级结果　　　　　　　　单位：m³/hm²

级别	3 级	4 级	6 级	7 级
公顷蓄积量	60～90	90～120	150～180	180～210

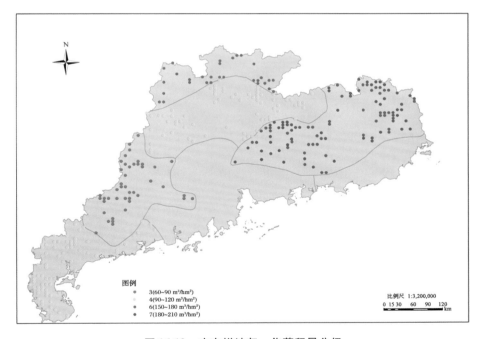

图例
- · 3(60～90 m³/hm²)
- · 4(90～120 m³/hm²)
- · 6(150～180 m³/hm²)
- · 7(180～210 m³/hm²)

比例尺 1:3,200,000
0 15 30　　60　　90　　120
km

图 16-10　广东样地归一化蓄积量分级

16.4.9　广东森林生产力分区调整

广东南亚热带—湿润—常绿阔叶林闽粤东南沿海丘陵平原立地亚区是完整南亚热带—湿润—常绿阔叶林闽粤东南沿海丘陵平原立地亚区的一部分，等福建该区部分森林生产力等级计算完成后，统一赋森林生产力等级值；

南亚热带—湿润—常绿阔叶林珠江三角洲丘陵平原立地亚区第 7 期的优势树种是马尾

松人工林，到第 8 期转变为桉树人工林，优势树种发生改变，南亚热带—湿润—常绿阔叶林东部沿海丘陵台地立地亚区的优势树种是桉树人工林，同样是从第 7 期逐步转变到桉树人工林，故根据南亚热带—湿润—常绿阔叶林东部沿海丘陵台地立地亚区森林生产力等级赋值，森林生产力等级是 4。

广东森林生产力分级如图 16-11。

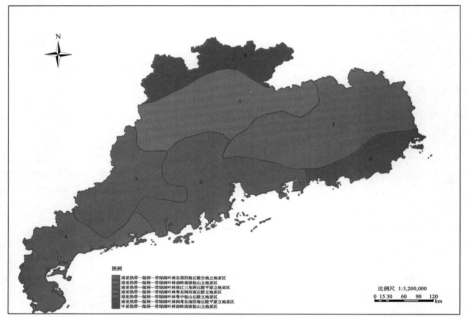

图 16-11　广东森林生产力分级

注：图中数字表达了该区域森林生产力等级。其中空值并不表示该区的森林生产力等级是 0，而是该森林生产力区划跨省，本省建模样地数未达到建模标准，将在区域或全国森林生产力分区图中赋值；图中森林生产力等级值依据前文中表 16-15 公顷蓄积量分级结果。

调整后，三级区划样地优势树种统计如表 16-16。建模优势树种统计见表 16-17。

表 16-16　广东三级区划样地优势树种统计（调整后）

序号	森林生产力三级区划	优势树种	监测期	起源	样地数
4	南亚热带—湿润—常绿阔叶林闽粤东南沿海丘陵平原立地亚区	马尾松	第 6 期	天然	36
			第 7 期		18
		马尾松	第 6 期	人工	50
			第 7 期		25
		杉木	第 6 期	人工	15
			第 7 期		7
		杉木	第 6 期	天然	1
			第 7 期		1
		栎类	第 6 期	天然	3
			第 7 期		3

（续）

序号	森林生产力三级区划	优势树种	监测期	起源	样地数
4	南亚热带—湿润—常绿阔叶林闽粤东南沿海丘陵平原立地亚区	其他硬阔	第6期	天然	15
			第7期		16
		桉树	第6期	天然	1
			第7期		12
		桉树	第6期	人工	2
			第7期		5
		木麻黄	第6期	人工	27
			第7期		11
		其他软阔	第6期	天然	15
			第7期		2
		其他软阔	第6期	人工	6
			第7期		2
		油杉	第6期	天然	0
			第7期		1
		黑松	第6期	人工	0
			第7期		3
		湿地松	第6期	人工	0
			第7期		8
		其他松类	第6期	人工	0
			第7期		1
		木荷	第6期	人工	0
			第7期		3
		相思树	第6期	天然	0
			第7期		15
		针叶混	第6期	天然	0
			第7期		6
		阔叶混	第6期	天然	2
			第7期		17
		针阔混	第6期	人工	12
			第7期		26

表16-17　广东三级区划样地建模优势树种统计（调整后）

序号	森林生产力三级区划	优势树种	起源	监测期	总样地数	建模样地数	所占比例/%
1	南亚热带—湿润—常绿阔叶林闽粤东南沿海丘陵平原立地亚区	马尾松	人工	第6期	50	64	85.3
				第7期	25		

16.4.10　调整后林分生长模型

合并后，主要树种建模数据统计见表16-18。主要树种模型统计见表16-19。生长模型如图16-12。

表 16-18　主要树种建模数据统计

序号	森林生产力三级区划	优势树种	统计量	最小值	最大值	平均值
1	南亚热带—湿润—常绿阔叶林闽粤东南沿海丘陵平原立地亚区	马尾松	林木蓄积量	3.2984	108.1859	48.1820
			平均年龄	10	44	22

表 16-19　主要树种模型

序号	森林生产力三级区划	优势树种	模型	生长方程	参数标准差			R^2	TRE /%
					A	B	k		
1	南亚热带—湿润—常绿阔叶林闽粤东南沿海丘陵平原立地亚区	马尾松	Richards 普	$y = 111.2119(1 - e^{-0.1134x})^{8.2757}$	20.9676	6.7696	0.0479	0.79	−0.2029
			Richards 加	$y = 110.8145(1 - e^{-0.1162x})^{8.7663}$	32.4170	4.1078	0.0396		−0.0558

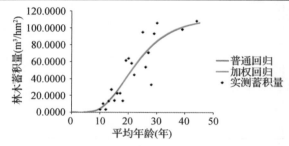

图 16-12　南亚热带—湿润—常绿阔叶林闽粤东南沿海丘陵平原立地亚区马尾松生长模型

16.4.11　调整后生长模型检验

各森林生产力三级区划优势树种生长模型检验见表 16-20。

表 16-20　各森林生产力三级区划优势树种生长模型检验

序号	森林生产力三级区划	优势树种	模型	R^2	SEE	TRE	MSE	MPE
1	南亚热带—湿润—常绿阔叶林闽粤东南沿海丘陵平原立地亚区	马尾松	Richards 普	0.79	17.4574	−0.2029	−1.4045	16.4455
			Richards 加		17.4609	−0.0558	−0.0808	16.4488

16.4.12　调整后样地蓄积量归一化

各三级区划优势树种归一化蓄积量见表 16-21。样地归一化蓄积量如图 16-13。

表 16-21　各三级区优势树种归一化蓄积量

序号	森林生产力三级区划	树种	起源	成熟年龄	成熟林蓄积量/(m³/hm²)
1	南亚热带—湿润—常绿阔叶林东部沿海丘陵台地立地亚区	桉树	人工	16	105.1904
2	南亚热带—湿润—常绿阔叶林南岭南坡低山立地亚区	其他硬阔	天然	81	112.8480
3	南亚热带—湿润—常绿阔叶林粤东闽西南丘陵立地亚区	其他硬阔	天然	81	205.7651

（续）

序号	森林生产力三级区划	树种	起源	成熟年龄	成熟林蓄积量/（m³/hm²）
4	南亚热带—湿润—常绿阔叶林粤中低山丘陵立地亚区	马尾松	天然	41	73.1651
5	中亚热带—湿润—常绿阔叶林南岭南坡低山立地亚区	其他硬阔	天然	81	166.6112
6	南亚热带—湿润—常绿阔叶林闽粤东南沿海丘陵平原立地亚区	马尾松	人工	31	86.9617

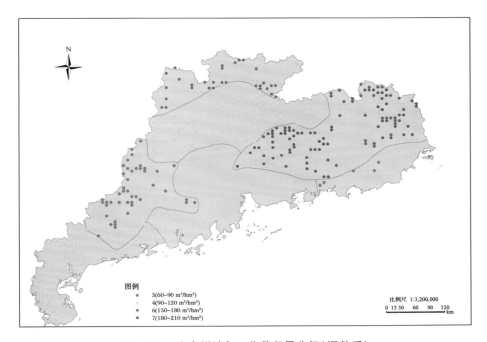

图 16-13　广东样地归一化蓄积量分级（调整后）

16.4.13　广东调整后森林生产力分级

广东森林生产力分级如图 16-14。

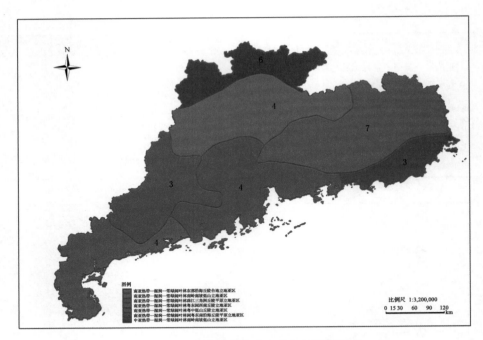

图 16-14　广东森林生产力分级（调整后）

注：图中森林生产力等值依据前文中表 16-15 公顷蓄积量分级结果。

17 广西森林潜在生产力分区成果

17.1 广西森林生产力一级区划

以我国 1:100 万全国行政区划数据中广西区界为边界，从全国森林生产力一级区划图中提取广西森林生产力一级区划，广西森林生产力一级区划单位为 3 个，如表 17-1 和图 17-1：

表 17-1 森林生产力一级区划

序号	气候带	气候大区	森林生产力一级区划
1	边缘热带	湿润	边缘热带—湿润地区
2	南亚热带	湿润	南亚热带—湿润地区
3	中亚热带	湿润	中亚热带—湿润地区

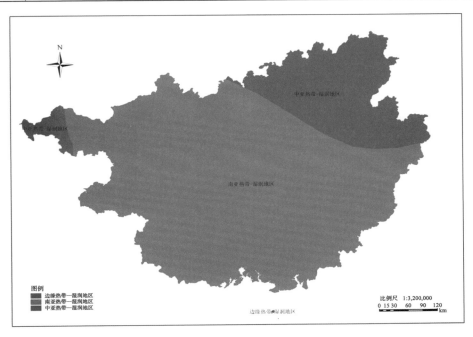

图 17-1 广西森林生产力一级区划

注：本图显示采用 2000 国家大地坐标系(简称 CGCS2000)，后续相关地图同该坐标系。

17.2 广西森林生产力二级区划

按照广西区界从全国森林生产力二级区划中提取广西的森林生产力二级区划，广西森林生产力二级区划单位为 3 个，如表 17-2 和图 17-2：

表 17-2　森林生产力二级区划

序号	森林生产力一级区划	森林生产力二级区划
1	边缘热带—湿润地区	边缘热带—湿润—季雨林、雨林
2	南亚热带—湿润地区	南亚热带—湿润—常绿阔叶林
3	中亚热带—湿润地区	中亚热带—湿润—常绿阔叶林

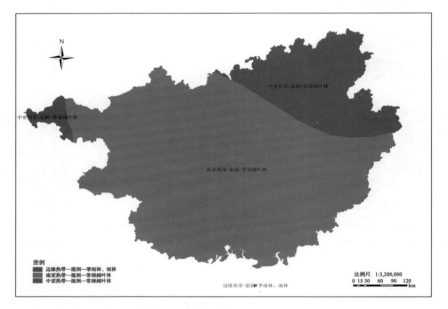

图 17-2　广西森林生产力二级区划

17.3　广西森林生产力三级区划

17.3.1　广西立地区划

根据全国立地区划结果，以广西 1：100 万区界为提取框架，提取广西立地区划结果。需要说明的是，由于广西区界数据与全国立地区划成果数据精度不一致，导致提取的广西立地区划数据在区界边缘出现不少细小的破碎斑块。因此，对广西立地区划数据进行了破碎化斑块处理，根据就近原则，将破碎小斑块就近合并到最近的大斑块中。处理后，得到的广西立地区划属性数据和矢量图分别如表 17-3 和图 17-3：

表 17-3　广西立地区划

序号	立地区域	立地区	立地亚区
1	华南亚热带热带立地区域	海南岛及南海诸岛立地区	东部沿海丘陵台地立地亚区
2		粤桂沿海丘陵台地立地区	西部石灰岩丘陵台地立地亚区
3	南方亚热带立地区域	南岭山地立地区	桂东北山地立地亚区
4		西江山地立地区	桂东低山丘陵立地亚区
5			桂中喀斯特立地亚区
6			桂中山地立地亚区
7		元江南盘江中山丘陵立地区	黔桂南盘江红水河中低山河谷立地亚区

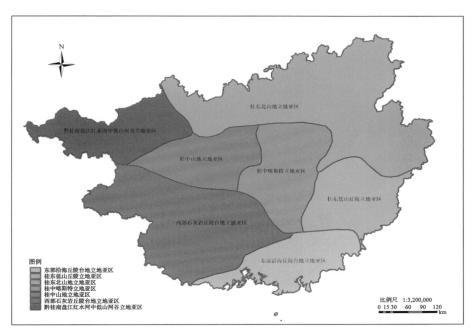

图 17-3 广西立地区划

17.3.2 广西三级区划

根据广西的省界从全国森林生产力三级区划中提取广西森林生产力三级区划。

用广西省界来提取广西森林生产力三级区划时边缘出现了破碎的小斑块，为了使省级森林生产力三级区划不至于太破碎，根据就近原则，将破碎小斑块就近合并到最近的大斑块中。

广西森林生产力三级区划单位为 9 个，如表 17-4 和图 17-4：

表 17-4　森林生产力三级区划

序号	森林生产力一级区划	森林生产力二级区划	森林生产力三级区划
1			南亚热带—湿润—常绿阔叶林东部沿海丘陵台地立地亚区
2			南亚热带—湿润—常绿阔叶林桂中喀斯特立地亚区
3			南亚热带—湿润—常绿阔叶林桂中山地立地亚区
4	南亚热带—湿润地区	南亚热带—湿润—常绿阔叶林	南亚热带—湿润—常绿阔叶林黔桂南盘江红水河中低山河谷立地亚区
5			南亚热带—湿润—常绿阔叶林西部石灰岩丘陵台地立地亚区
6			南亚热带—湿润—常绿阔叶林桂东北山地立地亚区
7			南亚热带—湿润—常绿阔叶林桂东低山丘陵立地亚区
8	中亚热带—湿润地区	中亚热带—湿润—常绿阔叶林	中亚热带—湿润—常绿阔叶林桂东北山地立地亚区
9			中亚热带—湿润—常绿阔叶林黔桂南盘江红水河中低山河谷立地亚区

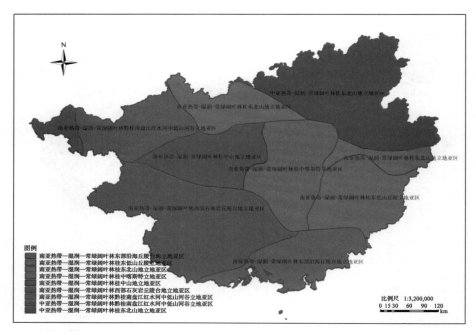

图 17-4　广西森林生产力三级区划

17.4　广西森林生产力量化分级

17.4.1　技术方案

单位面积蓄积量标志着林地生产力的高低及经营措施的效果。本方案在森林生产力三级区划结果基础上，根据已调查的广西第 7 期、第 8 期一类清查样地数据，提取广西森林生产力三级区划的样地数据，筛选出两期地类是乔木林地、疏林地的样地，根据森林生产力三级区划的主要树种，建立样地优势树种蓄积量生长模型，并归一该树种到成熟林时单位公顷的蓄积值，以此作为量化样地森林生产力的依据，在森林生产力三级的基础上进行森林植被生产力区划。

17.4.2　样地筛选

17.4.2.1　样地情况

广西森林资源清查体系建立于 1977 年。采用角规控制检尺，角规断面积系数为 1，用皮尺量测水平距、用缝衣围尺量测胸径，当检尺树的胸径厘米值大于水平距米值的 2 倍，记检尺树 1 株；当检尺树的胸径厘米值等于水平距米值的 2 倍，记检尺树 0.5 株。1978 年全区进行森林资源清查第 1 次复查，复查技术标准与 1977 年完全一致。

2000 年广西开展森林资源清查第 6 次连清复查，样地间距 8 km×6 km，样点数量 4950 个，采用角规抽样方式。

本次复查，在原固定样地的基础上，加密遥感判读样地，布设了一套遥感判读样本，判读样地数量 59400 个，间距 2 km×2 km。

广西的样地情况如表 17-5：

表 17-5　广西样地概况

项目	内容
调查（副）总体	广西样地
样地调查时间	全国第 7 次清查广西数据（2005 年） 全国第 8 次清查广西数据（2010 年）
样地个数	全国第 7 次清查广西样地 4950 个 全国第 8 次清查广西样地 4950 个
样地间距	第一副总体样地间距 8 km×6 km
样地大小	0.0667 hm²
样地形状	25.82 m×25.82 m 的正方形
备注	

17.4.2.2　样地筛选情况

根据广西划分的森林生产力三级区划，提取每个三级区划的样地数据，对提取的样地数据进行筛选。

筛选的条件如下：

地类为乔木林地或疏林地。剔除地类是红树林、竹林、国家特别规定灌木林地、其他灌木林地、未成林封育地、未成林造林地、苗圃地、采伐迹地、火烧迹地、其他无立木林地、宜林荒山荒地、宜林沙荒地、其他宜林地、耕地、牧草地、水域、未利用地、工矿建设用地、城乡居民建设用地、交通建设用地、其他用地的样地。被剔除的样地或者没有划分起源，或者没有样地平均年龄，或者优势树种是灌木，无法进行以林木蓄积量为因变量，样地平均年龄为自变量的曲线拟合。

表 17-6 详细说明了广西第 7、8 期样地（分三级区划）及样地筛选情况。

表 17-6　广西分三级区划样地筛选情况

序号	森林生产力三级区划	监测期	样地总数	筛选样地数	所占比例/%
1	南亚热带—湿润—常绿阔叶林东部沿海丘陵台地立地亚区	第 7 期	448	116	25.9
		第 8 期	448	152	33.9
2	南亚热带—湿润—常绿阔叶林桂中喀斯特立地亚区	第 7 期	540	105	19.4
		第 8 期	540	133	24.6
3	南亚热带—湿润—常绿阔叶林桂中山地立地亚区	第 7 期	440	89	20.2
		第 8 期	440	106	24.1
4	南亚热带—湿润—常绿阔叶林黔桂南盘江红水河中低山河谷立地亚区	第 7 期	419	193	46.1
		第 8 期	419	212	50.6
5	南亚热带—湿润—常绿阔叶林西部石灰岩丘陵台地立地亚区	第 7 期	1056	300	28.4
		第 8 期	1056	351	33.2
6	南亚热带—湿润—常绿阔叶林桂东北山地立地亚区	第 7 期	476	211	44.3
		第 8 期	476	222	46.6
7	南亚热带—湿润—常绿阔叶林桂东低山丘陵立地亚区	第 7 期	481	196	40.7
		第 8 期	481	204	42.4

（续）

序号	森林生产力三级区划	监测期	样地总数	筛选样地数	所占比例/%
8	中亚热带—湿润—常绿阔叶林桂东北山地立地亚区	第 7 期	966	455	47.1
		第 8 期	966	463	47.9
9	中亚热带—湿润—常绿阔叶林黔桂南盘江红水河中低山河谷立地亚区	第 7 期	84	39	46.4
		第 8 期	84	36	42.9

17.4.3 建模树种提取

对筛选出的森林生产力三级区划的乔木林地和疏林地样地数据，分别统计每个优势树种的样地数和样地的起源，为了尽量使每个三级区划都能有森林生产力值，方便森林生产力等级划分，在每个森林生产力三级区内，如果优势树种的建模样地达到 50，则建立样本数≥50 的优势树种的生长模型；如果优势树种的建模样地均未达到 50，则降低建模样本量为 30；降低建模标准且合并树种组仍无法达到建模量的，若该区为完整的三级区，则看邻近区内与该区内相似树种的蓄积量，作为该区的归一化蓄积量；若该区是被省界分割的森林生产力三级区的小部分，则暂时空缺，若是被省界分割的森林生产力三级区的大部分，则参照完整的三级区处理。

各三级区划分优势树种样地数统计见表 17-7。

表 17-7 广西各三级区划样地数分优势树种统计

序号	森林生产力三级区划	优势树种	监测期	起源	样地数
1	南亚热带—湿润—常绿阔叶林东部沿海丘陵台地立地亚区	马尾松	第 7 期	天然	23
			第 8 期		10
		马尾松	第 7 期	人工	4
			第 8 期		5
		湿地松	第 7 期	人工	17
			第 8 期		11
		杉木	第 7 期	人工	9
			第 8 期		9
		栎类	第 7 期	天然	0
			第 8 期		5
		木荷	第 7 期	人工	2
			第 8 期		2
		其他硬阔	第 7 期	天然	1
			第 8 期		1
		椎类	第 7 期	天然	7
			第 8 期		0
		桉树	第 7 期	人工	4
			第 8 期		86
		连生桉	第 7 期	人工	26
			第 8 期		0
		相思树	第 7 期	人工	0
			第 8 期		1
		其他软阔	第 7 期	天然	3
			第 8 期		7

（续）

序号	森林生产力三级区划	优势树种	监测期	起源	样地数
1	南亚热带—湿润—常绿阔叶林东部沿海丘陵台地立地亚区	针叶混	第 7 期	人工	6
			第 8 期		5
		阔叶混	第 7 期	天然	8
			第 8 期		8
		针阔混	第 7 期	天然	3
			第 8 期		2
2	南亚热带—湿润—常绿阔叶林桂中喀斯特立地亚区	马尾松	第 7 期	人工	9
			第 8 期		7
		马尾松	第 7 期	天然	21
			第 8 期		11
		湿地松	第 7 期	人工	8
			第 8 期		5
		杉木	第 7 期	人工	13
			第 8 期		10
		栎类	第 7 期	天然	1
			第 8 期		2
		樟木	第 7 期	天然	1
			第 8 期		1
		木荷	第 7 期	人工	1
			第 8 期		1
		枫香	第 7 期	天然	2
			第 8 期		0
		椎类	第 7 期	天然	1
			第 8 期		0
		桉树	第 7 期	人工	0
			第 8 期		68
		连生桉	第 7 期	人工	20
			第 8 期		0
		其他软阔	第 7 期	天然	8
			第 8 期		3
		香椿	第 7 期	人工	1
			第 8 期		0
		针叶混	第 7 期	人工	2
			第 8 期		1
		阔叶混	第 7 期	天然	8
			第 8 期		22
		针阔混	第 7 期	天然	9
			第 8 期		2

（续）

序号	森林生产力三级区划	优势树种	监测期	起源	样地数
3	南亚热带—湿润—常绿阔叶林桂中山地立地亚区	马尾松	第7期	人工	8
			第8期		18
		马尾松	第7期	天然	14
			第8期		4
		湿地松	第7期	人工	2
			第8期		4
		杉木	第7期	人工	17
			第8期		15
		栎类	第7期	天然	7
			第8期		4
		枫香	第7期	天然	1
			第8期		1
		其他硬阔	第7期	天然	1
			第8期		3
		桉树	第7期	人工	0
			第8期		16
		连生桉	第7期	人工	3
			第8期		0
		其他软阔	第7期	天然	10
			第8期		2
		香椿	第7期	天然	10
			第8期		0
		针叶混	第7期	人工	2
			第8期		2
		阔叶混	第7期	天然	16
			第8期		30
		针阔混	第7期	天然	3
			第8期		7
4	南亚热带—湿润—常绿阔叶林黔桂南盘江红水河中低山河谷立地亚区	马尾松	第7期	人工	8
			第8期		9
		云南松	第7期	天然	3
			第8期		3
		杉木	第7期	人工	31
			第8期		32
		栎类	第7期	天然	31
			第8期		24
		木荷	第7期	天然	1
			第8期		0
		枫香	第7期	天然	1
			第8期		2

（续）

序号	森林生产力三级区划	优势树种	监测期	起源	样地数
4	南亚热带—湿润—常绿阔叶林黔桂南盘江红水河中低山河谷立地亚区	其他硬阔	第 7 期	天然	4
			第 8 期		2
		椎类	第 7 期	天然	1
			第 8 期		0
		连生桉	第 7 期	人工	5
			第 8 期		0
		桉树	第 7 期	人工	0
			第 8 期		6
		楝树	第 7 期	人工	0
			第 8 期		1
		其他软阔	第 7 期	天然	47
			第 8 期		5
		香椿	第 7 期	人工	1
			第 8 期		0
		阔叶混	第 7 期	天然	52
			第 8 期		119
		针阔混	第 7 期	人工	4
			第 8 期		9
5	南亚热带—湿润—常绿阔叶林西部石灰岩丘陵台地立地亚区	马尾松	第 7 期	人工	25
			第 8 期		28
		马尾松	第 7 期	天然	49
			第 8 期		28
		云南松	第 7 期	天然	1
			第 8 期		0
		湿地松	第 7 期	人工	2
			第 8 期		1
		杉木	第 7 期	人工	19
			第 8 期		10
		柏木	第 7 期	人工	0
			第 8 期		1
		栎类	第 7 期	天然	0
			第 8 期		1
		木荷	第 7 期	天然	5
			第 8 期		0
		枫香	第 7 期	天然	3
			第 8 期		2
		其他硬阔	第 7 期	天然	5
			第 8 期		10
		椎类	第 7 期	天然	2
			第 8 期		0

（续）

序号	森林生产力三级区划	优势树种	监测期	起源	样地数
5	南亚热带—湿润—常绿阔叶林西部石灰岩丘陵台地立地亚区	桉树	第7期	人工	5
			第8期		91
		连生桉	第7期	人工	28
			第8期		0
		相思树	第7期	人工	2
			第8期		2
		楝树	第7期	人工	1
			第8期		0
		其他软阔	第7期	天然	56
			第8期		9
		针叶混	第7期	人工	2
			第8期		6
		阔叶混	第7期	天然	67
			第8期		140
		针阔混	第7期	天然	16
			第8期		22
6	南亚热带—湿润—常绿阔叶林桂东北山地立地亚区	马尾松	第7期	天然	10
			第8期		5
		马尾松	第7期	人工	16
			第8期		21
		湿地松	第7期	人工	2
			第8期		2
		杉木	第7期	人工	33
			第8期		40
		栎类	第7期	天然	4
			第8期		5
		木荷	第7期	天然	2
			第8期		1
		枫香	第7期	天然	0
			第8期		1
		其他硬阔	第7期	天然	8
			第8期		0
		桉树	第7期	人工	0
			第8期		20
		连生桉	第7期	人工	6
			第8期		0
		其他软阔	第7期	天然	36
			第8期		6
		针叶混	第7期	人工	3
			第8期		3

（续）

序号	森林生产力三级区划	优势树种	监测期	起源	样地数
6	南亚热带—湿润—常绿阔叶林桂东北山地立地亚区	阔叶混	第7期	天然	66
			第8期		102
		针阔混	第7期	天然	18
			第8期		16
7	南亚热带—湿润—常绿阔叶林桂东低山丘陵立地亚区	马尾松	第7期	天然	77
			第8期		66
		湿地松	第7期	人工	6
			第8期		2
		杉木	第7期	人工	16
			第8期		15
		栎类	第7期	天然	3
			第8期		4
		樟木	第7期	天然	0
			第8期		1
		枫香	第7期	天然	1
			第8期		1
		其他硬阔	第7期	天然	3
			第8期		0
		椎类	第7期	天然	1
			第8期		0
		桉树	第7期	天然	0
			第8期		40
		连生桉	第7期	人工	10
			第8期		0
		其他软阔	第7期	人工	10
			第8期		5
		针叶混	第7期	天然	10
			第8期		5
		阔叶混	第7期	人工	36
			第8期		45
		针阔混	第7期	天然	15
			第8期		20
8	中亚热带—湿润—常绿阔叶林桂东北山地立地亚区	马尾松	第7期	天然	65
			第8期		51
		湿地松	第7期	人工	6
			第8期		4

（续）

序号	森林生产力三级区划	优势树种	监测期	起源	样地数
8	中亚热带—湿润—常绿阔叶林桂东北山地立地亚区	杉木	第7期	人工	100
			第8期		128
		柳杉	第7期	人工	2
			第8期		2
		栎类	第7期	天然	6
			第8期		7
		木荷	第7期	天然	4
			第8期		1
		枫香	第7期	天然	2
			第8期		0
		其他硬阔	第7期	天然	6
			第8期		0
		椎类	第7期	天然	1
			第8期		0
		泡桐	第7期	人工	0
			第8期		1
		桉树	第7期	人工	0
			第8期		13
		连生桉	第7期	人工	3
			第8期		0
		其他软阔	第7期	天然	14
			第8期		2
		针叶混	第7期	天然	7
			第8期		10
		阔叶混	第7期	天然	186
			第8期		210
		针阔混	第7期	天然	47
			第8期		34
9	中亚热带—湿润—常绿阔叶林黔桂南盘江红水河中低山河谷立地亚区	云南松	第7期	天然	1
			第8期		1
		马尾松	第7期	人工	0
			第8期		3
		杉木	第7期	人工	10
			第8期		12
		栎类	第7期	天然	7
			第8期		8
		木荷	第7期	天然	1
			第8期		0
		其他硬阔	第7期	天然	1
			第8期		2
		桉树	第7期	人工	0
			第8期		2

（续）

序号	森林生产力三级区划	优势树种	监测期	起源	样地数
9	中亚热带—湿润—常绿阔叶林黔桂南盘江红水河中低山河谷立地亚区	连生桉	第7期	人工	1
		连生桉	第8期	人工	0
		其他软阔	第7期	天然	3
		其他软阔	第8期	天然	1
		阔叶混	第7期	天然	11
		阔叶混	第8期	天然	7
		针阔混	第7期	人工	1
		针阔混	第8期	人工	0

从表17-7中可以筛选广西森林生产力三级区划的建模树种如表17-8：

表17-8 广西各三级分区主要建模树种及建模数据统计

序号	森林生产力三级区划	优势树种	起源	监测期	总样地数	建模样地数	所占比例/%
1	南亚热带—湿润—常绿阔叶林东部沿海丘陵台地立地亚区	桉树	人工	第7期	4	86	74.1
		桉树	人工	第8期	86		
		连生桉	人工	第7期	26		
		连生桉	人工	第8期	0		
2	南亚热带—湿润—常绿阔叶林桂中喀斯特立地亚区	桉树	人工	第7期	0	68	77.3
		桉树	人工	第8期	68		
		连生桉	人工	第7期	20		
		连生桉	人工	第8期	0		
3	南亚热带—湿润—常绿阔叶林黔桂南盘江红水河中低山河谷立地亚区	阔叶混	天然	第7期	52	161	94.2
				第8期	119		
4	南亚热带—湿润—常绿阔叶林西部石灰岩丘陵台地立地亚区	阔叶混	天然	第7期	67	203	98.1
				第8期	140		
5	南亚热带—湿润—常绿阔叶林桂东北山地立地亚区	阔叶混	天然	第7期	66	160	95.2
				第8期	102		
6	南亚热带—湿润—常绿阔叶林桂东低山丘陵立地亚区	马尾松	天然	第7期	77	116	81.1
				第8期	66		
7	中亚热带—湿润—常绿阔叶林桂东北山地立地亚区	马尾松	天然	第7期	65	90	77.6
				第8期	51		
		杉木	人工	第7期	100	216	94.7
				第8期	128		
		阔叶混	天然	第7期	186	319	80.6
				第8期	210		

17.4.4 建模前数据整理和对应

17.4.4.1 对森林采伐等人为干扰情况的处理

在数据的整理过程中，对第7、8期样地号对应，优势树种一致，第8期年龄增加与调查间隔期一致的样地，第8期林木蓄积量加上采伐蓄积量作为第8期的林木蓄积量，第7期的林木蓄积量不变。

17.4.4.2 对优势树种发生变化情况的处理

两期样地对照分析，第 8 期样地的优势树种发生变化的样地，林木蓄积量仍以第 8 期的林木蓄积量为准，把该样地作为第 8 期优势树种的样地，林木蓄积量以第 8 期调查时为准，不加采伐蓄积量。第 7 期的处理同第 8 期。

17.4.4.3 对样地年龄与时间变化不一致情况的处理

对样地第 8 期的年龄与调查间隔时间变化不一致的样地，则以第 8 期的样地平均年龄为准，林木蓄积量不与采伐蓄积量相加，仍以第 8 期的林木蓄积量作为林木蓄积量，第 7 期的林木蓄积量不发生变化。

17.4.5 建立林分蓄积量生长模型

根据筛选出的优势树种样地数据，以整理后的林木蓄积量作为因变量，以样地的平均年龄作为自变量，剔除异常数据，根据样地数据散点图的总体趋势，选取不同的生长方程拟合曲线。主要树种建模数据统计如表 17-9。

表 17-9　主要树种建模数据统计

序号	森林生产力三级区划	优势树种	统计量	最小值	最大值	平均值
1	南亚热带—湿润—常绿阔叶林东部沿海丘陵台地立地亚区	桉树	林木蓄积量	4.4378	92.6387	47.8984
			平均年龄	1	21	8
2	南亚热带—湿润—常绿阔叶林西部石灰岩丘陵台地立地亚区	阔叶混	林木蓄积量	5.2264	197.7061	61.9999
			平均年龄	6	76	28
3	南亚热带—湿润—常绿阔叶林桂中喀斯特立地亚区	桉树	林木蓄积量	1.1994	122.8186	60.9212
			平均年龄	1	8	5
4	南亚热带—湿润—常绿阔叶林黔桂南盘江红水河中低山河谷立地亚区	阔叶混	林木蓄积量	10.1612	269.0555	87.7609
			平均年龄	4	72	27
5	南亚热带—湿润—常绿阔叶林桂东北山地立地亚区	阔叶混	林木蓄积量	1.8366	182.3988	78.7248
			平均年龄	5	70	29
6	南亚热带—湿润—常绿阔叶林桂东低山丘陵立地亚区	马尾松	林木蓄积量	0.2549	212.6687	77.3424
			平均年龄	5	44	23
7	中亚热带—湿润—常绿阔叶林桂东北山地立地亚区	马尾松	林木蓄积量	2.6537	94.8126	54.1049
			平均年龄	4	36	20
		杉木	林木蓄积量	3.5907	235.7031	107.0980
			平均年龄	4	39	18
		阔叶混	林木蓄积量	4.1379	261.1844	101.7454
			平均年龄	4	75	34

S 型生长模型能够合理地表示树木或林分的生长过程和趋势，避免了其他模型只在某一生长阶段的拟合精度高，而不能完整体现树木或林分生长趋势的弊端，而本方案的目的是预测林分达到成熟林时的蓄积量，S 型生长模型得到的值在比较合理的范围内。

选取的生长方程如表 17-10：

表 17-10　拟合所用的生长模型

序号	生长模型名称	生长模型公式
1	Richards 模型	$y = A(1 - e^{-kx})^{B}$
2	单分子模型	$y = A(1 - e^{-kx})$
3	Logistic 模型	$y = A/(1 + Be^{-kx})$
4	Korf 模型	$y = Ae^{-Bx-k}$

其中，y 为样地的林木蓄积量，x 为林分年龄，A 为树木生长的最大值参数，k 为生长速率参数，B 为与初始值有关的参数。

经过数据拟合，得出各模型的参数和拟合优度及总相对误差，选取适合三级区划各树种的拟合方程，整理如表 17-11。生长模型如图 17-5 ~ 图 17-13。

表 17-11　主要树种模型

序号	森林生产力三级区划	优势树种	模型	生长方程	参数标准差 A	参数标准差 B	参数标准差 k	R^2	TRE /%
1	南亚热带—湿润—常绿阔叶林东部沿海丘陵台地立地亚区	桉树	Richards 普	$y = 91.2154(1 - e^{-0.1656x})^{1.3723}$	16.9008	0.8236	0.1177	0.85	-0.0630
			Richards 加	$y = 84.4360(1 - e^{-0.2201x})^{1.6743}$	16.9765	0.4213	0.0941		0.0323
2	南亚热带—湿润—常绿阔叶林西部石灰岩丘陵台地立地亚区	阔叶混	Richards 普	$y = 146.3187(1 - e^{-0.0317x})^{1.4573}$	52.3947	0.7646	0.0268	0.61	-0.2739
			Richards 加	$y = 113.0531(1 - e^{-0.0602x})^{2.2646}$	22.1472	0.6373	0.0230		0.2563
3	南亚热带—湿润—常绿阔叶林桂中喀斯特立地亚区	桉树	Richards 普	$y = 160.3289(1 - e^{-0.2712x})^{2.6520}$	40.0825	1.0133	0.1236	0.99	-0.5397
			Richards 加	$y = 121.0134(1 - e^{-0.4754x})^{4.6198}$	9.5558	0.4747	0.0514		0.3318
4	南亚热带—湿润—常绿阔叶林黔桂南盘江红水河中低山河谷立地亚区	阔叶混	Richards 普	$y = 281.5264(1 - e^{-0.0215x})^{1.3416}$	120.2525	0.5041	0.0185	0.81	-0.1360
			Richards 加	$y = 251.4110(1 - e^{-0.0271x})^{1.4813}$	90.3264	0.2635	0.0147		-0.0537
5	南亚热带—湿润—常绿阔叶林桂东北山地立地亚区	阔叶混	Richards 普	$y = 157.5211(1 - e^{-0.0369x})^{1.3672}$	39.2930	0.6533	0.0261	0.66	-0.3694
			Richards 加	$y = 131.7737(1 - e^{-0.0653x})^{2.1274}$	19.3614	0.5325	0.0213		0.1506
6	南亚热带—湿润—常绿阔叶林桂东低山丘陵立地亚区	马尾松	Logistic 普	$y = 150.2239/(1 + 48.6548e^{-0.1739x})$	14.9669	40.2014	0.0435	0.77	0.7189
			Logistic 加	$y = 138.1484/(1 + 47.6540e^{-0.1878x})$	29.4560	20.4497	0.0392		0.5961
7	中亚热带—湿润—常绿阔叶林桂东北山地立地亚区	马尾松	Logistic 普	$y = 81.3247/(1 + 57.0214e^{-0.2812x})$	2.7033	30.5922	0.0389	0.94	-0.0341
			Logistic 加	$y = 79.0856/(1 + 76.3091e^{-0.3123x})$	3.5388	13.1872	0.0200		0.1564
		杉木	Richards 普	$y = 166.1602(1 - e^{-0.1473x})^{3.5295}$	20.1521	2.5568	0.0684	0.72	-0.1582
			Richards 加	$y = 156.4682(1 - e^{-0.1887x})^{5.0661}$	16.3711	1.4460	0.0421		0.1178
		阔叶混	Richards 普	$y = 178.3417(1 - e^{-0.0451x})^{1.7279}$	22.2896	0.6491	0.0187	0.77	0.0196
			Richards 加	$y = 174.5655(1 - e^{-0.0475x})^{1.7751}$	20.4839	0.2402	0.0115		0.0353

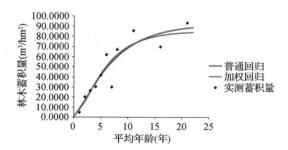

图 17-5 南亚热带—湿润—常绿阔叶林东部沿海丘陵台地立地亚区桉树生长模型

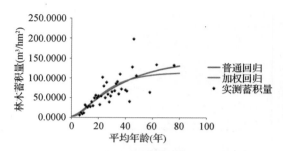

图 17-6 南亚热带—湿润—常绿阔叶林西部石灰岩丘陵台地立地亚区阔叶混生长模型

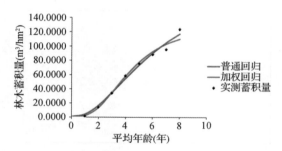

图 17-7 南亚热带—湿润—常绿阔叶林桂中喀斯特立地亚区桉树生长模型

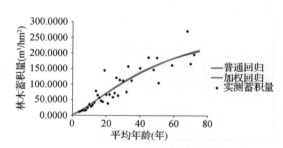

图 17-8 南亚热带—湿润—常绿阔叶林黔桂南盘江红水河中低山河谷立地亚区阔叶混生长模型

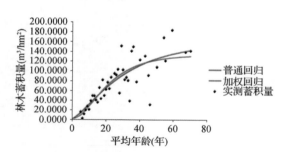

图 17-9 南亚热带—湿润—常绿阔叶林桂东北山地立地亚区阔叶混生长模型

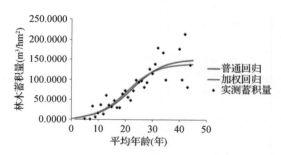

图 17-10 南亚热带—湿润—常绿阔叶林桂东低山丘陵立地亚区马尾松生长模型

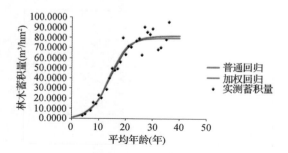

图 17-11 中亚热带—湿润—常绿阔叶林桂东北山地立地亚区马尾松生长模型

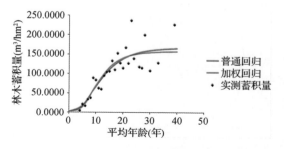

图 17-12 中亚热带—湿润—常绿阔叶林桂东北山地立地亚区杉木生长模型

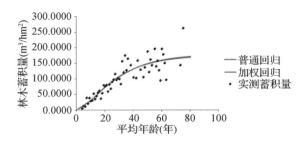

图 17-13　中亚热带—湿润—常绿阔叶林桂东北山地立地亚区阔叶混生长模型

17.4.6　生长模型的检验

为了检验普通回归和加权回归生长模型的适用性，采用以下评价指标：确定系数（R^2）、估计值的标准误差（SEE）、总相对误差（TRE）、平均系统误差（MSE）、平均预估误差（MPE）。

$$R^2 = 1 - \sum (y_i - \hat{y}_i)^2 / \sum (y_i - \bar{y}_i)^2$$

$$SEE = \sqrt{\sum (y_i - \hat{y}_i)^2 / (n - k)}$$

$$TRE = \sum (y_i - \hat{y}_i) / \sum \hat{y}_i \times 100$$

$$MSE = \sum (y_i - \hat{y}_i) / \hat{y}_i / n \times 100$$

$$MPE = t_\alpha \cdot (SEE / \bar{y}) / \sqrt{n} \times 100$$

式中，y_i 为实际观测值，$\hat{y}_i$ 为模型预估值，$\bar{y}$ 为样本平均值，n 为样本单元数，k 为参数个数，t_α 为置信水平 α 时的 t 值。在这 6 项指标中，R^2 和 SEE 是回归模型的最常用指标，既反映了模型的拟合优度，也反映了自变量的贡献率和因变量的离差情况；TRE 和 MSE 是反映拟合效果的重要指标，二者应该控制在一定范围内（如 ± 3%），趋向于 0 时效果最好；MPE 是反映平均蓄积量估计值的精度指标。

各森林生产力三级区划优势树种生长模型检验见表 17-12。

表 17-12　各森林生产力三级区划优势树种生长模型检验

序号	森林生产力三级区划	优势树种	模型	R^2	SEE	TRE	MSE	MPE
1	南亚热带—湿润—常绿阔叶林东部沿海丘陵台地立地亚区	桉树	Richards 普	0.85	12. 5442	− 0. 0630	− 1. 5590	17. 3799
			Richards 加		12. 7433	0. 0323	− 0. 0953	17. 6557
2	南亚热带—湿润—常绿阔叶林西部石灰岩丘陵台地立地亚区	阔叶混	Richards 普	0.61	25. 8137	− 0. 2739	− 2. 4756	13. 3044
			Richards 加		26. 1788	0. 2563	− 0. 1469	13. 4926
3	南亚热带—湿润—常绿阔叶林桂中喀斯特立地亚区	桉树	Richards 普	0.99	5. 8433	− 0. 5397	− 9. 4204	7. 8199
			Richards 加		7. 2693	0. 3318	− 0. 6910	9. 7283
4	南亚热带—湿润—常绿阔叶林黔桂南盘江红水河中低山河谷立地亚区	阔叶混	Richards 普	0.81	28. 8528	− 0. 1360	− 1. 3564	10. 9573
			Richards 加		28. 8951	− 0. 0537	− 0. 0524	10. 9734
5	南亚热带—湿润—常绿阔叶林桂东北山地立地亚区	阔叶混	Richards 普	0.66	27. 6999	− 0. 3694	− 2. 8456	10. 9612
			Richards 加		27. 9969	0. 1506	0. 0726	11. 0787

（续）

序号	森林生产力三级区划	优势树种	模型	R^2	SEE	TRE	MSE	MPE
6	南亚热带—湿润—常绿阔叶林桂东低山丘陵立地亚区	马尾松	Logistic 普	0.77	27.0096	0.7189	2.9693	12.1794
			Logistic 加		27.5373	0.5961	0.0552	12.4174
7	中亚热带—湿润—常绿阔叶林桂东北山地立地亚区	马尾松	Logistic 普	0.94	7.3812	−0.0341	−1.3493	5.2801
			Logistic 加		7.5544	0.1564	−0.0453	5.4040
		杉木	Richards 普	0.72	32.6051	−0.1582	−2.3432	12.0226
			Richards 加		32.8264	0.1178	−0.1293	12.1043
		阔叶混	Richards 普	0.77	27.6211	0.0196	0.1728	7.3403
			Richards 加		27.6319	0.0353	0.0813	7.3431

总相对误差（TRE）基本在 ±3% 以内，平均系统误差（MSE）基本在 ±5% 以内，表明模型拟合效果良好。从这一原则出发，加权回归模型的拟合效果要好于普通回归模型；平均预估误差（MPE）基本在 20% 以内，说明蓄积生长模型的平均预估精度达到 80% 以上。

从参数估计值看，各树种的相应参数的标准差较小，说明模型的稳定性比较好。

17.4.7 样地蓄积量归一化

通过提取的广西的样地数据，广西的针叶树种主要是马尾松和杉木，阔叶树种主要是其他软阔和阔叶混。

根据《国家森林资源连续清查主要技术规定》确定各树种组的龄组划分和成熟林年龄，见表 17-13 和表 17-14。

表 17-13　广西树种成熟年龄

序号	树种	地区	起源	龄级	成熟林
1	桉树	南方	天然	5	21
			人工	5	16
2	阔叶混（其他软阔）	南方	天然	5	21
			人工	5	16
3	马尾松	南方	人工	10	41
			人工	10	31
4	杉木	南方	人工	5	31
			人工	5	26

表 17-14　广西三级区划主要树种成熟林蓄积量

序号	森林生产力三级区划	树种	起源	成熟年龄	成熟林蓄积量/（m³/hm²）
1	南亚热带—湿润—常绿阔叶林东部沿海丘陵台地立地亚区	桉树	人工	16	80.3015
2	南亚热带—湿润—常绿阔叶林桂东北山地立地亚区	阔叶混	天然	21	70.6433
3	南亚热带—湿润—常绿阔叶林桂东低山丘陵立地亚区	马尾松	天然	41	135.2307

（续）

序号	森林生产力三级区划	树种	起源	成熟年龄	成熟林蓄积量（m³/ha）
4	南亚热带—湿润—常绿阔叶林桂中喀斯特立地亚区	桉树	人工	16	120.7358
5	南亚热带—湿润—常绿阔叶林黔桂南盘江红水河中低山河谷立地亚区	阔叶混	天然	21	72.9532
6	南亚热带—湿润—常绿阔叶林西部石灰岩丘陵台立地亚区	阔叶混	天然	21	53.3503
7	中亚热带—湿润—常绿阔叶林桂东北山地立地亚区	马尾松	天然	41	79.0690
		杉木	人工	26	150.6962
		阔叶混	天然	21	77.2147

17.4.8 广西森林生产力分区

依据全国公顷蓄积量分级结果（参见全国报告的表4-12）。广西公顷蓄积量分级结果见表17-15。样地归一化蓄积量分级如图17-14。森林植被生产力分级如图17-15。广西森林生产力三级区划（调整后）见图17-16。

表17-15 广西公顷蓄积量分级结果

级别	2级	3级	5级	6级
公顷蓄积量	30~60	60~90	120~150	150~180

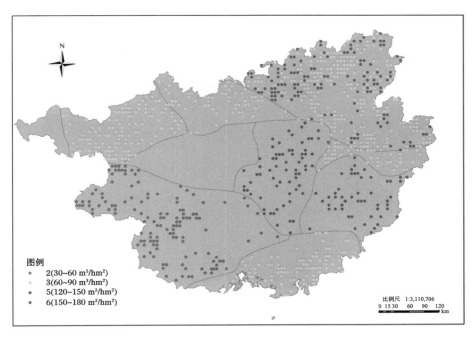

图例
- · 2(30~60 m³/hm²)
- · 3(60~90 m³/hm²)
- · 5(120~150 m³/hm²)
- · 6(150~180 m³/hm²)

比例尺 1:3,110,706
0 15 30　60　90　120
km

图 17-14　广西样地归一化蓄积量分级

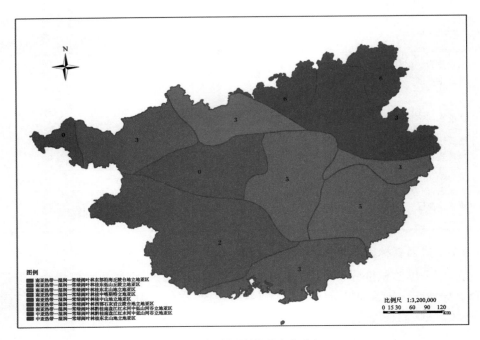

图 17-15　广西森林生产力分级

注：图中数字表达了该区域森林生产力等级。其中空值并不表示该区的森林生产力等级是 0，而是该森林生产力区划跨省，本省建模样地数未达到建模标准，将在区域或全国森林生产力分区图中赋值；图中森林生产力等级值依据前文中表 17-15 公顷蓄积量分级结果。

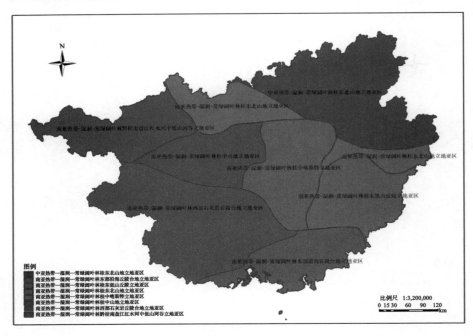

图 17-16　广西森林生产力三级区划（调整后）

17.4.9　广西森林生产力分区调整

南亚热带—湿润—常绿阔叶林桂中山地立地亚区的优势树种是阔叶混天然林，南亚热带—湿润—常绿阔叶林西部石灰岩丘陵台地立地亚区的优势树种是阔叶混天然林，南亚热带—湿润—常绿阔叶林黔桂南盘江红水河中低山河谷立地亚区的优势树种是阔叶混天然林，南亚热带—湿润—常绿阔叶林桂东北山地立地亚区的优势树种是阔叶混天然林，南亚热带—湿润—常绿阔叶林桂中喀斯特立地亚区的优势树种是桉树人工林，按照优势树种相同的原则，根据南亚热带—湿润—常绿阔叶林西部石灰岩丘陵台地立地亚区、南亚热带—湿润—常绿阔叶林黔桂南盘江红水河中低山河谷立地亚区和南亚热带—湿润—常绿阔叶林桂东北山地立地亚区的森林生产力等级值均值为南亚热带—湿润—常绿阔叶林桂中山地立地亚区森林生产力等级赋值，森林生产力等级是3；

中亚热带—湿润—常绿阔叶林黔桂南盘江红水河中低山河谷立地亚区各树种均比较少，与南亚热带—湿润—常绿阔叶林黔桂南盘江红水河中低山河谷立地亚区立地条件一致，树种分布相似，因此与南亚热带—湿润—常绿阔叶林黔桂南盘江红水河中低山河谷立地亚区合并，合并后命名为南亚热带—湿润—常绿阔叶林黔桂南盘江红水河中低山河谷立地亚区，森林生产力等级是3。

调整后，广西森林生产力分级见图17-17。

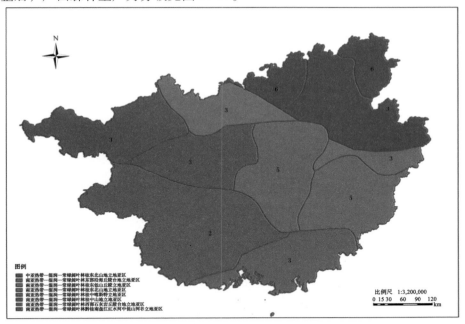

图17-17　广西森林生产力分级（调整后）

注：图中森林生产力等值依据前文中表17-15公顷蓄积量分级结果。

18.1 海南森林生产力一级区划

以我国 1:100 万全国行政区划数据中海南省界为边界，从全国森林生产力一级区划图中提取海南森林生产力一级区划，海南森林生产力一级区划单位为 4 个，如表 18-1 和图 18-1：

表 18-1 森林生产力一级区划

序号	气候带	气候大区	森林生产力一级区划
1	赤道热带	湿润	赤道热带—湿润地区
2	边缘热带	亚湿润	边缘热带—亚湿润地区
3		湿润	边缘热带—湿润地区
4	中热带	湿润	中热带—湿润地区

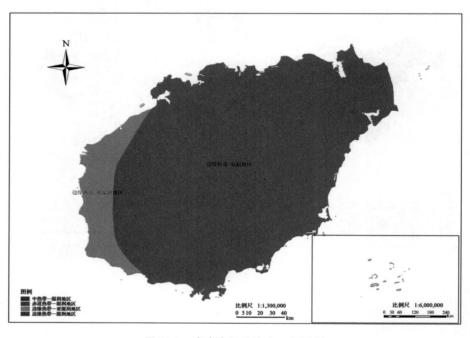

图 18-1 海南森林生产力一级区划

注：本图显示采用 2000 国家大地坐标系（简称 CGCS2000），后续相关地图同该坐标系。

18.2 海南森林生产力二级区划

按照海南省界从全国森林生产力二级区划中提取海南的森林生产力二级区划，海南森林生产力二级区划单位为 4 个，如表 18-2 和图 18-2：

表 18-2 森林生产力二级区划

序号	森林生产力一级区划	森林生产力二级区划
1	边缘热带—湿润地区	边缘热带—湿润—季雨林、雨林
2	边缘热带—亚湿润地区	边缘热带—亚湿润—季雨林、雨林
3	赤道热带—湿润地区	赤道热带—湿润—季雨林、雨林
4	中热带—湿润地区	中热带—湿润—季雨林、雨林

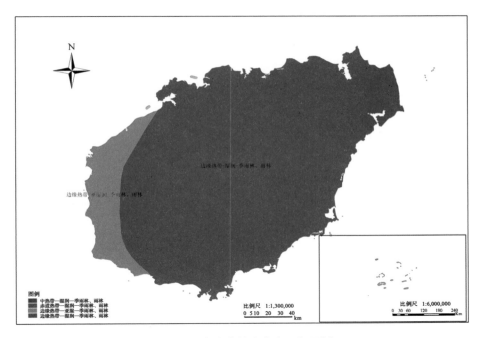

图 18-2 海南森林生产力二级区划

18.3 海南森林生产力三级区划

18.3.1 海南立地区划

根据全国立地区划结果，以海南 1：100 万省界为提取框架，提取海南立地区划结果。需要说明的是，由于海南省界数据与全国立地区划成果数据精度不一致，导致提取的海南立地区划数据在省界边缘出现不少细小的破碎斑块。因此，对海南立地区划数据进行了破碎化斑块处理，根据就近原则，将破碎小斑块就近合并到最近的大斑块中。处理后，得到的海南立地区划属性数据和矢量图分别如表 18-3 和图 18-3：

表 18-3 海南立地区划

序号	立地区域	立地区	立地亚区
1			滨海阶地平原立地亚区
2	华南亚热带热带立地区域	海南岛及南海诸岛立地区	海南丘陵台地立地亚区
3			海南中部山地立地亚区
4			南海诸岛珊瑚礁立地亚区

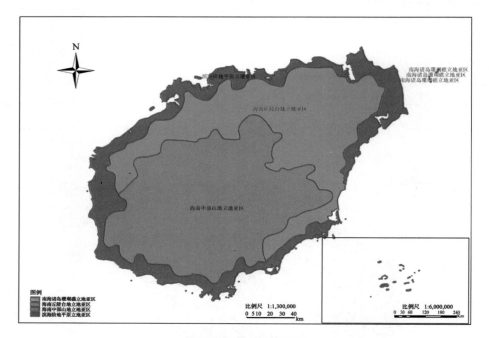

图 18-3 海南立地区划

18.3.2 海南三级区划

根据海南的省界从全国森林生产力三级区划中提取海南森林生产力三级区划。

用海南省界来提取海南森林生产力三级区划时边缘出现了破碎的小斑块，为了使省级森林生产力三级区划不至于太破碎，根据就近原则，将破碎小斑块就近合并到最近的大斑块中。

海南森林生产力三级区划单位为 6 个，如表 18-4 和图 18-4：

表 18-4 森林生产力三级区划

序号	森林生产力一级区划	森林生产力二级区划	森林生产力三级
1	边缘热带—湿润地区	边缘热带—湿润—季雨林、雨林	边缘热带—湿润—季雨林、雨林海南中部山地立地亚区
2			边缘热带—湿润—季雨林、雨林滨海阶地平原立地亚区
3			边缘热带—湿润—季雨林、雨林台东山地立地亚区
4			边缘热带—湿润—季雨林、雨林海南丘陵台地立地亚区
5	边缘热带—亚湿润地区	边缘热带—亚湿润—季雨林、雨林	边缘热带—亚湿润—季雨林、雨林海南中部山地立地亚区
6			边缘热带—亚湿润—季雨林、雨林海南丘陵台地立地亚区

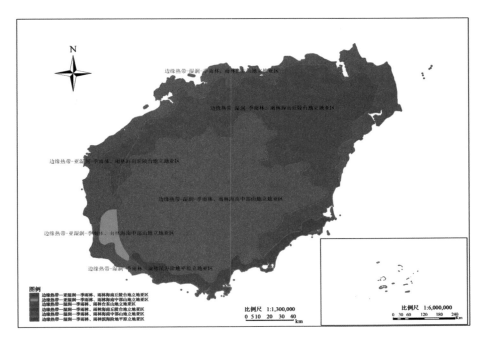

图 18-4　海南森林生产力三级区划

18.4　海南森林生产力量化分级

18.4.1　技术方案

单位面积蓄积量标志着林地生产力的高低及经营措施的效果。本方案在森林生产力三级区划结果基础上，根据已调查的海南第 6 期、第 7 期一类清查样地数据，提取海南森林生产力三级区划的样地数据，筛选出两期地类是乔木林地、疏林地的样地，根据森林生产力三级区划的主要树种，建立样地优势树种蓄积量生长模型，并归一该树种到成熟林时单位公顷的蓄积值，以此作为量化样地森林生产力的依据，在森林生产力三级的基础上进行森林植被生产力区划。

18.4.2　样地筛选

18.4.2.1　样地情况

海南于 1978—1979 年开始建立了森林资源连续清查体系，按 4 km×6 km 网交叉点布设 1421 块样地，样地形状为正方形，样地面积为 0.0667 hm²。

1993 年海南开展了森林资源清查第 3 次复查工作。样地进行了加密，由原来的 4 km×6 km 网布点，加密为 4 km×3 km 网布点，数量由 1421 个增加到 2829 个；增加了对橡胶林蓄积、四旁树株数、蓄积及竹林株数的调查。

2003 年，海南开展了森林资源清查第 5 次复查，本次复查，在原固定样地的基础上，加密遥感判读样地，布设了遥感判读样本，判读样地数量为 33598 个，间距 1 km×1 km。

海南的样地情况如表 18-5：

表 18-5　海南样地概况

项目	内容
调查（副）总体	海南样地
样地调查时间	全国第 6 次清查海南数据（2003 年） 全国第 7 次清查海南数据（2008 年）
样地个数	全国第 6 次清查海南样地 2828 个 全国第 7 次清查海南样地 2828 个
样地间距	样地间距 4 km×3 km
样地大小	样地面积 0.0667 hm²
样地形状	正方形
备注	

18.4.2.2　样地筛选情况

根据海南划分的森林生产力三级区划，提取每个三级区划的样地数据，对提取的样地数据进行筛选。

筛选的条件如下：

地类为乔木林地或疏林地。剔除地类是红树林、竹林、国家特别规定的灌木林地、其他灌木林地、未成林封育地、未成林造林地、苗圃地、采伐迹地、火烧迹地、其他无立木林地、宜林荒山荒地、宜林沙荒地、其他宜林地、耕地、牧草地、水域、未利用地、工矿建设用地、城乡居民建设用地、交通建设用地、其他用地的样地。被剔除的样地或者没有划分起源，或者没有样地平均年龄，或者优势树种是灌木，无法进行以林木蓄积量为因变量，样地平均年龄为自变量的曲线拟合。

表 18-6 详细说明了海南第 6、7 期样地（分三级区划）及样地筛选情况。

表 18-6　海南分三级区划样地筛选情况

序号	森林生产力三级区划	监测期	样地总数	筛选样地数	所占比例/%
1	边缘热带—湿润—季雨林、雨林海南中部山立地亚区	第 6 期	1209	471	39.0
		第 7 期	1210	436	36.0
2	边缘热带—湿润—季雨林、雨林滨海阶地平原立地亚区	第 6 期	143	40	28.0
		第 7 期	142	33	23.2
3	边缘热带—湿润—季雨林、雨林海南丘陵台地立地亚区	第 6 期	906	120	13.2
		第 7 期	905	109	12.0
4	边缘热带—湿润—季雨林、雨林台东山地立地亚区	第 6 期	464	93	20.0
		第 7 期	465	94	20.2
5	边缘热带—亚湿润—季雨林、雨林海南中部山立地亚区	第 6 期	45	23	51.1
		第 7 期	45	22	48.9
6	边缘热带—亚湿润—季雨林、雨林海南丘陵台地立地亚区	第 6 期	44	4	9.1
		第 7 期	44	8	18.2

18.4.3 建模树种提取

对筛选出的森林生产力三级区划的乔木林地和疏林地样地数据，分别统计每个优势树种的样地数和样地的起源，为了尽量使每个三级区划都能有森林生产力值，方便森林生产力等级划分，在每个森林生产力三级区内，如果优势树种的建模样地达到50，则建立样本数≥50的优势树种的生长模型；如果优势树种的建模样地均未达到50，则降低建模样本量为30；降低建模标准且合并树种组仍无法达到建模量的，若该区为完整的三级区，则看邻近区内与该区内相似树种的蓄积量的，作为该区的归一化蓄积量；若该区是被省界分割的森林生产力三级区的小部分，则暂时空缺，若是被省界分割的森林生产力三级区的大部分，则参照完整的三级区处理。

海南各三级区划分优势树种样地数统计见表18-7。

表 18-7 海南各三级区划分优势树种样地数统计

序号	森林生产力三级区划	优势树种	监测期	起源	样地数
1	边缘热带—亚湿润—季雨林、雨林海南丘陵台地立地亚区	栎类	第6期	天然	1
			第7期		0
		桉树	第6期	人工	3
			第7期		7
		阔叶混	第6期	天然	0
			第7期		1
2	边缘热带—亚湿润—季雨林、雨林海南中部山地立地亚区	马尾松	第6期	人工	1
			第7期		0
		杉木	第6期	人工	2
			第7期		1
		栎类	第6期	天然	17
			第7期		0
		其他硬阔	第6期	人工	1
			第7期		1
		桉树	第6期	人工	2
			第7期		1
		相思树	第6期	人工	0
			第7期		1
		阔叶混	第6期	天然	0
			第7期		15
		针阔混	第6期	天然	0
			第7期		1
3	边缘热带—湿润—季雨林、雨林台东山地立地亚区	马尾松	第6期	人工	2
			第7期		0

（续）

序号	森林生产力三级区划	优势树种	监测期	起源	样地数
3	边缘热带—湿润—季雨林、雨林台东山地立地亚区	栎类	第 6 期	天然	11
			第 7 期		0
		桉树	第 6 期	人工	36
			第 7 期		48
		相思树	第 6 期	人工	0
			第 7 期		4
		木麻黄	第 6 期	人工	35
			第 7 期		21
		楝树	第 6 期	人工	0
			第 7 期		2
		其他软阔	第 6 期	人工	9
			第 7 期		0
		阔叶混	第 6 期	天然	0
			第 7 期		9
		阔叶混	第 6 期	人工	0
			第 7 期		8
4	边缘热带—湿润—季雨林、雨林海南丘陵台地立地亚区	云杉	第 6 期	人工	6
			第 7 期		0
		火炬松	第 6 期	人工	0
			第 7 期		1
		其他松类	第 6 期	人工	0
			第 7 期		1
		栎类	第 6 期	天然	22
			第 7 期		0
		其他硬阔	第 6 期	人工	1
			第 7 期		0
		桉树	第 6 期	人工	62
			第 7 期		65
		相思树	第 6 期	人工	0
			第 7 期		10
		木麻黄	第 6 期	人工	8
			第 7 期		4
		其他软阔	第 6 期	人工	21
			第 7 期		2
		阔叶混	第 6 期	天然	0
			第 7 期		14
		阔叶混	第 6 期	人工	0
			第 7 期		9

（续）

序号	森林生产力三级区划	优势树种	监测期	起源	样地数
5	边缘热带—湿润—季雨林、雨林海南中部山地立地亚区	马尾松	第 6 期	天然	1
			第 7 期		0
		马尾松	第 6 期	人工	12
			第 7 期		0
		国外松	第 6 期	人工	0
			第 7 期		1
		杉木	第 6 期	人工	4
			第 7 期		0
		栎类	第 6 期	天然	397
			第 7 期		0
		栎类	第 6 期	人工	2
			第 7 期		0
		其他硬阔	第 6 期	天然	0
			第 7 期		5
		檫木	第 6 期	天然	0
			第 7 期		1
		桉树	第 6 期	人工	32
			第 7 期		35
		相思树	第 6 期	人工	0
			第 7 期		25
		其他软阔	第 6 期	天然	1
			第 7 期		1
		其他软阔	第 6 期	人工	22
			第 7 期		0
		阔叶混	第 6 期	天然	0
			第 7 期		344
		阔叶混	第 6 期	人工	0
			第 7 期		1
		针阔混	第 6 期	天然	0
			第 7 期		4
		针阔混	第 6 期	人工	0
			第 7 期		1
6	边缘热带—湿润—季雨林、雨林滨海阶地平原立地亚区	栎类	第 6 期	天然	32
			第 7 期		0
		其他硬阔	第 6 期	天然	0
			第 7 期		1

（续）

序号	森林生产力三级区划	优势树种	监测期	起源	样地数
6	边缘热带—湿润—季雨林、雨林滨海阶地平原立地亚区	桉树	第6期	人工	5
			第7期		5
		木麻黄	第6期	人工	1
			第7期		1
		其他软阔	第6期	人工	2
			第7期		0
		阔叶混	第6期	天然	0
			第7期		25
		阔叶混	第6期	人工	0
			第7期		1

从表18-7中可以筛选海南森林生产力三级区划的建模树种如表18-8：

表18-8 海南各三级分区主要建模树种及建模数据统计

序号	森林生产力三级区划	优势树种	监测期	起源	总样地数	建模样地数	所占比例/%
1	边缘热带—湿润—季雨林、雨林台东山地立地亚区	桉树	第6期	人工	36	66	78.6
			第7期		48		
2	边缘热带—湿润—季雨林、雨林海南丘陵台地立地亚区	桉树	第6期	人工	62	106	83.5
			第7期		65		

18.4.4 建模前数据整理和对应

18.4.4.1 对森林采伐等人为干扰情况的处理

在数据的整理过程中，对第6、7期样地号对应，优势树种一致，第7期年龄增加与调查间隔期一致的样地，第7期林木蓄积量加上采伐蓄积量作为第7期的林木蓄积量，第6期的林木蓄积量不变。

18.4.4.2 对优势树种发生变化情况的处理

两期样地对照分析，第6期样地的优势树种发生变化的样地，林木蓄积量仍以第7期的林木蓄积量为准，把该样地作为第7期优势树种的样地，林木蓄积量以第7期调查时为准，不加采伐蓄积量。第6期的处理同第7期。

18.4.4.3 对样地年龄与时间变化不一致情况的处理

对样地第7期的年龄与调查间隔时间变化不一致的样地，则以第7期的样地平均年龄为准，林木蓄积量不与采伐蓄积量相加，仍以第7期的林木蓄积量作为林木蓄积量，第6期的林木蓄积量不发生变化。

18.4.5 建立林分蓄积量生长模型

根据筛选出的优势树种样地数据，以整理后的林木蓄积量作为因变量，以样地的平均年龄作为自变量，剔除异常数据，根据样地数据散点图的总体趋势，选取不同的生长方程拟合曲线。主要树种建植数据统计见表18-9。

表 18-9　主要树种建模数据

序号	森林生产力三级区划	优势树种	统计量	最小值	最大值	平均值
1	边缘热带—湿润—季雨林、雨林海南丘陵台地立地亚区	桉树	林木蓄积量	6.5742	116.9115	62.9714
			平均年龄	2	24	13
2	边缘热带—湿润—季雨林、雨林台东山地立地亚区	桉树	林木蓄积量	2.6612	77.9610	33.8423
			平均年龄	1	20	7

　　S 型生长模型能够合理地表示树木或林分的生长过程和趋势，避免了其他模型只在某一生长阶段的拟合精度高，而不能完整体现树木或林分生长趋势的弊端，而本方案的目的是预测林分达到成熟林时的蓄积量，S 型生长模型得到的值在比较合理的范围内。

　　选取的生长方程如表 18-10：

表 18-10　拟合所用的生长模型

序号	生长模型名称	生长模型公式
1	Richards 模型	$y = A(1 - e^{-kx})^B$
2	单分子模型	$y = A(1 - e^{-kx})$
3	Logistic 模型	$y = A/(1 + Be^{-kx})$
4	Korf 模型	$y = Ae^{-Bx-k}$

　　其中，y 为样地的林木蓄积量，x 为林分年龄，A 为树木生长的最大值参数，k 为生长速率参数，B 为与初始值有关的参数。

　　经过数据拟合，得出各模型的参数和拟合优度及总相对误差，选取适合三级区划各树种的拟合方程，整理如表 18-11。生长模型如图 18-5 和图 18-6。

表 18-11　主要树种模型

序号	森林生产力三级区划	优势树种	模型	生长方程	参数标准差 A	参数标准差 B	参数标准差 k	R^2	TRE/%
1	边缘热带—湿润—季雨林、雨林海南丘陵台地立地亚区	桉树	Richards 普	$y = 124.8222(1 - e^{-0.0671x})^{1.1283}$	56.2536	0.6057	0.0765	0.80	−0.1000
			Richards 加	$y = 104.9451(1 - e^{-0.1074x})^{1.4367}$	24.5393	0.4172	0.0595		0.0434
2	边缘热带—湿润—季雨林、雨林台东山地立地亚区	桉树	Richards 普	$y = 39.8708(1 - e^{-0.3834x})^{2.3760}$	5.2328	2.1986	0.2543	0.79	0.3781
			Richards 加	$y = 38.7038(1 - e^{-0.4156x})^{2.3959}$	5.3175	0.6348	0.1403		−0.0584

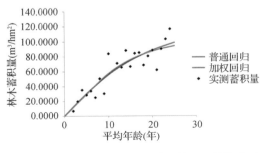

图 18-5　边缘热带—湿润—季雨林、雨林海南丘陵台地立地亚区桉树生长模型

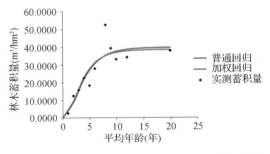

图 18-6　边缘热带—湿润—季雨林、雨林台东山地立地亚区桉树生长模型

18.4.6 生长模型的检验

为了检验普通回归和加权回归生长模型的适用性，采用以下评价指标：确定系数（R^2）、估计值的标准误差（SEE）、总相对误差（TRE）、平均系统误差（MSE）、平均预估误差（MPE）。

$$R^2 = 1 - \sum (y_i - \hat{y}_i)^2 / \sum (y_i - \bar{y}_i)^2$$

$$SEE = \sqrt{\sum (y_i - \hat{y}_i)^2 / (n - k)}$$

$$TRE = \sum (y_i - \hat{y}_i) / \sum \hat{y}_i \times 100$$

$$MSE = \sum (y_i - \hat{y}_i) / \hat{y}_i / n \times 100$$

$$MPE = t_\alpha \cdot (SEE/\bar{y}) / \sqrt{n} \times 100$$

式中，y_i 为实际观测值，$\hat{y}_i$ 为模型预估值，$\bar{y}$ 为样本平均值，n 为样本单元数，k 为参数个数，t_α 为置信水平 α 时的 t 值。在这 6 项指标中，R^2 和 SEE 是回归模型的最常用指标，既反映了模型的拟合优度，也反映了自变量的贡献率和因变量的离差情况；TRE 和 MSE 是反映拟合效果的重要指标，二者应该控制在一定范围内（如 $\pm 3\%$），趋向于 0 时效果最好；MPE 是反映平均蓄积量估计值的精度指标。

各森林生产力三级区划优势树种生长模型检验见表 18-12。

表 18-12　各森林生产力三级区划优势树种生长模型检验

序号	森林生产力三级区划	优势树种	模型	R^2	SEE	TRE	MSE	MPE
1	边缘热带—湿润—季雨林、雨林海南丘陵台地立地亚区	桉树	Richards 普	0.80	14.0570	−0.1000	−1.0119	9.8069
			Richards 加		13.9662	0.0434	−0.0391	9.8707
2	边缘热带—湿润—季雨林、雨林台东山地立地亚区	桉树	Richards 普	0.79	7.4574	0.3781	2.4776	18.0800
			Richards 加		7.4006	−0.0584	0.0115	18.2188

总相对误差（TRE）基本在 $\pm 3\%$ 以内，平均系统误差（MSE）基本在 $\pm 5\%$ 以内，表明模型拟合效果良好。从这一原则出发，加权回归模型的拟合效果要好于普通回归模型；平均预估误差（MPE）基本在 20% 以内，说明蓄积生长模型的平均预估精度达到 80% 以上。

从参数估计值看，各树种的相应参数的标准差较小，说明模型的稳定性比较好。

18.4.7 样地蓄积量归一化

通过提取的海南的样地数据，海南的树种主要是桉树和阔叶混。

根据《国家森林资源连续清查主要技术规定》确定各树种组的龄组划分和成熟林年龄，见表 18-13 和表 18-14。

表 18-13　海南树种成熟年龄

序号	树种	地区	起源	龄级	成熟林
1	桉树	南方	天然	5	21
			人工	5	16

表 18-14　海南三级区划主要树种成熟林蓄积量

序号	森林生产力三级区划	树种	起源	成熟年龄	成熟林蓄积量/（m³/hm²）
1	边缘热带—湿润—季雨林、雨林海南丘陵台地立地亚区	桉树	人工	16	78.9884
2	边缘热带—湿润—季雨林、雨林台东山地立地亚区	桉树	人工	16	38.5938

18.4.8　海南森林生产力分区

依据全国公顷蓄积量分级结果（参见全国报告的表4-12）。海南公顷蓄积量分级结果见表 18-15。样地归一化蓄积量如图 18-7。

表 18-15　海南公顷蓄积量分级结果　　　　　　单位：m³/hm²

级别	2 级	3 级
公顷蓄积量	30～60	60～90

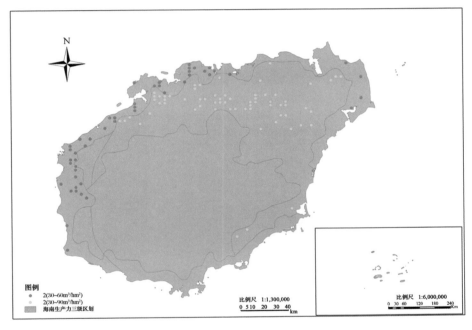

图 18-7　海南样地归一化蓄积量

18.4.9　森林生产力分区调整

边缘热带—亚湿润—季雨林、雨林海南丘陵台地立地亚区与边缘热带—湿润—季雨林、雨林海南丘陵台地立地亚区立地条件相同，将边缘热带—亚湿润—季雨林、雨林海南丘陵台地立地亚区并入边缘热带—湿润—季雨林、雨林海南丘陵台地立地亚区；

边缘热带—亚湿润—季雨林、雨林海南中部山地立地亚区与边缘热带—湿润—季雨林、雨林海南中部山地立地亚区立地条件相同，将边缘热带—亚湿润—季雨林、雨林海南中部山地立地亚区并入边缘热带—湿润—季雨林、雨林海南中部山地立地亚区。

调整后，森林生产力分级如图 18-8，森林生产力三级区划如图 18-9。

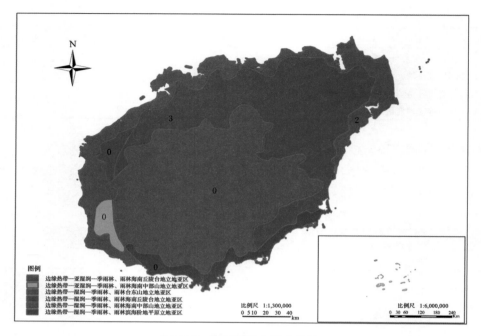

图18-8　海南森林生产力分级

注：图中数字表达了该区域森林生产力等级。其中空值并不表示该区的森林生产力等级是0，而是该森林生产力区划跨省，本省建模样地数未达到建模标准，将在区域或全国森林生产力分区图中赋值；图中森林生产力等级值依据前文中表18-15公顷蓄积量分级结果。

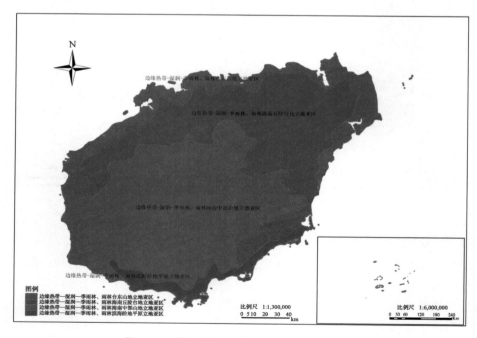

图18-9　海南森林生产力三级区划（调整后）

18.4.10 调整后三级区划建模树种提取

调整后，三级区划分优势树种样地数统计见表 18-16。主要建模数种及建模数据统计见表 18-17。

表 18-16　海南调整后三级区划样地数分优势树种统计

序号	森林生产力三级区划	优势树种	监测期	起源	样地数
5	边缘热带—湿润—季雨林、雨林海南中部山地立地亚区	马尾松	第 6 期	天然	1
			第 7 期		0
		马尾松	第 6 期	人工	13
			第 7 期		0
		国外松	第 6 期	人工	0
			第 7 期		1
		杉木	第 6 期	人工	6
			第 7 期		1
		栎类	第 6 期	天然	414
			第 7 期		0
		栎类	第 6 期	人工	2
			第 7 期		0
		其他硬阔	第 6 期	天然	0
			第 7 期		5
		其他硬阔	第 6 期	人工	1
			第 7 期		1
		椎类	第 6 期	人工	0
			第 7 期		1
		檫木	第 6 期	天然	0
			第 7 期		1
		桉树	第 6 期	人工	34
			第 7 期		36
		相思树	第 6 期	人工	0
			第 7 期		26
		其他软阔	第 6 期	天然	1
			第 7 期		1
		其他软阔	第 6 期	人工	22
			第 7 期		0
		阔叶混	第 6 期	天然	0
			第 7 期		359
		阔叶混	第 6 期	人工	0
			第 7 期		1
		针阔混	第 6 期	天然	0
			第 7 期		5
		针阔混	第 6 期	人工	0
			第 7 期		1

表 18-17　海南各三级分区主要建模树种及建模数据统计

序号	森林生产力三级区划	优势树种	监测期	起源	总样地数	建模样地数	所占比例/%
1	边缘热带—湿润—季雨林、雨林海南中部山地立地亚区	栎类	第6期	天然	414	751	97.2
			第7期		0		
		阔叶混	第6期	天然	0		
			第7期		359		

18.4.11　调整后生长模型

主要树种建模数据统计见表 18-18，主要树种模型统计见表 18-19。生长模型如图 18-10。

表 18-18　主要树种建模数据统计

序号	森林生产力三级区划	优势树种	统计量	最小值	最大值	平均值
1	边缘热带—湿润—季雨林、雨林海南中部山地立地亚区	阔叶混	林木蓄积量	5.5722	398.4595	153.5724
			平均年龄	4	86	39

表 18-19　主要树种模型

序号	森林生产力三级区划	优势树种	模型	生长方程	参数标准差 A	参数标准差 B	参数标准差 k	R^2	TRE/%
1	边缘热带—湿润—季雨林、雨林海南中部山地立地亚区	阔叶混	Logistic 普	$y = 311.3036/(1 + 16.1879 + e^{-0.0708x})$	25.3841	5.2449	0.0114	0.80	−0.2154
			Logistic 加	$y = 258.7497/(1 + 19.3816 e^{-0.0826x})$	22.0481	2.3043	0.0067		0.1785

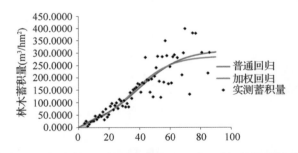

图 18-10　边缘热带—湿润—季雨林、雨林海南中部山地立地亚区阔叶混生长模型（合并后）

18.4.12　调整后生长模型检验

各森林生产力三级区划优势树种生长模型检验见表 18-20。

表 18-20　各森林生产力三级区划优势树种生长模型检验

序号	森林生产力三级区划	优势树种	模型	R^2	SEE	TRE	MSE	MPE
1	边缘热带—湿润—季雨林、雨林海南中部山地立地亚区	阔叶混	Logistic 普	0.80	46.4327	−0.2154	−2.1253	7.1645
			Logistic 加		46.9383	0.1785	−0.1083	7.2941

18.4.13　调整后样地蓄积量归一化

海南的主要树种是桉树和阔叶混，阔叶混主要为硬阔类树种。

海南树种成熟年龄见表 18-21。三级区划主要树种成熟林蓄积量见表 18-22。样地归一化蓄积量如图 18-11。海南公顷蓄积量分级结果如图 18-23。

表 18-21　海南树种成熟年龄

序号	树种	地区	起源	龄级	成熟林
1	桉树	南方	天然	5	21
			人工	5	16
2	阔叶混	南方	天然	20	81
			人工	10	51

表 18-22　海南三级区划主要树种成熟林蓄积量

序号	森林生产力三级区划	树种	起源	成熟年龄	成熟林蓄积量/(m^3/hm^2)
1	边缘热带—湿润—季雨林、雨林海南丘陵台地立地亚区	桉树	人工	16	78.9884
2	边缘热带—湿润—季雨林、雨林台东山地立地亚区	桉树	人工	16	38.5938
3	边缘热带—湿润—季雨林、雨林海南中部山地立地亚区	阔叶混	天然	81	279.0396

表 18-23　海南公顷蓄积量分级结果　　　　　单位：m^3/hm^2

级别	2 级	3 级	10 级
公顷蓄积量	30~60	60~90	≥270

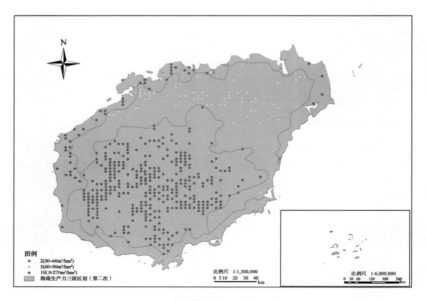

图 18-11　海南样地归一化蓄积量分级

18.4.14　调整后森林生产力分区

边缘热带—湿润—季雨林、雨林滨海阶地平原立地亚区的优势树种与边缘热带—湿润—季雨林、雨林海南中部山地立地亚区的优势树种一致，第 6 期为栎类天然林，第 7 期为阔叶混天然林，且两区的气候植被条件一致，因此根据边缘热带—湿润—季雨林、雨林海南中部山地立地亚区的森林生产力等级值为边缘热带—湿润—季雨林、雨林滨海阶地平原立地亚区森林生产力等级赋值，森林生产力等级为 10。

调整后，森林生产力分级如图 18-12。

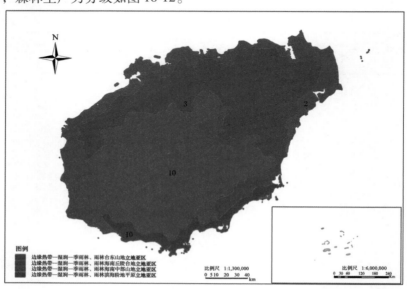

图 18-12　海南森林生产力分级（调整后）

注：图中森林生产力等值依据前文中表 18-15 公顷蓄积量分级结果。

19 重庆森林潜在生产力分区成果

19.1 重庆森林生产力一级区划

以我国 1:100 万全国行政区划数据中重庆市界为边界，从全国森林生产力区划图中提取重庆森林生产力一级区划，重庆森林生产力一级区划单位为 2 个，如表 19-1 和图 19-1：

表 19-1 森林生产力一级区划

序号	气候带	气候大区	森林生产力一级区划
1	北亚热带	湿润	北亚热带—湿润地区
2	中亚热带	湿润	中亚热带—湿润地区

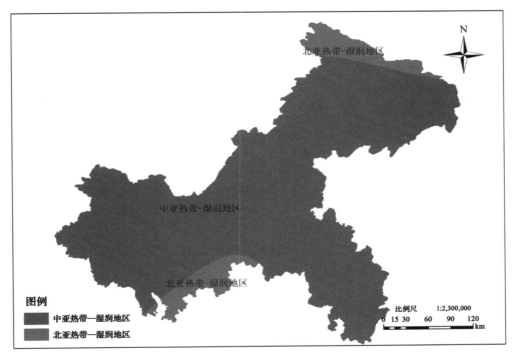

图 19-1 重庆森林生产力一级区划

注：本图显示采用 2000 国家大地坐标系（简称 CGCS2000），后续相关地图同该坐标系。

19.2 重庆森林生产力二级区划

按照重庆市界从全国二级区划中提取重庆森林生产力二级区划，重庆森林生产力二级区划单位为 2 个，如表 19-2 和图 19-2：

表 19-2　森林生产力二级区划

序号	森林生产力一级区划	森林生产力二级区划
1	北亚热带—湿润地区	北亚热带—湿润—常绿阔叶林
2	中亚热带—湿润地区	中亚热带—湿润—常绿阔叶林

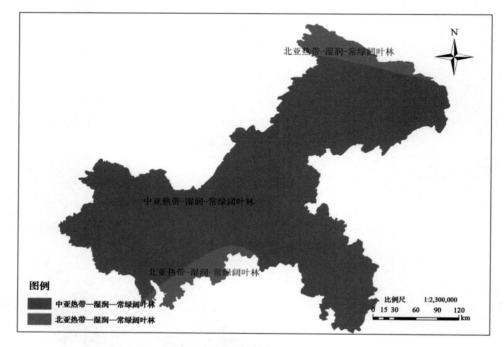

图 19-2　重庆森林生产力二级区划

19.3　重庆森林生产力三级区划

19.3.1　重庆立地区划

根据全国立地区划结果，以重庆 1∶100 万市界为提取框架，提取重庆立地区划结果。需要说明的是，由于重庆市界数据与全国立地区划成果数据精度不一致，导致提取的重庆立地区划数据在市界边缘出现不少细小的破碎斑块。因此，对重庆立地区划数据进行了破碎化斑块处理，根据就近原则，将破碎小斑块合并到最近的大斑块中。处理后，得到的重庆立地区划属性数据和矢量图分别如表 19-3 和图 19-3：

表 19-3　重庆立地区划

序号	立地区域	立地区	立地亚区
1	南方亚热带立地区域	川黔湘鄂山地丘陵立地区	川黔湘鄂山地丘陵西部立地亚区
2		四川盆地立地区	盆东平行岭谷立地亚区
3			盆中丘陵立地亚区
4		四川盆周山地立地区	盆地北缘山地立地亚区
5			盆地南缘山地立地亚区

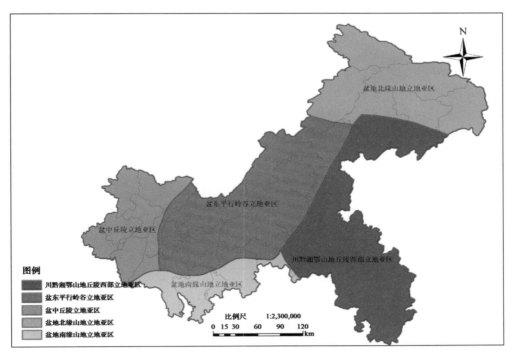

图 19-3　重庆立地区划

19.3.2　重庆三级区划

根据重庆市界从全国森林生产力三级区划中提取重庆森林生产力三级区划。

用重庆市界来提取重庆森林生产力三级区划时边缘出现了破碎的小斑块，为了使市级森林生产力三级不至于太破碎，根据就近原则，将破碎小斑块就近合并到最近的大斑块中。

重庆森林生产力三级区划单位为 7 个，如表 19-4 和图 19-4：

表 19-4　森林生产力三级区划

序号	森林生产力 一级区划	森林生产力二级区划	森林生产力三级区划
1	北亚热带— 湿润地区	北亚热带—湿润— 常绿阔叶林	北亚热带—湿润—常绿阔叶林盆地南缘山地立地亚区
2			北亚热带—湿润—常绿阔叶林盆地北缘山地立地亚区
3	中亚热带— 湿润地区	中亚热带—湿润— 常绿阔叶林	中亚热带—湿润—常绿阔叶林川黔湘鄂山地丘陵西部立地亚区
4			中亚热带—湿润—常绿阔叶林盆东平行岭谷立地亚区
5			中亚热带—湿润—常绿阔叶林盆中丘陵立地亚区
6			中亚热带—湿润—常绿阔叶林盆地北缘山地立地亚区
7			中亚热带—湿润—常绿阔叶林盆地南缘山地立地亚区

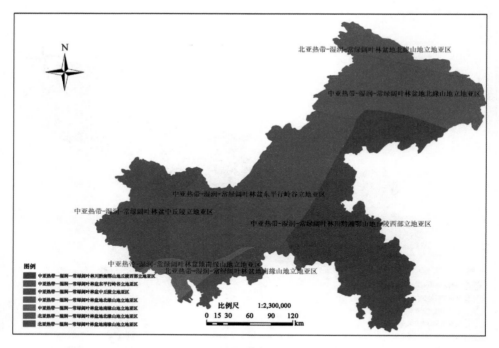

图 19-4　重庆森林生产力三级区划

19.4　重庆森林生产力量化分级

19.4.1　技术方案

单位面积蓄积量标志着林地生产力的高低及经营措施的效果。本方案在森林生产力三级区划结果基础上，根据已调查的重庆第6期、第7期一类清查样地数据，提取重庆森林生产力三级区划的样地数据，筛选出两期地类是乔木林地、疏林地的样地，根据森林生产力三级区划的主要树种，建立样地优势树种蓄积量生长模型，并归一该树种到成熟林时单位公顷的蓄积值，以此作为量化样地森林生产力的依据，在森林生产力三级的基础上进行森林生产力区划。

19.4.2　样地筛选

19.4.2.1　样地情况

2002年重庆单独建立森林资源连续清查体系。重庆2002年进行森林资源清查时，对全部样地进行了初设。样地全部是正方形，样地、样木全部固定。

在原固定样地的基础上，加密遥感判读样地，布设了一套遥感判读样本，判读样地数量为41223个，间距1 km×2 km。

重庆样地情况如表19-5：

表 19-5　重庆样地概况

项目	内容
调查（副）总体	重庆样地
样地调查时间	全国第6次清查重庆数据（2002年） 全国第7次清查重庆数据（2007年）

（续）

项目	内容
样地个数	全国第6次清查重庆样地5133个 全国第7次清查重庆样地5133个
样地间距	重庆样地间距4 km×4 km
样地大小	重庆样地0.0667 hm²
样地形状	重庆样地为25.82 m×25.82 m的正方形
备注	

19.4.2.2　样地筛选情况

根据重庆划分的森林生产力三级区划，提取每个三级区划的样地数据，对提取的样地数据进行筛选。

筛选的条件如下：

地类为乔木林地或疏林地。剔除地类是红树林、竹林、国家特别规定灌木林地、其他灌木林地、未成林封育地、未成林造林地、苗圃地、采伐迹地、火烧迹地、其他无立木林地、宜林荒山荒地、宜林沙荒地、其他宜林地、耕地、牧草地、水域、未利用地、工矿建设用地、城乡居民建设用地、交通建设用地、其他用地的样地。被剔除的样地或者没有划分起源，或者没有样地平均年龄，或者优势树种是灌木，无法进行以林木蓄积量为因变量，样地平均年龄为自变量的曲线拟合。

下表详细说明了重庆第6、7期样地（分三级区划）及样地筛选情况，见表19-6。

表19-6　重庆分三级区划样地筛选情况

序号	森林生产力三级区划	监测期	样地总数	筛选样地数	所占比例/%
1	北亚热带—湿润—常绿阔叶林盆地北缘山地立地亚区	第6期	221	92	41.6
		第7期	220	112	50.9
2	北亚热带—湿润—常绿阔叶林盆地南缘山地立地亚区	第6期	215	61	28.4
		第7期	214	67	31.3
3	中亚热带—湿润—常绿阔叶林川黔湘鄂山地丘陵西部立地亚区	第6期	1439	324	22.5
		第7期	1439	386	26.8
4	中亚热带—湿润—常绿阔叶林盆东平行岭谷立地亚区	第6期	1541	265	17.2
		第7期	1541	295	19.1
5	中亚热带—湿润—常绿阔叶林盆中丘陵立地亚区	第6期	627	35	5.6
		第7期	628	44	7.0
6	中亚热带—湿润—常绿阔叶林盆地北缘山地立地亚区	第6期	877	228	26.0
		第7期	873	267	30.6
7	中亚热带—湿润—常绿阔叶林盆地南缘山地立地亚区	第6期	188	43	22.9
		第7期	188	49	26.1

19.4.3　建模树种提取

对筛选出的森林生产力三级区划的乔木林地和疏林地样地数据，分别统计每个优势树种的样地数和样地的起源，为了尽量使每个三级区划都能有森林生产力值，方便森林生产力等级划分，在每个森林生产力三级区内，如果优势树种的建模样地达到50，则建立样本数≥50的优势树种的生长模型；如果优势树种的建模样地均未达到 50，则降低建模样本量为 30；降低建模标准且合并树种组仍无法达到建模量的，若该区为完整的三级区，则看邻近区内与该区内相似树种的蓄积量，作为该区的归一化蓄积量；若该区是被省界分割的森林生产力三级区的小部分，则暂时空缺，若是被省界分割的森林生产力三级区的大部分，则参照完整的三级区处理。

重庆各三级区划分优势树种样地数统计见表 19-7。

表 19-7　重庆各三级区划样地数分优势树种统计

序号	森林生产力三级区划	优势树种	监测期	起源	样地数
1	北亚热带—湿润—常绿阔叶林盆地北缘山地立地亚区	油松	第 6 期	人工	1
			第 7 期		1
		华山松	第 6 期	天然	2
			第 7 期		3
		华山松	第 6 期	人工	3
			第 7 期		4
		马尾松	第 6 期	人工	2
			第 7 期		2
		马尾松	第 6 期	天然	5
			第 7 期		3
		思茅松	第 6 期	天然	0
			第 7 期		1
		杉木	第 6 期	天然	8
			第 7 期		9
		栎类	第 6 期	天然	35
			第 7 期		35
		桦木	第 6 期	天然	4
			第 7 期		5
		樟木	第 6 期	天然	1
			第 7 期		1
		其他硬阔	第 6 期	天然	20
			第 7 期		22
		椴树	第 6 期	天然	1
			第 7 期		1
		杨树	第 6 期	天然	5
			第 7 期		5
		其他软阔	第 6 期	天然	4
			第 7 期		6
		阔叶混	第 6 期	天然	1
			第 7 期		0
2	北亚热带—湿润—常绿阔叶林盆地南缘山地立地亚区	马尾松	第 6 期	天然	18
			第 7 期		20
		湿地松	第 6 期	人工	0
			第 7 期		1
		杉木	第 6 期	人工	7
			第 7 期		7
		杉木	第 6 期	天然	4
			第 7 期		4
		柳杉	第 6 期	人工	3
			第 7 期		5

（续）

序号	森林生产力三级区划	优势树种	监测期	起源	样地数
2	北亚热带—湿润—常绿阔叶林盆地南缘山地立地亚区	柏木	第 6 期	人工	2
			第 7 期		2
		柏木	第 6 期	天然	3
			第 7 期		3
		栎类	第 6 期	天然	6
			第 7 期		5
		桦木	第 6 期	人工	1
			第 7 期		1
		枫香	第 6 期	天然	0
			第 7 期		1
		其他硬阔	第 6 期	天然	12
			第 7 期		8
		泡桐	第 6 期	人工	0
			第 7 期		1
		其他软阔	第 6 期	天然	4
			第 7 期		4
		阔叶混	第 6 期	天然	1
			第 7 期		5
3	中亚热带—湿润—常绿阔叶林川黔湘鄂山地丘陵西部立地亚区	油松	第 6 期	人工	0
			第 7 期		1
		落叶松	第 6 期	人工	1
			第 7 期		2
		油松	第 6 期	人工	4
			第 7 期		1
		华山松	第 6 期	人工	2
			第 7 期		3
		马尾松	第 6 期	天然	144
			第 7 期		155
		马尾松	第 6 期	人工	8
			第 7 期		12
		云南松	第 6 期	人工	3
			第 7 期		1
		思茅松	第 6 期	自然	0
			第 7 期		1
		杉木	第 6 期	天然	65
			第 7 期		69
		杉木	第 6 期	人工	6
			第 7 期		7
		柳杉	第 6 期	人工	3
			第 7 期		7

（续）

序号	森林生产力三级区划	优势树种	监测期	起源	样地数
3	中亚热带—湿润—常绿阔叶林川黔湘鄂山地丘陵西部立地亚区	柏木	第6期	天然	29
			第7期		30
		柏木	第6期	人工	4
			第7期		4
		栎类	第6期	天然	12
			第7期		20
		桦木	第6期	天然	1
			第7期		3
		楠木	第6期	天然	2
			第7期		2
		枫香	第6期	天然	0
			第7期		7
		其他硬阔	第6期	天然	18
			第7期		17
		其他软阔	第6期	天然	21
			第7期		21
		杨树	第6期	人工	0
			第7期		7
		针叶混	第6期	天然	0
			第7期		4
		阔叶混	第6期	天然	1
			第7期		1
		针阔混	第6期	天然	0
			第7期		7
4	中亚热带—湿润—常绿阔叶林盆东平行岭谷立地亚区	华山松	第6期	天然	2
			第7期		2
		油杉	第6期	人工	0
			第7期		1
		马尾松	第6期	天然	123
			第7期		122
		马尾松	第6期	人工	49
			第7期		46
		湿地松	第6期	人工	0
			第7期		1
		杉木	第6期	人工	13
			第7期		12
		杉木	第6期	天然	12
			第7期		13
		柳杉	第6期	人工	0
			第7期		1

（续）

序号	森林生产力三级区划	优势树种	监测期	起源	样地数
4	中亚热带—湿润—常绿阔叶林盆东平行岭谷立地亚区	水杉	第6期	人工	0
			第7期		1
		柏木	第6期	人工	13
			第7期		20
		柏木	第6期	天然	27
			第7期		30
		栎类	第6期	天然	11
			第7期		15
		樟木	第6期	人工	1
			第7期		1
		楠木	第6期	天然	0
			第7期		2
		其他硬阔	第6期	天然	3
			第7期		4
		杨树	第6期	人工	0
			第7期		2
		泡桐	第6期	人工	1
			第7期		0
		桉树	第6期	人工	0
			第7期		1
		其他软阔	第6期	人工	10
			第7期		10
5	中亚热带—湿润—常绿阔叶林盆中丘陵立地亚区	马尾松	第6期	人工	11
			第7期		11
		马尾松	第6期	天然	6
			第7期		5
		油杉	第6期	天然	0
			第7期		1
		杉木	第6期	人工	7
			第7期		7
		柏木	第6期	人工	5
			第7期		10
		栎类	第6期	天然	3
			第7期		5
		其他硬阔	第6期	天然	2
			第7期		1
		杨树	第6期	人工	0
			第7期		1
		桉树	第6期	人工	0
			第7期		2

（续）

序号	森林生产力三级区划	优势树种	监测期	起源	样地数
5	中亚热带—湿润—常绿阔叶林盆中丘陵立地亚区	其他软阔	第6期	人工	1
			第7期		1
6	中亚热带—湿润—常绿阔叶林盆地北缘山地立地亚区	油松	第6期	人工	10
			第7期		10
		华山松	第6期	人工	13
			第7期		14
		马尾松	第6期	人工	21
			第7期		35
		马尾松	第6期	天然	102
			第7期		103
		云南松	第6期	人工	2
			第7期		1
		杉木	第6期	人工	12
			第7期		14
		柳杉	第6期	天然	0
			第7期		1
		柏木	第6期	天然	12
			第7期		18
		栎类	第6期	天然	27
			第7期		26
		桦木	第6期	天然	5
			第7期		6
		其他硬阔	第6期	天然	9
			第7期		13
		杨树	第6期	天然	1
			第7期		5
		其他软阔	第6期	天然	14
			第7期		12
		落叶松	第6期	人工	0
			第7期		1
		其他松类	第6期	人工	0
			第7期		1
		枫香	第6期	天然	0
			第7期		2
7	中亚热带—湿润—常绿阔叶林盆地南缘山地立地亚区	马尾松	第6期	天然	13
			第7期		12
		杉木	第6期	人工	11
			第7期		14
		柳杉	第6期	人工	1
			第7期		2

（续）

序号	森林生产力三级区划	优势树种	监测期	起源	样地数
7	中亚热带—湿润—常绿阔叶林盆地南缘山地立地亚区	柏木	第 6 期	人工	3
			第 7 期		3
		栎类	第 6 期	天然	2
			第 7 期		5
		其他硬阔	第 6 期	天然	5
			第 7 期		3
		泡桐	第 6 期	人工	1
			第 7 期		1
		其他软阔	第 6 期	天然	5
			第 7 期		5
		阔叶混	第 6 期	天然	1
			第 7 期		3
		针阔混	第 6 期	天然	1
			第 7 期		0

从表 19-7 中可以筛选重庆森林生产力三级区划的建模树种如表 19-8：

表 19-8　重庆各三级分区主要建模树种及建模数据统计

序号	森林生产力三级区划	优势树种	起源	监测期	总样地数	建模样地数	所占比例/%
1	北亚热带—湿润—常绿阔叶林盆地北缘山地立地亚区	栎类	天然	第 6 期	35	62	88.6
				第 7 期	35		
2	中亚热带—湿润—常绿阔叶林川黔湘鄂山地丘陵西部立地亚区	马尾松	天然	第 6 期	144	287	96.0
				第 7 期	155		
		杉木	天然	第 6 期	65	130	97.0
				第 7 期	69		
3	中亚热带—湿润—常绿阔叶林盆东平行岭谷立地亚区	马尾松	天然	第 6 期	123	236	96.3
				第 7 期	122		
4	中亚热带—湿润—常绿阔叶林盆地北缘山地立地亚区	马尾松	天然	第 6 期	102	191	93.2
				第 7 期	103		

19.4.4　初次森林生产力分区及调整说明

19.4.4.1　初次森林生产力分级区划成果

重庆森林生产力分级见图 19-5。

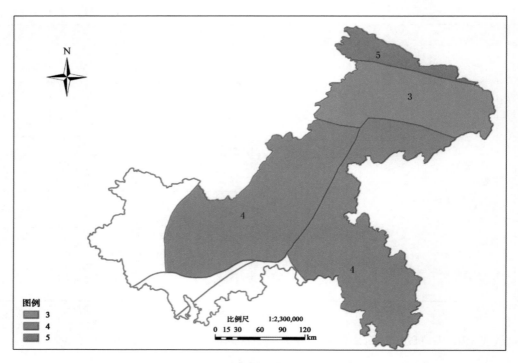

图 19-5　重庆森林生产力分级

注：图中数字表达了该区域森林生产力等级。其中空值并不表示该区的森林生产力等级是 0，而是该森林生产力区划跨省，本省建模样地数未达到建模标准，将在区域或全国森林生产力分区图中赋值；图中森林生产力等级值依据后文中表 19-15 公顷蓄积量分级结果。

19.4.4.2　调整说明

中亚热带—湿润—常绿阔叶林盆中丘陵立地亚区、中亚热带—湿润—常绿阔叶林盆地南缘山地立地亚区两个空白区域等待四川相应三级区部分赋值；

北亚热带—湿润—常绿阔叶林盆地南缘山地立地亚区空白区域等待贵州省相应三级区部分赋值。

19.4.4.3　调整后三级区划成果

三级区划无调整。

19.4.5　调整后建模树种提取

三级区划无调整，因此没有提取新的建模树种。

19.4.6　建模前数据整理和对应

19.4.6.1　对森林采伐等人为干扰情况的处理

在数据的整理过程中，对第 6、7 期样地号对应，优势树种一致，第 7 期年龄增加与调查间隔期一致的样地，第 7 期林木蓄积量加上采伐蓄积量作为第 7 期的林木蓄积量，第 6 期的林木蓄积量不变。

19.4.6.2　对优势树种发生变化情况的处理

两期样地对照分析，第 7 期样地的优势树种发生变化的样地，林木蓄积量仍以第 7 期的林木蓄积量为准，把该样地作为第 7 期优势树种的样地，林木蓄积量以第 7 期调查时为准，不加采伐蓄积量。第 6 期的处理同第 7 期。

19.4.6.3　对样地年龄与时间变化不一致情况的处理

对样地第 7 期的年龄与调查间隔时间变化不一致的样地，则以第 7 期的样地平均年龄为准，林木蓄积量不与采伐蓄积量相加，仍以第 7 期的林木蓄积量作为林木蓄积量，第 6 期的林木蓄积量不发生变化。

19.4.7　建立林分蓄积量生长模型

根据筛选出的优势树种样地数据，以整理后的林木蓄积量作为因变量，以样地的平均年龄作为自变量，剔除异常数据，根据样地数据散点图的总体趋势，选取不同的生长方程拟合曲线。见表 19-9。

表 19-9　主要树种建模数据统计

序号	森林生产力三级区划	优势树种	统计量	最小值	最大值	平均值
1	北亚热带—湿润—常绿阔叶林盆地北缘山地立地亚区	栎类	平均年龄	9	70	32
			林木蓄积量	6.0870	142.4288	68.8000
2	中亚热带—湿润—常绿阔叶林川黔湘鄂山地丘陵西部立地亚区	马尾松	平均年龄	5	50	25
			林木蓄积量	0.4423	128.1109	66.1014
		杉木	平均年龄	7	45	21
			林木蓄积量	2.9985	95.1724	57.8778
3	中亚热带—湿润—常绿阔叶林盆东平行岭谷立地亚区	马尾松	平均年龄	8	60	29
			林木蓄积量	8.6957	132.7286	73.5538
4	中亚热带—湿润—常绿阔叶林盆地北缘山地立地亚区	马尾松	平均年龄	8	37	23
			林木蓄积量	1.2744	76.8591	41.3340

S 型生长模型能够合理地表示树木或林分的生长过程和趋势，避免了其他模型只在某一生长阶段的拟合精度高，而不能完整体现树木或林分生长趋势的弊端，而本方案的目的是预测林分达到成熟林时的蓄积量，S 型生长模型得到的值在比较合理的范围内。

选取的生长方程如下表 19-10：

表 19-10　拟合所用的生长模型

序号	生长模型名称	生长模型公式
1	Richards 模型	$y = A\,(1 - e^{-kx})^{B}$
2	单分子模型	$y = A(1 - e^{-kx})$
3	Logistic 模型	$y = A/(1 + Be^{-kx})$
4	Korf 模型	$y = Ae^{-Bx-k}$

其中，y 为样地的林木蓄积量，x 为林分年龄，A 为树木生长的最大值参数，k 为生长速率参数，B 为与初始值有关的参数。

经过数据拟合，得出各模型的参数和拟合优度及总相对误差，选取适合三级区划各树种的拟合方程，整理如表 19-11。生长模型如图 19-6 ~ 图 19-10。

表 19-11　主要树种模型

序号	森林生产力三级区划	优势树种	模型	生长方程	参数标准差			R^2	TRE/%
					A	B	k		
1	北亚热带—湿润—常绿阔叶林盆地北缘山地立地亚区	栎类	Richards 普	$y = 145.9991\,(1 - e^{-0.0539x})^{3.2797}$	18.5165	3.2797	0.0539	0.89	−0.0384
			Richards 加	$y = 139.3065\,(1 - e^{-0.0608x})^{3.7371}$	18.9974	0.7172	0.0127		0.0787
2	中亚热带—湿润—常绿阔叶林川黔湘鄂山地丘陵西部立地亚区	马尾松	Richards 普	$y = 118.5254\,(1 - e^{-0.0745x})^{2.8146}$	14.0543	1.1405	0.0254	0.85	−0.1259
			Richards 加	$y = 111.1775\,(1 - e^{-0.0901x})^{3.4836}$	13.6974	0.6862	0.0197		0.0115
		杉木	Richards 普	$y = 84.4628\,(1 - e^{-0.1869x})^{9.2304}$	4.3149	4.7817	0.0393	0.90	−0.0365
			Richards 加	$y = 81.3208\,(1 - e^{-0.2175x})^{12.7053}$	5.6359	3.3562	0.0298		0.0833
3	中亚热带—湿润—常绿阔叶林盆东平行岭谷立地亚区	马尾松	Richards 普	$y = 121.4302\,(1 - e^{-0.0731x})^{3.0749}$	9.1121	0.9973	0.0176	0.88	−0.1721
			Richards 加	$y = 117.3938\,(1 - e^{-0.0835x})^{3.7120}$	10.3683	0.7130	0.0150		−0.0297
4	中亚热带—湿润—常绿阔叶林盆地北缘山地立地亚区	马尾松	Richards 普	$y = 100.8141\,(1 - e^{-0.0881x})^{6.1255}$	16.9305	2.5108	0.0251	0.95	0.0372
			Richards 加	$y = 92.4569\,(1 - e^{-0.0994x})^{7.0933}$	11.7436	1.0730	0.0134		0.0805

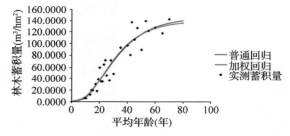

图 19-6　北亚热带—湿润—常绿阔叶林盆地北缘山地立地亚区栎类生长模型

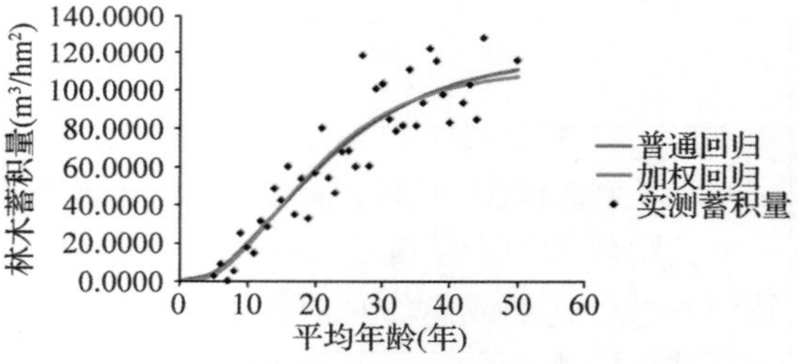

图 19-7　中亚热带—湿润—常绿阔叶林川黔湘鄂山地丘陵西部立地亚区马尾松生长模型

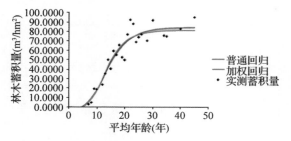

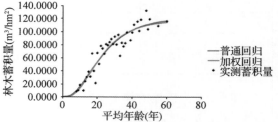

图 19-8　中亚热带—湿润—常绿阔叶林川黔湘鄂山地丘陵西部立地亚区杉木生长模型

图 19-9　中亚热带—湿润—常绿阔叶林盆东平行岭谷立地亚区马尾松生长模型

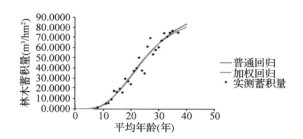

图19-10　中亚热带—湿润—常绿阔叶林盆地北缘山地立地亚区马尾松生长模型

19.4.8　生长模型的检验

为了检验普通回归和加权回归生长模型的适用性，采用以下评价指标：确定系数（R^2）、估计值的标准误差（SEE）、总相对误差（TRE）、平均系统误差（MSE）、平均预估误差（MPE）。

$$R^2 = 1 - \sum (y_i - \hat{y}_i)^2 / \sum (y_i - \bar{y}_i)^2$$

$$SEE = \sqrt{\sum (y_i - \hat{y}_i)^2 / (n - k)}$$

$$TRE = \sum (y_i - \hat{y}_i) / \sum \hat{y}_i \times 100$$

$$MSE = \sum (y_i - \hat{y}_i) / \hat{y}_i / n \times 100$$

$$MPE = t_\alpha \cdot (SEE / \bar{y}) / \sqrt{n} \times 100$$

式中，y_i 为实际观测值，$\hat{y}_i$ 为模型预估值，$\bar{y}$ 为样本平均值，n 为样本单元数，k 为参数个数，t_α 为置信水平 α 时的 t 值。在这 6 项指标中，R^2 和 SEE 是回归模型的最常用指标，既反映了模型的拟合优度，也反映了自变量的贡献率和因变量的离差情况；TRE 和 MSE 是反映拟合效果的重要指标，二者应该控制在一定范围内（如 ±3%），趋向于 0 时效果最好；MPE 是反映平均蓄积量估计值的精度指标。

各森林生产力三级区划优势树种生长模型检验见表 19-12。

表 19-12　各森林生产力三级区划优势树种生长模型检验

序号	森林生产力三级区划	优势树种	模型	R^2	SEE	TRE	MSE	MPE
1	北亚热带—湿润—常绿阔叶林盆地北缘山立地亚区	栎类	Richards 普	0.89	15.1229	−0.0384	−0.9528	8.3472
			Richards 加		15.1744	0.0787	0.1135	8.3756
2	中亚热带—湿润—常绿阔叶林川黔湘鄂山地丘陵西部立地亚区	马尾松	Richards 普	0.85	14.6604	−0.1259	−1.9727	6.9966
			Richards 加		14.7402	0.0115	0.0126	7.0346
		杉木	Richards 普	0.90	9.2955	−0.0365	−1.2419	6.6170
			Richards 加		9.4626	0.0833	−0.0759	6.7359
3	中亚热带—湿润—常绿阔叶林盆东平行岭谷立地亚区	马尾松	Richards 普	0.88	11.9771	−0.1721	−1.4019	5.2033
			Richards 加		12.0263	−0.0297	−0.0183	5.2247
4	中亚热带—湿润—常绿阔叶林盆地北缘山立地亚区	马尾松	Richards 普	0.95	6.0300	0.0372	−0.5095	5.7611
			Richards 加		6.0885	0.0805	0.0126	5.8170

总相对误差（TRE）基本上在 ±3% 以内，平均系统误差（MSE）基本上在 ±5% 以内，表明模型拟合效果良好。从这一原则出发，加权回归模型的拟合效果要好于普通回归模型；

平均预估误差(MPE)基本在10%以内,说明蓄积生长模型的平均预估精度达到约90%以上。

从参数估计值看,各树种的相应参数的标准差较小,说明模型的稳定性比较好。

19.4.9 样地蓄积量归一化

通过提取的重庆的样地数据,重庆的针叶树种主要是马尾松、杉木、柏木,阔叶树种主要是栎类。

根据《国家森林资源连续清查主要技术规定》确定各树种组的龄组划分和成熟林年龄,见表19-13和表19-14。

表19-13 重庆树种成熟年龄

序号	树种	地区	起源	龄级	成熟林
1	马尾松	南方	天然	10	41
			人工	10	31
2	栎类	南北	天然	20	81
			人工	10	51
3	杉木	南方	天然	5	31
			人工	5	26

表19-14 重庆市三级区划主要树种成熟林蓄积量

序号	森林生产力三级区划	树种	起源	成熟年龄	成熟林蓄积量 /(m^3/hm^2)
1	北亚热带—湿润—常绿阔叶林盆地北缘山地立地亚区	栎类	天然	81	135.5589
2	中亚热带—湿润—常绿阔叶林川黔湘鄂山地丘陵西部立地亚区	马尾松	天然	41	101.8279
		杉木	天然	31	80.1108
3	中亚热带—湿润—常绿阔叶林盆东平行岭谷立地亚区	马尾松	天然	41	103.8167
4	中亚热带—湿润—常绿阔叶林盆地北缘山地立地亚区	马尾松	天然	41	81.8960

19.4.10 重庆森林生产力分区

依据全国公顷蓄积量分级结果(参见全国报告的表4-12)。重庆公顷蓄积量分级结果见表19-15。样地归一化蓄积量分级见图19-11。

表19-15 重庆公顷蓄积量分级结果　　　　　　　　　　单位:m^3/hm^2

级别	3级	4级	5级
公顷蓄积量	60~90	90~120	120~150

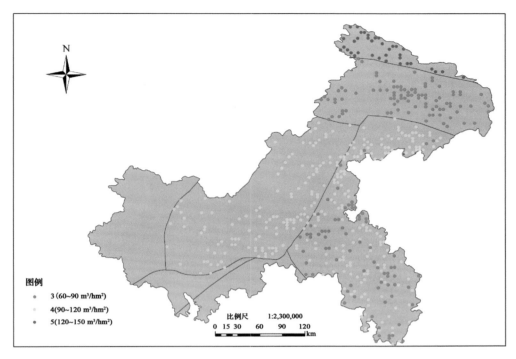

图 19-11　重庆样地归一化蓄积量分级

　　重庆的中亚热带—湿润—常绿阔叶林盆中丘陵立地亚区是整个中亚热带—湿润—常绿阔叶林盆中丘陵立地亚区的一小部分，四川中亚热带—湿润—常绿阔叶林盆中丘陵立地亚区部分的森林生产力等级值是 4，因此根据四川部分将重庆中亚热带—湿润—常绿阔叶林盆中丘陵立地亚区赋值为 4；

　　重庆中亚热带—湿润—常绿阔叶林盆地南缘山地立地亚区是整个中亚热带—湿润—常绿阔叶林盆地南缘山地立地亚区的一小部分，四川中亚热带—湿润—常绿阔叶林盆地南缘山地立地亚区森林生产力等级是 3，因此根据四川中亚热带—湿润—常绿阔叶林盆地南缘山地立地亚区森林生产力等级将重庆相应部分赋值为 3；

　　北亚热带—湿润—常绿阔叶林盆地南缘山地立地亚区与贵州北亚热带—湿润—常绿阔叶林盆地南缘山地立地亚区为同一三级区，贵州北亚热带—湿润—常绿阔叶林盆地南缘山地立地亚区森林生产力等级为 4，故重庆北亚热带—湿润—常绿阔叶林盆地南缘山地立地亚区森林生产力等级赋值为 4。

　　调整后，重庆森林生产力分级见图 19-12。

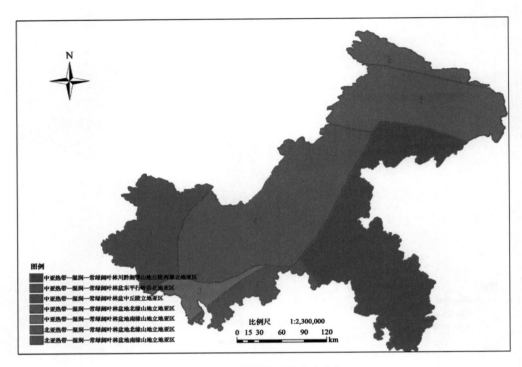

图 19-12　重庆森林生产力分级

注：图中森林生产力等级值依据前文中表 19-15 公顷蓄积量分级结果。

20 四川森林潜在生产力分区成果

20.1 四川森林生产力一级区划

以我国 1:100 万全国行政区划数据中四川省界为边界，从全国森林生产力一级区划图中提取四川森林生产力一级区划，四川森林生产力一级区划单位为 7 个，如表 20-1 和图 20-1：

表 20-1 森林生产力一级区划

序号	气候带	气候大区	森林生产力一级
1	南亚热带	亚湿润	南亚热带—亚湿润地区
2	高原亚温带	亚湿润	高原亚温带—亚湿润地区
3		湿润	高原亚温带—湿润地区
4	高原温带	亚湿润	高原温带—亚湿润地区
5	中亚热带	湿润	中亚热带—湿润地区
6	北亚热带	湿润	北亚热带—湿润地区
7	暖温带	湿润	暖温带—湿润地区

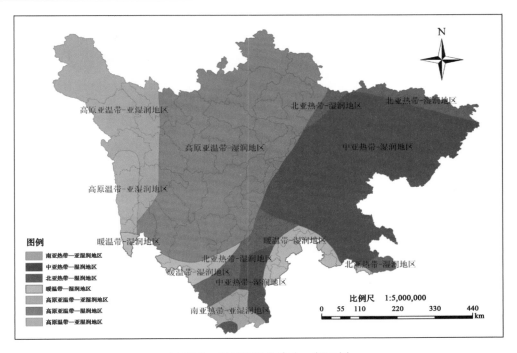

图 20-1 四川森林生产力一级区划

注：本图显示采用 2000 国家大地坐标系（简称 CGCS2000），后续相关地图同该坐标系。

20.2 四川森林生产力二级区划

按照四川省界从全国二级区划中提取四川森林生产力二级区划，四川森林生产力二级区划单位为 9 个，如表 20-2 和图 20-2：

表 20-2 森林生产力二级区划

序号	森林生产力一级区划	森林生产力二级区划
1	高原亚温带湿润地区	高原亚温带—湿润—高寒植被
2		高原亚温带—湿润—常绿阔叶林
3	高原亚温带亚湿润地区	高原亚温带—亚湿润—高寒植被
4		高原亚温带—亚湿润—常绿阔叶林
5	北亚热带湿润地区	北亚热带—湿润—常绿阔叶林
6	高原温带亚湿润地区	高原温带—亚湿润—常绿阔叶林
7	南亚热带亚湿润地区	南亚热带—亚湿润—常绿阔叶林
8	暖温带湿润地区	暖温带—湿润—常绿阔叶林
9	中亚热带湿润地区	中亚热带—湿润—常绿阔叶林

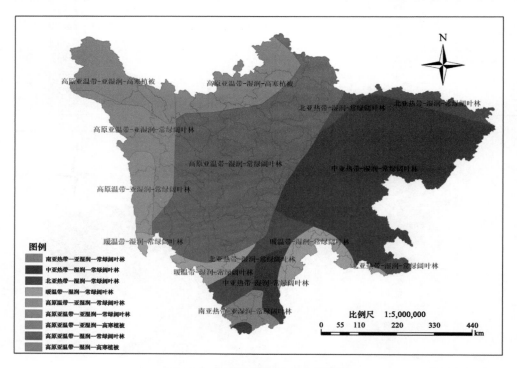

图 20-2 四川森林生产力二级区划

20.3 四川森林生产力三级区划

20.3.1 四川立地区划

根据全国立地区划结果，以四川 1∶100 万省界为提取框架，提取四川立地区划结果。

需要说明的是，由于四川省界数据与全国立地区划成果数据精度不一致，导致提取的四川立地区划数据在界边缘出现不少细小的破碎斑块。因此，对四川立地区划数据进行了破碎化斑块处理，根据就近原则，将破碎小斑块就近合并到最近的大斑块中。处理后，得到的四川立地区划属性数据和矢量图分别如表20-3和图20-3：

表 20-3　四川立地区划

序号	立地区域	立地区	立地亚区
1	南方亚热带立地区域	四川盆地立地区	成都平原立地亚区
2			盆北低山丘陵立地亚区
3			盆东平行岭谷立地亚区
4			盆中丘陵立地亚区
5		四川盆周山地立地区	盆地北缘山地立地亚区
6			盆地西缘山地立地亚区
7			盆地南缘山地立地亚区
8		云贵高原立地区	川西南山地立地亚区
9	西南高山峡谷亚热带立地区域	西南高山峡谷立地区	横断山脉立地亚区
10			川西北高山立地亚区
11	青藏高原寒带亚寒带立地区域	青藏高原寒带亚寒带立地区	青藏高原寒带亚寒带立地亚区

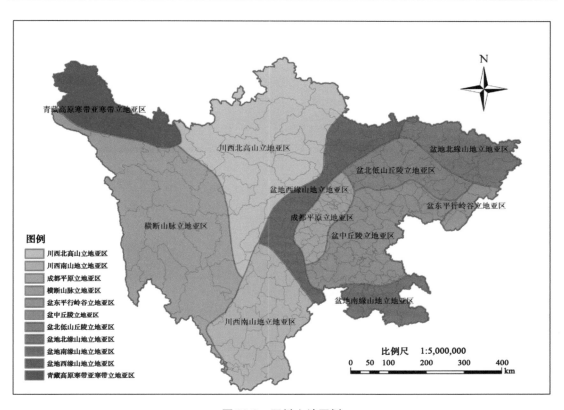

图 20-3　四川立地区划

20.3.2　四川三级区划

得到全国森林生产力二级区划后，叠加全国森林生产力二级区划和全国立地区划，得到全国森林生产力三级区划。

根据四川省界从全国森林生产力三级区划中提取四川森林生产力三级区划。

用四川省界来提取四川森林生产力三级区划时边缘出现了破碎的小斑块，为了使省级森林生产力三级不至于太破碎，根据就近原则，将破碎小斑块合并到最近的大斑块中。

四川森林生产力三级区划单位为 21 个，如表 20-4 和图 20-4：

表 20-4　森林生产力三级区划

序号	森林生产力一级区划	森林生产力二级区划	森林生产力三级区划
1	高原亚温带亚湿润地区	高原亚温带—亚湿润—高寒植被	高原亚温带—亚湿润—高寒植被青藏高原寒带亚寒带立地亚区
2		高原亚温带—亚湿润—常绿阔叶林	高原亚温带—亚湿润—常绿阔叶林横断山脉立地亚区
3	北亚热带湿润地区	北亚热带—湿润—常绿阔叶林	北亚热带—湿润—常绿阔叶林盆地北缘山地立地亚区
4			北亚热带—湿润—常绿阔叶林川西南山地立地亚区
5			北亚热带—湿润—常绿阔叶林盆地南缘山地立地亚区
6	高原温带亚湿润地区	高原温带—亚湿润—常绿阔叶林	高原温带—亚湿润—常绿阔叶林横断山脉立地亚区
7	高原亚温带湿润地区	高原亚温带—湿润—常绿阔叶林	高原亚温带—湿润—常绿阔叶林川西北高山立地亚区
8			高原亚温带—湿润—常绿阔叶林横断山脉立地亚区
9			高原亚温带—湿润—常绿阔叶林盆地西缘山地立地亚区
10			高原亚温带—湿润—常绿阔叶林川西南山地立地亚区
11		高原亚温带—湿润—高寒植被	高原亚温带—湿润—高寒植被川西北高山立地亚区
12	南亚热带亚湿润地区	南亚热带—亚湿润—常绿阔叶林	南亚热带—亚湿润—常绿阔叶林川西南山地立地亚区
13	中亚热带湿润地区	中亚热带—湿润—常绿阔叶林	中亚热带—湿润—常绿阔叶林成都平原立地亚区
14			中亚热带—湿润—常绿阔叶林盆北低山丘陵立地亚区
15			中亚热带—湿润—常绿阔叶林盆东平行岭谷立地亚区
16			中亚热带—湿润—常绿阔叶林盆中丘陵立地亚区
17			中亚热带—湿润—常绿阔叶林盆地北缘山地立地亚区
18			中亚热带—湿润—常绿阔叶林盆地南缘山地立地亚区
19			中亚热带—湿润—常绿阔叶林川西南山地立地亚区
20			中亚热带—湿润—常绿阔叶林盆地西缘山地立地亚区
21	暖温带湿润地区	暖温带—湿润—常绿阔叶林	暖温带—湿润—常绿阔叶林川西南山地立地亚区

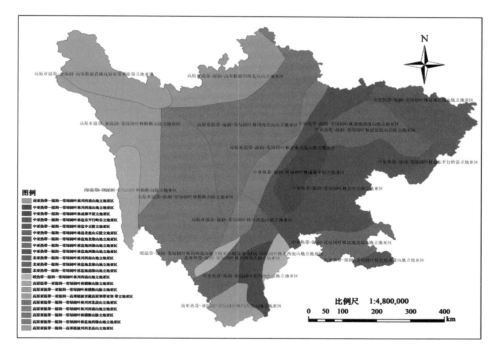

图 20-4　四川森林生产力三级区划

20.4　四川森林生产力量化分级

20.4.1　技术方案

单位面积蓄积量标志着林地生产力的高低及经营措施的效果。本方案在森林生产力三级区划结果基础上，根据已调查的四川第 6 期、第 7 期一类清查样地数据，提取四川森林生产力三级区划的样地数据，筛选出两期地类是乔木林地、疏林地的样地，根据森林生产力三级区划的主要树种，建立样地优势树种蓄积生长模型，并归一该树种到成熟林时单位公顷的蓄积值，以此作为量化样地森林生产力的依据，在森林生产力三级的基础上进行森林植被生产力区划。

20.4.2　样地筛选

20.4.2.1　样地情况

四川森林资源连续清查体系始建于 1979 年，1988 年开展森林资源清查第 1 次复查。四川以第 6 次和第 7 次清查样地数据建立模型，第 6 次和第 7 次清查时间分别是 2002 年和 2007 年。四川面积 56.6 万多平方千米，样地分布覆盖全省，第 6 次清查以全省为总体，不再划分副总体，样地统一按 0.0667 hm² 布设。

四川样地情况如表 20-5：

表 20-5　四川样地概况

项目	内容
调查（副）总体	四川样地

（续）

项目	内容
样地调查时间	全国第 6 次清查四川数据（2002 年） 全国第 7 次清查四川数据（2007 年）
样地个数	全国第 6 次清查四川样地 9963 个 全国第 7 次清查四川样地 9963 个
样地间距	样地间距 4 km×8 km 或 8 km×8 km
样地大小	样地 0.0667 hm²
样地形状	样地为 25.82 m×25.82 m 的正方形
备注	

20.4.2.2 样地筛选情况

根据四川划分的森林生产力三级区划，提取每个三级区划的样地数据，对提取的样地数据进行筛选。

筛选的条件如下：

地类为乔木林地或疏林地。剔除地类是红树林、竹林、国家特别规定灌木林地、其他灌木林地、未成林封育地、未成林造林地、苗圃地、采伐迹地、火烧迹地、其他无立木林地、宜林荒山荒地、宜林沙荒地、其他宜林地、耕地、牧草地、水域、未利用地、工矿建设用地、城乡居民建设用地、交通建设用地、其他用地的样地。被剔除的样地或者没有划分起源，或者没有样地平均年龄，或者优势树种是灌木，无法进行以林木蓄积量为因变量，样地平均年龄为自变量的曲线拟合。

下表详细说明了四川第 6、7 期样地（分三级区划）及样地筛选情况，见表 20-6。

表 20-6　四川分三级区划样地筛选情况

序号	森林生产力三级区划	监测期	样地总数	筛选样地数	所占比例/%
1	高原亚温带—亚湿润—高寒植被青藏高原寒带亚寒带立地亚区	第 6 期	586	1	0.2
		第 7 期	585	1	0.2
2	北亚热带—湿润—常绿阔叶林盆地北缘山地立地亚区	第 6 期	198	79	39.9
		第 7 期	198	84	42.4
3	北亚热带—湿润—常绿阔叶林川西南山地立地亚区	第 6 期	358	131	36.6
		第 7 期	355	134	37.7
4	高原温带—亚湿润—常绿阔叶林横断山脉立地亚区	第 6 期	295	52	17.6
		第 7 期	294	51	17.3
5	高原亚温带—湿润—常绿阔叶林川西北高山立地亚区	第 6 期	1452	466	32.1
		第 7 期	1451	470	32.4
6	高原亚温带—湿润—常绿阔叶林横断山脉立地亚区	第 6 期	1392	412	29.6
		第 7 期	1391	413	29.7
7	高原亚温带—湿润—常绿阔叶林川西南山地立地亚区	第 6 期	163	62	38.0
		第 7 期	163	63	38.7
8	高原亚温带—亚湿润—常绿阔叶林横断山脉立地亚区	第 6 期	647	50	7.7
		第 7 期	647	50	7.7

（续）

序号	森林生产力三级区划	监测期	样地总数	筛选样地数	所占比例/%
9	南亚热带—亚湿润—常绿阔叶林川西南山地立地亚区	第 6 期	227	86	37.9
		第 7 期	229	85	37.1
10	中亚热带—湿润—常绿阔叶林成都平原立地亚区	第 6 期	349	35	10.0
		第 7 期	349	41	11.7
11	中亚热带—湿润—常绿阔叶林盆北低山丘陵立地亚区	第 6 期	550	147	26.7
		第 7 期	550	161	29.3
12	中亚热带—湿润—常绿阔叶林盆东平行岭谷立地亚区	第 6 期	146	22	15.1
		第 7 期	144	24	16.7
13	中亚热带—湿润—常绿阔叶林盆中丘陵立地亚区	第 6 期	1060	150	14.2
		第 7 期	1063	176	16.6
14	中亚热带—湿润—常绿阔叶林盆地北缘山地立地亚区	第 6 期	359	116	32.3
		第 7 期	358	130	36.3
15	中亚热带—湿润—常绿阔叶林盆地西缘山地立地亚区	第 6 期	457	203	44.4
		第 7 期	455	214	47.0
16	高原亚温带—湿润—高寒植被川西北高山立地亚区	第 6 期	621	54	8.7
		第 7 期	622	54	8.7
17	暖温带—湿润—常绿阔叶林川西南山地立地亚区	第 6 期	208	53	25.5
		第 7 期	209	52	24.9
18	中亚热带—湿润—常绿阔叶林盆地南缘山地立地亚区	第 6 期	274	70	25.5
		第 7 期	274	65	23.7
19	中亚热带—湿润—常绿阔叶林川西南山地立地亚区	第 6 期	238	59	24.8
		第 7 期	241	66	27.4
20	北亚热带—湿润—常绿阔叶林盆地南缘山地立地亚区	第 6 期	74	21	28.4
		第 7 期	74	26	35.1
21	高原亚温带—湿润—常绿阔叶林盆地西缘山地立地亚区	第 6 期	279	129	46.2
		第 7 期	277	138	49.8

20.4.3 建模树种提取

对筛选出的森林生产力三级区划的乔木林地和疏林地样地数据，分别统计每个优势树种的样地数和样地的起源，为了尽量使每个三级区划都能有森林生产力值，方便森林生产力等级划分，在每个森林生产力三级区内，如果优势树种的建模样地达到50，则建立样本数≥50的优势树种的生长模型；如果优势树种的建模样地均未达到50，则降低建模样本量为30；降低建模标准且合并树种组仍无法达到建模量的，若该区为完整的三级区，则看邻近区内与该区内相似树种的蓄积量，作为该区的归一化蓄积量；若该区是被省界分割的森林生产力三级区的小部分，则暂时空缺，若是被省界分割的森林生产力三级区的大部分，则参照完整的三级区处理。

四川各三级区划分优势树种样地数统计如表20-7。

表 20-7　四川各三级区划样地数分优势树种统计

序号	森林生产力三级区划	优势树种	监测期	起源	样地数
1	高原亚温带—亚湿润—高寒植被青藏高原寒带亚寒带立地亚区	云杉	第6期	天然	1
			第7期		1
2	北亚热带—湿润—常绿阔叶林盆地北缘山地立地亚区	落叶松	第6期	人工	2
			第7期		3
		油松	第6期	天然	3
			第7期		3
		油松	第6期	人工	4
			第7期		3
		华山松	第6期	人工	6
			第7期		6
		马尾松	第6期	天然	17
			第7期		16
		杉木	第6期	天然	1
			第7期		2
		柳杉	第6期	人工	1
			第7期		1
		柏木	第6期	天然	11
			第7期		11
		栎类	第6期	天然	28
			第7期		25
		桦木	第6期	天然	2
			第7期		2
		其他硬阔	第6期	天然	0
			第7期		2
		杨树	第6期	天然	1
			第7期		0
		软阔	第6期	天然	3
			第7期		4
		针叶混	第6期	天然	0
			第7期		3
		阔叶混	第6期	天然	0
			第7期		2
		针阔混	第6期	人工	0
			第7期		1
3	北亚热带—湿润—常绿阔叶林川西南山地立地亚区	冷杉	第6期	天然	12
			第7期		11
		云杉	第6期	人工	1
			第7期		2
		铁杉	第6期	天然	1
			第7期		0

（续）

序号	森林生产力三级区划	优势树种	监测期	起源	样地数
3	北亚热带—湿润—常绿阔叶林川西南山地立地亚区	油杉	第 6 期	天然	2
			第 7 期		2
		华山松	第 6 期	天然	2
			第 7 期		5
		云南松	第 6 期	人工	14
			第 7 期		11
		云南松	第 6 期	天然	42
			第 7 期		33
		高山松	第 6 期	天然	1
			第 7 期		1
		栎类	第 6 期	天然	27
			第 7 期		21
		桦木	第 6 期	天然	1
			第 7 期		0
		楠木	第 6 期	天然	1
			第 7 期		0
		其他硬阔	第 6 期	天然	3
			第 7 期		4
		杨树	第 6 期	天然	6
			第 7 期		6
		桉树	第 6 期	人工	2
			第 7 期		3
		其他软阔	第 6 期	天然	16
			第 7 期		18
		针叶混	第 6 期	天然	0
			第 7 期		1
		阔叶混	第 6 期	天然	0
			第 7 期		4
		针阔混	第 6 期	天然	0
			第 7 期		10
4	高原温带—亚湿润—常绿阔叶林横断山脉立地亚区	冷杉	第 6 期	天然	6
			第 7 期		6
		云杉	第 6 期	天然	18
			第 7 期		16
		落叶松	第 6 期	天然	4
			第 7 期		4
		高山松	第 6 期	天然	12
			第 7 期		12
		柏木	第 6 期	天然	2
			第 7 期		2

（续）

序号	森林生产力三级区划	优势树种	监测期	起源	样地数
4	高原温带—亚湿润—常绿阔叶林横断山脉立地亚区	栎类	第6期	天然	4
			第7期		3
		桦木	第6期	天然	2
			第7期		1
		杨树	第6期	天然	4
			第7期		4
		针阔混	第6期	天然	0
			第7期		3
5	高原亚温带—湿润—常绿阔叶林川西北高山立地亚区	冷杉	第6期	天然	170
			第7期		161
		云杉	第6期	人工	20
			第7期		20
		云杉	第6期	天然	58
			第7期		55
		铁杉	第6期	天然	20
			第7期		23
		落叶松	第6期	天然	20
			第7期		20
		油松	第6期	天然	7
			第7期		8
		华山松	第6期	天然	2
			第7期		2
		云南松	第6期	天然	3
			第7期		3
		高山松	第6期	天然	2
			第7期		2
		杉木	第6期	人工	1
			第7期		0
		柏木	第6期	天然	29
			第7期		31
		栎类	第6期	天然	39
			第7期		34
		桦木	第6期	天然	64
			第7期		61
		楠木	第6期	天然	1
			第7期		1
		其他硬阔	第6期	天然	4
			第7期		3
		椴树	第6期	天然	2
			第7期		2

（续）

序号	森林生产力三级区划	优势树种	监测期	起源	样地数
5	高原亚温带—湿润—常绿阔叶林川西北高山立地亚区	杨树	第6期	天然	10
			第7期		7
		柳树	第6期	天然	0
			第7期		2
		其他软阔	第6期	天然	14
			第7期		11
		针叶混	第6期	天然	0
			第7期		5
		阔叶混	第6期	天然	0
			第7期		8
		针阔混	第6期	天然	0
			第7期		11
6	高原亚温带—湿润—常绿阔叶林横断山脉立地亚区	冷杉	第6期	人工	115
			第7期		111
		云杉	第6期	天然	11
			第7期		11
		云杉	第6期	天然	65
			第7期		65
		铁杉	第6期	天然	1
			第7期		1
		落叶松	第6期	天然	15
			第7期		14
		油松	第6期	天然	1
			第7期		0
		华山松	第6期	天然	2
			第7期		1
		云南松	第6期	天然	30
			第7期		29
		高山松	第6期	天然	83
			第7期		79
		柏木	第6期	天然	11
			第7期		10
		栎类	第6期	天然	44
			第7期		37
		桦木	第6期	天然	23
			第7期		18
		杨树	第6期	天然	8
			第7期		9
		其他软阔	第6期	天然	3
			第7期		3

（续）

序号	森林生产力三级区划	优势树种	监测期	起源	样地数
6	高原亚温带—湿润—常绿阔叶林横断山脉立地亚区	针叶混	第6期	天然	0
			第7期		10
		阔叶混	第6期	天然	0
			第7期		2
		针阔混	第6期	天然	0
			第7期		13
7	高原亚温带—湿润—常绿阔叶林川西南山地立地亚区	冷杉	第6期	天然	14
			第7期		14
		云杉	第6期	天然	2
			第7期		2
		铁杉	第6期	天然	7
			第7期		7
		落叶松	第6期	天然	2
			第7期		1
		华山松	第6期	人工	1
			第7期		1
		云南松	第6期	天然	7
			第7期		4
		杉木	第6期	天然	0
			第7期		2
		柏木	第6期	天然	2
			第7期		2
		栎类	第6期	天然	10
			第7期		5
		桦木	第6期	天然	4
			第7期		2
		其他硬阔	第6期	天然	3
			第7期		2
		其他软阔	第6期	天然	10
			第7期		10
		针叶混	第6期	天然	0
			第7期		1
		阔叶混	第6期	天然	0
			第7期		6
		针阔混	第6期	天然	0
			第7期		3
8	高原亚温带—亚湿润—常绿阔叶林横断山脉立地亚区	冷杉	第6期	天然	8
			第7期		8
		云杉	第6期	天然	29
			第7期		29

（续）

序号	森林生产力三级区划	优势树种	监测期	起源	样地数
8	高原亚温带—亚湿润—常绿阔叶林横断山脉立地亚区	高山松	第6期	天然	1
			第7期		1
		柏木	第6期	天然	3
			第7期		3
		栎类	第6期	天然	5
			第7期		5
		桦木	第6期	天然	4
			第7期		4
		针叶混	第6期	天然	0
			第7期		1
9	南亚热带—亚湿润—常绿阔叶林川西南山地立地亚区	冷杉	第6期	天然	1
			第7期		1
		油杉	第6期	天然	4
			第7期		4
		华山松	第6期	人工	4
			第7期		3
		云南松	第6期	天然	48
			第7期		48
		杉木	第6期	天然	1
			第7期		0
		栎类	第6期	天然	19
			第7期		15
		桉树	第6期	人工	1
			第7期		0
		其他软阔	第6期	天然	8
			第7期		7
		针叶混	第6期	天然	0
			第7期		1
		针阔混	第6期	天然	0
			第7期		6
10	中亚热带—湿润—常绿阔叶林成都平原立地亚区	马尾松	第6期	人工	8
			第7期		5
		国外松	第6期	人工	0
			第7期		1
		杉木	第6期	人工	5
			第7期		3
		柳杉	第6期	人工	4
			第7期		7
		水杉	第6期	人工	1
			第7期		1

（续）

序号	森林生产力三级区划	优势树种	监测期	起源	样地数
10	中亚热带—湿润—常绿阔叶林成都平原立地亚区	柏木	第6期	天然	3
			第7期		2
		栎类	第6期	天然	5
			第7期		3
		桦木	第6期	天然	1
			第7期		0
		其他硬阔	第6期	天然	2
			第7期		2
		桉树	第6期	人工	1
			第7期		3
		其他软阔	第6期	人工	5
			第7期		4
		针叶混	第6期	人工	0
			第7期		2
		阔叶混	第6期	天然	0
			第7期		4
		针阔混	第6期	天然	0
			第7期		4
11	中亚热带—湿润—常绿阔叶林盆北低山丘陵立地亚区	马尾松	第6期	天然	14
			第7期		11
		柏木	第6期	天然	61
			第7期		57
		柏木	第6期	人工	64
			第7期		58
		栎类	第6期	天然	1
			第7期		1
		其他软阔	第6期	人工	7
			第7期		9
		针叶混	第6期	天然	0
			第7期		6
		阔叶混	第6期	天然	0
			第7期		5
		针阔混	第6期	天然	0
			第7期		14
12	中亚热带—湿润—常绿阔叶林盆东平行岭谷立地亚区	马尾松	第6期	天然	14
			第7期		15
		柏木	第6期	天然	6
			第7期		6
		水杉	第6期	天然	0
			第7期		1

（续）

序号	森林生产力三级区划	优势树种	监测期	起源	样地数
12	中亚热带—湿润—常绿阔叶林盆东平行岭谷立地亚区	栎类	第6期	天然	1
			第7期		1
		其他硬阔	第6期	天然	1
			第7期		1
13	中亚热带—湿润—常绿阔叶林盆中丘陵立地亚区	铁杉	第6期	人工	1
			第7期		0
		马尾松	第6期	天然	10
			第7期		7
		马尾松	第6期	人工	19
			第7期		12
		国外松	第6期	人工	0
			第7期		2
		湿地松	第6期	人工	0
			第7期		1
		杉木	第6期	人工	8
			第7期		9
		柳杉	第6期	人工	6
			第7期		10
		柏木	第6期	人工	61
			第7期		67
		栎类	第6期	天然	7
			第7期		5
		桦木	第6期	人工	1
			第7期		0
		樟木	第6期	人工	2
			第7期		2
		楠木	第6期	天然	2
			第7期		1
		木荷	第6期	天然	0
			第7期		1
		其他硬阔	第6期	天然	7
			第7期		3
		檫木	第6期	人工	1
			第7期		0
		杨树	第6期	人工	0
			第7期		2
		泡桐	第6期	人工	2
			第7期		0
		桉树	第6期	人工	3
			第7期		5

（续）

序号	森林生产力三级区划	优势树种	监测期	起源	样地数
13	中亚热带—湿润—常绿阔叶林盆中丘陵立地亚区	其他软阔	第6期	人工	20
			第7期		14
		针叶混	第6期	人工	0
			第7期		2
		阔叶混	第6期	天然	0
			第7期		17
		针阔混	第6期	人工	0
			第7期		13
14	中亚热带—湿润—常绿阔叶林盆地北缘山地立地亚区	油杉	第6期	人工	0
			第7期		2
		华山松	第6期	人工	1
			第7期		1
		马尾松	第6期	人工	7
			第7期		8
		马尾松	第6期	天然	34
			第7期		26
		杉木	第6期	人工	5
			第7期		7
		柏木	第6期	人工	8
			第7期		14
		柏木	第6期	天然	34
			第7期		28
		栎类	第6期	天然	8
			第7期		7
		樟木	第6期	人工	0
			第7期		1
		枫香	第6期	天然	0
			第7期		1
		其他硬阔	第6期	人工	2
			第7期		0
		杨树	第6期	天然	1
			第7期		1
		泡桐	第6期	人工	1
			第7期		1
		其他软阔	第6期	人工	15
			第7期		10
		针叶混	第6期	天然	0
			第7期		6
		阔叶混	第6期	人工	0
			第7期		5
		针阔混	第6期	天然	0
			第7期		12

（续）

序号	森林生产力三级区划	优势树种	监测期	起源	样地数
15	中亚热带—湿润—常绿阔叶林盆地西缘山地立地亚区	冷杉	第6期	天然	15
			第7期		14
		云杉	第6期	人工	1
			第7期		0
		油松	第6期	天然	1
			第7期		1
		华山松	第6期	人工	1
			第7期		0
		马尾松	第6期	天然	12
			第7期		7
		杉木	第6期	人工	11
			第7期		8
		柳杉	第6期	人工	15
			第7期		18
		水杉	第6期	人工	1
			第7期		1
		柏木	第6期	天然	9
			第7期		6
		栎类	第6期	天然	53
			第7期		41
		桦木	第6期	天然	8
			第7期		4
		樟木	第6期	天然	1
			第7期		1
		楠木	第6期	天然	4
			第7期		2
		木荷	第6期	天然	0
			第7期		1
		其他硬阔	第6期	天然	19
			第7期		7
		杨树	第6期	天然	3
			第7期		3
		泡桐	第6期	天然	1
			第7期		0
		其他软阔	第6期	人工	14
			第7期		7
		其他软阔	第6期	天然	34
			第7期		26
		针叶混	第6期	天然	0
			第7期		12

（续）

序号	森林生产力三级区划	优势树种	监测期	起源	样地数
15	中亚热带—湿润—常绿阔叶林盆地西缘山地立地亚区	阔叶混	第6期	天然	0
			第7期		44
		针阔混	第6期	天然	0
			第7期		11
16	高原亚温带—湿润—高寒植被川西北高山立地亚区	冷杉	第6期	天然	14
			第7期		13
		云杉	第6期	天然	28
			第7期		27
		落叶松	第6期	天然	3
			第7期		3
		柏木	第6期	天然	4
			第7期		4
		栎类	第6期	天然	1
			第7期		1
		桦木	第6期	天然	4
			第7期		3
		针叶混	第6期	天然	0
			第7期		2
		针阔混	第6期	天然	0
			第7期		1
17	暖温带—湿润—常绿阔叶林川西南山地立地亚区	冷杉	第6期	天然	4
			第7期		5
		落叶松	第6期	天然	1
			第7期		0
		华山松	第6期	人工	3
			第7期		3
		云南松	第6期	天然	28
			第7期		25
		柏木	第6期	天然	1
			第7期		1
		栎类	第6期	天然	7
			第7期		6
		桦木	第6期	天然	2
			第7期		2
		楠木	第6期	天然	1
			第7期		0
		其他硬阔	第6期	天然	2
			第7期		2
		其他软阔	第6期	天然	4
			第7期		4

（续）

序号	森林生产力三级区划	优势树种	监测期	起源	样地数
17	暖温带—湿润—常绿阔叶林川西南山地立地亚区	阔叶混	第6期	天然	0
			第7期		2
		针阔混	第6期	天然	0
			第7期		2
18	中亚热带—湿润—常绿阔叶林盆地南缘山地立地亚区	落叶松	第6期	人工	0
			第7期		1
		马尾松	第6期	人工	10
			第7期		7
		杉木	第6期	人工	32
			第7期		26
		柳杉	第6期	人工	2
			第7期		3
18	中亚热带—湿润—常绿阔叶林盆地南缘山地立地亚区	柏木	第6期	人工	3
			第7期		1
		栎类	第6期	天然	8
			第7期		5
		桦木	第6期	天然	1
			第7期		1
		樟木	第6期	人工	1
			第7期		0
		楠木	第6期	天然	1
			第7期		0
		其他硬阔	第6期	天然	2
			第7期		0
		檫木	第6期	人工	1
			第7期		1
		泡桐	第6期	天然	1
			第7期		0
		楝树	第6期	人工	0
			第7期		1
		其他软阔	第6期	天然	7
			第7期		4
		针叶混	第6期	天然	0
			第7期		2
		阔叶混	第6期	天然	0
			第7期		8
		针阔混	第6期	人工	0
			第7期		5
19	中亚热带—湿润—常绿阔叶林川西南山地立地亚区	冷杉	第6期	天然	2
			第7期		3

（续）

序号	森林生产力三级区划	优势树种	监测期	起源	样地数
19	中亚热带—湿润—常绿阔叶林川西南山地立地亚区	油杉	第6期	天然	1
			第7期		0
		落叶松	第6期	人工	0
			第7期		2
		华山松	第6期	人工	6
			第7期		6
		云南松	第6期	天然	14
			第7期		14
		云南松	第6期	人工	20
			第7期		20
		杉木	第6期	人工	2
			第7期		2
		栎类	第6期	天然	8
			第7期		4
		杨树	第6期	天然	1
			第7期		1
		桉树	第6期	人工	1
			第7期		2
		其他软阔	第6期	天然	4
			第7期		5
		针叶混	第6期	天然	0
			第7期		3
		阔叶混	第6期	天然	0
			第7期		1
		针阔混	第6期	天然	0
			第7期		2
20	北亚热带—湿润—常绿阔叶林盆地南缘山地立地亚区	杉木	第6期	人工	4
			第7期		5
		杉木	第6期	天然	4
			第7期		3
		柳杉	第6期	人工	0
			第7期		1
		柏木	第6期	天然	7
			第7期		8
		栎类	第6期	天然	4
			第7期		3
		桦木	第6期	天然	1
			第7期		1
		其他软阔	第6期	天然	1
			第7期		1

（续）

序号	森林生产力三级区划	优势树种	监测期	起源	样地数
20	北亚热带—湿润—常绿阔叶林盆地南缘山地立地亚区	针叶混	第6期	人工	0
			第7期		1
		针阔混	第6期	天然	0
			第7期		3
21	高原亚温带—湿润—常绿阔叶林盆地西缘山地立地亚区	冷杉	第6期	天然	23
			第7期		22
		云杉	第6期	天然	3
			第7期		3
		铁杉	第6期	天然	6
			第7期		6
		华山松	第6期	人工	1
			第7期		1
		思茅松	第6期	天然	0
			第7期		1
		杉木	第6期	人工	4
			第7期		5
		柳杉	第6期	人工	5
			第7期		8
		柏木	第6期	天然	1
			第7期		1
		栎类	第6期	天然	17
			第7期		12
		桦木	第6期	天然	9
			第7期		7
		樟木	第6期	天然	2
			第7期		0
		楠木	第6期	天然	1
			第7期		0
		其他硬阔	第6期	天然	22
			第7期		15
		杨树	第6期	天然	4
			第7期		4
		其他软阔	第6期	天然	31
			第7期		23
		阔叶混	第6期	天然	0
			第7期		27
		针阔混	第6期	人工	0
			第7期		3

从表 20-7 中可以筛选四川森林生产力三级区划的建模树种如表 20-8：

表20-8 四川各三级分区主要建模树种及建模数据统计

序号	森林生产力三级区划	优势树种	起源	监测期	总样地数	建模样地数	所占比例/%
1	北亚热带—湿润—常绿阔叶林盆地北缘山地立地亚区	栎类	天然	第6期	28	47	88.7
				第7期	25		
2	北亚热带—湿润—常绿阔叶林川西南山地立地亚区	云南松	天然	第6期	42	73	97.3
				第7期	33		
3	高原亚温带—湿润—常绿阔叶林川西北高山立地亚区	冷杉	天然	第6期	170	329	99.4
				第7期	161		
		云杉	天然	第6期	58	111	98.2
				第7期	55		
		桦木	天然	第6期	64	120	96.0
				第7期	61		
4	高原亚温带—湿润—常绿阔叶林横断山脉立地亚区	冷杉	天然	第6期	115	222	98.2
				第7期	111		
		云杉	天然	第6期	65	129	99.2
				第7期	65		
		高山松	天然	第6期	83	162	100.0
				第7期	79		
5	高原亚温带—亚湿润—常绿阔叶林横断山脉立地亚区	云杉	天然	第6期	29	57	98.3
				第7期			
6	南亚热带—亚湿润—常绿阔叶林川西南山地立地亚区	云南松	天然	第6期	29	84	87.5
				第7期			
7	中亚热带—湿润—常绿阔叶林盆北低山丘陵立地亚区	柏木	天然	第6期	61	114	96.6
				第7期	57		
		柏木	人工	第6期	64	114	93.4
				第7期	58		
8	中亚热带—湿润—常绿阔叶林盆中丘陵立地亚区	柏木	人工	第6期	61	115	89.8
				第7期	67		
9	中亚热带—湿润—常绿阔叶林盆地北缘山地立地亚区	柏木	天然	第6期	34	62	100.0
				第7期	28		
10	中亚热带—湿润—常绿阔叶林盆地西缘山地立地亚区	栎类	天然	第6期	53	88	93.6
				第7期	41		
11	高原亚温带—湿润—高寒植被川西北高山立地亚区	云杉	天然	第6期	28	45	81.8
				第7期	27		
12	暖温带—湿润—常绿阔叶林川西南山地立地亚区	云南松	天然	第6期	28	42	79.2
				第7期	25		
13	中亚热带—湿润—常绿阔叶林盆地南缘山地立地亚区	杉木	人工	第6期	32	57	90.5
				第7期	26		
		柳杉	人工	第6期	2		
				第7期	3		
14	高原亚温带—湿润—常绿阔叶林盆地西缘山地立地亚区	杨树	天然	第6期	4	59	95.2
				第7期	4		
		其他软阔	天然	第6期	31		
				第7期	23		

20.4.4 初次森林生产力分区及调整说明

20.4.4.1 初次森林生产力分级区划成果

森林植被生产力分级见图 20-5。

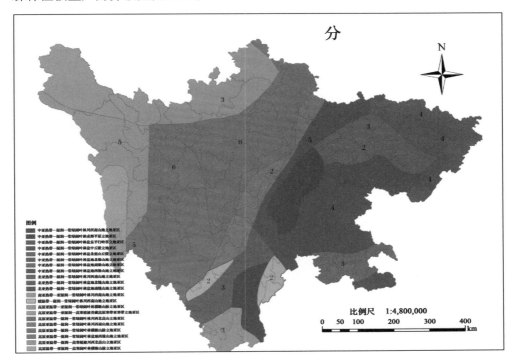

图 20-5 四川森林生产力分级

注：图中数字表达了该区域森林生产力等级。其中空值并不表示该区的森林生产力等级是 0，而是该森林生产力区划跨省，本省建模样地数未达到建模标准，将在区域或全国森林生产力分区图中赋值；图中森林生产力等级值依据后文中表 20-20 公顷蓄积量分级结果。

20.4.4.2 调整说明

中亚热带—湿润—常绿阔叶林川西南山地立地亚区、高原亚温带—湿润—常绿阔叶林川西南山地立地亚区、暖温带—湿润—常绿阔叶林川西南山地立地亚区、北亚热带—湿润—常绿阔叶林川西南山地立地亚区、南亚热带—湿润—常绿阔叶林川西南山地立地亚区优势树种均为云南松天然林且立地亚区相同，因此 5 个区合并，命名为北亚热带—湿润—常绿阔叶林川西南山地立地亚区；

中亚热带—湿润—常绿阔叶林成都平原立地亚区与相邻三级区划立地亚区不同，优势树种不同，根据相邻区划的森林生产力等级值的平均值赋值；

高原亚温带—亚湿润—高寒植被青藏高原寒带亚寒带立地亚区、高原温带—亚湿润—常绿阔叶林横断山脉立地亚区、北亚热带—湿润—常绿阔叶林盆地南缘山地立地亚区、中亚热带—湿润—常绿阔叶林盆东平行岭谷立地亚区 4 个三级区不完整，是其他省同一森林生产力三级区的一小部分，待其他省的森林植被生产力分级结束后，依据其他省的对应三级区的等级赋值。

20.4.4.3 调整后三级区划成果

调整后，四川森林生产力三级区划见图 20-6。

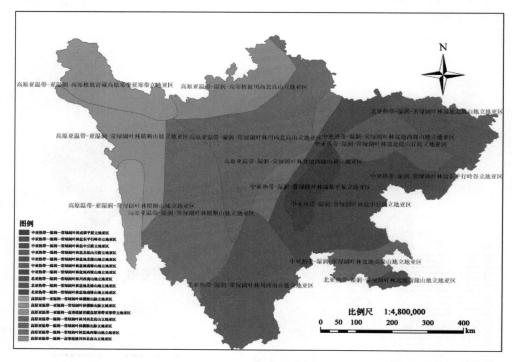

图 20-6 四川森林生产力三级区划（调整后）

20.4.5 调整后建模树种提取

调整后，四川三级区优势树种样地数统计见表 20-9。

表 20-9 四川三级区优势树种样地数统计（调整后）

序号	森林生产力三级区划	优势树种	监测期	起源	样地数
1	北亚热带—湿润—常绿阔叶林川西南山地立地亚区	冷杉	第6期	天然	32
			第7期		32
		冷杉	第6期	人工	4
			第7期		2
		云杉	第6期	天然	2
			第7期		2
		云杉	第6期	人工	1
			第7期		2
		铁杉	第6期	天然	9
			第7期		7
		油杉	第6期	天然	7
			第7期		6
		落叶松	第6期	人工	4
			第7期		3

（续）

序号	森林生产力三级区划	优势树种	监测期	起源	样地数
1	北亚热带—湿润—常绿阔叶林川西南山地立地亚区	华山松	第6期	人工	19
			第7期		19
		云南松	第6期	天然	127
			第7期		115
		云南松	第6期	人工	48
			第7期		44
		高山松	第6期	天然	1
			第7期		1
		杉木	第6期	人工	4
			第7期		4
		柏木	第6期	天然	3
			第7期		3
		栎类	第6期	天然	72
			第7期		53
		桦木	第6期	天然	7
			第7期		4
		楠木	第6期	天然	0
			第7期		2
		其他硬阔	第6期	天然	8
			第7期		8
		杨树	第6期	天然	7
			第7期		7
		桉树	第6期	人工	5
			第7期		6
		其他软阔	第6期	天然	36
			第7期		28
		其他软阔	第6期	人工	12
			第7期		16
		针叶混	第6期	天然	0
			第7期		5
		阔叶混	第6期	天然	0
			第7期		12
		针阔混	第6期	天然	0
			第7期		19

20.4.6 建模前数据整理和对应

20.4.6.1 对森林采伐等人为干扰情况的处理

在数据的整理过程中，对第6、7期样地号对应，优势树种一致，第7期年龄增加与调查间隔期一致的样地，第7期林木蓄积量加上采伐蓄积量作为第7期的林木蓄积量，第6期的林木蓄积量不变。

20.4.6.2 对优势树种发生变化情况的处理

两期样地对照，第 7 期样地的优势树种发生变化的样地，林木蓄积量仍以第 7 期的林木蓄积量为准，把该样地作为第 7 期优势树种的样地，林木蓄积量以第 7 期调查时为准，不加采伐蓄积量。第 6 期的处理同第 7 期。

20.4.6.3 对样地年龄与时间变化不一致情况的处理

对样地第 7 期的年龄与调查间隔时间变化不一致的样地，则以第 7 期的样地平均年龄为准，林木蓄积量不与采伐蓄积量相加，仍以第 7 期的林木蓄积量作为林木蓄积量，第 6 期的林木蓄积量不发生变化。

20.4.7 建立林分蓄积量生长模型

根据筛选出的优势树种样地数据，以整理后的林木蓄积量作为因变量，以样地的平均年龄作为自变量，剔除异常数据，根据样地数据散点图的总体趋势，选取不同的生长方程拟合曲线，见表 20-10 和表 20-11。

表 20-10　主要树种建模数据统计

序号	森林生产力三级区划	优势树种	统计量	最小值	最大值	平均值
1	北亚热带—湿润—常绿阔叶林盆地北缘山地立地亚区	栎类	平均年龄	5	130	56
			林木蓄积量	8.6657	118.1409	64.9638
2	北亚热带—湿润—常绿阔叶林川西南山地立地亚区	云南松	平均年龄	8	104	51
			林木蓄积量	3.3733	166.8066	95.4619
3	高原亚温带—湿润—常绿阔叶林川西北高山立地亚区	冷杉	平均年龄	23	299	153
			林木蓄积量	27.0615	468.3808	285.1892
		云杉	平均年龄	25	205	129
			林木蓄积量	0.8996	433.0735	234.5449
		桦木	平均年龄	9	119	62
			林木蓄积量	5.9970	190.8846	104.9845
4	高原亚温带—湿润—常绿阔叶林横断山脉立地亚区	冷杉	平均年龄	10	239	131
			林木蓄积量	0.2699	543.2946	365.9021
		云杉	平均年龄	27	215	123
			林木蓄积量	27.6162	335.0675	196.6321
		高山松	平均年龄	15	120	68
			林木蓄积量	9.8801	229.9550	147.5772
5	高原亚温带—亚湿润—常绿阔叶林横断山脉立地亚区	云杉	平均年龄	60	200	122
			林木蓄积量	35.7159	343.5832	208.6895
6	南亚热带—亚湿润—常绿阔叶林川西南山地立地亚区	云南松	平均年龄	10	120	50
			林木蓄积量	24.1679	143.2084	77.2145
7	中亚热带—湿润—常绿阔叶林盆北低山丘陵立地亚区	柏木（天然）	平均年龄	12	70	37
			林木蓄积量	10.3598	85.6072	45.3005
		柏木（人工）	平均年龄	10	55	27
			林木蓄积量	8.6207	58.2909	36.3206
8	中亚热带—湿润—常绿阔叶林盆中丘陵立地亚区	柏木	平均年龄	5	65	25
			林木蓄积量	5.7721	93.4783	39.6990

（续）

序号	森林生产力三级区划	优势树种	统计量	最小值	最大值	平均值
9	中亚热带—湿润—常绿阔叶林盆地北缘山地立地亚区	柏木	平均年龄	15	59	34
			林木蓄积量	16.6567	89.9550	49.9130
10	中亚热带—湿润—常绿阔叶林盆地西缘山地立地亚区	栎类	平均年龄	3	219	66
			林木蓄积量	4.0930	254.8726	101.9072
11	高原亚温带—湿润—高寒植被川西北高山立地亚区	云杉	平均年龄	74	204	134
			林木蓄积量	39.9550	521.3793	310.1028
12	暖温带—湿润—常绿阔叶林川西南山地立地亚区	云南松	平均年龄	35	99	57
			林木蓄积量	17.5412	179.9100	92.9812
13	中亚热带—湿润—常绿阔叶林盆地南缘山地立地亚区	杉木（柳杉）	平均年龄	4	28	16
			林木蓄积量	7.1964	71.9640	47.6801
14	高原亚温带—湿润—常绿阔叶林盆地西缘山地立地亚区	杨树（其他软阔）	平均年龄	6	85	45
			林木蓄积量	25.6972	223.5682	115.4912

表 20-11　主要树种建模数据统计

序号	森林生产力三级区划	优势树种	统计量	最小值	最大值	平均值
1	北亚热带—湿润—常绿阔叶林川西南山地立地亚区	栎类	平均年龄	15	175	58
			林木蓄积量	13.0285	167.9160	80.6593
		云南松	平均年龄	10	120	51
			林木蓄积量	17.5412	240.0150	97.5160

S 型生长模型能够合理的表示树木或林分的生长过程和趋势，避免了其他模型只在某一生长阶段的拟合精度高，而不能完整体现树木或林分生长趋势的弊端，而本方案的目的是预测林分达到成熟林时的蓄积量，S 型生长模型得到的值在比较合理的范围内。

选取的生长方程如下表 20-12：

表 20-12　拟合所用的生长模型

序号	生长模型名称	生长模型公式
1	Richards 模型	$y = A(1 - e^{-kx})^B$
2	单分子模型	$y = A(1 - e^{-kx})$
3	Logistic 模型	$y = A/(1 + Be^{-kx})$
4	Korf 模型	$y = Ae^{-Bx-k}$

其中，y 为样地的林木蓄积量，x 为林分年龄，A 为树木生长的最大值参数，k 为生长速率参数，B 为与初始值有关的参数。

经过数据拟合，得出各模型的参数和拟合优度及总相对误差，选取三级区划各树种的适合拟合方程，整理如表 20-13 和表 20-14。生长模型如图 20-7 ~ 图 20-27。

表 20-13　主要树种模型

序号	森林生产力三级区划	优势树种	模型	生长方程	参数标准差 A	参数标准差 B	参数标准差 k	R^2	TRE/%
1	北亚热带—湿润—常绿阔叶林盆地北缘山地立地亚区	栎类	Logistic 普	$y = 106.2710/(1 + 9.7276e^{-0.0619x})$	4.8680	3.6629	0.0118	0.89	-0.0574
			Logistic 加	$y = 104.4394/(1 + 10.9193e^{-0.0673x})$	8.2243	2.0962	0.0085		0.0983
2	北亚热带—湿润—常绿阔叶林川西南山地立地亚区	云南松	Richards 普	$y = 210.0322(1 - e^{-0.0203x})^{1.6296}$	39.3800	0.4548	0.0087	0.91	-0.2402
			Richards 加	$y = 165.8363(1 - e^{-0.0368x})^{2.6008}$	16.5415	0.3982	0.0068		0.3475
3	高原亚温带—湿润—常绿阔叶林川西北高山立地亚区	冷杉	Richards 普	$y = 477.0239(1 - e^{-0.0093x})^{1.6716}$	70.2038	0.5970	0.0038	0.78	-0.0860
			Richards 加	$y = 458.9393(1 - e^{-0.0107x})^{1.9148}$	46.3095	0.2322	0.0021		-0.3294
		云杉	Logistic 普	$y = 433.6893/(1 + 45.3933e^{-0.0308x})$	41.0967	25.6392	0.0058	0.85	0.0445
			Logistic 加	$y = 409.7075/(1 + 49.8713e^{-0.0330x})$	58.3431	12.0744	0.0040		0.0408
		桦木	Richards 普	$y = 200.0811(1 - e^{-0.0206x})^{1.7156}$	37.9940	0.6677	0.0104	0.81	-0.2462
			Richards 加	$y = 170.7794(1 - e^{-0.0337x})^{2.7173}$	17.1341	0.5629	0.0073		-0.0102
4	高原亚温带—湿润—常绿阔叶林横断山脉立地亚区	冷杉	Richards 普	$y = 439.8655(1 - e^{-0.0391x})^{6.7446}$	8.4133	2.2924	0.0054	0.89	0.6566
			Richards 加	$y = 437.2262(1 - e^{-0.0397x})^{6.6192}$	7.7681	0.1869	0.0012		0.5519
		云杉	Richards 普	$y = 301.1228(1 - e^{-0.0150x})^{1.9071}$	33.2784	0.7351	0.0057	0.79	-0.0690
			Richards 加	$y = 285.2747(1 - e^{-0.0183x})^{2.3246}$	26.0279	0.5049	0.0045		0.1314
		高山松	Richards 普	$y = 187.9193(1 - e^{-0.0511x})^{3.29331}$	9.7133	1.7676	0.0156	0.73	-0.1844
			Richards 加	$y = 179.7174(1 - e^{-0.0738x})^{6.5418}$	7.8409	1.7883	0.0111		0.1224
5	高原亚温带—亚湿润—常绿阔叶林横断山脉立地亚区	云杉	Richards 普	$y = 365.3396(1 - e^{-0.0185x})^{4.3596}$	54.5562	2.4772	0.0071	0.88	-0.2992
			Richards 加	$y = 282.0287(1 - e^{-0.0434x})^{27.3051}$	21.2318	15.8236	0.0083		1.0525
6	南亚热带—亚湿润—常绿阔叶林川西南山地立地亚区	云南松	Richards 普	$y = 173.9264(1 - e^{-0.0118x})^{0.9113}$	50.8079	0.2630	0.0092	0.88	-0.0913
			Richards 加	$y = 153.6008(1 - e^{-0.0168x})^{1.0569}$	33.1966	0.2065	0.0084		0.2247
7	中亚热带—湿润—常绿阔叶林盆北低山丘陵立地亚区	柏木（天然）	Richards 普	$y = 103.1175(1 - e^{-0.0279x})^{1.7535}$	25.8009	0.5856	0.0146	0.91	-0.1081
			Richards 加	$y = 88.0712(1 - e^{-0.0399x})^{2.2658}$	15.0904	0.5578	0.0132		0.0339
		柏木（人工）	Richards 普	$y = 49.6707(1 - e^{-0.1008x})^{3.0549}$	3.3595	1.5633	0.0317	0.78	-0.0515
			Richards 加	$y = 49.4691(1 - e^{-0.1048x})^{3.2903}$	4.3681	1.3681	0.0310		-0.0175
8	中亚热带—湿润—常绿阔叶林盆中丘陵立地亚区	柏木	Logistic 普	$y = 101.3814/(1 + 13.7259e^{-0.0860x})$	9.8970	3.5237	0.0133	0.89	0.0780
			Logistic 加	$y = 100.2507/(1 + 13.5886e^{-0.0866x})$	23.5498	3.2626	0.0145		0.3387
9	中亚热带—湿润—常绿阔叶林盆地北缘山地立地亚区	柏木	Logistic 普	$y = 95.7747/(1 + 13.1445e^{-0.0795x})$	15.2219	5.7056	0.0214	0.82	0.0103
			Logistic 加	$y = 94.0876/(1 + 13.4024e^{-0.0815x})$	18.9959	3.6181	0.0190		-0.0269
10	中亚热带—湿润—常绿阔叶林盆地西缘山地立地亚区	栎类	Richards 普	$y = 249.8958(1 - e^{-0.0101x})^{1.0925}$	59.4370	0.3351	0.0062	0.75	-0.2240
			Richards 加	$y = 228.4393(1 - e^{-0.0128x})^{1.2208}$	58.3995	0.1521	0.0057		0.3097

（续）

序号	森林生产力三级区划	优势树种	模型	生长方程	参数标准差			R^2	TRE/%
					A	B	k		
11	高原亚温带—湿润—高寒植被川西北高山立地亚区	云杉	Richards 普	$y = 557.2607 (1 - e^{-0.0254x})^{15.3108}$	47.9619	7.5846	0.0051	0.93	1.7403
			Richards 加	$y = 555.5135 (1 - e^{-0.0254x})^{15.2077}$	55.6653	4.4034	0.0037		1.5602
12	暖温带—湿润—常绿阔叶林川西南山地立地亚区	云南松	Richards 普	$y = 172.8231 (1 - e^{-0.0511x})^{9.1505}$	20.8040	6.5756	0.0169	0.84	-0.0808
			Richards 加	$y = 165.5853 (1 - e^{-0.0584x})^{12.3386}$	29.3425	8.9641	0.0196		0.0204
13	中亚热带—湿润—常绿阔叶林盆地南缘山地立地亚区	杉木（柳杉）	Logistic 普	$y = 69.6941/(1 + 12.1520e^{-0.2305x})$	6.0446	7.2099	0.0626	0.82	-0.0049
			Logistic 加	$y = 69.5083/(1 + 12.2379e^{-0.2320x})$	9.0440	4.0930	0.0541		0.0086
14	高原亚温带—湿润—常绿阔叶林盆地西缘山地立地亚区	杨树（其他软阔）	Logistic 普	$y = 187.4841/(1 + 8.0993e^{-0.0624x})$	12.8236	2.5082	0.0121	0.89	-0.0940
			Logistic 加	$y = 181.8220/(1 + 9.1488e^{-0.0687x})$	11.1661	1.2270	0.0068		0.0830

表 20-14　主要树种模型（调整）

序号	森林生产力三级区划	优势树种	模型	生长方程	参数标准差			R^2	TRE/%
					A	B	k		
1	北亚热带—湿润—常绿阔叶林川西南山地立地亚区	栎类	Richards 普	$y = 154.9867 (1 - e^{-0.02049x})^{1.8812}$	16.3773	0.6230	0.0083	0.80	-0.1595
			Richards 加	$y = 149.5977 (1 - e^{-0.0285x})^{2.1516}$	24.1292	0.5324	0.0094		0.0713
		云南松	Logistic 普	$y = 186.8666/(1 + 9.7587e^{-0.0486x})$	19.2666	3.5948	0.0113	0.71	0.0540
			Logistic 加	$y = 177.1421/(1 + 10.5871e^{-0.0539x})$	22.2138	2.1970	0.0086		0.0705

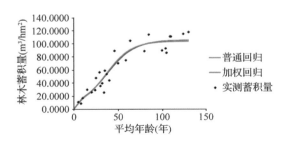

图 20-7　北亚热带—湿润—常绿阔叶林盆地北缘山地立地亚区栎类生长模型

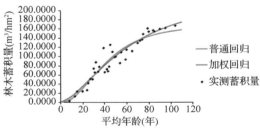

图 20-8　北亚热带—湿润—常绿阔叶林川西南山地立地亚区云南松生长模型

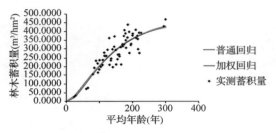

图 20-9　高原亚温带—湿润—常绿阔叶林川西北高山立地亚区冷杉生长模型

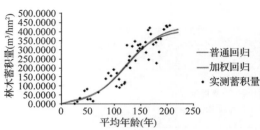

图 20-10　高原亚温带—湿润—常绿阔叶林川西北高山立地亚区云杉生长模型

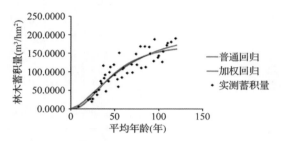

图 20-11　高原亚温带—湿润—常绿阔叶林川西北高山立地亚区桦木生长模型

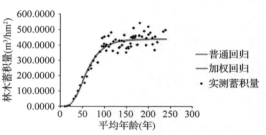

图 20-12　高原亚温带—湿润—常绿阔叶林横断山脉立地亚区冷杉生长模型

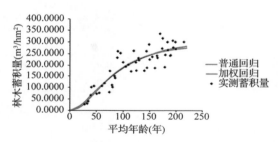

图 20-13　高原亚温带—湿润—常绿阔叶林横断山脉立地亚区云杉生长模型

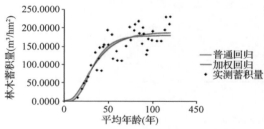

图 20-14　高原亚温带—湿润—常绿阔叶林横断山脉立地亚区高山松生长模型

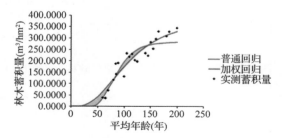

图 20-15　高原亚温带—亚湿润—常绿阔叶林横断山脉立地亚区云杉生长模型

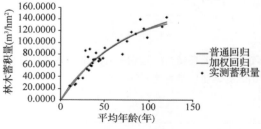

图 20-16　南亚热带—亚湿润—常绿阔叶林川西南山地立地亚区云南松生长模型

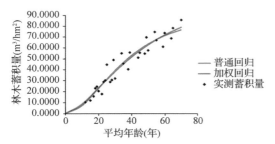

图 20-17 中亚热带—湿润—常绿阔叶林盆北低山丘陵立地亚区柏木天然林生长模型

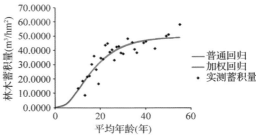

图 20-18 中亚热带—湿润—常绿阔叶林盆北低山丘陵立地亚区柏木人工林生长模型

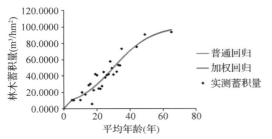

图 20-19 中亚热带—湿润—常绿阔叶林盆中丘陵立地亚区柏木生长模型

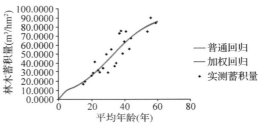

图 20-20 中亚热带—湿润—常绿阔叶林盆地北缘山地立地亚区柏木生长模型

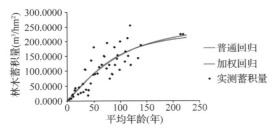

图 20-21 中亚热带—湿润—常绿阔叶林盆地西缘山地立地亚区栎类生长模型

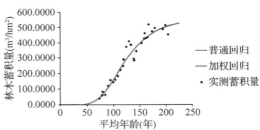

图 20-22 高原亚温带—湿润—高寒植被川西北高山立地亚区云杉生长模型

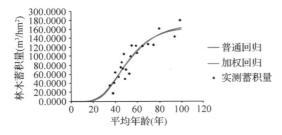

图 20-23 暖温带—湿润—常绿阔叶林川西南山地立地亚区云南松生长模型

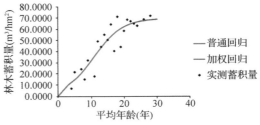

图 20-24 中亚热带—湿润—常绿阔叶林盆地南缘山地立地亚区杉木(柳杉)生长模型

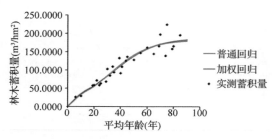

图 20-25　高原亚温带—湿润—常绿阔叶林盆地西缘山地立地亚区杨树（软阔）生长模型

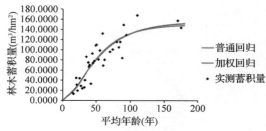

图 20-26　北亚热带—湿润—常绿阔叶林川西南山地立地亚区栎类生长模型（合并）

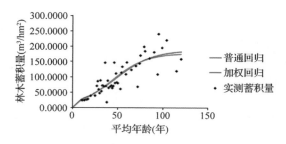

图 20-27　北亚热带—湿润—常绿阔叶林川西南山地立地亚区云南松生长模型（合并）

20.4.8　生长模型的检验

为了检验普通回归和加权回归生长模型的适用性，采用以下评价指标：确定系数（R^2）、估计值的标准误差（SEE）、总相对误差（TRE）、平均系统误差（MSE）、平均预估误差（MPE）。

$$R^2 = 1 - \sum (y_i - \hat{y}_i)^2 / \sum (y_i - \bar{y}_i)^2$$

$$SEE = \sqrt{\sum (y_i - \hat{y}_i)^2 / (n - k)}$$

$$TRE = \sum (y_i - \hat{y}_i) / \sum \hat{y}_i \times 100$$

$$MSE = \sum (y_i - \hat{y}_i) / \hat{y}_i / n \times 100$$

$$MPE = t_\alpha \cdot (SEE / \bar{y}) / \sqrt{n} \times 100$$

式中，y_i 为实际观测值，$\hat{y}_i$ 为模型预估值，$\bar{y}$ 为样本平均值，n 为样本单元数，k 为参数个数，t_α 为置信水平 α 时的 t 值。在这 6 项指标中，R^2 和 SEE 是回归模型的最常用指标，既反映了模型的拟合优度，也反映了自变量的贡献率和因变量的离差情况；TRE 和 MSE 是反映拟合效果的重要指标，二者应该控制在一定范围内（如 ±3%），趋向于 0 时效果最好；MPE 是反映平均蓄积量估计值的精度指标。

各森林生产力三级区划优势树种生长模型检验见表 20-15。合并后见表 20-16。

表 20-15　各森林生产力三级区划优势树种生长模型检验

序号	森林生产力三级区划	优势树种	模型	R^2	SEE	TRE	MSE	MPE
1	北亚热带—湿润—常绿阔叶林盆地北缘山地立地亚区	栎类	Logistic 普	0.89	12.1539	−0.0574	−0.7162	7.3882
			Logistic 加		12.2174	0.0983	0.0317	7.4268
2	北亚热带—湿润—常绿阔叶林川西南山地立地亚区	云南松	Richards 普	0.91	14.1720	−0.2402	−2.7334	4.8773
			Richards 加		14.9111	0.3475	0.0045	5.1316
3	高原亚温带—湿润—常绿阔叶林川西北高山立地亚区	冷杉	Richards 普	0.78	46.4820	−0.0860	−0.7441	4.1730
			Richards 加		46.5678	−0.3294	−0.3544	4.1789
		云杉	Logistic 普	0.85	53.0107	0.0445	−0.3397	6.3596
			Logistic 加		53.3232	0.0408	−0.0901	6.3971
		桦木	Richards 普	0.81	22.2325	−0.2462	−2.1839	6.2201
			Richards 加		22.5642	−0.0102	0.1965	6.3129
4	高原亚温带—湿润—常绿阔叶林横断山脉立地亚区	冷杉	Richards 普	0.89	39.9703	0.6566	1.9042	2.6069
			Richards 加		40.2465	0.5519	0.4262	2.6249
		云杉	Richards 普	0.79	38.3186	−0.0690	−0.6401	5.4834
			Richards 加		38.4342	0.1314	0.1499	5.4999
		高山松	Richards 普	0.73	29.0012	−0.1844	−1.7167	6.1993
			Richards 加		29.4567	0.1224	−0.1323	6.2967
5	高原亚温带—亚湿润—常绿阔叶林横断山脉立地亚区	云杉	Richards 普	0.88	32.3346	−0.2992	−2.2624	6.8512
			Richards 加		37.6924	1.0525	0.4691	7.9864
6	南亚热带—亚湿润—常绿阔叶林川西南山地立地亚区	云南松	Richards 普	0.88	11.9941	−0.0913	−0.5795	5.5957
			Richards 加		12.0543	0.2247	0.2437	5.6238
7	中亚热带—湿润—常绿阔叶林盆北低山丘陵立地亚区	柏木（天然）	Richards 普	0.91	6.6188	−0.1081	−0.7736	5.4472
			Richards 加		6.6950	0.0339	0.0199	5.5099
		柏木（人工）	Richards 普	0.78	5.7841	−0.0515	−0.2434	5.9371
			Richards 加		5.7862	−0.0175	−0.0183	5.9393
8	中亚热带—湿润—常绿阔叶林盆中丘陵立地亚区	柏木	Logistic 普	0.89	8.0811	0.0780	0.1920	7.8784
			Logistic 加		8.0842	0.3387	0.0095	7.8815
9	中亚热带—湿润—常绿阔叶林盆地北缘山地立地亚区	柏木	Logistic 普	0.82	9.7321	0.0103	−0.0057	8.4118
			Logistic 加		9.7357	−0.0269	−0.0324	8.4149
10	中亚热带—湿润—常绿阔叶林盆地西缘山地立地亚区	栎类	Richards 普	0.75	34.7674	−0.2240	−2.3576	9.5997
			Richards 加		34.8295	0.3097	0.3666	9.6169
11	高原亚温带—湿润—高寒植被川西北高山立地亚区	云杉	Richards 普	0.93	41.3363	1.7403	1.8380	5.0620
			Richards 加		41.2347	1.5602	1.3593	5.0495
12	暖温带—湿润—常绿阔叶林川西南山地立地亚区	云南松	Richards 普	0.84	17.9200	−0.0808	−0.5021	8.5220
			Richards 加		17.9970	0.0204	0.0257	8.5586
13	中亚热带—湿润—常绿阔叶林盆地南缘山地立地亚区	杉木（柳杉）	Richards 普	0.82	9.1865	−0.0049	−0.0068	8.7451
			Richards 加		9.1867	0.0086	0.0088	8.7453
14	高原亚温带—湿润—常绿阔叶林盆地西缘山地立地亚区	杨树（其他软阔）	Logistic 普	0.89	17.7017	−0.0940	−0.6236	5.9322
			Logistic 加		17.7966	0.0830	0.0547	5.9640

表 20-16　各森林生产力三级区划优势树种生长模型检验(合并)

序号	森林生产力三级区划	优势树种	模型	R^2	SEE	TRE	MSE	MPE
1	北亚热带—湿润—常绿阔叶林川西南山地立地亚区	栎类	Richards 普	0.80	19.5632	− 0.1595	− 1.0017	8.2036
			Richards 加		19.6109	0.0713	0.1229	8.2235
		云南松	Logistic 普	0.71	30.8354	0.0540	− 0.2625	8.8975
			Logistic 加		30.9691	0.0705	− 0.0458	8.9360

总相对误差(TRE)基本上在 ±3% 以内,平均系统误差(MSE)基本上在 ±5% 以内,表明模型拟合效果良好。从这一原则出发,加权回归模型的拟合效果要好于普通回归模型;平均预估误差(MPE)基本在 10% 以内,说明蓄积生长模型的平均预估精度达到 90% 以上。

从参数估计值看,各树种的相应参数的标准差较小,说明模型的稳定性比较好。

20.4.9　样地蓄积量归一化

通过提取的四川样地数据,四川的针叶树种主要是云杉、冷杉、云南松、柏木,阔叶树种主要是栎类、软阔。

根据《国家森林资源连续清查主要技术规定》确定各树种组的龄组划分和成熟林年龄,见表 20-17、表 20-18 和表 20-19。

表 20-17　四川树种成熟年龄

序号	树种	地区	起源	龄级	成熟林
1	冷杉	南方	天然	20	81
			人工	10	41
2	云杉、柏木	南方	天然	20	81
			人工	10	61
3	云南松、高山松	南方	天然	10	41
			人工	10	31
4	桦木	南方	天然	10	51
			人工	10	31
5	杉木、柳杉	南方	人工	5	26
6	栎类	南北	天然	20	81
			人工	10	51
7	杨树、其他软阔	南方	天然	5	21
			人工	5	16

表 20-18　四川三级区划主要树种成熟林蓄积量

序号	森林生产力三级区划	优势树种	起源	成熟蓄积量 /(m³/hm²)
1	北亚热带—湿润—常绿阔叶林盆地北缘山地立地亚区	栎类	天然	99.7638
2	北亚热带—湿润—常绿阔叶林川西南山地立地亚区	云南松	天然	86.4382
3	高原亚温带—湿润—常绿阔叶林川西北高山立地亚区	冷杉	天然	160.7439
		云杉	天然	92.1663
		桦木	天然	99.7408

（续）

序号	森林生产力三级区划	优势树种	起源	成熟蓄积量/（m³/hm²）
4	高原亚温带—湿润—常绿阔叶林横断山脉立地亚区	冷杉	天然	116.9214
		云杉	天然	156.8232
		高山松	天然	129.7398
5	高原亚温带—亚湿润—常绿阔叶林横断山脉立地亚区	云杉	天然	123.7789
6	南亚热带—亚湿润—常绿阔叶林川西南山地立地亚区	云南松	天然	73.5012
7	中亚热带—湿润—常绿阔叶林盆北低山丘陵立地亚区	柏木	天然	80.3589
		柏木	人工	49.3468
8	中亚热带—湿润—常绿阔叶林盆中丘陵立地亚区	柏木	人工	93.7660
9	中亚热带—湿润—常绿阔叶林盆地北缘山地立地亚区	柏木	天然	92.4014
10	中亚热带—湿润—常绿阔叶林盆地西缘山地立地亚区	栎类	天然	134.0553
天然	高原亚温带—湿润—高寒植被川西北高山立地亚区	云杉	天然	69.5434
12	暖温带—湿润—常绿阔叶林川西南山地立地亚区	云南松	天然	50.7721
13	中亚热带—湿润—常绿阔叶林盆地南缘山地立地亚区	杉木	人工	67.5233
		柳杉	人工	
14	高原亚温带—湿润—常绿阔叶林盆地西缘山地立地亚区	杨树	天然	57.4653
		其他软阔	天然	

表 20-19 三级区划主要树种成熟蓄积量（调整后）

序号	森林生产力三级区划	优势树种	起源	成熟蓄积量/（m³/hm²）
12	北亚热带—湿润—常绿阔叶林川西南山地立地亚区	云南松	天然	81.9016
		栎类	天然	119.4493

20.4.10 四川森林生产力分区

依据全国公顷蓄积量分级结果（参见全国报告的表4-12）。四川公顷蓄积量分级结果见表20-20。样地归一化蓄积量分级见图20-28。

表 20-20 四川公顷蓄积量分级结果　　　　　　　　单位：m³/hm²

级别	2级	3级	4级	5级	6级
公顷蓄积量	30~60	60~90	90~120	120~150	150~180

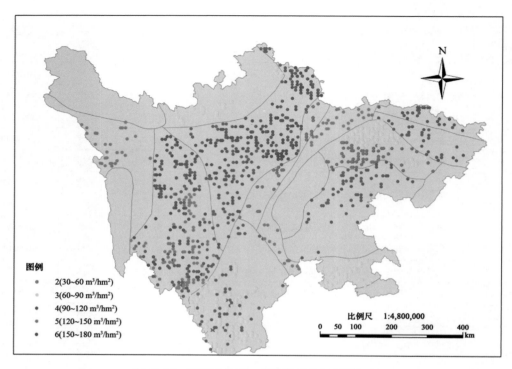

图例

- 2(30~60 m³/hm²)
- 3(60~90 m³/hm²)
- 4(90~120 m³/hm²)
- 5(120~150 m³/hm²)
- 6(150~180 m³/hm²)

比例尺　1:4,800,000

0　50　100　　　200　　　300　　　400
km

图 20-28　四川样地归一化蓄积量分级（调整后）

中亚热带—湿润—常绿阔叶林盆东平行峡谷立地亚区根据重庆中亚热带—湿润—常绿阔叶林盆东平行峡谷立地亚区部分的森林生产力等级值赋值，因此该区四川部分森林生产力等级为 4；

中亚热带—湿润—常绿阔叶林成都平原立地亚区根据相邻中亚热带—湿润—常绿阔叶林盆地西缘山地立地亚区、中亚热带—湿润—常绿阔叶林盆北低山丘陵立地亚区和中亚热带—湿润—常绿阔叶林盆中丘陵立地亚区森林生产力等级值，计算均值后中亚热带—湿润—常绿阔叶林成都平原立地亚区森林生产力等级是 4；

高原温带—亚湿润—常绿阔叶林横断山脉立地亚区与西藏高原温带—亚湿润—常绿阔叶林横断山脉立地亚区属于同一三级区，按照西藏部分森林生产力等级为 6；

北亚热带—湿润—常绿阔叶林盆地南缘山地立地亚区与贵州北亚热带—湿润—常绿阔叶林盆地南缘山地立地亚区属于同一三级区，按照贵州省部分森林生产力等级为 4。

调整后，四川森林生产力分级见图 20-29。

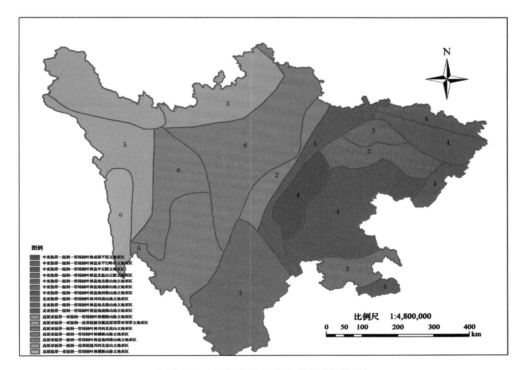

图20-29 四川森林生产力分级（调整后）

注：图中数字表达了该区域森林生产力等级。其中空值并不表示该区的森林生产力等级是0，而是该森林生产力区划跨省，本省建模样地数未达到建模标准，将在区域或全国森林生产力分区图中赋值；图中森林生产力等级值依据前文中表2-20公顷蓄积量分级结果。

21.1 贵州森林生产力一级区划

以我国 1:100 万全国行政区划数据中贵州省界为边界，从全国森林生产力一级区划图中提取贵州森林生产力一级区划，贵州森林生产力一级区划单位为 4 个，如表 21-1 和图 21-1：

表 21-1 森林生产力一级区划

序号	气候带	气候大区	森林生产力一级区划
1	北亚热带	湿润	北亚热带—湿润地区
2	中亚热带	湿润	中亚热带—湿润地区
3	南亚热带	湿润	南亚热带—湿润地区
4	暖温带	湿润	暖温带—湿润地区

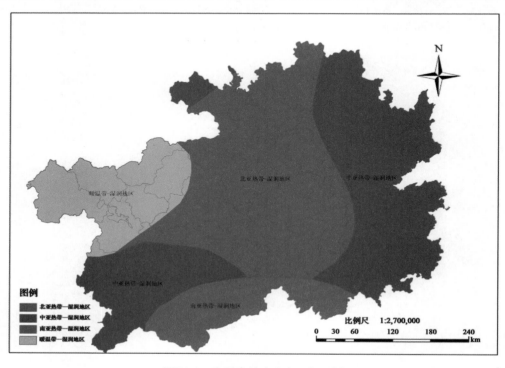

图 21-1 贵州森林生产力一级区划

注：本图显示采用 2000 国家大地坐标系（简称 CGCS2000），后续相关地图同该坐标系。

21.2 贵州森林生产力二级区划

按照贵州省界从全国二级区划中提取贵州省的森林生产力二级区划，贵州省森林生产力二级区划单位为 4 个，如表 21-2 和图 21-2：

表 21-2 森林生产力二级区划

序号	森林生产力一级区划	森林生产力二级区划
1	北亚热带—湿润地区	北亚热带—湿润—常绿阔叶林
2	中亚热带—湿润地区	中亚热带—湿润—常绿阔叶林
3	南亚热带—湿润地区	南亚热带—湿润—常绿阔叶林
4	暖温带—湿润地区	暖温带—湿润—常绿阔叶林

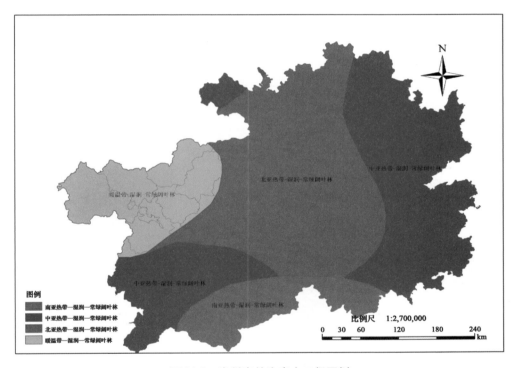

图 21-2 贵州森林生产力二级区划

21.3 贵州森林生产力三级区划

21.3.1 贵州立地区划

根据全国立地区划结果，以贵州 1:100 万省界为提取框架，提取贵州立地区划结果。需要说明的是，由于贵州省界数据与全国立地区划成果数据精度不一致，导致提取的贵州立地区划数据在市界边缘出现不少细小的破碎斑块。因此，对贵州立地区划数据进行了破碎化斑块处理，根据就近原则，将破碎小斑块就近合并到最近的大斑块中。处理后，得到的贵州立地区划属性数据和矢量图分别如表 21-3 和图 21-3：

表 21-3　贵州立地区划

序号	立地区域	立地区	立地亚区
1	南方亚热带立地区域	川黔湘鄂山地丘陵立地区	川黔湘鄂山地丘陵西部立地亚区
2		南岭山地立地区	雪峰山山地立地亚区
3		黔中山原立地区	黔中北部低山丘陵立地亚区
4			黔中南部低中山立地亚区
5			黔中中部山原立地亚区
6		元江南盘江中山丘陵立地区	黔桂南盘江红水河中低山河谷立地亚区
7		云贵高原立地区	黔西高原立地亚区
8		四川盆周山地立地区	盆地南缘山地立地亚区

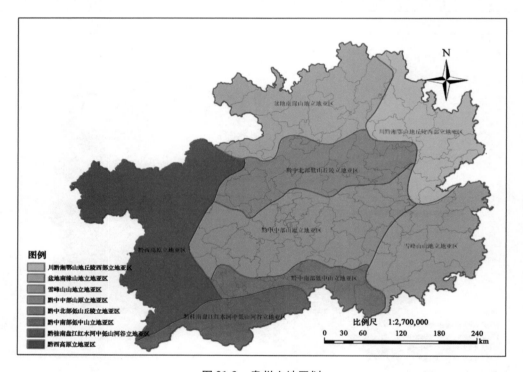

图 21-3　贵州立地区划

21.3.2　贵州三级区划

根据贵州省界从全国森林生产力三级区划中提取贵州森林生产力三级区划。

用贵州省界来提取贵州森林生产力三级区划时边缘出现了破碎的小斑块，为了使省级森林生产力三级不至于太破碎，根据就近原则，将破碎小斑块就近合并到最近的大斑块中。

贵州森林生产力三级区划单位为 14 个，如表 21-4 和图 21-4：

表 21-4　森林生产力三级区划

序号	森林生产力一级区划	森林生产力二级区划	森林生产力三级区划
1	北亚热带—湿润地区	北亚热带—湿润—常绿阔叶林	北亚热带—湿润—常绿阔叶林黔中北部低山丘陵立地亚区
2			北亚热带—湿润—常绿阔叶林黔中南部低中山立地亚区
3			北亚热带—湿润—常绿阔叶林黔中中部山原立地亚区
4			北亚热带—湿润—常绿阔叶林盆地南缘山地立地亚区
5	中亚热带—湿润地区	中亚热带—湿润—常绿阔叶林	中亚热带—湿润—常绿阔叶林川黔湘鄂山地丘陵西部立地亚区
6			中亚热带—湿润—常绿阔叶林雪峰山山地立地亚区
7			中亚热带—湿润—常绿阔叶林黔中北部低山丘陵立地亚区
8			中亚热带—湿润—常绿阔叶林黔西高原立地亚区
9			中亚热带—湿润—常绿阔叶林黔中南部低中山立地亚区
10			中亚热带—湿润—常绿阔叶林黔中中部山原立地亚区
11			中亚热带—湿润—常绿阔叶林盆地南缘山地立地亚区
12	南亚热带—湿润地区	南亚热带—湿润—常绿阔叶林	南亚热带—湿润—常绿阔叶林黔中南部低中山立地亚区
13			南亚热带—湿润—常绿阔叶林黔桂南盘江红水河中低山河谷立地亚区
14	暖温带—湿润地区	暖温带—湿润—常绿阔叶林	暖温带—湿润—常绿阔叶林黔西高原立地亚区

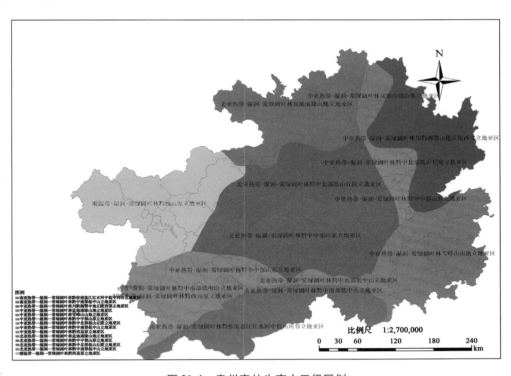

图 21-4　贵州森林生产力三级区划

21.4 贵州森林生产力量化分级

21.4.1 技术方案

单位面积蓄积量标志着林地生产力的高低及经营措施的效果。本方案在森林生产力三级区划结果基础上，根据已调查的贵州第7期、第8期一类清查样地数据，提取贵州森林生产力三级区划的样地数据，筛选出两期地类是乔木林地、疏林地的样地，根据森林生产力三级区划的主要树种，建立样地优势树种蓄积量生长模型，并归一该树种到成熟林时单位公顷的蓄积值，以此作为量化样地森林生产力的依据，在森林生产力三级的基础上进行森林植被生产力区划。

21.4.2 样地筛选

21.4.2.1 样地情况

1979年贵州建立森林资源连续清查体系。1984年贵州开展森林资源清查第1次复查。1990年贵州开展森林资源清查第2次复查，1995年开展森林资源清查第3次复查，对原0.08 hm² 方形样地改为在西南角设边长25.82 m×25.82 m，即0.0667 hm² 方形样地，并作为下期复查固定样地。

贵州的样地情况如表21-5：

表21-5　贵州样地概况

项目	内容
调查（副）总体	贵州样地
样地调查时间	全国第7次清查贵州数据（2005年） 全国第8次清查贵州数据（2010年）
样地个数	全国第7次清查贵州样地5499个 全国第8次清查贵州样地5500个
样地间距	贵州样地间距4 km×8 km
样地大小	贵州样地0.0667 hm²
样地形状	贵州样地为25.82 m×25.82 m 的正方形
备注	

21.4.2.2 样地筛选情况

根据贵州划分的森林生产力三级区划，提取每个三级区划的样地数据，对提取的样地数据进行筛选。

筛选的条件如下：

地类为乔木林地或疏林地。剔除地类是红树林、竹林、国家特别规定灌木林地、其他灌木林地、未成林封育地、未成林造林地、苗圃地、采伐迹地、火烧迹地、其他无立木林地、宜林荒山荒地、宜林沙荒地、其他宜林地、耕地、牧草地、水域、未利用地、工矿建设用地、城乡居民建设用地、交通建设用地、其他用地的样地。被剔除的样地或者没有划分起源，或者没有样地平均年龄，或者优势树种是灌木，无法进行以林木蓄积量为因变量，样地平均年龄为自变量的曲线拟合。

表21-6详细说明了贵州第7、8期样地（分三级区划）及样地筛选情况。

表 21-6   贵州分三级区划样地筛选情况

序号	森林生产力三级区划	监测期	样地总数	筛选样地数	所占比例/%
1	北亚热带—湿润—常绿阔叶林黔中北部低山丘陵立地亚区	第7期	558	109	19.5
		第8期	557	136	24.4
2	北亚热带—湿润—常绿阔叶林黔中南部低中山立地亚区	第7期	71	9	12.7
		第8期	70	11	15.7
3	北亚热带—湿润—常绿阔叶林黔中中部山原立地亚区	第7期	840	211	25.1
		第8期	840	242	28.8
4	北亚热带—湿润—常绿阔叶林盆地南缘山地立地亚区	第7期	660	150	22.7
		第8期	659	178	27.0
5	南亚热带—湿润—常绿阔叶林黔中南部低中山立地亚区	第7期	198	44	22.2
		第8期	199	51	25.6
6	南亚热带—湿润—常绿阔叶林黔桂南盘江红水河中低山河谷立地亚区	第7期	344	38	11.0
		第8期	345	63	18.3
7	暖温带—湿润—常绿阔叶林黔西高原立地亚区	第7期	728	87	12.0
		第8期	728	125	17.2
8	中亚热带—湿润—常绿阔叶林川黔湘鄂山地丘陵西部立地亚区	第7期	583	155	26.6
		第8期	584	186	31.8
9	中亚热带—湿润—常绿阔叶林雪峰山山地立地亚区	第7期	650	350	53.8
		第8期	650	376	57.8
10	中亚热带—湿润—常绿阔叶林黔中北部低山丘陵立地亚区	第7期	103	38	36.9
		第8期	103	39	37.9
11	中亚热带—湿润—常绿阔叶林黔西高原立地亚区	第7期	379	39	10.3
		第8期	378	61	16.1
12	中亚热带—湿润—常绿阔叶林黔中南部低中山立地亚区	第7期	53	11	20.8
		第8期	55	11	20.0
13	中亚热带—湿润—常绿阔叶林黔中中部山原立地亚区	第7期	153	42	27.5
		第8期	152	47	30.9
14	中亚热带—湿润—常绿阔叶林盆地南缘山地立地亚区	第7期	112	22	19.6
		第8期	112	30	26.8

21.4.3 建模树种提取

对筛选出的森林生产力三级区划的乔木林地和疏林地样地数据，分别统计每个优势树种的样地数和样地的起源，为了尽量使每个三级区划都能有森林生产力值，方便森林生产力等级划分，在每个森林生产力三级区内，如果优势树种的建模样地达到50，则建立样本数≥50的优势树种的生长模型；如果优势树种的建模样地均未达到50，则降低建模样本量为30；降低建模标准且合并树种组仍无法达到建模量的，若该区为完整的三级区，则看邻近区内与该区内相似树种的蓄积量，作为该区的归一化蓄积量；若该区是被省界分割的森林生产力三级区的小部分，则暂时空缺，若是被省界分割的森林生产力三级区的大部分，则参照完整的三级区处理。

贵州各三级区划分优势树种样地数统计如表21-7。

表 21-7　贵州各三级区划样地数分优势树种统计

序号	森林生产力三级区划	优势树种	监测期	起源	样地数
1	北亚热带—湿润—常绿阔叶林黔中北部低山丘陵立地亚区	马尾松	第7期	天然	45
			第8期		40
		马尾松	第7期	人工	3
			第8期		4
		国外松	第7期	人工	1
			第8期		0
		湿地松	第7期	人工	0
			第8期		1
		杉木	第7期	人工	4
			第8期		9
		柏木	第7期	天然	4
			第8期		3
		柏木	第7期	人工	7
			第8期		7
		栎类	第7期	天然	3
			第8期		3
		桦木	第7期	天然	2
			第8期		1
		楠木	第7期	人工	0
			第8期		1
		刺槐	第7期	人工	0
			第8期		2
		枫香	第7期	天然	0
			第8期		2
		其他硬阔	第7期	天然	4
			第8期		2
		杨树	第7期	天然	4
			第8期		6
		其他软阔	第7期	天然	3
			第8期		3
		针叶混	第7期	天然	3
			第8期		6
		阔叶混	第7期	天然	16
			第8期		31
		针阔混	第7期	天然	10
			第8期		15
2	北亚热带—湿润—常绿阔叶林黔中南部低中山立地亚区	马尾松	第7期	人工	4
			第8期		3
		杉木	第7期	人工	0
			第8期		1
		栎类	第7期	天然	1
			第8期		2
		枫香	第7期	天然	0
			第8期		1

（续）

序号	森林生产力三级区划	优势树种	监测期	起源	样地数
2	北亚热带—湿润—常绿阔叶林黔中南部低中山立地亚区	其他硬阔	第7期	天然	1
			第8期		1
		其他软阔	第7期	天然	1
			第8期		1
		阔叶混	第7期	天然	2
			第8期		1
		针阔混	第7期	天然	0
			第8期		1
3	北亚热带—湿润—常绿阔叶林黔中中部山原立地亚区	华山松	第7期	人工	5
			第8期		5
		马尾松	第7期	人工	21
			第8期		26
		马尾松	第7期	天然	76
			第8期		63
		湿地松	第7期	人工	1
			第8期		1
		杉木	第7期	人工	18
			第8期		24
		柳杉	第7期	人工	3
			第8期		8
		柏木	第7期	人工	1
			第8期		4
		栎类	第7期	天然	18
			第8期		16
		桦木	第7期	天然	4
			第8期		2
		刺槐	第7期	人工	0
			第8期		1
		枫香	第7期	人工	1
			第8期		1
		其他硬阔	第7期	天然	10
			第8期		3
		杨树	第7期	人工	1
			第8期		1
		其他软阔	第7期	天然	10
			第8期		4
		针叶混	第7期	人工	12
			第8期		18
		阔叶混	第7期	天然	19
			第8期		48
		针阔混	第7期	天然	10
			第8期		17
4	北亚热带—湿润—常绿阔叶林盆地南缘山地立地亚区	华山松	第7期	天然	1
			第8期		0
		马尾松	第7期	天然	25
			第8期		22

（续）

序号	森林生产力三级区划	优势树种	监测期	起源	样地数
4	北亚热带—湿润—常绿阔叶林盆地南缘山地立地亚区	湿地松	第 7 期	人工	0
			第 8 期		1
		其他松类	第 7 期	天然	0
			第 8 期		1
		杉木	第 7 期	人工	17
			第 8 期		16
		柳杉	第 7 期	人工	4
			第 8 期		7
		水杉	第 7 期	人工	0
			第 8 期		1
		柏木	第 7 期	天然	10
			第 8 期		15
		栎类	第 7 期	天然	7
			第 8 期		8
		桦木	第 7 期	天然	0
			第 8 期		1
		刺槐	第 7 期	人工	0
			第 8 期		3
		枫香	第 7 期	天然	1
			第 8 期		3
		其他硬阔	第 7 期	天然	12
			第 8 期		6
		杨树	第 7 期	人工	1
			第 8 期		0
		其他软阔	第 7 期	天然	6
			第 8 期		2
		针叶混	第 7 期	天然	14
			第 8 期		19
		阔叶混	第 7 期	天然	34
			第 8 期		55
		针阔混	第 7 期	天然	16
			第 8 期		18
5	南亚热带—湿润—常绿阔叶林黔中南部低中山立地亚区	马尾松	第 7 期	人工	11
			第 8 期		14
		杉木	第 7 期	人工	2
			第 8 期		2
		栎类	第 7 期	天然	3
			第 8 期		2
		桦木	第 7 期	天然	1
			第 8 期		2
		枫香	第 7 期	天然	2
			第 8 期		1
		其他硬阔	第 7 期	天然	15
			第 8 期		2

（续）

序号	森林生产力三级区划	优势树种	监测期	起源	样地数
5	南亚热带—湿润—常绿阔叶林黔中南部低中山立地亚区	泡桐	第 7 期	天然	0
			第 8 期		1
		其他软阔	第 7 期	天然	6
			第 8 期		0
		阔叶混	第 7 期	天然	2
			第 8 期		25
		针阔混	第 7 期	人工	2
			第 8 期		2
6	南亚热带—湿润—常绿阔叶林黔桂南盘江红水河中低山河谷立地亚区	油杉	第 7 期	天然	0
			第 8 期		1
		马尾松	第 7 期	人工	2
			第 8 期		2
		云南松	第 7 期	人工	2
			第 8 期		4
		杉木	第 7 期	人工	6
			第 8 期		14
		栎类	第 7 期	天然	7
			第 8 期		1
		桦木	第 7 期	天然	2
			第 8 期		1
		木荷	第 7 期	天然	0
			第 8 期		4
		枫香	第 7 期	天然	1
			第 8 期		2
		其他硬阔	第 7 期	天然	4
			第 8 期		9
		杨树	第 7 期	天然	0
			第 8 期		1
		泡桐	第 7 期	天然	0
			第 8 期		1
		桉树	第 7 期	人工	0
			第 8 期		2
		其他软阔	第 7 期	天然	2
			第 8 期		2
		针叶混	第 7 期	人工	1
			第 8 期		0
		阔叶混	第 7 期	天然	9
			第 8 期		16
		针阔混	第 7 期	天然	4
			第 8 期		3

521

（续）

序号	森林生产力三级区划	优势树种	监测期	起源	样地数
7	暖温带—湿润—常绿阔叶林黔西高原立地亚区	油杉	第 7 期	天然	2
			第 8 期		0
		华山松	第 7 期	人工	15
			第 8 期		22
		云南松	第 7 期	天然	18
			第 8 期		23
		杉木	第 7 期	人工	5
			第 8 期		6
		柳杉	第 7 期	人工	5
			第 8 期		13
		栎类	第 7 期	天然	4
			第 8 期		2
		桦木	第 7 期	天然	4
			第 8 期		11
		刺槐	第 7 期	人工	0
			第 8 期		1
		其他硬阔	第 7 期	天然	2
			第 8 期		3
		杨树	第 7 期	人工	1
			第 8 期		1
		其他软阔	第 7 期	天然	2
			第 8 期		2
		针叶混	第 7 期	天然	6
			第 8 期		4
		阔叶混	第 7 期	天然	9
			第 8 期		22
		针阔混	第 7 期	人工	13
			第 8 期		15
8	中亚热带—湿润—常绿阔叶林川黔湘鄂山地丘陵西部立地亚区	马尾松	第 7 期	天然	49
			第 8 期		53
		马尾松	第 7 期	人工	7
			第 8 期		8
		杉木	第 7 期	人工	26
			第 8 期		32
		柏木	第 7 期	天然	8
			第 8 期		12
		栎类	第 7 期	天然	4
			第 8 期		6
		楠木	第 7 期	天然	0
			第 8 期		1

（续）

序号	森林生产力三级区划	优势树种	监测期	起源	样地数
8	中亚热带—湿润—常绿阔叶林川黔湘鄂山地丘陵西部立地亚区	其他硬阔	第7期	天然	6
			第8期		4
		杨树	第7期	人工	8
			第8期		9
		其他软阔	第7期	天然	10
			第8期		3
		针叶混	第7期	天然	18
			第8期		16
		阔叶混	第7期	天然	11
			第8期		29
		针阔混	第7期	天然	8
			第8期		13
9	中亚热带—湿润—常绿阔叶林雪峰山山地立地亚区	华山松	第7期	人工	1
			第8期		0
		马尾松	第7期	人工	14
			第8期		15
		马尾松	第7期	天然	21
			第8期		21
		杉木	第7期	人工	142
			第8期		154
		水杉	第7期	人工	0
			第8期		1
		栎类	第7期	天然	16
			第8期		9
		樟木	第7期	天然	1
			第8期		0
		楠木	第7期	天然	0
			第8期		1
		枫香	第7期	天然	3
			第8期		2
		其他硬阔	第7期	天然	28
			第8期		3
		杨树	第7期	人工	1
			第8期		0
		其他软阔	第7期	天然	19
			第8期		2
		针叶混	第7期	人工	20
			第8期		19
		阔叶混	第7期	天然	64
			第8期		130

（续）

序号	森林生产力三级区划	优势树种	监测期	起源	样地数
9	中亚热带—湿润—常绿阔叶林雪峰山山地立地亚区	针阔混	第7期	天然	20
			第8期		19
10	中亚热带—湿润—常绿阔叶林黔中北部低山丘陵立地亚区	马尾松	第7期	天然	13
			第8期		12
		湿地松	第7期	人工	0
			第8期		1
		杉木	第7期	人工	1
			第8期		3
		柏木	第7期	天然	4
			第8期		3
		栎类	第7期	天然	1
			第8期		0
		其他硬阔	第7期	天然	2
			第8期		0
		杨树	第7期	人工	3
			第8期		2
		其他软阔	第7期	人工	1
			第8期		0
		针叶混	第7期	人工	3
			第8期		1
		阔叶混	第7期	天然	5
			第8期		13
		针阔混	第7期	天然	5
			第8期		4
11	中亚热带—湿润—常绿阔叶林黔西高原立地亚区	华山松	第7期	人工	2
			第8期		1
		马尾松	第7期	人工	0
			第8期		1
		云南松	第7期	天然	4
			第8期		4
		杉木	第7期	人工	16
			第8期		24
		柳杉	第7期	人工	0
			第8期		2
		栎类	第7期	天然	6
			第8期		4
		桦木	第7期	天然	0
			第8期		1
		其他硬阔	第7期	天然	0
			第8期		2

（续）

序号	森林生产力三级区划	优势树种	监测期	起源	样地数
11	中亚热带—湿润—常绿阔叶林黔西高原立地亚区	桉树	第7期	人工	0
			第8期		1
		其他软阔	第7期	人工	0
			第8期		2
		针叶混	第7期	人工	1
			第8期		7
		阔叶混	第7期	天然	5
			第8期		8
		针阔混	第7期	人工	5
			第8期		4
12	中亚热带—湿润—常绿阔叶林黔中南部低中山立地亚区	云南松	第7期	天然	1
			第8期		1
		栎类	第7期	天然	5
			第8期		1
		枫香	第7期	天然	1
			第8期		2
		其他硬阔	第7期	天然	2
			第8期		4
		泡桐	第7期	天然	0
			第8期		1
		其他软阔	第7期	天然	2
			第8期		0
		阔叶混	第7期	天然	0
			第8期		2
13	中亚热带—湿润—常绿阔叶林黔中中部山原立地亚区	马尾松	第7期	天然	7
			第8期		9
		杉木	第7期	人工	5
			第8期		7
		栎类	第7期	天然	7
			第8期		2
		其他硬阔	第7期	天然	1
			第8期		1
		杨树	第7期	人工	3
			第8期		1
		其他软阔	第7期	天然	2
			第8期		0
		针叶混	第7期	人工	2
			第8期		1
		阔叶混	第7期	天然	5
			第8期		14

（续）

序号	森林生产力三级区划	优势树种	监测期	起源	样地数
13	中亚热带—湿润—常绿阔叶林黔中中部山原立地亚区	针阔混	第7期	天然	1
			第8期		2
14	中亚热带—湿润—常绿阔叶林盆地南缘山地立地亚区	马尾松	第7期	天然	3
			第8期		5
		杉木	第7期	人工	3
			第8期		4
		柏木	第7期	天然	2
			第8期		2
		栎类	第7期	天然	3
			第8期		1
		樟木	第7期	天然	1
			第8期		1
		其他硬阔	第7期	天然	2
			第8期		0
		其他软阔	第7期	天然	1
			第8期		0
		针叶混	第7期	天然	2
			第8期		1
		阔叶混	第7期	天然	3
			第8期		9
		针阔混	第7期	天然	2
			第8期		7

从表 21-7 中可以筛选贵州森林生产力三级区划的建模树种如表 21-8：

表 21-8　贵州各三级分区主要建模树种及建模数据统计

序号	森林生产力三级区划	优势树种	起源	监测期	总样地数	建模样地数	所占比例/%
1	北亚热带—湿润—常绿阔叶林黔中北部低山丘陵立地亚区	马尾松	天然	第7期	45	85	100
				第8期	40		
2	北亚热带—湿润—常绿阔叶林黔中中部山原立地亚区	马尾松	天然	第7期	76	137	98.6
				第8期	63		
3	北亚热带—湿润—常绿阔叶林盆地南缘山地立地亚区	阔叶混	天然	第7期	34	81	91.0
				第8期	55		
4	中亚热带—湿润—常绿阔叶林川黔湘鄂山地丘陵西部立地亚区	马尾松	天然	第7期	49	101	99.0
				第8期	53		
5	中亚热带—湿润—常绿阔叶林雪峰山山地立地亚区	杉木	人工	第7期	142	294	99.3
				第8期	154		
		阔叶混	天然	第7期	64	185	95.4
				第8期	130		

21.4.4 建模前数据整理和对应

21.4.4.1 对森林采伐等人为干扰情况的处理

在数据的整理过程中，对第7、8期样地号对应，优势树种一致，第8期年龄增加与调查间隔期一致的样地，第8期林木蓄积量加上采伐蓄积量作为第7期的林木蓄积量，第7期的林木蓄积量不变。

21.4.4.2 对优势树种发生变化情况的处理

两期样地对照分析，第8期样地的优势树种发生变化的样地，林木蓄积量仍以第8期的林木蓄积量为准，把该样地作为第8期优势树种的样地，林木蓄积量以第8期调查时为准，不加采伐蓄积量。第7期的处理同第8期。

21.4.4.3 对样地年龄与时间变化不一致情况的处理

对样地第8期的年龄与调查间隔时间变化不一致的样地，则以第8期的样地平均年龄为准，林木蓄积量不与采伐蓄积量相加，仍以第8期的林木蓄积量作为林木蓄积量，第7期的林木蓄积量不发生变化。

21.4.5 建立林分蓄积量生长模型

根据筛选出的优势树种样地数据，以整理后的林木蓄积量作为因变量，以样地的平均年龄作为自变量，剔除异常数据，根据样地数据散点图的总体趋势，选取不同的生长方程拟合曲线，见表21-9。

表21-9　主要树种建模数据统计

序号	森林生产力三级区划	优势树种	统计量	最小值	最大值	平均值
1	北亚热带—湿润—常绿阔叶林盆地南缘山地立地亚区	阔叶混	平均年龄	7	110	37
			林木蓄积量	7.1664	143.6282	76.4235
2	北亚热带—湿润—常绿阔叶林黔中北部低山丘陵立地亚区	马尾松	平均年龄	10	40	24
			林木蓄积量	18.1934	118.0960	79.5849
3	北亚热带—湿润—常绿阔叶林黔中中部山原立地亚区	马尾松	平均年龄	5	45	23
			林木蓄积量	8.6469	128.3958	74.5702
4	中亚热带—湿润—常绿阔叶林川黔湘鄂山地丘陵西部立地亚区	马尾松	平均年龄	12	40	25
			林木蓄积量	7.6762	126.5817	76.5073
5	中亚热带—湿润—常绿阔叶林雪峰山山地立地亚区	阔叶混	平均年龄	4	96	34
			林木蓄积量	1.0150	224.8876	98.9887
		杉木	平均年龄	6	35	20
			林木蓄积量	16.1619	185.1424	104.8722

S型生长模型能够合理地表示树木或林分的生长过程和趋势，避免了其他模型只在某一生长阶段的拟合精度高，而不能完整体现树木或林分生长趋势的弊端，而本方案的目的是预测林分达到成熟林时的蓄积量，S型生长模型得到的值在比较合理的范围内。

选取的生长方程如表21-10：

表 21-10 拟合所用的生长模型

序号	生长模型名称	生长模型公式
1	Richards 模型	$y = A(1 - e^{-kx})^B$
2	单分子模型	$y = A(1 - e^{-kx})$
3	Logistic 模型	$y = A/(1 + Be^{-kx})$
4	Korf 模型	$y = Ae^{-Bx^{-k}}$

其中，y 为样地的林木蓄积量，x 为林分年龄，A 为树木生长的最大值参数，k 为生长速率参数，B 为与初始值有关的参数。

经过数据拟合，得出各模型的参数和拟合优度及总相对误差，选取三级区划各树种的适合拟合方程，整理如表 21-11。主要树种生长模型如图 21-5 ~ 图 21-10。

表 21-11 主要树种模型

序号	森林生产力三级区划	优势树种	模型	生长方程	参数标准差 A	参数标准差 B	参数标准差 k	R^2	TRE/%
1	北亚热带—湿润—常绿阔叶林盆地南缘山地立地亚区	阔叶混	Richards 普	$y = 129.8115(1 - e^{-0.0315x})^{1.0556}$	18.3922	0.4214	0.0180	0.74	-0.5660
			Richards 加	$y = 101.3110(1 - e^{-0.1345x})^{6.0427}$	5.9168	2.0891	0.0242		1.4018
2	北亚热带—湿润—常绿阔叶林黔中北部低山丘陵立地亚区	马尾松	Richards 普	$y = 117.5359(1 - e^{-0.1135x})^{4.2550}$	6.4705	1.3815	0.0219	0.94	-0.0349
			Richards 加	$y = 114.4076(1 - e^{-0.1259x})^{5.0204}$	8.3591	1.4523	0.0238		-0.2347
3	北亚热带—湿润—常绿阔叶林黔中中部山原立地亚区	马尾松	Logistic 普	$y = 230.7892/(1 + 34.5912e^{-0.1140x})$	20.4773	6.2970	0.0109	0.97	-0.2232
			Logistic 加	$y = 207.1229/(1 + 37.6852e^{-0.1255x})$	33.0040	5.4050	0.0102		0.1536
4	中亚热带—湿润—常绿阔叶林川黔湘鄂山地丘陵西部立地亚区	马尾松	Logistic 普	$y = 113.9905/(1 + 273.3598e^{-0.2775x})$	5.3927	253.6734	0.0481	0.91	0.0635
			Logistic 加	$y = 112.9770/(1 + 288.4781e^{-0.2823x})$	7.9206	129.1606	0.0302		0.0254
5	中亚热带—湿润—常绿阔叶林雪峰山山地立地亚区	阔叶混	Richards 普	$y = 193.2305(1 - e^{-0.0576x})^{2.9173}$	10.4048	0.7623	0.0110	0.90	0.2467
			Richards 加	$y = 192.3369(1 - e^{-0.0523x})^{2.4579}$	26.8238	0.2650	0.0103		0.0707
		杉木	Richards 普	$y = 181.3544(1 - e^{-0.1014x})^{3.0438}$	17.4197	1.0329	0.0277	0.92	-0.2792
			Richards 加	$y = 168.7675(1 - e^{-0.1295x})^{4.2498}$	13.0097	0.7694	0.0202		0.0217

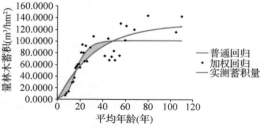

图 21-5 北亚热带—湿润—常绿阔叶林盆地南缘山地立地亚区阔叶混生长模型

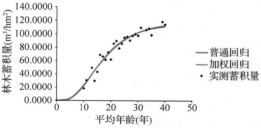

图 21-6 北亚热带—湿润—常绿阔叶林黔中北部低山丘陵立地亚区马尾松生长模型

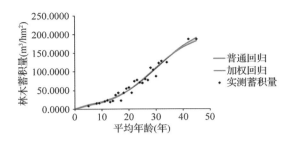

图 21-7 北亚热带—湿润—常绿阔叶林黔中中部山原立地亚区马尾松生长模型

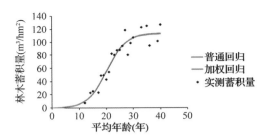

图 21-8 中亚热带—湿润—常绿阔叶林川黔湘鄂山地丘陵西部立地亚区马尾松生长模型

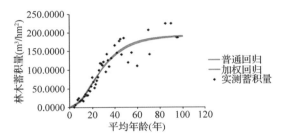

图 21-9 中亚热带—湿润—常绿阔叶林雪峰山山地立地亚区阔叶混生长模型

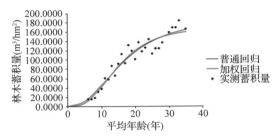

图 21-10 中亚热带—湿润—常绿阔叶林雪峰山山地立地亚区杉木生长模型

21. 4. 6 生长模型的检验

为了检验普通回归和加权回归生长模型的适用性，采用以下评价指标：确定系数（R^2）、估计值的标准误差（SEE）、总相对误差（TRE）、平均系统误差（MSE）、平均预估误差（MPE）。

$$R^2 = 1 - \sum (y_i - \hat{y}_i)^2 / \sum (y_i - \bar{y}_i)^2$$

$$SEE = \sqrt{\sum (y_i - \hat{y}_i)^2 / (n - k)}$$

$$TRE = \sum (y_i - \hat{y}_i) / \sum \hat{y}_i \times 100$$

$$MSE = \sum (y_i - \hat{y}_i) / \hat{y}_i / n \times 100$$

$$MPE = t_\alpha \cdot (SEE / \bar{y}) / \sqrt{n} \times 100$$

式中，y_i 为实际观测值，$\hat{y}_i$ 为模型预估值，$\bar{y}$ 为样本平均值，n 为样本单元数，k 为参数个数，t_α 为置信水平 α 时的 t 值。在这 6 项指标中，R^2 和 SEE 是回归模型的最常用指标，既反映了模型的拟合优度，也反映了自变量的贡献率和因变量的离差情况；TRE 和 MSE 是反映拟合效果的重要指标，二者应该控制在一定范围内（如 $\pm 3\%$），趋向于 0 时效果最好；MPE 是反映平均蓄积量估计值的精度指标。

各森林生产力三级区划优势树种生长模型检验见表 21-12。

表 21-12　各森林生产力三级区划优势树种生长模型检验

序号	森林生产力三级区划	优势树种	模型	R^2	SEE	TRE	MSE	MPE
1	北亚热带—湿润—常绿阔叶林盆地南缘山地立地亚区	阔叶混	Richards 普	0.74	19.1678	−0.5660	−3.6783	8.8880
			Richards 加		19.6881	1.4018	2.3843	9.1292
2	北亚热带—湿润—常绿阔叶林黔中北部低山丘陵立地亚区	马尾松	Richards 普	0.94	7.2537	−0.0349	−0.2798	3.6750
			Richards 加		7.3068	−0.2347	−0.3266	3.7020
3	北亚热带—湿润—常绿阔叶林黔中中部山原立地亚区	马尾松	Logistic 普	0.97	9.3802	−0.2232	−1.6690	5.2568
			Logistic 加		9.7252	0.1536	0.0456	5.4501
4	中亚热带—湿润—常绿阔叶林川黔湘鄂山地丘陵西部立地亚区	马尾松	Logistic 普	0.91	11.3336	0.0635	0.2448	6.5503
			Logistic 加		11.3501	0.0254	0.0193	6.5599
5	中亚热带—湿润—常绿阔叶林雪峰山山地立地亚区	阔叶混	Richards 普	0.90	20.9502	0.2467	6.6405	6.2869
			Richards 加		21.1306	0.0707	−0.3476	6.3410
		杉木	Richards 普	0.92	14.4555	−0.2792	−2.1838	5.3349
			Richards 加		14.6704	0.0217	0.0971	5.4142

　　总相对误差（TRE）基本上在±3%以内，平均系统误差（MSE）基本上在±5%以内，表明模型拟合效果良好。从这一原则出发，加权回归模型的拟合效果要好于普通回归模型；平均预估误差（MPE）基本在10%以内，说明蓄积量生长模型的平均预估精度达到约90%以上。

　　从参数估计值看，各树种的相应参数的标准差较小，说明模型的稳定性比较好。

21.4.7　样地蓄积量归一化

　　通过提取的贵州的样地数据，贵州的针叶树种主要是马尾松、杉木、柏木，阔叶树种主要是栎类。

　　根据《国家森林资源连续清查主要技术规定》确定各树种组的龄组划分和成熟林年龄，见表21-13和表21-14。

表 21-13　贵州树种成熟年龄

序号	树种	地区	起源	龄级	成熟林
1	马尾松	南方	天然	10	41
			人工	10	31
2	杉木	南方	天然	5	31
			人工	5	26
3	阔叶混（其他硬阔、其他软阔、栎类）	南方	天然	15	61
			人工	8	39

表 21-14　贵州三级区划主要树种成熟林蓄积量

序号	森林生产力三级区划	树种	起源	成熟年龄	成熟林蓄积量 /（m³/hm²）
1	北亚热带—湿润—常绿阔叶林黔中北部低山丘陵立地亚区	马尾松	天然	41	111.1538
2	北亚热带—湿润—常绿阔叶林盆地南缘山地立地亚区	阔叶混	天然	61	101.1437

（续）

序号	森林生产力三级区划	树种	起源	成熟年龄	成熟林蓄积量 /（m³/hm²）
3	北亚热带—湿润—常绿阔叶林黔中中部山原立地亚区	马尾松	天然	41	169.8034
4	中亚热带—湿润—常绿阔叶林川黔湘鄂山地丘陵西部立地亚区	马尾松	天然	41	112.6715
5	中亚热带—湿润—常绿阔叶林雪峰山山地立地亚区	杉木	人工	26	145.3701
		阔叶混	天然	61	173.4869

21.4.8　贵州森林生产力分区

依据全国公顷蓄积量分级结果（参见全国报告的表4-12）。贵州公顷蓄积量分级结果见表21-15。归一化蓄积量分级见图21-11。

表 21-15　贵州公顷蓄积量分级结果　　　　　　　　单位：m³/hm²

级别	4 级	5 级	6 级
公顷蓄积量	90 ~ 120	120 ~ 150	150 ~ 180

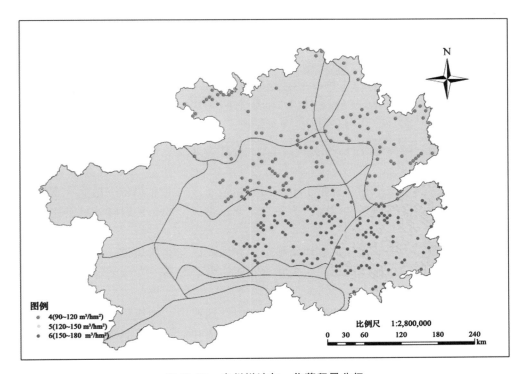

图 21-11　贵州样地归一化蓄积量分级

21.4.9　初次森林生产力分区及调整说明

21.4.9.1　调整说明

贵州森林生产力等级见图21-12。

中亚热带—湿润—常绿阔叶林黔中北部低山丘陵立地亚区与北亚热带—湿润—常绿阔

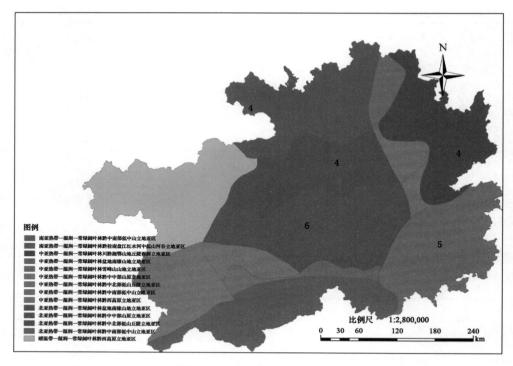

图 21-12　贵州森林生产力等级

注：图中数字表达了该区域森林生产力等级。其中空值并不表示该区的森林生产力等级是 0，而是该森林生产力区划跨省，本省建模样地数未达到建模标准，将在区域或全国森林生产力分区图中赋值；图中森林生产力等级值依据前文中表 21-15 公顷蓄积量分级结果。

叶林黔中北部低山丘陵立地亚区立地条件相同，合并为北亚热带—湿润—常绿阔叶林黔中北部低山丘陵立地亚区；

中亚热带—湿润—常绿阔叶林黔中中部山原立地亚区与北亚热带—湿润—常绿阔叶林黔中中部山原立地亚区立地条件相同，合并为北亚热带—湿润—常绿阔叶林黔中中部山原立地亚区；

中亚热带—湿润—常绿阔叶林盆地南缘山地立地亚区与北亚热带—湿润—常绿阔叶林盆地南缘山地立地亚区立地条件相同，合并为北亚热带—湿润—常绿阔叶林盆地南缘山地立地亚区；

北亚热带—湿润—常绿阔叶林黔中南部低中山立地亚区、中亚热带—湿润—常绿阔叶林黔中南部低中山立地亚区和南亚热带—湿润—常绿阔叶林黔中南部低中山立地亚区合并为南亚热带—湿润—常绿阔叶林黔中南部低中山立地亚区；

中亚热带—湿润—常绿阔叶林黔西高原立地亚区和暖温带—湿润—常绿阔叶林黔西高原立地亚区立地条件相同，合并为暖温带—湿润—常绿阔叶林黔西高原立地亚区。

21.4.9.2 调整后三级区划成果

调整后，贵州森林生产力三级区划见图21-13。

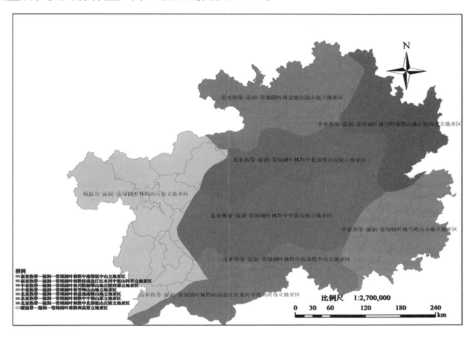

图 21-13 贵州森林生产力三级区划（调整后）

21.4.10 调整后建模树种提取

调整后，建模树种提取见表21-16。

表 21-16 建模树种提取

序号	森林生产力三级区划	优势树种	监测期	起源	样地数
1	北亚热带—湿润—常绿阔叶林盆地南缘山地立地亚区	华山松	第 7 期	天然	1
			第 8 期		0
		马尾松	第 7 期	天然	28
			第 8 期		27
		湿地松	第 7 期	人工	0
			第 8 期		1
		其他松类	第 7 期	天然	0
			第 8 期		1
		杉木	第 7 期	人工	20
			第 8 期		20
		柳杉	第 7 期	人工	4
			第 8 期		7
		水杉	第 7 期	人工	0
			第 8 期		1
		柏木	第 7 期	天然	12
			第 8 期		17

（续）

序号	森林生产力三级区划	优势树种	监测期	起源	样地数
1	北亚热带—湿润—常绿阔叶林盆地南缘山地立地亚区	栎类	第 7 期	天然	10
			第 8 期		9
		桦木	第 7 期	天然	0
			第 8 期		1
		樟木	第 7 期	天然	1
			第 8 期		1
		刺槐	第 7 期	人工	0
			第 8 期		3
		枫香	第 7 期	天然	1
			第 8 期		3
		其他硬阔	第 7 期	天然	14
			第 8 期		6
		杨树	第 7 期	人工	1
			第 8 期		0
		其他软阔	第 7 期	天然	7
			第 8 期		2
		针叶混	第 7 期	天然	16
			第 8 期		20
		阔叶混	第 7 期	天然	37
			第 8 期		64
		针阔混	第 7 期	天然	18
			第 8 期		25
2	北亚热带—湿润—常绿阔叶林黔中北部低山丘陵立地亚区	马尾松	第 7 期	天然	58
			第 8 期		52
		马尾松	第 7 期	人工	3
			第 8 期		4
		国外松	第 7 期	人工	1
			第 8 期		0
		湿地松	第 7 期	人工	0
			第 8 期		2
		杉木	第 7 期	人工	5
			第 8 期		12
		柏木	第 7 期	天然	8
			第 8 期		6
		柏木	第 7 期	人工	7
			第 8 期		7
		栎类	第 7 期	天然	4
			第 8 期		3

（续）

序号	森林生产力三级区划	优势树种	监测期	起源	样地数
2	北亚热带—湿润—常绿阔叶林黔中北部低山丘陵立地亚区	桦木	第 7 期	天然	2
			第 8 期		1
		楠木	第 7 期	人工	0
			第 8 期		1
		刺槐	第 7 期	人工	0
			第 8 期		2
		枫香	第 7 期	天然	0
			第 8 期		2
		其他硬阔	第 7 期	天然	6
			第 8 期		2
		杨树	第 7 期	天然	7
			第 8 期		8
		其他软阔	第 7 期	天然	4
			第 8 期		3
		针叶混	第 7 期	天然	6
			第 8 期		7
		阔叶混	第 7 期	天然	21
			第 8 期		44
		针阔混	第 7 期	天然	15
			第 8 期		19
3	北亚热带—湿润—常绿阔叶林黔中中部山原立地亚区	华山松	第 7 期	人工	5
			第 8 期		5
		马尾松	第 7 期	人工	21
			第 8 期		26
		马尾松	第 7 期	天然	83
			第 8 期		72
		湿地松	第 7 期	人工	1
			第 8 期		1
		杉木	第 7 期	人工	23
			第 8 期		31
		柳杉	第 7 期	人工	3
			第 8 期		8
		柏木	第 7 期	人工	1
			第 8 期		4
		栎类	第 7 期	天然	25
			第 8 期		18
		桦木	第 7 期	天然	4
			第 8 期		2
		刺槐	第 7 期	人工	0
			第 8 期		1

（续）

序号	森林生产力三级区划	优势树种	监测期	起源	样地数
3	北亚热带—湿润—常绿阔叶林黔中中部山原立地亚区	枫香	第7期	人工	1
			第8期		1
		其他硬阔	第7期	天然	11
			第8期		4
		杨树	第7期	人工	4
			第8期		2
		其他软阔	第7期	天然	12
			第8期		4
		针叶混	第7期	人工	14
			第8期		19
		阔叶混	第7期	天然	24
			第8期		62
		针阔混	第7期	天然	11
			第8期		19
4	南亚热带—湿润—常绿阔叶林黔中南部低中山立地亚区	马尾松	第7期	人工	15
			第8期		17
		云南松	第7期	天然	1
			第8期		1
		杉木	第7期	人工	2
			第8期		3
		栎类	第7期	天然	9
			第8期		5
		桦木	第7期	天然	1
			第8期		2
		枫香	第7期	天然	3
			第8期		4
		其他硬阔	第7期	天然	18
			第8期		7
		泡桐	第7期	天然	0
			第8期		2
		其他软阔	第7期	天然	9
			第8期		1
		阔叶混	第7期	天然	4
			第8期		28
		针阔混	第7期	人工	2
			第8期		3
5	暖温带—湿润—常绿阔叶林黔西高原立地亚区	油杉	第7期	天然	2
			第8期		0
		华山松	第7期	人工	17
			第8期		23

（续）

序号	森林生产力三级区划	优势树种	监测期	起源	样地数
5	暖温带—湿润—常绿阔叶林黔西高原立地亚区	马尾松	第7期	人工	0
			第8期		1
		云南松	第7期	天然	22
			第8期		27
		杉木	第7期	人工	21
			第8期		30
		柳杉	第7期	人工	5
			第8期		15
		栎类	第7期	天然	10
			第8期		6
		桦木	第7期	天然	4
			第8期		12
		刺槐	第7期	人工	0
			第8期		1
		其他硬阔	第7期	天然	2
			第8期		5
		杨树	第7期	人工	1
			第8期		1
		桉树	第7期	人工	0
			第8期		1
		其他软阔	第7期	天然	2
			第8期		4
		针叶混	第7期	天然	7
			第8期		11
		阔叶混	第7期	天然	14
			第8期		30
		针阔混	第7期	人工	18
			第8期		19

北亚热带—湿润—常绿阔叶林盆地南缘山地立地亚区、北亚热带—湿润—常绿阔叶林黔中北部低山丘陵立地亚区、北亚热带—湿润—常绿阔叶林黔中中部山原立地亚区三个合并后的区优势树种不变且优势树种的样地数变化较小，故未重新建模；

暖温带—湿润—常绿阔叶林黔西高原立地亚区杉木和柳杉人工林样地数较多但多为幼龄林，样地林木蓄积量值为0，剔去零值后未达到建模样本数，故不予建模；

暖温带—湿润—常绿阔叶林黔西高原立地亚区分布最广泛树种是华山松和云南松，两树种可以划分同一树种组，但因为两者起源不同，不能共同建立模型，故以云南松、华山松作为该区优势树种，参考相邻的云南暖温带—湿润—常绿阔叶林滇东北南部山地立地亚区、中亚热带—湿润—常绿阔叶林滇中高原湖盆立地亚区森林生产力等级，赋值为3；

南亚热带—湿润—常绿阔叶林黔中南部低中山立地亚区、南亚热带—湿润—常绿阔叶林黔桂南盘江红水河中低山河谷立地亚区森林生产力等级待广西森林生产力等级完成后一并赋值。

21.4.11 调整后森林生产力分区

调整后，贵州森林植被生产力分级如图21-14。

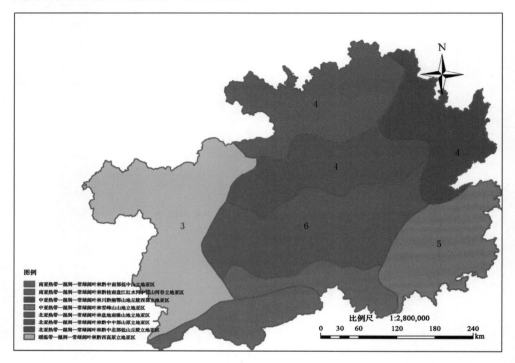

图 21-14 贵州森林生产力分级(调整后)

注：图中森林生产力等值依据前文中表21-15公顷蓄积量分级结果。

22 云南森林潜在生产力分区成果

22.1 云南森林生产力一级区划

以我国 1:100 万全国行政区划数据中云南省界为边界，从全国森林生产力一级区划图中提取云南森林生产力一级区划，云南森林生产力一级区划单位为 7 个，如表 22-1 和图 22-1：

表 22-1 森林生产力一级区划

序号	气候带	气候大区	森林生产力一级
1	边缘热带	亚湿润	边缘热带—亚湿润地区
2		湿润	边缘热带—湿润地区
3	北亚热带	湿润	北亚热带—湿润地区
4	南亚热带	湿润	南亚热带—湿润地区
5		亚湿润	南亚热带—亚湿润地区
6	中亚热带	湿润	中亚热带—湿润地区
7	暖温带	湿润	暖温带—湿润地区

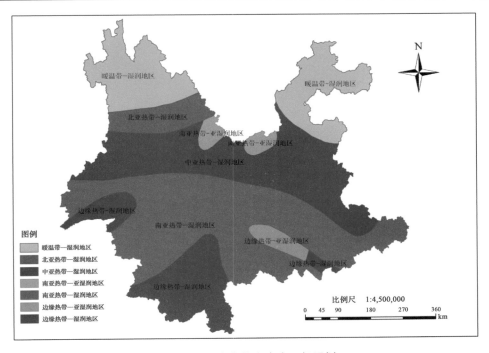

图 22-1 云南森林生产力一级区划

注：本图显示采用 2000 国家大地坐标系（简称 CGCS2000），后续相关地图同该坐标系。

22.2 云南森林生产力二级区划

按照云南省界从全国森林生产力二级区划中提取云南森林生产力二级区划，云南森林生产力二级区划单位为 7 个，如表 22-2 和图 22-2：

表 22-2 森林生产力二级区划

序号	森林生产力一级区划	森林生产力二级区划
1	边缘热带湿润地区	边缘热带—湿润—季雨林、雨林
2	边缘热带亚湿润地区	边缘热带—亚湿润—季雨林、雨林
3	北亚热带湿润地区	北亚热带—湿润—常绿阔叶林
4	南亚热带湿润地区	南亚热带—湿润—常绿阔叶林
5	暖温带湿润地区	暖温带—湿润—常绿阔叶林
6	中亚热带湿润地区	中亚热带—湿润—常绿阔叶林
7	南亚热带亚湿润地区	南亚热带—亚湿润—常绿阔叶林

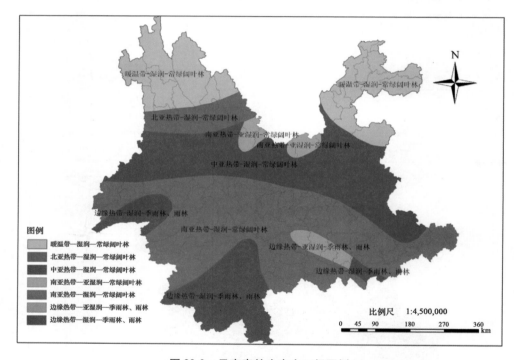

图 22-2 云南森林生产力二级区划

22.3 云南森林生产力三级区划

22.3.1 云南立地区划

根据全国立地区划结果，以云南 1:100 万省界为提取框架，提取云南立地区划结果。需要说明的是，由于云南省界数据与全国立地区划成果数据精度不一致，导致提取的云南立地区划数据在省界边缘出现不少细小的破碎斑块。因此，对云南立地区划数据进行了破碎化斑块处理，根据就近原则，将破碎小斑块就近合并到最近的大斑块中。处理后，得到的云南立地区划属性数据和矢量图分别如表 22-3 和图 22-3：

表 22-3　云南立地区划

序号	立地区域	立地区	立地亚区
1	华南亚热带热带立地区域	滇南山地立地区	滇南边缘东部中山峡谷立地亚区
2			滇南边缘中部中山盆地立地亚区
3			滇南边缘西部中山宽谷立地亚区
4	南方亚热带立地区域	滇西南山地立地区	滇西南北部中山宽谷立地亚区
5			滇西南南部中山盆地立地亚区
6		四川盆周山地立地区	盆地南缘山地立地亚区
7		元江南盘江中山丘陵立地区	滇东南山原立地亚区
8		云贵高原立地区	滇东北南部山地立地亚区
9			滇中高原湖盆立地亚区
10	西南高山峡谷亚热带立地区域	西南高山峡谷立地区	横断山脉立地亚区

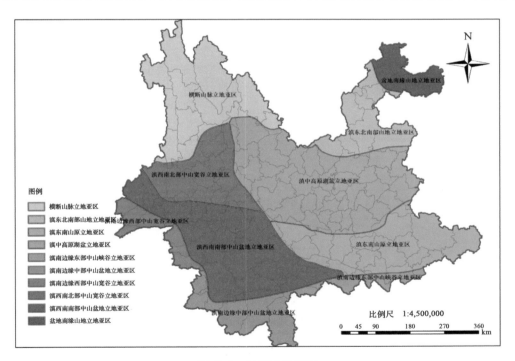

图 22-3　云南立地区划

22.3.2　云南三级区划

根据云南省界从全国森林生产力三级区划中提取云南省森林生产力三级区划。

用云南省界来提取云南森林生产力三级区划时边缘出现了破碎的小斑块，为了使省级森林生产力三级不至于太破碎，根据就近原则，将破碎小斑块就近合并到最近的大斑块中。

云南森林生产力三级区划单位为 20 个，如表 22-4 和图 22-4：

表 22-4　森林生产力三级区划

序号	森林生产力一级区划	森林生产力二级区划	森林生产力三级区划
1	边缘热带湿润地区	边缘热带—湿润—季雨林、雨林	边缘热带—湿润—季雨林、雨林滇南边缘中部中山盆地立地亚区
2			边缘热带—湿润—季雨林、雨林滇西南南部中山盆地立地亚区
3	边缘热带亚湿润地区	边缘热带—亚湿润—季雨林、雨林	边缘热带—亚湿润—季雨林、雨林滇东南山原立地亚区
4	北亚热带湿润地区	北亚热带—湿润—常绿阔叶林	北亚热带—湿润—常绿阔叶林横断山脉立地亚区
5			北亚热带—湿润—常绿阔叶林滇中高原湖盆立地亚区
6	南亚热带湿润地区	南亚热带—湿润—常绿阔叶林	南亚热带—湿润—常绿阔叶林滇南边缘东部中山峡谷立地亚区
7			南亚热带—湿润—常绿阔叶林滇南边缘西部中山宽谷立地亚区
8			南亚热带—湿润—常绿阔叶林滇西南北部中山宽谷立地亚区
9			南亚热带—湿润—常绿阔叶林滇西南南部中山盆地立地亚区
10			南亚热带—湿润—常绿阔叶林滇东南山原立地亚区
11			南亚热带—湿润—常绿阔叶林滇中高原湖盆立地亚区
12			南亚热带—亚湿润—常绿阔叶林横断山脉立地亚区
13			南亚热带—亚湿润—常绿阔叶林滇中高原湖盆立地亚区
14	暖温带湿润地区	暖温带—湿润—常绿阔叶林	暖温带—湿润—常绿阔叶林盆地南缘山地立地亚区
15			暖温带—湿润—常绿阔叶林横断山脉立地亚区
16			暖温带—湿润—常绿阔叶林滇东北南部山地立地亚区
17	中亚热带湿润地区	中亚热带—湿润—常绿阔叶林	中亚热带—湿润—常绿阔叶林滇西南北部中山宽谷立地亚区
18			中亚热带—湿润—常绿阔叶林滇东南山原立地亚区
19			中亚热带—湿润—常绿阔叶林滇东北南部山地立地亚区
20			中亚热带—湿润—常绿阔叶林滇中高原湖盆立地亚区

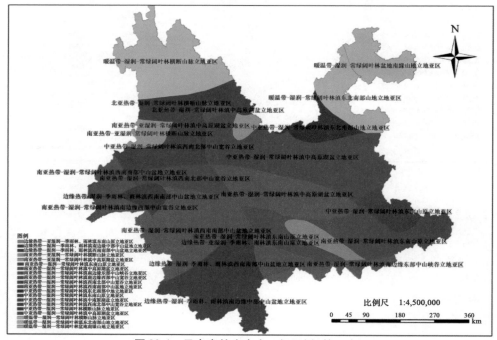

图 22-4　云南森林生产力三级区划（第一次）

22.4 云南森林生产力量化分级

22.4.1 技术方案

单位面积蓄积量标志着林地生产力的高低及经营措施的效果。本方案在森林生产力三级区划结果基础上，根据已调查的云南第 6 期、第 7 期一类清查样地数据，提取云南森林生产力三级区划的样地数据，筛选出两期地类是乔木林地、疏林地的样地，根据森林生产力三级区划的主要树种，建立样地优势树种蓄积量生长模型，并归一该树种到成熟林时单位公顷的蓄积值，以此作为量化样地森林生产力的依据，在森林生产力三级的基础上进行森林植被生产力区划。

22.4.2 样地筛选

22.4.2.1 样地情况

1978 年，云南开始建立森林资源连续清查体系。把西双版纳州以外的区域作为省总体，按 6 km × 8 km 间距，共布设了面积 0.08 hm² 方形样地 7575 个。

1987 年云南进行了森林资源清查第 1 次复查，为了统一方法，将西双版纳州副总体合并到省总体，全省新增西双版纳州 400 个固定样地，使全省固定样地总数达 7975 个。

1992 年云南开展森林资源清查第 2 次复查，本次复查样地布设和数量与第 1 次复查保持一致。

2002 年云南进行森林资源清查第 4 次复查，本次清查维持上期体系不变。在原固定样地的基础上，加密遥感判读样地，布设了一套遥感判读样本，判读样地数量为 95704 个，间距 2 km × 2 km。

云南样地情况如表 22-5：

表 22-5　云南样地概况

项 目	内　容
调查（副）总体	云南省样地
样地调查时间	全国第 6 次清查云南数据（2002 年） 全国第 7 次清查云南数据（2007 年）
样地个数	全国第 6 次清查云南样地 7974 个 全国第 7 次清查云南样地 7974 个
样地间距	云南样地间距 6 km × 8 km
样地大小	云南样地 0.08 hm²
样地形状	云南样地为 28.28 m × 28.28 m 的正方形
备注	

22.4.2.2 样地筛选情况

根据云南划分的森林生产力三级区划，提取每个三级区划的样地数据，对提取的样地数据进行筛选。

筛选的条件如下：

地类为乔木林地或疏林地。剔除地类是红树林、国家特别规定灌木林地、其他灌木林地、未成林封育地、未成林造林地、采伐迹地、火烧迹地、其他无立木林地、宜林荒山荒地、宜林沙荒地、其他宜林地、林业辅助生产用地、耕地、牧草地、水域、未利用地、工矿建设用地、城乡居民建设用地、交通建设用地、其他用地的样地。被剔除的样地或者没有划分起源，或者没有样地平均年龄，或者优势树种是灌木，无法进行以林木蓄积量为因变量，样地平均年龄为自变量的曲线拟合。

下表详细说明了云南第6、7期样地（分三级区划）及样地筛选情况，见表22-6。

表22-6　云南分三级区划样地筛选情况

序号	森林生产力三级区划	监测期	样地总数	筛选样地数	所占比例/%
1	边缘热带—湿润—季雨林、雨林滇南边缘中部中山盆地立地亚区	第6期	427	219	51.3
		第7期	427	205	48.0
2	边缘热带—亚湿润—季雨林、雨林滇东南山原立地亚区	第6期	172	46	26.7
		第7期	172	47	27.3
3	北亚热带—湿润—常绿阔叶林横断山脉立地亚区	第6期	300	140	46.7
		第7期	300	147	49.0
4	北亚热带—湿润—常绿阔叶林滇中高原湖盆立地亚区	第6期	55	22	40.0
		第7期	55	27	49.1
5	南亚热带—湿润—常绿阔叶林滇西南北部中山宽谷立地亚区	第6期	269	119	44.2
		第7期	269	126	46.8
6	南亚热带—湿润—常绿阔叶林滇中高原湖盆立地亚区	第6期	623	257	41.3
		第7期	623	276	44.3
7	暖温带—湿润—常绿阔叶林盆地南缘山立地亚区	第6期	287	43	15.0
		第7期	287	49	17.1
8	暖温带—湿润—常绿阔叶林横断山脉立地亚区	第6期	742	298	40.2
		第7期	742	320	43.1
9	暖温带—湿润—常绿阔叶林滇东北南部山地立地亚区	第6期	320	88	27.5
		第7期	320	88	27.5
10	中亚热带—湿润—常绿阔叶林滇西南北部中山宽谷立地亚区	第6期	406	178	43.8
		第7期	406	192	47.3
11	中亚热带—湿润—常绿阔叶林滇东南山原立地亚区	第6期	194	51	26.3
		第7期	194	57	29.4
12	中亚热带—湿润—常绿阔叶林滇东北南部山地立地亚区	第6期	201	53	26.4
		第7期	201	57	28.4
13	中亚热带—湿润—常绿阔叶林滇中高原湖盆立地亚区	第6期	1109	356	32.1
		第7期	1109	383	34.5
14	南亚热带—湿润—常绿阔叶林滇西南南部中山盆地立地亚区	第6期	975	399	40.9
		第7期	969	410	42.3
15	南亚热带—湿润—常绿阔叶林滇东南山原立地亚区	第6期	747	197	26.4
		第7期	747	227	30.4
16	南亚热带—亚湿润—常绿阔叶林滇中高原湖盆立地亚区	第6期	72	37	51.4
		第7期	72	39	54.2
17	南亚热带—湿润—常绿阔叶林滇南边缘东部中山峡谷立地亚区	第6期	171	52	30.4
		第7期	170	55	32.4
18	南亚热带—湿润—常绿阔叶林滇南边缘西部中山宽谷立地亚区	第6期	277	104	37.5
		第7期	279	124	44.4
19	南亚热带—亚湿润—常绿阔叶林横断山脉立地亚区	第6期	121	60	49.6
		第7期	121	60	49.6
20	边缘热带—湿润—季雨林、雨林滇西南南部中山盆地立地亚区	第6期	491	270	55.0
		第7期	490	281	57.3

22.4.3　建模树种提取

对筛选出的森林生产力三级区划的乔木林地和疏林地样地数据，分别统计每个优势树种的样地数和样地的起源，为了尽量使每个三级区划都能有森林生产力值，方便森林生产力等级划分，在每个森林生产力三级区内，如果优势树种的建模样地达到50，则建立样本数≥50的优势树种的生长模型；如果优势树种的建模样地均未达到50，则降低建模样本量为30；降低建模标准且合并树种组仍无法达到建模量的，若该区为完整的三级区，则看邻近区内与该区内相似树种的蓄积量，将邻近区的蓄积量作为该区的归一化蓄积量；若该区是被省界分割的森林生产力三级区的小部分，则暂时空缺，若是被省界分割的森林生产力三级区的大部分，则参照完整的三级区处理。

云南各三级区划分优势树种样地数统计如表22-7。

表22-7　云南各三级区划样地数分优势树种统计

序号	森林生产力三级区划	优势树种	监测期	起源	样地数
1	边缘热带—湿润—季雨林、雨林滇南边缘中部中山盆地立地亚区	思茅松	第6期	天然	11
			第7期		7
		栎类	第6期	天然	46
			第7期		41
		桦木	第6期	天然	2
			第7期		0
		木荷	第6期	天然	0
			第7期		1
		其他硬阔	第6期	天然	103
			第7期		40
		桉树	第6期	人工	0
			第7期		2
		其他软阔	第6期	天然	3
			第7期		49
		旱冬瓜	第6期	天然	0
			第7期		3
		阔叶混	第6期	天然	50
			第7期		58
		针阔混	第6期	天然	4
			第7期		4
2	边缘热带—亚湿润—季雨林、雨林滇东南山原立地亚区	油杉	第6期	天然	0
			第7期		1
		云南松	第6期	天然	16
			第7期		13
		杉木	第6期	人工	7
			第7期		5
		栎类	第6期	天然	3
			第7期		2
		木荷	第6期	天然	0
			第7期		1
		其他硬阔	第6期	天然	10
			第7期		3
		桉树	第6期	人工	1
			第7期		1

（续）

序号	森林生产力三级区划	优势树种	监测期	起源	样地数
2	边缘热带—亚湿润—季雨林、雨林滇东南山原立地亚区	其他软阔	第6期	天然	1
			第7期		5
		针叶混	第6期	天然	2
			第7期		2
		阔叶混	第6期	天然	2
			第7期		8
		针阔混	第6期	天然	4
			第7期		5
3	北亚热带—湿润—常绿阔叶林横断山脉立地亚区	冷杉	第6期	天然	7
			第7期		8
		云杉	第6期	天然	2
			第7期		2
		油杉	第6期	天然	1
			第7期		1
		华山松	第6期	天然	2
			第7期		3
		云南松	第6期	天然	67
			第7期		58
		扭曲云南松	第6期	天然	0
			第7期		6
		高山松	第6期	天然	6
			第7期		6
		栎类	第6期	天然	23
			第7期		20
		桦木	第6期	天然	1
			第7期		0
		樟树	第6期	天然	1
			第7期		0
		高山栎	第6期	天然	0
			第7期		5
		木荷	第6期	天然	0
			第7期		1
		其他硬阔	第6期	天然	3
			第7期		1
		杨树	第6期	天然	1
			第7期		0
		其他软阔	第6期	天然	2
			第7期		3
		旱冬瓜	第6期	天然	0
			第7期		1

（续）

序号	森林生产力三级区划	优势树种	监测期	起源	样地数
3	北亚热带—湿润—常绿阔叶林横断山脉立地亚区	针叶混	第6期	天然	8
			第7期		9
		阔叶混	第6期	天然	3
			第7期		9
		针阔混	第6期	天然	13
			第7期		14
4	北亚热带—湿润—常绿阔叶林滇中高原湖盆立地亚区	云南松	第6期	天然	15
			第7期		13
		油杉	第6期	天然	1
			第7期		0
		扭曲云南松	第6期	天然	0
			第7期		3
		栎类	第6期	天然	2
			第7期		3
		杨树	第6期	天然	0
			第7期		1
		桉树	第6期	人工	0
			第7期		1
		其他软阔	第6期	人工	0
			第7期		1
		阔叶混	第6期	天然	2
			第7期		1
		针阔混	第6期	天然	2
			第7期		4
5	南亚热带—湿润—常绿阔叶林滇西南北部中山宽谷立地亚区	云南松	第6期	天然	37
			第7期		33
		云南松	第6期	人工	4
			第7期		6
		油杉	第6期	天然	1
			第7期		0
		扭曲云南松	第6期	天然	0
			第7期		1
		思茅松	第6期	天然	9
			第7期		7
		杉木	第6期	人工	1
			第7期		2
		栎类	第6期	天然	17
			第7期		18
		桦木	第6期	天然	5
			第7期		0

547

（续）

序号	森林生产力三级区划	优势树种	监测期	起源	样地数
5	南亚热带—湿润—常绿阔叶林滇西南北部中山宽谷立地亚区	青冈栎	第6期	天然	0
			第7期		1
		其他硬阔	第6期	天然	17
			第7期		6
		桉树	第6期	人工	2
			第7期		3
		其他软阔	第6期	天然	1
			第7期		10
		旱冬瓜	第6期	天然	0
			第7期		3
		针叶混	第6期	天然	3
			第7期		4
		阔叶混	第6期	天然	9
			第7期		18
		针阔混	第6期	天然	13
			第7期		12
6	南亚热带—湿润—常绿阔叶林滇中高原湖盆立地亚区	油杉	第6期	天然	7
			第7期		9
		华山松	第6期	人工	5
			第7期		4
		云南松	第6期	天然	111
			第7期		103
		扭曲云南松	第6期	天然	0
			第7期		5
		思茅松	第6期	天然	0
			第7期		1
		柏木	第6期	人工	0
			第7期		1
		栎类	第6期	天然	45
			第7期		40
		桦木	第6期	天然	6
			第7期		0
		木荷	第6期	天然	0
			第7期		1
		其他硬阔	第6期	天然	4
			第7期		2
		桉树	第6期	人工	2
			第7期		9
		其他软阔	第6期	天然	1
			第7期		11

（续）

序号	森林生产力三级区划	优势树种	监测期	起源	样地数
6	南亚热带—湿润—常绿阔叶林滇中高原湖盆立地亚区	旱冬瓜	第6期	天然	0
			第7期		8
		针叶混	第6期	天然	22
			第7期		18
		阔叶混	第6期	天然	15
			第7期		22
		针阔混	第6期	天然	39
			第7期		42
7	暖温带—湿润—常绿阔叶林盆地南缘山地立地亚区	华山松	第6期	人工	1
			第7期		1
		杉木	第6期	人工	12
			第7期		13
		柳杉	第6期	人工	2
			第7期		1
		柏木	第6期	人工	1
			第7期		1
		栎类	第6期	天然	3
			第7期		3
		桦木	第6期	天然	3
			第7期		1
		其他硬阔	第6期	天然	9
			第7期		3
		其他软阔	第6期	天然	2
			第7期		12
		旱冬瓜	第6期	人工	0
			第7期		1
		针叶混	第6期	人工	0
			第7期		2
		阔叶混	第6期	天然	5
			第7期		8
		针阔混	第6期	天然	5
			第7期		3
8	暖温带—湿润—常绿阔叶林横断山脉立地亚区	冷杉	第6期	天然	56
			第7期		60
		云杉	第6期	天然	12
			第7期		10
		铁杉	第6期	天然	7
			第7期		6
		落叶松	第6期	天然	4
			第7期		3

（续）

序号	森林生产力三级区划	优势树种	监测期	起源	样地数
8	暖温带—湿润—常绿阔叶林横断山脉立地亚区	云南松	第6期	天然	61
			第7期		58
		扭曲云南松	第6期	天然	0
			第7期		1
		高山松	第6期	天然	38
			第7期		40
		柏木	第6期	天然	2
			第7期		3
		栎类	第6期	天然	40
			第7期		23
		青冈栎	第6期	天然	0
			第7期		1
		高山栎	第6期	天然	0
			第7期		15
		桦木	第6期	天然	5
			第7期		2
		其他硬阔	第6期	天然	9
			第7期		2
		旱冬瓜	第6期	天然	0
			第7期		7
		其他软阔	第6期	天然	4
			第7期		12
		针叶混	第6期	天然	7
			第7期		12
		阔叶混	第6期	天然	12
			第7期		22
		针阔混	第6期	天然	39
			第7期		40
		杨树	第6期	天然	2
			第7期		2
9	暖温带—湿润—常绿阔叶林滇东北南部山地立地亚区	油杉	第6期	天然	4
			第7期		5
		华山松	第6期	人工	21
			第7期		22
		云南松	第6期	天然	31
			第7期		34
		杉木	第6期	人工	1
			第7期		1
		柏木	第6期	天然	2
			第7期		2

550

（续）

序号	森林生产力三级区划	优势树种	监测期	起源	样地数
9	暖温带—湿润—常绿阔叶林滇东北南部山地立地亚区	栎类	第6期	天然	4
			第7期		1
		高山栎	第6期	天然	0
			第7期		1
		杨树	第6期	人工	3
			第7期		2
		其他软阔	第6期	天然	1
			第7期		1
		针叶混	第6期	人工	11
			第7期		8
		阔叶混	第6期	人工	1
			第7期		2
		针阔混	第6期	天然	9
			第7期		6
10	中亚热带—湿润—常绿阔叶林滇西南北部中山宽谷立地亚区	油杉	第6期	天然	2
			第7期		2
		华山松	第6期	人工	6
			第7期		7
		云南松	第6期	天然	80
			第7期		79
		扭曲云南松	第6期	天然	0
			第7期		4
		栎类	第6期	天然	31
			第7期		26
		桦木	第6期	天然	6
			第7期		0
		青冈栎	第6期	天然	0
			第7期		1
		木荷	第6期	天然	0
			第7期		1
		其他硬阔	第6期	天然	13
			第7期		4
		杨树	第6期	天然	2
			第7期		1
		桉树	第6期	人工	0
			第7期		2
		其他软阔	第6期	天然	2
			第7期		7
		针叶混	第6期	天然	3
			第7期		4

（续）

序号	森林生产力三级区划	优势树种	监测期	起源	样地数
10	中亚热带—湿润—常绿阔叶林滇西南北部中山宽谷立地亚区	阔叶混	第6期	天然	18
			第7期		32
		针阔混	第6期	天然	15
			第7期		21
11	中亚热带—湿润—常绿阔叶林滇东南山原立地亚区	油杉	第6期	天然	5
			第7期		4
		云南松	第6期	天然	13
			第7期		13
		杉木	第6期	人工	8
			第7期		9
		栎类	第6期	天然	15
			第7期		13
		其他硬阔	第6期	天然	2
			第7期		2
		桉树	第6期	人工	0
			第7期		3
		其他软阔	第6期	天然	0
			第7期		1
		针叶混	第6期	天然	1
			第7期		2
		阔叶混	第6期	天然	4
			第7期		5
		针阔混	第6期	人工	3
			第7期		4
12	中亚热带—湿润—常绿阔叶林滇东北南部山地立地亚区	油杉	第6期	天然	1
			第7期		1
		华山松	第6期	人工	9
			第7期		10
		云南松	第6期	天然	13
			第7期		11
		扭曲云南松	第6期	天然	0
			第7期		1
		栎类	第6期	天然	8
			第7期		5
		麻栎	第6期	天然	0
			第7期		1
		桦木	第6期	天然	1
			第7期		0

（续）

序号	森林生产力三级区划	优势树种	监测期	起源	样地数
12	中亚热带—湿润—常绿阔叶林滇东北南部山地立地亚区	旱冬瓜	第6期	天然	0
			第7期		1
		针叶混	第6期	天然	10
			第7期		8
		阔叶混	第6期	天然	7
			第7期		9
		针阔混	第6期	天然	4
			第7期		10
13	中亚热带—湿润—常绿阔叶林滇中高原湖盆立地亚区	油杉	第6期	天然	20
			第7期		21
		华山松	第6期	人工	11
			第7期		15
		云南松	第6期	天然	134
			第7期		111
		云南松	第6期	人工	0
			第7期		18
		扭曲云南松	第6期	天然	0
			第7期		20
		杉木	第6期	人工	4
			第7期		5
		柳杉	第6期	人工	0
			第7期		1
		栎类	第6期	天然	66
			第7期		62
		桦木	第6期	天然	7
			第7期		0
		樟木	第6期	人工	0
			第7期		1
		其他硬阔	第6期	天然	6
			第7期		1
		桉树	第6期	人工	7
			第7期		11
		其他软阔	第6期	人工	3
			第7期		10
		旱冬瓜	第6期	天然	0
			第7期		14
		针叶混	第6期	天然	24
			第7期		30
		阔叶混	第6期	天然	14
			第7期		24

（续）

序号	森林生产力三级区划	优势树种	监测期	起源	样地数
13	中亚热带—湿润—常绿阔叶林滇中高原湖盆立地亚区	针阔混	第6期	天然	42
			第7期		53
14	南亚热带—湿润—常绿阔叶林滇西南南部中山盆地立地亚区	华山松	第6期	人工	1
			第7期		2
		云南松	第6期	天然	31
			第7期		29
		思茅松	第6期	天然	68
			第7期		72
		杉木	第6期	人工	7
			第7期		6
		栎类	第6期	天然	60
			第7期		46
		青冈栎	第6期	天然	0
			第7期		4
		桦木	第6期	人工	0
			第7期		4
		桦木	第6期	天然	18
			第7期		0
		木荷	第6期	天然	0
			第7期		2
		其他硬阔	第6期	天然	81
			第7期		33
		桉树	第6期	人工	1
			第7期		7
		其他软阔	第6期	天然	8
			第7期		59
		旱冬瓜	第6期	天然	0
			第7期		9
		针叶混	第6期	人工	2
			第7期		4
		阔叶混	第6期	天然	76
			第7期		93
		针阔混	第6期	天然	46
			第7期		37
15	南亚热带—湿润—常绿阔叶林滇东南山原立地亚区	油杉	第6期	天然	7
			第7期		8
		华山松	第6期	人工	1
			第7期		1
		云南松	第6期	天然	56
			第7期		51

（续）

序号	森林生产力三级区划	优势树种	监测期	起源	样地数
15	南亚热带—湿润—常绿阔叶林滇东南山原立地亚区	思茅松	第6期	天然	4
			第7期		3
		杉木	第6期	人工	21
			第7期		23
		栎类	第6期	天然	39
			第7期		38
		桦木	第6期	天然	3
			第7期		0
		木荷	第6期	天然	0
			第7期		2
		其他硬阔	第6期	天然	14
			第7期		7
		桉树	第6期	人工	2
			第7期		8
		其他软阔	第6期	天然	3
			第7期		19
		旱冬瓜	第6期	天然	0
			第7期		4
		针叶混	第6期	天然	8
			第7期		6
		阔叶混	第6期	天然	26
			第7期		39
		针阔混	第6期	人工	13
			第7期		19
16	南亚热带—亚湿润—常绿阔叶林滇中高原湖盆立地亚区	油杉	第6期	天然	1
			第7期		0
		云南松	第6期	天然	18
			第7期		14
		扭曲云南松	第6期	人工	0
			第7期		1
		栎类	第6期	天然	11
			第7期		12
		青冈栎	第6期	天然	0
			第7期		2
		针叶混	第6期	天然	1
			第7期		2
		阔叶混	第6期	天然	0
			第7期		1
		针阔混	第6期	天然	6
			第7期		7

（续）

序号	森林生产力三级区划	优势树种	监测期	起源	样地数
17	南亚热带—湿润—常绿阔叶林滇南边缘东部中山峡谷立地亚区	杉木	第6期	人工	7
			第7期		6
		栎类	第6期	天然	4
			第7期		3
		木荷	第6期	天然	0
			第7期		2
		其他硬阔	第6期	天然	32
			第7期		14
		其他软阔	第6期	天然	4
			第7期		17
		阔叶混	第6期	天然	5
			第7期		12
18	南亚热带—湿润—常绿阔叶林滇南边缘西部中山宽谷立地亚区	云南松	第6期	天然	5
			第7期		4
		思茅松	第6期	天然	1
			第7期		1
		杉木	第6期	人工	2
			第7期		2
		栎类	第6期	天然	27
			第7期		23
		青冈栎	第6期	天然	0
			第7期		2
		桦木	第6期	人工	0
			第7期		1
		桦木	第6期	天然	6
			第7期		0
		木荷	第6期	天然	0
			第7期		1
		其他硬阔	第6期	天然	44
			第7期		26
		桉树	第6期	人工	0
			第7期		3
		其他软阔	第6期	天然	2
			第7期		22
		旱冬瓜	第6期	天然	0
			第7期		3
		针叶混	第6期	人工	1
			第7期		0
		阔叶混	第6期	天然	15
			第7期		32
		针阔混	第6期	天然	1
			第7期		3

（续）

序号	森林生产力三级区划	优势树种	监测期	起源	样地数
19	南亚热带—亚湿润—常绿阔叶林横断山脉立地亚区	冷杉	第6期	天然	4
			第7期		4
		云杉	第6期	天然	1
			第7期		1
		铁杉	第6期	天然	1
			第7期		1
		华山松	第6期	人工	0
			第7期		1
		云南松	第6期	天然	19
			第7期		20
		扭曲云南松	第6期	天然	0
			第7期		1
		栎类	第6期	天然	7
			第7期		5
		桦木	第6期	天然	1
			第7期		0
		其他硬阔	第6期	天然	7
			第7期		2
		杨树	第6期	天然	1
			第7期		1
		其他软阔	第6期	天然	4
			第7期		8
		阔叶混	第6期	天然	10
			第7期		11
		针阔混	第6期	天然	5
			第7期		4
20	边缘热带—湿润—季雨林、雨林滇西南南部中山盆地立地亚区	华山松	第6期	人工	0
			第7期		2
		云南松	第6期	天然	11
			第7期		10
		思茅松	第6期	人工	2
			第7期		7
		思茅松	第6期	天然	29
			第7期		26
		杉木	第6期	人工	4
			第7期		3
		栎类	第6期	天然	51
			第7期		41
		青冈栎	第6期	天然	0
			第7期		1

（续）

序号	森林生产力三级区划	优势树种	监测期	起源	样地数
20	边缘热带—湿润—季雨林、雨林滇西南南部中山盆地立地亚区	桦木	第6期	天然	1
			第7期		0
		木荷	第6期	天然	0
			第7期		2
		其他硬阔	第6期	天然	59
			第7期		18
		桉树	第6期	人工	0
			第7期		2
		其他软阔	第6期	天然	1
			第7期		43
		旱冬瓜	第6期	天然	0
			第7期		3
		阔叶混	第6期	天然	88
			第7期		101
		针阔混	第6期	天然	24
			第7期		22

从表22-7中可以筛选云南森林生产力三级区划的建模树种如表22-8：

表22-8 云南各三级分区主要建模树种及建模数据统计

序号	森林生产力三级区划	优势树种	起源	监测期	总样地数	建模样地数	所占比例/%
1	边缘热带—湿润—季雨林、雨林滇南边缘中部中山盆地立地亚区	其他硬阔	天然	第6期	103	140	97.9
				第7期	40		
		阔叶混	天然	第6期	50	108	100.0
				第7期	58		
2	北亚热带—湿润—常绿阔叶林横断山脉立地亚区	云南松	天然	第6期	86	166	97.1
				第7期	85		
3	南亚热带—湿润—常绿阔叶林滇西南北部中山宽谷立地亚区	云南松	天然	第6期	37	87	98.9
				第7期	33		
		油杉	天然	第6期	1		
				第7期	0		
		扭曲云南松	天然	第6期	0		
				第7期	1		
		思茅松	天然	第6期	9		
				第7期	7		
4	南亚热带—湿润—常绿阔叶林滇中高原湖盆立地亚区	云南松	天然	第6期	111	198	92.5
				第7期	103		
5	暖温带—湿润—常绿阔叶林横断山脉立地亚区	冷杉	天然	第6期	56	114	98.3
				第7期	60		
		云南松	天然	第6期	61	118	99.2
				第7期	58		

（续）

序号	森林生产力三级区划	优势树种	起源	监测期	总样地数	建模样地数	所占比例/%
6	暖温带—湿润—常绿阔叶林滇东北南部山立地亚区	油杉	天然	第6期	5	84	84.0
				第7期	6		
		云南松	天然	第6期	44		
				第7期	45		
7	中亚热带—湿润—常绿阔叶林滇西南北部中山宽谷立地亚区	云南松	天然	第6期	80	144	90.6
				第7期	79		
8	中亚热带—湿润—常绿阔叶林滇中高原湖盆立地亚区	云南松	天然	第6期	167	306	92.2
				第7期	138		
		扭曲云南松	天然	第6期	0		
				第7期	24		
		栎类	天然	第6期	79	156	96.3
				第7期	77		
		青冈栎	天然	第6期	0		
				第7期	2		
9	南亚热带—湿润—常绿阔叶林滇西南南部中山盆地立地亚区	思茅松	天然	第6期	68	129	92.1
				第7期	72		
		栎类	天然	第6期	60	102	96.2
				第7期	46		
		阔叶混	天然	第6期	76	169	100.0
				第7期	93		
10	南亚热带—湿润—常绿阔叶林滇东南山原立地亚区	云南松	天然	第6期	85	154	95.1
				第7期	77		
11	南亚热带—湿润—常绿阔叶林滇南边缘西部中山宽谷立地亚区	其他硬阔	天然	第6期	44	68	97.1
				第7期	26		
12	边缘热带—湿润—季雨林、雨林滇西南南部中山盆地立地亚区	栎类	天然	第6期	51	92	100.0
				第7期	41		
		阔叶混	天然	第6期	88	189	100.0
				第7期	101		

22.4.4　建模前数据整理和对应

22.4.4.1　对森林采伐等人为干扰情况的处理

在数据的整理过程中，对第6、7期样地号对应，优势树种一致，第7期年龄增加与调查间隔期一致的样地，第7期林木蓄积量加上采伐蓄积量作为第7期的林木蓄积量，第6期的林木蓄积量不变。

22.4.4.2　对优势树种发生变化情况的处理

两期样地对照分析，第7期样地的优势树种发生变化的样地，林木蓄积量仍以第7期的林木蓄积量为准，把该样地作为第7期优势树种的样地，林木蓄积量以第7期调查时为准，不加采伐蓄积量。第6期的处理同第7期。

22.4.4.3　对样地年龄与时间变化不一致情况的处理

对样地第7期的年龄与调查间隔时间变化不一致的样地，则以第7期的样地平均年龄为准，林木蓄积量不与采伐蓄积量相加，仍以第 7 期的林木蓄积量作为林木蓄积量，第 6 期的林木蓄积量不发生变化。

整理后主要树种建模数据统计见表 22-9。

表 22-9　主要树种建模数据统计

序号	森林生产力三级区划	优势树种	统计量	最小值	最大值	平均值
1	边缘热带—湿润—季雨林、雨林滇西南南部中山盆地立地亚区	其他硬阔	平均年龄	2	115	46
			林木蓄积量	1.3875	253.3469	127.3639
		阔叶混	平均年龄	2	110	45
			林木蓄积量	3.4625	212.2625	129.2961
		栎类	平均年龄	4	100	46
			林木蓄积量	9.4375	248.575	118.9602
2	南亚热带—湿润—常绿阔叶林滇西南南部中山盆地立地亚区	思茅松	平均年龄	5	70	32
			林木蓄积量	2.9750	195.3875	109.7614
		栎类	平均年龄	4	115	46
			林木蓄积量	11.0125	261.5813	129.1183
		其他硬阔	平均年龄	3	121	47
			林木蓄积量	3.4250	163.8018	481.0875
		阔叶混	平均年龄	3	110	36
			林木蓄积量	0.1875	254.7438	106.9614
3	南亚热带—湿润—常绿阔叶林滇西南北部中山宽谷立地亚区	云南松（油杉＋扭曲云南松＋思茅松）	平均年龄	7	54	27
			林木蓄积量	15.3000	136.3125	73.8426
4	南亚热带—湿润—常绿阔叶林滇中高原湖盆立地亚区	云南松	平均年龄	7	90	33
			林木蓄积量	6.3750	146.3625	67.4450
5	暖温带—湿润—常绿阔叶林横断山脉立地亚区	冷杉	平均年龄	35	230	141
			林木蓄积量	80.7875	521.3500	400.7687
		云南松	平均年龄	5	165	55
			林木蓄积量	4.1000	283.1938	136.5974
6	中亚热带—湿润—常绿阔叶林滇西南北部中山宽谷立地亚区	云南松	平均年龄	5	69	27
			林木蓄积量	2.5375	106.6375	53.3352
7	南亚热带—湿润—常绿阔叶林滇东南山原立地亚区	云南松	平均年龄	5	55	26
			林木蓄积量	2.6750	100.2675	54.7312
8	北亚热带—湿润—常绿阔叶林横断山脉立地亚区	云南松	平均年龄	8	95	30
			林木蓄积量	8.6700	263.0375	80.3720
9	暖温带—湿润—常绿阔叶林滇东北南部山地立地亚区	云南松	平均年龄	5	65	26
			林木蓄积量	0.7875	72.9250	39.0242
10	中亚热带—湿润—常绿阔叶林滇中高原湖盆地立地亚区	云南松	平均年龄	6	105	32
			林木蓄积量	3.1625	140.0000	59.8938
		栎类	平均年龄	3	88	31
			林木蓄积量	2.6375	143.6000	52.9699

22.4.5 建立林分蓄积量生长模型

根据筛选出的优势树种样地数据，以整理后的林木蓄积量作为因变量，以样地的平均年龄作为自变量，剔除异常数据，根据样地数据散点图的总体趋势，选取不同的生长方程拟合曲线。

S 型生长模型能够合理的表示树木或林分的生长过程和趋势，避免了其他模型只在某一生长阶段的拟合精度高，而不能完整体现树木或林分生长趋势的弊端，而本方案的目的是预测林分达到成熟林时的蓄积量，S 型生长模型得到的值在比较合理的范围内。

选取的生长方程如下表 22-10：

表 22-10　拟合所用的生长模型

序号	生长模型名称	生长模型公式
1	Richards 模型	$y = A(1 - e^{-kx})^B$
2	单分子模型	$y = A(1 - e^{-kx})$
3	Logistic 模型	$y = A/(1 + Be^{-kx})$
4	Korf 模型	$y = Ae^{-Bx-k}$

其中，y 为样地的林木蓄积量，x 为林分年龄，A 为树木生长的最大值参数，k 为生长速率参数，B 为与初始值有关的参数。

经过数据拟合，得出各模型的参数和拟合优度及总相对误差，选取三级区划各树种的适合拟合方程，整理如表 22-11，生长模型见图 22-5 ~ 图 22-21。

表 22-11　主要树种模型

序号	森林生产力三级区划	优势树种	模型	生长方程	参数标准差 A	参数标准差 B	参数标准差 k	R^2	TRE/%
1	边缘热带—湿润—季雨林、雨林滇西南南部中山盆地立地亚区	其他硬阔	Logistic 普	$y = 195.7997/(1 + 20.5705e^{-0.1106x})$	8.6773	11.3253	0.0207	0.82	-0.2259
			Logistic 加	$y = 186.8166/(1 + 30.3831e^{-0.1370x})$	11.9662	5.8489	0.0139		0.5723
		阔叶混	Richards 普	$y = 199.2376(1 - e^{-0.0419x})^{1.4867}$	11.0615	0.3641	0.0105	0.87	-0.1045
			Richards 加	$y = 196.7618(1 - e^{-0.0450x})^{1.5917}$	13.0652	0.1466	0.0074		0.0305
		栎类	Richards 普	$y = 238.1615(1 - e^{-0.0170x})^{0.9915}$	65.0239	0.3195	0.0125	0.83	-0.1756
			Richards 加	$y = 187.5288(1 - e^{-0.0347x})^{1.4170}$	23.7264	0.2470	0.0112		0.2677
2	南亚热带—湿润—常绿阔叶林滇西南南部中山盆地立地亚区	思茅松	Richards 普	$y = 170.2765(1 - e^{-0.0562x})^{1.7452}$	23.8259	0.9672	0.0299	0.67	1.7275
			Richards 加	$y = 141.1936(1 - e^{-0.1484x})^{6.9446}$	10.6454	3.0210	0.0343		1.2953
		栎类	Richards 普	$y = 183.4077(1 - e^{-0.0468x})^{1.3946}$	15.9163	0.7133	0.0228	0.63	0.0204
			Richards 加	$y = 180.4012(1 - e^{-0.0513x})^{1.4963}$	18.0919	0.3157	0.0160		-0.0832
		其他硬阔	Logistic 普	$y = 331.2506/(1 + 18.5498e^{-0.0665x})$	23.1510	8.5244	0.0123	0.83	-0.5177
			Logistic 加	$y = 306.0804/(1 + 25.1688e^{-0.0813x})$	29.7495	4.3409	0.0086		0.5070
		阔叶混	Richards 普	$y = 221.0463(1 - e^{-0.0257x})^{1.1433}$	30.5104	0.2942	0.0112	0.87	-0.0627
			Richards 加	$y = 192.0636(1 - e^{-0.0402x})^{1.4562}$	26.1246	0.2375	0.0125		0.2025
3	南亚热带—湿润—常绿阔叶林滇西南北部中山宽谷立地亚区	云南松（油杉 + 231 + 思茅松）	Logistic 普	$y = 132.0087/(1 + 16.0260e^{-0.1179x})$	9.0731	5.4646	0.0188	0.90	-0.0258
			Logistic 加	$y = 130.4606/(1 + 16.7212e^{-0.1211x})$	14.7479	3.5378	0.0171		0.0059

（续）

序号	森林生产力三级区划	优势树种	模型	生长方程	参数标准差 A	B	k	R^2	TRE/%
4	南亚热带—湿润—常绿阔叶林滇中高原湖盆立地亚区	云南松	Richards 普	$y = 157.9314\,(1 - e^{-0.0309x})^{1.6846}$	25.0481	0.4795	0.0119	0.83	-0.3941
			Richards 加	$y = 125.6242\,(1 - e^{-0.0554x})^{2.6829}$	17.5634	0.5373	0.0139		0.4720
5	暖温带—湿润—常绿阔叶林横断山脉立地亚区	冷杉	Richards 普	$y = 469.2106\,(1 - e^{-0.0252x})^{2.9396}$	11.8290	0.8224	0.0039	0.86	-0.0514
			Richards 加	$y = 461.1031\,(1 - e^{-0.0290x})^{3.7793}$	9.8964	0.4851	0.0026		0.0375
		云南松	Richards 普	$y = 228.9839\,(1 - e^{-0.0369x})^{2.1511}$	18.1898	0.8232	0.0120	0.76	0.1053
			Richards 加	$y = 224.8177\,(1 - e^{-0.0389x})^{2.2206}$	21.9340	0.3144	0.0076		-0.0090
6	中亚热带—湿润—常绿阔叶林滇西南北部中山宽谷立地亚区	云南松	Logistic 普	$y = 88.4488\,(1 - e^{-0.0862x})^{3.2313}$	7.6755	1.5416	0.0277	0.82	-0.2363
			Logistic 加	$y = 87.4244\,(1 - e^{-0.0939x})^{3.7454}$	7.0776	0.5210	0.0133		0.0141
7	南亚热带—湿润—常绿阔叶林滇东南山原立地亚区	云南松	Richards 普	$y = 89.1169\,(1 - e^{-0.0914x})^{3.2921}$	6.9124	1.4426	0.0271	0.87	-0.0388
			Richards 加	$y = 87.9506\,(1 - e^{-0.0958x})^{3.4887}$	9.3362	0.6456	0.0189		0.0003
8	北亚热带—湿润—常绿阔叶林横断山脉立地亚区	云南松	Richards 普	$y = 351.4297\,(1 - e^{-0.0211x})^{1.9149}$	91.8102	0.4842	0.0093	0.88	0.2135
			Richards 加	$y = 329.0093\,(1 - e^{-0.0228x})^{1.9524}$	172.5368	0.3925	0.0135		0.1011
9	暖温带—湿润—常绿阔叶林滇东北南部山地立地亚区	云南松（油杉）	Richards 普	$y = 69.9770\,(1 - e^{-0.1000x})^{5.0446}$	5.6892	2.6779	0.0286	0.88	0.2895
			Richards 加	$y = 67.3897\,(1 - e^{-0.1030x})^{4.8560}$	10.5917	0.8538	0.0206		0.0659
10	中亚热带—湿润—常绿阔叶林滇中高原湖盆立地亚区	云南松	Logistic 普	$y = 120.3880/(1 + 40.7805e^{-0.1333x})$	7.2538	22.9592	0.0226	0.84	-0.4372
			Logistic 加	$y = 110.7574/(1 + 68.5474e^{-0.1645x})$	9.5854	15.0103	0.0144		0.7431
		栎类	Logistic 普	$y = 107.6869/(1 + 15.6047e^{-0.1107x})$	5.9546	6.7545	0.0208	0.86	-0.5868
			Logistic 加	$y = 105.6127/(1 + 18.1292e^{-0.1203x})$	15.3356	5.1428	0.0206		0.1000

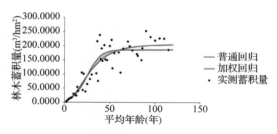

图22-5　边缘热带—湿润—季雨林、雨林滇西南南部中山盆地立地亚区其他硬阔生长模型

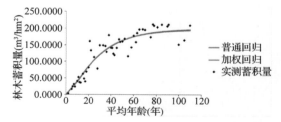

图22-6　边缘热带—湿润—季雨林、雨林滇西南南部中山盆地立地亚区阔叶混生长模型

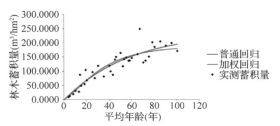

图 22-7 边缘热带—湿润—季雨林、雨林滇西南南部中山盆地立地亚区栎类生长模型

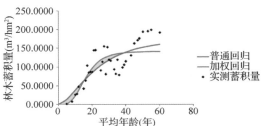

图 22-8 南亚热带—湿润—常绿阔叶林滇西南南部中山盆地立地亚区思茅松生长模型

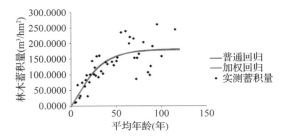

图 22-9 南亚热带—湿润—常绿阔叶林滇西南南部中山盆地立地亚区栎类生长模型

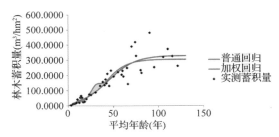

图 22-10 南亚热带—湿润—常绿阔叶林滇西南南部中山盆地立地亚区其他硬阔生长模型

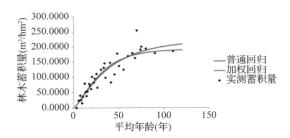

图 22-11 南亚热带—湿润—常绿阔叶林滇西南南部中山盆地立地亚区阔叶混生长模型

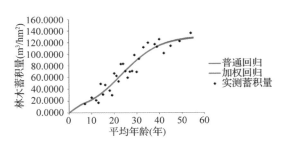

图 22-12 南亚热带—湿润—常绿阔叶林滇西南北部中山宽谷立地亚区云南松（油杉 + 231 + 思茅松）生长模型

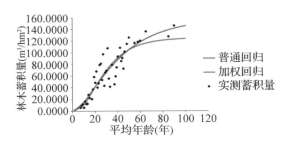

图 22-13 南亚热带—湿润—常绿阔叶林滇中高原湖盆立地亚区云南松生长模型

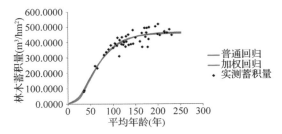

图 22-14 暖温带—湿润—常绿阔叶林横断山脉立地亚区冷杉生长模型

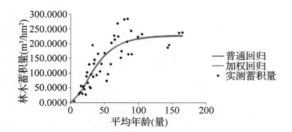

图 22-15 暖温带—湿润—常绿阔叶林横断山脉立地亚区云南松生长模型

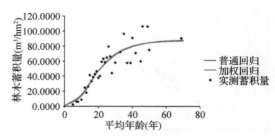

图 22-16 中亚热带—湿润—常绿阔叶林滇西南北部中山宽谷立地亚区云南松生长模型

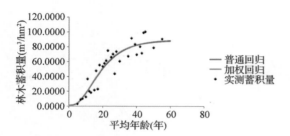

图 22-17 南亚热带—湿润—常绿阔叶林滇东南山原立地亚区云南松生长模型

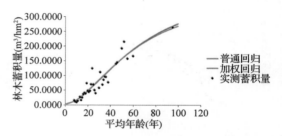

图 22-18 北亚热带—湿润—常绿阔叶林横断山脉立地亚区云南松生长模型

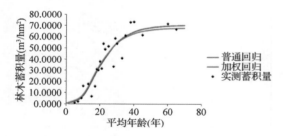

图 22-19 暖温带—湿润—常绿阔叶林滇东北南部山地立地亚区云南松(油杉)生长模型

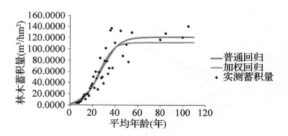

图 22-20 中亚热带—湿润—常绿阔叶林滇中高原湖盆立地亚区云南松生长模型

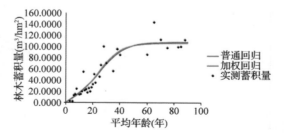

图 22-21 中亚热带—湿润—常绿阔叶林滇中高原湖盆立地亚区栎类生长模型

22.4.6　生长模型的检验

为了检验普通回归和加权回归生长模型的适用性，采用以下评价指标：确定系数（R^2）、估计值的标准误差（SEE）、总相对误差（TRE）、平均系统误差（MSE）、平均预估误差（MPE）。

$$R^2 = 1 - \sum (y_i - \hat{y}_i)^2 / \sum (y_i - \bar{y}_i)^2$$

$$SEE = \sqrt{\sum (y_i - \hat{y}_i)^2 / (n - k)}$$

$$TRE = \sum (y_i - \hat{y}_i) / \sum \hat{y}_i \times 100$$

$$MSE = \sum (y_i - \hat{y}_i) / \hat{y}_i / n \times 100$$

$$MPE = t_\alpha \cdot (SEE / \bar{y}) / \sqrt{n} \times 100$$

式中，y_i 为实际观测值，$\hat{y}_i$ 为模型预估值，$\bar{y}$ 为样本平均值，n 为样本单元数，k 为参数个数，t_α 为置信水平 α 时的 t 值。在这 6 项指标中，R^2 和 SEE 是回归模型的最常用指标，既反映了模型的拟合优度，也反映了自变量的贡献率和因变量的离差情况；TRE 和 MSE 是反映拟合效果的重要指标，二者应该控制在一定范围内（如 ±3%），趋向于 0 时效果最好；MPE 是反映平均蓄积量估计值的精度指标。

各森林生产力三级区划优势树种生长模型见表22-12。

表 22-12　各森林生产力三级区划优势树种生长模型检验

序号	森林生产力三级区划	优势树种	模型	R^2	SEE	TRE	MSE	MPE
1	边缘热带—湿润—季雨林、雨林滇西南南部中山盆地立地亚区	其他硬阔	Logistic 普	0.82	34.4579	− 0.2259	− 3.7250	7.7745
			Logistic 加		35.1843	0.5723	− 0.2770	7.9384
		阔叶混	Richards 普	0.87	23.4313	− 0.1045	− 0.9572	5.1526
			Richards 加		23.4511	0.0305	0.0548	5.1570
		栎类	Richards 普	0.83	24.9064	− 0.1756	− 2.1702	7.4116
			Richards 加		25.7004	0.2677	0.0091	7.6479
2	南亚热带—湿润—常绿阔叶林滇西南南部中山盆地立地亚区	思茅松	Richards 普	0.67	30.5734	1.7275	− 3.17606	10.0514
			Richards 加		33.1132	1.2953	0.6666	10.8864
		栎类	Richards 普	0.63	39.5667	0.0204	− 0.1121	9.3170
			Richards 加		39.5931	− 0.0832	− 0.0573	9.3233
		其他硬阔	Logistic 普	0.83	53.0386	− 0.5177	− 4.9088	9.9639
			Logistic 加		54.2183	0.5070	0.5070	10.1855
		阔叶混	Richards 普	0.87	23.5238	− 0.0627	− 1.5934	7.7391
			Richards 加		24.2126	0.2025	− 0.1098	7.9657
3	南亚热带—湿润—常绿阔叶林滇西南北部中山宽谷立地亚区	云南松（油杉+扭曲云南松+思茅松）	Logistic 普	0.90	12.0113	− 0.0258	− 0.2057	6.0642
			Logistic 加		12.0192	0.0059	0.0019	6.0683
4	南亚热带—湿润—常绿阔叶林滇中高原湖盆立地亚区	云南松	Richards 普	0.83	16.6735	− 0.3941	− 3.5575	7.5164
			Richards 加		17.4394	0.4720	0.2985	7.8617

（续）

序号	森林生产力三级区划	优势树种	模型	R^2	SEE	TRE	MSE	MPE
5	暖温带—湿润—常绿阔叶林横断山脉立地亚区	冷杉	Richards 普	0.86	34.4019	−0.0514	−0.4293	2.4936
			Richards 加		34.6921	0.0375	0.0497	2.5146
		云南松	Richards 普	0.76	39.7655	0.1053	0.4704	8.4567
			Richards 加		39.8032	−0.0090	0.0323	8.4647
6	中亚热带—湿润—常绿阔叶林滇西南北部中山宽谷立地亚区	云南松	Logistic 普	0.82	12.3887	−0.2363	−2.3156	8.2313
			Logistic 加		12.4084	0.0141	0.0732	8.2444
7	南亚热带—湿润—常绿阔叶林滇东南山原立地亚区	云南松	Richards 普	0.86	11.0494	−0.0388	−0.4432	7.5266
			Richards 加		11.0557	0.0003	0.0136	7.5309
8	北亚热带—湿润—常绿阔叶林横断山脉立地亚区	云南松	Richards 普	0.88	22.4591	0.2135	0.6631	9.9025
			Richards 加		22.5083	0.1011	0.1307	9.9242
9	暖温带—湿润—常绿阔叶林滇东北南部山地立地亚区	云南松（＋油杉）	Richards 普	0.88	8.6835	0.2895	4.3587	9.3749
			Richards 加		8.7828	0.0659	−0.0478	9.4821
10	中亚热带—湿润—常绿阔叶林滇中高原湖盆立地亚区	云南松	Logistic 普	0.84	18.2865	−0.4372	−4.9124	9.3951
			Logistic 加		18.8523	0.7431	−0.2023	9.6858
		栎类	Logistic 普	0.86	14.6592	−0.5868	−2.1734	9.8070
			Logistic 加		14.6859	0.1000	−0.0198	9.8249

总相对误差（TRE）基本上在 ±3% 以内，平均系统误差（MSE）基本上在 ±5% 以内，表明模型拟合效果良好。从这一原则出发，加权回归模型的拟合效果要好于普通回归模型；平均预估误差（MPE）基本在 11% 以内，说明蓄积量生长模型的平均预估精度达到 90%以上。

从参数估计值看，各树种的相应参数的标准差较小，说明模型的稳定性比较好。

22.4.7 样地蓄积量归一化

通过提取的云南样地数据，云南的针叶树种主要是冷杉、云南松、思茅松，阔叶树种主要是栎类、硬阔、软阔。

故认为组成阔叶混的主要阔叶树种是栎类、硬阔、软阔。且阔叶混的组成树种中，各树种的比例是 1:1。

根据《国家森林资源连续清查主要技术规定》确定各树种组的龄组划分和成熟林年龄，见表 22-13 和表 22-14。

表 22-13　云南树种成熟年龄

序号	树种	地区	起源	龄级	成熟林
1	冷杉	南方	天然	20	81
			人工	10	41
2	油杉	南方	天然	10	41
			人工	10	31
3	云南松	南方	天然	10	41
			人工	10	31
4	思茅松	南方	天然	10	41
			人工	10	31

（续）

序号	树种	地区	起源	龄级	成熟林
5	栎类	南北	天然	20	81
			人工	10	51
6	硬阔	南北	天然	20	81
			人工	10	51
7	软阔	南方	人工	5	21
		北方	人工	5	16
8	阔叶混（栎类、硬阔、软阔）	南方	天然	20	61
			人工	10	39

表 22-14　云南三级区划主要树种成熟林蓄积量

序号	森林生产力三级区划	树种	起源	成熟年龄	成熟林蓄积量（m³/hm²）
1	北亚热带—湿润—常绿阔叶林横断山脉立地亚区	云南松	天然	41	124.0647
2	南亚热带—湿润—常绿阔叶林滇西南北部中山宽谷立地亚区	云南松（云南松、油杉、扭曲云南松、思茅松）	天然	41	116.8447
3	南亚热带—湿润—常绿阔叶林滇中高原湖盆立地亚区	云南松	天然	41	93.7631
4	暖温带—湿润—常绿阔叶林横断山脉立地亚区	冷杉	天然	81	315.1271
		云南松	天然	41	135.9171
5	暖温带—湿润—常绿阔叶林滇东北南部山地立地亚区	云南松（云南松＋油杉）	天然	41	62.7326
6	中亚热带—湿润—常绿阔叶林滇西南北部中山宽谷立地亚区	云南松	天然	41	80.6466
7	中亚热带—湿润—常绿阔叶林滇中高原湖盆立地亚区	云南松	天然	41	102.4711
		栎类	天然	81	105.5009
8	南亚热带—湿润—常绿阔叶林滇西南南部中山盆地立地亚区	思茅松	天然	41	138.9711
		栎类	天然	81	176.1831
		其他硬阔	天然	81	295.7800
		阔叶混	天然	61	168.4595
9	南亚热带—湿润—常绿阔叶林滇东南山原立地亚区	云南松	天然	41	82.0658
10	边缘热带—湿润—季雨林、雨林滇西南南部中山盆地立地亚区	栎类	天然	81	171.7708
		其他硬阔	天然	81	186.7305
		阔叶混	天然	61	177.0181

22.4.8　云南森林生产力分区

依据全国公顷蓄积量分级结果（参见全国报告的表4-12）。云南公顷蓄积量分级结果见表 22-15。

表 22-15　云南公顷蓄积量分级结果　　　　单位：m^3/hm^2

级别	3级	4级	5级	6级	7级	10级
公顷蓄积量	60～90	90～120	120～150	150～180	180～210	≥270

　　南亚热带—湿润—常绿阔叶林滇南边缘东部中山峡谷立地亚区与南亚热带—湿润—常绿阔叶林滇东南山原立地亚区和南亚热带—湿润—常绿阔叶林滇西南南部中山盆地立地亚区、边缘热带—湿润—季雨林、雨林滇西南南部中山盆地立地亚区相邻，但是三个区立地亚区不同，南亚热带—湿润—常绿阔叶林滇南边缘东部中山峡谷立地亚区和边缘热带—湿润—季雨林、雨林滇西南南部中山盆地立地亚区、南亚热带—湿润—常绿阔叶林滇西南南部中山盆地立地亚区的优势树种一致，均为其他硬阔，因此根据边缘热带—湿润—季雨林、雨林滇南边缘中部中山盆地立地亚区森林生产力等级赋值为6。

　　暖温带—湿润—常绿阔叶林盆地南缘山地立地亚区与四川中亚热带—湿润—常绿阔叶林盆地南缘山地立地亚区立地条件一致，优势树种同为杉木人工林，故按照四川中亚热带—湿润—常绿阔叶林盆地南缘山地立地亚区森林生产力等级值将暖温带—湿润—常绿阔叶林盆地南缘山地立地亚区森林生产力等级赋值为3。

　　整理后云南样地归一化蓄积量分级如图 22-22。云南森林生产力分级如图 22-23。

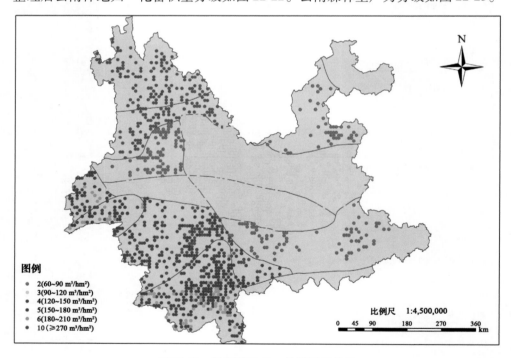

图 22-22　云南样地归一化蓄积量分级

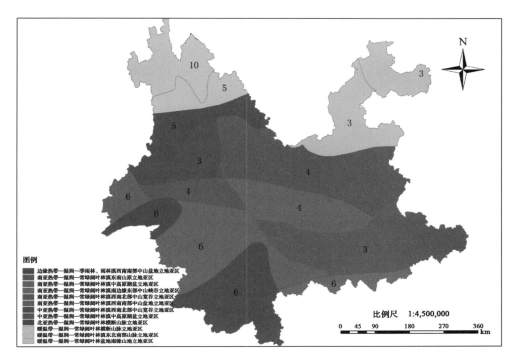

图 22-23 云南森林生产力分级

注：图中数字表达了该区域森林生产力等级。其中空值并不表示该区的森林生产力等级是 0，而是该
森林生产力区划跨省，本省建模样地数未达到建模标准，将在区域或全国森林生产力分区图中赋值；图
中森林生产力等级值依据前文中表 22-15 公顷蓄积量分级结果。

22.4.9 初次森林生产力分级区划成果及调整说明

22.4.9.1 调整后的云南森林生产力三级区划

调整后的云南森林生产力三级区划结果如图 22-24。

22.4.9.2 调整说明

北亚热带—湿润—常绿阔叶林滇中高原湖盆立地亚区、南亚热带—亚湿润—常绿阔叶
林滇中高原湖盆立地亚区和中亚热带—湿润—常绿阔叶林滇中高原湖盆立地亚区合并，命
名为中亚热带—湿润—常绿阔叶林滇中高原湖盆立地亚区合并；

中亚热带—湿润—常绿阔叶林滇东北南部山地立地亚区并入暖温带—湿润—常绿阔叶
林滇东北南部山地立地亚区；

南亚热带—亚湿润—常绿阔叶林横断山脉立地亚区并入北亚热带—湿润—常绿阔叶林
横断山脉立地亚区；

中亚热带—湿润—常绿阔叶林滇东南山原立地亚区、边缘热带—亚湿润—季雨林、雨
林滇东南山原立地亚区并入南亚热带—湿润—常绿阔叶林滇东南山原立地亚区；

暖温带—湿润—常绿阔叶林盆地南缘山地立地亚区和南亚热带—湿润—常绿阔叶林滇
南边缘东部中山峡谷立地亚区根据相邻区域的森林生产力等级平均值进行赋值。

22.4.9.3 初次森林生产力分级区划成果

调整后，云南森林生产力分级见图 22-25。

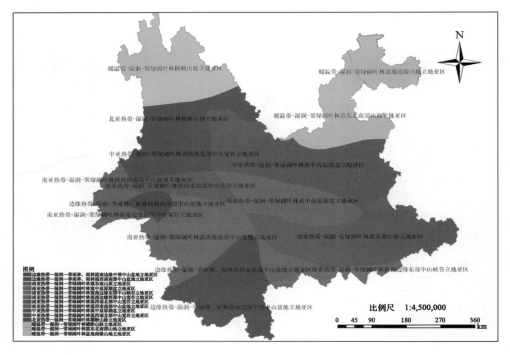

图 22-24　云南森林生产力三级区划（第二次）

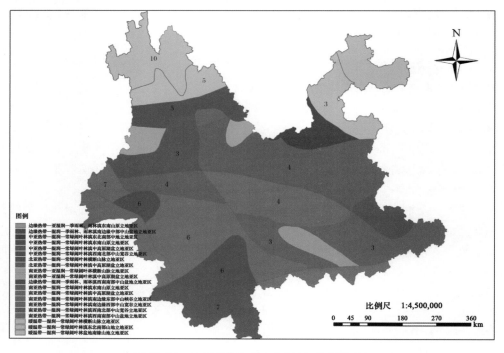

图 22-25　云南森林生产力分级（初次调整后）

注：图中数字表达了该区域森林生产力等级。其中空值并不表示该区的森林生产力等级是 0，而是该森林生产力区划跨省，本省建模样地数未达到建模标准，将在区域或全国森林生产力分区图中赋值；图中森林生产力等级值依据前文中表 22-15 公顷蓄积量分级结果。

22.4.10 第一次调整后建模树种提取

表 22-16 云南各三级区划分优势树种样地数统计（合并后）

序号	森林生产力三级区划	优势树种	监测期	起源	样地数
1	北亚热带—湿润—常绿阔叶林横断山脉立地亚区	冷杉	第 6 期	天然	11
			第 7 期		12
		云杉	第 6 期	天然	3
			第 7 期		3
		油杉	第 6 期	天然	1
			第 7 期		1
		铁杉	第 6 期	天然	1
			第 7 期		1
		华山松	第 6 期	天然	2
			第 7 期		4
		云南松	第 6 期	天然	86
			第 7 期		78
		高山松	第 6 期	天然	6
			第 7 期		6
		栎类	第 6 期	天然	30
			第 7 期		25
		桦木	第 6 期	天然	2
			第 7 期		0
		樟树	第 6 期	天然	1
			第 7 期		0
		木荷	第 6 期	天然	0
			第 7 期		1
		其他硬阔	第 6 期	天然	10
			第 7 期		3
		杨树	第 6 期	天然	2
			第 7 期		1
		其他软阔	第 6 期	天然	6
			第 7 期		11
		针叶混	第 6 期	天然	8
			第 7 期		9
		阔叶混	第 6 期	天然	13
			第 7 期		20
		针阔混	第 6 期	天然	18
			第 7 期		18

（续）

序号	森林生产力三级区划	优势树种	监测期	起源	样地数
2	暖温带—湿润—常绿阔叶林滇东北南部山地立地亚区	油杉	第6期	天然	5
			第7期		6
		华山松	第6期	人工	30
			第7期		32
		云南松	第6期	天然	44
			第7期		45
		杉木	第6期	人工	1
			第7期		1
		柏木	第6期	天然	2
			第7期		2
		栎类	第6期	天然	12
			第7期		6
		桦木	第6期	天然	1
			第7期		0
		旱冬瓜	第6期	天然	0
			第7期		1
		高山栎	第6期	天然	0
			第7期		1
		杨树	第6期	人工	3
			第7期		2
		其他软阔	第6期	天然	1
			第7期		1
		针叶混	第6期	人工	21
			第7期		16
		阔叶混	第6期	人工	8
			第7期		11
		针阔混	第6期	天然	13
			第7期		16
3	中亚热带—湿润—常绿阔叶林滇中高原湖盆立地亚区	油杉	第6期	天然	22
			第7期		21
		华山松	第6期	人工	11
			第7期		15
		云南松	第6期	天然	167
			第7期		138
		云南松	第6期	人工	0
			第7期		18
		杉木	第6期	人工	4
			第7期		5

（续）

序号	森林生产力三级区划	优势树种	监测期	起源	样地数
3	中亚热带—湿润—常绿阔叶林滇中高原湖盆立地亚区	青冈栎	第6期	人工	0
			第7期		1
		柳杉	第6期	天然	79
			第7期		77
		栎类	第6期	天然	0
			第7期		1
		杨树	第6期	天然	0
			第7期		2
		桦木	第6期	天然	7
			第7期		0
		樟木	第6期	人工	0
			第7期		1
		其他硬阔	第6期	天然	6
			第7期		1
		桉树	第6期	人工	7
			第7期		12
		其他软阔	第6期	人工	3
			第7期		11
		旱冬瓜	第6期	天然	0
			第7期		14
		针叶混	第6期	天然	25
			第7期		32
		阔叶混	第6期	天然	16
			第7期		26
		针阔混	第6期	天然	50
			第7期		64
4	南亚热带—湿润—常绿阔叶林滇东南山原立地亚区	油杉	第6期	天然	12
			第7期		13
		华山松	第6期	人工	1
			第7期		1
		云南松	第6期	天然	85
			第7期		77
		思茅松	第6期	天然	4
			第7期		3
		杉木	第6期	人工	36
			第7期		37
		栎类	第6期	天然	57
			第7期		53
		桦木	第6期	天然	3
			第7期		0

（续）

序号	森林生产力三级区划	优势树种	监测期	起源	样地数
4	南亚热带—湿润—常绿阔叶林滇东南山原立地亚区	木荷	第6期	天然	0
			第7期		3
		其他硬阔	第6期	天然	26
			第7期		12
		桉树	第6期	人工	3
			第7期		12
		其他软阔	第6期	天然	4
			第7期		25
		旱冬瓜	第6期	天然	0
			第7期		4
		针叶混	第6期	天然	11
			第7期		10
		阔叶混	第6期	天然	32
			第7期		52
		针阔混	第6期	天然	20
			第7期		28

22.4.11　第二次森林生产力分区及调整说明

22.4.11.1　第三次调整后的云南森林生产力三级区划

调整后云南森林生产力三级区划如图22-26。

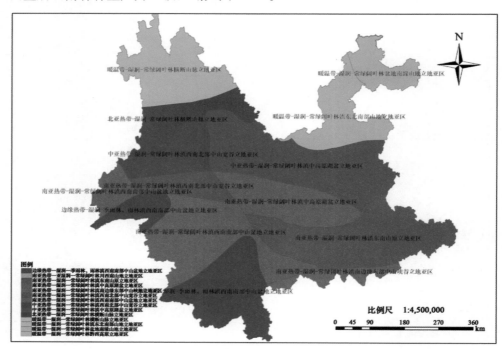

图22-26　云南森林生产力三级区划（第三次）

22.4.11.2 调整说明

南亚热带—湿润—常绿阔叶林滇南边缘西部中山宽谷立地亚区并入南亚热带—湿润—常绿阔叶林滇西南南部中山盆地立地亚区；

南亚热带—湿润—常绿阔叶林滇南边缘西部中山宽谷立地亚区、南亚热带—湿润—常绿阔叶林滇南边缘西部中山宽谷立地亚区并入南亚热带—湿润—常绿阔叶林滇西南南部中山盆地立地亚区；

边缘热带—湿润—季雨林、雨林滇南边缘西部中山宽谷立地亚区与边缘热带—湿润—季雨林、雨林滇西南南部中山盆地立地亚区合并，命名为边缘热带—湿润—季雨林、雨林滇西南南部中山盆地立地亚区；

边缘热带—湿润—季雨林、雨林滇南边缘中部中山盆地立地亚区并入边缘热带—湿润—季雨林、雨林滇西南南部中山盆地立地亚区。

22.4.11.3 第二次森林生产力分级区划成果

调整后，云南森林植被生产力等级见图22-27。

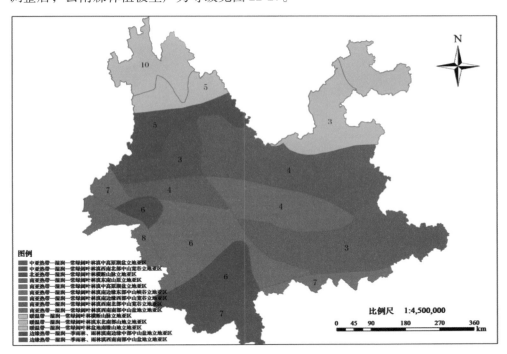

图22-27 云南森林生产力等级（第二次）

注：图中数字表达了该区域森林生产力等级。其中空值并不表示该区的森林生产力等级是0，而是该森林生产力区划跨省，本省建模样地数未达到建模标准，将在区域或全国森林生产力分区图中赋值；图中森林生产力等级值依据前文中表22-15公顷蓄积量分级结果。

22.4.12 第二次调整后建模树种提取

调整后，各三级区优势树种提取见表22-17。

表 22-17　各三级区优势树种提取（第二次）

序号	森林生产力三级区划	优势树种	监测期	起源	样地数
1	南亚热带—湿润—常绿阔叶林滇西南南部中山盆地立地亚区	华山松	第 6 期	人工	3
			第 7 期		2
		云南松	第 6 期	天然	32
			第 7 期		30
		思茅松	第 6 期	天然	73
			第 7 期		77
		杉木	第 6 期	人工	9
			第 7 期		7
		其他杉类	第 6 期	人工	0
			第 7 期		1
		栎类	第 6 期	天然	75
			第 7 期		58
		青冈栎	第 6 期	天然	0
			第 7 期		6
		桦木	第 6 期	天然	22
			第 7 期		1
		桦木	第 6 期	人工	0
			第 7 期		8
		木荷	第 6 期	天然	0
			第 7 期		2
		其他硬阔	第 6 期	天然	108
			第 7 期		49
		桉树	第 6 期	人工	1
			第 7 期		14
		其他软阔	第 6 期	天然	11
			第 7 期		74
		旱冬瓜	第 6 期	天然	0
			第 7 期		13
		针叶混	第 6 期	天然	2
			第 7 期		4
		阔叶混	第 6 期	天然	84
			第 7 期		113
		针阔混	第 6 期	天然	46
			第 7 期		38

（续）

序号	森林生产力三级区划	优势树种	监测期	起源	样地数
2	边缘热带—湿润—季雨林、雨林滇西南南部中山盆地立地亚区	华山松	第 6 期	人工	0
			第 7 期		2
		云南松	第 6 期	天然	15
			第 7 期		14
		思茅松	第 6 期	天然	43
			第 7 期		40
		杉木	第 6 期	人工	4
			第 7 期		6
		栎类	第 6 期	天然	109
			第 7 期		94
		青冈栎	第 6 期	天然	0
			第 7 期		2
		桦木	第 6 期	天然	5
			第 7 期		0
		桦木	第 6 期	人工	0
			第 7 期		2
		木荷	第 6 期	天然	0
			第 7 期		4
		其他硬阔	第 6 期	天然	180
			第 7 期		69
		桉树	第 6 期	人工	0
			第 7 期		6
		其他软阔	第 6 期	天然	4
			第 7 期		100
		旱冬瓜	第 6 期	天然	0
			第 7 期		6
		针叶混	第 6 期	人工	1
			第 7 期		0
		阔叶混	第 6 期	天然	145
			第 7 期		172
		针阔混	第 6 期	天然	29
			第 7 期		28

23 西藏森林潜在生产力分区成果

23.1 西藏森林生产力一级区划

以我国 1:100 万全国行政区划数据中西藏区界为边界,从全国森林生产力一级区划图中提取西藏森林生产力一级区划,西藏森林生产力一级区划单位为 8 个,如表 23-1 和图 23-1:

表 23-1 森林生产力一级区划

序号	气候带	气候大区	森林生产力一级区划
1	边缘热带	湿润地区	边缘热带—湿润地区
2	亚热带	湿润地区	亚热带—湿润地区
3	暖温带	湿润地区	暖温带—湿润地区
4	高原温带	亚干旱地区	高原温带—亚干旱地区
5		亚湿润地区	高原温带—亚湿润地区
6	高原亚温带	亚干旱地区	高原亚温带—亚干旱地区
7		亚湿润地区	高原亚温带—亚湿润地区
8	高原寒带	干旱地区	高原寒带—干旱地区

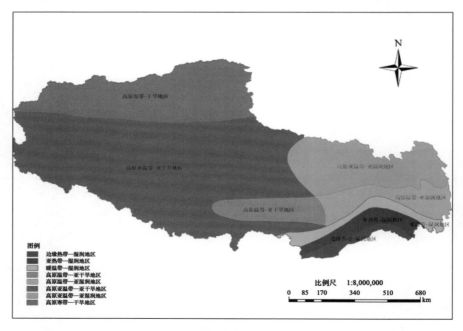

图 23-1 西藏森林生产力一级区划

注:本图显示采用 2000 国家大地坐标系(简称 CGCS2000),后续相关地图同该坐标系。

23.2 西藏森林生产力二级区划

按照西藏行政边界从全国森林生产力二级区划中提取西藏的森林生产力二级区划，西藏森林生产力二级区划单位为 9 个，如表 23-2 和图 23-2：

表 23-2 森林生产力二级区划

序号	森林生产力一级区划	森林生产力二级区划
1	边缘热带—湿润地区	边缘热带—湿润地区—季雨林、雨林
2	亚热带—湿润地区	亚热带—湿润地区—季雨林、雨林
3	暖温带—湿润地区	暖温带—湿润—常绿阔叶林
4	高原温带—亚干旱地区	高原温带—亚干旱—高寒植被
5	高原温带—亚湿润地区	高原温带—亚湿润—常绿阔叶林
6	高原亚温带—亚干旱地区	高原亚温带—亚干旱—高寒植被
7	高原亚温带—亚湿润地区	高原亚温带—亚湿润—常绿阔叶林
8		高原亚温带—亚湿润—高寒植被
9	高原寒带—干旱地区	高原寒带—干旱—高寒植被

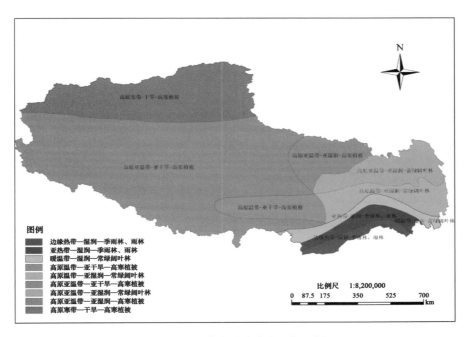

图 23-2 西藏森林生产力二级区划

23.3 西藏森林生产力三级区划

23.3.1 西藏立地区划

根据全国立地区划结果，以西藏 1:100 万行政边界为提取框架，提取西藏立地区划结果。需要说明的是，由于西藏行政边界数据与全国立地区划成果数据精度不一致，导致提取的西藏立地区划数据在行政边界边缘出现不少细小的破碎斑块。因此，对西藏立地区划数据进行了破碎化斑块处理，根据就近原则，将破碎小斑块就近合并到最近的大斑块中。处理后，得到的西藏立地区划属性数据和矢量图分别如表 23-3 和图 23-3：

表 23-3　西藏立地区划

序号	立地区域	立地区	立地亚区
1	青藏高原寒带亚寒带立地区域	青藏高原寒带亚寒带立地区	青藏高原寒带亚寒带立地亚区
2	西南高山峡谷亚热带立地区域	西南高山峡谷立地区	横断山脉立地亚区
3			雅鲁藏布江中下游立地亚区
4		雅鲁藏布江上中游立地区	喜马拉雅山中段高山峡谷地立地亚区
5			雅鲁藏布江上游高原宽谷立地亚区
6			雅鲁藏布江中游高山深谷立地亚区

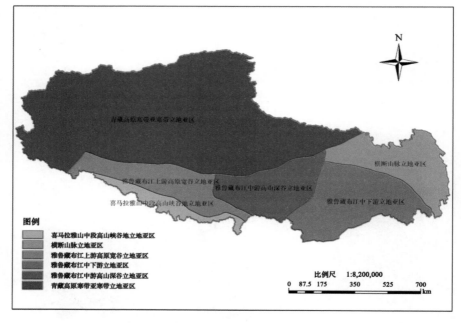

图 23-3　西藏立地区划

23.3.2　西藏三级区划

得到全国森林生产力二级区划后，叠加全国森林生产力二级区划和全国立地区划，得到全国森林生产力三级区划。

根据西藏的行政边界从全国森林生产力三级区划中提取西藏森林生产力三级区划。

用西藏行政边界来提取西藏森林生产力三级区划时边缘出现了破碎的小斑块，为了使省级森林生产力三级不至于太破碎，根据就近原则，将破碎小斑块就近合并到最近的大斑块中。

西藏森林生产力三级区划单位为 18 个，如表 23-4 和图 23-4：

表 23-4　森林生产力三级区划

序号	森林生产力一级区划	森林生产力二级区划	森林生产力三级区划
1	高原寒带干旱地区	高原寒带—干旱—高寒植被	高原寒带—干旱—高寒植被青藏高原寒带亚寒带立地亚区
2	高原温带亚干旱地区	高原温带—亚干旱—高寒植被	高原温带—亚干旱—高寒植被雅鲁藏布江中下游立地亚区
3			高原温带—亚干旱—高寒植被雅鲁藏布江中游高山深谷立地亚区
4	高原亚温带亚干旱地区	高原亚温带—亚干旱—高寒植被	高原亚温带—亚干旱—高寒植被青藏高原寒带亚寒带立地亚区
5			高原亚温带—亚干旱—高寒植被雅鲁藏布江中下游立地亚区
6			高原亚温带—亚干旱—高寒植被喜马拉雅山中段高山峡谷地立地亚区
7			高原亚温带—亚干旱—高寒植被雅鲁藏布江上游高原宽谷立地亚区
8			高原亚温带—亚干旱—高寒植被雅鲁藏布江中游高山深谷立地亚区
9	高原亚温带亚湿润地区	高原亚温带—亚湿润—高寒植被	高原亚温带—亚湿润—高寒植被青藏高原寒带亚寒带立地亚区
10			高原亚温带—亚湿润—高寒植被雅鲁藏布江中游高山深谷立地亚区
11	边缘热带湿润地区	边缘热带—湿润—季雨林、雨林	边缘热带—湿润—季雨林、雨林雅鲁藏布江中下游立地亚区
12	亚热带湿润地区	亚热带—湿润—季雨林、雨林	亚热带—湿润—季雨林、雨林雅鲁藏布江中下游立地亚区
13	高原温带亚湿润地区	高原温带—亚湿润—常绿阔叶林	高原温带—亚湿润—常绿阔叶林雅鲁藏布江中下游立地亚区
14			高原温带—亚湿润—常绿阔叶林横断山脉立地亚区
15	高原亚温带亚湿润地区	高原亚温带—亚湿润—常绿阔叶林	高原亚温带—亚湿润—常绿阔叶林雅鲁藏布江中下游立地亚区
16			高原亚温带—亚湿润—常绿阔叶林横断山脉立地亚区
17		高原亚温带—亚湿润—高寒植被	高原亚温带—亚湿润—高寒植被横断山脉立地亚区
18	暖温带湿润地区	暖温带—湿润—常绿阔叶林	暖温带—湿润—常绿阔叶林雅鲁藏布江中下游立地亚区

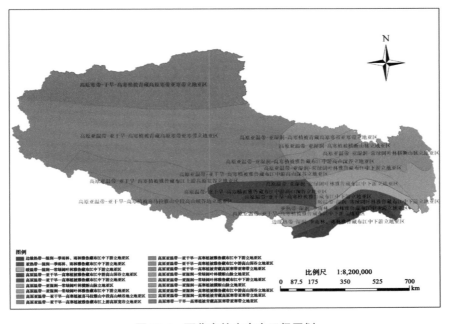

图 23-4　西藏森林生产力三级区划

23.4 西藏森林生产力量化分级

23.4.1 技术方案

单位面积蓄积量标志着林地生产力的高低及经营措施的效果。本方案在森林生产力三级区划结果基础上，根据已调查的西藏自治区第7期、第8期一类清查样地数据，提取西藏森林生产力三级区划的样地数据，筛选出两期地类是乔木林地、疏林地的样地，根据森林生产力三级区划的主要树种，建立样地优势树种蓄积量生长模型，并归一该树种到成熟林时单位公顷的蓄积值，以此作为量化样地森林生产力的依据，在森林生产力三级的基础上进行森林植被生产力区划。

23.4.2 样地筛选

23.4.2.1 样地情况

1991年原林业部决定在西藏建立森林资源连续清查体系开展清查工作。西藏分为3个副总体，总面积12284.36万 hm^2。第一副总体即为控制线以内的30个林区县，面积2807.25万 hm^2，按点间距6 km×8 km布设了5855个样地，另按2 km×2 km布设了遥感判读样地70224个；第二副总体即为控制线以内（30个林区县以外）的藏北高原无林区，面积8575.31万 hm^2，按2 km×2 km布设了遥感判读样地214129个；第三副总体即为控制线以外（麦克马洪线以南）地区，面积901.80万 hm^2，按2 km×2 km布设了遥感判读样地22545个。2001年西藏进行了森林资源清查第1次复查。

西藏自治区的样地情况如表23-5：

表23-5　西藏样地概况

项目	内容
调查（副）总体	西藏第一副总体
样地调查时间	全国第7次清查西藏数据（2006年） 全国第8次清查西藏数据（2011年）
样地个数	全国第7次清查西藏样地5855个 全国第8次清查西藏样地5855个
样地间距	西藏样地间距6 km×8 km
样地大小	样圆面积0.0667 hm^2
样地形状	半径为14.57 m的样圆
备注	

23.4.2.2 样地筛选情况

根据西藏划分的森林生产力三级区划，提取每个三级区划的样地数据，对提取的样地数据进行筛选。

筛选的条件如下：

地类为乔木林地或疏林地。剔除地类是红树林、国家特别规定灌木林地、其他灌木林地、未成林封育地、未成林造林地、苗圃地、采伐迹地、火烧迹地、其他无立木林地、宜林荒山荒地、宜林沙荒地、其他宜林地、林业辅助生产用地、耕地、牧草地、水域、未利用地、工矿建设用地、城乡居民建设用地、交通建设用地、其他用地的样地。被剔除的样地或者没有划分起源，或者没有样地平均年龄，或者优势树种是灌木，无法进行以林木蓄积量为因变量，样地平均年龄为自变量的曲线拟合。

下表详细说明了西藏第 7、8 期样地（分三级区划）及样地筛选情况，见表 23-6。

表 23-6　西藏分三级区划样地筛选情况

序号	森林生产力三级区划	监测期	样地总数	筛选样地数	所占比例/%
1	高原寒带—干旱—高寒植被青藏高原寒带亚寒带立地亚区	第 7 期	—	—	—
		第 8 期	—	—	—
2	高原温带—亚干旱—高寒植被雅鲁藏布江中下游立地亚区	第 7 期	176	26	14.8
		第 8 期	176	26	14.8
3	高原温带—亚干旱—高寒植被雅鲁藏布江中游高山深谷立地亚区	第 7 期	39	1	2.6
		第 8 期	39	1	2.6
4	高原亚温带—亚干旱—高寒植被青藏高原寒带亚寒带立地亚区	第 7 期	—	—	—
		第 8 期	—	—	—
5	高原亚温带—亚干旱—高寒植被雅鲁藏布江中下游立地亚区	第 7 期	115	5	4.3
		第 8 期	115	5	4.3
6	高原亚温带—亚干旱—高寒植被喜马拉雅山中段高山峡谷地立地亚区	第 7 期	512	23	4.5
		第 8 期	512	24	4.7
7	高原亚温带—亚干旱—高寒植被雅鲁藏布江上游高原宽谷立地亚区	第 7 期	321	0	0
		第 8 期	321	0	0
8	高原亚温带—亚干旱—高寒植被雅鲁藏布江中游高山深谷立地亚区	第 7 期	129	5	3.9
		第 8 期	129	5	3.9
9	高原亚温带—亚湿润—高寒植被青藏高原寒带亚寒带立地亚区	第 7 期	97	0	0
		第 8 期	97	0	0
10	高原亚温带—亚湿润—高寒植被雅鲁藏布江中游高山深谷立地亚区	第 7 期	169	0	0
		第 8 期	169	0	0
11	边缘热带—湿润—季雨林、雨林雅鲁藏布江中下游立地亚区	第 7 期	1	0	0
		第 8 期	0	0	0
12	亚热带—湿润—季雨林、雨林雅鲁藏布江中下游立地亚区	第 7 期	175	73	41.7
		第 8 期	175	73	41.7
13	高原温带—亚湿润—常绿阔叶林雅鲁藏布江中下游立地亚区	第 7 期	830	228	27.5
		第 8 期	831	227	27.3
14	高原亚温带—亚湿润—常绿阔叶林雅鲁藏布江中下游立地亚区	第 7 期	327	23	7.0
		第 8 期	327	25	7.6
15	暖温带—湿润—常绿阔叶林雅鲁藏布江中下游立地亚区	第 7 期	465	141	30.3
		第 8 期	465	141	30.3
16	高原亚温带—亚湿润—高寒植被横断山脉立地亚区	第 7 期	371	25	6.7
		第 8 期	371	25	6.7
17	高原亚温带—亚湿润—常绿阔叶林横断山脉立地亚区	第 7 期	1406	214	15.2
		第 8 期	1407	215	15.3
18	高原温带—亚湿润—常绿阔叶林横断山脉立地亚区	第 7 期	714	202	28.3
		第 8 期	713	203	28.5

高原温带—亚干旱—高寒植被雅鲁藏布江中下游立地亚区的样地在高原温带—亚干旱—高寒植被雅鲁藏布江中游高山深谷立地亚区有少量分布，故高原温带—亚干旱—高寒植被雅鲁藏布江中下游立地亚区的样地和高原温带—亚干旱—高寒植被雅鲁藏布江中游高山深谷立地亚区的样地合并，归为高原温带—亚干旱—高寒植被雅鲁藏布江中下游立地亚区的样地。

23.4.3 建模树种提取

对筛选出的森林生产力三级区划的乔木林地和疏林地样地数据，分别统计每个优势树种的样地数和样地的起源，为了尽量使每个三级区划都能有森林生产力值，方便森林生产力等级划分，在每个森林生产力三级区内，如果优势树种的建模样地达到50，则建立样本数≥50的优势树种的生长模型；如果优势树种的建模样地均未达到50，则降低建模样本量为30；降低建模标准且合并树种组仍无法达到建模量的，若该区为完整的三级区，则看邻近区内与该区内相似树种的蓄积量，将该邻近区的蓄积量作为该区的归一化蓄积量；若该区是被省界分割的森林生产力三级区的小部分，则暂时空缺，若是被省界分割的森林生产力三级区的大部分，则参照完整的三级区处理。

西藏各三级区划分优势树种样地数统计如表23-7。

表23-7　西藏各三级区划样地数分优势树种统计

序号	森林生产力三级区划	优势树种	监测期	起源	样地数
1	高原寒带—干旱—高寒植被青藏高原寒带亚寒带立地亚区	—	第7期	—	—
			第8期		—
2	高原温带—亚干旱—高寒植被雅鲁藏布江中下游立地亚区	冷杉	第7期	天然	2
			第8期		4
		云杉	第7期	天然	2
			第8期		2
		落叶松	第7期	天然	1
			第8期		1
		高山松	第7期	天然	2
			第8期		2
		黄山松	第7期	天然	2
			第8期		0
		乔松	第7期	天然	0
			第8期		1
		柏木	第7期	天然	6
			第8期		6
		栎类	第7期	天然	0
			第8期		1
		桦木	第7期	天然	6
			第8期		5
		杨树	第7期	天然	3
			第8期		1
		针叶混	第7期	天然	1
			第8期		0
		阔叶混	第7期	天然	0
			第8期		2
		针阔混	第7期	天然	1
			第8期		2
3	高原温带—亚干旱—高寒植被雅鲁藏布江中游高山深谷立地亚区	—	第7期	—	—
			第8期		—
4	高原亚温带—亚干旱—高寒植被青藏高原寒带亚寒带立地亚区	—	第7期	—	—
			第8期		—

（续）

序号	森林生产力三级区划	优势树种	监测期	起源	样地数
5	高原亚温带—亚干旱—高寒植被雅鲁藏布江中下游立地亚区	冷杉	第 7 期	天然	1
			第 8 期		1
		云杉	第 7 期	天然	1
			第 8 期		1
		黄山松	第 7 期	天然	1
			第 8 期		0
		乔松	第 7 期	天然	0
			第 8 期		1
		其他硬阔	第 7 期	天然	1
			第 8 期		1
		阔叶混	第 7 期	天然	0
			第 8 期		1
		针阔混	第 7 期	天然	1
			第 8 期		0
6	高原亚温带—亚干旱—高寒植被喜马拉雅山中段高山峡谷地立地亚区	冷杉	第 7 期	天然	7
			第 8 期		6
		云杉	第 7 期	天然	1
			第 8 期		1
		铁杉	第 7 期	天然	1
			第 8 期		1
		黄山松	第 7 期	天然	6
			第 8 期		0
		乔松	第 7 期	天然	0
			第 8 期		5
		柏木	第 7 期	天然	3
			第 8 期		3
		桦木	第 7 期	天然	5
			第 8 期		7
		针阔混	第 7 期	天然	0
			第 8 期		1
7	高原亚温带—亚干旱—高寒植被雅鲁藏布江上游高原宽谷立地亚区	—	第 7 期	—	—
			第 8 期		—
8	高原亚温带—亚干旱—高寒植被雅鲁藏布江中游高山深谷立地亚区	云杉	第 7 期	天然	1
			第 8 期		1
		黄山松	第 7 期	天然	1
			第 8 期		0
		乔松	第 7 期	天然	0
			第 8 期		1
		桦木	第 7 期	天然	1
			第 8 期		1
		针叶混	第 7 期	天然	1
			第 8 期		1
		针阔混	第 7 期	天然	1
			第 8 期		1

（续）

序号	森林生产力三级区划	优势树种	监测期	起源	样地数
9	高原亚温带—亚湿润—高寒植被青藏高原寒带亚寒带立地亚区	—	第 7 期	—	—
			第 8 期		—
10	高原亚温带—亚湿润—高寒植被雅鲁藏布江中游高山深谷立地亚区	—	第 7 期	—	—
			第 8 期		—
11	边缘热带—湿润—季雨林、雨林雅鲁藏布江中下游立地亚区	—	第 7 期	—	—
			第 8 期		—
12	亚热带—湿润—季雨林、雨林雅鲁藏布江中下游立地亚区	冷杉	第 7 期	天然	5
			第 8 期		5
		云杉	第 7 期	天然	12
			第 8 期		13
		云南松	第 7 期	天然	21
			第 8 期		23
		高山松	第 7 期	天然	13
			第 8 期		13
		柏木	第 7 期	天然	1
			第 8 期		1
		栎类	第 7 期	天然	1
			第 8 期		2
		桦木	第 7 期	天然	1
			第 8 期		0
		白桦	第 7 期	天然	0
			第 8 期		2
		其他硬阔	第 7 期	天然	5
			第 8 期		0
		其他软阔	第 7 期	天然	11
			第 8 期		0
		针叶混	第 7 期	天然	1
			第 8 期		0
		阔叶混	第 7 期	天然	1
			第 8 期		12
		针阔混	第 7 期	天然	2
			第 8 期		2
13	高原温带—亚湿润—常绿阔叶林雅鲁藏布江中下游立地亚区	冷杉	第 7 期	天然	102
			第 8 期		104
		云杉	第 7 期	天然	24
			第 8 期		16
		落叶松	第 7 期	天然	0
			第 8 期		1
		华山松	第 7 期	天然	3
			第 8 期		3

（续）

序号	森林生产力三级区划	优势树种	监测期	起源	样地数
13	高原温带—亚湿润—常绿阔叶林雅鲁藏布江中下游立地亚区	云南松	第7期	天然	1
			第8期		0
		高山松	第7期	天然	28
			第8期		27
		柏木	第7期	天然	7
			第8期		8
		栎类	第7期	天然	2
			第8期		19
		青冈栎	第7期	天然	16
			第8期		0
		桦木	第7期	天然	7
			第8期		4
		白桦	第7期	天然	0
			第8期		5
		枫香	第7期	天然	1
			第8期		0
		其他硬阔	第7期	天然	6
			第8期		0
		杨树	第7期	天然	0
			第8期		1
		其他软阔	第7期	天然	3
			第8期		3
		针叶混	第7期	天然	6
			第8期		6
		阔叶混	第7期	天然	8
			第8期		11
		针阔混	第7期	天然	15
			第8期		19
14	高原亚温带—亚湿润—常绿阔叶林雅鲁藏布江中下游立地亚区	冷杉	第7期	天然	8
			第8期		8
		云杉	第7期	天然	2
			第8期		2
		华山松	第7期	天然	1
			第8期		1
		高山松	第7期	天然	2
			第8期		2
		柏木	第7期	天然	2
			第8期		2
		栎类	第7期	天然	0
			第8期		5

（续）

序号	森林生产力三级区划	优势树种	监测期	起源	样地数
14	高原亚温带—亚湿润—常绿阔叶林雅鲁藏布江中下游立地亚区	青冈栎	第7期	天然	3
			第8期		0
		桦木	第7期	天然	2
			第8期		2
		针叶混	第7期	天然	0
			第8期		1
		阔叶混	第7期	天然	0
			第8期		1
		针阔混	第7期	天然	1
			第8期		0
		柳树	第7期	天然	1
			第8期		1
		其他软阔	第7期	天然	1
			第8期		0
15	暖温带—湿润—常绿阔叶林雅鲁藏布江中下游立地亚区	冷杉	第7期	天然	16
			第8期		18
		云杉	第7期	天然	26
			第8期		24
		华山松	第7期	天然	0
			第8期		1
		云南松	第7期	天然	12
			第8期		11
		高山松	第7期	天然	16
			第8期		16
		柏木	第7期	天然	3
			第8期		3
		紫杉	第7期	天然	1
			第8期		1
		栎类	第7期	天然	2
			第8期		10
		青冈栎	第7期	天然	3
			第8期		0
		桦木	第7期	天然	1
			第8期		2
		白桦	第7期	天然	0
			第8期		3
		其他硬阔	第7期	天然	33
			第8期		1
		杨树	第7期	天然	1
			第8期		1

（续）

序号	森林生产力三级区划	优势树种	监测期	起源	样地数
15	暖温带—湿润—常绿阔叶林雅鲁藏布江中下游立地亚区	其他软阔	第 7 期	天然	7
			第 8 期		1
		针叶混	第 7 期	天然	1
			第 8 期		2
		阔叶混	第 7 期	天然	8
			第 8 期		36
		针阔混	第 7 期	天然	12
			第 8 期		13
16	高原亚温带—亚湿润—高寒植被横断山脉立地亚区	云杉	第 7 期	天然	6
			第 8 期		6
		柏木	第 7 期	天然	17
			第 8 期		17
		桦木	第 7 期	天然	2
			第 8 期		0
		白桦	第 7 期	天然	0
			第 8 期		2
17	高原亚温带—亚湿润—常绿阔叶林横断山脉立地亚区	冷杉	第 7 期	天然	0
			第 8 期		1
		云杉	第 7 期	天然	127
			第 8 期		124
		柏木	第 7 期	天然	71
			第 8 期		69
		栎类	第 7 期	天然	1
			第 8 期		1
		青冈栎	第 7 期	天然	1
			第 8 期		0
		桦木	第 7 期	天然	5
			第 8 期		0
		白桦	第 7 期	天然	0
			第 8 期		2
		杨树	第 7 期	天然	2
			第 8 期		2
		柳树	第 7 期	天然	0
			第 8 期		1
		针叶混	第 7 期	天然	3
			第 8 期		9
		阔叶混	第 7 期	天然	1
			第 8 期		1
		针阔混	第 7 期	天然	3
			第 8 期		5

（续）

序号	森林生产力三级区划	优势树种	监测期	起源	样地数
18	高原温带—亚湿润—常绿阔叶林横断山脉立地亚区	冷杉	第 7 期	天然	4
			第 8 期		4
		云杉	第 7 期	天然	68
			第 8 期		66
		落叶松	第 7 期	天然	3
			第 8 期		3
		华山松	第 7 期	天然	1
			第 8 期		0
		云南松	第 7 期	天然	21
			第 8 期		22
		高山松	第 7 期	天然	5
			第 8 期		5
		黄山松	第 7 期	天然	2
			第 8 期		0
		乔松	第 7 期	天然	0
			第 8 期		3
		柏木	第 7 期	天然	28
			第 8 期		29
		栎类	第 7 期	天然	0
			第 8 期		50
		青冈栎	第 7 期	天然	46
			第 8 期		0
		桦木	第 7 期	天然	1
			第 8 期		1
		白桦	第 7 期	天然	0
			第 8 期		1
		其他硬阔	第 7 期	天然	5
			第 8 期		0
		杨树	第 7 期	天然	5
			第 8 期		3
		针叶混	第 7 期	天然	5
			第 8 期		6
		阔叶混	第 7 期	天然	1
			第 8 期		2
		针阔混	第 7 期	天然	7
			第 8 期		8

从表 23-7 中可以筛选西藏森林生产力三级区划的建模树种如表 23-8：

表 23-8　西藏各三级分区主要建模树种及建模数据统计

序号	森林生产力三级区划	优势树种	起源	监测期	总样地数	建模样地数	所占比例/%
1	亚热带—湿润—季雨林、雨林雅鲁藏布江中下游立地亚区	云南松	天然	第 7 期	21	70	100
				第 8 期	23		
		高山松	天然	第 7 期	13		
				第 8 期	13		
2	高原温带—亚湿润—常绿阔叶林雅鲁藏布江中下游立地亚区	冷杉	天然	第 7 期	102	205	99.5
				第 8 期	104		
3	高原亚温带—亚湿润—常绿阔叶林横断山脉立地亚区	云杉	天然	第 7 期	127	251	100
				第 8 期	124		
		柏木	天然	第 7 期	71	128	91.4
				第 8 期	69		
4	高原温带—亚湿润—常绿阔叶林横断山脉立地亚区	云杉	天然	第 7 期	68	134	100
				第 8 期	66		

23.4.4　建模前数据整理和对应

23.4.4.1　对森林采伐等人为干扰情况的处理

在数据的整理过程中，对第 7、8 期样地号对应，优势树种一致，第 8 期年龄增加与调查间隔期一致的样地，第 8 期林木蓄积量加上采伐蓄积量作为第 8 期的林木蓄积量，第 7 期的林木蓄积量不变。

23.4.4.2　对优势树种发生变化情况的处理

两期样地对照分析，第 8 期样地的优势树种发生变化的样地，林木蓄积量仍以第 8 期的林木蓄积量为准，把该样地作为第 8 期优势树种的样地，林木蓄积量以第 8 期调查时为准，不加采伐蓄积量。第 7 期的处理同第 8 期。

23.4.4.3　对样地年龄与时间变化不一致情况的处理

对样地第 8 期的年龄与调查间隔时间变化不一致的样地，则以第 8 期的样地平均年龄为准，林木蓄积量不与采伐蓄积量相加，仍以第 8 期的林木蓄积量作为林木蓄积量，第 7 期的林木蓄积量不发生变化。

23.4.5　建立林分蓄积量生长模型

根据筛选出的优势树种样地数据，以整理后的林木蓄积量作为因变量，以样地的平均年龄作为自变量，剔除异常数据，根据样地数据散点图的总体趋势，选取不同的生长方程拟合曲线。见表 23-9。

表 23-9　主要树种建模数据统计

序号	森林生产力三级区划	优势树种	统计量	最小值	最大值	平均值
1	亚热带—湿润—季雨林、雨林雅鲁藏布江中下游立地亚区	云南松（云南松＋高山松）	平均年龄	8	85	47
			林木蓄积量	3.4333	418.1559	230.2371
2	高原温带—亚湿润—常绿阔叶林雅鲁藏布江中下游立地亚区	冷杉	平均年龄	15	280	125
			林木蓄积量	54.2429	1105.1124	551.5563
3	高原温带—亚湿润—常绿阔叶林横断山脉立地亚区	云杉	平均年龄	18	235	95
			林木蓄积量	4.0630	367.7061	177.3952

（续）

序号	森林生产力三级区划	优势树种	统计量	最小值	最大值	平均值
4	高原亚温带—亚湿润—常绿阔叶林横断山脉立地亚区	云杉	平均年龄	10	205	94
			林木蓄积量	6.7316	365.7821	167.3853
		柏木	平均年龄	15	220	91
			林木蓄积量	0.1649	96.4318	33.4611

　　S 型生长模型能够合理地表示树木或林分的生长过程和趋势，避免了其他模型只在某一生长阶段的拟合精度高，而不能完整体现树木或林分生长趋势的弊端，而本方案的目的是预测林分达到成熟林时的蓄积量，S 型生长模型得到的值在比较合理的范围内。

　　选取的生长方程如表 23-10：

表 23-10　拟合所用的生长模型

序号	生长模型名称	生长模型公式
1	Richards 模型	$y = A(1 - e^{-kx})^B$
2	单分子模型	$y = A(1 - e^{-kx})$
3	Logistic 模型	$y = A/(1 + Be^{-kx})$
4	Korf 模型	$y = Ae^{-Bx-k}$

　　其中，y 为样地的林木蓄积量，x 为林分年龄，A 为树木生长的最大值参数，k 为生长速率参数，B 为与初始值有关的参数。

　　经过数据拟合，得出各模型的参数和拟合优度及总相对误差，选取三级区划各树种的适合拟合方程，整理如表 23-11。生长模型如图 23-5 ～ 图 23-9。

表 23-11　主要树种模型

序号	森林生产力三级区划	优势树种	模型	生长方程	A	B	k	R^2	TRE/%
1	亚热带—湿润—季雨林、雨林雅鲁藏布江中下游立地亚区	云南松（云南松+高山松）	Richards 普	$y = 376.4538(1 - e^{-0.0295x})^{1.3772}$	106.7735	0.9661	0.0275	0.65	-0.2740
			Richards 加	$y = 302.7402(1 - e^{-0.0722x})^{3.4850}$	36.0401	1.7715	0.0271		0.7147
2	高原温带—亚湿润—常绿阔叶林雅鲁藏布江中下游立地亚区	冷杉	Richards 普	$y = 1288.9851(1 - e^{-0.0058x})^{1.2224}$	497.6968	0.5173	0.0051	0.67	0.0373
			Richards 加	$y = 1223.5677(1 - e^{-0.0064x})^{1.2623}$	363.4474	0.2264	0.0033		0.3676
3	高原温带—亚湿润—常绿阔叶林横断山脉立地亚区	云杉	Logistic 普	$y = 295.8883/(1 + 79.8934e^{-0.0584x})$	17.9427	69.5825	0.0127	0.84	-0.0703
			Logistic 加	$y = 294.4386/(1 + 92.8861e^{-0.0607x})$	37.4294	36.9856	0.0087		-0.0287
4	高原亚温带—亚湿润—常绿阔叶林横断山脉立地亚区	云杉	Logistic 普	$y = 313.5349/(1 + 16.3482e^{-0.0326x})$	29.4869	8.1066	0.0073	0.67	-0.1491
			Logistic 加	$y = 263.1481/(1 + 25.9608e^{-0.0456x})$	34.8643	9.1003	0.0077		1.8115
		柏木	Logistic 普	$y = 92.4834/(1 + 53.5654e^{-0.0356x})$	4.4709	18.7264	0.0039	0.92	-0.3070
			Logistic 加	$y = 77.6816/(1 + 86.6691e^{-0.0464x})$	11.3212	23.7926	0.0054		2.3786

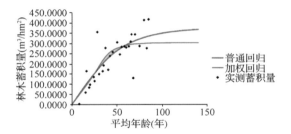

图 23-5 亚热带—湿润—季雨林、雨林雅鲁藏布江中下游立地亚区云南松(云南松+高山松)生长

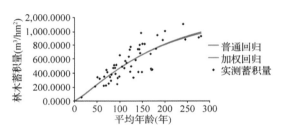

图 23-6 高原温带—亚湿润—常绿阔叶林雅鲁藏布江中下游立地亚区冷杉生长模型

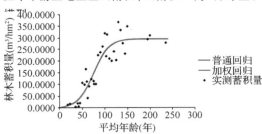

图 23-7 高原温带—亚湿润—常绿阔叶林横断山脉立地亚区云杉生长模型

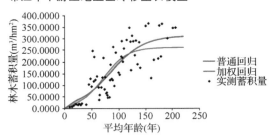

图 23-8 高原亚温带—亚湿润—常绿阔叶林横断山脉立地亚区云杉生长模型

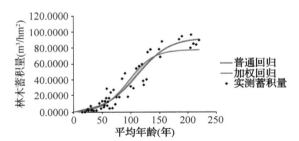

图 23-9 高原亚温带—亚湿润—常绿阔叶林横断山脉立地亚区柏木生长模型

23.4.6 生长模型的检验

为了检验普通回归和加权回归生长模型的适用性,采用以下评价指标:确定系数(R^2)、估计值的标准误差(SEE)、总相对误差(TRE)、平均系统误差(MSE)、平均预估误差(MPE)。

$$R^2 = 1 - \sum (y_i - \hat{y}_i)^2 / \sum (y_i - \bar{y}_i)^2$$

$$SEE = \sqrt{\sum (y_i - \hat{y}_i)^2 / (n - k)}$$

$$TRE = \sum (y_i - \hat{y}_i) / \sum \hat{y}_i \times 100$$

$$MSE = \sum (y_i - \hat{y}_i) / \hat{y}_i / n \times 100$$

$$MPE = t_\alpha \cdot (SEE / \bar{y}) / \sqrt{n} \times 100$$

式中,y_i 为实际观测值,$\hat{y}_i$ 为模型预估值,$\bar{y}$ 为样本平均值,n 为样本单元数,k 为参数个数,t_α 为置信水平 α 时的 t 值。在这 6 项指标中,R^2 和 SEE 是回归模型的最常用指标,既反映了模型的拟合优度,也反映了自变量的贡献率和因变量的离差情况;*TRE* 和 *MSE* 是反映拟合效果的重要指标,二者应该控制在一定范围内(如 ±3%),趋向于 0 时效果最好;*MPE* 是反映平均蓄积量估计值的精度指标。

各森林生产力三级区划优势树种生长模型检验见表 23-12。

表 23-12　各森林生产力三级区划优势树种生长模型检验

序号	森林生产力三级区划	优势树种	模型	R^2	*SEE*	*TRE*	*MSE*	*MPE*
1	亚热带—湿润—季雨林、雨林雅鲁藏布江中下游立地亚区	云南松(云南松 + 高山松)	Richards 普	0.65	65. 1493	− 0. 2740	− 2. 5898	10. 7456
			Richards 加		65. 8384	0. 7147	− 0. 9655	10. 8592
2	高原温带—亚湿润—常绿阔叶林雅鲁藏布江中下游立地亚区	冷杉	Richards 普	0.67	142. 4294	0. 0373	0. 0938	7. 0503
			Richards 加		142. 4910	0. 3676	0. 4056	7. 0534
3	高原温带—亚湿润—常绿阔叶林横断山脉立地亚区	云杉	Logistic 普	0.84	47. 5377	− 0. 0703	− 1. 3585	9. 3459
			Logistic 加		47. 5632	− 0. 0287	− 0. 0460	9. 3509
4	高原亚温带—亚湿润—常绿阔叶林横断山脉立地亚区	云杉	Logistic 普	0.67	64. 6056	− 0. 1491	− 3. 1740	9. 4197
			Logistic 加		67. 3719	1. 8115	− 0. 5493	9. 8231
		柏木	Logistic 普	0.92	9. 1407	− 0. 3070	− 6. 3481	7. 6083
			Logistic 加		10. 6061	2. 3786	− 0. 4035	8. 8280

总相对误差(*TRE*)均在 ±3% 以内,平均系统误差(*MSE*)基本在 ±5% 以内,表明模型拟合效果良好。从这一原则出发,加权回归模型的拟合效果要好于普通回归模型;平均预估误差(*MPE*)基本在 11% 以内,说明蓄积量生长模型的平均预估精度达到 89% 以上。

从参数估计值看,各树种的相应参数的标准差较小,说明模型的稳定性比较好。

23.4.7　样地蓄积量归一化

根据《国家森林资源连续清查主要技术规定》确定各树种组的龄组划分和成熟林年龄,见表 23-13 和表 23-14。

表 23-13　西藏树种成熟年龄

序号	树种	地区	起源	龄级	成熟林
1	云南松	南方	天然	20	41
			人工	10	31
2	冷杉	南方	天然	20	81
			人工	10	41
3	云杉	南方	天然	10	81
			人工	10	61
9	柏木	南方	天然	20	81
			人工	10	61

表 23-14　西藏三级区划主要树种成熟林蓄积量

序号	森林生产力三级区划	树种	起源	成熟年龄	成熟林蓄积量 /(m³/hm²)
1	亚热带—湿润—季雨林、雨林雅鲁藏布江中下游立地亚区	云南松	天然	41	251. 5403

（续）

序号	森林生产力三级区划	树种	起源	成熟年龄	成熟林蓄积量 /（m³/hm²）
2	高原温带—亚湿润—常绿阔叶林雅鲁藏布江中下游立地亚区	冷杉	天然	81	390.2079
3	高原温带—亚湿润—常绿阔叶林横断山脉立地亚区	云杉	天然	81	175.0763
4	高原亚温带—亚湿润—常绿阔叶林横断山脉立地亚区	云杉	天然	81	160.0121
		柏木	天然	81	25.7065

23.4.8　西藏森林生产力分区

依据全国公顷蓄积量分级结果（参见全国报告的表4-12）。西藏公顷蓄积量分级结果见表 23-15。样地归一化蓄积量分级见图 23-10。

表 23-15　西藏公顷蓄积量分级结果　　　　　　　　　　单位：m³/hm²

级别	1 级	6 级	9 级	10 级
公顷蓄积量	≤30	150～180	240～270	≥270

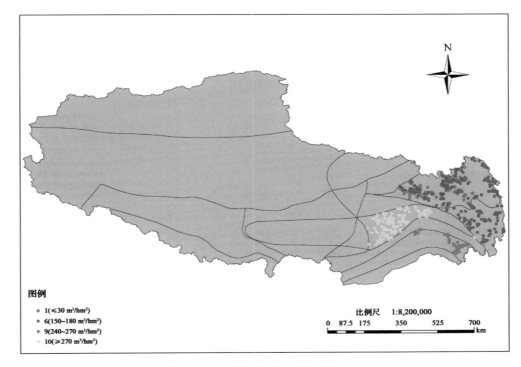

图 23-10　西藏样地归一化蓄积量分级

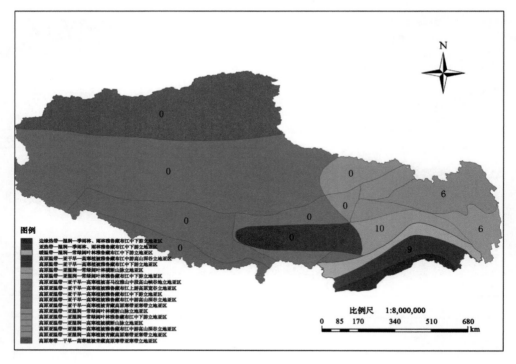

图 23-11　西藏森林生产力分级

注：图中数字表达了该区域森林生产力等级。其中空值并不表示该区的森林生产力等级是 0，而是该森林生产力区划跨省，本省建模样地数未达到建模标准，将在区域或全国森林生产力分区图中赋值；图中森林生产力等级值依据前文中表 23-15 公顷蓄积量分级结果。

23.4.9　初次森林生产力分区及调整说明

23.4.9.1　调整说明

西藏森林生产力分级如图 23-11。

高原温带—亚干旱—高寒植被雅鲁藏布江中下游立地亚区与边缘热带—湿润—季雨林、雨林雅鲁藏布江中下游立地亚区、亚热带—湿润—季雨林、雨林雅鲁藏布江中下游立地亚区、高原温带—亚湿润—常绿阔叶林雅鲁藏布江中下游立地亚区、高原亚温带—亚湿润—常绿阔叶林雅鲁藏布江中下游立地亚区、暖温带—湿润—常绿阔叶林雅鲁藏布江中下游立地亚区、高原亚温带—亚干旱—高寒植被雅鲁藏布江中下游立地亚区合并，命名为高原温带—亚湿润—常绿阔叶林雅鲁藏布江中下游立地亚区；

高原亚温带—亚湿润—高寒植被横断山脉立地亚区和高原亚温带—亚湿润—常绿阔叶林横断山脉立地亚区合并，命名为高原亚温带—亚湿润—常绿阔叶林横断山脉立地亚区。

23.4.9.2 调整后三级区划成果

调整后，森林生产力三级区划成果如图 23-12。

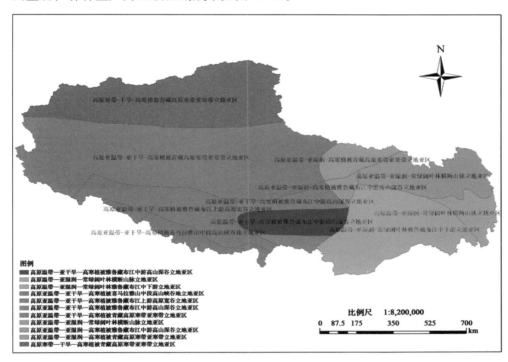

图 23-12 西藏森林生产力三级区划（调整后）

23.4.10 调整后建模树种提取

重新提取高原温带—亚湿润—常绿阔叶林雅鲁藏布江中下游立地亚区和高原亚温带—亚湿润—常绿阔叶林横断山脉立地亚区的树种如表 23-16 和表 23-17。主要树种模型统计如表 23-18，生长模型如图 23-13～图 23-17。

表 23-16 西藏三级区优势树种样地数统计

序号	森林生产力三级区划	优势树种	监测期	起源	样地数
1	高原温带—亚湿润—常绿阔叶林雅鲁藏布江中下游立地亚区	冷杉	第 7 期	天然	134
			第 8 期		140
		云杉	第 7 期	天然	67
			第 8 期		58
		落叶松	第 7 期	天然	1
			第 8 期		2
		华山松	第 7 期	天然	4
			第 8 期		5
		云南松	第 7 期	天然	33
			第 8 期		34
		高山松	第 7 期	天然	62
			第 8 期		60

（续）

序号	森林生产力三级区划	优势树种	监测期	起源	样地数
1	高原温带—亚湿润—常绿阔叶林雅鲁藏布江中下游立地亚区	黄山松	第 7 期	天然	3
			第 8 期		0
		乔松	第 7 期	天然	0
			第 8 期		2
		柏木	第 7 期	天然	19
			第 8 期		20
		紫杉	第 7 期	天然	1
			第 8 期		1
		栎类	第 7 期	天然	5
			第 8 期		37
		青冈栎	第 7 期	天然	23
			第 8 期		0
		桦木	第 7 期	天然	17
			第 8 期		11
		白桦	第 7 期	天然	0
			第 8 期		10
		枫香	第 7 期	天然	1
			第 8 期		0
		其他硬阔	第 7 期	天然	44
			第 8 期		2
		杨树	第 7 期	天然	2
			第 8 期		2
		柳树	第 7 期	天然	1
			第 8 期		1
		其他软阔	第 7 期	天然	22
			第 8 期		4
		针叶混	第 7 期	天然	9
			第 8 期		9
		阔叶混	第 7 期	天然	18
			第 8 期		63
		针阔混	第 7 期	天然	30
			第 8 期		36
2	高原亚温带—亚湿润—常绿阔叶林横断山脉立地亚区	冷杉	第 7 期	天然	1
			第 8 期		1
		云杉	第 7 期	天然	133
			第 8 期		130
		柏木	第 7 期	天然	88
			第 8 期		86
		青冈栎	第 7 期	天然	1
			第 8 期		1

（续）

序号	森林生产力三级区划	优势树种	监测期	起源	样地数
2	高原亚温带—亚湿润—常绿阔叶林横断山脉立地亚区	桦木	第7期	天然	7
			第8期		4
		杨树	第7期	天然	2
			第8期		2
		柳树	第7期	天然	0
			第8期		1
		针叶混	第7期	天然	3
			第8期		9
		阔叶混	第7期	天然	1
			第8期		1
		针阔混	第7期	天然	3
			第8期		5

表 23-17　主要树种建模数据统计

序号	森林生产力三级区划	优势树种	统计量	最小值	最大值	平均值
1	高原温带—亚湿润—常绿阔叶林雅鲁藏布江中下游立地亚区	冷杉	平均年龄	41	240	120
			林木蓄积量	94.0330	988.7106	546.3978
		云杉	平均年龄	15	185	100
			林木蓄积量	16.4918	612.0540	383.2505
		高山松	平均年龄	12	140	58
			林木蓄积量	20.8546	434.8426	242.0509
2	高原亚温带—亚湿润—常绿阔叶林横断山脉立地亚区	云杉	平均年龄	4.1379	541.2144	181.8418
			林木蓄积量	10	310	99
		柏木	平均年龄	15	295	100
			林木蓄积量	0.2549	139.4303	39.1997

表 23-18　主要树种模型统计

序号	森林生产力三级区划	优势树种	模型	生长方程	参数标准差 A	参数标准差 B	参数标准差 k	R^2	TRE /%
1	高原温带—亚湿润—常绿阔叶林雅鲁藏布江中下游立地亚区	冷杉	Logistic 普	$y=881.5181/(1+10.9420e^{-0.0253x})$	73.6904	3.5634	0.0047	0.77	−0.0464
			Logistic 加	$y=842.9870/(1+12.7006e^{-0.0281x})$	77.4253	3.0333	0.0045		−0.0184
		云杉	Logistic 普	$y=591.6581/(1+10.1888e^{-0.0310x})$	62.5648	4.7810	0.0079	0.76	0.2407
			Logistic 加	$y=591.3756/(1+8.9317e^{-0.0297x})$	106.0748	2.3618	0.0074		−0.1033
		高山松	Logistic 普	$y=345.3906/(1+26.2127e^{-0.0927x})$	14.3853	14.6950	0.0156	0.84	−0.1002
			Logistic 加	$y=338.5735/(1+33.6857e^{-0.10181x})$	19.9590	8.2517	0.0104		0.0506
2	高原亚温带—亚湿润—常绿阔叶林横断山脉立地亚区	云杉	Richards 普	$y=593.7884(1-e^{-0.0079x})^{1.8624}$	121.1951	0.4894	0.0031	0.78	−0.1804
			Richards 加	$y=567.1629(1-e^{-0.0087x})^{1.9852}$	168.1006	0.2330	0.0030		−0.0392
		柏木	Logistic 普	$y=104.0265/(1+40.2301e^{-0.0310x})$	10.0026	24.1638	0.0063	0.73	−0.6935
			Logistic 加	$y=84.5321/(1+75.1265e^{-0.0438x})$	12.2527	23.3521	0.0058		2.6452

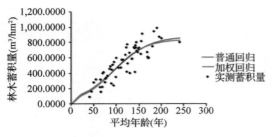

图 23-13 高原温带—亚湿润—常绿阔叶林雅鲁藏布江中下游立地亚区冷杉生长模型（合并后）

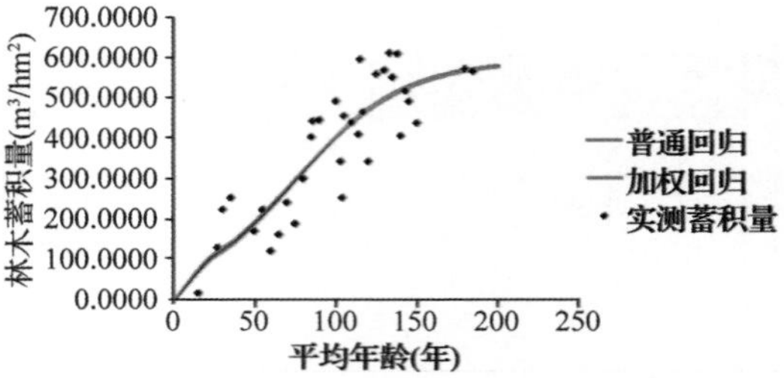

图 23-14 高原温带—亚湿润—常绿阔叶林雅鲁藏布江中下游立地亚区云杉生长模型（合并后）

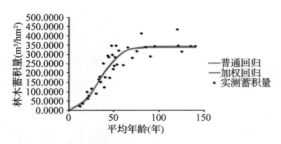

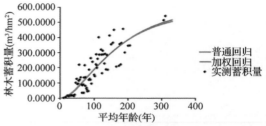

图 23-15 高原温带—亚湿润—常绿阔叶林雅鲁藏布江中下游立地亚区高山松生长模型（合并后）

图 23-16 高原亚温带—亚湿润—常绿阔叶林横断山脉立地亚区云杉生长模型（合并后）

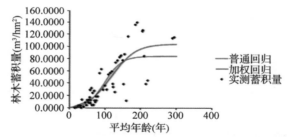

图 23-17 高原亚温带—亚湿润—常绿阔叶林横断山脉立地亚区柏木生长模型（合并后）

合并后，各森林生产力三级区划优势树种生长模型检验如表 23-19。

表 23-19　各森林生产力三级区划优势树种生长模型检验

序号	森林生产力三级区划	优势树种	模型	R^2	SEE	TRE	MSE	MPE
1	高原温带—亚湿润—常绿阔叶林雅鲁藏布江中下游立地亚区	冷杉	Logistic 普	0.77	106.3067	−0.0464	−0.2991	5.0235
			Logistic 加		106.6370	−0.0184	−0.0533	5.0391
		云杉	Logistic 普	0.76	84.1212	0.2407	1.2332	7.6551
			Logistic 加		84.2573	−0.1033	−0.1174	7.6674
		高山松	Logistic 普	0.84	45.5796	−0.1002	−0.9591	6.2760
			Logistic 加		45.8376	0.0506	−0.0468	6.3115
4	高原亚温带—亚湿润—常绿阔叶林横断山脉立地亚区	云杉	Richards 普	0.78	64.9180	−0.1804	−1.7121	8.1684
			Richards 加		64.9427	−0.0392	−0.0186	8.1715
		柏木	Logistic 普	0.73	21.3901	−0.6935	−8.3333	13.9709
			Logistic 加		22.4684	2.6452	−0.6963	14.6751

23.4.11 调整后样地蓄积量归一化

西藏三级区划主要树种成熟林蓄积量见表23-20。

表 23-20 西藏三级区划主要树种成熟林蓄积量

序号	森林生产力三级区划	树种	起源	成熟年龄	成熟林蓄积量 /(m³/hm²)
1	高原温带—亚湿润—常绿阔叶林雅鲁藏布江中下游立地亚区	冷杉	天然	81	365.6553
		云杉	天然	81	327.1339
		高山松	天然	41	223.0308
2	高原温带—亚湿润—常绿阔叶林横断山脉立地亚区	云杉	天然	81	175.0763
3	高原亚温带—亚湿润—常绿阔叶林横断山脉立地亚区	云杉	天然	81	146.6512
		柏木	天然	81	26.6802

23.4.12 调整后森林生产力分区

依据全国公顷蓄积量分级结果(参见全国报告的表4-12)。西藏公顷蓄积量分级结果见表23-21。样地归一化蓄积量分级见图23-18。

表 23-21 西藏公顷蓄积量分级结果　　　　　　　　　单位：m³/hm²

级别	1 级	5 级	6 级	8 级	10 级
公顷蓄积量	≤30	120~150	150~180	210~240	≥270

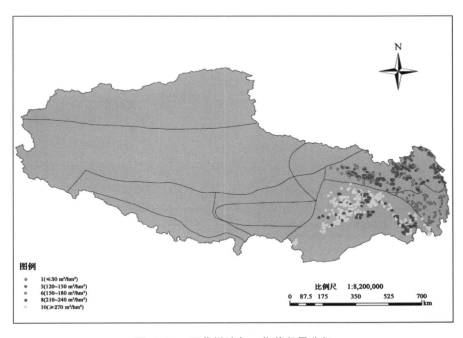

图 23-18 西藏样地归一化蓄积量分级

西藏森林生产力分级如图 23-19。

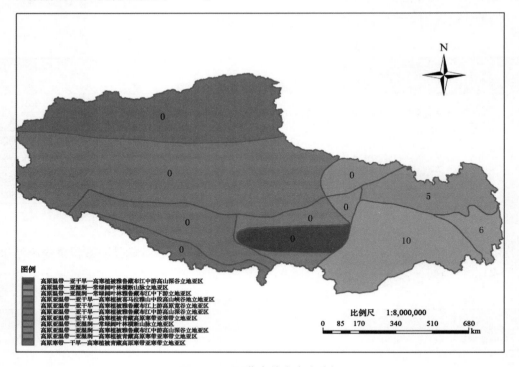

图 23-19　西藏森林生产力分级

注：图中数字表达了该区域森林生产力等级。其中空值并不表示该区的森林生产力等级是 0，而是该森林生产力区划跨省，本省建模样地数未达到建模标准，将在区域或全国森林生产力分区图中赋值；图中森林生产力等级值依据前文中表 23-21 公顷蓄积量分级结果。

24 陕西森林潜在生产力分区成果

24.1 陕西森林生产力一级区划

以我国 1:100 万全国行政区划数据中陕西省界为边界,从全国森林生产力一级区划图中提取陕西森林生产力一级区划,陕西森林生产力一级区划单位为 4 个,如表 24-1 和图 24-1:

表 24-1 森林生产力一级区划

序号	气候带	气候大区	森林生产力一级区划
1	中温带	亚干旱	中温带—亚干旱地区
2		亚湿润	中温带—亚湿润地区
3	北亚热带	湿润	北亚热带—湿润地区
4	暖温带	亚湿润	暖温带—亚湿润地区

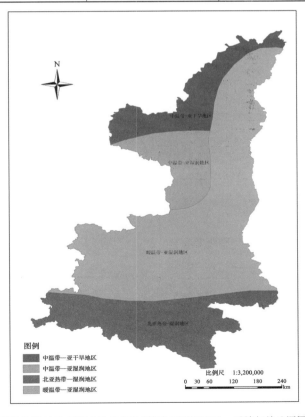

注:本图显示采用 2000 国家大地坐标系(简称 CGCS2000),后续相关地图同该坐标系。

图 24-1 陕西森林生产力一级区划

24.2 陕西森林生产力二级区划

按照陕西省界从全国二级区划中提取陕西的森林生产力二级区划，陕西森林生产力二级区划单位为 4 个，如表 24-2 和图 24-2：

表 24-2 森林生产力二级区划

序号	森林生产力一级区划	森林生产力二级区划
1	中温带—亚干旱地区	中温带—亚干旱—草原
2	中温带—亚湿润地区	中温带—亚湿润—草原
3	北亚热带—湿润地区	北亚热带—湿润—常绿阔叶林
4	暖温带—亚湿润地区	暖温带—亚湿润—落叶阔叶林

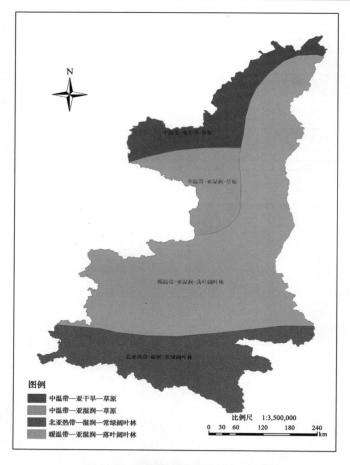

图 24-2 陕西森林生产力二级区划

24.3 陕西森林生产力三级区划

24.3.1 陕西立地区划

根据全国立地区划结果，以陕西 1∶100 万省界为提取框架，提取陕西立地区划结果。需要说明的是，由于陕西省界数据与全国立地区划成果数据精度不一致，导致提取的陕西立地区划数据在省界边缘出现不少细小的破碎斑块。因此，对陕西立地区划数据进行了破碎化斑块处理，根据就近原则，将破碎小斑块就近合并到最近的大斑块中。处理后，得到的陕西立地区划属性数据和矢量图分别如表 24-3 和图 24-3：

表 24-3　陕西立地区划

序号	立地区域	立地区	立地亚区
1	西北温带暖温带立地区域	鄂尔多斯东部沙立地区	鄂尔多斯东部沙立地亚区
2	黄土高原暖温带温带立地区域	汾渭平原立地区	关中晋南盆地立地亚区
3		黄土丘陵立地区	晋陕黄土高原沟壑立地亚区
4			晋陕黄土丘陵沟壑立地亚区
5		陇秦晋山地立地区	吕梁山黄龙山和乔山山地立地亚区
6	南方亚热带立地区域	秦巴山地立地区	大巴山北坡中山立地亚区
7			汉水谷地立地亚区
8			汉中盆地立地亚区
9			秦岭北坡关中山地立地亚区
10			秦岭南坡山地立地亚区

图 24-3　陕西立地区划

24.3.2 陕西三级区划

根据陕西省界从全国森林生产力三级区划中提取陕西森林生产力三级区划。

用陕西省界来提取陕西森林生产力三级区划时边缘出现了破碎的小斑块，为了使省级森林生产力三级区划不至于太破碎，根据就近原则，将破碎小斑块就近合并到最近的大斑块中。

陕西森林生产力三级区划单位为13个，如表24-4和图24-4：

图24-4　陕西森林生产力三级区划

表24-4　森林生产力三级区划

序号	森林生产力 一级区划	森林生产力 二级区划	森林生产力三级区划
1	中温带—亚 干旱地区	中温带—亚 干旱—草原	中温带—亚干旱—草原鄂尔多斯东部沙地立地亚区
2			中温带—亚干旱—草原晋陕黄土丘陵沟壑立地亚区
3	中温带—亚 湿润地区	中温带—亚 湿润—草原	中温带—亚湿润—草原晋陕黄土丘陵沟壑立地亚区
4			中温带—亚湿润—草原吕梁山黄龙山和乔山山地立地亚区

（续）

序号	森林生产力 一级区划	森林生产力 二级区划	森林生产力三级区划
5	北亚热带— 湿润地区	北亚热带—湿润— 常绿阔叶林	北亚热带—湿润—常绿阔叶林大巴山北坡中山立地亚区
6			北亚热带—湿润—常绿阔叶林汉水谷地立地亚区
7			北亚热带—湿润—常绿阔叶林汉中盆地立地亚区
8	暖温带—亚 湿润地区	暖温带—亚湿润— 落叶阔叶林	暖温带—亚湿润—落叶阔叶林关中晋南盆地立地亚区
9			暖温带—亚湿润—落叶阔叶林晋陕黄土高原沟壑立地亚区
10			暖温带—亚湿润—落叶阔叶林晋陕黄土丘陵沟壑立地亚区
11			暖温带—亚湿润—落叶阔叶林秦岭北坡关中山地立地亚区
12			暖温带—亚湿润—落叶阔叶林秦岭南坡山地立地亚区
13			暖温带—亚湿润—落叶阔叶林吕梁山黄龙山和乔山山地立地亚区

24.4 陕西森林生产力量化分级

24.4.1 技术方案

单位面积蓄积量标志着林地生产力的高低及经营措施的效果。本方案在森林生产力三级区划结果基础上，根据已调查的陕西第 7 期、第 8 期一类清查样地数据，提取陕西森林生产力三级区划的样地数据，筛选出两期地类是乔木林地、疏林地的样地，根据森林生产力三级区划的主要树种，建立样地优势树种蓄积量生长模型，并归一该树种到成熟林时单位公顷的蓄积值，以此作为量化样地森林生产力的依据，在森林生产力三级的基础上进行森林植被生产力区划。

24.4.2 样地筛选

24.4.2.1 样地情况

1979 年陕西以全省为总体建立森林资源连续清查体系，采用系统抽样方法，共布设固定样地 6440 个，按优势法确定样地。1986 年陕西开展森林资源清查第 1 次复查，维持上期体系不变。1989 年陕西开展森林资源清查第 2 次复查，维持上期体系不变，在调查中增加了四旁树调查内容。1994 年陕西开展森林资源清查第 3 次复查，对全部固定样地进行了复位。

1999 年在原固定样地的基础上，加密遥感判读样地，布设了一套遥感判读样本，判读样地数量为 102788 个，间距 2 km×1 km。

陕西的样地情况如表 24-5：

表 24-5 陕西样地概况

项目	内容
调查（副）总体	陕西样地
样地调查时间	全国第 7 次清查陕西数据（2004 年） 全国第 8 次清查陕西数据（2009 年）
样地个数	全国第 7 次清查陕西样地 6440 个 全国第 8 次清查陕西样地 6440 个
样地间距	陕西样地间距 4 km×8 km
样地大小	陕西样地 0.08 hm²
样地形状	陕西样地为 28.28 m×28.28 m 的正方形
备注	

24.4.2.2 样地筛选情况

根据陕西划分的森林生产力三级区划,提取每个三级区划的样地数据,对提取的样地数据进行筛选。

筛选的条件如下:

地类为乔木林地或疏林地。剔除地类是红树林、竹林、国家特别规定灌木林地、其他灌木林地、未成林封育地、未成林造林地、苗圃地、采伐迹地、火烧迹地、其他无立木林地、宜林荒山荒地、宜林沙荒地、其他宜林地、耕地、牧草地、水域、未利用地、工矿建设用地、城乡居民建设用地、交通建设用地、其他用地的样地。被剔除的样地或者没有划分起源,或者没有样地平均年龄,或者优势树种是灌木,无法进行以林木蓄积量为因变量,样地平均年龄为自变量的曲线拟合。

表 24-6 详细说明了陕西第 7、8 期样地(分三级区划)及样地筛选情况。

表 24-6　陕西分三级区划样地筛选情况

序号	森林生产力三级区划	监测期	样地总数	筛选样地数	所占比例/%
1	北亚热带—湿润—常绿阔叶林大巴山北坡中山立地亚区	第 7 期	980	412	42.0
		第 8 期	982	471	48.0
2	北亚热带—湿润—常绿阔叶林汉水谷地立地亚区	第 7 期	283	142	50.2
		第 8 期	283	156	55.1
3	北亚热带—湿润—常绿阔叶林汉中盆地立地亚区	第 7 期	85	23	27.1
		第 8 期	86	27	31.4
4	暖温带—亚湿润—落叶阔叶林关中晋南盆地立地亚区	第 7 期	747	89	11.9
		第 8 期	745	102	13.7
5	暖温带—亚湿润—落叶阔叶林晋陕黄土高原沟壑立地亚区	第 7 期	618	78	11.0
		第 8 期	619	107	17.3
6	暖温带—亚湿润—落叶阔叶林晋陕黄土丘陵沟壑立地亚区	第 7 期	845	15	1.8
		第 8 期	846	38	4.5
7	暖温带—亚湿润—落叶阔叶林秦岭北坡关中山地立地亚区	第 7 期	431	275	63.8
		第 8 期	433	287	66.3
8	暖温带—亚湿润—落叶阔叶林秦岭南坡山地立地亚区	第 7 期	787	437	55.5
		第 8 期	783	455	58.1
9	暖温带—亚湿润—落叶阔叶林吕梁山黄龙山和乔山山地立地亚区	第 7 期	251	127	50.6
		第 8 期	249	138	55.4
10	中温带—亚干旱—草原鄂尔多斯东部沙地立地亚区	第 7 期	363	9	2.5
		第 8 期	367	12	3.3
11	中温带—亚干旱—草原晋陕黄土丘陵沟壑立地亚区	第 7 期	330	12	3.6
		第 8 期	330	22	6.7

（续）

序号	森林生产力三级区划	监测期	样地总数	筛选样地数	所占比例/%
12	中温带—亚湿润—草原晋陕黄土丘陵沟壑立地亚区	第7期	352	20	5.7
		第8期	351	24	6.8
13	中温带—亚湿润—草原吕梁山黄龙山和乔山山地立地亚区	第7期	333	211	63.4
		第8期	333	226	67.9

24.4.3　建模树种提取

对筛选出的森林生产力三级区划的乔木林地和疏林地样地数据，分别统计每个优势树种的样地数和样地的起源，为了尽量使每个三级区划都能有森林生产力值，方便森林生产力等级划分，在每个森林生产力三级区内，如果优势树种的建模样地达到50，则建立样本数≥50的优势树种的生长模型；如果优势树种的建模样地均未达到50，则降低建模样本量为30；降低建模标准且合并树种组仍无法达到建模量的，若该区为完整的三级区，则看邻近区内与该区内相似树种的蓄积量，将该邻近区的蓄积量作为该区的归一化蓄积量；若该区是被省界分割的森林生产力三级区的小部分，则暂时空缺，若是被省界分割的森林生产力三级区的大部分，则参照完整的三级区处理。

陕西各三级区划分优势树种样地数统计见表24-7。

表 24-7　陕西各三级区划分优势树种样地数统计

序号	森林生产力三级区划	优势树种	监测期	起源	样地数
1	北亚热带—湿润—常绿阔叶林大巴山北坡中山立地亚区	落叶松	第7期	人工	1
			第8期	人工	1
		油松	第7期	人工	13
			第8期	人工	18
		华山松	第7期	人工	6
			第8期	人工	4
		华山松	第7期	天然	4
			第8期	天然	4
		马尾松	第7期	人工	18
			第8期	人工	17
		马尾松	第7期	天然	18
			第8期	天然	17
		杉木	第7期	天然	6
			第8期	天然	8
		杉木	第7期	人工	7
			第8期	人工	14
		柏木	第7期	天然	10
			第8期	天然	14

（续）

序号	森林生产力三级区划	优势树种	监测期	起源	样地数
1	北亚热带—湿润—常绿阔叶林大巴山北坡中山立地亚区	栎类	第 7 期	天然	146
			第 8 期		165
		辽东栎	第 7 期	天然	0
			第 8 期		6
		桦木	第 7 期	天然	10
			第 8 期		15
		白桦	第 7 期	天然	2
			第 8 期		2
		榆树	第 7 期	天然	1
			第 8 期		4
		其他硬阔	第 7 期	天然	44
			第 8 期		65
		杨树	第 7 期	天然	11
			第 8 期		4
		山杨	第 7 期	天然	0
			第 8 期		6
		柳树	第 7 期	天然	0
			第 8 期		1
		其他软阔	第 7 期	天然	60
			第 8 期		48
		阔叶混	第 7 期	天然	5
			第 8 期		1
		针阔混	第 7 期	天然	3
			第 8 期		2
2	北亚热带—湿润—常绿阔叶林汉水谷地立地亚区	冷杉	第 7 期	人工	1
			第 8 期		1
		油松	第 7 期	人工	4
			第 8 期		5
		华山松	第 7 期	人工	8
			第 8 期		8
		马尾松	第 7 期	天然	3
			第 8 期		3
		杉木	第 7 期	人工	7
			第 8 期		8
		柏木	第 7 期	天然	0
			第 8 期		2
		栎类	第 7 期	天然	31
			第 8 期		58
		桦木	第 7 期	天然	3
			第 8 期		4

（续）

序号	森林生产力三级区划	优势树种	监测期	起源	样地数
2	北亚热带—湿润—常绿阔叶林汉水谷地立地亚区	其他硬阔	第 7 期	天然	37
			第 8 期		26
		柳树	第 7 期	天然	0
			第 8 期		1
		其他软阔	第 7 期	天然	30
			第 8 期		24
		阔叶混	第 7 期	天然	1
			第 8 期		0
3	北亚热带—湿润—常绿阔叶林汉中盆地立地亚区	油松	第 7 期	人工	4
			第 8 期		4
		马尾松	第 7 期	人工	4
			第 8 期		5
		栎类	第 7 期	天然	11
			第 8 期		11
		其他硬阔	第 7 期	人工	0
			第 8 期		1
		杨树	第 7 期	人工	2
			第 8 期		1
		山杨	第 7 期	人工	0
			第 8 期		2
		其他软阔	第 7 期	天然	1
			第 8 期		2
4	暖温带—亚湿润—落叶阔叶林关中晋南盆地立地亚区	冷杉	第 7 期	天然	1
			第 8 期		1
		云杉	第 7 期	人工	0
			第 8 期		1
		油松	第 7 期	人工	1
			第 8 期		2
		华山松	第 7 期	天然	4
			第 8 期		3
		柏木	第 7 期	天然	2
			第 8 期		5
		栎类	第 7 期	天然	25
			第 8 期		20
		辽东栎	第 7 期	天然	0
			第 8 期		6
		桦木	第 7 期	天然	2
			第 8 期		1
		白桦	第 7 期	天然	3
			第 8 期		0

（续）

序号	森林生产力三级区划	优势树种	监测期	起源	样地数
4	暖温带—亚湿润—落叶阔叶林关中晋南盆地立地亚区	榆树	第7期	天然	0
			第8期		2
		其他硬阔	第7期	天然	25
			第8期		19
		其他硬阔	第7期	人工	10
			第8期		12
		椴树	第7期	天然	2
			第8期		4
		杨树	第7期	天然	4
			第8期		10
		山杨	第7期	天然	0
			第8期		1
		柳树	第7期	天然	1
			第8期		3
		泡桐	第7期	人工	0
			第8期		1
		其他软阔	第7期	天然	3
			第8期		2
5	暖温带—亚湿润—落叶阔叶林晋陕黄土高原沟壑立地亚区	油松	第7期	人工	9
			第8期		10
		其他松类	第7期	天然	2
			第8期		2
		柏木	第7期	天然	3
			第8期		5
		栎类	第7期	天然	10
			第8期		1
		辽东栎	第7期	天然	0
			第8期		12
		榆树	第7期	天然	0
			第8期		3
		其他硬阔	第7期	人工	45
			第8期		65
		杨树	第7期	天然	5
			第8期		0
		山杨	第7期	天然	0
			第8期		4
		柳树	第7期	天然	0
			第8期		1
		其他软阔	第7期	天然	3
			第8期		0

（续）

序号	森林生产力三级区划	优势树种	监测期	起源	样地数
5	暖温带—亚湿润—落叶阔叶林晋陕黄土高原沟壑立地亚区	阔叶混	第7期	天然	1
			第8期		0
6	暖温带—亚湿润—落叶阔叶林晋陕黄土丘陵沟壑立地亚区	油松	第7期	人工	1
			第8期		1
		柏木	第7期	天然	1
			第8期		4
		榆树	第7期	人工	1
			第8期		1
		其他硬阔	第7期	人工	8
			第8期		25
		杨树	第7期	人工	3
			第8期		2
		柳树	第7期	人工	1
			第8期		1
7	暖温带—亚湿润—落叶阔叶林秦岭北坡关中山地立地亚区	冷杉	第7期	天然	10
			第8期		10
		铁杉	第7期	天然	3
			第8期		3
		落叶松	第7期	天然	5
			第8期		3
		油松	第7期	天然	24
			第8期		23
		华山松	第7期	天然	10
			第8期		10
		杉木	第7期	天然	0
			第8期		2
		柏木	第7期	天然	2
			第8期		2
		栎类	第7期	天然	69
			第8期		69
		辽东栎	第7期	天然	0
			第8期		8
		桦木	第7期	天然	14
			第8期		19
		白桦	第7期	天然	6
			第8期		6
		榆树	第7期	天然	0
			第8期		3
		其他硬阔	第7期	天然	85
			第8期		70

（续）

序号	森林生产力三级区划	优势树种	监测期	起源	样地数
7	暖温带—亚湿润—落叶阔叶林秦岭北坡关中山地立地亚区	椴树	第7期	天然	1
			第8期		6
		杨树	第7期	天然	9
			第8期		7
		山杨	第7期	天然	0
			第8期		4
		柳树	第7期	天然	0
			第8期		2
		泡桐	第7期	人工	1
			第8期		0
		其他软阔	第7期	天然	20
			第8期		17
		阔叶混	第7期	天然	5
			第8期		5
		针阔混	第7期	天然	3
			第8期		0
8	暖温带—亚湿润—落叶阔叶林秦岭南坡山地立地亚区	云杉	第7期	人工	1
			第8期		d1
		铁杉	第7期	天然	2
			第8期		3
		油松	第7期	人工	26
			第8期		29
		油松	第7期	天然	45
			第8期		48
		华山松	第7期	天然	14
			第8期		10
		马尾松	第7期	天然	4
			第8期		6
		杉木	第7期	天然	0
			第8期		1
		柏木	第7期	天然	2
			第8期		2
		栎类	第7期	天然	129
			第8期		121
		辽东栎	第7期	天然	0
			第8期		13
		桦木	第7期	天然	7
			第8期		7
		白桦	第7期	天然	1
			第8期		2

（续）

序号	森林生产力三级区划	优势树种	监测期	起源	样地数
8	暖温带—亚湿润—落叶阔叶林秦岭南坡山地立地亚区	胡桃楸	第 7 期	天然	1
			第 8 期		1
		榆树	第 7 期	天然	0
			第 8 期		3
		其他硬阔	第 7 期	天然	70
			第 8 期		60
		椴树	第 7 期	天然	2
			第 8 期		5
		杨树	第 7 期	天然	5
			第 8 期		4
		山杨	第 7 期	天然	0
			第 8 期		5
		泡桐	第 7 期	人工	0
			第 8 期		1
		其他软阔	第 7 期	天然	51
			第 8 期		29
		阔叶混	第 7 期	天然	10
			第 8 期		8
		针阔混	第 7 期	天然	4
			第 8 期		1
9	暖温带—亚湿润—落叶阔叶林吕梁山黄龙山和乔山山地立地亚区	油松	第 7 期	天然	21
			第 8 期		22
		柏木	第 7 期	天然	8
			第 8 期		8
		栎类	第 7 期	天然	63
			第 8 期		5
		辽东栎	第 7 期	天然	0
			第 8 期		60
		白桦	第 7 期	天然	5
			第 8 期		5
		榆树	第 7 期	天然	2
			第 8 期		2
		其他硬阔	第 7 期	天然	13
			第 8 期		21
		椴树	第 7 期	天然	0
			第 8 期		1
		杨树	第 7 期	天然	5
			第 8 期		1
		山杨	第 7 期	天然	0
			第 8 期		3

（续）

序号	森林生产力三级区划	优势树种	监测期	起源	样地数
9	暖温带—亚湿润—落叶阔叶林吕梁山黄龙山和乔山山地立地亚区	其他软阔	第7期	天然	5
			第8期		1
		阔叶混	第7期	天然	5
			第8期		4
10	中温带—亚干旱—草原鄂尔多斯东部沙地立地亚区	其他硬阔	第7期	人工	0
			第8期		1
		杨树	第7期	人工	8
			第8期		10
		柳树	第7期	人工	1
			第8期		1
11	中温带—亚干旱—草原晋陕黄土丘陵沟壑立地亚区	其他松类	第7期	人工	0
			第8期		1
		榆树	第7期	人工	1
			第8期		1
		杨树	第7期	人工	10
			第8期		10
		其他硬阔	第7期	人工	0
			第8期		7
		柳树	第7期	人工	
			第8期		1
12	中温带—亚湿润—草原晋陕黄土丘陵沟壑立地亚区	柏木	第7期	天然	0
			第8期		1
		辽东栎	第7期	天然	0
			第8期		3
		栎类	第7期	天然	6
			第8期		0
		桦木	第7期	天然	1
			第8期		0
		榆树	第7期	天然	1
			第8期		1
		其他硬阔	第7期	天然	6
			第8期		16
		杨树	第7期	天然	4
			第8期		1
		柳树	第7期	人工	1
			第8期		1
		其他软阔	第7期	天然	1
			第8期		0
13	中温带—亚湿润—草原吕梁山黄龙山和乔山山地立地亚区	油松	第7期	天然	16
			第8期		12
		柏木	第7期	天然	11
			第8期		11

（续）

序号	森林生产力三级区划	优势树种	监测期	起源	样地数
13	中温带—亚湿润—草原吕梁山黄龙山和乔山山地立地亚区	栎类	第7期	天然	121
			第8期		12
		辽东栎	第7期	天然	0
			第8期		115
		桦木	第7期	天然	2
			第8期		2
		白桦	第7期	天然	9
			第8期		8
		榆树	第7期	天然	2
			第8期		1
		其他硬阔	第7期	天然	31
			第8期		35
		杨树	第7期	天然	11
			第8期		3
		山杨	第7期	天然	0
			第8期		9
		其他软阔	第7期	天然	6
			第8期		2
		阔叶混	第7期	天然	2
			第8期		4
		针阔混	第7期	天然	0
			第8期		5

从表 24-7 中可以筛选陕西森林生产力三级区划的建模树种如表 24-8：

表 24-8　陕西各三级分区主要建模树种及建模数据统计

序号	森林生产力三级区划	优势树种	起源	监测期	总样地数	建模样地数	所占比例/%
1	北亚热带—湿润—常绿阔叶林大巴山北坡中山立地亚区	栎类	天然	第7期	146	267	85.9
				第8期	165		
2	北亚热带—湿润—常绿阔叶林汉水谷立地亚区	栎类	天然	第7期	31	88	98.9
				第8期	58		
3	暖温带—亚湿润—落叶阔叶林关中晋南盆地立地亚区	栎类	天然	第7期	25	51	100
				第8期	26		
4	暖温带—亚湿润—落叶阔叶林晋陕黄土高原沟壑立地亚区	其他硬阔	人工	第7期	45	76	69.1
				第8期	65		
5	暖温带—亚湿润—落叶阔叶林秦岭北坡关中山地立地亚区	栎类	天然	第7期	69	141	96.6
				第8期	69＋8		
		其他硬阔	天然	第7期	85	148	95.5
				第8期	70		

序号	森林生产力三级区划	优势树种	起源	监测期	总样地数	建模样地数	所占比例/%
6	暖温带—亚湿润—落叶阔叶林秦岭南坡山地立地亚区	栎类	天然	第7期	129	259	98.5
				第8期	121 + 13		
		其他硬阔	天然	第7期	70	114	87.7
				第8期	60		
7	暖温带—亚湿润—落叶阔叶林吕梁山黄龙山和乔山山地立地亚区	栎类	天然	第7期	63	128	100
				第8期	5		
		辽东栎	天然	第7期	0		
				第8期	60		
8	中温带—亚湿润—草原吕梁山黄龙山和乔山山地立地亚区	栎类	天然	第7期	121	247	99.6
				第8期	12		
		辽东栎	天然	第7期	0		
				第8期	115		

24.4.4 建模前数据整理和对应

24.4.4.1 对森林采伐等人为干扰情况的处理

在数据的整理过程中，对第7、8期样地号对应，优势树种一致，第8期年龄增加与调查间隔期一致的样地，第8期林木蓄积量加上采伐蓄积量作为第8期的林木蓄积量，第7期的林木蓄积量不变。

24.4.4.2 对优势树种发生变化情况的处理

两期样地对照分析，第8期样地的优势树种发生变化的样地，林木蓄积量仍以第8期的林木蓄积量为准，把该样地作为第8期优势树种的样地，林木蓄积量以第8期调查时为准，不加采伐蓄积量。第7期的处理同第8期。

24.4.4.3 对样地年龄与时间变化不一致情况的处理

对样地第8期的年龄与调查间隔时间变化不一致的样地，则以第8期的样地平均年龄为准，林木蓄积量不与采伐蓄积量相加，仍以第8期的林木蓄积量作为林木蓄积量，第7期的林木蓄积量不发生变化。

24.4.5 建立林分蓄积量生长模型

根据筛选出的优势树种样地数据，以整理后的林木蓄积量作为因变量，以样地的平均年龄作为自变量，剔除异常数据，根据样地数据散点图的总体趋势，选取不同的生长方程拟合曲线。主要树种建模数据统计见表24-9。

表24-9　主要树种建模数据统计

序号	森林生产力三级区划	优势树种	统计量	最小值	最大值	平均值
1	北亚热带—湿润—常绿阔叶林大巴山北坡中山立地亚区	栎类	林木蓄积量	0.7250	220.5750	78.1910
			平均年龄	4	78	35
2	暖温带—亚湿润—落叶阔叶林晋陕黄土高原沟壑立地亚区	其他硬阔	林木蓄积量	0.3500	78.8625	29.9008
			平均年龄	3	42	21

（续）

序号	森林生产力三级区划	优势树种	统计量	最小值	最大值	平均值
3	北亚热带—湿润—常绿阔叶林汉水谷地立地亚区	栎类	林木蓄积量	13.2531	187.5000	83.9884
			平均年龄	12	85	40
4	暖温带—亚湿润—落叶阔叶林关中晋南盆地立地亚区	栎类	林木蓄积量	8.6500	195.3875	109.8153
			平均年龄	9	75	43
5	中温带—亚湿润—草原吕梁山黄龙山和乔山山地立地亚区	栎类	林木蓄积量	9.4125	137.6375	64.8019
			平均年龄	22	96	61
6	暖温带—亚湿润—落叶阔叶林吕梁山黄龙山和乔山山地立地亚区	栎类	林木蓄积量	4.4625	101.1750	62.2716
			平均年龄	21	89	55
7	暖温带—亚湿润—落叶阔叶林秦岭北坡关中山地立地亚区	栎类	林木蓄积量	2.1125	176.0500	82.5854
			平均年龄	6	95	42
		其他硬阔	林木蓄积量	7.0625	168.0625	88.2136
			平均年龄	7	95	44
8	暖温带—亚湿润—落叶阔叶林秦岭南坡山地立地亚区	栎类	林木蓄积量	0.6000	215.5750	94.7764
			平均年龄	4	95	38
		其他硬阔	林木蓄积量	2.0250	182.5000	69.3242
			平均年龄	7	95	39

S 型生长模型能够合理地表示树木或林分的生长过程和趋势，避免了其他模型只在某一生长阶段的拟合精度高，而不能完整体现树木或林分生长趋势的弊端，而本方案的目的是预测林分达到成熟林时的蓄积量，S 型生长模型得到的值在比较合理的范围内。

选取的生长方程如表 24-10：

表 24-10　拟合所用的生长模型

序号	生长模型名称	生长模型公式
1	Richards 模型	$y = A(1 - e^{-kx})^B$
2	单分子模型	$y = A(1 - e^{-kx})$
3	Logistic 模型	$y = A/(1 + Be^{-kx})$
4	Korf 模型	$y = Ae^{-Bx^{-k}}$

其中，y 为样地的林木蓄积量，x 为林分年龄，A 为树木生长的最大值参数，k 为生长速率参数，B 为与初始值有关的参数。

经过数据拟合，得出各模型的参数和拟合优度及总相对误差，选取三级区划各树种的适合拟合方程，整理如表 24-11。生长模型如图 24-5 ~ 图 24-14。

表 24-11　主要树种模型

序号	森林生产力三级区划	优势树种	模型	生长方程	参数标准差			R^2	TRE/%
					A	B	k		
1	北亚热带—湿润—常绿阔叶林大巴山北坡中山立地亚区	栎类	Richards 普	$y = 190.2675(1 - e^{-0.0235x})^{1.3746}$	79.9841	0.6514	0.0218	0.71	−0.6367
			Richards 加	$y = 132.3074(1 - e^{-0.0625x})^{2.7737}$	14.4933	0.5595	0.0144		0.6279

（续）

序号	森林生产力三级区划	优势树种	模型	生长方程	参数标准差			R^2	TRE/%
					A	B	k		
2	暖温带—亚湿润—落叶阔叶林晋陕黄土高原沟壑立地亚区	其他硬阔	Richards 普	$y = 90.2044 \left(1 - e^{-0.0481x}\right)^{2.3150}$	44.8312	1.4036	0.0411	0.82	−0.6250
			Richards 加	$y = 69.7540 \left(1 - e^{-0.0790x}\right)^{3.5557}$	17.7587	0.8387	0.0250		0.1302
3	北亚热带—湿润—常绿阔叶林汉水谷地立地亚区	栎类	Richards 普	$y = 132.1354 \left(1 - e^{-0.0648x}\right)^{3.8059}$	16.0528	2.6617	0.0290	0.60	0.0633
			Richards 加	$y = 131.6594 \left(1 - e^{-0.0650x}\right)^{3.7804}$	17.7649	1.3156	0.0199		−0.0007
4	暖温带—亚湿润—落叶阔叶林关中晋南盆地立地亚区	栎类	Richards 普	$y = 170.9077 \left(1 - e^{-0.0384x}\right)^{1.6799}$	57.5166	1.4152	0.0371	0.66	−0.1955
			Richards 加	$y = 136.2255 \left(1 - e^{-0.0807x}\right)^{3.6924}$	15.9890	1.4861	0.0271		0.4290
5	中温带—亚湿润—草原吕梁山黄龙山和乔山山地立地亚区	栎类	Logistic 普	$y = 94.9904/\left(1 + 23.7206e^{-0.0689x}\right)$	8.6953	17.7961	0.0187	0.63	−0.0472
			Logistic 加	$y = 90.1458/\left(1 + 36.4551e^{-0.0812x}\right)$	7.7127	18.4322	0.0147		0.1097
6	暖温带—亚湿润—落叶阔叶林吕梁山黄龙山和乔山山地立地亚区	栎类	Richards 普	$y = 104.3542 \left(1 - e^{-0.0324x}\right)^{2.6094}$	28.0464	1.9473	0.0220	0.60	−0.0681
			Richards 加	$y = 81.9545 \left(1 - e^{-0.0634x}\right)^{6.5088}$	10.4153	3.8252	0.0212		0.5734
7	暖温带—亚湿润—落叶阔叶林秦岭北坡关中山地立地亚区	栎类	Logistic 普	$y = 120.0080/\left(1 + 52.6038e^{-0.1368x}\right)$	5.8205	42.7374	0.0290	0.80	0.4333
			Logistic 加	$y = 119.1878/\left(1 + 39.1220e^{-0.1296x}\right)$	8.4816	7.5665	0.0127		0.0553
		其他硬阔	Richards 普	$y = 178.9439 \left(1 - e^{-0.0199x}\right)^{1.1775}$	56.0553	0.4786	0.0158	0.71	−0.1531
			Richards 加	$y = 148.5201 \left(1 - e^{-0.0333x}\right)^{1.5901}$	27.5135	0.3956	0.0140		−0.0289
8	暖温带—亚湿润—落叶阔叶林秦岭南坡山地立地亚区	栎类	Logistic 普	$y = 183.1667/\left(1 + 23.2656e^{-0.0897x}\right)$	10.5823	8.8072	0.0129	0.83	−0.0952
			Logistic 加	$y = 170.2967/\left(1 + 29.1090e^{-0.1041x}\right)$	15.0938	5.0092	0.0099		0.3403
		其他硬阔	Richards 普	$y = 163.5156 \left(1 - e^{-0.0310x}\right)^{2.2162}$	50.4099	1.3703	0.0216	0.62	−0.4971
			Richards 加	$y = 141.3140 \left(1 - e^{-0.0454x}\right)^{3.2582}$	35.5139	0.9421	0.0165		−0.0653

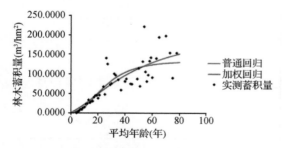

图 24-5　北亚热带—湿润—常绿阔叶林大巴山北坡中山立地亚区栎类生长模型

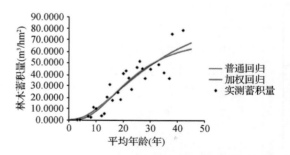

图 24-6　暖温带—亚湿润—落叶阔叶林晋陕黄土高原沟壑立地亚区其他硬阔生长模型

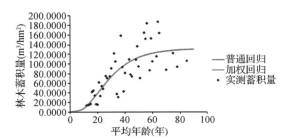

图 24-7　北亚热带—湿润—常绿阔叶林汉水谷地立地亚区栎类生长模型

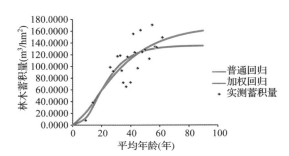

图 24-8　暖温带—亚湿润—落叶阔叶林关中晋南盆地立地亚区栎类生长模型

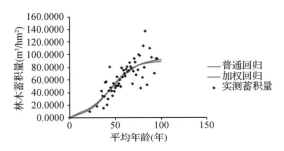

图 24-9　中温带—亚湿润—草原吕梁山黄龙山和乔山山地立地亚区栎类生长模型

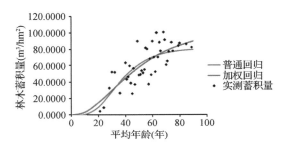

图 24-10　暖温带—亚湿润—落叶阔叶林吕梁山黄龙山和乔山山地立地亚区栎类生长模型

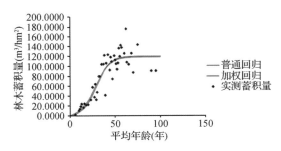

图 24-11　暖温带—亚湿润—落叶阔叶林秦岭北坡关中山地立地亚区栎类生长模型

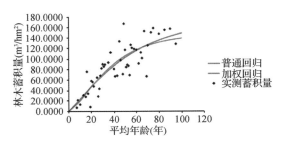

图 24-12　暖温带—亚湿润—落叶阔叶林秦岭北坡关中山地立地亚区其他硬阔生长模型

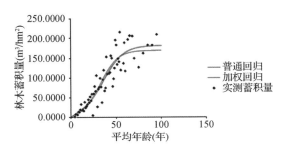

图 24-13　暖温带—亚湿润—落叶阔叶林秦岭南坡山地立地亚区栎类生长模型

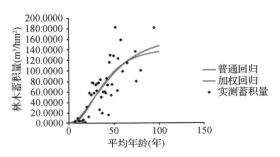

图 24-14　暖温带—亚湿润—落叶阔叶林秦岭南坡山地立地亚区其他硬阔生长模型

24.4.6 生长模型的检验

为了检验普通回归和加权回归生长模型的适用性，采用以下评价指标：确定系数（R^2）、估计值的标准误差（SEE）、总相对误差（TRE）、平均系统误差（MSE）、平均预估误差（MPE）。

$$R^2 = 1 - \sum (y_i - \hat{y}_i)^2 / \sum (y_i - \bar{y}_i)^2$$

$$SEE = \sqrt{\sum (y_i - \hat{y}_i)^2 / (n - k)}$$

$$TRE = \sum (y_i - \hat{y}_i) / \sum \hat{y}_i \times 100$$

$$MSE = \sum (y_i - \hat{y}_i) / \hat{y}_i / n \times 100$$

$$MPE = t_\alpha \cdot (SEE/\bar{y}) / \sqrt{n} \times 100$$

式中，y_i 为实际观测值，$\hat{y}_i$ 为模型预估值，$\bar{y}$ 为样本平均值，n 为样本单元数，k 为参数个数，t_α 为置信水平 α 时的 t 值。在这 6 项指标中，R^2 和 SEE 是回归模型的最常用指标，既反映了模型的拟合优度，也反映了自变量的贡献率和因变量的离差情况；TRE 和 MSE 是反映拟合效果的重要指标，二者应该控制在一定范围内（如 $\pm 3\%$），趋向于 0 时效果最好；MPE 是反映平均蓄积量估计值的精度指标。

各森林生产力三级区划优势树种生长模型检验如表 24-12。

表 24-12　各森林生产力三级区划优势树种生长模型检验

序号	森林生产力三级区划	优势树种	模型	R^2	SEE	TRE	MSE	MPE
1	北亚热带—湿润—常绿阔叶林大巴山北坡中山立地亚区	栎类	Richards 普	0.71	29.9620	-0.6367	-6.9025	11.0115
			Richards 加		30.7676	0.6279	-0.9277	11.3076
2	暖温带—亚湿润—落叶阔叶林晋陕黄土高原沟壑立地亚区	其他硬阔	Richards 普	0.82	9.5789	-0.6250	-8.0820	12.6511
			Richards 加		9.6563	0.1302	0.2284	12.7533
3	北亚热带—湿润—常绿阔叶林汉水谷地立地亚区	栎类	Richards 普	0.60	31.5841	0.0633	0.3386	11.3000
			Richards 加		31.5854	-0.0007	-0.0032	11.3005
4	暖温带—亚湿润—落叶阔叶林关中晋南盆地立地亚区	栎类	Richards 普	0.66	24.2210	-0.1955	-2.0055	9.8545
			Richards 加		25.0257	0.4290	-0.1149	10.1819
5	中温带—亚湿润—草原吕梁山黄龙山和乔山山立地亚区	栎类	Logistic 普	0.63	16.1891	-0.0472	-0.4535	6.7550
			Logistic 加		16.2630	0.1097	0.0039	6.7858
6	暖温带—亚湿润—落叶阔叶林吕梁山黄龙山和乔山山立地亚区	栎类	Richards 普	0.60	15.3009	-0.0681	-0.8231	7.5611
			Richards 加		15.7818	0.5734	-0.0085	7.7987
7	暖温带—亚湿润—落叶阔叶林秦岭北坡关中山立地亚区	栎类	Logistic 普	0.80	20.4054	0.4333	3.9884	7.4246
			Logistic 加		20.4706	0.0553	0.0062	7.4483
		其他硬阔	Richards 普	0.71	23.6233	-0.1531	-1.3308	7.6955
			Richards 加		23.7935	-0.0289	-0.1149	7.7510
8	暖温带—亚湿润—落叶阔叶林秦岭南坡山立地亚区	栎类	Logistic 普	0.83	26.4602	-0.0952	-1.9960	7.0890
			Logistic 加		26.9323	0.3403	-0.1456	7.2154
		其他硬阔	Richards 普	0.62	30.4865	-0.4971	-4.8723	13.5325
			Richards 加		30.6344	-0.0653	0.6967	13.5981

总相对误差（TRE）基本上在 $\pm 3\%$ 以内，平均系统误差（MSE）基本上在 $\pm 5\%$ 以内，表

明模型拟合效果良好。从这一原则出发，加权回归模型的拟合效果要好于普通回归模型；平均预估误差（*MPE*）基本在14%以内，说明蓄积生长模型的平均预估精度达到86%以上。

从参数估计值看，各树种的相应参数的标准差较小，说明模型的稳定性比较好。

24.4.7 样地蓄积量归一化

通过提取的陕西的样地数据，陕西的针叶树种主要是油松，阔叶树种主要是栎类、其他硬阔、其他软阔。

根据《国家森林资源连续清查主要技术规定》确定各树种组的龄组划分和成熟林年龄，见表24-13和表24-14。

表24-13 陕西树种成熟年龄

序号	树种	地区	起源	龄级	成熟林
1	栎类	北方	天然	20	81
			人工	10	51
2	其他硬阔	北方	天然	20	81
			人工	10	51

表24-14 陕西三级区划主要树种成熟林蓄积量

序号	森林生产力三级区划	树种	起源	成熟年龄	成熟林蓄积量/（m³/hm²）
1	北亚热带—湿润—常绿阔叶林大巴山北坡中山立地亚区	栎类	天然	81	130.0029
2	北亚热带—湿润—常绿阔叶林汉水谷地立地亚区	栎类	天然	81	129.1008
3	暖温带—亚湿润—落叶阔叶林关中晋南盆地立地亚区	栎类	天然	81	135.4983
4	暖温带—亚湿润—落叶阔叶林晋陕黄土高原沟壑立地亚区	其他硬阔	人工	51	65.4346
5	暖温带—亚湿润—落叶阔叶林秦岭北坡关中山地立地亚区	栎类	天然	81	119.0594
		其他硬阔	天然	81	132.9187
6	暖温带—亚湿润—落叶阔叶林秦岭南坡山地立地亚区	栎类	天然	81	169.2228
		其他硬阔	天然	81	129.9603
7	暖温带—亚湿润—落叶阔叶林吕梁山黄龙山和乔山山地立地亚区	栎类（412）	天然	81	78.8588
8	中温带—亚湿润—草原吕梁山黄龙山和乔山山地立地亚区	栎类（412）	天然	81	85.7849

24.4.8 陕西森林生产力分区

依据全国公顷蓄积量分级结果（参见全国报告的表4-12）。陕西公顷蓄积量结果如表24-15。样地归一化蓄积量分级如图24-15。

表24-15 陕西公顷蓄积量分级结果 单位：m³/hm²

级别	3级	4级	5级	6级
公顷蓄积量	60～90	90～120	120～150	150～180

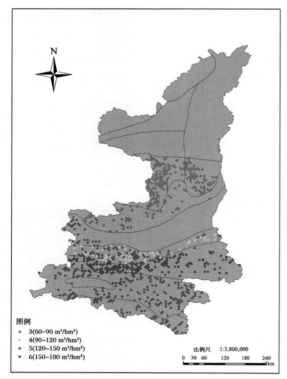

图 24-15 陕西样地归一化蓄积量分级

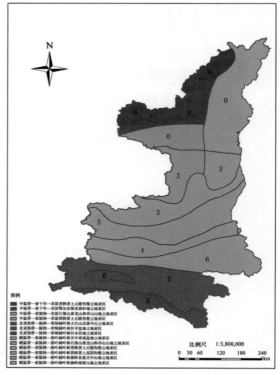

图 24-16 陕西森林生产力分级

注：图中数字表达了该区域森林生产力等级。其中空值并不表示该区的森林生产力等级是 0，而是该森林生产力区划跨省，本省建模样地数未达到建模标准，将在区域或全国森林生产力分区图中赋值；图中森林生产力等级值依据前文中表 24-15 公顷蓄积量分级结果。

陕西森林生产力分级如图 24-16。

25 | 甘肃森林潜在生产力分区成果

25.1 甘肃森林生产力一级区划

以我国 1:100 万全国行政区划数据中甘肃省界为边界，从全国森林生产力一级区划图中提取甘肃森林生产力一级区划，甘肃森林生产力一级区划单位为 9 个，如表 25-1 和图 25-1：

表 25-1 森林生产力一级区划

序号	气候带	气候大区	森林生产力一级区划
1	北亚热带	湿润	北亚热带—湿润地区
2	中温带	干旱	中温带—干旱地区
3		亚干旱	中温带—亚干旱地区
4		亚湿润	中温带—亚湿润地区
5	暖温带	干旱	暖温带—干旱地区
6		亚湿润	暖温带—亚湿润地区
7	高原亚温带	亚干旱	高原亚温带—亚干旱地区
8		亚湿润	高原亚温带—亚湿润地区
9		湿润	高原亚温带—湿润地区

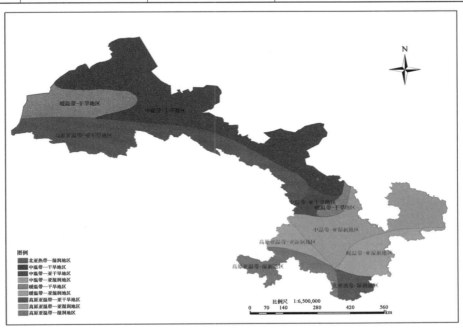

图 25-1 甘肃森林生产力一级区划

注：本图显示采用 2000 国家大地坐标系（简称 CGCS2000），后续相关地图同该坐标系。

25.2 甘肃森林生产力二级区划

按照甘肃省界从全国二级区划中提取甘肃的森林生产力二级区划，甘肃森林生产力二级区划单位为 11 个，如表 25-2 和图 25-2：

表 25-2 森林生产力二级区划

序号	森林生产力一级区划	森林生产力二级区划
1	北亚热带—湿润地区	北亚热带—湿润—常绿阔叶林
2	中温带—干旱地区	中温带—干旱—荒漠
3	中温带—亚干旱地区	中温带—亚干旱—草原
4	中温带—亚湿润地区	中温带—亚湿润—草原
5	暖温带—干旱地区	暖温带—干旱—荒漠
6	暖温带—亚湿润地区	暖温带—亚湿润—落叶阔叶林
7	高原亚温带—亚干旱地区	高原亚温带—亚干旱—荒漠
8	高原亚温带—亚湿润地区	高原亚温带—亚湿润—高寒植被
9	高原亚温带湿润地区	高原亚温带—湿润—高寒植被
10		高原亚温带—湿润—常绿阔叶林

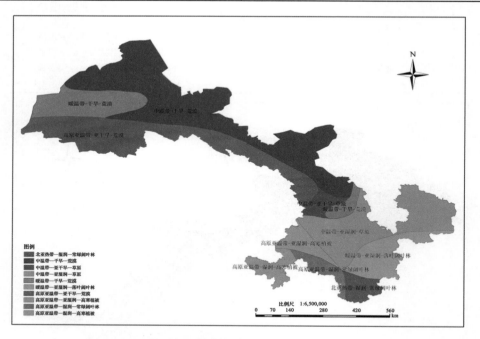

图 25-2 甘肃森林生产力二级区划

25.3 甘肃森林生产力三级区划

25.3.1 甘肃立地区划

根据全国立地区划结果，以甘肃 1∶100 万省界为提取框架，提取甘肃立地区划结果。

需要说明的是，由于甘肃省界数据与全国立地区划成果数据精度不一致，导致提取的甘肃立地区划数据在省界边缘出现不少细小的破碎斑块。因此，对甘肃立地区划数据进行了破碎化斑块处理，根据就近原则，将破碎小斑块就近合并到最近的大斑块中。处理后，得到的甘肃立地区划属性数据和矢量图分别如表 25-3 和图 25-3。

表 25-3　甘肃立地区划

序号	立地区域	立地区	立地亚区
1	黄土高原暖温带温带立地区域	黄土丘陵立地区	六盘山山地丘陵沟壑立地亚区
2			隆中北黄土丘陵谷川盆地立地亚区
3			陇东黄土高原沟壑立地亚区
4			西海固黄土丘陵沟壑立地亚区
5			隆中南黄土丘陵沟壑立地亚区
6		陇秦晋山地立地区	子午岭山地立地亚区
7	南方亚热带立地区域	秦巴山地立地区	陇南山地立地亚区
8	西北温带暖温带立地区域	河西走廊倾斜平原立地区	河西走廊西部倾斜平原立地亚区
9			河西走廊中部倾斜平原立地亚区
10			河西走廊东部倾斜平原立地亚区
11		黄河上游山地立地区	甘南洮河大夏河河谷山原立地亚区
12			黄河河谷山地立地亚区
13		祁连山山地立地区	祁连山西部山地立地亚区
14			祁连山中东部山地立地亚区
15		西北草原荒漠立地区	西北草原荒漠立地亚区
16	西南高山峡谷亚热带立地区域	西南高山峡谷立地区	川西北高山立地亚区

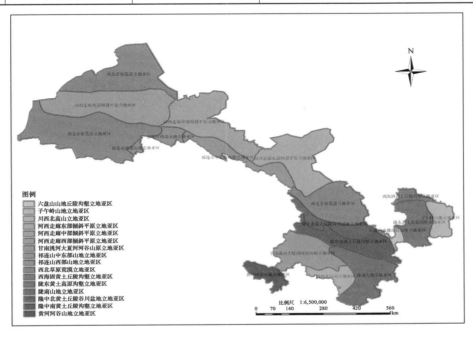

图 25-3　甘肃立地区划

25.3.2 甘肃三级区划

根据甘肃省界从全国森林生产力三级区划中提取甘肃森林生产力三级区划。

用甘肃省界来提取甘肃森林生产力三级区划时边缘出现了破碎的小斑块，为了使省级森林生产力三级区划不至于太破碎，根据就近原则，将破碎小斑块就近合并到最近的大斑块中。

暖温带—干旱—草原西北草原荒漠立地亚区、高原亚温带—亚干旱—荒漠西北草原荒漠立地亚区、中温带—亚干旱—草原西北草原荒漠立地亚区和中温带—干旱—荒漠西北草原荒漠立地亚区合并为中温带—干旱—荒漠西北草原荒漠立地亚区；

暖温带—干旱—荒漠西北草原荒漠立地亚区和中温带—干旱—荒漠西北草原荒漠立地亚区合并，命名为中温带—干旱—荒漠西北草原荒漠立地亚区；

高原亚温带—湿润—高寒植被甘南洮河大夏河河谷山原立地亚区和高原亚温带—湿润—常绿阔叶林甘南洮河大夏河河谷山原立地亚区合并，命名为高原亚温带—湿润—常绿阔叶林甘南洮河大夏河河谷山原立地亚区；

中温带—亚湿润—草原陇中南黄土丘陵沟壑立地亚区和暖温带—亚湿润—落叶阔叶林陇中南黄土丘陵沟壑立地亚区合并，命名为中温带—亚湿润—草原陇中南黄土丘陵沟壑立地亚区；

中温带—亚湿润—草原陇南山地立地亚区和暖温带—亚湿润—落叶阔叶林陇南山地立地亚区合并，命名为暖温带—亚湿润—落叶阔叶林陇南山地立地亚区；

中温带—亚湿润—草原甘南洮河大夏河河谷山原立地亚区和高原亚温带—亚湿润—高寒植被甘南洮河大夏河河谷山原立地亚区合并，命名为高原亚温带—亚湿润—高寒植被甘南洮河大夏河河谷山原立地亚区；

北亚热带—湿润—常绿阔叶林川西北高山立地亚区和高原亚温带—湿润—常绿阔叶林川西北高山立地亚区合并，命名为高原亚温带—湿润—常绿阔叶林川西北高山立地亚区。

甘肃森林生产力三级区划单位为 17 个，如表 25-4 和图 25-4。

表 25-4　森林生产力三级区划

序号	森林生产力一级区划	森林生产力二级区划	森林生产力三级区划
1	北亚热带湿润地区	北亚热带—湿润—常绿阔叶林	北亚热带—湿润—常绿阔叶林陇南山地立地亚区
2	高原亚温带湿润地区	高原亚温带—湿润—常绿阔叶林	高原亚温带—湿润—常绿阔叶林川西北高山立地亚区
3			高原亚温带—湿润—常绿阔叶林甘南洮河大夏河河谷山原立地亚区
4		高原亚温带—湿润—高寒植被	高原亚温带—湿润—高寒植被黄河河谷山地立地亚区
5	高原亚温带亚干旱地区	高原亚温带—亚干旱—荒漠	高原亚温带—亚干旱—荒漠祁连山中东部山地立地亚区
6	高原亚温带亚湿润地区	高原亚温带—亚湿润—高寒植被	高原亚温带—亚湿润—高寒植被甘南洮河大夏河河谷山原立地亚区

（续）

序号	森林生产力一级区划	森林生产力二级区划	森林生产力三级区划
7	暖温带干旱地区	暖温带—干旱—荒漠	暖温带—干旱—荒漠河西走廊西部倾斜平原立地亚区
8	暖温带亚湿润地区	暖温带—亚湿润—落叶阔叶林	暖温带—亚湿润—落叶阔叶林陇南山地立地亚区
9	中温带干旱地区	中温带—干旱—荒漠	中温带—干旱—荒漠河西走廊东部倾斜平原立地亚区
10			中温带—干旱—荒漠河西走廊中部倾斜平原立地亚区
11			中温带—干旱—荒漠西北草原荒漠立地亚区
12	中温带亚干旱地区	中温带—亚干旱—草原	中温带—亚干旱—草原西海固黄土丘陵沟壑立地亚区
13	中温带亚湿润地区	中温带—亚湿润—草原	中温带—亚湿润—草原六盘山山地丘陵沟壑立地亚区
14			中温带—亚湿润—草原隆中北黄土丘陵谷川盆地立地亚区
15			中温带—亚湿润—草原隆中南黄土丘陵沟壑立地亚区
16			中温带—亚湿润—草原陇东黄土高原沟壑立地亚区
17			中温带—亚湿润—草原子午岭山地立地亚区

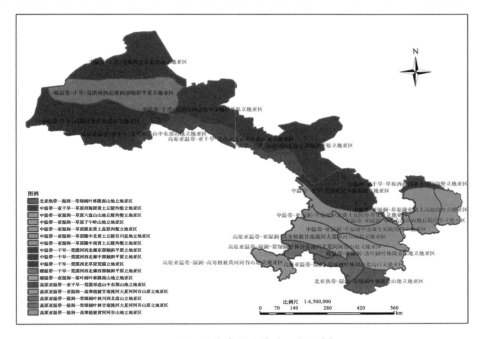

图 25-4 甘肃森林生产力三级区划

25.4 甘肃森林生产力量化分级

25.4.1 技术方案

单位面积蓄积量标志着林地生产力的高低及经营措施的效果。本方案在森林生产力三级区划结果基础上，根据已调查的甘肃第 6 期、第 7 期一类清查样地数据，提取甘肃森林生产力三级区划的样地数据，筛选出两期地类是乔木林地、疏林地的样地，根据森林生产力三级区划的主要树种，建立样地优势树种蓄积量生长模型，并归一该树种到成熟林时单位公顷的蓄积值，以此作为量化样地森林生产力的依据，在森林生产力三级的基础上进行森林生产力区划。

25.4.2 样地筛选

25.4.2.1 样地情况

甘肃1979年建立森林资源连续清查体系，当时只在全省10个天然林区范围内，按照系统抽样原理进行样地布设和调查，划分了两个副总体，其中第一副总体包括白龙江林区和洮河林区；第二副总体包括小陇山、祁连山、子午岭、关山、西秦岭、康南、大夏河、马衔山等天然林区，对于10个天然林区以外范围的资源数据采用以前资料或统计数据。

1988年甘肃开展了森林资源清查第1次复查，维持清查体系不变。1991年甘肃开展森林资源清查第2次复查，本次复查增加了第三副总体，其范围覆盖了原第一、第二副总体及大面积的沙漠、戈壁和草原以外的地区。

2001年开展第4次复查时，按照全覆盖要求，将原来作为统计副总体的大面积沙漠、戈壁、草原纳入到森林资源连续清查体系中，将统计副总体纳入第三副总体，至此，甘肃省森林资源连续清查体系调查范围实现了全省覆盖。

2001年在原固定样地的基础上，加密遥感判读样地，布设了一套遥感判读样本，判读样地数量为142373个，其中，第一副总体16975个，间距1 km×1 km；第二副总体37347个，间距1 km×1 km；第三副总体88051个，2 km×2 km。

甘肃的样地情况如表25-5：

表25-5 甘肃样地概况

项目	内容
调查（副）总体	甘肃样地
样地调查时间	全国第6次清查甘肃数据（2001年） 全国第7次清查甘肃数据（2006年）
样地个数	全国第6次清查甘肃样地17698个 全国第7次清查甘肃样地17700个
样地间距	第一副总体样地间距2 km×3 km 第二副总体样地间距3 km×3 km 第三副总体样地间距4 km×8 km
样地大小	0.08 hm²
样地形状	28.28 m×28.28 m的正方形
备注	

25.4.2.2 样地筛选情况

根据甘肃划分的森林生产力三级区划，提取每个三级区划的样地数据，对提取的样地数据进行筛选。

筛选的条件如下：

地类为乔木林地或疏林地。剔除地类是红树林、竹林、国家特别规定灌木林地、其他灌木林地、未成林封育地、未成林造林地、苗圃地、采伐迹地、火烧迹地、其他无立木林地、宜林荒山荒地、宜林沙荒地、其他宜林地、耕地、牧草地、水域、未利用地、工矿建设用地、城乡居民建设用地、交通建设用地、其他用地的样地。被剔除的样地或者没有划分起源，或者没有样地平均年龄，或者优势树种是灌木，无法进行以林木蓄积量为因变量，样地平均年龄为自变量的曲线拟合。

下表详细说明了甘肃第 6、7 期样地（分三级区划）及样地筛选情况，见表 25-6。

表 25-6　甘肃分三级区划样地筛选情况

序号	森林生产力三级区划	监测期	样地总数	筛选样地数	所占比例/%
1	北亚热带—湿润—常绿阔叶林陇南山地立地亚区	第 6 期	1129	344	30.5
		第 7 期	1122	371	33.1
2	高原亚温带—湿润—常绿阔叶林川西北高山立地亚区	第 6 期	1125	330	29.3
		第 7 期	1152	346	30.0
3	高原亚温带—湿润—常绿阔叶林甘南洮河大夏河河谷山原立地亚区	第 6 期	723	132	18.3
		第 7 期	723	136	18.8
4	高原亚温带—湿润—高寒植被黄河河谷山地立地亚区	第 6 期	283	0	0
		第 7 期	282	0	0
5	高原亚温带—亚干旱—荒漠祁连山中东部山地立地亚区	第 6 期	1232	104	8.4
		第 7 期	1231	103	8.4
6	高原亚温带—亚湿润—高寒植被甘南洮河大夏河河谷山原立地亚区	第 6 期	1485	192	12.9
		第 7 期	1479	199	13.5
7	暖温带—干旱—荒漠河西走廊西部倾斜平原立地亚区	第 6 期	1456	0	0
		第 7 期	1455	0	0
8	暖温带—亚湿润—落叶阔叶林陇南山地立地亚区	第 6 期	1186	402	33.9
		第 7 期	1191	453	38.0
9	中温带—干旱—荒漠河西走廊东部倾斜平原立地亚区	第 6 期	1259	36	2.9
		第 7 期	1256	39	3.1
10	中温带—干旱—荒漠河西走廊中部倾斜平原立地亚区	第 6 期	1156	8	0.7
		第 7 期	1156	9	0.8
11	中温带—干旱—荒漠西北草原荒漠立地亚区	第 6 期	3447	7	0.2
		第 7 期	3442	11	0.3
12	中温带—亚干旱—草原西海固黄土丘陵沟壑立地亚区	第 6 期	139	3	2.2
		第 7 期	139	2	1.4
13	中温带—亚湿润—草原六盘山山地丘陵沟壑立地亚区	第 6 期	141	57	40.4
		第 7 期	138	58	42.0
14	中温带—亚湿润—草原隆中北黄土丘陵谷川盆地立地亚区	第 6 期	507	53	10.5
		第 7 期	503	59	11.7
15	中温带—亚湿润—草原隆中南黄土丘陵沟壑立地亚区	第 6 期	880	135	15.3
		第 7 期	882	150	17.0
16	中温带—亚湿润—草原陇东黄土高原沟壑立地亚区	第 6 期	561	32	5.7
		第 7 期	556	39	7.0
17	中温带—亚湿润—草原子午岭山地立地亚区	第 6 期	712	315	44.2
		第 7 期	721	325	45.1

25.4.3 建模树种提取

对筛选出的森林生产力三级区划的乔木林地和疏林地样地数据，分别统计每个优势树种的样地数和样地的起源。为了尽量使每个三级区划都能有森林生产力值，方便森林生产力等级划分，在每个森林生产力三级区内，如果优势树种的建模样地达到50，则建立样本数≥50的优势树种的生长模型；如果优势树种的建模样地未达到50，则降低建模样本量为30；降低建模标准且合并树种组仍无法达到建模量的，若该区为完整的三级区，则看邻近区内与该区内相似树种的蓄积量，作为该区的归一化蓄积量；若该区是被省界分割的森林生产力三级区的小部分，则暂时空缺，若是被省界分割的森林生产力三级区的大部分，则参照完整的三级区处理。

各三级区划分优势树种样地数统计如表25-7。

表 25-7　甘肃省各三级区划分优势树种样地数统计

序号	森林生产力三级区划	优势树种	监测期	起源	样地数
1	北亚热带—湿润—常绿阔叶林陇南山地立地亚区	冷杉	第 6 期	天然	29
			第 7 期		28
		云杉	第 6 期	天然	20
			第 7 期		20
		落叶松	第 6 期	人工	2
			第 7 期		0
		油松	第 6 期	天然	6
			第 7 期		7
		华山松	第 6 期	天然	32
			第 7 期		34
		柏木	第 6 期	天然	2
			第 7 期		2
		栎类	第 6 期	天然	94
			第 7 期		108
		桦木	第 6 期	天然	28
			第 7 期		31
		白桦	第 6 期	天然	0
			第 7 期		2
		其他硬阔	第 6 期	天然	70
			第 7 期		72
		椴树	第 6 期	天然	1
			第 7 期		1
		杨树	第 6 期	天然	4
			第 7 期		4
		其他软阔	第 6 期	天然	33
			第 7 期		41
		针叶混	第 6 期	天然	0
			第 7 期		1
		阔叶混	第 6 期	天然	15
			第 7 期		8
		针阔混	第 6 期	天然	8
			第 7 期		5

（续）

序号	森林生产力三级区划	优势树种	监测期	起源	样地数
2	高原亚温带—湿润—常绿阔叶林川西北高山立地亚区	冷杉	第6期	天然	121
			第7期		120
		云杉	第6期	人工	31
			第7期		55
		云杉	第6期	天然	41
			第7期		40
		铁杉	第6期	天然	1
			第7期		1
		落叶松	第6期	人工	2
			第7期		2
		油松	第6期	天然	21
			第7期		20
		华山松	第6期	天然	7
			第7期		7
		柏木	第6期	天然	5
			第7期		6
		栎类	第6期	天然	5
			第7期		5
		桦木	第6期	天然	58
			第7期		34
		白桦	第6期	天然	0
			第7期		15
		其他硬阔	第6期	天然	10
			第7期		9
		杨树	第6期	天然	6
			第7期		7
		其他软阔	第6期	天然	10
			第7期		10
		针叶混	第6期	天然	0
			第7期		2
		阔叶混	第6期	天然	2
			第7期		3
		针阔混	第6期	天然	10
			第7期		10
3	高原亚温带—湿润—常绿阔叶林甘南洮河大夏河河谷山原立地亚区	冷杉	第6期	天然	58
			第7期		55
		云杉	第6期	天然	40
			第7期		46
		落叶松	第6期	天然	3
			第7期		3
		油松	第6期	天然	3
			第7期		1

（续）

序号	森林生产力三级区划	优势树种	监测期	起源	样地数
3	高原亚温带—湿润—常绿阔叶林甘南洮河大夏河河谷山原立地亚区	柏木	第6期	天然	13
			第7期		15
		栎类	第6期	天然	1
			第7期		1
		桦木	第6期	天然	12
			第7期		6
		白桦	第6期	天然	0
			第7期		5
		其他硬阔	第6期	天然	2
			第7期		2
		杨树	第6期	天然	1
			第7期		1
		针叶混	第6期	天然	1
			第7期		0
		针阔混	第6期	天然	0
			第7期		1
4	高原亚温带—湿润—高寒植被黄河河谷山地立地亚区	—	—	—	—
			—		—
5	高原亚温带—亚干旱—荒漠祁连山中东部山地立地亚区	云杉	第6期	天然	76
			第7期		75
		柏木	第6期	天然	25
			第7期		23
		桦木	第6期	天然	1
			第7期		2
		杨树	第6期	人工	1
			第7期		1
		针叶混	第6期	天然	0
			第7期		1
		针阔混	第6期	天然	1
			第7期		1
6	高原亚温带—亚湿润—高寒植被甘南洮河大夏河河谷山原立地亚区	冷杉	第6期	天然	56
			第7期		56
		云杉	第6期	天然	44
			第7期		44
		云杉	第6期	人工	11
			第7期		11
		落叶松	第6期	人工	0
			第7期		2
		油松	第6期	天然	4
			第7期		4
		柏木	第6期	天然	5
			第7期		4

（续）

序号	森林生产力三级区划	优势树种	监测期	起源	样地数
6	高原亚温带—亚湿润—高寒植被甘南洮河大夏河河谷山原立地亚区	栎类	第 6 期	天然	1
			第 7 期		1
		桦木	第 6 期	天然	49
			第 7 期		30
		白桦	第 6 期	天然	0
			第 7 期		21
		其他硬阔	第 6 期	天然	1
			第 7 期		1
		杨树	第 6 期	天然	13
			第 7 期		12
		其他软阔	第 6 期	天然	2
			第 7 期		2
		针叶混	第 6 期	天然	2
			第 7 期		2
		阔叶混	第 6 期	天然	0
			第 7 期		1
		针阔混	第 6 期	天然	4
			第 7 期		9
7	暖温带—干旱—荒漠河西走廊西部倾斜平原立地亚区	—	—	—	—
			—		—
8	暖温带—亚湿润—落叶阔叶林陇南山地立地亚区	冷杉	第 6 期	人工	1
			第 7 期		0
		云杉	第 6 期	人工	2
			第 7 期		3
		落叶松	第 6 期	人工	6
			第 7 期		16
		油松	第 6 期	人工	19
			第 7 期		24
		华山松	第 6 期	天然	35
			第 7 期		29
		柏木	第 6 期	天然	8
			第 7 期		7
		栎类	第 6 期	天然	100
			第 7 期		88
		桦木	第 6 期	天然	16
			第 7 期		7
		白桦	第 6 期	天然	0
			第 7 期		4
		其他硬阔	第 6 期	天然	95
			第 7 期		91
		椴树	第 6 期	天然	1
			第 7 期		1

（续）

序号	森林生产力三级区划	优势树种	监测期	起源	样地数
8	暖温带—亚湿润—落叶阔叶林陇南山地立地亚区	杨树	第6期	天然	7
			第7期		5
		泡桐	第6期	人工	0
			第7期		1
		其他软阔	第6期	天然	25
			第7期		20
		针叶混	第6期	人工	1
			第7期		5
		阔叶混	第6期	天然	75
			第7期		115
		针阔混	第6期	天然	11
			第7期		33
9	中温带—干旱—荒漠河西走廊东部倾斜平原立地亚区	云杉	第6期	天然	27
			第7期		29
		柏木	第6期	天然	1
			第7期		2
		榆树	第6期	人工	0
			第7期		3
		其他硬阔	第6期	人工	5
			第7期		2
		杨树	第6期	人工	3
			第7期		3
10	中温带—干旱—荒漠河西走廊中部倾斜平原立地亚区	云杉	第6期	天然	3
			第7期		3
		柏木	第6期	天然	0
			第7期		1
		杨树	第6期	人工	5
			第7期		5
11	中温带—干旱—荒漠西北草原荒漠立地亚区	柏木	第6期	天然	4
			第7期		5
		桦木	第6期	天然	2
			第7期		2
		白桦	第6期	天然	0
			第7期		1
		杨树	第6期	人工	1
			第7期		3
12	中温带—亚干旱—草原西海固黄土丘陵沟壑立地亚区	其他硬阔	第6期	人工	1
			第7期		0
		杨树	第6期	人工	2
			第7期		1

（续）

序号	森林生产力三级区划	优势树种	监测期	起源	样地数
13	中温带—亚湿润—草原六盘山山地丘陵沟壑立地亚区	落叶松	第6期	人工	0
			第7期		2
		油松	第6期	人工	2
			第7期		2
		栎类	第6期	天然	17
			第7期		18
		桦木	第6期	天然	14
			第7期		7
		白桦	第6期	天然	0
			第7期		7
		其他硬阔	第6期	天然	12
			第7期		9
		椴树	第6期	天然	3
			第7期		2
		杨树	第6期	人工	3
			第7期		4
		柳树	第6期	人工	0
			第7期		1
		其他软阔	第6期	天然	4
			第7期		2
		阔叶混	第6期	天然	2
			第7期		4
14	中温带—亚湿润—草原隆中北黄土丘陵谷川盆地立地亚区	云杉	第6期	天然	10
			第7期		11
		落叶松	第6期	天然	1
			第7期		0
		油松	第6期	天然	7
			第7期		6
		栎类	第6期	天然	2
			第7期		2
		桦木	第6期	天然	14
			第7期		14
		白桦	第6期	天然	0
			第7期		3
		榆树	第6期	人工	0
			第7期		1
		其他硬阔	第6期	人工	1
			第7期		2
		杨树	第6期	天然	13
			第7期		13
		柳树	第6期	天然	0
			第7期		2

（续）

序号	森林生产力三级区划	优势树种	监测期	起源	样地数
14	中温带—亚湿润—草原隆中北黄土丘陵谷川盆地立地亚区	其他软阔	第6期	天然	2
			第7期		0
		阔叶混	第6期	天然	1
			第7期		0
		针阔混	第6期	天然	2
			第7期		4
15	中温带—亚湿润—草原隆中南黄土丘陵沟壑立地亚区	落叶松	第6期	人工	2
			第7期		5
		油松	第6期	人工	3
			第7期		2
		华山松	第6期	天然	3
			第7期		4
		柏木	第6期	天然	1
			第7期		1
		栎类	第6期	天然	11
			第7期		17
		桦木	第6期	天然	5
			第7期		2
		白桦	第6期	天然	0
			第7期		4
		榆树	第6期	人工	0
			第7期		1
		其他硬阔	第6期	天然	36
			第7期		37
		杨树	第6期	人工	31
			第7期		19
		柳树	第6期	人工	0
			第7期		2
		其他软阔	第6期	天然	5
			第7期		2
		阔叶混	第6期	天然	36
			第7期		47
		针阔混	第6期	人工	2
			第7期		7
16	中温带—亚湿润—草原陇东黄土高原沟壑立地亚区	栎类	第6期	天然	2
			第7期		3
		其他硬阔	第6期	人工	13
			第7期		20
		杨树	第6期	人工	14
			第7期		11
		柳树	第6期	人工	0
			第7期		1

（续）

序号	森林生产力三级区划	优势树种	监测期	起源	样地数
16	中温带—亚湿润—草原陇东黄土高原沟壑立地亚区	泡桐	第 6 期	人工	0
			第 7 期		1
		其他软阔	第 6 期	人工	1
			第 7 期		1
		阔叶混	第 6 期	天然	2
			第 7 期		1
17	中温带—亚湿润—草原子午岭山地立地亚区	落叶松	第 6 期	人工	2
			第 7 期		1
		油松	第 6 期	人工	20
			第 7 期		16
		柏木	第 6 期	天然	7
			第 7 期		2
		栎类	第 6 期	天然	86
			第 7 期		94
		桦木	第 6 期	天然	5
			第 7 期		3
		榆树	第 6 期	天然	0
			第 7 期		1
		其他硬阔	第 6 期	天然	81
			第 7 期		32
		其他硬阔	第 6 期	人工	17
			第 7 期		16
		杨树	第 6 期	天然	43
			第 7 期		20
		泡桐	第 6 期	人工	1
			第 7 期		1
		其他软阔	第 6 期	天然	23
			第 7 期		14
		针叶混	第 6 期	天然	0
			第 7 期		1
		阔叶混	第 6 期	天然	29
			第 7 期		97
		针阔混	第 6 期	天然	1
			第 7 期		20

从表 25-7 中可以筛选甘肃森林生产力三级区划的建模树种如表 25-8。

表 25-8　甘肃各三级分区主要建模树种及建模数据统计

序号	森林生产力三级区划	优势树种	起源	监测期	总样地数	建模样地数	所占比例/%
1	北亚热带—湿润—常绿阔叶林陇南山地立地亚区	栎类	天然	第6期	94	188	93.1
				第7期	108		
		其他硬阔	天然	第6期	70	132	93.0
				第7期	72		
2	高原亚温带—湿润—常绿阔叶林川西北高山立地亚区	冷杉	天然	第6期	121	234	97.1
				第7期	120		
3	高原亚温带—湿润—常绿阔叶林甘南洮河大夏河河谷山原立地亚区	冷杉	天然	第6期	58	112	99.1
				第7期	55		
4	高原亚温带—亚干旱—荒漠祁连山中东部山地立地亚区	云杉	天然	第6期	76	147	97.4
				第7期	75		
5	高原亚温带—亚湿润—高寒植被甘南洮河大夏河河谷山原立地亚区	冷杉	天然	第6期	56	112	100
				第7期	56		
6	暖温带—亚湿润—落叶阔叶林陇南山地立地亚区	栎类	天然	第6期	100	186	98.9
				第7期	88		
		其他硬阔	天然	第6期	95	166	89.2
				第7期	91		
		阔叶混	天然	第6期	75	181	95.3
				第7期	115		
7	中温带—干旱—荒漠河西走廊东部倾斜平原立地亚区	云杉	天然	第6期	27	55	98.2
				第7期	29		
8	中温带—亚湿润—草原陇中南黄土丘陵沟壑立地亚区	阔叶混	天然	第6期	36	83	100
				第7期	47		
9	中温带—亚湿润—草原子午岭山地立地亚区	栎类	天然	第6期	86	165	91.7
				第7期	94		

25.4.4　建模前数据整理和对应

25.4.4.1　对森林采伐等人为干扰情况的处理

在数据的整理过程中，对第6、7期样地号对应，优势树种一致，第7期年龄增加与调查间隔期一致的样地，第7期林木蓄积量加上采伐蓄积量作为第7期的林木蓄积量，第6期的林木蓄积量不变。

25.4.4.2　对优势树种发生变化情况的处理

两期样地对照分析，第7期样地的优势树种发生变化的样地，林木蓄积量仍以第7期的林木蓄积量为准，把该样地作为第7期优势树种的样地，林木蓄积量以第7期调查时为准，不加采伐蓄积量。第6期的处理同第7期。

25.4.4.3　对样地年龄与时间变化不一致情况的处理

对样地第7期的年龄与调查间隔时间变化不一致的样地，则以第7期的样地平均年龄为准，林木蓄积量不与采伐蓄积量相加，仍以第7期的林木蓄积量作为林木蓄积量，第6期的林木蓄积量不发生变化。

25.4.5　建立林分蓄积量生长模型

根据筛选出的优势树种样地数据，以整理后的林木蓄积量作为因变量，以样地的平均年龄作为自变量，剔除异常数据，根据样地数据散点图的总体趋势，选取不同的生长方程拟合曲线。数据统计如表25-9。

表 25-9　主要树种建模数据统计

序号	森林生产力三级区划	优势树种	统计量	最小值	最大值	平均值
1	中温带—亚湿润—草原子午岭山地立地亚区	栎类	林木蓄积量	6.8625	126.2125	69.4995
			平均年龄	30	112	63
2	中温带—亚湿润—草原隆中南黄土丘陵沟壑立地亚区	阔叶混	林木蓄积量	9.2813	254.5750	122.4613
			平均年龄	18	93	52
3	中温带—干旱—荒漠河西走廊东部倾斜平原立地亚区	云杉	林木蓄积量	2.7125	261.8000	147.6281
			平均年龄	24	133	65
4	暖温带—亚湿润—落叶阔叶林陇南山地立地亚区	栎类	林木蓄积量	7.8375	187.6750	84.8355
			平均年龄	11	103	51
		其他硬阔	林木蓄积量	1.5525	157.3000	75.5110
			平均年龄	4	94	49
		阔叶混	林木蓄积量	8.9125	197.5625	90.7378
			平均年龄	11	86	45
5	高原亚温带—亚湿润—高寒植被甘南洮河大夏河河谷山原立地亚区	冷杉	林木蓄积量	28.6750	457.8250	234.3645
			平均年龄	51	184	110
6	高原亚温带—亚干旱—荒漠祁连山中东部山地立地亚区	云杉	林木蓄积量	31.7250	255.8500	152.4958
			平均年龄	29	183	100
7	高原亚温带—湿润—常绿阔叶林甘南洮河大夏河河谷山原立地亚区	冷杉	林木蓄积量	35.6000	596.3750	281.5671
			平均年龄	75	217	141
8	高原亚温带—湿润—常绿阔叶林川西北高山立地亚区	冷杉	林木蓄积量	1.6750	540.6000	223.4825
			平均年龄	26	203	126
9	北亚热带—湿润—常绿阔叶林陇南山地立地亚区	栎类	林木蓄积量	1.3500	138.1750	72.6591
			平均年龄	4	95	42
		其他硬阔	林木蓄积量	5.5625	195.9000	102.1882
			平均年龄	12	100	45

　　S 型生长模型能够合理地表示树木或林分的生长过程和趋势，避免了其他模型只在某一生长阶段的拟合精度高，而不能完整体现树木或林分生长趋势的弊端，而本方案的目的是预测林分达到成熟林时的蓄积量，S 型生长模型得到的值在比较合理的范围内。

　　选取的生长方程如表25-10。

表 25-10　拟合所用的生长模型

序号	生长模型名称	生长模型公式
1	Richards 模型	$y = A(1 - e^{-kx})^B$
2	单分子模型	$y = A(1 - e^{-kx})$
3	Logistic 模型	$y = A/(1 + Be^{-kx})$
4	Korf 模型	$y = Ae^{-Bx-k}$

其中，y 为样地的林木蓄积量，x 为林分年龄，A 为树木生长的最大值参数，k 为生长速率参数，B 为与初始值有关的参数。

经过数据拟合，得出各模型的参数和拟合优度及总相对误差，选取适合三级区划各树种的拟合方程，整理如表 25-11。生长模型如图 25-5 ~ 图 25-16。

表 25-11　主要树种模型统计

序号	森林生产力三级区划	优势树种	模型	生长方程	参数标准差 A	参数标准差 B	参数标准差 k	R^2	TRE /%
1	中温带—亚湿润—草原子午岭山地立地亚区	栎类	Richards 普	$y = 87.9833(1 - e^{-0.0710x})^{10.2456}$	4.9737	8.4287	0.0211	0.62	-0.1982
			Richards 加	$y = 79.6509(1 - e^{-0.1527x})^{191.5555}$	3.3572	171.4454	0.0263		0.6814
2	中温带—亚湿润—草原隆中南黄土丘陵沟壑立地亚区	阔叶混	Logistic 普	$y = 197.4075/(1 + 34.7655e^{-0.0827x})$	17.6422	26.1633	0.0203	0.68	0.2512
			Logistic 加	$y = 193.4380/(1 + 33.2920e^{-0.0836x})$	22.5974	13.0512	0.0147		0.0332
3	中温带—干旱—荒漠河西走廊东部倾斜平原立地亚区	云杉	Logistic 普	$y = 231.1979/(1 + 30.8436e^{-0.0638x})$	29.8772	29.5222	0.0204	0.63	0.0274
			Logistic 加	$y = 208.6771/(1 + 50.0308e^{-0.0784x})$	28.5552	29.0656	0.0162		0.3650
4	暖温带—亚湿润—落叶阔叶林陇南山地立地亚区	栎类	Richards 普	$y = 198.4370(1 - e^{-0.0173x})^{1.5099}$	83.4348	0.6878	0.0147	0.67	-0.2683
			Richards 加	$y = 142.9818(1 - e^{-0.0367x})^{2.5964}$	21.6680	0.6572	0.0110		0.3222
		其他硬阔	Logistic 普	$y = 119.7785/(1 + 8.3669e^{-0.0568x})$	15.2496	3.8799	0.0167	0.61	-0.0477
			Logistic 加	$y = 104.8600/(1 + 11.4499e^{-0.0769x})$	10.1656	3.2880	0.0137		0.5269
		阔叶混	Logistic 普	$y = 133.4797/(1 + 24.3215e^{-0.0988x})$	9.3078	17.4828	0.0242	0.64	0.0768
			Logistic 加	$y = 131.9393/(1 + 25.2066e^{-0.1015x})$	10.8774	7.0191	0.0142		0.0410
5	高原亚温带—亚湿润—高寒植被甘南洮河大夏河河谷山原立地亚区	冷杉	Logistic 普	$y = 409.4585/(1 + 15.2536e^{-0.0281x})$	60.2646	7.9840	0.0079	0.60	0.1269
			Logistic 加	$y = 406.8621/(1 + 14.3969e^{-0.0277x})$	80.8199	5.3477	0.0076		0.0421
6	高原亚温带—亚干旱—荒漠祁连山中东部山地立地亚区	云杉	Logistic 普	$y = 209.3469/(1 + 15.2989e^{-0.0413x})$	13.0248	9.1401	0.0094	0.63	0.0210
			Logistic 加	$y = 206.4747/(1 + 16.7323e^{-0.0432x})$	14.0657	5.2692	0.0064		-0.0326
7	高原亚温带—湿润—常绿阔叶林甘南洮河大夏河河谷山原立地亚区	冷杉	Richards 普	$y = 570.7057(1 - e^{-0.0150x})^{5.1797}$	172.0820	4.4084	0.0088	0.60	-0.2433
			Richards 加	$y = 395.9295(1 - e^{-0.0359x})^{36.7241}$	39.6504	25.8235	0.0078		0.7192
8	高原亚温带—湿润—常绿阔叶林川西北高山立地亚区	冷杉	Richards 普	$y = 381.8619(1 - e^{-0.0194x})^{4.9728}$	60.2759	3.3006	0.0080	0.64	-0.2490
			Richards 加	$y = 370.8173(1 - e^{-0.0219x})^{6.3310}$	35.9292	0.9714	0.0029		-0.0246

（续）

序号	森林生产力三级区划	优势树种	模型	生长方程	参数标准差			R^2	TRE /%
					A	B	k		
9	北亚热带—湿润—常绿阔叶林陇南山地立地亚区	栎类	Logistic 普	$y = 102.9487/(1 + 18.4124e^{-0.1224x})$	5.9166	14.2125	0.0340	0.65	0.1426
			Logistic 加	$y = 98.6844/(1 + 25.5019e^{-0.1474x})$	10.1923	11.0016	0.0285		0.5027
		其他硬阔	Richards 普	$y = 166.1455 (1 - e^{-0.0403x})^{2.0600}$	28.1247	1.2959	0.0234	0.60	-0.1260
			Richards 加	$y = 161.0004 (1 - e^{-0.0459x})^{2.3904}$	32.9010	1.0734	0.0229		-0.0698

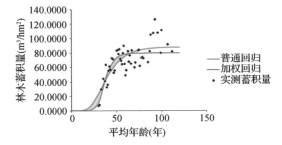

图 25-5　中温带—亚湿润—草原子午岭山地立地亚区栎类生长模型

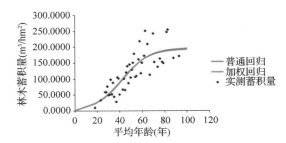

图 25-6　中温带—亚湿润—草原隆中南黄土丘陵沟壑立地亚区阔叶混生长模型

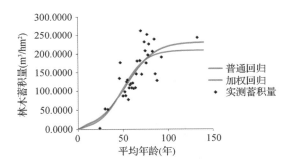

图 25-7　中温带—干旱—荒漠河西走廊东部倾斜平原立地亚区云杉生长模型

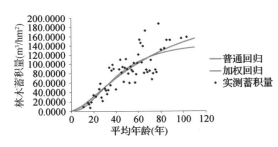

图 25-8　暖温带—亚湿润—落叶阔叶林陇南山地立地亚区栎类生长模型

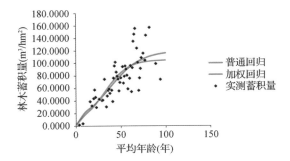

图 25-9　暖温带—亚湿润—落叶阔叶林陇南山地立地亚区其他硬阔生长模型

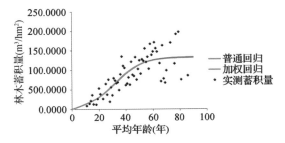

图 25-10　暖温带—亚湿润—落叶阔叶林陇南山地立地亚区阔叶混生长模型

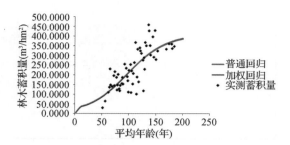

图 25-11　高原亚温带—亚湿润—高寒植被甘南洮河大夏河河谷山原立地亚区冷杉生长模型

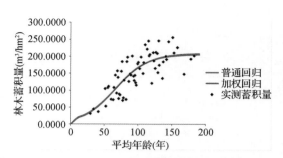

图 25-12　高原亚温带—亚干旱—荒漠祁连山中东部山地立地亚区云杉生长模型

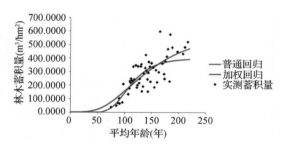

图 25-13　高原亚温带—湿润—常绿阔叶林甘南洮河大夏河河谷山原立地亚区冷杉生长模型

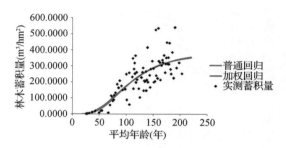

图 25-14　高原亚温带—湿润—常绿阔叶林川西北高山立地亚区冷杉生长模型

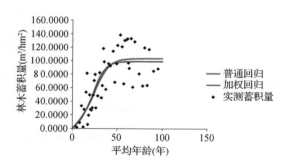

图 25-15　北亚热带—湿润—常绿阔叶林陇南山地立地亚区栎类生长模型

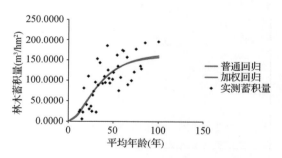

图 25-16　北亚热带—湿润—常绿阔叶林陇南山地立地亚区其他硬阔生长模型

25.4.6　生长模型的检验

为了检验普通回归和加权回归生长模型的适用性，采用以下评价指标：确定系数（R^2）、估计值的标准误差（SEE）、总相对误差（TRE）、平均系统误差（MSE）、平均预估误差（MPE）。

$$R^2 = 1 - \sum (y_i - \hat{y}_i)^2 / \sum (y_i - \bar{y}_i)^2$$

$$SEE = \sqrt{\sum (y_i - \hat{y}_i)^2 / (n - k)}$$

$$TRE = \sum (y_i - \hat{y}_i) / \sum \hat{y}_i \times 100$$

$$MSE = \sum (y_i - \hat{y}_i) / \hat{y}_i / n \times 100$$

$$MPE = t_\alpha \cdot (SEE / \bar{y}) / \sqrt{n} \times 100$$

式中，y_i 为实际观测值，$\hat{y}_i$ 为模型预估值，$\bar{y}$ 为样本平均值，n 为样本单元数，k 为参数个数，t_α 为置信水平 α 时的 t 值。在这 6 项指标中，R^2 和 SEE 是回归模型的最常用指标，既反映了模型的拟合优度，也反映了自变量的贡献率和因变量的离差情况；TRE 和 MSE 是反映拟合效果的重要指标，二者应该控制在一定范围内（如 ± 3% ），趋向于 0 时效果最好；MPE 是反映平均蓄积量估计值的精度指标。

各森林生产力三级区划优势树种生长模型检验如表 25-12。

表 25-12　各森林生产力三级区划优势树种生长模型检验

序号	森林生产力三级区划	优势树种	模型	R^2	SEE	TRE	MSE	MPE
1	中温带—亚湿润—草原子午岭山地立地亚区	栎类	Richards 普	0.62	14.9305	− 0.1982	− 1.3458	6.1082
			Richards 加		15.3140	0.6814	− 0.0181	6.2651
2	中温带—亚湿润—草原隆中南黄土丘陵沟壑立地亚区	阔叶混	Logistic 普	0.68	36.1044	0.2512	0.9625	8.7578
			Logistic 加		36.1558	0.0332	0.0050	8.7702
3	中温带—干旱—荒漠河西走廊东部倾斜平原立地亚区	云杉	Logistic 普	0.63	39.1812	0.0274	− 0.6257	9.1136
			Logistic 加		39.7922	0.3650	− 0.0771	9.2558
4	暖温带—亚湿润—落叶阔叶林陇南山地立地亚区	栎类	Richards 普	0.67	25.2524	− 0.2683	− 2.1352	7.6856
			Richards 加		25.5487	0.3222	0.2795	7.7758
		其他硬阔	Logistic 普	0.61	22.4229	− 0.0477	− 1.0321	8.1074
			Logistic 加		22.8790	0.5269	− 0.2468	8.2723
		阔叶混	Logistic 普	0.64	29.6321	0.0768	0.1813	8.3612
			Logistic 加		29.6432	0.0410	0.0350	8.3643
5	高原亚温带—亚湿润—高寒植被甘南洮河大夏河河谷山原立地亚区	冷杉	Logistic 普	0.60	65.5352	0.1269	0.4106	7.2200
			Logistic 加		65.5537	0.0421	0.0439	7.2220
6	高原亚温带—亚干旱—荒漠祁连山中东部山地立地亚区	云杉	Logistic 普	0.63	34.8572	0.0210	− 0.0273	5.6656
			Logistic 加		34.8782	− 0.0326	− 0.0511	5.6690
7	高原亚温带—湿润—常绿阔叶林甘南洮河大夏河河谷山原立地亚区	冷杉	Richards 普	0.60	83.3338	− 0.2433	− 1.7879	7.9266
			Richards 加		86.2871	0.7192	0.3445	8.2075
8	高原亚温带—湿润—常绿阔叶林川西北高山立地亚区	冷杉	Richards 普	0.64	76.6197	− 0.2490	− 3.8030	7.4063
			Richards 加		76.7035	− 0.0246	0.1945	7.4144
9	北亚热带—湿润—常绿阔叶林陇南山地立地亚区	栎类	Logistic 普	0.65	24.2071	0.1426	− 0.6647	9.4726
			Logistic 加		24.5072	0.5027	− 0.1845	9.5901
		其他硬阔	Richards 普	0.60	34.6083	− 0.1260	− 0.7900	10.6839
			Richards 加		34.6254	− 0.0698	− 0.0774	10.6891

总相对误差(TRE)基本在±3%以内,平均系统误差(MSE)基本在±5%以内,表明模型拟合效果良好。从这一原则出发,加权回归模型的拟合效果要好于普通回归模型;平均预估误差(MPE)基本在10%以内,说明蓄积量生长模型的平均预估精度达到90%以上。

从参数估计值看,各树种的相应参数的标准差较小,说明模型的稳定性比较好。

25.4.7 样地蓄积量归一化

通过提取的甘肃的样地数据,甘肃的针叶树种主要是马尾松、杉木、柏木,阔叶树种主要是栎类。

根据《国家森林资源连续清查主要技术规定》确定各树种组的龄组划分和成熟林年龄,如表25-13和表25-14。

表25-13 甘肃树种成熟年龄

序号	树种	地区	起源	龄级	成熟林
1	冷杉	北方	天然	20	101
			人工	10	41
2	云杉	北方	天然	20	121
			人工	10	81
3	栎类	北方	天然	20	81
			人工	10	51
4	其他硬阔	北方	天然	20	81
			人工	10	51
5	阔叶混	北方	天然	20	81
			人工	10	51

表25-14 甘肃三级区划主要树种成熟林蓄积量

序号	森林生产力三级区划	树种	起源	成熟年龄	成熟林蓄积量/(m^3/hm^2)
1	北亚热带—湿润—常绿阔叶林陇南山地立地亚区	栎类	天然	81	98.6680
		其他硬阔	天然	81	151.8196
2	高原亚温带—湿润—常绿阔叶林川西北高山立地亚区	冷杉	天然	101	178.3199
3	高原亚温带—湿润—常绿阔叶林甘南洮河大夏河河谷山原立地亚区	冷杉	天然	101	147.0253
4	高原亚温带—亚干旱—荒漠祁连山中东部山地立地亚区	云杉	天然	121	189.4902
5	高原亚温带—亚湿润—高寒植被甘南洮河大夏河河谷山原立地亚区	冷杉	天然	101	217.2064
6	暖温带—亚湿润—落叶阔叶林陇南山地立地亚区	栎类	天然	81	124.7059
		其他硬阔	天然	81	102.5008
		阔叶混	天然	81	131.0540

（续）

序号	森林生产力三级区划	树种	起源	成熟年龄	成熟林蓄积量/（m³/hm²）
7	中温带—干旱—荒漠河西走廊东部倾斜平原立地亚区	云杉	天然	121	207.8837
8	中温带—亚湿润—草原陇中南黄土丘陵沟壑立地亚区	阔叶混	天然	81	186.3388
9	中温带—亚湿润—草原子午岭山地立地亚区	栎类	天然	81	79.5860

25.4.8 甘肃森林生产力分区

依据全国公顷蓄积量分级结果（参见全国报告的表4-12）。甘肃公顷蓄积量分级结果见表25-15。样地归一化蓄积量分级见图25-17。

表 25-15 甘肃公顷蓄积量分级结果 单位：m³/hm²

级别	3 级	4 级	5 级	6 级	7 级	8 级
公顷蓄积量	60～90	90～120	120～150	150～180	180～210	210～240

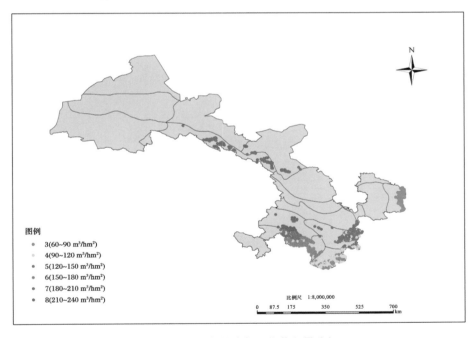

图 25-17 甘肃样地归一化蓄积量分级

甘肃森林生产力分级如图 25-18。

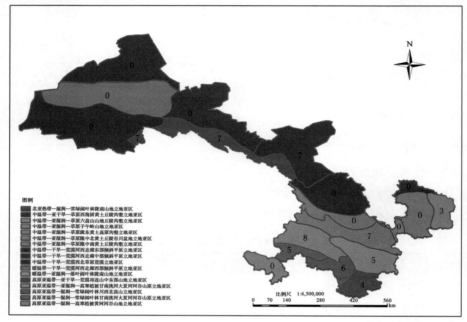

图 25-18 甘肃森林生产力分级

注：图中数字表达了该区域森林生产力等级。其中空值并不表示该区的森林生产力等级是 0，而是该森林生产力区划跨省，本省建模样地数未达到建模标准，将在区域或全国森林生产力分区图中赋值；图中森林生产力等级值依据前文中表 25-15 公顷蓄积量分级结果。

青海森林潜在生产力分区成果

26.1 青海森林生产力一级区划

以我国 1:100 万全国行政区划数据中青海省界为边界，从全国森林生产力一级区划图中提取青海森林生产力一级区划，青海森林生产力一级区划单位为 5 个，如表 26-1 和图 26-1。

表 26-1 森林生产力一级区划

序号	气候带	气候大区	森林生产力一级区划
1	中温带	干旱	中温带—干旱地区
2	高原亚温带	亚干旱	高原亚温带—亚干旱地区
3		亚湿润	高原亚温带—亚湿润地区
4		湿润	高原亚温带—湿润地区
5	高原寒带	干旱	高原寒带—干旱地区

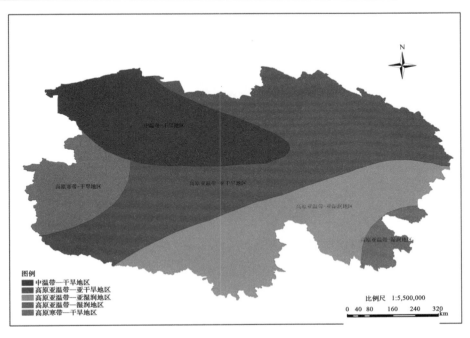

图例
- 中温带—干旱地区
- 高原亚温带—亚干旱地区
- 高原亚温带—亚湿润地区
- 高原亚温带—湿润地区
- 高原寒带—干旱地区

比例尺 1:5,500,000

0 40 80 160 240 320 km

图 26-1 青海森林生产力一级区划

注：本图显示采用 2000 国家大地坐标系(简称 CGCS2000)，后续相关地图同该坐标系。

26.2 青海森林生产力二级区划

按照青海省界从全国二级区划中提取青海的森林生产力二级区划，青海森林生产力二级区划单位为5个，如表26-2和图26-2。

表26-2 森林生产力二级区划标准

序号	森林生产力一级区划	森林生产力二级区划
1	中温带—干旱地区	中温带—干旱—荒漠
2	高原亚温带—亚干旱地区	高原亚温带—亚干旱—高寒植被
3	高原亚温带—亚湿润地区	高原亚温带—亚湿润—高寒植被
4	高原亚温带—湿润地区	高原亚温带—湿润—高寒植被
5	高原寒带—干旱地区	高原寒带—干旱—高寒植被

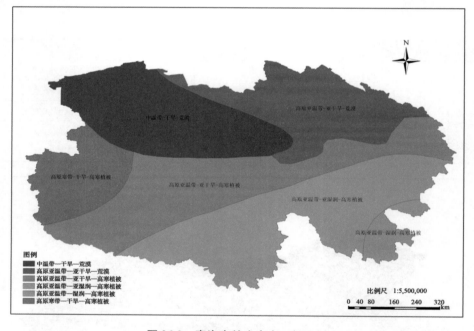

图26-2 青海森林生产力二级区划

26.3 青海森林生产力三级区划

26.3.1 青海立地区划

根据全国立地区划结果，以青海1:100万省界为提取框架，提取青海立地区划结果。需要说明的是，由于青海省界数据与全国立地区划成果数据精度不一致，导致提取的青海立地区划数据在省界边缘出现不少细小的破碎斑块。因此，对青海立地区划数据进行了破碎化斑块处理，根据就近原则，将破碎小斑块就近合并到最近的大斑块中。处理后，得到的青海立地区划属性数据和矢量图分别如表26-3和图26-3：

表 26-3　青海立地区划

序号	立地区域	立地区	立地亚区
1	黄土高原暖温带温带立地区域	黄土丘陵立地区	青海东部黄土丘陵沟壑立地亚区
2	青藏高原寒带亚寒带立地区域	青藏高原寒带亚寒带立地区	青藏高原寒带亚寒带立地亚区
3	西北温带暖温带立地区域	黄河上游山地立地区	黄河河谷山地立地亚区
4			青海共和贵南盆地立地亚区
5			青海隆务河河谷山地立地亚区
6		祁连山山地立地区	祁连山东部大通河河谷山地立地亚区
7			祁连山南部青海湖盆地立地亚区
8			祁连山西部山地立地亚区
9			祁连山中东部山地立地亚区
10		西北草原荒漠立地区	西北草原荒漠立地亚区
11	西南高山峡谷亚热带立地区域	西南高山峡谷立地区	横断山脉立地亚区

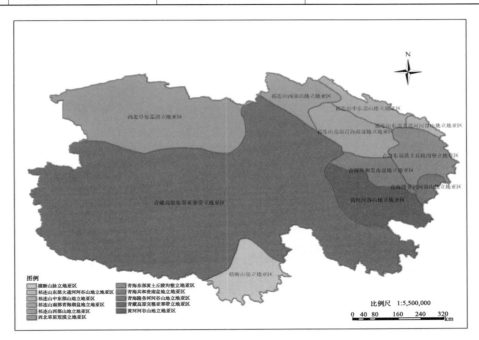

图 26-3　青海立地区划

26.3.2　青海三级区划

根据青海省界从全国森林生产力三级区划中提取青海森林生产力三级区划。

用青海省界来提取青海森林生产力三级区划时边缘出现了破碎的小斑块，为了使省级森林生产力三级区划不至于太破碎，根据就近原则，将破碎小斑块就近合并到最近的大斑块中。

青海森林生产力三级区划单位为 18 个，如表 26-4 和图 26-4：

表 26-4　森林生产力三级区划

序号	森林生产力一级区划	森林生产力二级区划	森林生产力三级区划
1	中温带干旱地区	中温带—干旱—荒漠	中温带—干旱—荒漠青藏高原寒带亚寒带立地亚区
2			中温带—干旱—荒漠西北草原荒漠立地亚区
3	高原亚温带亚干旱地区	高原亚温带—亚干旱—荒漠	高原亚温带—亚干旱—高寒植被青藏高原寒带亚寒带立地亚区
4			高原亚温带—亚干旱—高寒植被青海东部黄土丘陵沟壑立地亚区
5			高原亚温带—亚干旱—荒漠青藏高原寒带亚寒带立地亚区
6			高原亚温带—亚干旱—荒漠祁连山东部大通河河谷山地立地亚区
7			高原亚温带—亚干旱—荒漠祁连山南部青海湖盆地立地亚区
8			高原亚温带—亚干旱—荒漠祁连山西部山地立地亚区
9			高原亚温带—亚干旱—荒漠祁连山中东部山地立地亚区
10			高原亚温带—亚干旱—高寒植被青海共和贵南盆地立地亚区
11	高原亚温带亚湿润地区	高原亚温带—亚湿润—高寒植被	高原亚温带—亚湿润—高寒植被青藏高原寒带亚寒带立地亚区
12			高原亚温带—亚湿润—高寒植被青海共和贵南盆地立地亚区
13			高原亚温带—亚湿润—高寒植被青海隆务河河谷山地立地亚区
14			高原亚温带—亚湿润—高寒植被青海东部黄土丘陵沟壑立地亚区
15			高原亚温带—亚湿润—高寒植被横断山脉立地亚区
16			高原亚温带—亚湿润—高寒植被黄河河谷山地立地亚区
17	高原亚温带湿润地区	高原亚温带—湿润—高寒植被	高原亚温带—湿润—高寒植被青藏高原寒带亚寒带立地亚区
18	高原寒带干旱地区	高原寒带—干旱—高寒植被	高原寒带—干旱—高寒植被青藏高原寒带亚寒带立地亚区

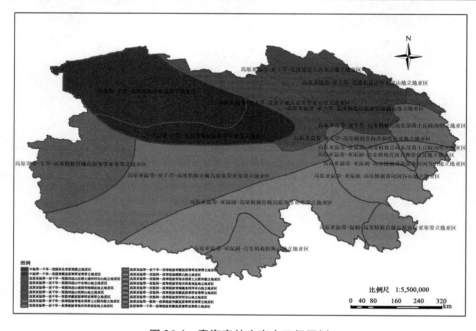

图 26-4　青海森林生产力三级区划

26.4　青海森林生产力量化分级

26.4.1　技术方案

单位面积蓄积量标志着林地生产力的高低及经营措施的效果。本方案在森林生产力三级区划结果基础上，根据已调查的青海第6期、第7期一类清查样地数据，提取青海森林生产力三级区划的样地数据，筛选出两期地类是乔木林地、疏林地的样地，根据森林生产力三级区划的主要树种，建立样地优势树种蓄积量生长模型，并归一该树种到成熟林时单位公顷的蓄积值，以此作为量化样地森林生产力的依据，在森林生产力三级的基础上进行森林植被生产力区划。

26.4.2　样地筛选

26.4.2.1　样地情况

1979年青海以全省为总体建立森林资源连续清查体系，采用系统抽样方法，在有林地和疏林地中共布设固定样地681个，按优势法确定样地。1988年青海开展森林资源清查第1次复查，除对初设样地进行复查外，在人工林和小片天然林区增设了96个固定测定样地。同时对各类土地面积调查分地区采用2种方法进行了调查：在海东地区及西宁市范围内，采用成数抽样方法布设成数样地10180个，用于该地区各类土地面积的估计；省内其他地区用面积勾绘的方法。

1993年青海开展森林资源清查第2次复查，本次复查对森林资源清查体系做了较大调整，将全省东经95°以东地区作为复查总体，在其范围内按2 km×2 km的间距系统布设成数样地，样地形状有3种：在农田林网范围内设置带状样地，以林网宽度确定样带长度；小四旁范围内设置圆形样地，其余为长方形样地。

1998年第3次复查时，在全省划分2个副总体，即将东经95°以东地区作为第一副总体，保持原有样地体系不变，将农田林网范围内的带状样地改为方形样地，将东经95°以西地区作为第二副总体，未布设样地。

2003年青海进行第四次清查对清查体系进一步完善，保持原第一副总体和第二副总体不变，第一副总体原四旁树范围内的圆形样地，一律改为方形样地，面积大小不变，方形样地的西北角为圆形样地的圆心，按优势法确定地类，在第二副总体中按4 km×2 km间距布设方形样地51620个。2个副总体共布设样地128236个。

2003年在原固定样地的基础上，加密遥感判读样地，布设了一套遥感判读样本，判读样地数量为256432个，第一副总体76616个，间距2 km×2 km，第二副总体179816个，间距2 km×2 km。

青海的样地情况如表26-5：

表 26-5　青海样地概况

项目	内容
调查（副）总体	青海样地
样地调查时间	全国第6次清查青海数据（2003年） 全国第7次清查青海数据（2008年）
样地个数	全国第6次清查青海样地128236个 全国第8次清查青海样地128236个

（续）

项目	内容
样地间距	第一副总体样地间距 2 km×2 km 第一副总体样地间距 4 km×2 km
样地大小	青海样地 0.08 hm²
样地形状	青海样地为方形
备注	

26.4.2.2　样地筛选情况

根据青海划分的森林生产力三级区划，提取每个三级区划的样地数据，对提取的样地数据进行筛选。

筛选的条件如下：

地类为乔木林地或疏林地。剔除地类是红树林、竹林、国家特别规定灌木林地、其他灌木林地、未成林封育地、未成林造林地、苗圃地、采伐迹地、火烧迹地、其他无立木林地、宜林荒山荒地、宜林沙荒地、其他宜林地、耕地、牧草地、水域、未利用地、工矿建设用地、城乡居民建设用地、交通建设用地、其他用地的样地。被剔除的样地或者没有划分起源，或者没有样地平均年龄，或者优势树种是灌木，无法进行以林木蓄积量为因变量，样地平均年龄为自变量的曲线拟合。

下表详细说明了青海第 6、7 期样地（分三级区划）及样地筛选情况，见表 26-6。

表 26-6　青海分三级区划样地筛选情况

序号	森林生产力三级区划	监测期	样地总数	筛选样地数	所占比例/%
1	高原寒带—干旱—高寒植被青藏高原寒带亚寒带立地亚区	第 6 期	8534	0	0
		第 7 期	8534	0	0
2	高原亚温带—湿润—高寒植被青藏高原寒带亚寒带立地亚区	第 6 期	4038	79	2.0
		第 7 期	4038	82	2.0
3	高原亚温带—亚干旱—高寒植被青藏高原寒带亚寒带立地亚区	第 6 期	19224	2	0
		第 7 期	19224	2	0
4	高原亚温带—亚干旱—高寒植被青海共和贵南盆地立地亚区	第 6 期	1919	1	0
		第 7 期	1919	2	0
5	高原亚温带—亚干旱—高寒植被青海东部黄土丘陵沟壑立地亚区	第 6 期	5007	279	5.6
		第 7 期	5007	286	5.7
6	高原亚温带—亚干旱—荒漠青藏高原寒带亚寒带立地亚区	第 6 期	8634	78	0.9
		第 7 期	8634	84	1.0
7	高原亚温带—亚干旱—荒漠祁连山东部大通河河谷山地立地亚区	第 6 期	891	64	7.2
		第 7 期	891	64	7.2
8	高原亚温带—亚干旱—荒漠祁连山南部青海湖盆立地亚区	第 6 期	6908	0	0
		第 7 期	6908	0	0
9	高原亚温带—亚干旱—荒漠祁连山西部山地立地亚区	第 6 期	2905	0	0
		第 7 期	2905	0	0
10	高原亚温带—亚干旱—荒漠祁连山中东部山地立地亚区	第 6 期	3808	34	0.9
		第 7 期	3808	34	0.9
11	高原亚温带—亚湿润—高寒植被青藏高原寒带亚寒带立地亚区	第 6 期	19061	15	0
		第 7 期	19061	14	0

（续）

序号	森林生产力三级区划	监测期	样地总数	筛选样地数	所占比例/%
12	高原亚温带—亚湿润—高寒植被黄河河谷山地立地亚区	第6期	9664	103	1.1
		第7期	9664	109	1.1
13	高原亚温带—亚湿润—高寒植被青海共和贵南盆地立地亚区	第6期	1905	8	0.4
		第7期	1905	9	0.5
14	高原亚温带—亚湿润—高寒植被青海隆务河河谷山地立地亚区	第6期	1368	92	6.7
		第7期	1368	97	7.1
15	高原亚温带—亚湿润—高寒植被青海东部黄土丘陵沟壑立地亚区	第6期	1769	48	2.7
		第7期	1769	50	2.8
16	高原亚温带—亚湿润—高寒植被横断山脉立地亚区	第6期	7520	195	2.6
		第7期	7520	197	2.6
17	中温带—干旱—荒漠青藏高原寒带亚寒带立地亚区	第6期	9185	2	0
		第7期	9185	2	0
18	中温带—干旱—荒漠西北草原荒漠立地亚区	第6期	12247	0	0
		第7期	12247	0	0

26.4.3 建模树种提取

对筛选出的森林生产力三级区划的乔木林地和疏林地样地数据，分别统计每个优势树种的样地数和样地的起源，为了尽量使每个三级区划都能有森林生产力值，方便森林生产力等级划分，在每个森林生产力三级区内，如果优势树种的建模样地达到50，则建立样本数≥50的优势树种的生长模型；如果优势树种的建模样地均未达到50，则降低建模样本量为30；降低建模标准且合并树种组仍无法达到建模量的，若该区为完整的三级区，则看邻近区内与该区内相似树种的蓄积量，作为该区的归一化蓄积量；若该区是被省界分割的森林生产力三级区的小部分，则暂时空缺，若是被省界分割的森林生产力三级区的大部分，则参照完整的三级区处理。

各三级区划分优势树种样地数统计见表26-7。

表26-7 青海各三级区划分优势树种样地数统计

序号	森林生产力三级区划	优势树种	监测期	起源	样地数
1	高原寒带—干旱—高寒植被青藏高原寒带亚寒带立地亚区	—	—		—
		—	—		—
2	高原亚温带—湿润—高寒植被青藏高原寒带亚寒带立地亚区	冷杉	第6期	天然	1
			第7期		2
		云杉	第6期	天然	57
			第7期		57
		落叶松	第6期	天然	1
			第7期		1
		柏木	第6期	天然	17
			第7期		19
		桦木	第6期	天然	3
			第7期		0
		白桦	第6期	天然	0
			第7期		3

（续）

序号	森林生产力三级区划	优势树种	监测期	起源	样地数
3	高原亚温带—亚干旱—高寒植被青藏高原寒带亚寒带立地亚区	柏木	第6期	天然	2
			第7期		2
4	高原亚温带—亚干旱—高寒植被青海共和贵南盆地立地亚区	榆树	第6期	人工	0
			第7期		1
		杨树	第6期	人工	1
			第7期		1
5	高原亚温带—亚干旱—高寒植被青海东部黄土丘陵沟壑立地亚区	云杉	第6期	人工	8
			第7期		14
		云杉	第6期	天然	47
			第7期		48
		落叶松	第6期	人工	2
			第7期		3
		油松	第6期	天然	8
			第7期		7
		柏木	第6期	天然	28
			第7期		28
		桦木	第6期	天然	106
			第7期		73
		白桦	第6期	天然	0
			第7期		39
		榆树	第6期	人工	0
			第7期		5
		其他硬阔	第6期	人工	1
			第7期		0
		杨树	第6期	天然	16
			第7期		14
		杨树	第6期	人工	63
			第7期		55
6	高原亚温带—亚干旱—荒漠青藏高原寒带亚寒带立地亚区	云杉	第6期	天然	7
			第7期		7
		柏木	第6期	天然	66
			第7期		72
		杨树	第6期	人工	5
			第7期		5
7	高原亚温带—亚干旱—荒漠祁连山东部大通河河谷山地立地亚区	云杉	第6期	天然	12
			第7期		12
		油松	第6期	天然	1
			第7期		1
		柏木	第6期	天然	38
			第7期		38
		桦木	第6期	天然	10
			第7期		9

（续）

序号	森林生产力三级区划	优势树种	监测期	起源	样地数
7	高原亚温带—亚干旱—荒漠祁连山东部大通河河谷山地立地亚区	白桦	第6期	天然	0
			第7期		2
		杨树	第6期	天然	3
			第7期		2
8	高原亚温带—亚干旱—荒漠祁连山南部青海湖盆地立地亚区	—	—	—	—
			—	—	—
9	高原亚温带—亚干旱—荒漠祁连山西部山地立地亚区	—	—	—	—
			—	—	—
10	高原亚温带—亚干旱—荒漠祁连山中东部山地立地亚区	云杉	第6期	天然	28
			第7期		28
		柏木	第6期	天然	3
			第7期		3
		杨树	第6期	天然	3
			第7期		3
11	高原亚温带—亚湿润—高寒植被青藏高原寒带亚寒带立地亚区	柏木	第6期	天然	15
			第7期		14
12	高原亚温带—亚湿润—高寒植被黄河河谷山地立地亚区	云杉	第6期	天然	20
			第7期		21
		柏木	第6期	天然	70
			第7期		75
		桦木	第6期	天然	13
			第7期		1
		白桦	第6期	天然	0
			第7期		11
		杨树	第6期	人工	0
			第7期		1
13	高原亚温带—亚湿润—高寒植被青海共和贵南盆地立地亚区	云杉	第6期	天然	3
			第7期		3
		柏木	第6期	天然	2
			第7期		2
		桦木	第6期	天然	1
			第7期		1
		杨树	第6期	人工	2
			第7期		3
14	高原亚温带—亚湿润—高寒植被青海隆务河河谷山地立地亚区	云杉	第6期	天然	42
			第7期		42
		油松	第6期	天然	2
			第7期		2
		柏木	第6期	天然	32
			第7期		38
		桦木	第6期	天然	9
			第7期		5

（续）

序号	森林生产力三级区划	优势树种	监测期	起源	样地数
14	高原亚温带—亚湿润—高寒植被青海隆务河河谷山地立地亚区	白桦	第6期	天然	0
			第7期		4
		杨树	第6期	天然	7
			第7期		6
15	高原亚温带—亚湿润—高寒植被青海东部黄土丘陵沟壑立地亚区	云杉	第6期	天然	15
			第7期		11
		油松	第6期	天然	3
			第7期		3
		柏木	第6期	天然	0
			第7期		2
		栎类	第6期	天然	1
			第7期		1
		桦木	第6期	天然	8
			第7期		5
		白桦	第6期	天然	0
			第7期		6
		杨树	第6期	人工	12
			第7期		13
		杨树	第6期	天然	7
			第7期		8
		柳树	第6期	天然	0
			第7期		1
		其他软阔	第6期	天然	2
			第7期		0
16	高原亚温带—亚湿润—高寒植被横断山脉立地亚区	云杉	第6期	天然	52
			第7期		52
		柏木	第6期	天然	141
			第7期		143
		桦木	第6期	天然	2
			第7期		1
		白桦	第6期	天然	0
			第7期		1
17	中温带—干旱—荒漠青藏高原寒带亚寒带立地亚区	杨树	第6期	人工	2
			第7期		2
18	中温带—干旱—荒漠西北草原荒漠立地亚区	—	—	—	—
			—	—	—

从表 26-7 中可以筛选青海森林生产力三级区划的建模树种如表 26-8：

表 26-8　青海各三级分区主要建模树种及建模数据统计

序号	森林生产力三级区划	优势树种	起源	监测期	总样地数	建模样地数	所占比例/%
1	高原亚温带—湿润—高寒植被青藏高原寒带亚寒带立地亚区	云杉	天然	第 6 期	57	107	93.9
				第 7 期	57		
2	高原亚温带—亚干旱—高寒植被青海东部黄土丘陵沟壑立地亚区	桦木	天然	第 6 期	106	176	98.3
				第 7 期	73		
		杨树	人工	第 6 期	63	116	98.3
				第 7 期	55		
3	高原亚温带—亚干旱—荒漠青藏高原寒带亚寒带立地亚区	柏木	天然	第 6 期	66	137	99.3
				第 7 期	72		
4	高原亚温带—亚干旱—荒漠祁连山东部大通河河谷山地立地亚区	柏木	天然	第 6 期	38	76	100
				第 7 期	38		
5	高原亚温带—亚干旱—荒漠祁连山中东部山地立地亚区	云杉	天然	第 6 期	28	56	100
				第 7 期	28		
6	高原亚温带—亚湿润—高寒植被黄河河谷山地立地亚区	柏木	天然	第 6 期	70	145	100
				第 7 期	75		
7	高原亚温带—亚湿润—高寒植被青海隆务河河谷山地立地亚区	云杉	天然	第 6 期	42	84	100
				第 7 期	42		
8	高原亚温带—亚湿润—高寒植被横断山脉立地亚区	云杉	天然	第 6 期	52	101	97.1
				第 7 期	52		
		柏木	天然	第 6 期	141	268	94.4
				第 7 期	143		

26.4.4　建模前数据整理和对应

26.4.4.1　对森林采伐等人为干扰情况的处理

在数据的整理过程中，对第 6、7 期样地号对应，优势树种一致，第 7 期年龄增加与调查间隔期一致的样地，第 7 期林木蓄积量加上采伐蓄积量作为第 7 期的林木蓄积量，第 6 期的林木蓄积量不变。

26.4.4.2　对优势树种发生变化情况的处理

两期样地对照分析，第 7 期样地的优势树种发生变化的样地，林木蓄积量仍以第 7 期的林木蓄积量为准，把该样地作为第 7 期优势树种的样地，林木蓄积量以第 7 期调查时为准，不加采伐蓄积量。第 6 期的处理同第 7 期。

26.4.4.3　对样地年龄与时间变化不一致情况的处理

对样地第 7 期的年龄与调查间隔时间变化不一致的样地，则以第 7 期的样地平均年龄为准，林木蓄积量不与采伐蓄积量相加，仍以第 7 期的林木蓄积量作为林木蓄积量，第 6 期的林木蓄积量不发生变化。

26.4.5　建立林分蓄积量生长模型

根据筛选出的优势树种样地数据，以整理后的林木蓄积量作为因变量，以样地的平均年龄作为自变量，剔除异常数据，根据样地数据散点图的总体趋势，选取不同的生长方程拟合曲线。数据统计见表 26-9。

表 26-9　主要树种建模数据统计

序号	森林生产力三级区划	优势树种	统计量	最小值	最大值	平均值
1	高原亚温带—湿润—高寒植被青藏高原寒带亚寒带立地亚区	云杉	林木蓄积量	13.3875	508.2125	224.2933
			平均年龄	32	260	107
2	高原亚温带—亚干旱—高寒植被青海东部黄土丘陵沟壑立地亚区	桦木	林木蓄积量	8.7500	105.2125	66.4534
			平均年龄	10	112	58
		杨树	林木蓄积量	2.0625	83.0000	43.3187
			平均年龄	6	32	18
3	高原亚温带—亚干旱—荒漠祁连山东部大通河河谷山地立地亚区	柏木	林木蓄积量	2.2250	124.1125	61.4287
			平均年龄	52	229	125
4	高原亚温带—亚干旱—荒漠祁连山中东部山地立地亚区	云杉	林木蓄积量	55.6375	259.8375	174.2645
			平均年龄	72	233	158
5	高原亚温带—亚干旱—荒漠青藏高原寒带亚寒带立地亚区	柏木	林木蓄积量	7.8875	82.5438	36.4982
			平均年龄	183	485	300
6	高原亚温带—亚湿润—高寒植被横断山脉立地亚区	云杉	林木蓄积量	1.2125	478.6250	218.8691
			平均年龄	30	329	156
		柏木	林木蓄积量	0.3000	107.0875	37.8898
			平均年龄	35	404	171
7	高原亚温带—亚湿润—高寒植被黄河河谷山地立地亚区	柏木	林木蓄积量	2.8125	234.6625	103.1617
			平均年龄	54	390	228
8	高原亚温带—亚湿润—高寒植被青海隆务河河谷山地立地亚区	云杉	林木蓄积量	11.3125	272.5500	110.4081
			平均年龄	31	118	71

　　S 型生长模型能够合理地表示树木或林分的生长过程和趋势，避免了其他模型只在某一生长阶段的拟合精度高，而不能完整体现树木或林分生长趋势的弊端，而本方案的目的是预测林分达到成熟林时的蓄积量，S 型生长模型得到的值在比较合理的范围内。

　　选取的生长方程如表 26-10：

表 26-10　拟合所用的生长模型

序号	生长模型名称	生长模型公式
1	Richards 模型	$y = A(1 - e^{-kx})^{B}$
2	单分子模型	$y = A(1 - e^{-kx})$
3	Logistic 模型	$y = A/(1 + Be^{-kx})$
4	Korf 模型	$y = Ae^{-Bx-k}$

　　其中，y 为样地的林木蓄积量，x 为林分年龄，A 为树木生长的最大值参数，k 为生长速率参数，B 为与初始值有关的参数。

　　经过数据拟合，得出各模型的参数和拟合优度及总相对误差，选取三级区划各树种的适合拟合方程，整理如表 26-11。生长模型如图 26-5 ~ 图 26-14。

表 26-11　主要树种模型

序号	森林生产力三级区划	优势树种	模型	生长方程	参数标准差 A	参数标准差 B	参数标准差 k	R^2	TRE /%
1	高原亚温带—湿润—高寒植被青藏高原寒带亚寒带立地亚区	云杉	Richards 普	$y = 549.8405(1 - e^{-0.0078x})^{1.4810}$	207.0923	0.6353	0.0061	0.61	-0.4265
			Richards 加	$y = 341.9865(1 - e^{-0.0261x})^{4.3073}$	48.8314	1.9851	0.0091		0.9242
2	高原亚温带—亚干旱—高寒植被青海东部黄土丘陵沟壑立地亚区	桦木	Richards 普	$y = 110.7380(1 - e^{-0.0165x})^{0.9476}$	25.7364	0.3792	0.0123	0.65	-0.1350
			Richards 加	$y = 86.4479(1 - e^{-0.0416x})^{1.8843}$	7.1649	0.4946	0.0114		0.2164
		杨树	Richards 普	$y = 68.8130(1 - e^{-0.1683x})^{6.4528}$	7.9165	5.0834	0.0670	0.78	-0.2221
			Richards 加	$y = 67.0093(1 - e^{-0.1888x})^{8.1468}$	7.1836	2.4647	0.0369		0.0261
3	高原亚温带—亚干旱—荒漠祁连山东部大通河河谷山地立地亚区	柏木	Richards 普	$y = 95.1418(1 - e^{-0.0287x})^{10.6395}$	11.5995	9.1551	0.0104	0.62	-0.2076
			Richards 加	$y = 92.7208(1 - e^{-0.0318x})^{13.7553}$	14.0603	8.0543	0.0093		-0.0061
4	高原亚温带—亚干旱—荒漠祁连山中东部山地立地亚区	云杉	Logistic 普	$y = 246.8696/(1 + 12.2187e^{-0.0223x})$	30.3815	8.8554	0.0076	0.60	-0.0029
			Logistic 加	$y = 239.3059/(1 + 14.3880e^{-0.0243x})$	28.0282	7.5709	0.0064		-0.1343
5	高原亚温带—亚干旱—荒漠青藏高原寒带亚寒带立地亚区	柏木	Logistic 普	$y = 85.5927/(1 + 67.1598e^{-0.0130x})$	12.6128	43.2836	0.0029	0.71	-0.0197
			Logistic 加	$y = 78.5976/(1 + 90.1535e^{-0.0146x})$	16.9256	53.8192	0.0031		0.6684
6	高原亚温带—亚湿润—高寒植被横断山脉立地亚区	云杉	Richards 普	$y = 566.5699(1 - e^{-0.0052x})^{1.5236}$	214.6812	0.6442	0.0040	0.71	-0.2264
			Richards 加	$y = 348.8368(1 - e^{-0.0160x})^{3.9529}$	42.2682	1.2588	0.0040		0.6547
		柏木	Richards 普	$y = 66.3866(1 - e^{-0.0163x})^{5.8081}$	5.9707	3.7866	0.0053	0.61	-0.4162
			Richards 加	$y = 66.3343(1 - e^{-0.0178x})^{7.2584}$	6.2200	1.2196	0.0022		-0.2692
7	高原亚温带—亚湿润—高寒植被黄河河谷山地立地亚区	柏木	Richards 普	$y = 255.9729(1 - e^{-0.0038x})^{1.6120}$	129.8977	0.7631	0.0035	0.61	-0.0547
			Richards 加	$y = 182.6162(1 - e^{-0.0073x})^{2.3889}$	35.0590	0.5960	0.0025		0.7800
8	高原亚温带—亚湿润—高寒植被青海隆务河河谷山地立地亚区	云杉	Logistic 普	$y = 213.4445/(1 + 24.0245e^{-0.0465x})$	38.8707	15.5723	0.0141	0.61	-0.0744
			Logistic 加	$y = 200.3542/(1 + 28.4664e^{-0.0515x})$	50.6153	14.4485	0.0151		-0.2137

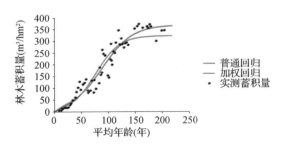

图 26-5　高原亚温带—湿润—高寒植被青藏高原寒带亚寒带立地亚区云杉生长模型

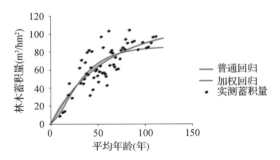

图 26-6　高原亚温带—亚干旱—高寒植被青海东部黄土丘陵沟壑立地亚区桦木生长模型

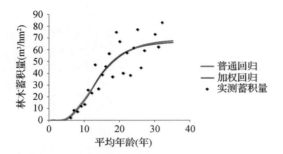

图 26-7　高原亚温带—亚干旱—高寒植被青海东部黄土丘陵沟壑立地亚区杨树生长模型

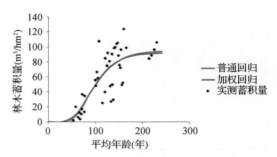

图 26-8　高原亚温带—亚干旱—荒漠祁连山东部大通河河谷山地立地亚区柏木生长模型

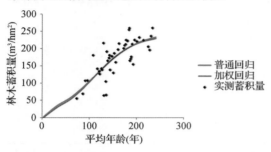

图 26-9　高原亚温带—亚干旱—荒漠祁连山中东部山地立地亚区云杉生长模型

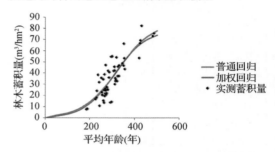

图 26-10　高原亚温带—亚干旱—荒漠青藏高原寒带亚寒带立地亚区柏木生长模型

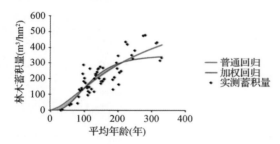

图 26-11　高原亚温带—亚湿润—高寒植被横断山脉立地亚区云杉生长模型

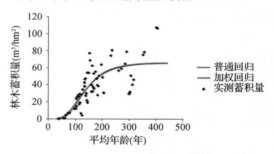

图 26-12　高原亚温带—亚湿润—高寒植被横断山脉立地亚区柏木生长模型

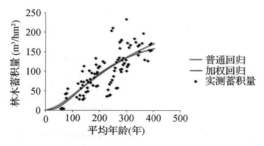

图 26-13　高原亚温带—亚湿润—高寒植被黄河河谷山地立地亚区柏木生长模型

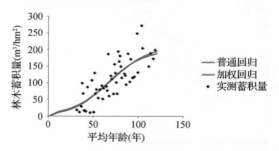

图 26-14　高原亚温带—亚湿润—高寒植被青海隆务河河谷山地立地亚区云杉生长模型

26.4.6　生长模型的检验

为了检验普通回归和加权回归生长模型的适用性，采用以下评价指标：确定系数（R^2）、估计值的标准误差（SEE）、总相对误差（TRE）、平均系统误差（MSE）、平均预估误差（MPE）。

$$R^2 = 1 - \sum (y_i - \hat{y}_i)^2 / \sum (y_i - \bar{y}_i)^2$$

$$SEE = \sqrt{\sum (y_i - \hat{y}_i)^2 / (n - k)}$$

$$TRE = \sum (y_i - \hat{y}_i) / \sum \hat{y}_i \times 100$$

$$MSE = \sum (y_i - \hat{y}_i) / \hat{y}_i / n \times 100$$

$$MPE = t_\alpha \cdot (SEE / \bar{y}) / \sqrt{n} \times 100$$

式中，y_i 为实际观测值，$\hat{y}_i$ 为模型预估值，$\bar{y}$ 为样本平均值，n 为样本单元数，k 为参数个数，t_α 为置信水平 α 时的 t 值。在这 6 项指标中，R^2 和 SEE 是回归模型的最常用指标，既反映了模型的拟合优度，也反映了自变量的贡献率和因变量的离差情况；TRE 和 MSE 是反映拟合效果的重要指标，二者应该控制在一定范围内（如 ± 3%），趋向于 0 时效果最好；MPE 是反映平均蓄积量估计值的精度指标。

各森林生产力三级区划优势树种生长模型检验见表 26-12。

表 26-12　各森林生产力三级区划优势树种生长模型检验

序号	森林生产力三级区划	优势树种	模型	R^2	SEE	TRE	MSE	MPE
1	高原亚温带—湿润—高寒植被青藏高原寒带亚寒带立地亚区	云杉	Richards 普	0.61	82.9352	− 0.4265	− 2.85733	9.3888
			Richards 加		85.5646	0.9242	0.6327	9.6865
2	高原亚温带—亚干旱—高寒植被青海东部黄土丘陵沟壑立地亚区	桦木	Richards 普	0.65	13.7991	− 0.1350	− 1.0683	5.3615
			Richards 加		14.2594	0.2164	− 0.1125	5.5404
		杨树	Richards 普	0.78	11.6491	− 0.2221	− 2.1956	11.0793
			Richards 加		11.6658	0.0261	0.0223	11.0952
3	高原亚温带—亚干旱—荒漠祁连山东部大通河河谷山地立地亚区	柏木	Richards 普	0.62	21.9481	− 0.2076	− 1.7693	10.9946
			Richards 加		21.9686	− 0.0061	0.0148	11.0049
4	高原亚温带—亚干旱—荒漠祁连山中东部山地立地亚区	云杉	Logistic 普	0.60	34.4650	− 0.0029	− 0.0696	5.9429
			Logistic 加		34.5044	− 0.1343	− 0.1595	5.9497
5	高原亚温带—亚干旱—荒漠青藏高原寒带亚寒带立地亚区	柏木	Logistic 普	0.71	9.6892	− 0.0197	− 0.2810	7.0436
			Logistic 加		9.7280	0.6684	0.6387	7.0717
6	高原亚温带—亚湿润—高寒植被横断山脉立地亚区	云杉	Richards 普	0.71	61.9181	− 0.2264	− 2.9523	7.3044
			Richards 加		66.9749	0.6547	− 1.9009	7.9010
		柏木	Richards 普	0.61	15.8832	− 0.4162	− 4.3235	10.0779
			Richards 加		15.9011	− 0.2692	− 0.0695	10.0892

（续）

序号	森林生产力三级区划	优势树种	模型	R^2	SEE	TRE	MSE	MPE
7	高原亚温带—亚湿润—高寒植被黄河河谷山地立地亚区	柏木	Richards 普	0.61	33.8019	−0.0547	−1.0178	6.6482
			Richards 加		34.0680	0.7800	0.5072	6.7005
8	高原亚温带—亚湿润—高寒植被青海隆务河河谷山地立地亚区	云杉	Logistic 普	0.61	40.1982	−0.0744	−0.5305	10.1404
			Logistic 加		40.2604	−0.2137	−0.0619	10.1561

总相对误差（TRE）基本在 ±3% 以内，平均系统误差（MSE）基本在 ±5% 以内，表明模型拟合效果良好。从这一原则出发，加权回归模型的拟合效果要好于普通回归模型；平均预估误差（MPE）基本在 11% 以内，说明蓄积生长模型的平均预估精度达到约 89% 以上。

从参数估计值看，各树种的相应参数的标准差较小，说明模型的稳定性比较好。

26.4.7　样地蓄积量归一化

通过提取的青海的样地数据，青海的针叶树种主要是云杉和柏木，阔叶树种比较少。

根据《国家森林资源连续清查主要技术规定》确定各树种组的龄组划分和成熟林年龄，如表 26-13 和表 26-14。

表 26-13　青海树种成熟年龄

序号	树种	地区	起源	龄级	成熟林
1	云杉	北方	天然	20	121
			人工	10	81
2	柏木	北方	天然	20	121
			人工	10	81
3	桦木	北方	天然	10	61
			人工	10	41
4	杨树	北方	天然	5	26
			人工	5	21

表 26-14　青海三级区划主要树种成熟林蓄积量

序号	森林生产力三级区划	树种	起源	成熟年龄	成熟林蓄积量/（m³/hm²）
1	高原亚温带—湿润—高寒植被青藏高原寒带亚寒带立地亚区	云杉	天然	121	283.9331
2	高原亚温带—亚干旱—高寒植被青海东部黄土丘陵沟壑立地亚区	桦木	天然	61	74.0494
		杨树	人工	21	57.3310
3	高原亚温带—亚干旱—荒漠青藏高原寒带亚寒带立地亚区	柏木	天然	121	4.7803
4	高原亚温带—亚干旱—荒漠祁连山东部大通河谷山地立地亚区	柏木	天然	121	68.9656
5	高原亚温带—亚干旱—荒漠祁连山中东部山地立地亚区	云杉	天然	121	135.9877

（续）

序号	森林生产力三级区划	树种	起源	成熟年龄	成熟林蓄积量/（m³/hm²）
6	高原亚温带—亚湿润—高寒植被黄河河谷山地立地亚区	柏木	天然	121	50.5541
7	高原亚温带—亚湿润—高寒植被青海隆务河河谷山地立地亚区	云杉	天然	121	189.7062
8	高原亚温带—亚湿润—高寒植被横断山脉立地亚区	云杉	天然	121	189.1069
		柏木	天然	121	27.0375

26.4.8　青海森林生产力分区

依据全国公顷蓄积量分级结果（参见全国报告的表4-12）。青海公顷蓄积量分级结果如表26-15。样地归一化蓄积量如图26-15。

表26-15　青海公顷蓄积量分级结果　　　　　　　　　　　　单位：m³/hm²

级别	1级	2级	3级	5级	7级	10级
公顷蓄积量	≤30	30～60	60～90	120～150	180～210	≥270

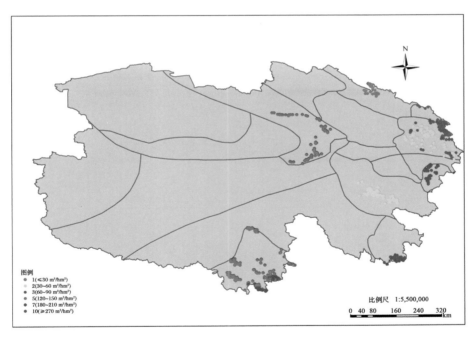

图例
- 1(≤30 m³/hm²)
- 2(30~60 m³/hm²)
- 3(60~90 m³/hm²)
- 5(120~150 m³/hm²)
- 7(180~210 m³/hm²)
- 10(≥270 m³/hm²)

比例尺 1:5,500,000

0　40　80　　160　　240　　320 km

图26-15　青海样地归一化蓄积量分级

青海森林生产力分级如图 26-16。

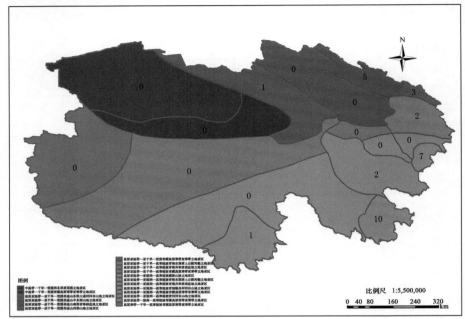

图 26-16　青海森林生产力分级

注：图中数字表达了该区域森林生产力等级。其中空值并不表示该区的森林生产力等级是 0，而是该森林生产力区划跨省，本省建模样地数未达到建模标准，将在区域或全国森林生产力分区图中赋值；图中森林生产力等级值依据前文中表 26-15 公顷蓄积量分级结果。

27 宁夏森林潜在生产力分区成果

27.1　宁夏森林生产力一级区划

以我国 1:100 万全国行政区划数据中宁夏区界为边界，从全国森林生产力一级区划图中提取宁夏森林生产力一级区划，宁夏森林生产力一级区划单位为 2 个，如表 27-1 和图 27-1：

表 27-1　森林生产力一级区划

序号	气候带	气候大区	森林生产力一级区划
1	中温带	干旱	中温带—干旱地区
2		亚干旱	中温带—亚干旱地区
3		亚湿润	中温带—亚湿润地区
4	暖温带	干旱	暖温带—干旱地区

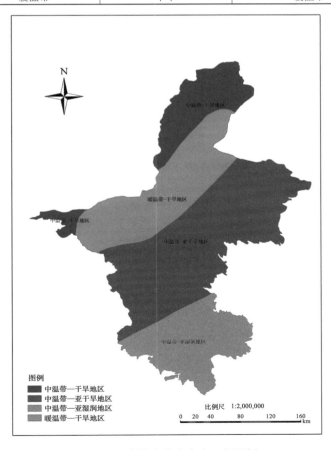

图 27-1　宁夏森林生产力一级区划

注：本图显示采用 2000 国家大地坐标系（简称 CGCS2000），后续相关地图同该坐标系。

27.2　宁夏森林生产力二级区划

按照宁夏区界从全国二级区划中提取宁夏的森林生产力二级区划，宁夏森林生产力二级区划单位为 4 个，如表 27-2 和图 27-2。

表 27-2　森林生产力二级区划

序号	森林生产力一级区划	森林生产力二级区划
1	中温带—干旱地区	中温带—干旱—荒漠
2	中温带—亚干旱地区	中温带—亚干旱—草原
3	中温带—亚湿润地区	中温带—亚湿润—草原
4	暖温带—干旱地区	暖温带—干旱—草原

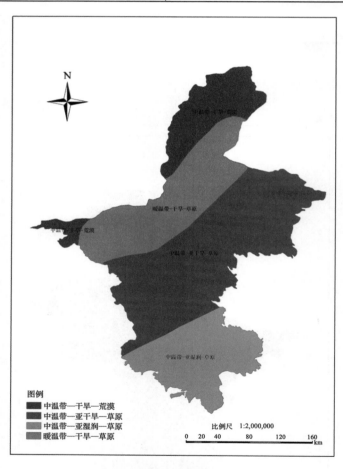

图 27-2　宁夏森林生产力二级区划

27.3　宁夏森林生产力三级区划

27.3.1　宁夏立地区划

根据全国立地区划结果，以宁夏 1:100 万区界为提取框架，提取宁夏立地区划结果。

需要说明的是，由于宁夏区界数据与全国立地区划成果数据精度不一致，导致提取的宁夏立地区划数据在区界边缘出现不少细小的破碎斑块。因此，对宁夏立地区划数据进行了破碎化斑块处理，根据就近原则，将破碎小斑块就近合并到最近的大斑块中。处理后，得到的宁夏立地区划属性数据和矢量图分别如表 27-3 和图 27-3。

表 27-3　宁夏立地区划

序号	立地区域	立地区	立地亚区
1	西北温带暖温带立地区域	黄河河套平原立地区	银川平原立地亚区
2		西北草原荒漠立地区	西北草原荒漠立地亚区
3	黄土高原暖温带温带立地区域	黄土丘陵立地区	六盘山山地丘陵沟壑立地亚区
4			西海固黄土丘陵沟壑立地亚区

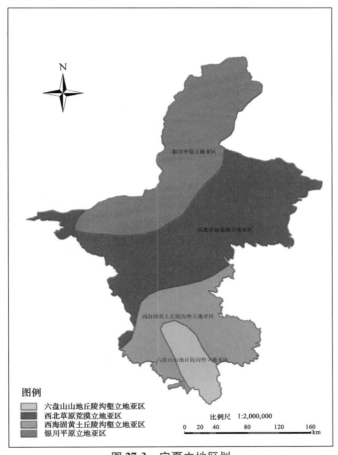

图 27-3　宁夏立地区划

27.3.2　宁夏三级区划

根据宁夏的区界从全国森林生产力三级区划中提取宁夏森林生产力三级区划。

用宁夏区界来提取宁夏森林生产力三级区划时边缘出现了破碎的小斑块，为了使省级森林生产力三级区划不至于太破碎，根据就近原则，将破碎小斑块就近合并到最近的大斑块中。

宁夏森林生产力三级区划单位为7个，如表27-4和图27-4。

表27-4　森林生产力三级区划

序号	森林生产力一级区划	森林生产力二级区划	森林生产力三级区划
1	中温带干旱地区	中温带—干旱—荒漠	中温带—干旱—荒漠银川平原立地亚区
2	中温带亚干旱地区	中温带—亚干旱—草原	中温带—亚干旱—草原西海固黄土丘陵沟壑立地亚区
3			中温带—亚干旱—草原西北草原荒漠立地亚区
4	中温带亚湿润地区	中温带—亚湿润—草原	中温带—亚湿润—草原六盘山山地丘陵沟壑立地亚区
5			中温带—亚湿润—草原西海固黄土丘陵沟壑立地亚区
6	暖温带干旱地区	暖温带—干旱—草原	暖温带—干旱—草原银川平原立地亚区
7			暖温带—干旱—草原西北草原荒漠立地亚区

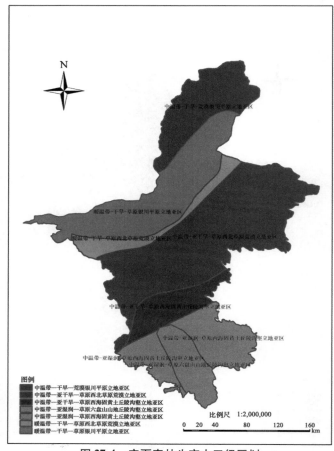

图27-4　宁夏森林生产力三级区划

27.4 宁夏森林生产力量化分级

27.4.1 技术方案

单位面积蓄积量标志着林地生产力的高低及经营措施的效果。本方案在森林生产力三级区划结果基础上，根据已调查的宁夏第 7 期、第 8 期一类清查样地数据，提取宁夏森林生产力三级区划的样地数据，筛选出两期地类是乔木林地、疏林地的样地，根据森林生产力三级区划的主要树种，建立样地优势树种蓄积量生长模型，并归一该树种到成熟林时单位公顷的蓄积值，以此作为量化样地森林生产力的依据，在森林生产力三级的基础上进行森林植被生产力区划。

27.4.2 样地筛选

27.4.2.1 样地情况

1990 年宁夏以全区为总体建立森林资源连续清查体系，采用系统抽样方法，共布设固定样地 12936 个，按优势法确定样地。1995 年宁夏开展森林资源清查第 1 次复查，维持上期体系不变。2000 年宁夏开展森林资源清查第 2 次复查，将样地全部设置为方形样地。

2000 年在原固定样地的基础上，加密遥感判读样地，布设了一套遥感判读样本，判读样地数量为 51754 个，间距 1 km×1 km。

宁夏的样地情况如表 27-5：

表 27-5　宁夏样地概况

项目	内容
调查(副)总体	宁夏样地
样地调查时间	全国第 7 次清查宁夏数据（2005 年） 全国第 8 次清查宁夏数据（2010 年）
样地个数	全国第 7 次清查宁夏样地 12936 个 全国第 8 次清查宁夏样地 12936 个
样地间距	样地间距 2 km×2 km
样地大小	样地 0.06 hm²
样地形状	样地为正方形
备注	

27.4.2.2 样地筛选情况

根据宁夏划分的森林生产力三级区划，提取每个三级区划的样地数据，对提取的样地数据进行筛选。

筛选的条件如下：

地类为乔木林地或疏林地。剔除地类是红树林、竹林、国家特别规定的灌木林地、其他灌木林地、未成林封育地、未成林造林地、苗圃地、采伐迹地、火烧迹地、其他无立木林地、宜林荒山荒地、宜林沙荒地、其他宜林地、耕地、牧草地、水域、未利用地、工矿建设用地、城乡居民建设用地、交通建设用地、其他用地的样地。被剔除的样地或者没有划分起源，或者没有样地平均年龄，或者优势树种是灌木，无法进行以林木蓄积量为因变量，样地平均年龄为自变量的曲线拟合。

表 27-6 详细说明了宁夏第 7、8 期样地（分三级区划）及样地筛选情况。

表 27-6　宁夏分三级区划样地筛选情况

序号	森林生产力三级区划	监测期	样地总数	筛选样地数	所占比例/%
1	暖温带—干旱—草原银川平原立地亚区	第 7 期	2643	29	1.1
		第 8 期	2639	40	1.5
2	中温带—亚干旱—草原西海固黄土丘陵沟壑立地亚区	第 7 期	892	2	0.2
		第 8 期	893	4	0.4
3	中温带—亚湿润—草原六盘山山地丘陵沟壑立地亚区	第 7 期	827	130	15.7
		第 8 期	825	152	18.4
4	中温带—亚干旱—草原西北草原荒漠立地亚区	第 7 期	4644	30	0.6
		第 8 期	4642	28	0.6
5	中温带—亚湿润—草原西海固黄土丘陵沟壑立地亚区	第 7 期	1629	53	3.3
		第 8 期	1631	129	7.9
6	中温带—干旱—荒漠银川平原立地亚区	第 7 期	1536	79	5.1
		第 8 期	1539	100	6.5
7	暖温带—干旱—草原西北草原荒漠立地亚区	第 7 期	670	1	0.1
		第 8 期	669	2	0.3

27.4.3　建模树种提取

对筛选出的森林生产力三级区划的乔木林地和疏林地样地数据，分别统计每个优势树种的样地数和样地的起源，为了尽量使每个三级区划都能有森林生产力值，方便森林生产力等级划分，在每个森林生产力三级区内，如果优势树种的建模样地达到50，则建立样本数≥50的优势树种的生长模型；如果优势树种的建模样地均未达到50，则降低建模样本量为30；降低建模标准且合并树种组仍无法达到建模量的，若该区为完整的三级区，则看邻近区内与该区内相似树种的蓄积量，作为该区的归一化蓄积量；若该区是被省界分割的森林生产力三级区的小部分，则暂时空缺，若是被省界分割的森林生产力三级区的大部分，则参照完整的三级区处理。

各三级区划分优势树种样地统计如表27-7。

表 27-7　宁夏各三级区划样地数分优势树种统计

序号	森林生产力三级区划	优势树种	监测期	起源	样地数
1	暖温带—干旱—草原银川平原立地亚区	刺槐	第 7 期	人工	0
			第 8 期	人工	6
		其他硬阔	第 7 期	人工	11
			第 8 期		8
		杨树	第 7 期	人工	18
			第 8 期		25
		其他软阔	第 7 期	人工	0
			第 8 期		1

（续）

序号	森林生产力三级区划	优势树种	监测期	起源	样地数
2	中温带—亚干旱—草原西海固黄土丘陵沟壑立地亚区	杨树	第 7 期	人工	2
			第 8 期		1
		柳树	第 7 期	人工	0
			第 8 期		1
3	中温带—亚湿润—草原六盘山山地丘陵沟壑立地亚区	云杉	第 7 期	人工	1
			第 8 期		1
		落叶松	第 7 期	人工	27
			第 8 期		38
		油松	第 7 期	人工	3
			第 8 期		3
		华山松	第 7 期	天然	2
			第 8 期		1
		栎类	第 7 期	天然	28
			第 8 期		31
		桦木	第 7 期	天然	12
			第 8 期		15
		白桦	第 7 期	天然	5
			第 8 期		9
		榆树	第 7 期	人工	3
			第 8 期		6
		刺槐	第 7 期	人工	0
			第 8 期		1
		其他硬阔	第 7 期	天然	5
			第 8 期		6
		椴树	第 7 期	天然	3
			第 8 期		5
		杨树	第 7 期	人工	10
			第 8 期		12
		杨树	第 7 期	天然	10
			第 8 期		9
		柳树	第 7 期	天然	15
			第 8 期		11
		其他软阔	第 7 期	天然	4
			第 8 期		1
		针叶混	第 7 期	天然	1
			第 8 期		0
		阔叶混	第 7 期	人工	1
			第 8 期		0
		针阔混	第 7 期	天然	0
			第 8 期		1

（续）

序号	森林生产力三级区划	优势树种	监测期	起源	样地数
4	中温带—亚干旱—草原西北草原荒漠立地亚区	云杉	第 7 期	天然	1
			第 8 期		1
		落叶松	第 7 期	人工	1
			第 8 期		1
		油松	第 7 期	天然	1
			第 8 期		2
		榆树	第 7 期	人工	13
			第 8 期		10
		其他硬阔	第 7 期	人工	3
			第 8 期		5
		杨树	第 7 期	人工	10
			第 8 期		7
		柳树	第 7 期	人工	1
			第 8 期		1
5	中温带—亚湿润—草原西海固黄土丘陵沟壑立地亚区	落叶松	第 7 期	人工	3
			第 8 期		3
		栎类	第 7 期	天然	1
			第 8 期		1
		榆树	第 7 期	人工	10
			第 8 期		13
		刺槐	第 7 期	人工	0
			第 8 期		5
		其他硬阔	第 7 期	人工	4
			第 8 期		3
		杨树	第 7 期	人工	18
			第 8 期		24
		柳树	第 7 期	人工	6
			第 8 期		7
		其他软阔	第 7 期	人工	2
			第 8 期		0
6	中温带—干旱—荒漠银川平原立地亚区	云杉	第 7 期	天然	19
			第 8 期		19
		油松	第 7 期	天然	16
			第 8 期		17
		柏木	第 7 期	天然	4
			第 8 期		4
		桦木	第 7 期	天然	0
			第 8 期		1
		榆树	第 7 期	天然	15
			第 8 期		32

（续）

序号	森林生产力三级区划	优势树种	监测期	起源	样地数
6	中温带—干旱—荒漠银川平原立地亚区	刺槐	第 7 期	人工	0
			第 8 期		3
		其他硬阔	第 7 期	人工	15
			第 8 期		10
		杨树	第 7 期	天然	10
			第 8 期		12
		柳树	第 7 期	人工	0
			第 8 期		2
7	暖温带—干旱—草原西北草原荒漠立地亚区	刺槐	第 7 期	人工	0
			第 8 期		1
		其他硬阔	第 7 期	人工	1
			第 8 期		1

从表 27-7 中可以筛选宁夏森林生产力三级区划的建模树种如表 27-8：

表 27-8　宁夏各三级分区主要建模树种及建模数据统计

序号	森林生产力三级区划	优势树种	起源	监测期	总样地数	建模样地数	所占比例/%
1	中温带—亚湿润—草原六盘山山地丘陵沟壑立地亚区	栎类	天然	第 7 期	28	46	78.0
				第 8 期	31		

27.4.4　建模前数据整理和对应

27.4.4.1　对森林采伐等人为干扰情况的处理

在数据的整理过程中，对第 7、8 期样地号对应，优势树种一致，第 8 期年龄增加与调查间隔期一致的样地，第 8 期林木蓄积量加上采伐蓄积量作为第 8 期的林木蓄积量，第 7 期的林木蓄积量不变。

27.4.4.2　对优势树种发生变化情况的处理

两期样地对照分析，第 8 期样地的优势树种发生变化的样地，林木蓄积量仍以第 8 期的林木蓄积量为准，把该样地作为第 8 期优势树种的样地，林木蓄积量以第 8 期调查时为准，不加采伐蓄积量。第 7 期的处理同第 8 期。

27.4.4.3　对样地年龄与时间变化不一致情况的处理

对样地第 8 期的年龄与调查间隔时间变化不一致的样地，则以第 8 期的样地平均年龄为准，林木蓄积量不与采伐蓄积量相加，仍以第 8 期的林木蓄积量作为林木蓄积量，第 7 期的林木蓄积量不发生变化。

27.4.5　建立林分蓄积量生长模型

根据筛选出的优势树种样地数据，以整理后的林木蓄积量作为因变量，以样地的平均年龄作为自变量，剔除异常数据，根据样地数据散点图的总体趋势，选取不同的生长方程拟合曲线。数据统计如表 27-9。

表 27-9　主要树种建模数据统计（第一次）

序号	森林生产力三级区划	优势树种	统计量	最小值	最大值	平均值
1	中温带—亚湿润—草原六盘山山地丘陵沟壑立地亚区	栎类	林木蓄积量	2.0667	114.8917	50.9882
			平均年龄	17	55	36

　　S 型生长模型能够合理地表示树木或林分的生长过程和趋势，避免了其他模型只在某一生长阶段的拟合精度高，而不能完整体现树木或林分生长趋势的弊端，而本方案的目的是预测林分达到成熟林时的蓄积量，S 型生长模型得到的值在比较合理的范围内。

　　选取的生长方程如下表 27-10。

表 27-10　拟合所用的生长模型

序号	生长模型名称	生长模型公式
1	Richards 模型	$y = A(1 - e^{-kx})^B$
2	单分子模型	$y = A(1 - e^{-kx})$
3	Logistic 模型	$y = A/(1 + Be^{-kx})$
4	Korf 模型	$y = Ae^{-Bx-k}$

　　其中，y 为样地的林木蓄积量，x 为林分年龄，A 为树木生长的最大值参数，k 为生长速率参数，B 为与初始值有关的参数。

　　经过数据拟合，得出各模型的参数和拟合优度及总相对误差，选取三级区划各树种的适合拟合方程，整理如表 27-11。生长模型如图 27-5。

表 27-11　主要树种模型统计（第一次）

序号	森林生产力三级区划	优势树种	模型	生长方程	参数标准差 A	B	k	R^2	TRE /%
1	中温带—亚湿润—草原六盘山山地丘陵沟壑立地亚区	栎类	Richards 普	$y = 124.6902(1 - e^{-0.0670x})^{9.4439}$	39.8990	9.3767	0.0370	0.88	-0.3618
			Richards 加	$y = 112.5792(1 - e^{-0.0832x})^{14.8488}$	24.6987	6.2902	0.0193		0.0182

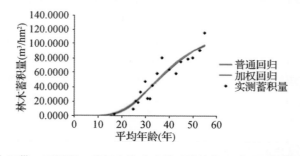

图 27-5　中温带—亚湿润—草原六盘山山地丘陵沟壑立地亚区栎类生长模型

27.4.6　生长模型的检验

　　为了检验普通回归和加权回归生长模型的适用性，采用以下评价指标：确定系数（ R^2 ）、估计值的标准误差（ SEE ）、总相对误差（ TRE ）、平均系统误差（ MSE ）、平均预估误差（ MPE ）。

$$R^2 = 1 - \sum (y_i - \hat{y}_i)^2 / \sum (y_i - \bar{y}_i)^2$$

$$SEE = \sqrt{\sum (y_i - \hat{y}_i)^2 / (n - k)}$$

$$TRE = \sum (y_i - \hat{y}_i) / \sum \hat{y}_i \times 100$$

$$MSE = \sum (y_i - \hat{y}_i) / \hat{y}_i / n \times 100$$

$$MPE = t_\alpha \cdot (SEE / \bar{y}) / \sqrt{n} \times 100$$

式中，y_i 为实际观测值，$\hat{y}_i$ 为模型预估值，$\bar{y}$ 为样本平均值，n 为样本单元数，k 为参数个数，t_α 为置信水平 α 时的 t 值。在这 6 项指标中，R^2 和 SEE 是回归模型的最常用指标，既反映了模型的拟合优度，也反映了自变量的贡献率和因变量的离差情况；TRE 和 MSE 是反映拟合效果的重要指标，二者应该控制在一定范围内（如 ±3%），趋向于 0 时效果最好；MPE 是反映平均蓄积量估计值的精度指标。

各森林生产力三级区划优势树种生长模型检验如表 27-12。

表 27-12　各森林生产力三级区划优势树种生长模型检验（第一次）

序号	森林生产力三级区划	优势树种	模型	R^2	SEE	TRE	MSE	MPE
1	中温带—亚湿润—草原六盘山山地丘陵沟壑立地亚区	栎类	Richards 普	0.88	11.8655	− 0.3618	− 3.7293	11.5241
			Richards 加		11.9274	0.0182	0.3400	11.5842

总相对误差（TRE）在 ±3% 以内，平均系统误差（MSE）在 ±5% 以内，表明模型拟合效果良好。从这一原则出发，加权回归模型的拟合效果要好于普通回归模型；平均预估误差（MPE）基本在 12% 以内，说明蓄积生长模型的平均预估精度达到约 88% 以上。

从参数估计值看，各树种的相应参数的标准差较小，说明模型的稳定性比较好。

27.4.7　样地蓄积量归一化

通过提取的宁夏的样地数据，宁夏的针叶树种主要是云杉、柏木，阔叶树种比较少。

根据《国家森林资源连续清查主要技术规定》确定各树种组的龄组划分和成熟林年龄，如表 27-13 和表 27-14。

表 27-13　宁夏树种成熟年龄

序号	树种	地区	起源	龄级	成熟林
1	栎类	南北	天然	20	81
			人工	10	51

表 27-14　宁夏三级区划主要树种成熟林蓄积量

序号	森林生产力三级区划	树种	起源	成熟年龄	成熟林蓄积量/（m^3/hm^2）
1	中温带—亚湿润—草原六盘山山地丘陵沟壑立地亚区	栎类	天然	81	110.6240

27.4.8 宁夏森林生产力分区

依据全国公顷蓄积量分级结果(参见全国报告的表4-12)。宁夏公顷蓄积量分级结果如表27-15。样地归一化蓄积量如图27-6。森林生产力分级如图27-7。

表 27-15　宁夏公顷蓄积量分级结果　　　　　　　　单位：m^3/hm^2

级别	4 级
公顷蓄积量	90～120

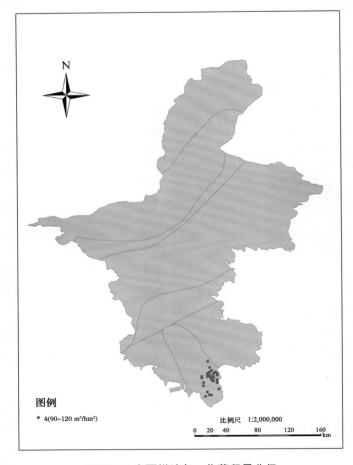

图 27-6　宁夏样地归一化蓄积量分级

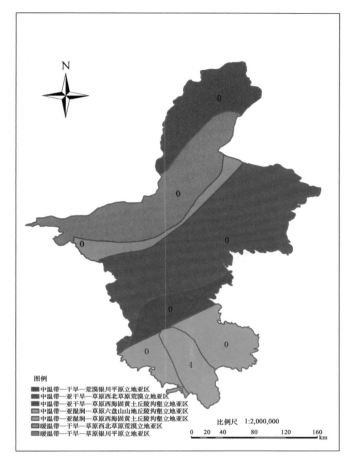

图 27-7　宁夏森林生产力分级

注：图中数字表达了该区域森林生产力等级。其中空值并不表示
该区的森林生产力等级是 0，而是该森林生产力区划跨省，本省建模
样地数未达到建模标准，将在区域或全国森林生产力分区图中赋值；
图中森林生产力等级值依据前文中表 27-15 公顷蓄积量分级结果。

27.4.9　森林生产力三级区划调整

中温带—干旱—荒漠银川平原立地亚区和暖温带—干旱—草原银川平原立地亚区合
并，命名为暖温带—干旱—草原银川平原立地亚区；

暖温带—干旱—草原西北草原荒漠立地亚区和中温带—亚干旱—草原西北草原荒漠立
地亚区合并，命名为中温带—亚干旱—草原西北草原荒漠立地亚区；

中温带—亚干旱—草原西海固黄土丘陵沟壑立地亚区和中温带—亚湿润—草原西海固黄
土丘陵沟壑立地亚区合并，命名为中温带—亚湿润—草原西海固黄土丘陵沟壑立地亚区。

调整后，宁夏森林生产力三级区划如图 27-8。

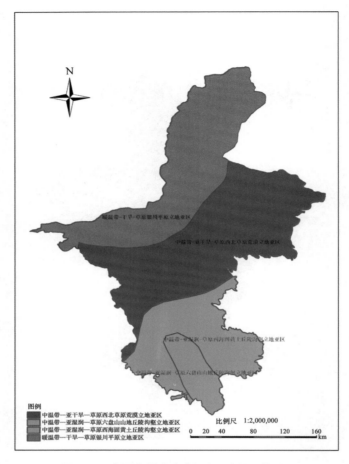

图 27-8 宁夏森林生产力三级区划（调整后）

27.4.10 调整后建模树种提取

宁夏各三级区划分优势树种样地数统计见表 27-16。主要建模树种及建模数据统计如表 27-17。

表 27-16 宁夏各三级区划分优势树种样地数统计（调整后）

序号	森林生产力三级区划	优势树种	监测期	起源	样地数
1	暖温带—干旱—草原银川平原立地亚区	云杉	第 7 期	天然	19
			第 8 期		19
		油松	第 7 期	天然	16
			第 8 期		17
		柏木	第 7 期	天然	4
			第 8 期		4
		桦木	第 7 期	天然	0
			第 8 期		1
		榆树	第 7 期	天然	15
			第 8 期		32

（续）

序号	森林生产力三级区划		优势树种	监测期	起源	样地数
1	暖温带—干旱—草原银川平原立地亚区		刺槐	第 7 期	人工	0
				第 8 期		9
			其他硬阔	第 7 期	人工	26
				第 8 期		18
			杨树	第 7 期	天然	10
				第 8 期		12
			杨树	第 7 期	人工	18
				第 8 期		25
			柳树	第 7 期	人工	0
				第 8 期		2
			其他软阔	第 7 期	人工	0
				第 8 期		1
2	中温带—亚湿润—草原西海固黄土丘陵沟壑立地亚区		落叶松	第 7 期	人工	3
				第 8 期		3
			栎类	第 7 期	天然	1
				第 8 期		1
			榆树	第 7 期	人工	10
				第 8 期		13
			刺槐	第 7 期	人工	0
				第 8 期		5
			其他硬阔	第 7 期	人工	4
				第 8 期		3
			杨树	第 7 期	人工	20
				第 8 期		25
			柳树	第 7 期	人工	6
				第 8 期		8
			其他软阔	第 7 期	人工	2
				第 8 期		0

表 27-17　宁夏各三级分区主要建模树种及建模数据统计

序号	森林生产力三级区划	优势树种	起源	监测期	总样地数	建模样地数	所占比例/%
1	暖温带—干旱—草原银川平原立地亚区	刺槐	人工	第 7 期	0	45	84.9
				第 8 期	9		
		其他硬阔	人工	第 7 期	26		
				第 8 期	18		
2	中温带—亚湿润—草原西海固黄土丘陵沟壑立地亚区	杨树	人工	第 7 期	20	55	93.2
				第 8 期	25		
		柳树	人工	第 7 期	6		
				第 8 期	8		

27.4.11　建立林分蓄积量生长模型

调整后的主要树种建模数据统计如表 27-18。主要树种模型统计如表 27-19。生长模型如图 27-9 及图 27-10。

表 27-18　主要树种建模数据统计（第二次）

序号	森林生产力三级区划	优势树种	统计量	最小值	最大值	平均值
1	暖温带—干旱—草原银川平原立地亚区	其他硬阔	林木蓄积量	6.9542	54.1667	24.5211
			平均年龄	2	23	11
2	中温带—亚湿润—草原西海固黄土丘陵沟壑立地亚区	杨树	林木蓄积量	0.7750	78.5667	27.8128
			平均年龄	4	47	19

表 27-19　主要树种模型（第二次）

序号	森林生产力三级区划	优势树种	模型	生长方程	参数标准差			R^2	TRE /%
					A	B	k		
1	暖温带—干旱—草原银川平原立地亚区	其他硬阔	Logistic 普	$y = 81.4924/(1 + 9.6013e^{-0.1216x})$	50.9907	4.4469	0.0516	0.89	− 0.2130
			Logistic 加	$y = 61.4979/(1 + 8.4410e^{-0.1533x})$	32.6764	3.7822	0.0655		0.1194
2	中温带—亚湿润—草原西海固黄土丘陵沟壑立地亚区	杨树	Logistic 普	$y = 54.2051/(1 + 24.4893e^{-0.1881x})$	6.4729	20.1026	0.0564	0.73	− 0.5327
			Logistic 加	$y = 44.9151/(1 + 58.6940e^{-0.2858x})$	7.2545	33.2956	0.0606		2.1324

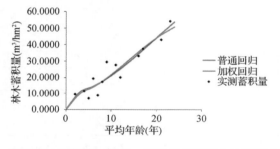

图 27-9　暖温带—干旱—草原银川平原立地亚区其他硬阔生长模型

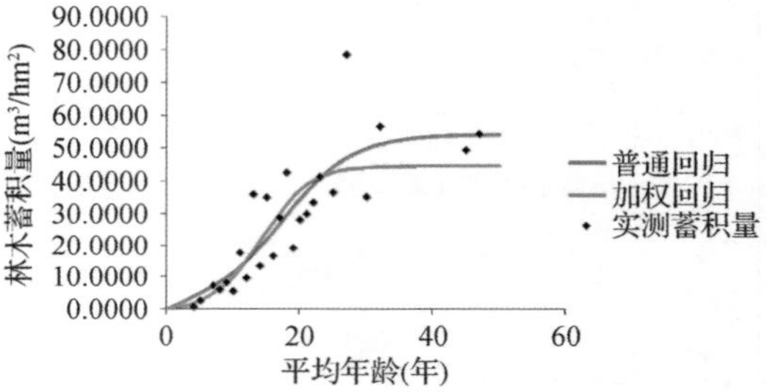

图 27-10　中温带—亚湿润—草原西海固黄土丘陵沟壑立地亚区杨树生长模型

27.4.12　生长模型的检验

各森林生产力三级区划优势树种生长模型检验（第二次）见表 27-20。

表 27-20　各森林生产力三级区划优势树种生长模型检验（第二次）

序号	森林生产力三级区划	优势树种	模型	R^2	SEE	TRE	MSE	MPE
1	暖温带—干旱—草原银川平原立地亚区	其他硬阔	Logistic 普	0.89	5.3409	− 0.2130	− 1.0793	13.0485
			Logistic 加		5.4343	0.1194	0.0387	13.2765
2	中温带—亚湿润—草原西海固黄土丘陵沟壑立地亚区	杨树	Logistic 普	0.73	10.6572	− 0.5327	− 5.3624	15.7868
			Logistic 加		11.4049	2.1324	− 0.2134	16.8944

总相对误差（TRE）基本在 ± 3% 以内，平均系统误差（MSE）基本在 ± 5% 以内，表明模型拟合效果良好。从这一原则出发，加权回归模型的拟合效果要好于普通回归模型；平均预估误差（MPE）基本在 17% 以内，说明蓄积生长模型的平均预估精度达到约 83% 以上。

从参数估计值看，各树种的相应参数的标准差较小，说明模型的稳定性比较好。

27.4.13　样地蓄积量归一化

宁夏树种成熟年龄如表 27-21。三级区划主要树种成熟林蓄积量如表 27-22。宁夏公顷蓄积量分级结果见表 27-23。样地归一化蓄积量如图 27-11。

表 27-21　宁夏树种成熟年龄

序号	树种	地区	起源	龄级	成熟林
1	其他硬阔	北方	天然	20	81
			人工	10	51
2	杨树	北方	天然	5	26
			人工	5	21

表 27-22　宁夏三级区划主要树种成熟林蓄积量

序号	森林生产力三级区划	树种	起源	成熟年龄	成熟林蓄积量/（m³/hm²）
1	暖温带—干旱—草原银川平原立地亚区	其他硬阔（＋榆树）	人工	51	61.2899
2	中温带—亚湿润—草原西海固黄土丘陵沟壑立地亚区	杨树（＋柳树）	人工	21	39.2160

表 27-23　宁夏公顷蓄积量分级结果　　　　　单位：m³/hm²

级别	2 级	3 级	4 级
公顷蓄积量	30 ~ 60	60 ~ 90	90 ~ 120

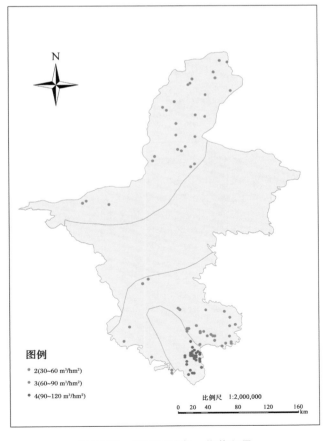

图 27-11　宁夏样地归一化蓄积量

27.4.14 调整后宁夏森林生产力分级

调整后，宁夏森林生产力分级如图 27-12。

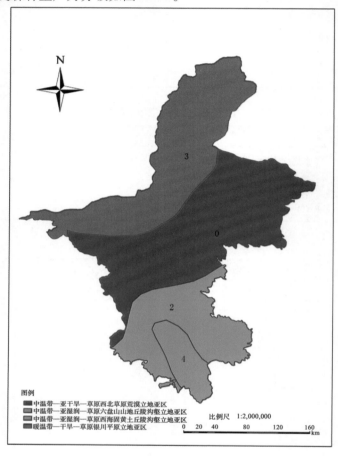

图 27-12　宁夏森林生产力分级

注：图中数字表达了该区域森林生产力等级。其中空值并不表示该区的森林生产力等级是 0，而是该森林生产力区划跨省，本省建模样地数未达到建模标准，将在区域或全国森林生产力分区图中赋值；图中森林生产力等级值依据前文中表 27-15 公顷蓄积量分级结果。

28 | 新疆森林潜在生产力分区成果

28.1 新疆森林生产力一级区划

以我国 1:100 万全国行政区划数据中新疆区界为边界，从全国森林生产力一级区划图中提取新疆森林生产力一级区划，新疆森林生产力一级区划单位为 4 个，如表 28-1 和图 28-1：

表 28-1 森林生产力一级区划

序号	气候带	气候大区	森林生产力一级区划
1	暖温带	干旱	暖温带—干旱地区
2	中温带	干旱	中温带—干旱地区
3		亚干旱	中温带—亚干旱地区
4	高原寒带	干旱	高原寒带—干旱地区

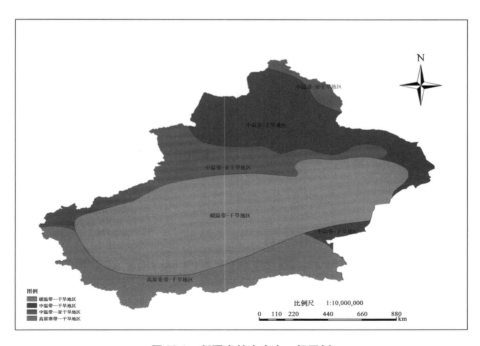

图 28-1 新疆森林生产力一级区划

注：本图显示采用 2000 国家大地坐标系（简称 CGCS2000），后续相关地图同该坐标系。

28.2 新疆森林生产力二级区划

按照新疆区界从全国森林生产力二级区划中提取新疆的森林生产力二级区划，新疆森林生产力二级区划单位为 5 个，如表 28-2 和图 28-2。

表 28-2 森林生产力二级区划

序号	森林生产力一级区划	森林生产力二级区划
1	暖温带—干旱地区	暖温带—干旱—荒漠
2	中温带—干旱地区	中温带—干旱—荒漠
3	中温带—亚干旱地区	中温带—亚干旱—草原
4		中温带—亚干旱—荒漠
5	高原寒带—干旱地区	高原寒带—干旱—高寒植被

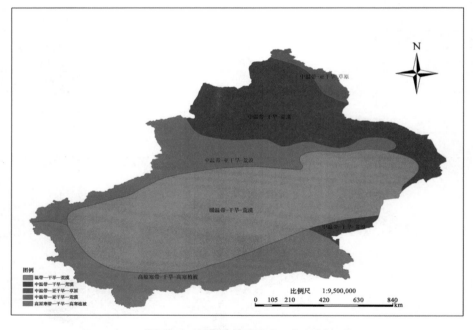

图 28-2 新疆森林生产力二级区划

28.3 新疆森林生产力三级区划

28.3.1 新疆立地区划

根据全国立地区划结果，以新疆 1:100 万区界为提取框架，提取新疆立地区划结果。需要说明的是，由于新疆区界数据与全国立地区划成果数据精度不一致，导致提取的新疆立地区划数据在区界边缘出现不少细小的破碎斑块。因此，对新疆立地区划数据进行了破碎化斑块处理，根据就近原则，将破碎小斑块就近合并到最近的大斑块中。处理后，得到的新疆立地区划属性数据和矢量图分别如表 28-3 和图 28-3。

表 28-3　新疆立地区划

序号	立地区域	立地区	立地亚区
1	西北温带暖温带立地区域	阿尔泰山山地立地区	阿尔泰山东南部立地亚区
2			阿尔泰山西北部立地亚区
3			阿尔泰山中部立地亚区
4		南疆盆地绿洲立地区	盆地南部平原立地亚区
5			盆地西北部平原立地亚区
6			塔里木河流域立地亚区
7		天山山地立地区	哈密—吐鲁番盆地立地亚区
8			天山北坡东部立地亚区
9			天山北坡西部立地亚区
10			天山北坡中部立地亚区
11			天山南坡立地亚区
12			天山西部伊犁山地立地亚区
13			伊犁谷地立地亚区
14		西北草原荒漠立地区	西北草原荒漠立地亚区
15		准噶尔盆地立地区	盆地北部山前冲积平原立地亚区
16			盆地南部山前冲积倾斜平原立地亚区
17			塔城盆地立地亚区
18			准噶尔西部山地立地亚区

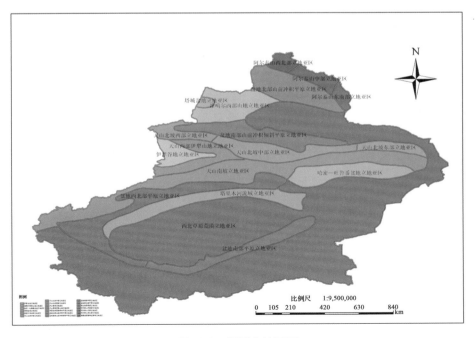

图 28-3　新疆立地区划

28.3.2 新疆三级区划

根据新疆区界从全国森林生产力三级区划中提取新疆森林生产力三级区划。

中温带—干旱—荒漠阿尔泰山西北部立地亚区和中温带—亚干旱—草原阿尔泰山西北部立地亚区合并，命名为中温带—亚干旱—草原阿尔泰山西北部立地亚区；

中温带—干旱—荒漠阿尔泰山中部立地亚区和中温带—亚干旱—草原阿尔泰山中部立地亚区合并，命名为中温带—亚干旱—草原阿尔泰山中部立地亚区；

中温带—亚干旱—草原盆地北部山前冲积平原立地亚区和中温带—干旱—荒漠盆地北部山前冲积平原立地亚区合并，命名为中温带—干旱—荒漠盆地北部山前冲积平原立地亚区；

中温带—干旱—荒漠天山北坡中部立地亚区和中温带—亚干旱—荒漠天山北坡中部立地亚区合并，命名为中温带—亚干旱—荒漠天山北坡中部立地亚区。

用新疆界来提取新疆森林生产力三级区划时边缘出现了破碎的小斑块，为了使省级森林生产力三级区划不至于太破碎，根据就近原则，将破碎小斑块就近合并到最近的大斑块中。

新疆森林生产力三级区划单位为 26 个，如表 28-4 和图 28-4。

表 28-4 森林生产力三级区划

序号	森林生产力一级区划	森林生产力二级区划	森林生产力三级区划
1	暖温带—干旱地区	暖温带—干旱—荒漠	暖温带—干旱—荒漠盆地南部平原立地亚区
2			暖温带—干旱—荒漠盆地西北部平原立地亚区
3			暖温带—干旱—荒漠塔里木河流域立地亚区
4			暖温带—干旱—荒漠哈密—吐鲁番盆地立地亚区
5			暖温带—干旱—荒漠西北草原荒漠立地亚区
6			暖温带—干旱—荒漠天山南坡立地亚区
7	中温带—干旱地区	中温带—干旱—荒漠	中温带—干旱—荒漠盆地北部山前冲积平原立地亚区
8			中温带—干旱—荒漠盆地南部山前冲积倾斜平原立地亚区
9			中温带—干旱—荒漠塔城盆地立地亚区
10			中温带—干旱—荒漠天山北坡东部立地亚区
11			中温带—干旱—荒漠天山北坡西部立地亚区
12			中温带—干旱—荒漠天山北坡中部立地亚区
13			中温带—干旱—荒漠西北草原荒漠立地亚区
14			中温带—干旱—荒漠准噶尔西部山地立地亚区
15	中温带—亚干旱地区	中温带—亚干旱—荒漠	中温带—亚干旱—草原阿尔泰山东南部立地亚区
16			中温带—亚干旱—草原阿尔泰山西北部立地亚区
17			中温带—亚干旱—草原阿尔泰山中部立地亚区
18			中温带—亚干旱—荒漠天山西部伊犁山地立地亚区
19			中温带—亚干旱—荒漠伊犁谷地立地亚区
20			中温带—亚干旱—荒漠盆地南部山前冲积倾斜平原立地亚区

（续）

序号	森林生产力一级区划	森林生产力二级区划	森林生产力三级区划
21	中温带—亚干旱地区	中温带—亚干旱—荒漠	中温带—亚干旱—荒漠盆地西北部平原立地亚区
22			中温带—亚干旱—荒漠天山北坡东部立地亚区
23			中温带—亚干旱—荒漠天山北坡西部立地亚区
24			中温带—亚干旱—荒漠天山北坡中部立地亚区
25			中温带—亚干旱—荒漠天山南坡立地亚区
26	高原寒带—干旱地区	高原寒带—干旱—高寒植被	高原寒带—干旱—高寒植被西北草原荒漠立地亚区

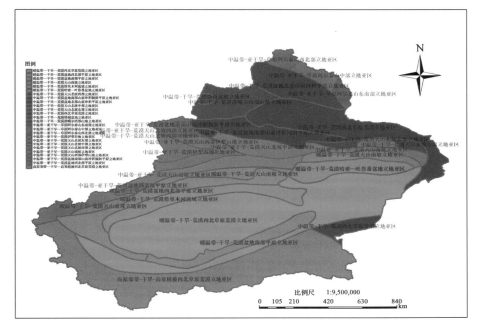

图 28-4　新疆森林生产力三级区划

28.4　新疆森林生产力量化分级

28.4.1　技术方案

单位面积蓄积量标志着林地生产力的高低及经营措施的效果。本方案在森林生产力三级区划结果基础上，根据已调查的新疆第 6 期、第 7 期一类清查样地数据，提取新疆森林生产力三级区划的样地数据，筛选出两期地类是乔木林地、疏林地的样地，根据森林生产力三级区划的主要树种，建立样地优势树种蓄积量生长模型，并归一该树种到成熟林时单位公顷的蓄积值，以此作为量化样地森林生产力的依据，在森林生产力三级的基础上进行森林植被生产力区划。

28.4.2　样地筛选

28.4.2.1　样地情况

新疆森林资源清查体系始建于1980 年，当时只设立一个总体，包括天山北坡和阿尔泰山林区，用系统抽样方法按 3 km×4 km 间距在地形图上着绿色的部分布设方形样地 1114 个，样地面积 0.08 hm²。

1988 年，新疆开展森林资源清查第 1 次复查，复查体系与上期一致。

1991 年，新疆开展森林资源清查第 2 次复查，设立两个副总体，第一副总体包括天山北坡和阿尔泰山林区，该副总体的技术方法和上期相同；第二副总体包括全疆农区，用二阶抽样方法在第二副总体内抽取 50 个作为一阶样本单元，在抽中的一阶样本单元中用同一抽样比确定二阶样本单元数后，按 1 km×1 km 和 1 km×0.5 km 间距布设方形或长方形样地 8909 个，样地面积 0.05 hm²。

1996 年，新疆开展森林资源清查第 3 次复查，本次复查，调查面积未覆盖全区。沿用上期的两个调查副总体，并添加一个统计副总体。

2001 年，新疆开展森林资源清查第四次复查，复查体系有较大的优化，优化后全疆共分为两个调查副总体，面积之和为 16470.00 万 hm²，共布设样地 77507 个。首次实现调查面积覆盖全区国土面积，各副总体的抽样方法、样地面积和形状相同。

第一副总体为山区天然林副总体，调查对象以山区天然林为主，总体面积为 2107.78 万 hm²。

第二副总体为平原—山区副总体。总体面积为 14362.22 万 hm²。

本次复查，在原固定样地的基础上，加密遥感判读样地，判读样本数量 274846 个，其中，第一副总体 35203 个，间距 3 km×2 km，第二副总体 239643 个，间距 3 km×2 km。

新疆的样地情况如表 28-5。

表 28-5　新疆样地概况

项目	内容
调查（副）总体	新疆样地
样地调查时间	全国第 6 次清查新疆数据（2001 年） 全国第 7 次清查新疆数据（2006 年）
样地个数	全国第 6 次清查新疆样地 77507 个（其中，第一副总体 17590 个，第二副总体 59917） 全国第 7 次清查新疆样地 77507 个（同上）
样地间距	第一副总体样地间距 3 km×4 km 第二副总体样地间距 6 km×4 km
样地大小	0.08 hm²
样地形状	28.28 m×28.28 m 的正方形
备注	

28.4.2.2　样地筛选情况

根据新疆划分的森林生产力三级区划，提取每个三级区划的样地数据，对提取的样地数据进行筛选。

筛选的条件如下：

地类为乔木林地或疏林地。剔除地类是红树林、竹林、国家特别规定灌木林地、其他灌木林地、未成林封育地、未成林造林地、苗圃地、采伐迹地、火烧迹地、其他无立木林地、宜林荒山荒地、宜林沙荒地、其他宜林地、耕地、牧草地、水域、未利用地、工矿建设用地、城乡居民建设用地、交通建设用地、其他用地的样地。被剔除的样地或者没有划分起源，或者没有样地平均年龄，或者优势树种是灌木，无法进行以林木蓄积量为因变量，样地平均年龄为自变量的曲线拟合。

表 28-6 详细说明了新疆第 6、7 期样地（分三级区划）及样地筛选情况。

表 28-6　新疆分三级区划样地筛选情况

序号	森林生产力三级区划	监测期	样地总数	筛选样地数	所占比例/%
1	高原寒带—干旱—高寒植被西北草原荒漠立地亚区	第 6 期	11480	10	0
		第 7 期	11480	11	0
2	暖温带—干旱—荒漠哈密—吐鲁番盆地立地亚区	第 6 期	2151	0	0
		第 7 期	2151	1	0
3	暖温带—干旱—荒漠盆地南部平原立地亚区	第 6 期	2051	6	0.3
		第 7 期	2049	12	0.6
4	暖温带—干旱—荒漠盆地西北部平原立地亚区	第 6 期	3852	54	1.4
		第 7 期	3852	56	1.5
5	暖温带—干旱—荒漠塔里木河流域立地亚区	第 6 期	2791	83	3.0
		第 7 期	2784	146	5.2
6	暖温带—干旱—荒漠天山南坡立地亚区	第 6 期	2907	31	1.1
		第 7 期	2907	35	1.2
7	暖温带—干旱—荒漠西北草原荒漠立地亚区	第 6 期	18179	39	0.2
		第 7 期	18188	46	0.3
8	中温带—干旱—荒漠盆地北部山前冲积平原立地亚区	第 6 期	2410	15	0.6
		第 7 期	2409	29	1.2
9	中温带—干旱—荒漠盆地南部山前冲积倾斜平原立地亚区	第 6 期	2415	26	1.1
		第 7 期	2415	28	1.2
10	中温带—干旱—荒漠塔城盆地立地亚区	第 6 期	175	1	0.6
		第 7 期	174	1	0.6
11	中温带—干旱—荒漠天山北坡东部立地亚区	第 6 期	432	1	0.2
		第 7 期	431	1	0.2
12	中温带—干旱—荒漠天山北坡西部立地亚区	第 6 期	211	14	6.6
		第 7 期	211	15	7.1
13	中温带—干旱—荒漠天山北坡中部立地亚区	第 6 期	392	21	5.4
		第 7 期	392	20	5.1
14	中温带—干旱—荒漠西北草原荒漠立地亚区	第 6 期	6206	0	0
		第 7 期	6208	1	0
15	中温带—干旱—荒漠准噶尔西部山地立地亚区	第 6 期	2792	7	0.3
		第 7 期	2792	15	0.5
16	中温带—亚干旱—草原阿尔泰山东南部立地亚区	第 6 期	513	29	5.7
		第 7 期	513	29	5.7
17	中温带—亚干旱—草原阿尔泰山西北部立地亚区	第 6 期	867	138	15.9
		第 7 期	868	135	15.6
18	中温带—亚干旱—草原阿尔泰山中部立地亚区	第 6 期	1215	201	16.5
		第 7 期	1213	194	16.0

（续）

序号	森林生产力三级区划	监测期	样地总数	筛选样地数	所占比例/%
19	中温带—亚干旱—荒漠盆地南部山前冲积倾斜平原立地亚区	第6期	121	1	0.8
		第7期	121	2	1.7
20	中温带—亚干旱—荒漠盆地西北部平原立地亚区	第6期	349	1	0.3
		第7期	349	1	0.3
21	中温带—亚干旱—荒漠天山北坡东部立地亚区	第6期	389	5	1.3
		第7期	389	5	1.3
22	中温带—亚干旱—荒漠天山北坡西部立地亚区	第6期	1077	37	3.4
		第7期	1077	36	3.3
23	中温带—亚干旱—荒漠天山北坡中部立地亚区	第6期	3064	164	5.4
		第7期	3064	168	5.5
24	中温带—亚干旱—荒漠天山南坡立地亚区	第6期	6426	123	1.9
		第7期	6426	122	1.9
25	中温带—亚干旱—荒漠天山西部伊犁山地立地亚区	第6期	2750	211	7.7
		第7期	2749	216	7.9
26	中温带—亚干旱—荒漠伊犁谷地立地亚区	第6期	1219	71	5.8
		第7期	1218	79	6.5

28.4.3 建模树种提取

对筛选出的森林生产力三级区划的乔木林地和疏林地样地数据，分别统计每个优势树种的样地数和样地的起源，为了尽量使每个三级区划都能有森林生产力值，方便森林生产力等级划分，在每个森林生产力三级区内，如果优势树种的建模样地达到 50，则建立样本数 ≥50 的优势树种的生长模型；如果优势树种的建模样地均未达到 50，则降低建模样本量为 30；降低建模标准且合并树种组仍无法达到建模量的，若该区为完整的三级区，则看邻近区内与该区内相似树种的蓄积量，作为该区的归一化蓄积量；若该区是被区界分割的森林生产力三级区的小部分，则暂时空缺，若是被分割的森林生产力三级区的大部分，则参照完整的三级区处理。

新疆各三级区划分优势树种样地数统计如表 28-7。

表 28-7　新疆各三级区划分优势树种样地数统计

序号	森林生产力三级区划	优势树种	监测期	起源	样地数
1	高原寒带—干旱—高寒植被西北草原荒漠立地亚区	云杉	第6期	天然	7
			第7期		6
		樟子松	第6期	天然	0
			第7期		5
		柏木	第6期	天然	3
			第7期		0
2	暖温带—干旱—荒漠哈密—吐鲁番盆地立地亚区	杨树	第6期	人工	0
			第7期		1
3	暖温带—干旱—荒漠盆地南部平原立地亚区	杨树	第6期	人工	6
			第7期		12

（续）

序号	森林生产力三级区划	优势树种	监测期	起源	样地数
4	暖温带—干旱—荒漠盆地西北部平原立地亚区	其他硬阔	第6期	人工	9
			第7期		5
		杨树	第6期	人工	42
			第7期		47
		柳树	第6期	人工	0
			第7期		4
		其他软阔	第6期	人工	3
			第7期		0
5	暖温带—干旱—荒漠塔里木河流域立地亚区	其他硬阔	第6期	人工	1
			第7期		2
		杨树	第6期	天然	82
			第7期		143
6	暖温带—干旱—荒漠天山南坡立地亚区	云杉	第6期	天然	27
			第7期		27
		其他硬阔	第6期	人工	1
			第7期		0
		杨树	第6期	人工	3
			第7期		7
		柳树	第6期	天然	0
			第7期		1
7	暖温带—干旱—荒漠西北草原荒漠立地亚区	云杉	第6期	天然	1
			第7期		0
		樟子松	第6期	天然	0
			第7期		1
		榆树	第6期	天然	0
			第7期		1
		其他硬阔	第6期	人工	1
			第7期		1
		杨树	第6期	天然	37
			第7期		43
8	中温带—干旱—荒漠盆地北部山前冲积平原立地亚区	落叶松	第6期	天然	9
			第7期		9
		桦木	第6期	天然	1
			第7期		3
		杨树	第6期	天然	4
			第7期		6
		其他软阔	第6期	人工	1
			第7期		0
		柳树	第6期	天然	0
			第7期		5
		其他硬阔	第6期	人工	0
			第7期		6

（续）

序号	森林生产力三级区划	优势树种	监测期	起源	样地数
9	中温带—干旱—荒漠盆地南部山前冲积倾斜平原立地亚区	云杉	第6期	天然	17
			第7期		17
		榆树	第6期	人工	0
			第7期		2
		其他硬阔	第6期	人工	3
			第7期		2
		杨树	第6期	人工	6
			第7期		7
10	中温带—干旱—荒漠塔城盆地立地亚区	其他软阔	第6期	天然	1
			第7期		0
		柳树	第6期	天然	0
			第7期		1
11	中温带—干旱—荒漠天山北坡东部立地亚区	云杉	第6期	天然	1
			第7期		1
12	中温带—干旱—荒漠天山北坡西部立地亚区	云杉	第6期	天然	14
			第7期		14
		其他硬阔	第6期	人工	0
			第7期		1
13	中温带—干旱—荒漠天山北坡中部立地亚区	云杉	第6期	天然	19
			第7期		19
		杨树	第6期	天然	2
			第7期		1
14	中温带—干旱—荒漠西北草原荒漠立地亚区	杨树	第6期	天然	0
			第7期		1
15	中温带—干旱—荒漠准噶尔西部山地立地亚区	云杉	第6期	天然	1
			第7期		1
		落叶松	第6期	天然	1
			第7期		1
		榆树	第6期	人工	0
			第7期		2
		其他硬阔	第6期	人工	1
			第7期		0
		杨树	第6期	天然	2
			第7期		10
		其他软阔	第6期	天然	2
			第7期		0
		柳树	第6期	天然	0
			第7期		1
16	中温带—亚干旱—草原阿尔泰山东南部立地亚区	云杉	第6期	天然	1
			第7期		2
		落叶松	第6期	天然	28
			第7期		27

（续）

序号	森林生产力三级区划	优势树种	监测期	起源	样地数
17	中温带—亚干旱—草原阿尔泰山西北部立地亚区	冷杉	第6期	天然	10
			第7期		11
		云杉	第6期	天然	15
			第7期		19
		落叶松	第6期	天然	94
			第7期		88
		红松	第6期	天然	2
			第7期		2
		桦木	第6期	天然	12
			第7期		11
		杨树	第6期	天然	5
			第7期		4
18	中温带—亚干旱—草原阿尔泰山中部立地亚区	云杉	第6期	天然	25
			第7期		26
		落叶松	第6期	天然	171
			第7期		162
		桦木	第6期	天然	2
			第7期		2
		杨树	第6期	天然	3
			第7期		4
19	中温带—亚干旱—荒漠盆地南部山前冲积倾斜平原立地亚区	杨树	第6期	人工	1
			第7期		0
		榆树	第6期	人工	0
			第7期		2
20	中温带—亚干旱—荒漠盆地西北部平原立地亚区	杨树	第6期	人工	1
			第7期		1
21	中温带—亚干旱—荒漠天山北坡东部立地亚区	落叶松	第6期	天然	5
			第7期		5
22	中温带—亚干旱—荒漠天山北坡西部立地亚区	云杉	第6期	天然	36
			第7期		36
		杨树	第6期	天然	1
			第7期		0
23	中温带—亚干旱—荒漠天山北坡中部立地亚区	云杉	第6期	天然	162
			第7期		164
		桦木	第6期	天然	1
			第7期		1
		杨树	第6期	天然	1
			第7期		3
24	中温带—亚干旱—荒漠天山南坡立地亚区	云杉	第6期	天然	99
			第7期		97
		落叶松	第6期	天然	22
			第7期		22

（续）

序号	森林生产力三级区划	优势树种	监测期	起源	样地数
24	中温带—亚干旱—荒漠天山南坡立地亚区	杨树	第6期	天然	2
			第7期		3
25	中温带—亚干旱—荒漠天山西部伊犁山地立地亚区	云杉	第6期	天然	202
			第7期		207
		桦木	第6期	天然	4
			第7期		4
		杨树	第6期	天然	4
			第7期		4
		阔叶混	第6期	天然	1
			第7期		0
26	中温带—亚干旱—荒漠伊犁谷地立地亚区	云杉	第6期	天然	56
			第7期		62
		桦木	第6期	天然	3
			第7期		2
		其他硬阔	第6期	人工	1
			第7期		2
		杨树	第6期	天然	9
			第7期		12
		其他软阔	第6期	天然	2
			第7期		0

从表 28-7 中可以筛选新疆森林生产力三级区划的建模树种如表 28-8：

表 28-8 新疆各三级分区主要建模树种及建模数据统计

序号	森林生产力三级区划	优势树种	起源	监测期	总样地数	建模样地数	所占比例/%
1	暖温带—干旱—荒漠盆地西北部平原立地亚区	杨树	人工	第6期	42	73	82.0
				第7期	47		
2	暖温带—干旱—荒漠塔里木河流域立地亚区	杨树	天然	第6期	82	161	71.6
				第7期	143		
3	暖温带—干旱—荒漠西北草原荒漠立地亚区	杨树	天然	第6期	37	57	71.3
				第7期	43		
4	中温带—亚干旱—草原阿尔泰山东南部立地亚区	落叶松	天然	第6期	28	55	100
				第7期	27		
5	中温带—亚干旱—草原阿尔泰山西北部立地亚区	落叶松	天然	第6期	94	180	99.0
				第7期	88		
6	中温带—亚干旱—草原阿尔泰山中部立地亚区	落叶松	天然	第6期	171	332	99.7
				第7期	162		
7	中温带—亚干旱—荒漠天山北坡西部立地亚区	云杉	天然	第6期	36	70	97.2
				第7期	36		
8	中温带—亚干旱—荒漠天山北坡中部立地亚区	云杉	天然	第6期	162	323	99.1
				第7期	164		

序号	森林生产力三级区划	优势树种	起源	监测期	总样地数	建模样地数	所占比例/%
9	中温带—亚干旱—荒漠天山南坡立地亚区	云杉	天然	第6期	99	196	100
				第7期	97		
10	中温带—亚干旱—荒漠天山西部伊犁山地立地亚区	云杉	天然	第6期	202	398	97.3
				第7期	207		
11	中温带—亚干旱—荒漠伊犁谷地立地亚区	云杉	天然	第6期	56	115	97.5
				第7期	62		

28.4.4 建模前数据整理和对应

28.4.4.1 对森林采伐等人为干扰情况的处理

在数据的整理过程中，对第6、7期样地号对应，优势树种一致，第7期年龄增加与调查间隔期一致的样地，第7期林木蓄积量加上采伐蓄积量作为第7期的林木蓄积量，第6期的林木蓄积量不变。

28.4.4.2 对优势树种发生变化情况的处理

两期样地对照分析，第7期样地的优势树种发生变化的样地，林木蓄积量仍以第7期的林木蓄积量为准，把该样地作为第7期优势树种的样地，林木蓄积量以第7期调查时为准，不加采伐蓄积量。第6期的处理同第7期。

28.4.4.3 对样地年龄与时间变化不一致情况的处理

对样地第7期的年龄与调查间隔时间变化不一致的样地，则以第7期的样地平均年龄为准，林木蓄积量不与采伐蓄积量相加，仍以第7期的林木蓄积量作为林木蓄积量，第6期的林木蓄积量不发生变化。

28.4.5 建立林分蓄积量生长模型

根据筛选出的优势树种样地数据，以整理后的林木蓄积量作为因变量，以样地的平均年龄作为自变量，剔除异常数据，根据样地数据散点图的总体趋势，选取不同的生长方程拟合曲线。主要树种建模数据统计如表28-9。

表 28-9 主要树种建模数据统计

序号	森林生产力三级区划	优势树种	统计量	最小值	最大值	平均值
1	暖温带—干旱—荒漠盆地西北部平原立地亚区	杨树	林木蓄积量	2.7375	118.5688	70.4734
			平均年龄	6	28	16
2	暖温带—干旱—荒漠塔里木河流域立地亚区	杨树	林木蓄积量	0.5250	52.2688	29.3353
			平均年龄	9	155	51
3	暖温带—干旱—荒漠西北草原荒漠立地亚区	杨树	林木蓄积量	2.4750	32.6875	13.3998
			平均年龄	20	125	48
4	中温带—亚干旱—荒漠伊犁谷地立地亚区	云杉	林木蓄积量	13.1000	576.5875	276.3055
			平均年龄	28	218	126
5	中温带—亚干旱—草原阿尔泰山东南部立地亚区	落叶松	林木蓄积量	101.5375	472.3000	287.4200
			平均年龄	82	280	165

（续）

序号	森林生产力三级区划	优势树种	统计量	最小值	最大值	平均值
6	中温带—亚干旱—草原阿尔泰山西北部立地亚区	落叶松	林木蓄积量	64.6500	312.5250	182.4848
			平均年龄	70	213	137
7	中温带—亚干旱—草原阿尔泰山中部立地亚区	落叶松	林木蓄积量	35.7625	440.4938	207.5209
			平均年龄	43	268	141
8	中温带—亚干旱—荒漠天山北坡西部立地亚区	云杉	林木蓄积量	24.7250	300.7250	219.2392
			平均年龄	43	198	123
9	中温带—亚干旱—荒漠天山北坡中部立地亚区	云杉	林木蓄积量	11.5813	221.5125	155.2914
			平均年龄	50	183	117
10	中温带—亚干旱—荒漠天山南坡立地亚区	云杉	林木蓄积量	27.1375	238.4875	130.4814
			平均年龄	63	170	110
11	中温带—亚干旱—荒漠天山西部伊犁山地立地亚区	云杉	林木蓄积量	8.3500	522.1563	257.9581
			平均年龄	18	257	128

S 型生长模型能够合理地表示树木或林分的生长过程和趋势，避免了其他模型只在某一生长阶段的拟合精度高，而不能完整体现树木或林分生长趋势的弊端，而本方案的目的是预测林分达到成熟林时的蓄积量，S 型生长模型得到的值在比较合理的范围内。

选取的生长方程如下表 28-10：

表 28-10　拟合所用的生长模型

序号	生长模型名称	生长模型公式
1	Richards 模型	$y = A(1 - e^{-kx})^B$
2	单分子模型	$y = A(1 - e^{-kx})$
3	Logistic 模型	$y = A/(1 + Be^{-kx})$
4	Korf 模型	$y = Ae^{-Bx^{-k}}$

其中，y 为样地的林木蓄积量，x 为林分年龄，A 为树木生长的最大值参数，k 为生长速率参数，B 为与初始值有关的参数。

经过数据拟合，得出各模型的参数和拟合优度及总相对误差，选取三级区划各树种的适合拟合方程，整理如表 28-11。生长模型如图 28-5～图 28-15。

表 28-11　主要树种模型

序号	森林生产力三级区划	优势树种	模型	生长方程	参数标准差 A	参数标准差 B	参数标准差 k	R^2	TRE/%
1	暖温带—干旱—荒漠盆地西北部平原立地亚区	杨树	Richards 普	$y = 98.9131(1 - e^{-0.2865x})^{13.4333}$	6.8282	11.4417	0.0882	0.85	-0.3432
			Richards 加	$y = 92.1953(1 - e^{-0.4281x})^{45.3749}$	7.1196	25.7363	0.0755		0.4770
2	暖温带—干旱—荒漠塔里木河流域立地亚区	杨树	Richards 普	$y = 44.8166(1 - e^{-0.0623x})^{2.8661}$	3.0032	1.5963	0.0238	0.78	-0.3385
			Richards 加	$y = 42.7971(1 - e^{-0.0922x})^{5.2807}$	4.6736	2.2079	0.0254		0.1917

（续）

序号	森林生产力三级区划	优势树种	模型	生长方程	参数标准差 A	B	k	R^2	TRE /%
3	暖温带—干旱—荒漠西北草原荒漠立地亚区	杨树	Richards 普	$y = 26.0800\ (1 - e^{-0.0436x})^{3.2201}$	3.5872	2.6355	0.0246	0.73	-0.3776
			Richards 加	$y = 25.1897\ (1 - e^{-0.0548x})^{4.5979}$	5.5318	3.2269	0.0271		0.0067
4	中温带—亚干旱—荒漠伊犁谷地立地亚区	云杉	Richards 普	$y = 552.5706\ (1 - e^{-0.0094x})^{1.7230}$	211.8986	1.0454	0.0082	0.63	-0.3852
			Richards 加	$y = 407.9613\ (1 - e^{-0.0212x})^{3.7440}$	47.4072	1.0656	0.0054		0.1749
5	中温带—亚干旱—草原阿尔泰山东南部立地亚区	落叶松	Logistic 普	$y = 489.7407/(1 + 12.4389e^{-0.0178x})$	85.7239	5.8860	0.0054	0.69	0.0189
			Logistic 加	$y = 471.2524/(1 + 13.2923e^{-0.0189x})$	90.1990	5.3283	0.0055		-0.1494
6	中温带—亚干旱—草原阿尔泰山西北部立地亚区	落叶松	Richards 普	$y = 226.5361\ (1 - e^{-0.0359x})^{14.3003}$	11.8417	13.1944	0.0110	0.62	0.0029
			Richards 加	$y = 226.1430\ (1 - e^{-0.0363x})^{14.7316}$	11.6667	9.3763	0.0082		-0.0658
7	中温带—亚干旱—草原阿尔泰山中部立地亚区	落叶松	Richards 普	$y = 457.4362\ (1 - e^{-0.0053x})^{1.1550}$	151.9650	0.3833	0.0040	0.61	-0.0801
			Richards 加	$y = 353.1624\ (1 - e^{-0.0102x})^{1.6978}$	49.3218	0.4080	0.0034		-0.6371
8	中温带—亚干旱—荒漠天山北坡西部立地亚区	云杉	Richards 普	$y = 305.5786\ (1 - e^{-0.0185x})^{2.5341}$	41.4739	1.7710	0.0095	0.65	-0.1256
			Richards 加	$y = 263.5826\ (1 - e^{-0.0369x})^{8.9142}$	15.4666	4.2765	0.0077		0.3265
9	中温带—亚干旱—荒漠天山北坡中部立地亚区	云杉	Richards 普	$y = 180.7209\ (1 - e^{-0.0415x})^{7.8934}$	5.4565	4.8663	0.0095	0.61	-0.0456
			Richards 加	$y = 174.7779\ (1 - e^{-0.0602x})^{24.9182}$	5.0098	14.5010	0.0100		0.0717
10	中温带—亚干旱—荒漠天山南坡立地亚区	云杉	Richards 普	$y = 224.1497\ (1 - e^{-0.0203x})^{4.3734}$	47.8143	3.4984	0.0108	0.62	-0.0835
			Richards 加	$y = 189.9724\ (1 - e^{-0.0327x})^{10.6513}$	22.9800	7.2912	0.0099		0.2116
11	中温带—亚干旱—荒漠天山西部伊犁山地立地亚区	云杉	Richards 普	$y = 368.3075\ (1 - e^{-0.0203x})^{3.0983}$	27.2100	1.2717	0.0057	0.67	-0.1036
			Richards 加	$y = 363.0604\ (1 - e^{-0.0218x})^{3.4766}$	23.4299	0.4899	0.0031		-0.0218

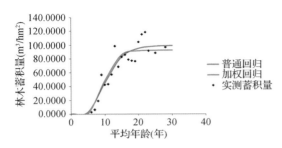

图 28-5　暖温带—干旱—荒漠盆地西北部平原立地亚区杨树生长模型

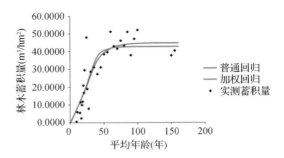

图 28-6　暖温带—干旱—荒漠塔里木河流域立地亚区杨树生长模型

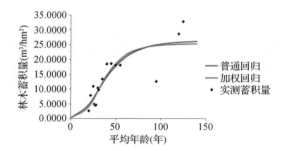

图 28-7　暖温带—干旱—荒漠西北草原荒漠立地
亚区杨树生长模型

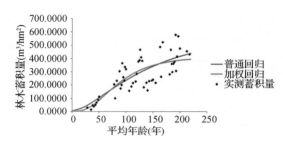

图 28-8　中温带—亚干旱—荒漠伊犁谷地立地亚
区云杉生长模型

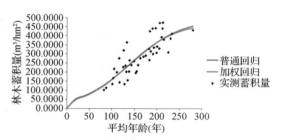

图 28-9　中温带—亚干旱—草原阿尔泰山东南部
立地亚区落叶松生长模型

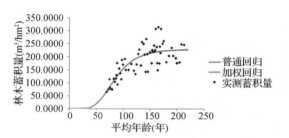

图 28-10　中温带—亚干旱—草原阿尔泰山西北部
立地亚区落叶松生长模型

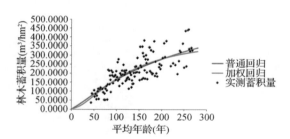

图 28-11　中温带—亚干旱—草原阿尔泰山中部立
地亚区落叶松生长模型

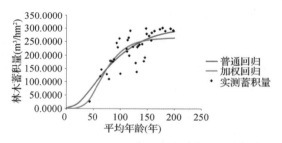

图 28-12　中温带—亚干旱—荒漠天山北坡西部立
地亚区云杉生长模型

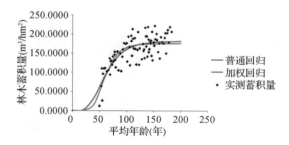

图 28-13　中温带—亚干旱—荒漠天山北坡中部立
地亚区云杉生长模型

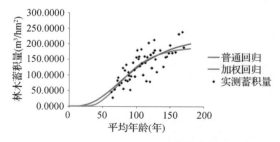

图 28-14　中温带—亚干旱—荒漠天山南坡立地亚
区云杉生长模型

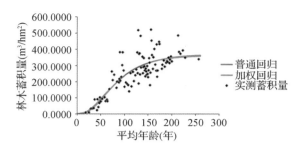

图 28-15　中温带—亚干旱—荒漠天山西部伊犁山地立地亚区云杉生长模型

28.4.6　生长模型的检验

为了检验普通回归和加权回归生长模型的适用性，采用以下评价指标：确定系数（R^2）、估计值的标准误差（SEE）、总相对误差（TRE）、平均系统误差（MSE）、平均预估误差（MPE）。

$$R^2 = 1 - \sum (y_i - \hat{y}_i)^2 / \sum (y_i - \bar{y}_i)^2$$

$$SEE = \sqrt{\sum (y_i - \hat{y}_i)^2 / (n - k)}$$

$$TRE = \sum (y_i - \hat{y}_i) / \sum \hat{y}_i \times 100$$

$$MSE = \sum (y_i - \hat{y}_i) / \hat{y}_i / n \times 100$$

$$MPE = t_\alpha \cdot (SEE / \bar{y}) / \sqrt{n} \times 100$$

式中，y_i 为实际观测值，$\hat{y}_i$ 为模型预估值，$\bar{y}$ 为样本平均值，n 为样本单元数，k 为参数个数，t_α 为置信水平 α 时的 t 值。在这 6 项指标中，R^2 和 SEE 是回归模型的最常用指标，既反映了模型的拟合优度，也反映了自变量的贡献率和因变量的离差情况；TRE 和 MSE 是反映拟合效果的重要指标，二者应该控制在一定范围内（如 ±3%），趋向于 0 时效果最好；MPE 是反映平均蓄积量估计值的精度指标。

各森林生产力三级区划优势树种生长模型检验如表 28-12。

表 28-12　各森林生产力三级区划优势树种生长模型检验

序号	森林生产力三级区划	优势树种	模型	R^2	SEE	TRE	MSE	MPE
1	暖温带—干旱—荒漠盆地西北部平原立地亚区	杨树	Richards 普	0.85	13.9101	−0.3432	−4.6271	9.2067
			Richards 加		14.6329	0.4770	0.1235	9.6851
2	暖温带—干旱—荒漠塔里木河流域立地亚区	杨树	Richards 普	0.78	7.9803	−0.3385	−3.4064	10.1420
			Richards 加		8.1496	0.1917	−0.0180	10.3572
3	暖温带—干旱—荒漠西北草原荒漠立地亚区	杨树	Richards 普	0.73	4.7772	−0.3776	−1.8157	18.8952
			Richards 加		4.7892	0.0067	−0.0041	18.9425
4	中温带—亚干旱—荒漠伊犁谷地立地亚区	云杉	Richards 普	0.63	90.0911	−0.3852	−3.4488	9.0812
			Richards 加		91.6977	0.1749	−0.1090	9.2431

序号	森林生产力三级区划	优势树种	模型	R^2	SEE	TRE	MSE	MPE
5	中温带—亚干旱—草原阿尔泰山东南部立地亚区	落叶松	Logistic 普	0.69	57.9145	0.0189	0.0180	6.0548
			Logistic 加		57.9663	−0.1494	−0.1679	6.0602
6	中温带—亚干旱—草原阿尔泰山西北部立地亚区	落叶松	Richards 普	0.62	38.0139	0.0029	0.0046	5.3335
			Richards 加		38.0150	−0.0658	−0.0880	5.3336
7	中温带—亚干旱—草原阿尔泰山中部立地亚区	落叶松	Richards 普	0.61	54.4441	−0.0801	−0.5183	4.4588
			Richards 加		54.7773	−0.6371	−0.7194	4.4861
8	中温带—亚干旱—荒漠天山北坡西部立地亚区	云杉	Richards 普	0.65	40.0641	−0.1256	−0.9428	5.8910
			Richards 加		41.2065	0.3265	−0.0183	6.0590
9	中温带—亚干旱—荒漠天山北坡中部立地亚区	云杉	Richards 普	0.61	25.6108	−0.0456	−0.3112	3.4794
			Richards 加		25.9449	0.0717	−0.0275	3.5248
10	中温带—亚干旱—荒漠天山南坡立地亚区	云杉	Richards 普	0.62	31.2279	−0.0835	−0.5127	6.5342
			Richards 加		31.5095	0.2116	0.1402	6.5931
11	中温带—亚干旱—荒漠天山西部伊犁山地立地亚区	云杉	Richards 普	0.67	69.7601	−0.1036	−1.0767	5.3726
			Richards 加		69.7855	−0.0218	−0.0189	5.3745

总相对误差（TRE）基本在 ±3% 以内，平均系统误差（MSE）基本在 ±5% 以内，表明模型拟合效果良好。从这一原则出发，加权回归模型的拟合效果要好于普通回归模型；平均预估误差（MPE）基本在 20% 以内，说明蓄积量生长模型的平均预估精度达到约 80% 以上。

从参数估计值看，各树种的相应参数的标准差较小，说明模型的稳定性比较好。

28.4.7 样地蓄积量归一化

通过提取的新疆的样地数据，新疆的针叶树种主要是云杉和落叶松，阔叶树种主要是杨树。

根据《国家森林资源连续清查主要技术规定》确定各树种组的龄组划分和成熟林年龄，如表 28-13 和表 28-14。

表 28-13　新疆树种成熟年龄

序号	树种	地区	起源	龄级	成熟林
1	云杉	北方	天然	20	121
			人工	10	81
2	落叶松	北方	天然	20	101
			人工	10	41
3	杨树	北方	天然	5	26
			人工	5	21

表 28-14 新疆三级区划主要树种成熟林蓄积量

序号	森林生产力三级区划	树种	起源	成熟年龄	成熟林蓄积量/（m³/hm²）
1	暖温带—干旱—荒漠盆地西北部平原立地亚区	杨树	人工	21	91.6758
2	暖温带—干旱—荒漠塔里木河流域立地亚区	杨树	天然	26	25.8774
3	暖温带—干旱—荒漠西北草原荒漠立地亚区	杨树	天然	26	7.1092
4	中温带—亚干旱—草原阿尔泰山东南部立地亚区	落叶松	天然	101	158.8461
5	中温带—亚干旱—草原阿尔泰山西北部立地亚区	落叶松	天然	101	154.2946
6	中温带—亚干旱—草原阿尔泰山中部立地亚区	落叶松	天然	101	167.6168
7	中温带—亚干旱—荒漠天山北坡西部立地亚区	云杉	天然	121	237.7229
8	中温带—亚干旱—荒漠天山北坡中部立地亚区	云杉	天然	121	171.7959
9	中温带—亚干旱—荒漠天山南坡立地亚区	云杉	天然	121	154.4626
10	中温带—亚干旱—荒漠天山西部伊犁山地立地亚区	云杉	天然	121	280.8677
11	中温带—亚干旱—荒漠伊犁谷地立地亚区	云杉	天然	121	302.4935

28.4.8 新疆森林生产力分区

依据全国公顷蓄积量分级结果（参见全国报告的表4-12）。新疆公顷蓄积量分级结果见表28-15。样地归一化蓄积量如图28-16。森林生产力分级如图28-17。

表 28-15 新疆公顷蓄积量分级结果   单位：m³/hm³

级别	1 级	4 级	6 级	8 级	10 级
公顷蓄积量	≤30	90~120	150~180	210~240	≥270

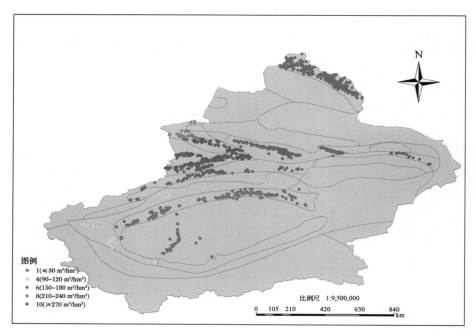

图 28-16　新疆样地归一化蓄积量分级

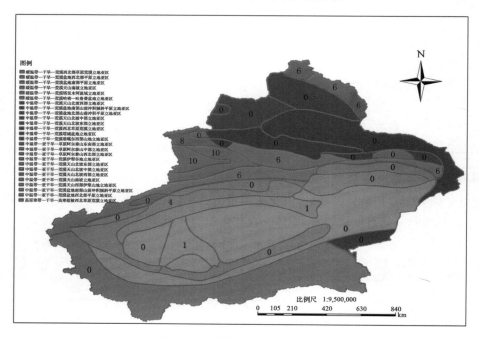

图 28-17　新疆森林生产力分级

注：图中数字表达了该区域森林生产力等级。其中空值并不表示该区的森林生产力等级是0，而是该森林生产力区划跨省，本省建模样地数未达到建模标准，将在区域或全国森林生产力分区图中赋值；图中森林生产力等级值依据前文中表28-15公顷蓄积量分级结果。

28.4.9　新疆森林生产力分区调整

暖温带—干旱—荒漠塔里木河流域立地亚区、暖温带—干旱—荒漠盆地西北部平原立地亚区、暖温带—干旱—荒漠哈密—吐鲁番盆地立地亚区、暖温带—干旱—荒漠西北草原荒漠立地亚区、高原寒带—干旱—高寒植被西北草原荒漠立地亚区、暖温带—干旱—荒漠天山南坡立地亚区、暖温带—干旱—荒漠盆地南部平原立地亚区合并，命名为暖温带—干旱—荒漠立地亚区；

中温带—干旱—荒漠天山北坡东部立地亚区、中温带—干旱—荒漠盆地北部山前冲积平原立地亚区、中温带—干旱—荒漠盆地南部山前冲积倾斜平原立地亚区、中温带—干旱—荒漠塔城盆立地亚区、中温带—干旱—荒漠准噶尔西部山地立地亚区、中温带—亚干旱—荒漠天山北坡东部立地亚区、中温带—干旱—荒漠天山北坡中部立地亚区、中温带—亚干旱—荒漠盆地南部山前冲积倾斜平原立地亚区、中温带—干旱—荒漠西北草原荒漠立地亚区合并，命名为中温带—干旱—荒漠立地亚区；

中温带—干旱—荒漠天山北坡东部立地亚区、中温带—干旱—荒漠盆地北部山前冲积平原立地亚区、中温带—干旱—荒漠盆地南部山前冲积倾斜平原立地亚区、中温带—干旱—荒漠塔城盆立地亚区、中温带—干旱—荒漠准噶尔西部山地立地亚区、中温带—亚干旱—荒漠天山北坡东部立地亚区、中温带—干旱—荒漠天山北坡中部立地亚区、中温带—亚干旱—荒漠盆地南部山前冲积倾斜平原立地亚区、中温带—干旱—荒漠西北草原荒漠立地亚区合并，命名为中温带—干旱—荒漠立地亚区；

暖温带—干旱—荒漠哈密—吐鲁番盆地立地亚区、暖温带—干旱—荒漠西北草原荒漠立地亚区、高原寒带—干旱—高寒植被西北草原荒漠立地亚区、中温带—亚干旱—荒漠盆地西北部平原立地亚区、暖温带—干旱—荒漠天山南坡立地亚区合并，命名为暖温带—干旱—荒漠立地亚区；

暖温带—干旱—荒漠天山南坡立地亚区的优势树种是云杉天然林，中温带—亚干旱—荒漠天山南坡立地亚区与暖温带—干旱—荒漠天山南坡立地亚区立地条件一致，优势树种相同，故按照中温带—亚干旱—荒漠天山南坡立地亚区森林生产力等级为暖温带—干旱—荒漠天山南坡立地亚区云杉天然林分布区域森林生产力等级赋值，森林生产力等级是6；其他部分森林生产力等级是0；

暖温带—干旱—荒漠盆地南部平原立地亚区分布有少量杨树人工林样地，绝大部分是非乔木林地和非疏林地，森林生产力等级为0；

暖温带—干旱—荒漠哈密–吐鲁番盆地立地亚区无乔木林地和疏林地，森林生产力等级是0；

暖温带—干旱—荒漠西北草原荒漠立地亚区小部分地区分布有杨树人工林，根据样地归一化蓄积量，该小部分地区森林生产力等级是0；其他无乔木林地和疏林地地区森林生产力等级是0；

中温带—亚干旱—荒漠天山北坡东部立地亚区分布有5个落叶松天然林样地，森林生产力等级是0；

中温带—干旱—荒漠天山北坡东部立地亚区分布有1个云杉天然林样地，森林生产力等级是0；

中温带—干旱—荒漠盆地北部山前冲积平原立地亚区分布有极少数落叶松、杨树天然林样地，森林生产力等级是 0；

中温带—干旱—荒漠盆地南部山前冲积倾斜平原立地亚区与中温带—亚干旱—荒漠天山北坡中部立地亚区相邻区域分布有少量云杉天然林样地，根据中温带—亚干旱—荒漠天山北坡中部立地亚区云杉天然林蓄积等级为中温带—干旱—荒漠盆地南部山前冲积倾斜平原立地亚区云杉天然林分布区域赋值，森林生产力等级是 6；其他部分无乔木林地和疏林地，森林生产力等级是 0；

中温带—干旱—荒漠塔城盆地立地亚区无乔木林地和疏林地，森林生产力等级是 0；

中温带—干旱—荒漠准噶尔西部山地立地亚区地域广阔，分布有少量的乔木林地和疏林地，绝大部分地区是无乔木林地和疏林地地区，根据该区整体情况，该区森林生产力等级是 0；

中温带—干旱—荒漠天山北坡中部立地亚区与中温带—亚干旱—荒漠天山北坡中部立地亚区相邻区域分布有云杉天然林样地，中温带—干旱—荒漠天山北坡中部立地亚区分布云杉天然林样地部分参照中温带—亚干旱—荒漠天山北坡中部立地亚区云杉天然林蓄积量等级，该部分森林生产力等级是 6；其他无乔木林地和疏林地区域森林生产力等级是 0；

中温带—亚干旱—荒漠盆地南部山前冲积倾斜平原立地亚区无乔木林地和疏林地，森林生产力等级是 0；

中温带—干旱—荒漠天山北坡西部立地亚区与中温带—亚干旱—荒漠天山北坡西部立地亚区立地条件一致，优势树种均为云杉天然林，根据中温带—亚干旱—荒漠天山北坡西部立地亚区森林生产力等级为中温带—干旱—荒漠天山北坡西部立地亚区赋值，森林生产力等级是 8；

高原寒带—干旱—高寒植被西北草原荒漠立地亚区无乔木林地和疏林地，森林生产力等级是 0；

中温带—干旱—荒漠西北草原荒漠立地亚区无乔木林地和疏林地，森林生产力等级是 0；

暖温带—干旱—荒漠天山南坡立地亚区的优势树种是云杉天然林，中温带—亚干旱—荒漠天山南坡立地亚区的优势树种是云杉天然林，两区立地条件一致，优势树种相同，暖温带—干旱—荒漠天山南坡立地亚区区域广大，仅与中温带—亚干旱—荒漠天山南坡立地亚区相邻区域集中分布有云杉天然林样地，根据中温带—亚干旱—荒漠天山南坡立地亚区森林植被生产力等级为暖温带—干旱—荒漠天山南坡立地亚区分布有云杉天然林样地的区域赋值，该部分森林植被生产力等级是 6，该区其他部分森林生产力等级是 0；

中温带—亚干旱—荒漠盆地西北部平原立地亚区无乔木林地和疏林地，森林生产力等级是 0。

调整后，森林生产力分级如图 28-18。

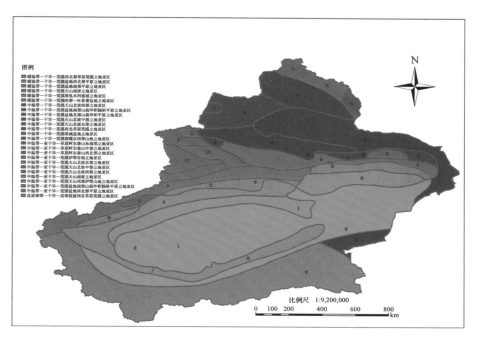

图例
- 暖温带—干旱—荒漠西北部草原荒漠立地亚区
- 暖温带—干旱—荒漠盆地西北部平原立地亚区
- 暖温带—干旱—荒漠盆地南部平原立地亚区
- 暖温带—干旱—荒漠天山南坡立地亚区
- 暖温带—干旱—荒漠塔里木河流域立地亚区
- 暖温带—干旱—荒漠哈—吐鲁番盆地立地亚区
- 中温带—干旱—荒漠天山北坡西部立地亚区
- 中温带—干旱—荒漠南部山前冲积扇平原立地亚区
- 中温带—干旱—荒漠天山北坡中部立地亚区
- 中温带—干旱—荒漠天山北坡东部立地亚区
- 中温带—干旱—荒漠西北草原荒漠立地亚区
- 中温带—干旱—荒漠准噶尔西部山地立地亚区
- 中温带—亚干旱—草原阿尔泰山东南部立地亚区
- 中温带—亚干旱—草原阿尔泰山中部立地亚区
- 中温带—亚干旱—草原阿尔泰山西北部立地亚区
- 中温带—干旱—荒漠伊犁谷地立地亚区
- 中温带—亚干旱—荒漠天山北坡东部立地亚区
- 中温带—亚干旱—荒漠天山北坡西部立地亚区
- 中温带—亚干旱—荒漠天山西部伊犁山地立地亚区
- 中温带—亚干旱—荒漠盆地南部山前冲积斜平原立地亚区
- 高原寒带—干旱—高寒植被西北草原荒漠立地亚区

比例尺 1:9,200,000

0   100 200   400   600   800
km

图 28-18 新疆森林生产力分级(调整后)

注：图中数字表达了该区域森林生产力等级。其中空值并不表示该区的森林生产力等级是 0，而是该森林生产力区划跨省，本省建模样地数未达到建模标准，将在区域或全国森林生产力分区图中赋值；图中森林生产力等级值依据前文中表 28-15 公顷蓄积量分级结果。